JN406054

위험물
산업기사 필기

예듈예듀
EDU

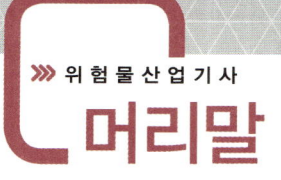

머리말

위험물산업기사 수험생 여러분, 반갑습니다.

화학 산업의 발전과 더불어 위험물 안전관리는 이제 우리 사회의 지속 가능성을 담보하는 핵심적인 영역이 되었습니다. 위험물산업기사 자격증 취득은 단순한 스펙 쌓기를 넘어, 산업 현장의 안전을 책임질 전문가로서의 첫걸음을 의미합니다.

이에 저자는 그 첫걸음의 의미를 되새기면서, 어떻게 하면 보다 빠르고 쉽게 자격증을 취득할 수 있을까에 초점을 두고 다음과 같이 본서를 집필하였습니다.

■ 이 책의 특징과 구성

1. 최신 법령을 토대로 이론을 정립하였습니다.
2. 과거 15년 이상의 기출문제와 최근 CBT 문제를 토대로 출제 경향을 분석하였습니다.
3. 외워야 할 내용은 암기법으로 처리하여 암기에 대한 부담을 최소화하였습니다.
4. 최소한의 시간 투자로 학습에 꼭 필요한 부분만 요약 정리하였으며, 최대한 많은 문제를 수록하여 반복 학습을 통한 자연스러운 암기가 되도록 구성하였습니다.

본서를 통해 위험물 전문가로서의 첫걸음인 자격증 취득과 동시에, 위험물 안전관리에 대한 깊이 있는 이해와 실무 능력을 함양하시기를 진심으로 바랍니다. 출간 이후 부족한 점은 계속하여 수정 보완하여 수험생 여러분들의 학습에 걸림돌이 되지 않도록 하겠습니다.

끝으로 이 책이 출간될 수 있도록 지지해 주신 주경야독 관계자분들과 도서출판 예문에듀 편집부 직원들에게 깊은 감사를 드립니다.

저자 민 성 태

출제기준

필기과목명	문제수	주요항목	세부항목	세세항목
환경·특성 분석	20	1. 기초환경	1. 물질의 구조와 원소의 분석 2. 원소의 기초물성 3. 화학 결합	1. 물질의 구조와 원소의 분석 2. 원소의 기초물성표 3. 원소의 주기율 1. 원자 결합 2. 분자 결합 3. 수소이온농도 1. 용액 2. 용해도 3. 용액의 농도 1. 산화, 환원
화재대응관리	20	1. 위험물 사고 대비·대응	1. 위험물 사고 대비 2. 위험물 사고 대응	1. 위험물의 화재예방 2. 위험물의 특성 3. 인화점류의 특성 1. 위험물의 특성 2. 소화기 사용법 3. 위험물 화재 시 조치

필기검정방법	객관식	문제수	60	시험시간	1시간 30분
직무내용 : 위험물제조소등에서 재해 발생 시 위험물을 제조하고 취급하고 안전관리 등의 응급조치 및 수행하는 직무이다.						
직무 분야	화학	중직무 분야	위험물	자격 종목	위험물산업기사	적용 기간	2025.1.1.~2029.12.31.

식품위생법	20	1. 식품위생법	1. 식품위생법 제정목적 및 용어정의 2. 식품위생법 용어정의 3. 식품위생법의 종류 및 특징 4. 법규의 종류 및 특징
		2. 식품위생관리	1. 식품이론 2. 식품위생 원재료 및 첨가물 3. 식품제조에 대한 품질 및 안전관리 4. 식품위생의 종류 5. 식품의약재의 수의권리
		3. 식품위생 제조기준의	1. 식품위생의 품목 및 지정 2. 유해 식품위생의 특성 3. 대용물 고환과 식품위생의 취급
			1. 식품위생 및 식품위생 기구 2. 식품위생의 신선도 등 수용 도 · 유기
		3. 식품위생 · 피독위생 검출	1. 식품위생 정당위생의 검출기 술 및 특성 2. 식품위생 피독위생의 검출기 술 및 특성 3. 식품위생 정당위생의 검출기 술 및 유기 4. 식품위생 피독위생의 검출기 술 및 유기
식품위생 검정법		1. 검정 및 검정법	1. 제1군 식품위생의 종류 2. 제1군 식품위생의 검정·보 해성 3. 제1군 식품위생의 검정방 법
		2. 제1군 식품위생 검정	1. 제1군 식품위생의 이해 2. 제1군 식품위생의 검정방법
		1. 검정 및 검정법	1. 제1군 식품위생의 종류 2. 제1군 식품위생의 검정·보 해성 3. 제1군 식품위생의 검정방 법
			1. 제1군 식품위생의 이해 2. 제1군 식품위생의 검정방법

3. 제3류 위험물 취급	1. 성상 및 특성	1. 제3류 위험물의 종류 및 지정수량 2. 제3류 위험물의 취급방법
	2. 저장 및 취급방법의 이해	1. 제3류 위험물의 종류 2. 제3류 위험물의 성상 3. 제3류 위험물의 위험성·유해성 해설
4. 제4류 위험물 취급	1. 성상 및 특성	1. 제4류 위험물의 종류 및 지정수량 2. 제4류 위험물의 취급방법
	2. 저장 및 취급방법의 이해	1. 제4류 위험물의 종류 2. 제4류 위험물의 성상 3. 제4류 위험물의 위험성·유해성 해설
5. 제5류 위험물 취급	1. 성상 및 특성	1. 제5류 위험물의 종류 및 지정수량 2. 제5류 위험물의 취급방법
	2. 저장 및 취급방법의 이해	1. 제5류 위험물의 종류 2. 제5류 위험물의 성상 3. 제5류 위험물의 위험성·유해성 해설
6. 제6류 위험물 취급	1. 성상 및 특성	1. 제6류 위험물의 종류 및 지정수량 2. 제6류 위험물의 취급방법
	2. 저장 및 취급방법의 이해	1. 제6류 위험물의 종류 2. 제6류 위험물의 성상 3. 제6류 위험물의 위험성·유해성 해설
7. 위험물 운송·운반	1. 위험물 운송기준	1. 위험물 운송자의 자격 및 요건 2. 위험물 운송방법 3. 위험물 운송 시 준수사항 및 조치 4. 위험물 운송 중 우발상황 위험성 경고 표시
	2. 위험물 운반기준	1. 위험물 운반자의 자격 및 요건 2. 위험물 용기기준, 적재방법 3. 위험물 운반방법 4. 위험물 운반 시 준수사항 및 조치 5. 위험물 운반 중 우발상황 위험성 경고 표시

8. 의회와 제조사들의 안전관리	1. 의회용 제조사	1. 제조사의 안전기준
		2. 제조사의 고조기준
		3. 제조사의 설비기준
		4. 제조사의 특례기준
	2. 의회용 저장소	1. 옥내저장소의 위치, 구조, 설비기준
		2. 옥외탱크저장소의 위치, 구조, 설비기준
		3. 옥내탱크저장소의 위치, 구조, 설비기준
		4. 지하탱크저장소의 위치, 구조, 설비기준
		5. 간이탱크저장소의 위치, 구조, 설비기준
		6. 이동탱크저장소의 위치, 구조, 설비기준
		7. 옥외저장소의 위치, 구조, 설비기준
		8. 암반탱크저장소의 위치, 구조, 설비기준
	3. 의회용 취급소	1. 주유취급소의 위치, 구조, 설비기준
		2. 판매취급소의 위치, 구조, 설비기준
		3. 이송취급소의 위치, 구조, 설비기준
		4. 일반취급소의 위치, 구조, 설비기준
	4. 제조소등의 소방시설 등	1. 소화난이도 등급
		2. 소화설비 적응성
		3. 소요단위 및 능력단위 산정
		4. 옥내소화전설비 기준
		5. 옥외소화전설비 기준
		6. 스프링클러설비 기준
		7. 물분무소화설비 기준
		8. 포소화설비 기준
		9. 불활성가스소화설비 기준
		10. 할로겐화물소화설비 기준
		11. 분말소화설비 기준

≫ 의회용 안전관리사

9. 아동복지 지도·점검	1. 아동복지 지정기준	1. 아동복지 지정기준 2. 아동복지 운영 관련 지정기준 3. 체크스트에서의 지정기준
	2. 아동복지 점검기준	1. 아동복지 점검기준 2. 아동복지 운영 관련 점검기준 3. 체크스트에서의 점검기준
10. 아동복지 인지점검 및 등록 활동점검	1. 아동복지사회 복지지점 점검	1. 아동복지사회 복지지점 점검 2. 예산과정 작성 및 운영 3. 장단기 및 정기점점 4. 지자체장에 공문 및 점검
	2. 아동복지인지점점점 활동	1. 체크스트들의 복지가 하가 사항 2. 연감인정 상담점사 3. 체크스트들의 지자체에 운영 매뉴 4. 체크스트들의 사용정지 허가 사항 5. 과정금, 벌금, 과태료, 행정입력
		12. 수출사소하기청년 점검 13. 정자복지 점검 14. 피나금비 점검

차례

위 험 물 산 업 기 사

일반화학

CHAPTER 01 물질의 상태 ·· 2
CHAPTER 02 산과 염기, 염 및 수소이온농도 ····························· 18
CHAPTER 03 용액, 용해도 및 용액의 농도 ································· 21
CHAPTER 04 산화와 환원 ·· 25
CHAPTER 05 금속 및 비금속 원소와 그 화합물 ·························· 29
CHAPTER 06 유기화합물 ·· 38

■ 출제예상문제 ··· 49

화재예방과 소화방법

CHAPTER 01 화재 및 소화 ·· 66
CHAPTER 02 소화약제 및 소화기 ··· 75
CHAPTER 03 소화설비, 경보설비 및 피난설비의 기준 ··············· 85

■ 출제예상문제 ··· 106

위험물 성상 및 취급

CHAPTER 01 위험물의 총칙 ··· 122
CHAPTER 02 위험물의 종류 및 성질 ·· 127
CHAPTER 03 위험물안전관리법 ··· 186

■ 출제예상문제 ··· 233

>>> 위험물산업기사

PART 04 과년도 기출문제

위험물산업기사 필기 2018~2020년 기출문제 [PDF 제공]

2021년 제1회 CBT 기출문제 ·· 252
2021년 제2회 CBT 기출문제 ·· 262
2021년 제3회 CBT 기출문제 ·· 272

2022년 제1회 CBT 기출문제 ·· 282
2022년 제2회 CBT 기출문제 ·· 293
2022년 제3회 CBT 기출문제 ·· 303

2023년 제1회 CBT 기출문제 ·· 313
2023년 제2회 CBT 기출문제 ·· 323
2023년 제3회 CBT 기출문제 ·· 334

2024년 제1회 CBT 기출문제 ·· 344
2024년 제2회 CBT 기출문제 ·· 354
2024년 제3회 CBT 기출문제 ·· 365

2025년 제1회 CBT 기출문제 ·· 375
2025년 제2회 CBT 기출문제 ·· 385
2025년 제3회 CBT 기출문제 ·· 395

[예문에듀 홈페이지]-[자료실]에서 2018~2020년 기출문제 PDF를 다운로드할 수 있습니다.

PART

01

일반화학

CHAPTER 01 | 물질의 상태

CHAPTER 02 | 산과 염기, 염 및 수소이온농도

CHAPTER 03 | 용액, 용해도 및 용액의 농도

CHAPTER 04 | 산화와 환원

CHAPTER 05 | 금속 및 비금속 원소와 그 화합물

CHAPTER 06 | 유기화합물

CHAPTER 01 물질의 상태

1 물질의 상태와 성질

1) 물체와 물질의 분류

(1) 물체(Body)

질량을 갖고 공간을 차지하는 대상을 말한다.

(2) 물질(Substance)

물체를 이루고 있는 재료를 말한다.

(3) 물질의 분류

① 순물질 : 물리적 성질(끓는점, 어는점)이 일정하다.
  ㉠ 단체 : 한 가지 원소로 된 단체 **예** H_2, O_2, Fe, O_2, P_4 등
  ㉡ 동소체 : 같은 원소로 된 단체(연소 생성물로 확인)
    예 산소와 오존, 흑연과 다이아몬드 등
  ㉢ 화합물 : 두 가지 이상의 원소가 결합해서 생긴 화합물
    예 H_2O, NaCl, CO_2 등
② 혼합물 : 물리적 성질이 일정하지 않다.

(4) 혼합물의 분리와 정제

① 고체와 액체의 분리
  ㉠ 여과법 : 액체에 녹지 않는 고체를 분리시킬 때 사용 **예** 소금과 모래
  ㉡ 증발법 : 액체에 녹는 고체를 분리시킬 때 사용 **예** 소금과 물

② 고체 혼합물의 분리
  ㉠ 재결정 : 용해도의 차를 이용하여 분리 **예** 염화칼륨과 염화나트륨
  ㉡ 승화법 : 승화성을 이용하여 분리 **예** 아이오딘과 모래

③ 액체 혼합물의 분리
  ㉠ 분별증류 : 비점(끓는점)의 차를 이용하여 분리
    예 물과 알코올, 액체 공기에서 산소와 질소

성분 원소	동소체	연소 생성물
황(S)	사방황, 단사황, 고무상황	SO_2
탄소(C)	숯, 흑연, 활성탄, 다이아몬드	CO_2
산소(O_2)	산소(O_2), 오존(O_3)	조연성 원소
인(P)	적린(P), 황린(P_4)	P_2O_5

핵심문제

혼합물의 분리방법 중 액체의 용해도를 이용하여 미량의 불순물을 제거하는 방법은?

① 증류　　② 증발
❸ 재결정　④ 추출

해설

본문 참조

ⓛ 분별 깔때기법 : 비중의 차를 이용하여 분리

　　예 물과 에터, 물과 석유의 분리

2) 물질과 에너지

(1) 열역학 법칙

① 열역학 제0법칙 : 열적 평형
② 열역학 제1법칙 : 에너지 보존법칙
③ 열역학 제2법칙 : 엔트로피 증가법칙
③ 열역학 제3법칙 : 절대 영도에서 계의 엔트로피는 0이 된다.

(2) 열 관련 용어 정리

① 비열 : 어떤 물질 1g의 온도 1℃만큼 올리는 데 필요한 열량
　　예 물의 비열 : 1kcal/kg℃
② 현열 : 물질의 상태 변화 없이 온도 변화에만 필요한 열량
③ 잠열 : 온도의 변화가 없는 물질의 상태 변화 시 필요한 열량
　　예 물의 기화잠열(증발잠열) : 539kcal/kg, 얼음의 융해잠열 : 80kcal/kg
④ 열량 : 물질의 온도를 올리기 위해 필요한 열의 양

$$Q = c \times m \times \Delta t$$

여기서, Q : 열량, c : 비열, m : 질량, Δt : 온도의 차

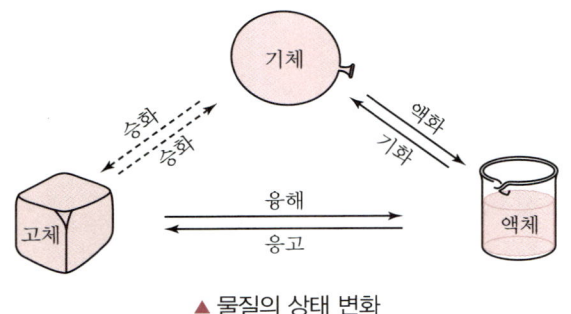

▲ 물질의 상태 변화

(3) 열의 이동원리

① 전도(Conduction) : 물질을 통하여 접촉하고 있는 두 물체 사이에 열이 이동하는 것이다(고체의 경우).
　　예 두 물체에 열을 가하면, 나무막대보다 쇠막대가 같은 거리임에도 더 빨리 뜨거워진다.

핵심문제

다음은 열역학 제 몇 법칙에 대한 내용인가?

> 0K(절대영도)에서 물질의 엔트로피는 0이다.

① 열역학 제0법칙
② 열역학 제1법칙
③ 열역학 제2법칙
❹ 열역학 제3법칙

해설

본문 참조

✎ 1cal

1atm에서 14.5℃의 물 1g을 15.5℃까지 올리는 데 필요한 열량
(1cal = 4.184J)

핵심문제

15℃의 기름 100g에 8,000J의 열량을 주면 기름의 온도는 몇 ℃가 되겠는가?(단, 기름의 비열은 2J/g℃이다.)

해설

$Q = c \times m \times \Delta t$

$8,000J = 2\dfrac{J}{g\,℃} \times 100g \times (x - 15)℃$

$\therefore x = 55℃$

핵심문제

20℃의 물 100kg이 100℃ 수증기로 증발하면 최대 몇 kcal의 열량을 흡수할 수 있는가?

해설

· 현열 : $Q = c \times m \times \Delta t$
　　　　$= 1 \times 100 \times (100 - 20)$
　　　　$= 8,000$
· 기화잠열 : $Q = m \times 539kcal/kg$
　　　　　　$= 100 \times 539$
　　　　　　$= 53,900$
$\therefore 8,000 + 53,900 = 61,900kcal$

PART 01 일반화학 | 3

핵심문제

열의 이동원리 중 복사에 관한 예로 적당하지 않은 것은?

① 그늘이 시원한 이유
② 더러운 눈이 빨리 녹는 현상
③ 보온병 내부를 거울벽으로 만드는 것
❹ 해풍과 육풍이 일어나는 원리

해설

④는 대류에 관한 예이다.

🖉

원자에서 복사되는 빛은 선 스펙트럼을 만들며, 이로부터 전자껍질 에너지의 불연속성을 파악할 수 있다.

핵심문제

원자번호 11, 중성자 수가 12인 나트륨의 질량수는 얼마인가?

① 11　　　　② 12
❸ 23　　　　④ 24

해설

질량수(원자량)
=양성자 수(원자번호)+중성자 수
=11+12=23

핵심문제

전자배치에서 $3d$보다 에너지 준위가 낮은 것은?

❶ $4s$　　　② $4p$
③ $4d$　　　④ $4f$

해설

본문의 '오비탈의 에너지 준위' 참조

---

② 대류(Convection) : 열을 가진 물질 자체가 이동하면서 열을 이동시키는 것이다(액체·기체의 경우). **예** 해풍과 육풍이 일어나는 원리

③ 복사(Radiation) : 전도 또는 대류와 다른 방식으로 직접 열이 전달되는 것이다(태양열). **예** 더러운 눈이 빨리 녹는 현상

2 화학의 기초

1) 원자의 구조

(1) 원자의 구성

원자는 원자핵[양성자($_2^4$He), 중성자($_0^1$n)]과 전자($_0^1$e)으로 구성되어 있다.

원자		부호	질량	전기량	발견자
원자핵	양성자	$_2^4$He	1.7×10^{-24}g	$+1$	Rutherford
	중간자	π	전자의 약 270배	0	Hideki Yukawa
	중성자	$_0^1$n	1.7×10^{-25}g	0	Chadwick
전자		$_0^1$e	9.1×10^{-28}g	-1	Thomson

(2) 원자번호와 원자량

① 원자번호＝양성자 수＝전자 수
② 원자량(질량 수)＝양성자 수＋중성자 수

(3) 원자궤도함수(Orbital)

① 원자는 일정한 준위를 가지고 전자가 돌아다니며, 각각의 전자껍질로 이루어져 있다. 이 전자껍질을 나타내는 숫자를 주양자수(n)라고 한다.
　㉠ K 껍질($n=1$) : 1개의 부껍질(s)
　㉡ L 껍질($n=2$) : 2개의 부껍질(s, p)
　㉢ M 껍질($n=3$) : 3개의 부껍질(s, p, d)
　㉣ N 껍질($n=4$) : 4개의 부껍질(s, p, d, f)
② 오비탈의 에너지 준위
$$1s < 2s < 2p < 3s < 3p < \boxed{4s} < \boxed{3d} \cdots$$

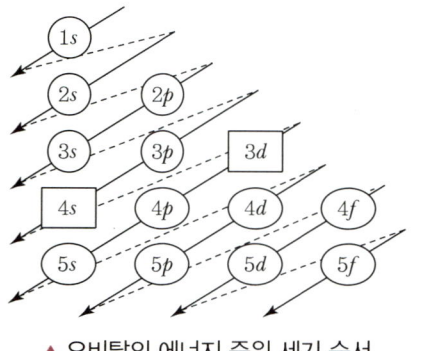

▲ 오비탈의 에너지 준위 세기 순서

전자껍질(n)	K(1)	L(2)	M(3)	N(4)
원자궤도함수	$1s^2$	$2s^2\,2p^6$	$3s^2\,3p^6\,3d^{10}$	$4s^2\,4p^6\,4d^{10}\,4f^{14}$
수용하는 전자 수	2	8	18	32

2) 원소의 주기율표

족\주기	1																		18
1	H	2			1, 2, 12~18 : 전형원소								13	14	15	16	17	He	
2	Li	Be			3~11 : 전이원소								B	C	N	O	F	Ne	
3	Na	Mg	3	4	5	6	7	8	9	10	11	12	Al	Si	?	S	Cl	Ar	
4	K	Ca						Fe		Ni	Cu	Zn					Br		
5	Rb	Sr									Ag	Cd					I		
6	Cs	Ba																	
7	Fr	Ra																	

여기서, 1족 : 알칼리 금속, 2족 : 알칼리 토금속
17족 : 할로젠 원소, 18족 : 불활성기체

(1) 족과 주기

① 주기 : 주기율표의 가로줄이다(1~7주기).
② 족 : 주기율표의 세로줄로서 같은 족 원소는 화학적 성질이 같다(1~
   18족).

구분	1족	2족	3족	4족	5족	6족	7족	0족
최외각 전자 수	1	2	3	4	5	6	7	8
최외각 전자배열	ns^1	ns^2	$ns^2\,np^1$	$ns^2\,np^2$	$ns^2\,np^3$	$ns^2\,np^4$	$ns^2\,np^5$	$ns^2\,np^6$
원자가	+1	+2	+3	+4, -4	+5, -3	+6, -2	-1	0

※ 옥텟규칙(팔우설) : 모든 원소는 제일 바깥 전자껍질에 8개의 전자를 취하려는 성질을 가지
   고 있다.

핵심문제

Ca^{2+} 이온의 전자배치를 옳게 나타낸
것은?

① $1s^2\,2s^2\,2p^6\,3s^2\,3p^6\,3d^2$
② $1s^2\,2s^2\,2p^6\,3s^2\,3p^6\,4s^2$
③ $1s^2\,2s^2\,2p^6\,3s^2\,3p^6\,4s^2\,3d^6$
❹ $1s^2\,2s^2\,2p^6\,3s^2\,3p^6$

해설

Ca^{2+}의 전자 수가 18개이므로, 정답은
④이다.

핵심문제

d오비탈이 수용할 수 있는 최대 전자
의 수는?

① 6   ② 8
❸ 10   ④ 14

해설

$ns^2\,np^6\,nd^{10}\,nf^{14}\cdots$

핵심문제

최외각 전자가 2개 또는 8개로서 불활
성인 것은?

① Na와 Br   ② N과 Cl
③ C와 B   ❹ He와 Ne

해설

불활성기체는 주기율표 0족에 속하는
He, Ne, Ar, Kr, Xe, Rn 등이다.

핵심문제

주기율표에서 원소를 차례대로 나열할 때 기준이 되는 것은?

① 원자의 부피
❷ 원자핵의 양성자 수
③ 원자가 전자 수
④ 원자 반지름의 크기

해설

원자번호(양성자 수＝전자 수)는 원소가 중성일 때의 양성자 수 또는 전자 수이다.

핵심문제

원소의 주기율표에서 같은 족에 속하는 원소들의 화학적 성질에는 비슷한 점이 많다. 이것과 관련 있는 설명은?

① 같은 크기의 반지름을 가지는 이온이 된다.
❷ 제일 바깥의 전자궤도에 들어 있는 원자의 전자 수가 같다.
③ 핵의 양 하전의 크기가 같다.
④ 원자 번호를 8a＋b라는 일반식으로 나타낼 수 있다.

해설

같은 족에 속하는 원소들의 화학적 성질에는 비슷한 점이 많다(＝최외각 전자수가 동일하다).

핵심문제

전형원소 내에서 원소의 화학적 성질이 비슷한 것은?

❶ 원소의 족이 같은 경우
② 원소의 주기가 같은 경우
③ 원자번호가 비슷한 경우
④ 원자의 전자수가 같은 경우

해설

원소의 화학적 성질이 비슷한 것은 최외각 전자가 동일한 경우로서, 같은 족의 경우이다.

---

(2) 주기율표상의 화학적 성질

Ⓐ쪽으로 갈수록	Ⓑ쪽으로 갈수록
• 원자의 반지름이 커진다.	• 원자의 반지름이 작아진다.
• 금속성이 커진다(염기성이 커진다).	• 비금속성이 커진다(산성이 커진다).
• 이온화 경향이 커진다.	• 이온화 경향이 작아진다.
• 양(＋)이온이 되기 쉽다(전자를 잃기 쉽다).	• 음(－)이온이 되기 쉽다(전자를 얻기 쉽다).

(3) 원소의 분류

① 금속 원소 : 전자를 잃기 쉬운 원소이다(양이온이 되기 쉽다).

② 비금속 원소 : 전자를 얻기 쉬운 원소이다(음이온이 되기 쉽다).

③ 준금속 원소 : $_5B$, $_{14}Si$, $_{32}Ge$, $_{33}As$, $_{51}Sb$, $_{352}Te$, $_{85}At$

④ 전형원소 : 전자 배열에서 제일 마지막으로 채워지는 전자가 s나 p오비탈에 채워지는 원소로, 최외각 전자 수가 같으므로 같은 족의 경우 성질이 비슷하다.

⑤ 전이원소 : 모두 금속원소이고, 전자배열에서 제일 마지막으로 채워지는 전자가 d나 f오비탈에 채워지는 원소로 원자가는 대부분 2개이며, 족이 달라도 성질은 비슷하다.

⑥ 양쪽성 원소 : 산성과 염기성 두 성질을 모두 가지는 원소로서, 금속 성질과 비금속 성질을 모두 갖는 원소이다. 예 Al, Zn, Sn, Pb 등

⑦ 동위원소 : 원자번호는 같으나 중성자 수가 서로 달라 원자량이 서로 다른 원소이다. 예 $_8^{16}Cl$와 $_8^{17}Cl$, $_7^{14}N$와 $_7^{15}N$ 등

⑧ 동중원소 : 원자번호는 다르나 원자량이 같은 원소로서, 동중체, 동중핵이라고도 한다. 예 $_{18}^{40}Ar$, $_{19}^{40}K$, $_{20}^{40}Ca$ 등

(4) 이온화 에너지와 전기 음성도

① 이온화 에너지

중성원소에서 전자를 떼어내는 데 필요한 에너지(양이온이 되려는 경향)를 말한다.

㉠ 같은 족 : 주기율표에서 아래로 갈수록(원자 반지름이 클수록) 이

온화 에너지가 감소한다.

ⓛ 같은 주기 : 주기율표에서 오른쪽으로 갈수록(원자 반지름이 작을수록) 이온화 에너지가 증가한다.

ⓒ 이온화 에너지가 크다는 것은 이온화 경향이 작다는 것이다.

② 금속의 이온화 경향

금속이 전자를 잃어 양(+)이온으로 되려는 성질로 그 세기는 다음과 같다.

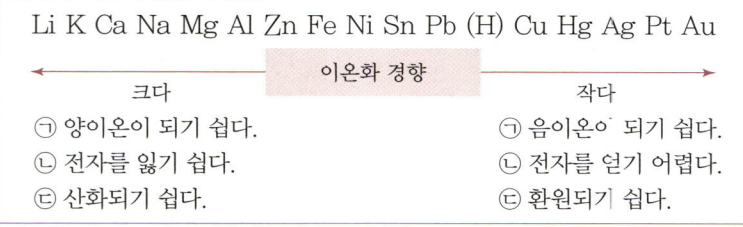

금속의 이온화 경향과 성질
Li K Ca Na Mg Al Zn Fe Ni Sn Pb (H) Cu Hg Ag Pt Au

이온화 경향
크다 ←——————————————————→ 작다

ⓐ 양이온이 되기 쉽다.　　　　ⓐ 음이온이 되기 쉽다.
ⓑ 전자를 잃기 쉽다.　　　　　ⓑ 전자를 얻기 어렵다.
ⓒ 산화되기 쉽다.　　　　　　ⓒ 환원되기 쉽다.

* 이온화 경향이 큰 금속은 작은 금속의 이온을 빼앗는다.

　예 $Zn^{2+} + Mg \xrightarrow{\ \bigcirc\ } Mg^{2+} + Zn$,　　$Zn^{2+} + Mg \xleftarrow{\ \times\ } Mg^{2+} + Zn$

③ 전기 음성도

중성원자가 전자를 얻어 음(−)이온으로 되는 상대적인 수치를 말한다.

▼ 전기 음성도의 크기 순서

F	>	O	>	Cl	>	N	>	Br	>	I	>	S	>	C
3.98		3.44		3.16		3.04		2.96		2.66		2.58		2.55

3) 화학의 기초

(1) 원자량

탄소 원자의 질량을 12로 정하고, 이 값을 기준으로 비교한 다른 원자의 상대적 질량값이다.

① 원자번호가 짝수일 때 : 원자량＝원자번호×2　예 O＝8×2＝16

② 원자번호가 홀수일 때 : 원자량＝원자번호×2+1　예 Al＝13×2+1＝27

③ 예외 원소

원소	원자번호	원자량
H(수소)	1	1
N(질소)	7	14
Cl(염소)	17	35.5

(2) g 원자량

핵심문제

다음 금속원소 중 이온화 에너지가 가장 큰 원소는?

❶ 리튬　　　② 나트륨
③ 칼륨　　　④ 루비듐

해설

이온화 에너지의 크기(kJ/mol)
Li(520)＞Na(495)＞K(418)＞Rb(403)

핵심문제

다음 중 전기 음성도가 가장 작은 것은?

① Br　　　② F
❸ H　　　④ S

해설

전기 음성도 크기 순서 : F＞Br＞S＞H

핵심문제

다음 중 반응이 정반응으로 진행되는 것은?

❶ $Pb^{2+} + Zn \rightarrow Zn^{2+} + Pb$
② $I_2 + 2Cl^- \rightarrow 2I^- + Cl_2$
③ $2Fe^{3+} + 3Cu \rightarrow 3Cu^{2+} + 2Fe$
④ $Mg^{2+} + Zn \rightarrow Zn^{2+} + Mg$

해설

이온화 경향과 전기음성도
① Zn의 이온화 경향이 더 크기 때문에 정반응으로 진행한다.
② Cl의 전기음성도가 더 크기 때문에 역반응으로 진행한다.
③ Fe의 이온화 경향이 더 크기 때문에 역반응으로 진행한다.
④ Mg의 이온화 경향이 더 크기 때문에 역반응으로 진행한다.

핵심문제

다음 분자 중 가장 무거운 분자의 질량은 가장 가벼운 분자의 몇 배인가?(단, Cl의 원자량은 35.5)

H_2, Cl_2, CH_4, CO_2

① 4배 ② 22배
③ 30.5배 ❹ 35.5배

해설

분자량 비교 : $H_2(2)$, $Cl_2(71.0)$, CH_4 (16), $CO_2(44)$

$$\therefore \frac{Cl_2}{H_2} = \frac{71.0}{2} = 35.5$$

핵심문제

질소 3.5g은 몇 mol에 해당하는가?

① 1.25 ❷ 0.125
③ 2.5 ④ 0.25

해설

질소(N_2) 1mol=28(g)

$$\text{mol수} = \frac{3.5g}{28\frac{g}{mol}} = 0.125(mol)$$

핵심문제

0.99atm, 55℃에서 이산화탄소의 밀도는 약 몇 g/L인가?

해설

• 분자량(질량)=44g

• $V = \dfrac{W}{PM}RT$

$$= \frac{44 \times 0.082 \times (273+55)}{0.99 \times 44}$$

$$= 27.17$$

$$\therefore \text{밀도} = \frac{\text{질량}}{\text{부피}}$$

$$= \frac{44g}{27.17L} = 1.62(g/L)$$

원자량에 g 단위를 붙인 것을 1g 원자량이라 하고, 원자의 종류에 관계없이 6.02×10^{23}개의 원소를 갖는다.

(3) 분자량

분자를 구성하는 모든 원자들의 원자량을 합한 상대적 질량값이다.

예 H_2O(물) : $1 \times 2 + 16 = 18$

CO_2(이산화탄소) : $12 + (16 \times 2) = 44$

CH_3COCH_3(아세톤) : $12 + (1 \times 3) + 12 + 16 + 12 + (1 \times 3) = 58$

공기의 평균 분자량 $= \dfrac{40 \times 1 + 32 \times 21 + 28 \times 78}{100} = 28.96g = 29g$

(N_2 : 약 78%, O_2 : 약 21%, Ar : 약 1%)

(4) g 분자량

물질의 분자량과 같은 질량을 g 단위를 붙인 것을 1g 분자량이라 하고, 분자의 종류에 관계없이 6.02×10^{23}개의 원소를 갖는다.

(5) 몰(mol)

화학에서 원자, 분자, 이온, 전자 등을 다루는 단위로서 화학 반응식을 설명할 때 유용하게 쓰인다.

① 모든 물질 1mol(kmol)=부피 22.4L(m^3)

  =분자량 Mg(kg)=6.02×10^{23}개(0℃ 1atm)

② CO_2(이산화탄소)인 경우

  • 1mol=부피 22.4L=분자량 44g(0℃ 1atm)

  • 1kmol=부피 22.4m^3=분자량 44kg(0℃ 1atm)

  • $2H_2 + O_2 \rightarrow 2H_2O$: (2mol의 수소 분자)+(1mol의 산소 분자)

  =(2mol의 물 분자)

(6) 밀도와 비중

① 밀도 : 입자들이 정해진 공간에 얼마나 밀집되어 있는지를 나타내는 척도이다.

$$\text{밀도} = \frac{\text{질량}}{\text{부피}} = \frac{M}{V} (g/mL \text{ 또는 } kg/L)$$

② 액비중 : 물질의 질량이 물보다 얼마나 무거운지를 나타내는 척도이다 (단위 없음).

8 | 위험물산업기사 필기

(7) 증기밀도와 증기비중

① 증기밀도 : 질량을 부피로 나눈 값으로, 다음의 공식으로 구할 수 있다.

$$증기밀도 = \frac{PM}{RT} = \frac{분자량}{22.4}(g/L)$$

② 증기비중 : 발생한 증기가 공기보다 얼마나 무거운지를 나타내는 척도 이다.

$$증기비중 = \frac{물질의\ 분자량}{공기의\ 분자량} = \frac{분자량}{29.0}$$

---

3 방사성원소

1) 방사성원소의 정의

방사선을 내는 동위원소로서, 천연방사성원소와 인공방사성원소가 있다.

① **천연방사성원소** : 우라늄($_{92}$U), 라듐($_{92}$Ra)이 있고 원자번호 84 이상 의 원소가 모두 방사선을 내는 것으로 밝혀졌다.

② **인공방사성원소** : 플루토늄($_{94}$Pu), 아메리슘($_{95}$Am) 등이 있다.

2) 방사성원소의 붕괴

(1) 방사선

구분	본질	투과력	감광, 전리, 형광작용
α선	헬륨 $_2^4$He	가장 약하다.	가장 강하다.
β선	전자 $_1^0$e	중간이다.	중간이다.
γ선	전자기파	가장 강하다.	가장 약하다.

(2) 자연붕괴

① 원소의 자연붕괴법칙

방사성	원자번호	질량 수	예
α 붕괴	2 감소	4 감소	$_{92}^{238}U \xrightarrow{\ \alpha\ 붕괴\ } {}_{90}^{234}Th + {}_2^4He$ (U : 우라늄, Th : 토륨)

핵심문제

다음 중 증기의 밀도가 가장 큰 것은?

① 다이에틸에터
② 벤젠
❸ 가솔린(옥탄 100%)
④ 에틸알코올

해설

분자량이 큰 물질일수록 밀도가 크므 로, 보기에서는 가솔린이 정답이 된다.

핵심문제

할론 1301의 증기비중은?(단, 불소 의 원자량은 19, 브로민의 원자량은 80, 염소의 원자량은 35.5이고 공기 의 분자량은 29이다.)

해설

할론 1301 : CF$_3$Br
∴ 증기비중
$= \dfrac{1301의\ 분자량}{공기의\ 분자량}$
$= \dfrac{12 + (19 \times 3) + 80}{29} = 5.14$

핵심문제

방사성 원소의 α선에 대한 설명 중 틀 린 것은?

❶ 투과력이 가장 강하다.
② 본체는 헬륨의 원자핵이다.
③ 방사성원소에 따라 속도가 다르다.
④ 감광작용, 전리작용이 가장 강하다.

해설

① 투과력이 가장 약하다.

핵심문제

방사성원소인 U(우라늄)이 다음과 같이 변화되었을 때의 붕괴 유형은?

$$_{92}^{238}U \longrightarrow {}_{90}^{234}Th + {}_2^4He$$

❶ α 붕괴   ② β 붕괴
③ γ 붕괴   ④ R 붕괴

해설

$_{92}^{238}U \xrightarrow{\ \alpha\ 붕괴\ } {}_{90}^{234}Th + {}_2^4He$

(U : 우라늄, Th : 토륨)

방사성	원자번호	질량 수	예
β 붕괴	1 증가	변하지 않음	$^{234}_{90}\text{Th} \xrightarrow{\beta \text{ 붕괴}} {}^{234}_{91}\text{Pa} + {}^{0}_{-1}\text{e}$ (Th : 토륨, Pa : 프로악티늄)
γ 붕괴	변하지 않음	변하지 않음	낮은 에너지 상태로 될 때 방출되는 에너지

✎ $E = mc^2$

질량과 에너지 간의 관계를 설명하는 핵심적인 공식으로 상대성이론과 다양한 과학 기술에 중요한 역할을 한다. [단, E : 생성 에너지(erg), m : 물질의 질량(g), c : 빛의 속도(3×10^{10} cm/sec)]

② 반감기

어떤 물질을 구성하는 성분이 반으로 감소하는 데 필요한 기간을 의미한다.

$$m = M\left(\frac{1}{2}\right)^{\frac{t}{T}}$$

여기서, m : 붕괴 후 질량, T : 반감기, M : 초기 질량, t : 경과 시간

4 화학의 기초 법칙

1) 질량불변의 법칙

화학반응의 전후에서 반응물질의 질량과 생성물질의 질량은 같다고 하는 법칙이다.

$2H_2 + O_2 \longrightarrow 2H_2O$

$(4g) + (32g) = (36g)$

핵심문제

다음 중 원자의 개념으로 설명되는 법칙이 아닌 것은?

❶ 아보가드로의 법칙
② 일정 성분비의 법칙
③ 질량보존의 법칙
④ 배수비례의 법칙

해설

①은 분자의 개념으로 설명되는 법칙이다.

2) 일정 성분비의 법칙

화합물을 구성하는 각 성분원소의 질량의 비는 일정하다는 법칙이다.

$2H_2 + O_2 \longrightarrow 2H_2O$

$(4g) + (32g) = (36g)$

물을 구성하고 있는 수소와 산소의 질량비는 수소(4) : 산소(32)=1 : 8이고 그 비는 항상 변하지 않는다.

✎

계수의 비=몰수의 비=부피의 비(기체)

3) 배수비례의 법칙

2종류의 원소가 화합하여 2종 이상의 화합물을 만들 때, 한 원소의 일정량과 결합하는 다른 원소의 질량비는 항상 정수비가 성립된다는 법칙이다.

예 CO와 CO_2(1 : 2), SO_2와 SO_3(2 : 3), $FeCl_2$와 $FeCl_3$(2 : 3) 등

4) 기체반응의 법칙

화학반응에서 반응물질과 생성물질이 기체일 때, 같은 온도와 압력에서는 이들 기체의 부피 사이에 간단한 정수비가 성립한다는 법칙이다.

$$2H_2 \;+\; O_2 \;\rightarrow\; 2H_2O$$
$$(2부피)\quad(1부피)\qquad(2부피)$$

5) 아보가드로의 법칙

기체는 그 종류에 관계없이 같은 온도, 같은 압력, 같은 부피 속에서는 같은 수의 분자를 포함한다는 법칙이다.

$$모든\ 물질\ 1mol = 22.4L(0℃,\ 1atm) = Mg = 6.02 \times 10^{23}개$$
$$[1atm = 760mmHg]$$

6) 보일-샤를의 법칙

일정량 기체의 부피는 절대온도에 비례하고, 압력에 반비례한다는 법칙이다.

$$\frac{P_1 V_1}{T_1} = \frac{P_2 V_2}{T_2}$$

여기서, T : 절대온도(K), P : 압력(atm), V : 부피(L)

7) 이상기체 상태 방정식

이상기체 상태 방정식은 온도가 높고, 압력이 낮은 경우에 비교적 잘 맞는다.

$$PV = nRT = \frac{W}{M}RT$$

여기서, T : 절대온도(K), V : 부피(L)

$\quad\quad\quad P$: 압력(atm)[1atm=760mmHg]

$\quad\quad\quad n = \dfrac{W}{M}$: 몰수 , M : 분자량(g/mol), W : 질량(g)

$\quad\quad\quad R$(이상기체상수) : 0.082atm · L/mol · K

8) 반트호프의 법칙

묽은 용액의 삼투압은 용매와 용질의 종류와는 관계없이, 용액의 몰농도와 절대온도에 비례한다는 법칙으로 고분자의 분자량 측정에 이용된다.

핵심문제

암모니아 합성 때 수소 12L와 질소 12L가 반응이 완료된 후 남은 기체의 명칭과 부피는 얼마인가?

해설

$$3H_2 + N_2 \rightarrow 2NH_3$$
$$\;\;3\;\;:\;\;1$$
$$12L:\;\;4L$$

∴ 기체반응의 법칙에서 3 : 1의 부피 비율로 반응을 일으키므로 질소 12L 중에서 4L만 반응하고 8L가 남게 된다.

핵심문제

1몰의 이황화탄소와 고온의 물이 반응하여 생성되는 유독한 기체물질의 부피는 표준상태에서 얼마인가?

해설

$$CS_2 + 2H_2O \rightarrow 2H_2S + CO_2$$

1몰의 이황화탄소가 물과 반응하여 2몰의 황화수소를 생성한다.

∴ 표준상태에서 물질 1몰은 부피가 22.4L이므로, $2 \times 22.4 = 44.8L$

핵심문제

액화 이산화탄소 1kg이 25℃, 2atm의 공기 중으로 방출되었을 때 방출된 기체상의 이산화탄소의 부피는 약 몇 L가 되는가?

해설

$$PV = \frac{W}{M}RT$$

$$\Rightarrow V = \frac{W}{PM}RT$$

$$= \frac{1,000g \times 0.082 \times (273 + 25)}{2 \times 44}$$

$$= 277.7 = 278L$$

$$\pi V = \frac{W}{M} RT$$

여기서, T : 절대온도(K), π : 삼투압(atm), V : 부피(L)
M : 분자량(g/mol), W : 질량(g)
R(이상기체상수) : 0.082atm · L/mol · K

9) 돌턴의 분압 법칙

서로 반응하지 않는 혼합기체의 전체압력은 각 성분기체의 부분압력의 합과 같다는 법칙이다.

① P(전압) $= P_A + P_B + P_C + \cdots\cdots$

② P_A(분압) $=$ 전체압력$(P) \times \dfrac{\text{성분기체의 몰수}}{\text{혼합기체 전체의 몰수}}$

10) 라울의 법칙

비휘발성, 비전해질인 용질이 녹아 있는 용액의 증기압내림은 용질의 몰분율에 비례하며 또한 비휘발성 용액 속 용매의 증기압은 용매의 몰분율에 비례한다는 법칙이다.

11) 그레이엄의 기체 확산의 법칙

기체분자의 확산속도(v)는 일정한 압력하에서 그 기체 분자량(M)과 밀도(d)의 제곱근에 반비례하고, 확산시간(t)에는 반비례한다는 법칙이다 (미지의 기체 분자량 측정에 이용).

$$\frac{v_1}{v_2} = \sqrt{\frac{M_2}{M_1}} = \sqrt{\frac{d_2}{d_1}} = \frac{t_2}{t_1}$$

여기서, v : 확산속도, M : 분자량, d : 기체밀도, t : 확산시간

12) 반응열과 엔탈피

(1) 반응열의 종류

① **생성열** : 물질 1mol이 생성될 때 발생하는 열량(kcal/mol)

② **연소열** : 물질 1mol이 완전 연소할 때 발생하는 열량(kcal/mol)

③ **분해열** : 물질 1mol이 분해될 때 발산 또는 흡수되는 열(kcal/mol)

④ **용해열** : 물질 1mol이 용매에 용해될 때 발산 또는 흡수되는 열 (kcal/mol)

핵심문제

다음에서 설명하는 법칙에 해당되는 것은?

용매에 용질을 녹일 경우 증기압 강하의 크기는 용액 중에 녹아 있는 용질의 몰분율에 비례한다.

① 증기압의 법칙
❷ 라울의 법칙
③ 이상용액의 법칙
④ 일정성분비의 법칙

해설

본문 참조

핵심문제

어떤 기체의 확산속도는 SO_2의 2배이다. 이 기체의 분자량은 얼마인가? (단, SO_2의 분자량은 64이다.)

① 4 　　② 8
❸ 16 　　④ 32

해설

$\dfrac{v_1}{v_2} = \sqrt{\dfrac{M_2}{M_1}}$

$\Rightarrow \dfrac{v_{\text{어떤 기체}}}{v_{SO_2}} = \sqrt{\dfrac{64}{M_1}} = 2$

$\therefore x = 16$

⑤ 중화열 : 산, 염기가 각각 1g당량씩 중화할 때 발생하는 열(kcal/당량)

(중화반응 : 산과 염기가 반응하여 염과 물을 생성시키는 반응)

(2) 엔탈피(Enthalpy)

어떤 물질이 특정 온도와 압력에서 특정한 값을 가지게 되는 물리량(H로 표시)

엔탈피의 변화(ΔH)=생성물질의 엔탈피 − 반응물질의 엔탈피

(3) 발열반응과 흡열반응

① 발열반응 : 엔탈피가 큰 물질이 화학반응하여 작은 물질로 변화하여 열을 방출하는 반응

$C(S) + O_2(g) \rightarrow CO_2(g) + 94.1kcal$(반응열 : $94.1kcal$)

ΔH(엔탈피) = $-94.1kcal$

② 흡열반응 : 엔탈피가 작은 물질이 화학반응하여 큰 물질로 변화하여 열을 흡수하는 반응

$\frac{1}{2}N_2(g) + \frac{1}{2}O_2(g) \rightarrow NO(g) - 21.6kcal$(반응열 : $-21.6kcal$)

ΔH(엔탈피) = $21.6kcal$

13) 총열량 불변의 법칙(헤스의 법칙)

최초 물질의 종류와 상태, 최종 물질의 종류와 상태만 결정되면 반응 경로에 관계없이 출입하는 열량은 항상 같다는 법칙이다.

예 탄소와 산소가 반응하여 이산화탄소가 발생할 때

① $C + O_2 \rightarrow CO_2 + Q_1$

② $C + \frac{1}{2}O_2 \rightarrow CO + Q_2$

③ $CO + \frac{1}{2}O_2 \rightarrow CO_2 + Q_3$

∴ ① = ② + ③ ⇒ $Q_1 = Q_2 + Q_3$

C 12g — Q_1=94.1kcal → CO$_2$ 44g

〈처음 상태〉 Q_2=26.5kcal — CO 28g — Q_3=67.6kcal 〈나중 상태〉

14) 화학반응 속도

반응속도에 영향을 주는 요인은 농도(압력), 온도, 촉매 등이 있다(부피변화는 반응속도에 영향을 미치지 않는다).

핵심문제

다음 반응식을 이용하여 구한 $SO_2(g)$의 몰 생성열은?

$S(s) + 1.5O_2(g) \rightarrow SO_3(g)$
$\Delta H = -94.5kcal$
$2SO_2(g) + O_2(g) \rightarrow 2SO_3(g)$
$\Delta H = -47kcal$

❶ $-71kcal$　　② $-47.5kcal$
③ $71kcal$　　④ $47.5kcal$

해설

$2 \times [S(s) + 1.5O_2(g)$
$\rightarrow SO_3(g) + 94.5kcal]$
$2S(s) + 3O_2(g)$
$\rightarrow 2SO_3(g) + (2 \times 94.5kcal)$ … ㉠
$2SO_2(g) + O_2(g)$
$\rightarrow 2SO_3(g) + 47kcal$ … ㉡
㉠에서 ㉡을 빼면
$2S(s) + 2O_2(g)$
$\rightarrow 2SO_2(g) + [(2 \times 94.5) - 47]$
몰당 열량 = $\dfrac{(2 \times 94.5) - 47}{2}$
　　　= $71kcal$
엔탈피로 나타내면 $\Delta H = -71kcal$

핵심문제

화학반응에서 반응 전과 반응 후의 상태가 결정되면 반응경로와 관계없이 반응열의 총량은 일정하다는 법칙은?

❶ 헤스의 법칙
② 보일−샤를의 법칙
③ 헨리의 법칙
④ 르샤틀리에의 법칙

해설

본문 참조

PART 01 일반화학 | **13**

핵심문제

다음 중 화학반응 속도에 영향을 미치는 요소가 아닌 것은?

① 농도   ❷ 부피
③ 온도   ④ 촉매

해설

본문 참조

핵심문제

3가지 기체물질 A, B, C가 일정한 온도에서 다음과 같은 반응을 하고 있다. 평형에서 A, B, C가 각각 1몰, 2몰, 4몰이라면 평형상수 K의 값은?($A + 3B \rightleftarrows 2C + 열$)

① 0.5   ❷ 2
③ 3   ④ 4

해설

평형상수 $K = \dfrac{[C]^2}{[A][B]^3}$

$= \dfrac{[4]^2}{[1] \times [2]^3} = 2$

핵심문제

$N_2 + 3H_2 \rightleftarrows 2NH_3 + 22kcal$에서 평형을 오른쪽으로 이동하기 위한 각각의 조건을 적으시오.

(1) 온도   (2) 압력
(3) 농도   (4) 촉매

해설

(1) 온도 : 발열반응이므로 온도를 낮게 한다.
(2) 압력 : 몰수가 감소하므로 압력을 증가시킨다.
(3) 농도 : 질소와 수소의 농도를 진하게 한다.
(4) 촉매 : 영향을 받지 않는다.

---

① 농도(압력)의 영향 : 반응물질의 몰농도의 곱에 비례

$$2A + 3B \;\;\underset{V_2}{\overset{V_1}{\rightleftharpoons}}\;\; 4C + D$$

    ㉠ $V_1 = K_1 [A]^2 [B]^3$

    ㉡ $V_2 = K_2 [C]^4 [D]^1$

      여기서, V_1 : 정반응 속도, V_2 : 역반응 속도, K_1, K_2 : 비례상수

② **온도의 영향**

    온도가 $n \times 10\ ℃$ 상승하면 화학반응 속도는 약 2^n배로 증가한다.

③ **촉매의 영향**

    ㉠ 정촉매 : 반응속도를 빠르게 해주기 위해서 넣어 주는 물질
    ㉡ 부촉매 : 반응속도를 느리게 해주기 위해서 넣어 주는 물질
    ㉢ 조촉매 : 반응속도를 빠르게 또는 느리게 해주기 위해서 넣어 주는 물질

15) 평형상태와 평형상수

$$aA + bB \rightleftarrows cC + dD$$

① 평형상태란 밀폐공간에서 정반응의 속도와 역반응의 속도가 같아진 상태를 말한다.

② 평형상수 $K = \dfrac{[C]^c [D]^d}{[A]^a [B]^b}$로 표시되며, 계의 온도가 변하면 반응하는 정도가 변할 수 있으므로, 평형상수(K)는 온도에 의존하는 값이다.

16) 르샤틀리에의 평형이동의 법칙

어떤 화학반응이 평형상태일 때 평형을 깨뜨리는 조건에는 온도, 압력, 농도 등이 있다.

① **온도** : 온도를 높이면 흡열반응 쪽으로 반응이 진행된다.

② **압력** : 압력을 증가시키면 계수(몰수)가 감소하는 방향으로 반응이 진행된다.

③ **농도** : 농도를 진하게 하면 묽은 쪽으로 반응이 진행된다.

④ **촉매** : 평형은 이동시키지 못하며, 반응속도에만 영향을 준다.

17) 전리도와 전리상수

① 전리도(α)

전체 전해질 중 얼마나 이온으로 해리(解離)되었는지 비율로 나타낸 것으로 이온화도(해리도)라고도 한다. 전리도는 농도가 묽고, 온도가 높을수록 커진다.

② 전리상수(K_α)

전해질이 용액 속에서 얼마나 이온화되어 있는지를 수치로 표현한 것으로 이온화상수라고도 한다. 예를 들어 아세트산을 전리시키면 다음과 같이 된다.

$$CH_3COOH \rightleftarrows CH_3COO^- + H^+$$

전리상수 $K_\alpha = \dfrac{[CH_3COO^-][H^+]}{[CH_3COOH]} = 1.8 \times 10^{-5}\,(25℃에서)$

전리상수(K_α)값이 크면 강산(강염기)이 되고, 전리상수값이 작으면 약산(약염기)이 된다. 전리상수는 일정 온도에서 항상 일정한 값을 갖는다.

③ 전리도(α)와 전리상수(K_α)의 관계

$$\alpha = \sqrt{\dfrac{K_\alpha}{몰농도}}$$

18) 완충용액

① 완충용액이란 외부로부터 어느 정도의 산 또는 염기를 가해도 그것들의 영향을 받지 않고 수소이온의 농도(pH)를 일정하게 유지하려고 하는 용액을 말한다.
② 특정 용액에 산 또는 염기를 가하였을 때 일어나는 수소이온농도의 변화를 적게 하는 작용을 완충작용이라 한다.
③ 완충용액의 예로는 약산(CH_3COOH)과 약산의 염(CH_3COONa) 또는 약염기(NH_4OH)와 약염기의 염(NH_4Cl) 등이 있다.

핵심문제

$CH_3COOH \rightarrow CH_3COO^- + H^+$의 반응식에서 전리평형상수 K는 다음과 같다. K값을 변화시키기 위한 조건으로 옳은 것은?

$$K = \dfrac{[CHCOO^-][H^+]}{[CHCOOH]}$$

❶ 온도를 변화시킨다.
② 압력을 변화시킨다.
③ 농도를 변화시킨다.
④ 촉매양을 변화시킨다.

해설

평형상수(K)의 값은 온도의 조건에서만 관계한다.

핵심문제

다음 중 완충용액에 해당하는 것은?

❶ CH_3COONa와 CH_3COOH
② NH_4Cl와 HCl
③ CH_3COONa와 NaOH
④ HCOONa와 Na_2SO_4

해설

아세트산(CH_3COOH)과 아세트산나트륨(CH_3COONa)의 혼합용액이 완충용액의 예이다.

핵심문제

황의 g당량을 구하시오.

(1) H_2S
(2) SO_2
(3) SO_3

[해설]

S의 원자량 : 32g

(1) $\dfrac{32}{2} = 16\ g$

(2) $\dfrac{32}{4} = 8\ g$

(3) $\dfrac{32}{6} = 5.33\ g$

5 화학식과 화학반응식

1) 원자가

원자 또는 원자단이 수소 몇 개와 화합 또는 치환될 수 있는 수로 정의되며, 원자가는 주기율표의 족과 밀접한 관계를 가진다.

원자가 \ 족	1족	2족	3족	4족	5족	6족	7족
(+)원자가	+1	+2	+3	+4	+5	+6	
(−)원자가				−4	−3	−2	−1

2) 당량

(1) 원소의 당량

① 수소 1g 또는 산소 8g에 대응되는 값으로 정의한다.

② 화합물을 만드는 모든 원소는 반드시 당량 대 당량으로 반응한다.

③ 원소의 당량 $= \dfrac{원자량}{원자가}$

④ 산의 g당량 $= \dfrac{분자량}{H수}$

⑤ 염기의 g당량 $= \dfrac{분자량}{OH수}$

(2) 당량과 전자와의 관계

어떤 원소가 전자 1몰(6.02×10^{23})을 받아들이거나 낼 수 있는 무게를 그 원소의 1g당량이라 한다.

▼ 원자가와 당량의 예

원소	1g원자량	원자가	1g당량	화합물일 때
수소	1.008g	1	$1.008(\frac{1}{2}$몰$)$	HCl(H는 1가)
산소	16.00g	2	$8.00(\frac{1}{4}$몰$)$	H_2O(O는 2가)
알루미늄	27.00g	3	9.00	$AlCl_3$(Al은 3가)

핵심문제

어떤 금속 8g을 O_2와 결합시켰더니 11.2g의 금속산화물이 생겼다면 이 금속의 g당량은 얼마인가?

[해설]

금속산화물 중 산소의 양은 $11.2 - 8 = 3.2g$이므로 산소 8g과 결합하는 양은
$8 : 3.2 = x : 8$
$\therefore\ x = \dfrac{8 \times 8}{3.2} = 20$

3) 화학식

① **실험식** : 화합물을 구성하는 원소의 종류와 조성비를 나타낸 식
② **분자식** : 분자 속에 있는 원자의 종류와 수를 나타낸 식
　　　　　 (분자식 $= n \times$ 실험식)
③ **시성식** : 분자 속에 들어 있는 기(基)를 구별하여 나타낸 식
④ **구조식** : 분자 내의 원자 결합 상태를 결합 '수'로 써서 나타낸 식

구분	실험식	분자식	시성식	구조식
아세트산	CH_2O	$C_2H_4O_2$	CH_3COOH	$\begin{array}{c} \text{H} \quad\ \text{O} \\ \mid \quad\ \parallel \\ \text{H}-\text{C}-\text{C}-\text{O}-\text{H} \\ \mid \\ \text{H} \end{array}$
에틸알코올	C_2H_5OH	C_2H_6O	CH_3CH_2OH	$\begin{array}{c} \text{H} \quad \text{H} \\ \mid \quad\ \mid \\ \text{H}-\text{C}-\text{C}-\text{O}-\text{H} \\ \mid \quad\ \mid \\ \text{H} \quad \text{H} \end{array}$
아세틸렌	CH	C_2H_2	$CHCH$	$\text{H}-\text{C}\equiv\text{C}-\text{H}$

4) 화학반응식

반응물질과 생성물질의 관계를 화학식으로 나타낸 식이다.

화학반응식	$2H_2 + O_2 \rightarrow 2H_2O$
물질	수소 + 산소 → 물
몰관계	2몰 + 1몰 → 2몰
질량	$2 \times 2g + 32g \rightarrow 2 \times 18g$
부피(0℃, 1atm)	$2 \times 22.4L + 22.4L \rightarrow 2 \times 22.4L$
분자수	$2 \times 6 \times 10^{23}$개 $+ 6 \times 10^{23}$개 $\rightarrow 2 \times 6 \times 10^{23}$개

핵심문제

탄소, 산소, 수소의 비율이 $1 : 1 : 2$이다. 분자량이 60이면 이 화합물의 분자식은?

① C_2H_2O　　② CH_2O
③ C_2H_6O　　❹ $C_2H_4O_2$

해설

실험식이 CH_2O(식량 $=30$)이고, 분자량이 60이라면 분자식은 $C_2H_4O_2$이다.

핵심문제

탄소와 수소로 되어 있는 유기화합물을 연소시켜 CO_2 44g, H_2O 27g을 얻었다. 이 유기화합물의 탄소와 수소 몰비율(C : H)은 얼마인가?

❶ $1 : 3$　　② $1 : 4$
③ $3 : 1$　　④ $4 : 1$

해설

$$CH_3 + O_2 \rightarrow CO_2 + H_2O$$
$$\qquad\qquad\qquad 44g \quad 27g$$
$$1 : 3 \quad 3.5몰 \quad 1몰 \quad 1.5몰$$

CHAPTER 02

산과 염기, 염 및 수소이온농도

핵심문제

다음 반응식에서 브뢴스테드의 산·염기 개념으로 볼 때 산에 해당하는 것은?

$$H_2O + NH_3 \rightleftarrows OH^- + NH_4^+$$

① NH_3와 NH_4^+ ② NH_3와 OH^-
③ H_2O와 OH^- ❹ H_2O와 NH_4^+

해설

Bronsted – Lowry

산	염기
H^+를 내놓는 물질	H^+를 받는 물질
H_2O와 NH_4^+	NH_3와 OH^-

핵심문제

다음 지시약 중 산성용액에서 색깔을 나타내지 않는 것은?

① 메틸오렌지 ❷ 페놀프탈레인
③ 페놀레드 ④ 티몰블루

해설

페놀프탈레인(P.P)은 산성에서 무색, 알칼리에서 적색이 된다.

핵심문제

다음 물질 중 산성이 가장 센 물질은?

① 아세트산 ❷ 벤젠술폰산
③ 페놀 ④ 벤조산

해설

산성의 세기 순서
벤젠술폰산($C_6H_5SO_3H$) > 벤조산
($C_7H_6O_2$) > 아세트산(CH_3COOH)
> 페놀(C_6H_5OH)

1 산과 염기의 중화반응

1) 산과 염기의 구별

구분	산	염기
Bronsted – Lowry	H^+를 내놓는 물질	H^+를 받는 물질
Arrhenius	물에 녹아 $H^+(H_3O^+)$를 내놓는 물질	물에 녹아 OH^-를 내놓는 물질
Lewis	비공유 전자쌍을 받는 물질	비공유 전자쌍을 내놓는 물질

지시약	산성	중성	염기성	변색범위
리트머스시험지	빨간색	변화 없음	파란색	5~10
페놀프탈레인 (P.P)	무색	무색	빨간색	8.3~10.0
메틸오렌지(M.O)	빨간색	주황색	노란색	3.1~4.4
메틸레드(M.R)	빨간색	주황색	노란색	4.2~6.3

2) 산과 염기의 성질

산	염기
• 신맛이 남 • 푸른 리트머스 종이를 붉게 변화시킴 • 금속과 반응하여 수소기체를 발생시킴	• 쓴맛이 남 • 붉은 리트머스 종이를 푸르게 변화시킴 • 단백질을 녹이는 성질이 있어, 묻으면 미끈거림

3) 산과 염기의 종류

(1) 산의 종류

강산(전리도가 크다.)	약산(전리도가 작다.)
염산(HCl), 질산(HNO_3), 황산(H_2SO_4)	초산(CH_3COOH), 탄산(H_2CO_3), H_3PO_4(인산)

(2) 염기의 종류

강염기(전리도가 크다.)	약염기(전리도가 작다.)
NaOH, KOH, Ca(OH)$_2$, Ba(OH)$_2$	NH$_3$, NH$_4$OH, Mg(OH)$_2$, Al(OH)$_3$

4) 산화물의 구분

(1) 산성 산화물(비금속 산화물)

물과 반응하여 산성용액을 만들고 염기와 반응하여 염을 만드는 산화물
예 CO_2, SO_2, NO_2, SiO_2 등(CO, NO는 제외)

(2) 염기성 산화물(금속 산화물)

물과 반응하여 염기성 용액을 만들고 산과 반응하여 염을 만드는 산화물
예 Na_2O, CaO, MgO, Fe_2O_3 등(MnO_2, PbO_2 제외)

(3) 양쪽성 산화물(Al, Zn, Sn, Pb을 가진 산화물)

양쪽성 원소의 산화물로 산은 물론 염기와도 중화반응을 하는 산화물
예 Al_2O_3, ZnO, SnO, PbO 등

2 염과 수소이온농도

1) 염

(1) 염의 정의

산의 음이온과 염기의 양이온이 정전기적 인력으로 결합한 이온성 화합물

(2) 염의 종류

① **정염(중성염)** : 산의 수소원자(H^+) 전부가 금속으로 치환된 염
　예 NaCl, CaCl$_2$, Na$_2$SO$_4$, Ca$_3$(PO$_4$)$_2$

② **산성염** : 산의 수소원자 일부가 금속으로 치환된 염
　예 KHCO$_3$, NaHCO$_3$, NaH$_2$PO$_4$, Na$_2$HPO$_4$

③ **염기성염** : 염기의 수산기(OH^-) 일부가 산기로 치환된 염
　예 Ca(OH)Cl, Cu(OH)Cl, Mg(OH)Cl

④ **복염** : 반응염과 생성염이 물에 녹았을 때 만들어지는 이온이 같은 경우
　예 KAl(SO$_4$)$_2$, Ni(NH$_4$)$_2$(SO$_4$)$_2$

핵심문제

다음 물질 중에서 염기로 작용할 수 있는 물질은?

❶ $C_6H_5NH_2$ 　② $C_6H_5NO_2$
③ C_6H_5OH 　④ $C_6H_5CH_3$

해설

아닐린($C_6H_5NH_2$)은 비공유 전자쌍을 내놓는 물질에 해당되는 Lewis 염기에 해당된다.

핵심문제

산성 산화물에 해당하는 것은?

① CaO 　② Na_2O
❸ CO_2 　④ MgO

해설

- 산성 산화물 : ③
- 염기성 산화물 : ①, ②, ④

핵심문제

다음 화합물의 0.1mol 수용액 중에서 가장 약한 산성을 나타내는 것은?

① H_2SO_4 　② HCl
❸ CH_3COOH 　④ HNO_3

해설

- 약산 : ③
- 강산 : ①, ②, ④

핵심문제

염을 만드는 화학반응식이 아닌 것은?

① HCl + NaOH → NaCl + H_2O
② 2NH$_4$OH + H$_2$SO$_4$ → (NH$_4$)$_2$SO$_4$ + 2H$_2$O
❸ CuO + H$_2$ → Cu + H$_2$O
④ H$_2$SO$_4$ + Ca(OH)$_2$ → CaSO$_4$ + 2H$_2$O

해설

③은 산화－환원반응의 형태이고, Cu는 염이 아니라 하나의 원소이다.

핵심문제

pH에 대한 설명으로 옳은 것은?

① 건강한 사람의 혈액 pH는 5.70이다.
② pH 값은 산성 용액에서 알칼리성 용액보다 크다.
❸ pH가 7인 용액에 지시약 메틸오렌지를 넣으면 노란색을 띤다.
④ 알칼리성 용액은 pH가 7보다 작다.

해설

① 건강한 사람의 혈액 pH는 7.35~7.45이다.
② pH 값은 산성 용액에서 알칼리성 용액보다 작다.
④ 알칼리성 용액은 pH가 7보다 크다.

핵심문제

$[OH^-] = 1 \times 10^{-5}mol/L$인 용액의 pH와 액성으로 옳은 것은?

① pH=5, 산성　② pH=5, 알칼리성
③ pH=9, 산성　❹ pH=9, 알칼리성

해설

㉠ $[OH^-] = 10^{-pOH}$
　⇒ $1 \times 10^{-5} = 10^{-pOH}$, pOH=5
㉡ pH+pOH=14
∴ pH=9, 알칼리성

핵심문제

0.5M−HCl 100mL와 0.1M−NaOH 100mL를 혼합한 용액의 pH는 얼마인가?

① 0.5　　　② 0.6
❸ 0.7　　　④ 0.8

해설

㉠ $NV - N'V' = N''V''$
㉡ $0.5 \times 100 - 0.1 \times 100 = N'' \times 200$
㉢ $N'' = 0.2$
∴ $pH = -\log(0.2) = 0.70$

---

⑤ 착염 : 반응염과 생성염이 물에 녹았을 때 만들어지는 이온이 다른 경우
　예 $KAg(CN)_2$, $K_4Fe(CN)_6$

※ 복염의 금속은 전형원소, 착염의 금속은 전이원소이다.

2) 수소이온농도

(1) 수소이온지수(pH)

용액의 산성과 염기성의 세기를 나타내는 척도로서, 수소이온농도의 역수에 상용 대수 값을 취하여 구한다.

① $[H^+] = 10^{-pH} \Rightarrow pH = \log\dfrac{1}{[H^+]} = -\log[H^+]$

② $pH + pOH = 14$

③ 산성일 때
　㉠ $pH = -\log(N)$
　㉡ $pH = -\log(전리도 \times N)$

④ 염기성일 때 : $pOH = 14 - pH = 14 + \log(N)$

(2) 수소이온농도

① 중성 : $[H^+] = [OH^-]$, pH=7
② 산성 : $[H^+] > [OH^-]$, pH<7
③ 염기성 : $[H^+] < [OH^-]$, pH>7

3) 중화적정 및 농도 계산

(1) 중화적정

$NV = N'V'$ (N : 노르말 농도, V : 부피)

(2) 성질이 서로 같은 용액이 혼합되어 있을 때의 농도 계산

$NV + N'V' = N''V''$ (N : 노르말 농도, V : 부피)

(3) 성질이 서로 다른 용액이 혼합되어 있을 때의 농도 계산

$NV - N'V' = N''V''$ (N : 노르말 농도, V : 부피)

CHAPTER 03 용액, 용해도 및 용액의 농도

1 용액과 용해도

1) 용액

녹이는 데 사용하는 액체를 용매라 하고, 녹는 물질을 용질이라 하며, 용질이 용매에 용해되어 만들어진 혼합물을 용액이라 한다.

용액(소금물) = 용매(물) + 용질(소금)

① **포화용액** : 일정한 온도에서 용매에 용질이 최대한 녹아 있는 상태의 용액
② **불포화용액** : 용질이 용매에 더 녹을 수 있는 상태의 용액
③ **과포화용액** : 용질이 용매에 한도초과의 상태로 녹아 있는 상태의 용액

2) 용해도

정해진 온도에서 용매 100g에 녹아 있는 용질의 질량(g)을 말한다.

$$용해도 = \frac{용질(g)}{용매(g)} \times 100$$

① **기체의 용해도** : 일반적으로 온도가 낮고 압력이 높을수록 용해도는 증가한다.
② **헨리(Henry)의 법칙**
용해도가 비교적 작은 기체는 일정한 온도하에서 용해되는 기체의 질량은 압력에 비례하고 부피와는 무관하다는 법칙이다.
  ㉠ 헨리의 법칙에 잘 적용되는 기체 : CO_2, Cl_2, H_2S, H_2 등
  ㉡ 헨리의 법칙에 잘 적용되지 않는 기체 : NH_3, HCl, SO_2 등

3) 용해평형과 용해도곱

(1) 용해평형

고체상태의 화합물이 용액 속에 녹아 있는 화합물과 화학적 평형상태에 있음을 의미하는 것으로, 고체상태의 화합물이 용해되는 속도와 액체상태의 화합물이 응고되는 속도가 같게 되는 동적 평형상태를 뜻한다.

핵심문제

질산칼륨을 물에 용해시키면 용액의 온도가 떨어진다. 다음 사항 중 옳지 않은 것은?

① 용해시간과 용해도는 무관하다.
② 질산칼륨 용해 시 열을 흡수한다.
③ 온도가 상승할수록 용해도는 증가한다.
❹ 질산칼륨 포화용액을 냉각시키면 불포화용액이 된다.

해설

④ 질산칼륨 포화용액을 냉각시키면 과포화용액, 즉 침전이 일어난다.

핵심문제

25℃의 포화용액 90g 속에 어떤 물질이 30g 녹아 있다. 이 온도에서 이 물질의 용해도는 얼마인가?

① 30   ② 33
❸ 50   ④ 63

해설

$$용해도 = \frac{용질(g)}{용매(g)} \times 100$$
$$= \frac{30}{90 - 30} \times 100 = 50$$

핵심문제

헨리의 법칙에 대한 설명으로 옳은 것은?

① 물에 대한 용해도가 클수록 잘 적용된다.
② 비극성 물질은 극성 물질에 잘 녹는 것으로 설명된다.
③ NH_3, HCl 등의 기체에 잘 적용된다.
❹ 압력을 올리면 용해도는 올라가나 녹아 있는 기체의 부피는 일정하다.

해설

본문 참조

PART 01 일반화학 | 21

핵심문제

25℃에서 $Cd(OH)_2$ 염의 몰용해도는 1.7×10^{-5}mol/L이다. $Cd(OH)_2$ 염의 용해도곱 상수(Ksp)를 구하면 약 얼마인가?

❶ 2.0×10^{-14} ② 2.2×10^{-12}
③ 2.4×10^{-10} ④ 2.6×10^{-8}

해설

$Cd(OH)_2 \rightarrow Cd^{2+} + 2OH^-$
$Ksp = [1.7 \times 10^{-5}] \times [2 \times 1.7 \times 10^{-5}]^2 = 1.97 \times 10^{-14}$

핵심문제

$AgCl$은 물에 녹기 어려우나, 소량 녹아서 Ag^+와 Cl^-으로 완전히 이온화된다. 이때 $[Ag^+]$, $[Cl^-]$ 이온의 농도가 각각 1.115×10^{-5}이라면, 용해도곱 상수(Ksp)를 구하시오.

해설

$AgCl(s) \Leftrightarrow Ag^+(aq) + Cl^-(aq)$
$Ksp = [Ag^+][Cl^-]$
$= (1.115 \times 10^{-5})$
$\quad \times (1.115 \times 10^{-5})$
$= 1.243 \times 10^{-10}$

핵심문제

다음 중 침전을 형성하는 조건은?

❶ 이온곱>용해도곱
② 이온곱=용해도곱
③ 이온곱<용해도곱
④ 이온곱+용해도곱=1

해설

① 침전 발생
② 평형상태(포화용액)
③ 이온곱＝침전이 발생하지 않음

핵심문제

비누나 두부를 만들 때 진한 소금물이나 간수를 가하는 것은 콜로이드의 어떤 성질을 이용한 것인가?

① 브라운 운동 ② 틴들 현상
③ 전기분해 ❹ 염석

해설

염석 : 두부를 만들 때 간수($MgCl_2$)를 넣는 것처럼 다량의 전해질을 가했을 때 엉김이 일어나는 현상

---

(2) 용해도곱 상수(Ksp)

① 난용성염의 용해도 평형에서 용액 중 이온 농도의 곱을 용해도곱 상수라 한다.
② 수용액에서 녹지 않는 이온화합물(침전물)의 평형상태를 계산하기 위해 필요한 것이 용해도곱 상수(Ksp)이다.
③ $MA(s) \Leftrightarrow M^+(aq) + A^-(aq)$에서 $Ksp = [M^+][A^-]$

(3) 이온곱

① 난용성염의 용해도 평형이 아닐 때의 용액 중 이온 농도의 곱을 이온곱(Q)이라 한다.
② $MA(s) \Leftrightarrow M^+(aq) + A^-(aq)$에서 $Q = [M^+][A^-]$
③ 이온곱과 용해도곱 상수의 식은 동일하다.

(4) 이온곱(Q)과 용해도곱 상수(Ksp)의 관계

① $Q > Ksp$: 침전 발생
② $Q = Ksp$: 평형상태(포화용액)
③ $Q < Ksp$: 침전이 발생하지 않음

4) 콜로이드 용액

(1) 콜로이드 용액

① 콜로이드 입자가 분산되어 있는 용액으로 거름종이(여과지)는 통과하나 반투막(투석막)은 통과하지 못한다.
② 입자의 크기는 지름이 $10^{-5} \sim 10^{-7}$cm 정도이며, 현미경으로 관찰이 불가능하다.

(2) 콜로이드 용액의 성질

① 틴들 현상 : 빛의 산란으로 빛의 진로가 보이는 현상
② 흡착 : 입자 표면에 다른 분자나 이온이 쉽게 붙어 농도가 증가되는 현상
③ 브라운 운동 : 콜로이드 입자의 불규칙한 직선 운동
④ 엉김(응석) : 콜로이드 용액에 전해질을 가하면 콜로이드 입자와 반대 전하를 띤 이온이 모여 콜로이드 입자가 서로 엉켜 침전되는 현상(흙탕물의 강하구에 삼각주를 만드는 것)
⑤ 염석 : 두부를 만들 때 간수($MgCl_2$)를 넣는 것처럼 다량의 전해질을 가했을 때 엉김이 일어나는 현상

⑥ 투석(Dialysis) : 반투막(투석막)을 이용하여 콜로이드 용액을 정제하는 방법
⑦ 전기이동 : 콜로이드 용액에 전류를 통하면 콜로이드 입자가 가진 전하와 반대 전하를 띤 전극으로 이동하는 현상

(3) 콜로이드 종류

① 에멀션 : 액체 중에 액체가 분산해 있는 것(우유, 마요네즈)
② 서스펜션 : 액체 중에 고체가 분산해 있는 것(흙탕물)
③ 친수 콜로이드 : 물에 대해 친화성인 것(단백질, 녹말, 아교)
④ 소수 콜로이드 : 물에 대해 친화성을 갖지 않는 것(수산화철, 찰흙, 먹물)
⑤ 보호 콜로이드 : 소수 콜로이드의 침전을 막기 위해 친수 콜로이드를 첨가한 것

2 용액의 농도

1) 용액의 농도

(1) 중량퍼센트(wt%)농도

용액 100(g) 속에 녹아 있는 용질의 질량(g)

$$중량\% = \frac{용질(g)}{전체용액(g)} \times 100$$

(2) 몰(M)농도

용액 1L(1,000mL) 속에 녹아 있는 용질의 몰수(mole)

$$M농도 = \frac{질량(g)}{분자량(g)} \times \frac{1,000(mL)}{전체용액(mL)}$$

(3) 노르말(N)농도

용액 1L(1,000mL) 속에 녹아 있는 용질의 g당량수

$$N농도 = \frac{질량(g)}{1g당량(산, 염기)} \times \frac{1,000(mL)}{전체용액(mL)}$$

핵심문제

콜로이드 용액 중 소수 콜로이드는?

① 녹말　　　　② 아교
③ 단백질　　　❹ 수산화철

해설

소수 콜로이드 : 물에 대해 친화성을 갖지 않는 것(수산화철, 찰흙)

핵심문제

황산구리 결정 $CuSO_4 \cdot 5H_2O$ 25g을 100g의 물에 녹였을 때 몇 wt% 농도의 황산구리($CuSO_4$) 수용액이 되는가?(단, $CuSO_4$ 분자량은 160)

① 1.28%　　　② 1.60%
❸ 12.8%　　　④ 16.0%

해설

㉠ $CuSO_4 \cdot 5H_2O$의 분자량 :
　$160 + (5 \times 18) = 250g$
㉡ $CuSO_4 \cdot 5H_2O$ 25g 중에서 $CuSO_4$
　의 무게 : $25g \times \frac{160}{250} = 16g$

∴ wt%농도 $= \frac{용질}{용액} = \frac{용질}{용매 + 용질}$

$= \frac{16}{100 + 25} \times 100$

$= 12.8\%$

핵심문제

20% 염산 용액의 비중이 1.10이라면 몇 N농도인가?(단, HCl = 36.5이다.)

① 2N　　　　② 5.5N
❸ 6N　　　　④ 11N

해설

$N농도 = \frac{비중 \times 1,000}{1g당량} \times \frac{\%농도}{100}$

$= \frac{1.10 \times 1,000}{36.5} \times \frac{20}{100}$

$= 6.03 \, (N)$

PART 01 일반화학 | **23**

핵심문제

0.1N $KMnO_4$ 용액 500mL를 만들려면 $KMnO_4$ 몇 g이 필요한가?(단, 원자량은 K : 39, Mn : 55, O : 16)

① 15.8g ② 7.9g
❸ 1.58g ④ 0.89g

해설

㉠ $KMnO_4$에서 Mn은 +5가이다.

㉡ $N농도 = \dfrac{질량(g)}{1g당량} \times \dfrac{1,000(mL)}{전체용액(mL)}$

㉢ $0.1 = \dfrac{x}{\frac{158}{5}} \times \dfrac{1,000}{500}$

$\therefore x = 1.58(g)$

핵심문제

어떤 비전해질 12g을 물 60.0g에 녹였다. 이 용액이 −1.88℃의 빙점 강하를 보였을 때 이 물질의 분자량을 구하면?(단, 물의 몰랄 어는점 내림상수는 $K_f=1.86℃/m$이다.)

① 297 ② 202
❸ 198 ④ 165

해설

$\Delta T_f = \dfrac{W(g)}{M(g)} \times \dfrac{1,000(g)}{전체용매(g)} \times K_f$

$-1.88 = \dfrac{12}{M} \times \dfrac{1,000}{60.0} \times (-1.86)$

$\therefore M = 197.87$

✏️

같은 몰농도의 전해질 비등점 상승도는 전리된 이온 수에 비례하므로, 같은 몰농도에서 비전해질 용액은 이온화가 되지 않으므로 전해질 용액보다 비등점 상승도의 변화추이가 작다.

(4) 몰랄(m) 농도

용매 1,000g 속에 녹아 있는 용질의 몰수

$$m농도 = \frac{질량(g)}{분자량(g)} \times \frac{1,000(mL)}{전체용매(g)}$$

(5) mol농도와 N농도와의 관계

$$N농도 = M농도 \times 산도수(염기도수 = '가'수)$$

(6) %농도를 M농도나 N농도로 환산한 공식

① %농도 → M농도 : $M농도 = \dfrac{비중 \times 1,000}{분자량(g)} \times \dfrac{\%농도}{100}$

② %농도 → N농도 : $N농도 = \dfrac{비중 \times 1,000}{1g당량} \times \dfrac{\%농도}{100}$

2) 몰오름 상수(K_b)와 몰내림 상수(K_f)

특정 용매 1,000g 중에 용질 1몰을 녹였을 때 끓는점(어는점)을 올리는(내리는) 정도를 나타내는 상수로서 용질의 종류에 관계없이 일정하다.

$$\Delta T_b = m \times K_b \qquad \Delta T_f = m \times K_f$$

여기서, m : 몰랄농도
ΔT_b : 끓는점 오름
K_b : 몰오름 상수
ΔT_f : 어는점 내림
K_f : 몰내림 상수

CHAPTER 04 산화와 환원

1 산화, 환원

1) 산화와 환원

① 산화, 환원반응은 항상 동시에 일어난다.
② 산화, 환원반응은 전자의 이동이 있는 반응이다.
③ 산, 염기의 중화반응은 산화, 환원반응이 아니다.

구분	산소의 이동	수소의 이동	전자의 이동	산화수의 변화
산화	얻음	잃음	잃음	증가
환원	잃음	얻음	얻음	감소

(1) 산소의 이동 : $CO + \frac{1}{2}O_2 \rightarrow CO_2$

① CO는 O와 반응하여 CO_2가 되었다. → 산화
② O는 CO와 반응하여 O를 잃었다. → 환원

(2) 수소의 이동 : $N_2 + 3H_2 \rightarrow 2NH_3$

① H_2는 반응하여 NH_3가 되면서 N_2에게 수소를 주었다. → 산화
② N_2는 반응하여 NH_3가 되면서 수소를 얻었다. → 환원

(3) 산화수

산화, 환원반응을 설명하기 위해 도입한 개념으로 물질 중에 원자에 걸리는 상대적 전하량을 나타내는 수치로, 산화수는 실제값이 아닌 가상의 값이다.

① 모든 단체의 산화수는 0이다(C, H_2, O_2).
② 모든 화합물의 산화수 총합은 0이다[$H_2SO_4 = (2 \times 1) + (+6) + \{4 \times (-2)\} = 0$].
③ 이온의 산화수는 그 이온의 '가'수와 같다($Zn^{2+} = +2$, $Cl^- = -1$).
④ $H = +1$, $O = -2$이다(단, H_2O_2에서는 $O = -1$이고, OF_2에서는 $O = +2$이다).

핵심문제

다음 화학반응에서 밑줄 친 원소가 산화된 것은?

① $H_2 + \underline{Cl_2} \rightarrow 2HCl$
❷ $2\underline{Zn} + O_2 \rightarrow 2ZnO$
③ $2KBr + \underline{Cl_2} \rightarrow 2KCl + Br_2$
④ $2\underline{Ag}^+ + Cu \rightarrow 2Ag + Cu^{2+}$

해설

산화수가 증가하는 반응이 산화반응이다.
① Cl의 산화수 : $0 \rightarrow -1$(산화수 감소)
② Zn의 산화수 : $0 \rightarrow +2$(산화수 증가)
③ Cl의 산화수 : $0 \rightarrow -1$(산화수 감소)
④ Ag의 산화수 : $+1 \rightarrow 0$(산화수 감소)

핵심문제

$KMnO_4$에서 Mn의 산화수는 얼마인가?

① $+3$　　② $+5$
❸ $+7$　　④ $+9$

해설

$(+1) + x + [(-2) \times 4] = 0$
$\therefore x = +7$

핵심문제

다음 화합물 중에서 P의 산화수가 $+1$인 것은?

① H_3PO_4　　❷ H_3PO_2
③ $H_4P_2O_7$　　④ HPO_3

해설

① $[(+1) \times 3] + x + [(-2) \times 4] = 0$ $\therefore x = +5$
② $[(+1) \times 3] + x + [(-2) \times 2] = 0$ $\therefore x = +1$
③ $[(+1) \times 4] + 2 \times x + [(-2) \times 7] = 0$ $\therefore x = +5$
④ $(+1) + x + [(-2) \times 3] = 0$ $\therefore x = +5$

PART 01 일반화학 | 25

핵심문제

일반적으로 환원제가 될 수 있는 물질이 아닌 것은?

① 수소를 내기 쉬운 물질
② 전자를 잃기 쉬운 물질
③ 산소와 화합하기 쉬운 물질
❹ 발생기의 산소를 내는 물질

해설

- 산화제 : 다른 물질을 산화시키고, 자신은 환원되는 물질(④)
- 환원제 : 다른 물질을 환원시키고, 자신은 산화되는 물질(①, ②, ③)

⑤ 산화수 변화 : $CO + \frac{1}{2}O_2 \rightarrow CO_2$

㉠ CO에서 CO_2로 갈 때, C의 산화수는 +2에서 +4 → 산화
㉡ O_2에서 CO_2로 갈 때, O의 산화수는 0에서 −4 → 환원

(2) 산화제와 환원제

$$CO + \frac{1}{2}O_2 \rightarrow CO_2$$

① 산화제 : 다른 물질을 산화시키고 자신은 환원되는 물질(O_2)
② 환원제 : 다른 물질을 환원시키고 자신은 산화되는 물질(CO)

(3) 중화반응

$$HCl + NaOH \rightarrow H_2O + Na^+ + Cl^-$$

구분	Na	O	H	Cl
반응 전	+1	−2	+1	−1
반응 후	+1	−2	+1	−1
산화수 변화	×	×	×	×

※ 산·염기반응은 산화−환원 반응이 아니다.

2 전기화학

핵심문제

볼타전지에 관한 설명으로 틀린 것은?

① 이온화 경향이 큰 쪽의 물질이 (−)극이다.
❷ (+)극에서는 방전 시 산화반응이 일어난다.
③ 전자는 도선을 따라 (−)극에서 (+)극으로 이동한다.
④ 전류의 방향은 전자의 이동방향과 반대이다.

해설

② (+)극에서는 전자를 얻으므로 환원반응이 일어난다.

1) 화학전지

자발적인 산화−환원 반응을 이용하여 화학에너지를 전기에너지로 전환시키는 장치로서, 전지의 구성은

$$(-)극 \mid 전해질 용액 \mid (+)극$$

으로 구성되며, (−)극에서는 산화가, (+)극에서는 환원이 일어난다. 따라서 전자는 (−)극에서 (+)극으로 이동하고, 전류는 (+)극에서 (−)극으로 이동한다.

(1) 화학전지의 원리

① $Zn(s) + H_2SO_4(aq) \rightarrow ZnSO_4(aq) + H_2(g)$

이 반응식은 아연이 수소보다 이온화 경향이 크므로 수소이온에게 전

자를 주고 양이온으로 되며, 수소이온은 전자를 받아 수소 기체가 발생하게 된다(아연은 산화, 수소는 환원).

② 만약 황산 속에 아연판과 구리판을 넣고 도선으로 연결하면 아연이 구리보다 이온화 경향이 크므로 아연이 산화하여 양이온으르 되어 녹고 이때 생긴 전자가 아연판에서 구리판으로 이동하여 구리판에 모인 전자를 수용액 속의 수소 이온을 받아 환원하여 수소 기체가 발생하게 된다.

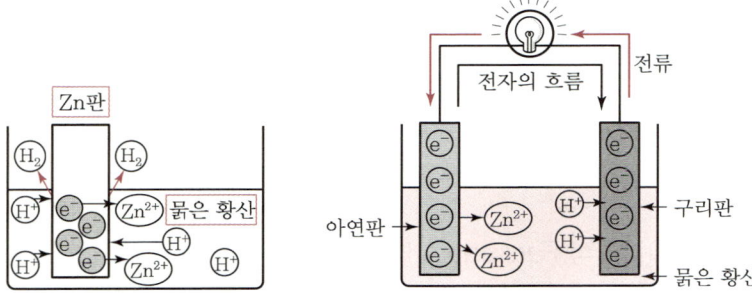

(2) 분극현상

볼타 전지를 이용하여 전구를 켜면, 켠 지 채 몇 분도 지나지 않아 전구의 불이 꺼지게 되는데 그것은 구리판 주위에 수소 기체가 생겨 전자의 흐름을 막기 때문에 생기는 현상으로, 이것을 '분극'이라고 한다.

(3) 감극제(소극제)

① 과산화수소, 이산화망가니즈 등과 같은 산화제를 구리판 주위에 넣어 주면, 수소 기체가 물로 변하여 분극현상이 없어지므로 전류가 잘 흐르게 된다. 이와 같은 현상을 '감극'이라 하고, 이때 쓰인 산화제를 '감극제(소극제)'라고 한다.

② 감극제의 종류
  ㉠ 고체 감극제 : 이산화망가니즈(MnO_2), 산화구리(CuO), 과산화납(PbO_2), 산화수은(HgO), 다이크로뮴산칼륨($K_2Cr_2O_7$) 등
  ㉡ 액체 감극제 : 과산화수소(H_2O_2), 질산 또는 황산과 다이크로뮴산염의 혼합액
  ㉢ 기체 감극제 : 공기 중의 산소 등

(4) 전지의 종류

① 볼타전지
  ㉠ 산화전극(−극) : $Zn(s) \rightarrow Zn^{2+}(aq) + 2e^-$
  ㉡ 환원전극(+극) : $2H^+(aq) + 2e^- \rightarrow H_2(g)$

핵심문제

볼타전지에서 갑자기 전류가 약해지는 현상을 "분극현상"이라 한다. 이 분극현상을 방지해 주는 감극제로 사용되는 물질은?

❶ MnO_2　　② $CuSO_3$
③ $NaCl$　　④ $Pb(NO_3)_2$

해설

감극제(소극제)
이산화망가니즈(MnO_2), 산화구리(CuO), 과산화납(PbO_2), 산화수은(HgO) 등

핵심문제

다음 물질의 수용액을 같은 전기량으로 전기분해하여 금속을 석출한다고 가정할 때 석출되는 금속의 질량이 가장 많은 것은?(단, 괄호 안의 값은 석출된 금속의 원자량이다.)

① $CuSO_4(Cu=64)$
② $NiSO_4(Ni=59)$
❸ $AgNO_3(Ag=108)$
④ $Pb(NO_3)_2(Pb=207)$

해설

$1F=96,500C=1g$당량 석출

① $CuSO_4(Cu=64)=\dfrac{64}{2}=32$

② $NiSO_4(Ni=59)=\dfrac{59}{2}=29.5$

③ $AgNO_3(Ag=108)=\dfrac{108}{1}=108$

④ $Pb(NO_3)_2(Pb=207)$

$=\dfrac{207}{2}=103.5$

핵심문제

황산구리 수용액을 전기분해하여 음극에서 63.54g의 구리를 석출시키고자 한다. 10A의 전기를 흐르게 하면 전기분해에는 약 몇 시간이 소요되는가? (단, 구리의 원자량은 63.54이다.)

① 2.72　　❷ 5.36
③ 8.13　　④ 10.8

해설

㉠ $1F=96,500C(쿨롱)=1g$당량 석출
㉡ 2g당량$=63.54(g)=2\times96,500(C)$
㉢ $C(쿨롱)=A(암페어)\times sec(초)$에서
$2\times96,500(C)=10(A)\times t(sec)$

$\therefore\ t=19,300\,sec\times\dfrac{1\,hr}{3,600\,sec}$

$=5.361\,hr$

핵심문제

1패러데이(Faraday)의 전기량으로 물을 전기분해하였을 때 생성되는 수소기체는 0℃, 1기압에서 얼마의 부피를 갖는가?

① 5.6L　　❷ 11.2L
③ 22.4L　　④ 44.8L

해설

본문 참조

㉢ 전체반응 : $Zn(s)+2H^+(aq)\longrightarrow Zn^{2+}(aq)+H_2(g)$
㉣ $(-)Zn\,|\,H_2SO_4(aq)\,|\,Cu(+)$

② 다니엘전지
　㉠ 산화전극(−극) : $Zn(s)\longrightarrow Zn^{2+}(aq)+2e^-$
　㉡ 환원전극(+극) : $Cu^{2+}(aq)+2e^-\longrightarrow Cu(s)$
　㉢ 전체반응 : $Zn(s)+Cu^{2+}(aq)\longrightarrow Zn^{2+}(aq)+Cu(s)$
　㉣ $(-)Zn\,|\,ZnSO_4(aq)\,\|\,CuSO_4(aq)\,|\,Cu(+)$

③ 건전지
　$(-)Zn\,|\,NH_4Cl$포화용액$\,|\,C(MnO_2)(+)$

④ 납축전지
　$(-)Pb\,|\,H_2SO_4(aq)\,|\,PbO_2(+)$

2) 패러데이 법칙(Faraday's law)

① 전해질 용액에 전류를 흘려줄 때 전극에서 생성되는 물질의 양은 화학당량의 정수 배가 된다는 것으로, 전기분해에서 얻어지는 물질의 질량은 전해액에 통해 만들어진 전기량에 비례하고 일정한 전기량으로부터 얻어지는 물질의 질량은 그 물질의 당량에 비례한다.

② 1C(쿨롱) : 1초 동안에 흐르는 전기량(A)
　$1C=1A\times1sec$

③ 1F(패럿) : 물질 1g당량 석출에 필요한 전기량
　$1F=96,500C=1g$당량 석출

▼ 전기량에 따른 물질의 양

전기량	전해질	무게	부피 (표준상태)	원자 수	분자 수
1F	H_2	1.008g	11.2L	6×10^{23}개	$\dfrac{1}{2}\times6\times10^{23}$개
1F	O_2	8.00g	5.6L	$\dfrac{1}{2}\times6\times10^{23}$개	$\dfrac{1}{4}\times6\times10^{23}$개
1F	$CuSO_4$	63.5/2g		$\dfrac{1}{2}\times6\times10^{23}$개	$\dfrac{1}{2}\times6\times10^{23}$개
1F	$AgNO_3$	108g		6×10^{23}개	6×10^{23}개

CHAPTER 05 금속 및 비금속 원소와 그 화합물

1 금속과 그 화합물

1) 일반적 성질

(1) 일반 성질

① 광택을 가지며 전성, 연성이 풍부하고 전기와 열의 전도성이 뛰어난 홑원소물질 및 합금이다.
② 금속은 중금속, 경금속, 전형원소, 전이금속 등으로 분류
③ 금속은 전자를 방출하여 양이온이 되며 자유전자에 의해 금속결합을 한다.
④ 원자의 반지름이 크며, 이온화 에너지는 작다.
⑤ 상온에서 고체이다(단, Hg은 상온에서 유일한 액체금속).

(2) 금속의 불꽃반응

Li	Na	K	Cu	Ba	Ca	Rb	Cs
적색	노란색	보라색	청록색	황록색	주황색	심청색	청자색

2) 알칼리금속(1족)과 그 화합물

Li(리튬), Na(나트륨), K(칼륨), Rb(루비듐), Cs(세슘), Fr(프란슘)의 6개 원소

(1) 일반 성질

① 화학적으로 활성이 큰 금속으로 1가의 양이온이 되기 쉽다(이온화 에너지가 작다).
② 원자번호가 증가할수록 활성과 반지름이 커지며, 비점과 융점이 낮아진다.
③ 상온에서 물과 격렬하게 반응하여 수소와 열을 발생시킨다.
④ 제3류 위험물로서 석유나 파라핀 속에 넣어 보관한다.

핵심문제

금속의 특징에 대한 설명 중 틀린 것은?

① 고체 금속은 연성과 전성이 있다.
② 고체상태에서 결정구조를 형성한다.
③ 반도체, 절연체에 비하여 전기전도도가 크다.
❹ 상온에서 모두 고체이다.

해설

④ 수은(Hg)은 상온에서 액체상태이다.

핵심문제

불꽃 반응 시 보라색을 나타내는 금속은?

① Li   ❷ K
③ Na   ④ Ba

해설

본문 참조

(2) 암모니아소다법(솔베이법)

포화식염수(염화나트륨과 물)에 암모니아와 이산화탄소를 흡수시킨 후 가열하거나 수산화칼슘을 첨가해서 탄산나트륨(소다)을 생성시키는 공정을 일컫는다.

① $NH_3 + CO_2 + H_2O + NaCl \rightarrow NH_4Cl + NaHCO_3$(침전)

② $2NH_4Cl + Ca(OH)_2 \rightarrow CaCl_2 + 2NH_3 + 2H_2O$

③ $2NaHCO_3 \xrightarrow{\Delta} Na_2CO_3 + CO_2\uparrow + H_2O$

④ $Na_2CO_3 + Ca(OH)_2 \rightarrow 2NaOH + CaCO_3$

⑤ 암모니아소다법에서 암모니아와 함께 생성되는 부산물 염화칼슘($CaCl_2$)이다.

핵심문제

알칼리토금속의 일반적인 성질로 옳은 것은?

① 음이온 2가의 금속이다.
② 루비듐, 라돈 등이 해당된다.
❸ 같은 주기의 알칼리금속보다 융점이 높다.
④ 비중이 1보다 작다.

해설

① 양이온 2가의 금속이다.
② 스트론튬(Sr), 바륨(Ba), 라듐(Ra) 등이 해당된다.
④ 비중이 1보다 크다.

---

3) 알칼리토금속(2족)과 그 화합물

Be(베릴륨), Mg(마그네슘), Ca(칼슘), Sr(스트론튬), Ba(바륨), Ra(라듐)의 6개 원소

(1) 일반 성질

① 화학적으로 활성이 알칼리금속 다음으로 큰 금속으로 2가의 양이온이 되기 쉽다.
② 알칼리금속과 마찬가지로 물과 반응하여 수소를 발생시킨다.
③ 마그네슘은 제2류 위험물이고, 나머지는 제3류 위험물에 속한다.

(2) 탄화칼슘(CaC_2, 카바이드)

① 순수한 것은 백색 고체이나 보통은 회흑색 덩어리 상태의 괴상고체이다.
② 물과 반응하여 수산화칼슘(소석회)과 아세틸렌가스가 생성된다.
   $CaC_2 + 2H_2O \rightarrow Ca(OH)_2 + C_2H_2\uparrow$
③ 고온에서 질소 가스와 반응하여 석회질소가 된다.
   $CaC_2 + N_2 \rightarrow CaCN_2 + C$

(3) 센물과 단물

① 센물 : Ca^{2+}, Mg^{2+}가 많이 포함된 물로서 비누거품이 잘 일어나지 않는 물
② 단물 : Ca^{2+}, Mg^{2+}가 적게 포함된 물로서 비누거품이 잘 이는 물
③ 센물을 단물로 바꾸는 방법으로는 탄산나트륨(Na_2CO_3) 추가, 퍼뮤티트(Permutite)법, 이온교환수지법 등이 있다.

4) 붕소족(3족) 원소와 그 화합물

B(붕소), Al(알루미늄), Ga(갈륨), In(인듐), Tl(탈륨)의 5개 원소

(1) 알루미늄(Al)

① 은백색의 무른 경금속으로 열전도율과 전기전도도가 크며, 3가의 양이온으로 반응한다.

② 양쪽성 원소로 산·알칼리에 모두 반응한다.

- $2Al + 6HCl \rightarrow 2AlCl_3 + 3H_2 \uparrow$
- $2Al + 2NaOH + 2H_2O \rightarrow 2NaAlO_2 + 3H_2 \uparrow$

③ 테르밋(Thermite) : 산화철(Fe_2O_3)과 알루미늄(Al) 분말의 혼합물

④ 테르밋 용접(Thermite Welding) : 테르밋을 도가니에 넣은 후 그 위에 과산화 바륨, 마그네슘 등의 혼합분말을 놓고 점화하면 생성되는 6,000℃ 정도의 열을 이용하는 용접방법

② 비금속 원소와 그 화합물

1) 일반적 성질

① 주로 전자를 받아서 음이온이 되며, 공유결합을 한다.

② 원자의 반지름이 작으며, 이온화 에너지는 크다.

③ 대부분 상온에서 고체 또는 기체상태이다(단, Br_2은 액체상태).

2) 비활성(불활성) 기체(0족)

헬륨(He), 네온(Ne), 아르곤(Ar), 크립톤(Kr), 크세논(Xe), 라돈(Rn)의 6개 원소

(1) 일반 성질

① 무색, 무취의 단원자 분자이다.

② 서로 간 결합이 약하기 때문에 낮은 녹는점과 끓는점을 가진다.

③ 전기를 방전시키면 특수한 빛깔을 띤다.

④ 최외각 전자가 8개(He은 2개)로 안정하여 다른 원소와 반응하지 않는 안정적인 원소이다.

핵심문제

주기율표상 0족의 불활성 물질이 아닌 것은?

① Ar　　　　② Xe
③ Kr　　　　❹ Br

해설

본문 참조[브로민(Br)은 할로겐 원소이다]

3) 할로젠 원소(7족)와 그 화합물

플루오린(F_2), 염소(Cl_2), 브로민(Br_2), 아이오딘(I_2), 아스타틴(At_2)의 5개 원소

(1) 일반 성질

① 브로민(Br_2)은 상온에서 액체이다.

② 일반적으로 전기음성이 강하고, 비금속이다.

③ 최외각전자가 7개이며, -1가 이온이 되기 쉬운 원소이다.

④ 원자번호가 클수록 분자 간 인력이 강하여 녹는점과 끓는점이 높아진다.

⑤ 염소(Cl_2)는 강력한 산화제로서, 물에 녹아 하이포아염소산($HClO$)이 되고, 이는 살균, 표백작용을 한다.

⑥ 불화수소(HF)는 유리를 녹일 수 있는 산으로 유리병에 글자나 복잡한 무늬를 새기는 데 활용한다.

(2) 할로젠화 수소의 세기

① 산성 : $HI > HBr > HCl > HF$

② 결합력 : $HF > HCl > HBr > HI$

③ 끓는점 : $HF > HI > HBr > HCl$

(3) 염화나트륨(NaCl)

① 염소와 나트륨의 화합물로 식용 소금의 주성분이다.

② 염화나트륨 이온(Na^+)과 염화 이온(Cl^-)의 이온결합을 한다.

③ 극성구조를 가지며, 극성용매(H_2O)에 잘 녹는다.

④ $NaCl + AgNO_3 \rightarrow NaNO_3 + AgCl$(흰색 침전)

4) 산소족 원소(6족)와 그 화합물

산소(O), 황(S), 셀레늄(Se), 텔루륨(Te), 폴로늄(Po)의 5개 원소

(1) 일반 성질

① 최외각 전자가 6개이며 산소는 -2가, 다른 원소는 2, 4, 6가 모두 취할 수 있다.

② 산소와 황은 비금속, 셀레늄, 텔루륨은 준금속(Metalloid)로 분류되기도 한다.

핵심문제

다음과 같은 순서로 커지는 성질이 아닌 것은?

$$F_2 < Cl_2 < Br_2 < I_2$$

❶ 구성원자의 전기음성도
② 녹는점
③ 산성의 크기
④ 구성원자의 반지름

해설

원자번호가 클수록 분자 간 인력이 강하여 녹는점과 끓는점이 높아진다.
※ 전기음성도 : F > Cl > Br > I

핵심문제

노란색(황색)의 불꽃반응을 나타내며, 수용액에 $AgNO_3$ 용액을 넣었더니 흰색 침전이 생겼다. 이 물질은 무엇인가?

❶ NaCl   ② $BaCl_2$
③ $CuSO_4$ ④ K_2SO_4

해설

염화나트륨(NaCl)
㉠ 금속(Na)의 불꽃반응 색깔 : 노란색
㉡ $NaCl + AgNO_3 \rightarrow NaNO_3 + AgCl$
　(흰색 침전)

핵심문제

다음 중 산소와 같은 족의 원소가 아닌 것은?

① S   ② Se
③ Te   ❹ Bi

해설

본문 참조[비스무트(Bi)는 질소족 원소(5족)이다]

(2) 황(S)

① 순도가 60(중량)% 이상인 것을 제2류 위험물이라 말한다.
② 동소체(단사황, 사방황, 고무상황)를 가진다.
③ 조해성은 없고, 물, 산에는 녹지 않으나 알코올에는 약간 녹는다.
④ 고무상황은 이황화탄소(CS_2)에 녹지 않지만 단사황과 사방황은 잘 녹는다.
⑤ 공기 중에서 연소하면 푸른빛을 내며 이산화황(SO_2)을 발생시킨다.
⑥ 전기절연체로 쓰이며, 탄성고무, 성냥, 화약 등에 쓰인다.

(3) 황산(H_2SO_4)

① 농황산($c-H_2SO_4$) : c는 Concentrated(농도가 진한)을 의미한다.
② 연실법 또는 접촉법을 사용하여 제조하는 물질로서 건조제로 사용될 수 있다.
③ 염산(HCl), 질산(HNO_3)과 더불어 강산으로 유명한 물질이다.
④ 셀룰로스에 진한 질산(3)과 진한 황산(1)의 비율로 혼합작용시키면 나이트로셀룰로스가 된다.
⑤ 발연황산 : 삼산화황(SO_3)을 97~98%의 진한 황산에 흡수시킨 것으로 무색의 끈적끈적한 액체이다.

(4) 황화수소(H_2S)

① 무색이고 계란 썩는 냄새가 나는 유독한 기체이다.
② 독성, 부식성, 가연성을 가진다.
③ 완전연소 시 SO_2를 발생하고, 불완전연소 시는 S(황)을 유리시킨다.

(5) 과산화수소(H_2O_2)

① 무색의 액체이며, 표백, 살균작용을 한다.
② 과산화수소 3%의 용액을 소독약인 옥시풀이라 한다.
③ 농도 36% 이상이어야 위험물에 속하며, 단독으로 폭발할 위험이 있다.
④ 용기의 내압상승을 방지하기 위하여 저장용기 마개는 구멍 뚫린 것을 사용한다.

5) 질소족 원소(6족)와 그 화합물

질소(N), 인(P), 비소(As), 안티모니(Sb), 비스무트(Bi)의 5개 원소

핵심문제

발연황산이란 무엇인가?

① H_2SO_4의 농도가 98% 이상인 거의 순수한 황산
② 황산과 염산을 1 : 3의 비율로 혼합한 것
❸ SO_3를 황산에 흡수시킨 것
④ 일반적인 황산을 총괄하는 것

해설

발연황산이란 삼산화황(SO_3)을 진한 황산에 흡수시킨 것으로 끈적끈적한 액체이다.

(1) 일반 성질

① 최외각전자가 5개이며 -3가 이온이 되기 쉬운 원소이다.

② 질소와 인은 가스 또는 고체상태로, 비소와 안티모니는 금속과 비금속 성질을 모두 나타내며 비스무트는 금속적인 성질을 나타낸다.

③ NH_4^+ 이온은 네슬러시약에 의하여 검출한다(적갈색 침전).

(2) 인(P_4)

구분	적린(P)	황린(P_4)
외관	암적색, 무취의 분말	백색 또는 담황색 고체
수용성	비수용성	비수용성
조해성/자연발화성	있음/없음	없음/있음
독성	무독	맹독
유별(지정수량)	제2류 위험물(100kg)	제3류 위험물(20kg)
저장방법	냉암소 또는 물속에 저장	pH=9 정도의 물속에 저장
용도	성냥, 농약, 유기합성 등의 제조	연막, 조명탄 등의 제조

(3) 질산(HNO_3)

① 소방법에서 규제하는 진한 질산은 그 비중이 1.49 이상이다.

② 질산과 염산을 1 : 3 비율로 제조한 것을 왕수(王水)라고 한다.

③ 크산토프로테인 반응 : 단백질에 진한 질산을 가하면 황색으로 변한다.

④ 발연질산은 이산화질소(NO_2)를 함유하는 진한 질산용액으로, 상온에서 적갈색의 연기를 발생시킨다.

⑤ 진한 질산은 철(Fe), 니켈(Ni), 크로뮴(Cr), 알루미늄(Al)과 반응하여 부동태를 형성한다(부동태란 더 이상 산화작용을 하지 않는다는 의미이다).

6) 탄소족 원소와 그 화합물

탄소(C), 규소(Si), 게르마늄(Ge), 주석(Sn), 납(Pb)의 5개 원소

(1) 일반 성질

① C는 비금속원소, Si, Ge은 준금속원소, Sn, Pb는 양쪽성 원소이다.

② 탄소와 모래를 전기로에 넣어서 가열하면 연마제로 쓰이는 물질 카보런덤이 만들어진다.

(2) 카보런덤(SiC)

① 모래(규소)와 탄소로 구성된 결정질 화합물로서 탄화규소라고도 한다.

핵심문제

크산토프로테인 반응과 관계되는 물질은?

① 과염소산　② 벤젠
③ 무수크롬산　❹ 질산

해설

크산토프로테인 반응
단백질 검출반응의 일종으로 단백질에 진한 질산을 가하면 노란색으로 변한다.

핵심문제

탄소와 모래를 전기로에 넣어서 가열하면 연마제로 쓰이는 물질이 생성된다. 이에 해당하는 것은?

❶ 카보런덤　② 카바이드
③ 카본블랙　④ 규소

해설

탄소와 모래를 전기로에 넣어서 가열하면 연마제로 쓰이는 물질인 카보런덤(SiC)이 만들어진다.

② 높은 경도와 내열성을 가지며, 열전도율이 높다.

③ 연마재, 전자부품, 세라믹, 유리제조, 내화벽돌 등으로 사용된다.

(3) 이산화규소(SiO_2)

① 수정, 석영, 모래의 주성분이다.

② 이온결합과 공유결합을 모두 하고 있다.

③ 3차원 그물구조로 육각기둥 모양을 하고 있다.

④ 수산화나트륨과 작용시키면 물유리의 원료인 규산나트륨을 만든다.

(4) 이산화탄소(CO_2)

① 킵 장치를 써서 탄산칼슘(대리석)과 묽은 염산으로부터 발생시킨다.

② 킵 장치로 얻을 수 있는 기체

    ㉠ 킵 장치 : 고체와 액체 화합물을 서로 접촉시켜 기체를 발생시키는 장치

    ㉡ FeS(황화철) $+2HCl$(염산) $\rightarrow FeCl_2 + H_2S \uparrow$

    ㉢ Zn(아연) $+H_2SO_4$(황산) $\rightarrow ZnSO_4 + H_2 \uparrow$

    ㉣ $CaCO_3$(탄산칼슘) $+2HCl$(염산) $\rightarrow CaCl_2 + H_2O + CO_2 \uparrow$

7) 기타 원소와 그 화합물

(1) 수은(Hg)

① 상온에서 유일한 액체 금속이며, 증기는 독성이 있다.

② 여러 가지 금속과 아말감을 만든다.

③ 아말감은 중요한 치과 치료용 재료로 사용한다.

※ 아말감 : 수은과 다른 금속의 합금(단, Pt, Fe, Co, Ni은 제외)

3 화학결합

1) 이온결합

(1) 이온결합의 정의

금속과 비금속 사이에서 주로 발생하는 형태의 결합으로 전자의 이동에 기반하며, 양전하를 가진 금속이온과 음전하를 가진 비금속이온 간의 정전기적인 인력에 의해 형성된다.

핵심문제

고체에 액체를 넣어 가열하지 않고 기체를 발생시킬 때 킵 장치(Kipp Apparatus)를 사용한다. 아래 화학반응식 중 킵 장치를 사용할 필요가 없는 것은?

❶ $Cu + H_2SO_4 \rightarrow CuSO_4 + H_2$

② $Zn + H_2SO_4 \rightarrow ZnSO_4 + H_2$

③ $CaCO_3 + 2HCl$
$\rightarrow CaCl_2 + H_2O + CO_2$

④ $FeS + 2HCl \rightarrow FeCl_2 + H_2S$

해설

킵 장치로 얻을 수 있는 기체

㉠ FeS(황화철) $+2HCl$(염산)
$\rightarrow FeCl_2 + H_2S \uparrow$

㉡ Zn(아연) $+ H_2SO_4$(황산)
$\rightarrow ZnSO_4 + H_2 \uparrow$

㉢ $CaCO_3$(탄산칼슘) $+ 2HCl$(염산)
$\rightarrow CaCl_2 + H_2O + CO_2 \uparrow$

✏️ 착화합물(배위화합물)

중심의 금속이온에 리간드가 결합된 착화합물과 같으며, 중심 금속이온은 주로 원자번호 21~29번의 전이금속이다[$Cu(NH_2)_4SO_4$, $K_4Fe(CN)_6$].

핵심문제

금속성이 강한 원자와 비금속성이 강한 원자 간의 화학결합의 종류는?

❶ 이온결합   ② 공유결합

③ 배위결합   ④ 금속결합

해설

본문 참조

(2) 이온결합의 특성

① 금속과 비금속 사이에서 결합이다.
② 녹는점, 끓는점이 일반적으로 높다.
③ 고체는 전기 부도체이나, 액체 또는 수용액에서는 전기전도성이 크다.

(3) 이온결합을 이루는 물질

① 염화나트륨(NaCl) : $Na^+ + Cl^-$
② 황산구리(CuSO₄) : $Cu^{2+} + SO_4{}^{2-}$
③ 산화바륨(BaO) : $Ba^+ + O^-$

2) 공유결합

(1) 공유결합의 정의

① 주로 서로 다른 두 비금속 원소끼리 각각 전자를 내놓아 전자쌍을 만들고, 이 전자쌍을 공유함으로써 형성되는 결합으로 일반적으로 반응이 느리게 진행된다.
② 공유결합에 참여하는 전자쌍을 '공유 전자쌍', 공유결합에 참여하지 않는 전자쌍을 '비공유 전자쌍'이라고 하는데 두 원자 사이에 공유하는 전자쌍의 수에 따라 단일결합, 2중결합, 3중결합으로 구분한다.

(2) 극성 · 비극성 공유결합

① 극성 공유결합(쌍극자)
전기음성도 차이가 크면 이온결합이 이루어지나. 약간 차이가 있어 분자 내에 극(+, −)이 나타나는 분자결합으로 비대칭 구조로 이루어진 결합을 말한다.
예 HF, HCl, H_2O, NH_3, H_2S, CH_3COOH, CH_3COCH_3

② 비극성 공유결합(무극자)
전기음성도 차이가 없을 때(동종원소) 전자를 동등한 정도로 공유하는 결합으로서 분자 내에 극(+, −)이 없는 결합으로 단체 또는 대칭 구조로 이루어진 결합을 말한다.
예 H_2, O_2, Cl_2, CH_4, C_2H_4, CO_2, BH_3, C_2H_2, C_6H_6

③ 극성 · 비극성 공유결합의 특징
㉠ 극성 물질은 극성 용매에, 비극성 물질은 비극성 용매에 잘 녹는다.
㉡ 극성 공유결합은 이온결합과 비극성 공유결합 화합물의 중간 성질을 띤다.

핵심문제

다음 중 공유결합 화합물이 아닌 것은?

❶ NaCl ② HCl
③ CH₃COOH ④ CCl₄

해설

· 공유결합 : ②, ③, ④
· 이온결합 : ①

핵심문제

다음 중 비극성 분자는 어느 것인가?

① HF ② H₂O
③ NH₃ ❹ CH₄

해설

본문 참조

핵심문제

극성인 용매 P와 비극성인 용매 N이 있다. 다음 중 옳은 것은?

① P와 N은 서로 섞인다.
❷ P는 물에 섞인다.
③ CCl₄는 P와 N에 섞인다.
④ NaCl은 P와 N에 녹는다.

해설

극성 물질은 극성 용매(P)에, 비극성 물질은 비극성 용매(N)에 잘 녹는다 (물은 극성이다).

ⓒ 극성은 수소결합으로 이루어진 것이 많아 끓는점이 높다.
ⓓ 비극성은 휘발성이 대단히 크고, 녹는점·끓는점이 매우 낮다.

3) 배위결합

공유결합의 일종으로, 공유결합은 일반적으로 상호 간의 전자 공유가 일어나지만, 배위결합의 경우 한쪽 원자에서 전자쌍을 일방적으로 제공하는 형태로 결합을 형성한다.

① $NH_3 + H^+ \rightarrow NH_4^+$

$$\begin{array}{ccc} & H & & & & H \\ & | & & & & | \\ H - N : & & H^{\oplus} & \longrightarrow & H - \overset{\oplus}{N} - H \\ & | & & & & | \\ & H & & & & H \end{array}$$

② $H_2O + H^+ \rightarrow H_3O^+$

$$\begin{array}{ccc} & \overset{..}{H - O} : & & H^{\oplus} & \longrightarrow & \overset{..}{H - \overset{\oplus}{O} - H} \\ & | & & & & | \\ & H & & & & H \end{array}$$

4) 수소결합

(1) 수소결합의 정의

전기음성도가 큰 2주기 원소인 N(질소), O(산소), F(플루오린) 등과 이웃한 분자인 H(수소)원자 사이에서 끌어당기는 힘이다.

(2) 수소결합의 특성

① 분자 사이에서 일어나는 인력에 의한 결합이다.
② 녹는점과 끓는점이 높고, 융해열과 기화열이 크다.
③ 수소결합을 하는 물질은 분자 내 쌍극자 모멘트가 발생하는 극성 공유결합으로 물에 잘 녹는다.
④ 물(H_2O)의 끓는점이 황화수소(H_2S)의 끓는점보다 높은 이유는 물은 수소결합을 가진 극성 공유결합이고, 황화수소는 단순 극성 공유결합이기 때문이다.

5) 금속결합

자유전자와 금속의 양이온 사이의 정전기적 인력에 의한 결합으로, 전성(퍼지는 성질), 연성(늘어나는 성질), 전기전도성이 있으며, 열전도도 또한 높다.

핵심문제

NH_4Cl에서 배위결합을 하고 있는 부분을 옳게 설명한 것은?

① NH_3의 N-H결합
❷ NH_3의 H^+결합
③ NH_4^+의 Cl^-결합
④ H^+의 Cl^-결합

해설

배위결합
공유결합의 일종으로, 한쪽 원자에서 전자쌍을 일방적으로 제공하는 형태로 결합을 형성한다($NH_3 + H^+ \rightarrow NH_4^+$, $H_2O + H^+ \rightarrow H_3O^+$).

핵심문제

H_2O가 H_2S보다 비등점이 높은 이유는 무엇인가?

① 분자량이 적기 때문에
❷ 수소결합을 하고 있기 때문에
③ 공유결합을 하고 있기 때문에
④ 이온결합을 하고 있기 때문에

해설

본문 참조

핵심문제

다음 결합 종류 중 결합력의 세기가 가장 작은 것은?

① 공유결합   ② 이온결합
③ 금속결합   ❹ 수소결합

해설

본문 참조

✏ **결합력의 세기**

공유결합 > 이온결합 > 금속결합 > 수소결합

PART 01 일반화학 | **37**

CHAPTER **06**

유기화합물

1 유기화합물의 특성

1) 일반적 성질

(1) 정의

① 탄소원자를 갖는 화합물(탄화수소계 화합물)로서 탄산(염), 탄소산화물(일산화탄소, 이산화탄소 등), 사이안화물 등은 제외한다.

② 탄소와 수소(탄화수소)를 기본으로, 비금속 원소들과 화합물을 이루며, 탄소원자들끼리의 결합, 탄소사슬에 다른 원소의 원자들이 부착 결합하는 형태에 따라 많은 종류의 결합형태가 가능하다.

(2) 유기화합물(탄화수소)의 구분

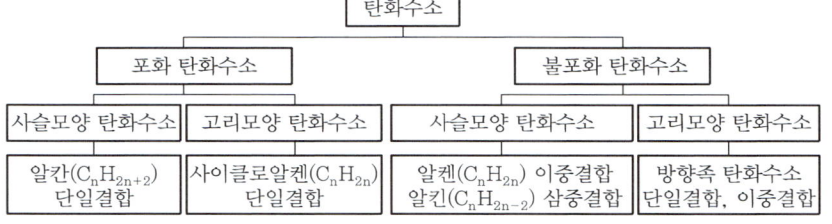

(3) 유기화합물의 중요 작용기

작용기		일반명	예
이름	기호		
나이트로기	$-NO_2$	나이트로	나이트로벤젠($C_6H_5NO_2$)
바이닐기	$CH_2=CH-$	바이닐	염화바이닐(CH_2CHCl)
술폰산기	$-SO_3H$	술폰산	벤젠 술폰산($C_6H_5SO_3H$)
아미노기	$-NH_2$	아민	아닐린($C_6H_5NH_2$)
알데하이드기	$-CHO$	알데하이드	포름알데하이드($HCHO$)
에스터기	$-COO-$	에스터	아세트산메틸(CH_3COOCH_3)

핵심문제

포화 탄화수소에 해당하는 것은?

① 톨루엔 　② 에틸렌
❸ 프로판 　④ 아세틸렌

해설

① $C_6H_5CH_3$
② C_2H_4
③ C_3H_8
④ C_2H_2
포화 탄화수소 : 단일결합으로만 이루어진 것[알칸(C_nH_{2n+2}), 사이클로알켄(C_nH_{2n})]

핵심문제

관능기와 그 명칭을 나타낸 것 중 틀린 것은?

① $-OH$: 히드록실기
❷ $-NH_2$: 암모니아기
③ $-CHO$: 알데하이드기
④ $-NO_2$: 나이트로기

해설

② $-NH_2$: 아미노기

작용기		일반명	예
이름	기호		
에터기	$-O-$	에터	에틸에터($C_2H_5OC_2H_5$)
카르보닐기	$>CO$	케톤	아세톤(CH_3COCH_3)
카르복실기	$-COOH$	카르복실산	아세트산(CH_3COOH)
하이드록실기 (수산기)	$-OH$	알코올 (페놀)	메틸알코올(CH_3OH), 페놀(C_6H_5OH)

2) 이성질체

(1) 정의

같은 원소 배합으로 이루어지며 그 배치에 따라서 성질이 달라지는 물질, 즉 분자식은 같으나 시성식이나 구조식이 다른 물질을 말한다.

화학명	산화프로필렌	화학명	아세톤
분자식	C_3H_6O	분자식	C_3H_6O
시성식	CH_3CH_2CHO	시성식	$(CH_3)_2CO$
구조식		구조식	

(2) 종류

① **구조 이성질체** : 사슬 이성질체[펜탄(C_5H_{12})]와 위치 이성질체[크실렌 ($C_6H_4(CH_3)_2$)]가 있다.

n−펜탄	iso−펜탄	neo−펜탄

o−크실렌	m−크실렌	p−크실렌

핵심문제

산화에 의하여 카르보닐기를 가진 화합물을 만들 수 있는 것은?

① $CH_3-CH_2-CH_2-COOH$

❷ $CH_3-CH-CH_3$
           $|$
          OH

③ $CH_3-CH_2-CH_2-OH$

④ CH_2-CH_2
     $|$ $|$
     OH OH

해설

카르보닐기($>CO$)

$CH_3CHOHCH_3 \xrightarrow{-2H}$

$CH_3-CO-CH_3$

핵심문제

다음 화합물들 가운데 기하 이성질체를 가지고 있는 것은?

① $CH_2 = CH_2$

② $CH_3 - CH_2 - CH_2 - OH$

③
$$\underset{CH_3}{\overset{CH_3}{\diagdown}}C=C\underset{CH_3}{\overset{CH_3}{\diagup}}$$

❹ $CH_3 - CH = CH - CH_3$

해설

기하 이성질체

cis - 다이메틸에텐[$C_2H_2(CH_3)_2$]

$$\underset{H}{\overset{CH_3}{\diagdown}}C=C\underset{H}{\overset{CH_3}{\diagup}}$$

trans - 다이메틸에텐[$C_2H_2(CH_3)_2$]

$$\underset{H}{\overset{CH_3}{\diagdown}}C=C\underset{CH_3}{\overset{H}{\diagup}}$$

---

② **기하 이성질체** : 분자를 구성하는 원자의 결합 관계는 같지만 서로 다른 공간 배열을 갖는 이성질체로서 원자 또는 작용기의 방향에 따라 시스(cis), 트랜스(trans)로 구분된다.

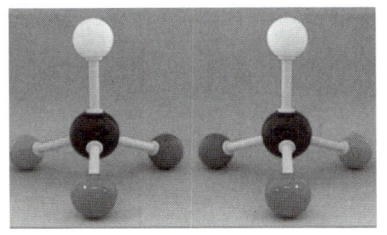

cis - 다이클로로에텐($C_2H_2Cl_2$)	trans - 다이클로로에텐($C_2H_2Cl_2$)
$\underset{H}{\overset{Cl}{\diagdown}}C=C\underset{H}{\overset{Cl}{\diagup}}$	$\underset{H}{\overset{Cl}{\diagdown}}C=C\underset{Cl}{\overset{H}{\diagup}}$

③ **광학 이성질체** : 오른손을 거울에 비추면 왼손과 똑같지만 서로 겹칠 수 없는 구조를 가진 물질로서 분자 내 특정 원자 주위의 다른 원자나 그룹의 배열이 서로 다르면서 빛의 회전 방향이 반대인 두 이성질체를 의미한다.

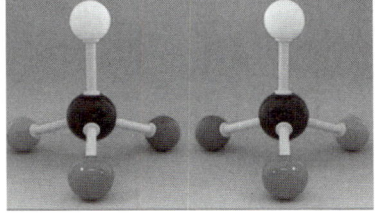

▲ 광학 이성질체 모형

3) 유기화합물(사슬모양 탄화수소)의 명명

(1) 알킬계열(C_nH_{2n+1})

메틸기($-CH_3$), 에틸기($-C_2H_5$), 프로필기($-C_3H_7$), 부틸기($-C_4H_9$) 등이 있다.

(2) 알칸계열(C_nH_{2n+2})

① 단일결합($C-C$)을 가지는 메탄계열 : $1.54\,Å$

② 메탄(CH_4), 에탄(C_2H_6), 프로판(C_3H_8), 부탄(C_4H_{10}) 등이 있다.

(3) 알켄계열(C_nH_{2n})

① 이중결합($C=C$)을 가지는 에틸렌계열 : $1.34\,Å$

② 에틸렌(C_2H_4), 프로필렌(C_3H_6), 뷰텐(C_4H_8) 등이 있다.

(4) 알킨계열(C_nH_{2n-2})

① 삼중결합($C\equiv C$)을 가지는 아세틸렌계열 : $1.2\,Å$

② 아세틸렌(C_2H_2) 등이 있다.

40 | 위험물산업기사 필기

(5) 결합길이의 순서

단일결합 > 벤젠(1.4 Å) > 이중결합 > 삼중결합

2 지방족 화합물

1) 지방족 탄화수소

사슬모양 탄화수소계로 포화 탄화수소(알칸계 탄화수소), 불포화 탄화수소(알켄, 알킨계 탄화수소)로 나누어진다.

(1) 메탄계 탄화수소 = 알칸족(Alkane) = 파라핀계 탄화수소(일반식 : C_nH_{2n+2})

① SP^3 혼성결합 궤도함수를 따른다.
② 탄소수가 1~4개까지는 기체, 5~16개까지는 액체, 17개 이상은 고체이다.
③ 탄소수가 증가할수록 이성질체가 많아진다.
④ 탄소수가 증가할수록 용융점, 비등점, 연소열이 높아지고 발화점이 낮아진다.

▼ 이성질체 수

화학식	C_4H_{10}	C_5H_{12}	C_6H_{14}	C_7H_{16}	C_8H_{18}	C_9H_{20}
물질명	Butane	Pentane	Hexane	Heptane	Octane	Nonane
이성질체의 수	2개	3개	5개	9개	18개	36개

(2) 에틸렌계 탄화수소 = 알켄족(Alkene) = 올레핀계 탄화수소(일반식 : C_nH_{2n})

① SP^2 혼성결합 궤도함수를 따른다.
② 이중결합이 있어 치환반응보다는 부가(첨가)반응을 한다.
③ 이중결합을 가지는 불포화 탄화수소로서 메탄계보다 반응성이 크다.
④ 탄소수가 많을수록 기하 이성질체를 가지고 있다.

(3) 아세틸렌계 탄화수소 = 알킨족(Alkyne) 탄화수소(일반식 : C_nH_{2n-2})

① SP 혼성결합 궤도함수를 따른다.
② 아세틸렌(C_2H_2) 3분자를 중합하면 벤젠(C_2H_6)이 된다.
③ 반응성의 크기 : 삼중결합 > 이중결합 > 단일결합

핵심문제

탄소수가 5개인 포화탄화수소 펜탄의 구조 이성질체 수는 몇 개인가?

① 2개　❷ 3개
③ 4개　④ 5개

해설
본문 참조

2) 지방족 탄화수소의 유도체[알코올($C_nH_{2n+1}OH = R-OH$)]

(1) 알코올의 분류

① OH수에 따른 분류

하이드록실기($-OH$) 수	알코올의 분류	예
1개	1가 알코올	CH_3OH(메틸알코올), C_2H_5OH(에틸알코올)
2개	2가 알코올	CH_2OHCH_2OH(에틸렌글리콜)
3개	3가 알코올	$CH_2OHCHOHCH_2OH$(글리세린)

② OH기가 연결된 탄소(C)에 직접 붙어 있는 알킬기($R-$)의 수

알킬기($R-$) 수	1개	2개	3개
알코올의 분류	1차 알코올	2차 알코올	3차 알코올
화학식	CH_3CH_2OH	$(CH_3)_2CHOH$	$(CH_3)_3OH$
구조식	$R-\overset{\overset{\displaystyle H}{|}}{\underset{\underset{\displaystyle H}{|}}{C}}-OH$	$R-\overset{\overset{\displaystyle R}{|}}{\underset{\underset{\displaystyle H}{|}}{C}}-OH$	$R-\overset{\overset{\displaystyle R}{|}}{\underset{\underset{\displaystyle R}{|}}{C}}-OH$

(2) 알코올의 산화 · 환원반응

① 1차 알코올이 산화하면 알데하이드로, 다시 산화하면 카르복실산이 된다.

$$CH_3OH \underset{\text{환원}}{\overset{\text{산화}(-2H)}{\rightleftarrows}} HCHO \underset{\text{환원}}{\overset{\text{산화}(+O)}{\rightleftarrows}} HCOOH$$

(메틸알코올)　　　　　(포름알데하이드)　　　　　(포름산)

$$C_2H_5OH \underset{\text{환원}}{\overset{\text{산화}(-2H)}{\rightleftarrows}} CH_3CHO \underset{\text{환원}}{\overset{\text{산화}(+O)}{\rightleftarrows}} CH_3COOH$$

(에틸알코올)　　　　　(아세트알데하이드)　　　　　(초산)

② 2차 알코올이 산화하면 케톤이 된다.

$$(CH_3)_2CHOH \underset{\text{환원}}{\overset{\text{산화}(-2H)}{\rightleftarrows}} CH_3COCH_3$$

(이소프로필알코올)　　　　　(아세톤)

③ 3차 알코올은 산화가 되지 않는다.

$$(CH_3)_3OH \xrightarrow{\text{산화하지 않음}} 반응물 없음$$

(3) 알코올의 기타 반응

① 알칼리금속(Na, K)과 반응하여 칼륨알코올레이드(C_2H_5OK)와 수소(H_2)를 발생시킨다.

$$2K + 2C_2H_5OH \longrightarrow 2C_2H_5OK + H_2 \uparrow$$

② 에틸알코올 두 분자의 결합에 탈수로 인해 얻을 수 있는 물질이 다이에틸에터($C_2H_5OC_2H_5$)이다(축합반응).

$$C_2H_5OH + HOC_2H_5 \xrightarrow{c-H_2SO_4} C_2H_5OC_2H_5 + H_2O$$

③ 아이오딘포름 반응 : 에틸알코올 검출법

    ㉠ 에틸알코올(C_2H_5OH)에 KOH(또는 NaOH)와 I_2(아이오딘)을 반응시키면 아이오딘포름(CHI_3)이라는 노란색 침전물이 생기는 반응을 말한다.

    ㉡ 아이오딘포름 반응을 하는 물질(4가지)

$$\text{에틸알코올} \atop (C_2H_5OH) \quad \xrightarrow{\text{산화}(-2H)} \quad {\text{아세트알데하이드} \atop (CH_3CHO)}$$

$$\text{이소프로필알코올} \atop (CH_3CHOHCH_3) \quad \xrightarrow{\text{산화}(-2H)} \quad {\text{아세톤} \atop (CH_3COCH_3)}$$

    ㉢ 메틸알코올(CH_3OH)은 아이오딘포름 반응을 하지 않는다. : 메탄올과 에탄올 구분

(4) 알데하이드($R-CHO$)의 환원성 확인

① Fehling(펠링) 반응 : 푸른색의 펠링용액에 알데하이드를 넣고 가열하면 펠링용액 속에 들어 있는 구리 이온이 환원되어 붉은색 산화구리가 침전된다.

$$R-CHO + 2CuO \longrightarrow R-COOH + Cu_2O(\text{붉은색 침전})$$

② 은거울반응 : $R-CHO$에 암모니아성 질산은 용액을 가하고 가열하면, 은이온을 환원시켜 시험관 표면에 얇은 은박을 생성시키는 반응이다.

$$R-CHO + 2Ag(NH_3)_2OH \longrightarrow R-COOH + 2Ag + 4NH_3 + H_2O$$

③ $C_2H_4 + PdCl_2 + H_2O \longrightarrow CH_3CHO + Pd + 2HCl$

④ 아세트알데하이드는 아이오딘포름 반응, 펠링 반응, 은거울반응을 모두 한다.

핵심문제

메탄올의 증기를 300℃에서 구리분말 위에서 공기로 산화시켜 만드는 것으로 자극성 냄새가 나는 기체로서 살균력이 커 방부제나 소독제로 쓰이는 것은?

① 에틸렌글리콜
② 글리세린
③ 에틸알코올
❹ 포름알데하이드

해설

$$CH_3OH(\text{메탄올}) \xrightarrow[\text{환원}]{\text{산화}(-2H)}$$

$$HCHO(\text{포름알데하이드})$$

$$\xrightarrow[\text{환원}]{\text{산화}(+O)} HCOOH(\text{포름산})$$

핵심문제

다음 중 암모니아성 질산은($AgNO_3$) 용액을 반응하여 거울을 만드는 것은?

① CH_3CH_2OH ② CH_3OCH_3
③ CH_3COCH_3 ❹ CH_3CHO

해설

은거울반응은 알데하이드(CHO) 환원성 확인반응이므로, 정답은 ④이다.

3 방향족 화합물

핵심문제

다음은 벤젠에 관한 성질이다. 옳은 것은?

❶ 불을 붙이면 그을음이 많은 불꽃을 내며 타는데 그 이유는 H의 수에 비해 C의 수가 많기 때문이다.
② 이중결합이 있으나, 분자가 공명되어 있어 불안정하다.
③ sp 혼성오비탈을 형성하여 평면형 구조이다.
④ 물과 같은 극성용매에 잘 녹는다.

해설

② 이중결합이 있으나, 분자가 공명되어 있어 안정하다.
③ sp^2 혼성오비탈을 형성하여 평면형 구조이다.
④ 물과 같은 극성용매에 잘 녹지 않는다.

1) 벤젠과 그 유도체

(1) 벤젠[C$_6$H$_6$]

① 벤젠의 성질

　㉠ 제4류 위험물 제1석유류 비수용성 지정수량 200L
　㉡ 증기는 공기보다 무겁다(증기비중 2.69).
　㉢ 무색 투명한 방향성을 갖는 휘발성 액체이다.
　㉣ sp^2 혼성오비탈을 형성하여 평면형 구조이다.
　㉤ 이중결합이 있으나, 분자가 공명되어 있어 안정하다.
　㉥ 불포화결합을 이루고 있으나 첨가반응보다는 치환반응이 많다.
　㉦ 독특한 냄새가 나고 정전기가 발생하기 쉬우며, 증기는 독성과 마취성이 있다.
　㉧ 수소(H)의 수에 비해 탄소(C)의 수가 많기 때문에 화재 시 그을음이 많이 발생한다.

② 벤젠의 치환반응

　㉠ 할로젠화 : 철분을 촉매로 하여 염소 등의 할로젠을 작용시키면 벤젠에 붙어 있던 수소 원자와 할로젠 원자가 번갈아 치환반응이 일어난다.

$$C_6H_6 + Cl_2 \xrightarrow{\text{Fe}} C_6H_5Cl(클로로벤젠) + HCl$$

　㉡ 나이트로화 : 벤젠에 진한 황산과 진한 질산을 혼합가열하면 나이트로벤젠이 생성된다.

$$C_6H_6 + HNO_3 \xrightarrow{c-H_2SO_4} C_6H_5NO_2(나이트로벤젠) + H_2O$$

　㉢ 술폰화 : 벤젠에 진한 황산을 가하고 80℃로 가열하면 벤젠술폰산이 생성된다.

$$C_6H_6 + H_2SO_4 \xrightarrow{\Delta} C_6H_5SO_3H(벤젠술폰산) + H_2O$$

　㉣ 알킬화(Friedel−Crafts 반응) : 벤젠에 염화알루미늄(AlCl$_3$)을 촉매로 하여 할로젠화알킬을 반응시키면 알킬벤젠이 생성된다.

$$C_6H_6 + CH_3Cl \xrightarrow{AlCl_3} C_6H_5CH_3(톨루엔) + HCl$$

ⓜ 부가반응 : 벤젠은 보통 조건하에서는 치환반응이 발생하지만, 특수한 조건하에서는 부가반응도 발생한다.

- $C_6H_6 + 3H_2 \xrightarrow{Ni\,or\,Pt} C_6H_{12}$(사이클로헥산)

- $C_6H_6 + 3Cl_2 \xrightarrow{자외선} C_6H_6Cl_6$(벤젠헥사클로라이드 ; BHC)

(2) 톨루엔[$C_6H_5CH_3$]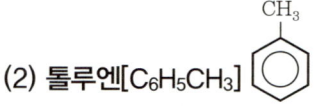

① 제4류 위험물 제1석유류 비수용성 지정수량 200L
② 진한 황산과 진한 질산을 혼합 반응시키면 제5류 위험물 나이트로화합물인 트라이나이트로톨루엔(TNT)이 된다.

$$C_6H_5CH_3 + 3HNO_3 \xrightarrow{c-H_2SO_4} C_6H_2CH_3(NO_2)_3 + 3H_2O$$
$$\text{(트라이나이트로톨루엔 ; TNT)}$$

③ 톨루엔에 산화제($KMnO_4 + H_2SO_4$)를 작용시키면 산화되어 벤젠알데하이드(C_6H_5CHO)를 거쳐 벤조산(C_6H_5COOH)이 되며, 이는 안식향산이라고도 한다.

(3) 아닐린[$C_6H_5NH_2$]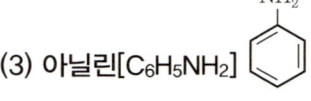

① 제4류 위험물 제3석유류 비수용성 지정수량 2,000L
② 염기성 물질이며, 나이트로벤젠을 수소로 환원시켜 얻는다.
[$C_6H_5NO_2 + H_2 \rightarrow C_6H_5NH_2 + H_2O$]
③ HCl과 반응하여 염산염을 만든다(산 + 염기 → 염 + 물).
[$C_6H_5NH_2 + HCl \rightarrow C_6H_5NH_2 \cdot HCl$]
④ $CaOCl_2$ 용액(표백제)에서 붉은 보라색을 띤다.

(4) 페놀[C_6H_5OH]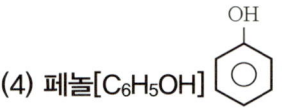

① 페닐기($-C_6H_5$)에 하이드록실기($-OH$)가 결합한 방향족 화합물이다.
② 무색의 결정으로 약산성, 휘발성이며 향긋한 냄새가 난다.
③ 정색반응 : 어떤 화합물(페놀)이 특정한 시약[염화제이철($FeCl_3$)]과 만나면 발색(보라색)하는 반응으로 페놀류의 검출반응으로 이용된다.

핵심문제

벤조산은 무엇을 산화하면 얻을 수 있는가?

❶ 톨루엔
② 나이트로벤젠
③ 트라이나이트로톨루엔
④ 페놀

해설

톨루엔은 산화되어 벤젠알데하이드(C_6H_5CHO)를 거쳐 벤조산(C_6H_5COOH)이 된다.

핵심문제

다음에서 설명하는 물질의 명칭은?

- HCl과 반응하여 염산염을 만든다.
- 나이트로벤젠을 수소로 환원하여 만든다.
- $CaOCl_2$용액에서 붉은 보라색을 띤다.

① 페놀　　　　　❷ 아닐린
③ 톨루엔　　　　④ 벤젠술폰산

해설

아닐린[$C_6H_5NH_2$]에 대한 내용이다.

핵심문제

페놀 수산기($-OH$)의 특성에 대한 설명으로 옳은 것은?

① 수용액이 강알칼리성이다.
② $-OH$기가 하나 더 첨가되면 물에 대한 용해도가 작아진다.
③ 카르복실산과 반응하지 않는다.
❹ $FeCl_3$용액과 정색반응을 한다.

해설

본문 참조

④ 진한 질산과 진한 황산으로 나이트로화시키면 피크린산[$C_6H_2OH(NO_2)_3$]이 된다.

$$C_6H_5OH + 3HNO_3 \xrightarrow{c-H_2SO_4} C_6H_2OH(NO_2)_3 + 3H_2O$$

(트라이나이트로페놀 ; TNP)

(5) 기타 방향족 유도체

① 크레졸[$C_6H_4(CH_3)OH$] : 3가지 이성질체가 있고, 소독 · 살균제로 이용된다.

② 살리실산[$C_6H_4(OH)COOH$], 프탈산[$C_6H_4(COOH)_2$] 등

2) 발색단과 조색단

(1) 발색단

① 화합물의 색의 원인이 되는 원자단으로 이중결합(불포화결합)을 가진다.

② 종류 : 다이아조기($-N=N-$), 나이트로기($-N=O$), 카르보닐기($>C=O$)

(2) 조색단

① 색을 진하게 해 주는 원자단으로 산성, 염기성 조색단으로 나누어지고, 단일결합으로 구성된다.

② 종류
  ㉠ 산성 : 하이드록실기($-OH$), 술폰산기($-SO_3H$), 카르복실기($-COOH$)
  ㉡ 염기성 : 아미노기($-NH_2$)

4 고분자 화합물

1) 고분자 화합물의 특징

① 분자량이 10,000 이상인 거대분자로 대부분 고체이다.

② 녹는점이 일정하지 않으며, 끓는점에 도달하기 전에 분해된다.

③ 천연고분자와 합성고분자로 분류된다.
  ㉠ 천연고분자 : 단백질, 셀룰로스 등과 같은 생물체의 구성물질
  ㉡ 합성고분자 : 폴리에틸렌, 나일론, 페놀수지 등과 같은 석유화학물질의 산물

핵심문제

다음 중 커플링(Coupling) 반응 시 생성되는 작용기는?

① $-NH_2$　　② $-CH_3$
③ $-COOH$　❹ $-N=N-$

해설

아조 화합물을 만드는 반응을 커플링 반응이라 하고 작용하는 작용기는 다이아조기($-N=N-$)이다.

✎ 커플링 반응(짝지음 반응)
2종의 유기 화합물이 상이한 작용기 사이에서 축합반응을 일으켜, 새로운 공유결합을 생성하는 반응으로 전형적인 예는 아조 화합물을 만드는 반응을 커플링 반응이라 하고 작용하는 작용기는 다이아조기($-N=N-$)이다.

2) 고분자 화합물의 분류

(1) 천연고분자 화합물

① 탄수화물

종류	특징
단당류	• 효소에 의해 알코올발효가 되며, 가수분해는 되지 않는다. • 수용액은 환원성이 있으므로 펠링 반응과 은거울반응을 한다.
이당류	묽은 산 또는 효소작용에 의하여 가수분해되어 두 분자의 단당류가 생긴다.
녹말 $[(C_6H_{10}O_5)n]$	• 산에 의해 가수분해되어 α－포도당이 된다. $(C_6H_{10}O_5)n + nH_2O \rightarrow nC_6H_{12}O_6$ • 포도당이 축중합하여 생긴 고분자 물질로서, 환원력은 없다. • 녹말검출 아이오딘 녹말반응(보라색)을 한다. • 아밀라아제에 의해 텍스트린을 거쳐 맥아당으로 된다. $2(C_6H_{10}O_5)n + nH_2O \rightarrow nC_{12}H_{22}O_{11}$
셀룰로스	• 식물의 세포막의 주 성분을 만드는 단당류로서 종이, 펄프의 주성분이다. • 물에 녹지 않으며, 가수분해 반응도 쉽게 일어나지 않는다. • 산에 의해 가수분해되어 이당류인 셀루비오스를 거쳐 β－포도당으로 분해된다.

② 아미노산

ㄱ 구조 : 단백질을 구성하는 단위체로서 한 분자 내에서 카르복실기 ($-COOH$: 산성)와 아미노기($-NH_2$: 염기성)를 모두 가진 양쪽성 물질로서 수용액은 중성이다.

ㄴ 성질 : 단백질을 가수분해하여 얻는다.

③ 단백질

ㄱ 구조 : 다수의 아미노산이 축중합되어 생긴 물질이며 아미노산의 $-COOH$기와 다른 아미노산의 $-NH_2$기가 축합반응으로 펩타이드 결합($-CONH-$)을 한다.

ㄴ 성질 : 가수분해하면 아미노산이 된다.

ㄷ 단백질의 검출반응

종류	특징
뷰렛 반응	NaOH와 $CuSO_4$ 용액을 가하면 적자색(보라색)으로 변하는 반응
크산토프로테인 반응	단백질에 진한 질산을 가하면 노란색으로 변하는 반응
밀론 반응	단백질에 밀론시약(질산＋수은)을 넣고 가열하면 적색으로 변하는 반응

핵심문제

다음 중 펩타이드 결합($-CO-NH-$)을 가진 물질은?

① 포도당 ② 지방산
❸ 아마이드 ④ 글리세린

해설

아마이드 결합은 탄소와 산소 이중결합을 한 그 탄소 옆에 질소가 붙은 화학물이고, 동물의 몸 또는 식물의 몸속에서 일어났을 때는 펩타이드 결합이라 부르며 단백질을 구성하는 결합이다.

(2) 합성고분자 화합물

① 합성수지

　㉠ 열가소성 수지 : 가열하면 부드러워지는 성질을 가지며, 첨가중합을 이루는 사슬모양의 구조를 가진 고분자 화합물을 말한다(폴리에틸렌 PVC, PVA, 아크릴수지 등).

　㉡ 열경화성 수지 : 한 번 굳어지면 가열해도 연해지거나 녹지 않는 성질을 가지며, 축중합반응으로 만들어진다(페놀수지, 요소수지 등).

　㉢ 이온교환수지

② 합성섬유

　㉠ 나일론 6.6 : 합성고분자 폴리아미드의 총칭으로 아마이드(펩타이드)결합을 가지고 헥사메틸렌다이아민과 아디프산을 축중합하여 만든다.

　㉡ 테릴렌(Terylen) : 폴리테레프탈산에틸렌의 상품명으로 에스터결합을 가지고 에틸렌글리콜과 테레프탈산을 축중합하여 만든다.

③ **합성고무** : 아세틸렌 두 분자를 중합시킨 바이닐 아세틸렌이 주 원료이다.

④ 아이오딘값과 비누화값

　㉠ 아이오딘값 : 유지 100g에 첨가(부가)되는 아이오딘의 g수

　㉡ 비누화값 : 유지 1g을 비누화하는 데 필요한 수산화칼륨(KOH)의 mg수

비누화값	특징
크다.	분자량이 적고 저급 지방산의 에스터
작다.	분자량이 많고 고급 지방산의 에스터

비누의 일반식은 $C_nH_{2n+1}COONa$이고 C_nH_{2n+1}(소수성)[기름과 친한 성질]의 원자단이다.

핵심문제

축중합반응에 의하여 나일론 – 66을 제조할 때 사용되는 주원료는?

❶ 아디프산과 헥사메틸렌다이아민
② 이소프렌과 아세트산
③ 염화바이닐과 폴리에틸렌
④ 멜라민과 클로로벤젠

해설

본문 참조

핵심문제

비누화값이 작은 지방에 대한 설명으로 옳은 것은?

① 분자량이 작으며, 저급 지방산의 에스터이다.
② 분자량이 작으며, 고급 지방산의 에스터이다.
③ 분자량이 크며, 저급 지방산의 에스터이다.
❹ 분자량이 크며, 고급 지방산의 에스터이다.

해설

본문 참조

PART 01 출제예상문제

01 물질의 상태

01 다음 중 성분원소는 같으나 모양이나 성질이 맞지 않은 것은?

① 산소와 오존　　　　② 적린과 황린
③ 흑연과 다이아몬드　④ 물과 과산화수소

[해설]

동소체는 단체에만 적용되므로, 물(H_2O)과 과산화수소(H_2O_2)는 단체가 아니다.

02 액체 공기에서 질소 등을 분리하여 산소를 얻는 방법은 다음 중 어떤 성질을 이용한 것인가?

① 용해도　　　　② 비등점
③ 색상　　　　　④ 압축률

[해설]

분별증류
비등점(끓는점)의 차이를 이용하여 분리(예 물과 알코올, 액체 공기로부터 산소와 질소의 분리에 이용)

03 대기압하에서 열린 실린더에 있는 1mol의 기체를 20℃에서 120℃까지 가열하면 기체가 흡수하는 열량은 몇 cal인가?(단, 기체 몰열용량은 4.97cal/mol℃이다.)

① 97　　　　　② 100
③ 497　　　　④ 760

[해설]

$Q = 1\text{mol} \times 4.97\text{cal/mol} \cdot ℃ \times (120-20)℃ = 497\text{cal}$

04 고체상의 물질이 액체상과 평형에 있을 때의 온도와 액체의 증기압과 외부압력이 같게 되는 온도를 각각 옳게 표시한 것은?

① 끓는점과 어는점
② 전이점과 끓는점
③ 어는점과 끓는점
④ 용융점과 어는점

[해설]

• 어는점 : 고체상의 물질이 액체상과 평형에 있을 때의 온도
• 끓는점 : 액체의 증기압과 외부압력이 같게 되는 온도

05 원자에서 복사되는 빛은 선 스펙트럼을 만드는데 이것으로부터 알 수 있는 사실은?

① 빛에 의한 광전자의 방출
② 빛이 파동의 성질을 가지고 있다는 사실
③ 전자껍질의 에너지의 불연속성
④ 원자핵 내부의 구조

[해설]

원자에서 복사되는 빛은 선 스펙트럼을 만드는데, 이로써 전자껍질이 갖는 에너지의 불연속성을 알 수 있다.

06 P오비탈에 대한 설명 중 옳은 것은?

① 원자핵에서 가장 가까운 오비탈이다.
② S오비탈보다는 약간 높은 모든 에너지 준위에서 발견된다.
③ x, y의 2방향을 축으로 한 원형 오비탈이다.
④ 오비탈의 수는 3개, 들어갈 수 있는 최대 전자 수는 6개이다.

정답　01 ④　02 ②　03 ③　04 ③　05 ③　06 ④

PART 01 출제예상문제 | 49

> **해설**

① S오비탈에 대한 설명이다.
② 모든 에너지 준위에서 발견되는 오비탈은 S오비탈이다.
③ x, y, z의 3방향을 축으로 한 아령 모양 오비탈이다.

07 원소들 중 원자가 전자배열이 $ns^2 np^3 (n = 2, 3, 4)$인 것은?

① N, P, As
② C, Si, Ge
③ Li, Na, K
④ Be, Mg, Ca

> **해설**

최외각 전자수가 5개($2+3$), 최외각 전자수＝가전자수
＝족수이므로 5족 원소(N, P, As, Sb, Bi)가 답이 된다.

08 Si 원소의 전자 배치로 옳은 것은?

① $1s^2 2s^2 2p^6 3s^2 3p^2$
② $1s^2 2s^2 2p^6 3s^1 3p^2$
③ $1s^2 2s^2 2p^5 3s^1 3p^2$
④ $1s^2 2s^2 2p^6 3s^2$

> **해설**

Si는 원자번호가 14번이므로 전자 수도 14개가 된다.

09 주기율표에서 원소를 차례대로 나열할 때 기준이 되는 것은?

① 원자의 부피
② 원자핵의 양성자 수
③ 원자가 전자 수
④ 원자 반지름의 크기

> **해설**

원자번호(양성자 수＝전자 수)는 원소가 중성일 때의 양성자 또는 전자의 수이다.

10 최외각 전자가 2개 또는 8개로서 불활성인 것은?

① Na와 Br
② N과 Cl
③ C와 B
④ He와 Ne

> **해설**

불활성 기체는 주기율표 0족에 속하는 He, Ne, Ar, Kr, Xe, Rn 등이다.

11 다음 중 이온화 경향이 가장 큰 것은?

① Ca
② Mg
③ Ni
④ Cu

> **해설**

이온화 경향의 크기 : Ca>Mg>Ni>Cu

12 다음 금속원소 중 이온화 에너지가 가장 큰 원소는?

① 리튬
② 나트륨
③ 칼륨
④ 루비듐

> **해설**

이온화 에너지의 크기(kJ/mol) : Li(520)>Na(495)>K(418)>Rb(403)

13 다음 화학반응식 중 실제로 반응이 오른쪽으로 진행되는 것은?

① $2KI + F_2 \rightarrow 2KF + I_2$
② $2KBr + I_2 \rightarrow 2KI + Br_2$
③ $2KF + Br_2 \rightarrow 2KBr + F_2$
④ $2KCl + Br_2 \rightarrow 2KBr + Cl_2$

> **해설**

본 문제는 전기음성도의 크기로 알 수 있다.
(F>Cl>Br>I)
① F ⟳ F⁻, I⁻ ⟳ I
② I ⤨ I⁻, Br⁻ ⤨ Br
③ Br ⤨ Br⁻, F⁻ ⤨ F
④ Br ⤨ Be⁻, Cl⁻ ⤨ Cl

정답 07 ① 08 ① 09 ② 10 ④ 11 ① 12 ① 13 ①

14 주기율표를 보면 같은 족이 아래로 갈수록 점차 증가하는 성질이 있는데 이에 해당되지 않는 것은?

① 원자번호　　　　② 원자량
③ 가전자의 수　　　④ 오비탈의 총수

해설

가전자수는 족수에 해당되므로, 같은 족에서는 가전자의 수가 동일하다.

15 주기율표에서 제2주기에 있는 원소 성질 중 왼쪽에서 오른쪽으로 갈수록 감소하는 것은?

① 원자핵의 하전량
② 원자가 전자의 수
③ 원자 반지름
④ 전자껍질의 수

해설

같은 주기에서 왼쪽에서 오른쪽으로 갈수록 원자 반지름이 감소한다.

16 표준상태에서 기체 A 1L의 무게는 1.964g이다. A의 분자량은?

① 44　　　　　　　② 16
③ 4　　　　　　　 ④ 2

해설

모든 물질 $1mol = 22.4(L) = M(g)$

$M = \dfrac{1.964g}{1L} \times \dfrac{22.4L}{1mol} = 43.99(g/mol)$

17 어떤 기체가 탄소원자 1개당 2개의 수소원자를 함유하고 0℃, 1기압에서 밀도가 1.25g/L일 때 이 기체에 해당하는 것은?

① CH_2　　　　　② C_2H_4
③ C_3H_6　　　　 ④ C_4H_8

해설

밀도 $= 1.25g/L = 28.0g/22.4L$
C_nH_{2n}의 형태에서 분자량이 28인 경우는 $n = 2$인 C_2H_4가 된다.

18 CH_4 16g 중에는 C가 몇 mol 포함되었는가?

① 1　　　　　　　② 4
③ 16　　　　　　 ④ 22.4

해설

CH_4 16g 중에는 C가 12g을 포함하고 있고, C의 원자량이자 분자량이 12g이므로 이는 1mol에 해당된다.

19 물 2.5L 중에 어떤 불순물이 10mg 함유되어 있다면 약 몇 ppm으로 나타낼 수 있는가?

① 0.4　　　　　　② 1
③ 4　　　　　　　④ 40

해설

$1ppm = 1\dfrac{mg}{L}$ 이므로 $\dfrac{10mg}{2.5L} = 4(ppm)$

20 100mL 메스플라스크로 10ppm 용액 100mL를 만들려고 한다. 1,000ppm 용액 몇 mL를 취해야 하는가?

① 0.1　　　　　　② 1
③ 10　　　　　　 ④ 100

해설

$10ppm \times 100mL = 1,000ppm \times x$
$\therefore\ x = 1(mL)$

21 방사선에서 γ선과 비교한 α선에 대한 설명 중 틀린 것은?

① γ선보다 투과력이 강하다.
② γ선보다 형광작용이 강하다.
③ γ선보다 감광작용이 강하다.
④ γ선보다 전리작용이 강하다.

정답　14 ③　15 ③　16 ①　17 ②　18 ①　19 ③　20 ②　21 ①

PART 01 출제예상문제 | **51**

해설

구분	본질	투과력	감광, 전리, 형광작용
α선	헬륨 $_2^4He^{2+}$	가장 약하다.	가장 강하다.
β선	전자 $_1^0e$	중간이다.	중간이다.
γ선	전자기파	가장 강하다.	가장 약하다.

22 $_{88}^{226}Ra$이 α붕괴할 때 생기는 원소는?

① $_{86}^{222}Rn$ ② $_{90}^{232}Th$

③ $_{90}^{226}Ra$ ④ $_{91}^{231}Pa$

해설

α 붕괴는 원자번호 2 감소, 질량수 4 감소이다.

23 다음의 핵 화학반응에서 (   ) 안에 채워져야 하는 것은?

$$_4^9Be + _2^4He \rightarrow _6^{12}C + (\quad)$$

① $_1^1n$ ② $_0^1n$

③ e^+ ④ $_1^2D$

해설

반응 전과 반응 후가 같다.

24 $_{93}^{237}Np$ 방사성 원소가 β선을 1회 방출한 경우 생성되는 원소는?

① Pa   ② U

③ Po   ④ Pu

해설

$$_{93}^{237}Np \xrightarrow{\beta} _{94}^{237}Pu$$
(넵트륨)   (플루토늄)

25 어떤 원자핵 반응에서 방출된 에너지(원자력)가 $9 \times 10^{18}erg$이었다면, 새로운 원자핵을 이룰 때 생긴 질량결손은 얼마인가?

① $10^{-1}g$ ② $10^{-2}g$

③ $10^{-3}g$ ④ $10^{-4}g$

해설

$$E = mc^2 \Rightarrow m = \frac{E}{c^2} = \frac{9 \times 10^{18}}{(3 \times 10^{10})^2} = 0.01 = 10^{-2}(g)$$

26 다음 화학반응으로부터 설명하기 어려운 것은?

$$2H_2(g) + O_2(g) \rightarrow 2H_2O(g)$$

① 반응물질 및 생성물질의 부피비
② 일정 성분비의 법칙
③ 반응물질 및 생성물질의 몰수비
④ 배수비례의 법칙

해설

배수비례의 법칙
두 종류의 원소가 화합하여 2종 이상의 화합물을 만들 때, 한 원소의 일정량과 결합하는 다른 원소의 질량비는 항상 정수비가 성립된다는 법칙이다.
예 CO와 $CO_2(1:2)$, SO_2와 $SO_3(2:3)$, $FeCl_2$와 $FeCl_3(2:3)$ 등

27 공기 중에 포함되어 있는 질소와 산소의 부피비는 $0.79 : 0.21$이므로 질소와 산소의 분자수의 비도 $0.79 : 0.21$이다. 이와 관계있는 법칙은?

① 아보가드로 법칙   ② 일정성분비의 법칙
③ 배수비례의 법칙   ④ 질량보존의 법칙

해설

아보가드로 법칙
기체는 그 종류에 관계없이 같은 온도, 같은 압력, 같은 부피 속에서는 같은 수의 분자를 포함한다는 법칙이다.
[모든 물질 $1mol = 22.4L(0℃, 1atm) = 6.02 \times 10^{23}$개의 분자 수]

정답 22 ① 23 ② 24 ④ 25 ② 26 ④ 27 ①

28 에탄(C_2H_6)을 연소시키면 이산화탄소(CO_2)와 수증기(H_2O)가 생성된다. 표준상태에서 에탄 30g을 반응시킬 때 발생하는 이산화탄소와 수증기의 분자 수는 모두 몇 개인가?

① 6×10^{23}개 ② 12×10^{23}개
③ 18×10^{23}개 ④ 30×10^{23}개

> 해설

$C_2H_6 + 3.5O_2 \rightarrow 2CO_2 + 3H_2O$
$30 \qquad\qquad : \qquad x$개
$30 \qquad\qquad : (2+3) \times 6.02 \times 10^{23}$개
$\therefore x = 30 \times 10^{23}$(개)

29 다음에서 설명하고 있는 법칙은?

압력이 일정할 때 일정량의 기체의 부피는 절대온도에 비례한다.

① 일정 성분비의 법칙
② 보일의 법칙
③ 샤를의 법칙
④ 보일－샤를의 법칙

> 해설

- 보일의 법칙 : 온도가 일정할 때 일정량 기체의 부피는 압력에 반비례한다는 법칙이다.
- 샤를의 법칙 : 압력이 일정할 때 일정량 기체의 부피는 절대온도에 비례한다는 법칙이다.

30 30L 용기에 산소를 넣어 압력이 150기압으로 되었다. 이 용기의 산소를 온도 변화 없이 동일한 조건에서 40L의 용기에 넣었다면 압력은 얼마로 되는가?

① 85.7기압 ② 102.5기압
③ 112.5기압 ④ 200기압

> 해설

보일의 법칙
$P_1 V_1 = P_2 V_2 \Rightarrow 150 \times 30 = P_2 \times 40$
$\therefore P_2 = 112.5$(기압)

31 20℃에서 4L를 차지하는 기체가 있다. 동일한 압력 40℃에서는 몇 L를 차지하는가?

① 0.23 ② 1.23
③ 4.27 ④ 5.27

> 해설

샤를의 법칙
$$\frac{V_1}{T_1} = \frac{V_2}{T_2} \Rightarrow \frac{4}{273+20} = \frac{V_2}{273+40}$$
$\therefore V_2 = 4.273$ (L)

32 어떤 주어진 양의 기체의 부피가 21℃, 1.4atm에서 250mL이다. 온도가 49℃로 상승되었을 때의 부피가 300mL라고 하면 이때의 압력은 약 얼마인가?

① 1.35atm
② 1.23atm
③ 1.21atm
④ 1.16atm

> 해설

보일－샤를의 법칙
$$\frac{P_1 V_1}{T_1} = \frac{P_2 V_2}{T_2} \Rightarrow \frac{1.4 \times 250}{273+21} = \frac{P_2 \times 300}{273+49}$$
$\therefore P_2 = 1.277$ (atm)

33 27℃, 5기압의 산소 10L를 100℃, 2기압으로 하였을 때, 부피는 몇 L가 되는가?

① 15 ② 21
③ 31 ④ 46

> 해설

보일－샤를의 법칙
$$\frac{P_1 V_1}{T_1} = \frac{P_2 V_2}{T_2} \Rightarrow \frac{5 \times 10}{273+27} = \frac{2 \times V_2}{273+100}$$
$\therefore V_2 = 31.08$ (L)

정답 28 ④ 29 ③ 30 ③ 31 ③ 32 ② 33 ③

34 표준상태에서 11.2L의 암모니아에 들어 있는 질소는 몇 g인가?

① 7   ② 8.5
③ 22.4   ④ 14

> **해설**

$NH_3(17g)$

$17g$: $22.4L$
x : $11.2L$

㉠ 암모니아의 양 $x = 8.5$

㉡ 암모니아에 들어 있는 질소의 양 $x' = 8.5 \times \dfrac{14}{17} = 7(g)$

35 표준상태를 기준으로 수소 2.24L가 염소와 완전히 반응했다면 생성된 염화수소의 부피는 몇 L인가?

① 2.24   ② 4.48
③ 22.4   ④ 44.8

> **해설**

$H_2 + Cl_2 \longrightarrow 2HCl$

$2.24L$: xL
$22.4L$: $2 \times 22.4L$
$\therefore x = 4.48(L)$

36 17g의 암모니아(NH_3)와 충분한 양의 황산이 반응하여 만들어지는 황산암모늄은 몇 g인가? (단, 원소의 원자량은 H : 1, N : 14, O : 16, S : 32)

① 66g   ② 106g
③ 115g   ④ 132g

> **해설**

$2NH_3 + H_2SO_4 \longrightarrow (NH_4)_2SO_4$

$17g$: xg
2×17 : 132
$\therefore x = 66(g)$

37 0℃, 1기압에서 1g의 수소가 들어 있는 용기에 산소 32g을 넣었을 때 용기의 총 내부 압력은? (단, 온도는 일정하다.)

① 1기압   ② 2기압
③ 3기압   ④ 4기압

> **해설**

정해진 용기의 부피(V) = 11.2L

㉠ $[H_2 = 1g(0.5mol)] + [O_2 = 32g(1mol)] = 1.5mol$

㉡ $PV = nRT \Rightarrow P = \dfrac{nRT}{V} = \dfrac{1.5 \times 0.082 \times 273}{11.2} = 3$ (기압)

38 기체 A 5g은 27℃, 380mmHg에서 부피가 6,000mL이다. 이 기체의 분자량(g/mol)은 약 얼마인가?(단, 이상기체로 가정)

① 24   ② 41
③ 64   ④ 123

> **해설**

$PV = \dfrac{W}{M}RT$

$\Rightarrow M = \dfrac{WRT}{PV} = \dfrac{5 \times 0.082 \times (273 + 27)}{\dfrac{380}{760} \times 6} = 41\,(g)$

39 1기압 27℃에서 아세톤 58g을 완전히 기화시키면 부피는 약 몇 L가 되는가?

① 22.4   ② 24.6
③ 27.4   ④ 58.0

> **해설**

$PV = \dfrac{W}{M}RT$

$\Rightarrow V = \dfrac{WRT}{PM} = \dfrac{58 \times 0.082 \times (273 + 27)}{1 \times 58} = 24.6(L)$

정답 34 ① 35 ② 36 ① 37 ③ 38 ② 39 ②

40 액체 상태의 물이 1기압, 100℃ 수증기로 변하면 체적이 약 몇 배 증가하는가?

① 530~540
② 900~1,100
③ 1,600~1,700
④ 2,300~2,400

해설

㉠ 100℃상태에서 1몰 H_2O의 부피

$PV = nRT$

$\Rightarrow V = \dfrac{nRT}{P} = \dfrac{1 \times 0.082 \times (273 + 100)}{1} = 30.586L$

㉡ 물 1mol = 18g을 부피로 환산

$18g \times \dfrac{1}{1\frac{g}{mL}} = 18mL = 0.018L$

$\therefore \dfrac{30.586L}{0.018L} = 1699.2 \,(배)$

41 27℃에서 6g의 비전해질을 녹여 만든 500mL 용액의 삼투압은 7.4기압이었다. 이 물질의 분자량은 약 얼마인가?

① 20.78
② 39.89
③ 58.16
④ 77.65

해설

$\pi V = \dfrac{W}{M}RT$

$\Rightarrow M = \dfrac{WRT}{\pi V} = \dfrac{6 \times 0.082 \times (27 + 273)}{7.4 \times 0.5} = 39.891$

42 일정한 온도 하에서 물질 A와 B가 반응을 할 때 A의 농도만 2배로 하면 반응속도가 2배가 되고 B의 농도만 2배로 하면 반응속도가 4배로 된다. 이 반응의 속도 식은?(단, 반응속도 상수는 k)

① $V = k[A][B]^2$
② $V = k[A]^2[B]$
③ $V = k[A][B]^{0.5}$
④ $V = k[A][B]$

해설

농도의 영향

반응속도는 반응물질의 몰농도의 곱에 비례한다.

$A + 2B \xrightarrow{V} C + D \Rightarrow$ 반응속도 $V = k \times [A] \times [B]^2$

43 다음의 평형계에서 압력을 증가시키면 반응에 어떤 영향이 나타나는가?

$$N_2(g) + 3H_2(g) \rightleftharpoons 2NH_3(g)$$

① 오른쪽으로 진행
② 왼쪽으로 진행
③ 무변화
④ 왼쪽과 오른쪽으로 모두 진행

해설

압력을 증가시키면 계수(몰수)가 감소하는 방향으로 반응이 진행된다(오른쪽으로 진행).

44 ng의 금속을 묽은 염산에 완전히 녹였더니 m몰의 수소가 발생하였다. 이 금속의 원자가를 2가로 하면 이 금속의 원자량은?

① $\dfrac{n}{m}$
② $\dfrac{2n}{m}$
③ $\dfrac{n}{2m}$
④ $\dfrac{2m}{n}$

해설

$M + 2HCl \longrightarrow MCl_2 + H_2$

ng   : m몰

xg   :   1몰

$\therefore x = \dfrac{n}{m}$ (g)

45 어떤 금속 1.0g을 묽은 황산에 넣었더니 표준상태에서 560mL의 수소가 발생하였다. 이 금속의 원자가는 얼마인가?(단, 금속의 원자량은 40으로 가정)

① 1가
② 2가
③ 3가
④ 4가

해설

$M_{금속} + H_2SO_4 \longrightarrow MSO_4 + H_2$

1g   : 0.56L

xg   : 22.4L

$\therefore x = 40g$: 원자량이 40인 물질은 Ca이고 Ca의 가수는 2가이다.

정답 40 ③ 41 ② 42 ① 43 ① 44 ① 45 ②

02 산과 염기, 염 및 수소이온농도

46 다음 중 산과 염기에 해당되지 않는 물질은?

① 수산화칼륨　　　② 암모니아수
③ 크롬산　　　　　④ 염화칼슘

> **해설**

구분	산	염기
Bronsted – Lowry	H^+를 내놓는 물질	H^+를 받는 물질
Arrhenius	물에 녹아 $H^+(H_3O^+)$를 내놓는 물질	물에 녹아 OH^-를 내놓는 물질
Lewis	비공유 전자쌍을 받는 물질	비공유 전자쌍을 내놓는 물질

① KOH　　　　　　② $NH_3 \cdot H_2O$
③ H_2CrO_4　　　　　④ $CaCl_2$

47 다음 중 물이 산으로 작용하는 반응은?

① $3Fe + 4H_2O \rightarrow Fe_3O_4 + 4H_2$
② $NH_4^+ + H_2O \rightleftharpoons NH_3 + H_3O^+$
③ $HCOOH + H_2O \rightarrow HCOO^- + H_3O^+$
④ $CH_3COO^- + H_2O \rightarrow CH_3COOH + OH^-$

> **해설**

- 산 : $H_2O \rightarrow OH^-$ (④)
- 염기 : $H_2O \rightarrow H_3O^+$ (①, ②, ③)

48 다음 중 염기성 산화물에 해당하는 것은?

① 이산화탄소　　　② 산화나트륨
③ 이산화규소　　　④ 이산화황

> **해설**

- 산성 산화물 : ①, ③, ④
- 염기성 산화물 : ②

49 pH가 2인 용액은 pH가 4인 용액과 비교하면 수소이온농도가 몇 배인 용액이 되는가?

① 100배　　　　　② 2배
③ 10^{-1}배　　　　④ 10^{-2}배

> **해설**

$$\frac{pH = 2}{pH = 4} = \frac{[H^+] = 10^{-2}}{[H^+] = 10^{-4}} = 100 \,(배)$$

50 다음 pH 값에서 알칼리성이 가장 큰 것은?

① pH = 1　　　　　② pH = 6
③ pH = 8　　　　　④ pH = 13

> **해설**

pH가 크면 pOH는 작고 강알칼리성이 된다(pH + pOH = 14).

51 0.001N – HCl의 pH는?

① 2　　　　　　　② 3
③ 4　　　　　　　④ 5

> **해설**

$pH = -\log(N) = -\log(0.001) = 3$

52 미지농도의 염산용액 100mL를 중화하는 데 0.2N NaOH용액 250mL가 소모되었다. 이 염산의 농도는 몇 N인가?

① 0.05　　　　　　② 0.2
③ 0.25　　　　　　④ 0.5

> **해설**

㉠ $NV = N'V'$
㉡ $N \times 100 = 0.2 \times 250$
∴ $N = 0.5$

53 0.1N – HCl 1.0mL를 물로 희석하여 1,000mL로 하면 pH는 얼마나 되는가?

① 2　　　　　　　② 3
③ 4　　　　　　　④ 5

> **해설**

㉠ $NV = N'V'$
㉡ $0.1 \times 1 = N' \times 1,000$
㉢ $N' = 0.0001 = 10^{-4}$
∴ $pH = -\log(10^{-4}) = 4$

정답　46 ④　47 ④　48 ②　49 ①　50 ④　51 ②　52 ④　53 ③

54 3N－NaOH 100mL에는 몇 g의 NaOH가 들어 있는가?(단, NaOH의 분자량은 40g이다.)

① 4g   ② 6g

③ 8g   ④ 12g

해설

㉠ $NV = N'V'$

㉡ $3 \times 100 = N' \times 1,000$

㉢ $N' = 0.3$

∴ $0.3N \times \dfrac{40g}{1N} = 12\,(g)$

55 0.01N－NaOH 용액 100mL의 0.02N－HCl 55mL를 넣고 증류수를 넣어 전체 용액을 1,000mL로 한 용액의 pH는 얼마인가?

① 3   ② 4

③ 10   ④ 11

해설

㉠ $NV - N'V' = N''V''$

㉡ $0.02 \times 55 - 0.01 \times 100 = N'' \times 1,000$

㉢ $N'' = 0.0001 = 10^{-4}$

∴ $pH = -\log(10^{-4}) = 4$

03   용액, 용해도 및 용액의 농도

56 다음 그래프는 어떤 고체물질의 용해도 곡선이다. 100℃ 포화용액(비중 1.4) 100mL를 20℃의 포화용액으로 만들려면 몇 g의 물을 더 가해야 하는가?

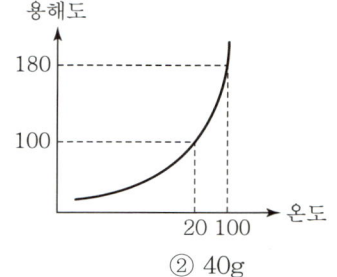

① 20g   ② 40g

③ 60g   ④ 80g

해설

㉠ 100℃에서 용해도(180)은 용액은 280g을 의미한다.

㉡ 비례식

용액 280g   : 용매 $(180-100)$ 석출

용액 $100mL \times 1.4\dfrac{g}{mL}$: 용매 (x) 석출

$x = 40g$ 석출

㉢ 20℃의 포화용액 : 용해도가 100이므로, 40g만큼 물을 첨가하면 된다.

57 헨리의 법칙을 적용하면 물에 적게 녹는 기체의 용해도는 그 기체의 (㉠)에 (㉡)한다고 나타낸다. ㉠, ㉡에 적당한 말은?

① 온도, 정비례   ② 압력, 정비례

③ 온도, 반비례   ④ 압력, 반비례

해설

헨리의 법칙

용해도가 비교적 작은 기체는 일정한 온도하에서 용해되는 기체의 질량은 압력에 비례하고 부피와는 무관하다는 법칙이다.

정답   54 ④   55 ②   56 ①   57 ②

58 탄산음료수의 병마개를 열면 거품이 솟아오르는 이유를 가장 올바르게 설명한 것은?

① 수증기가 생성되기 때문이다.
② 이산화탄소가 분해되기 때문이다.
③ 용기내부압력이 줄어들어 기체의 용해도가 감소하기 때문이다.
④ 온도가 내려가게 되어 기체가 생성물인 반응이 진행되기 때문이다.

해설

③ 기체의 용해도의 설명으로 압력이 낮아지면 기체의 용해도가 줄어들기 때문이다.

59 우유와 같이 액체가 분산되어 있을 때를 무엇이라고 하는가?

① 서스펜션
② 에멀션
③ 소수콜로이드
④ 친수콜로이드

해설

에멀션
액체 중에 액체가 분산해 있는 것(우유, 마요네즈)

60 28% 황산용액은 몇 mol 용액인가?(단, 20℃에서 28% 황산용액 1ml무게는 1.202g이며, H_2SO_4의 분자량은 98.082g이다.)

① 3.43M
② 3.97M
③ 4.11M
④ 5.16M

해설

$$M농도 = \frac{비중 \times 1,000}{분자량(g)} \times \frac{\%농도}{100}$$
$$= \frac{1.202 \times 1,000}{98.082} \times \frac{28}{100} = 3.431$$

61 용액 1L 중에 황산이 49g 녹아 있다면 이때의 노르말 농도(N)는 얼마인가?

① 1N
② 2N
③ 3N
④ 4N

해설

$$N농도 = \frac{질량(g)}{1g당량} \times \frac{1,000(mL)}{전체용액(mL)}$$
$$= \frac{49}{\frac{98}{2}} \times \frac{1,000}{1,000} = 1\,(N)$$

62 다음 화합물 수용액 농도가 모두 0.5M일 때 끓는점이 가장 높은 것은?

① $C_6H_{12}O_6$(포도당)
② $C_{12}H_{22}O_{11}$(설탕)
③ $CaCl_2$(염화칼슘)
④ $NaCl$(염화나트륨)

해설

물질명	이온화 및 전리된 이온수
$C_6H_{12}O_6$(포도당), $C_{12}H_{22}O_{11}$(설탕)	비전해질[van't Hoff 인자 1]
$CaCl_2$(염화칼슘)	$CaCl_2(aq) \rightarrow Ca^{2+}(aq) + 2Cl^-(aq)$[van't Hoff 인자 3]
$NaCl$(염화나트륨)	$NaCl(aq) \rightarrow Na^+(aq) + Cl^-(aq)$[van't Hoff 인자 2]

63 같은 몰농도에서 비전해질 용액은 전해질 용액보다 비등점 상승도의 변화추이가 어떠한가?

① 크다.
② 작다.
③ 같다.
④ 전해질 여부와 무관하다.

해설

같은 몰농도의 비전해질은 전해질에 비해 비등점 상승도가 작다.

64 다음 물질 1g을 각각 1kg의 물에 녹였을 때 빙점강하가 가장 큰 것은?

① CH_3OH
② C_2H_5OH
③ $C_3H_5(OH)_3$
④ $C_6H_{12}O_6$

정답 58 ③ 59 ② 60 ① 61 ① 62 ③ 63 ② 64 ①

해설

빙점강하는 몰랄농도(m농도)에 비례하고 몰랄농도는 분자량에 반비례하므로 분자량이 작을수록 빙점강하가 크다.

65 물 200g에 A물질 2.9g을 녹인 용액의 빙점은?(단, 물의 어는점 내림상수는 $1.86kg℃/mol$이고, A물질의 분자량은 58이다.)

① $-0.465℃$　　　② $-0.932℃$

③ $-1.871℃$　　　④ $-2.453℃$

해설

㉠ m농도 $= \dfrac{질량(g)}{분자량(g)} \times \dfrac{1,000(g)}{전체용매(g)}$

$= \dfrac{2.9}{58} \times \dfrac{1,000}{200} = 0.25$

㉡ $\Delta T_f = m \times K_f = 0.25 \times (-1.86) = -0.465$

04 산화와 환원

66 다음 화학식의 원소 변화에서 환원된 것은?

① $I_2 \rightarrow 2I^-$　　　② $Na \rightarrow Na^+$

③ $Zn \rightarrow ZnSO_4$　　　④ $KCl \rightarrow Cl_2$

해설

산화수가 감소하는 반응은 환원반응이다.

① I의 산화수 : $0 \rightarrow -1$(산화수 감소)

② Na의 산화수 : $0 \rightarrow +1$(산화수 증가)

③ Zn의 산화수 : $0 \rightarrow +2$(산화수 증가)

④ Cl의 산화수 : $-1 \rightarrow 0$(산화수 증가)

67 다이크로뮴산이온($Cr_2O_7{}^{2-}$)에서 Cr의 산화수는?

① $+3$　　　② $+6$

③ $+7$　　　④ $+12$

해설

$(2 \times x) + [(-2) \times 7] = -2$　　$\therefore x = +6$

68 화약제조에 사용되는 물질인 질산칼륨에서 N의 산화수는 얼마인가?

① $+1$　　　② $+3$

③ $+5$　　　④ $+7$

해설

KNO_3 : $(+1) + x + [(-2) \times 3] = 0$

$\therefore x = +5$

69 밑줄 친 원소의 산화수가 $+5$인 것은?

① $H_3\underline{P}O_4$　　　② $K\underline{Mn}O_4$

③ $K_2\underline{Cr}_2O_7$　　　④ $K_3[\underline{Fe}(CN)_6]$

해설

① $[(+1) \times 3] + x + [(-2) \times 4] = 0$　$\therefore x = +5$

② $(+1) + x + [(-2) \times 4] = 0$　$\therefore x = +7$

③ $[(+1) \times 2] + 2 \times x + [(-2) \times 7] = 0$　$\therefore x = +6$

④ $[(+1) \times 3] + x + [(+4-5) \times 6] = 0$　$\therefore x = +3$

70 다음 중 산소의 산화수가 가장 큰 것은?

① O_2　　　② $KClO_4$

③ H_2SO_4　　　④ H_2O_2

해설

① 0　　② , ③ -2　　④ -1

71 다음의 반응에서 환원제로 쓰인 것은?

$$MnO_2 + 4HCl \rightarrow MnCl_2 + 2H_2O + Cl_2$$

① Cl_2　　　② $MnCl_2$

③ HCl　　　④ MnO_2

해설

HCl는 산화(환원제), MnO_2은 환원(산화제)로 작용한다.

정답　65 ①　66 ①　67 ②　68 ③　69 ①　70 ①　71 ③

72 다음과 같이 나타낸 전지에 해당하는 것은?

$$(+)\,Cu \parallel H_2SO_4\,(aq) \parallel Zn\,(-)$$

① 볼타전지   ② 납축전지
③ 다니엘전지   ④ 건전지

해설

① $(-)\,Zn\,|\,H_2SO_4\,(aq)\,|\,Cu\,(+)$
② $(-)\,Pb\,|\,H_2SO_4\,(aq)\,|\,PbO_2\,(+)$
③ $(-)\,Zn\,|\,ZnSO_4\,(aq)\,\|\,CuSO_4\,(aq)\,|\,Cu\,(+)$
④ $(-)\,Zn\,|\,NH_4Cl$ 포화용액 $|\,C(MnO_2)\,(+)$

73 질산은($AgNO_3$) 수용액에 2F의 전기량을 통하였을 때 음극에서 석출하는 은(Ag)은 몇 g당량인가?

① 1g당량   ② 2g당량
③ 3g당량   ④ 4g당량

해설

$1F = 96,500C = 1g$당량 석출이므로 2F는 2g당량이 석출된다.

74 2F의 전기량으로 물을 전기분해할 때 생기는 기체의 총분자 수는?(단, 아보가드로수 : 6×10^{23}개)

① 3×10^{23} ② 9×10^{23}
③ 1.2×10^{23} ④ 6×10^{23}

해설

㉠ 물을 전기분해하면 H_2와 O_2가 발생한다.
㉡ 1F에 따른 몰수 $= 0.5$몰$(H_2) + 0.25$몰$(O_2) = 0.75$몰
㉢ 2F에 따른 몰수 $= 1.5$몰
∴ 분자수 $= 1.5 \times 6 \times 10^{23} = 9 \times 10^{23}$(개)

75 1패러데이(F)의 전기량으로 석출되는 물질의 무게를 틀리게 연결한 것은?

① 수소 – 약 1g   ② 산소 – 약 8g
③ 은 – 약 16g   ④ 구리 – 약 32g

해설

③ $1F = 1g$당량 석출 $=$ [은(Ag) – 약 108g]

---

05 금속 및 비금속 원소와 그 화합물

76 집기병 속에 물에 적신 빨간 꽃잎을 넣고 어떤 기체를 채웠더니 얼마 후 꽃잎이 탈색되었다. 이와 같이 색을 탈색(표백)시키는 성질을 가진 기체는?

① He   ② CO_2
③ N_2 ④ Cl_2

해설

염소(Cl_2)는 강력한 산화제로서, 물에 녹아 하이포아염소산(HClO)이 되고, 이는 살균·표백 작용을 한다.

77 다음 중 유리기구 사용을 피해야 하는 화학반응은?

① $CaCO_3 + HCl$ ② $Na_2CO_3 + Ca(OH)_2$
③ $Mg + HCl$ ④ $CaF_2 + H_2SO_4$

해설

불화수소(HF)는 유리를 녹일 수 있는 산이다.
$CaF_2 + H_2SO_4 \rightarrow CaSO_4 + 2HF$

78 다음 화합물 중 수용액에서 산성의 세기가 가장 큰 것은?

① HF   ② HCl
③ HBr   ④ HI

해설

할로젠화 수소의 세기
㉠ 산성 : $HI > HBr > HCl > HF$
㉡ 결합력 : $HF > HCl > HBr > HI$
㉢ 끓는점 : $HF > HI > HBr > HCl$

정답   72 ①   73 ②   74 ②   75 ③   76 ④   77 ④   78 ④

79 이온결합물질의 일반적인 성질에 관한 설명 중 틀린 것은?

① 녹는점이 비교적 높다.
② 단단하며 부스러지기 쉽다.
③ 고체와 액체 상태에서 모두 도체이다.
④ 물과 같은 극성용매에 용해되기 쉽다.

해설

③ 고체는 전기 부도체이나 액체 또는 수용액에서는 전기 전도성이 크다.

80 다음 이원자 분자 중 결합에너지 값이 가장 큰 것은?

① H_2　　　　　　② N_2
③ O_2　　　　　　④ F_2

해설

공유결합 중에서 단일결합(H_2, F_2), 이중결합(O_2), 삼중결합(N_2) 순으로 결합에너지 값이 크다.

81 다이아몬드의 결합 형태는?

① 금속결합　　　　② 이온결합
③ 공유결합　　　　④ 수소결합

해설

탄소 원자는 각각 4개의 다른 탄소 원자와 공유결합을 형성하여 탄소 원자 사이에 매우 강력한 결합력을 제공한다.

82 분자구조에 대한 설명으로 옳은 것은?

① BF_3는 삼각피라미드형이고, NH_3는 선형이다.
② BF_3는 평면 정삼각형이고, NH_3는 삼각피라미드형이다.
③ BF_3는 굽은형(V형)이고, NH_3는 삼각피라미드형이다.
④ BF_3는 평면 정삼각형이고, NH_3는 선형이다.

해설

화학식	특징
NH_3	삼각피라미드형(sp^3 – 결합), 쌍극자 모멘트 생성
BF_3	평면 정삼각형(sp^2 – 결합), 대칭으로 인해 쌍극자 모멘트 상쇄

83 다음 화합물 중에서 p^3 결합을 갖는 것은?

① BF_3　　　　　　② NH_3
③ PH_3　　　　　　④ H_3O^+

해설

① sp^2 결합　② sp^3 결합　③ p^3 결합　④ sp^3 결합

84 다음 중 비공유 전자쌍을 가장 많이 가지고 있는 것은?

① CH_4　　　　　　② NH_3
③ H_2O　　　　　　④ CO_2

해설

① H : C : H (없음)
② H : N : (1개)
③ H : O : H (2개)
④ : O :: C :: O : (4개)

85 다음과 같은 특성을 가지는 결합의 종류는?

자유전자의 영향으로 높은 전기 전도성을 갖는다.

① 배위결합　　　　② 수소결합
③ 금속결합　　　　④ 공유결합

해설

금속결합
자유전자와 금속의 양이온 사이의 정전기적 인력에 의한 결합으로, 전성, 연성, 전기전도성이 있으며, 열전도도가 높다.

정답　79 ③　80 ②　81 ③　82 ②　83 ③　84 ④　85 ③

06 유기화합물

86 $C-C-C-C$을 부탄이라고 한다면 $C=C$ $-C-C$의 명명은?(단, C와 결합된 원소는 H임)

① 1-부텐
② 2-부텐
③ 1,2-부텐
④ 3,4-부텐

해설

이중결합이 첫 번째 C에 있으므로, 1-부텐이라고 한다.

87 다음 화학식의 IUPAC 명명법에 따른 올바른 명명법은?

$$CH_3 - CH_2 - CH - CH_2 - CH_3$$
$$|$$
$$CH_3$$

① 3-메틸펜탄
② 2, 3, 5-트리메틸헥산
③ 이소부탄
④ 1, 4-헥산

해설

탄소 3번째에 메틸기가 부착되고 탄소의 개수가 5개이며, 모두 단일결합이므로 3-메틸펜탄이라 명명한다.

88 다이클로로벤젠의 구조 이성질체 수는 몇 개인가?

① 5
② 4
③ 3
④ 2

해설

o-다이클로로벤젠	m-다이클로로벤젠	p-다이클로로벤젠

89 에틸렌(C_2H_4)을 원료로 하지 않는 것은?

① 아세트산
② 염화바이닐
③ 에탄올
④ 메탄올

해설

① $C_2H_4 + O_2 \longrightarrow CH_3COOH$

② $C_2H_4 + Cl_2 \longrightarrow C_2H_4Cl_2 \xrightarrow[\Delta]{400℃} CH_2=CHCl + HCl$

③ $C_2H_4 + H_2O \xrightarrow[\Delta]{H_3PO_4} C_2H_5OH$

90 다음 물질 중 C_2H_2와 첨가반응이 일어나지 않는 것은?

① 염소
② 수은
③ 브로민
④ 아이오딘

해설

아세틸렌(C_2H_2)에서 H와 비금속원소인 할로젠(F_2, Cl_2, Br_2, I_2)과는 첨가반응이 가능하나, 금속원소인 수은(Hg)과는 첨가반응이 일어나지 않는다.

91 알코올을 산화하면 알데하이드가 생성된다. 이때 알데하이드를 얻을 수 없는 알코올은?

① CH_3CH_2OH

② CH_3CHCH_2OH
$\quad\quad\quad |$
$\quad\quad\quad CH_3$

③ CH_3CH-OH
$\quad\quad |$
$\quad\quad CH_3$

④ $CH_3CH_2CH_2OH$

해설

①, ②, ④ 1차 알코올(산화하면 알데하이드)
③ 2차 알코올(산화하면 케톤)

92 탄소 1mol이 완전 연소하는 데 필요한 최소 이론공기량은 약 몇 L인가?(단, 0℃, 1기압 기준이며, 공기 중 산소의 농도는 21vol%이다.)

① 10.7
② 22.4
③ 107
④ 224

정답 86 ① 87 ① 88 ③ 89 ④ 90 ② 91 ③ 92 ③

해설

$C + O_2 \rightarrow CO_2$

탄소 1mol의 완전연소에 필요한 산소량은 1mol(22.4L)이므로

필요 이론공기량 $= \dfrac{22.4}{0.21} = 106.67 \, (L)$

93 2몰의 메탄을 완전히 연소시키는 데 필요한 산소의 몰수는?

① 1몰　　　　　　② 2몰
③ 3몰　　　　　　④ 4몰

해설

$CH_4 \;+\; 2O_2 \;\rightarrow\; CO_2 \;+\; 2H_2O$
2mol : x mol
1mol : 2mol　　　　　∴ $x = 4 \, (mol)$

94 아세틸렌 1몰이 완전연소하는 데 필요한 이론산소량은 몇 몰인가?

① 1　　　　　　　② 2.5
③ 3.5　　　　　　④ 5

해설

$2C_2H_2 + 5O_2 \rightarrow 4CO_2 + 2H_2O$
2mol : 5mol
1mol : x mol　　　∴ $x = 2.5 \, (mol)$

95 프로판 $2m^3$가 완전연소할 때 필요한 이론공기량은 약 몇 m^3인가?(단, 공기 중 산소농도는 21vol%)

① 23.81　　　　　② 35.72
③ 47.62　　　　　④ 71.43

해설

$C_3H_8 \;+\; 5O_2 \rightarrow 3CO_2 \;+\; 4H_2O$
$\quad 2m^3 \quad : \quad x\,m^3$
$22.4m^3 \quad : \quad 5 \times 22.4m^3 \quad ∴ \; x = 10 (m^3)$
∴ 이론공기량 $A_0 = \dfrac{10}{0.21} = 47.619 \, (m^3)$

96 C_3H_8 22.0g을 완전연소시켰을 때 필요한 공기의 부피는 약 얼마인가?(단, 0℃, 1기압 기준이며, 공기 중의 산소량은 21%)

① 56L　　　　　　② 112L
③ 224L　　　　　④ 267L

해설

$C_3H_8 + 5O_2 \;\rightarrow\; 3CO_2 + 4H_2O$
22g : xL
44g : 5×22.4L　　　∴ $x = 56 \, (L)$
∴ 이론적 공기량 $A_0 = \dfrac{56}{0.21} = 266.67 \, (L)$

97 방향족 화합물의 구조를 포함하지 않는 위험물은?

① 아세토나이트릴　　② 톨루엔
③ 크실렌　　　　　　④ 벤젠

해설

① CH_3CN(제4류 위험물 제1석유류 수용성)

98 다음 중 방향족 탄화수소가 아닌 것은?

① 에틸렌　　　　　② 톨루엔
③ 아닐린　　　　　④ 안트라센

해설

① 에틸렌(C_2H_4)은 지방족 탄화수소이다.

99 다음 중 두 물질을 섞었을 때 용해성이 가장 낮은 것은?

① C_6H_6과 H_2O
② $NaCl$과 H_2O
③ C_2H_5OH과 H_2O
④ C_2H_5OH과 CH_3OH

해설

벤젠(C_6H_6)은 비수용성 물질이므로, 용해성이 가장 낮다.

정답　93 ④　94 ②　95 ③　96 ④　97 ①　98 ①　99 ①

100 벤젠에 진한 질산과 진한 황산의 혼산을 반응시켜 얻어지는 화합물은?

① 피크린산 　　　　② 아닐린
③ TNT 　　　　　　④ 나이트로벤젠

해설

나이트로화 : 벤젠에 진한 황산과 진한 질산을 혼합가열하면 나이트로벤젠이 생성된다.

$$C_6H_6 + HNO_3 \xrightarrow{c-H_2SO_4} C_6H_5NO_2 + H_2O$$

101 벤젠 2mol이 완전연소하는 데 필요한 최소 이론공기량은 약 몇 L인가?(단, 0℃, 1기압 기준이며, 공기 중 산소의 농도는 21vol%이다.)

① 168 　　　　　② 336
③ 1,600 　　　　④ 3,200

해설

$$C_6H_6 \ + \ 7.5O_2 \rightarrow 6CO_2 + 3H_2O$$
　2mol　:　xL
　1mol　:　7.5×22.4L　∴ $x = 336$(L)

이론공기량 $A_0 = \dfrac{x}{0.21} = \dfrac{336}{0.21} = 1,600$(L)

102 $FeCl_3$의 존재하에서 톨루엔과 염소를 반응시키면 어떤 물질이 생기는가?

① o−클로로톨루엔 　　② p−살리실산메틸
③ 아세트아닐리드 　　　④ 염화벤젠다이아조늄

해설

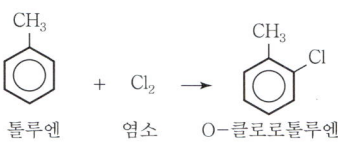

톨루엔　　　염소　　　O−클로로톨루엔

103 다음 중 $FeCl_3$과 반응하면 색깔이 보라색으로 되는 형상을 이용해서 검출하는 것은?

① CH_3OH 　　　　② C_6H_5OH
③ $C_6H_5NH_2$ 　　　④ $C_6H_5CH_3$

해설

정색반응 : 페놀(−OH)을 포함하고 있는 물질이 철 3가 양이온과 반응하여 보라색을 띄는 현상을 말한다.

104 염화철(Ⅲ)($FeCl_3$) 수용액과 반응하여 정색반응을 일으키지 않는 것은?

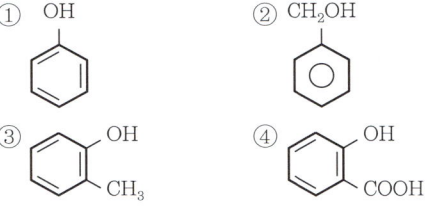

해설

정색반응은 페놀류(−OH)의 검출반응으로 이용된다.
① 페놀　② 벤질알코올　③ 크레졸　④ 살리실산

105 다음 화합물 중 펩타이드 결합이 들어 있는 것은?

① 폴리염화바이닐 　　② 유지
③ 탄수화물 　　　　　④ 단백질

해설

단백질
다수의 아미노산이 축중합되어 생긴 물질이며 아미노산의 −COOH기와 다른 아미노산의 −NH₂기가 축합반응으로 펩타이드 결합(−CONH−)을 한다.

106 나일론(Nylon 6,6)에는 다음 중 어느 결합이 들어 있는가?

① −S−S− 　　　　　② −O−
③ $\underset{\parallel\atop -C-O-}{O}$ 　　　　④ $\underset{\parallel\ \ \ |\atop -C-N-}{O\ \ \ H}$

해설

나일론 6.6
합성고분자 폴리아미드의 총칭으로 아미드(펩타이드) 결합[−CONH−]을 가지고 헥사메틸렌다이아민과 아디프산을 축중합하여 만든다.

정답　100 ④　101 ③　102 ①　103 ②　104 ②　105 ④　106 ④

PART

02

화재예방과
소화방법

CHAPTER 01 | 화재 및 소화

CHAPTER 02 | 소화약제 및 소화기

CHAPTER 03 | 소화설비, 경보설비 및 피난설비의 기준

CHAPTER 01 화재 및 소화

1 연소이론

1) 연소의 정의

① 물질이 발열과 빛을 동반하는 급격한 산화현상이다.
② 가연성 물질이 산소(산소공급원)와 결합하여 새로운 물질을 발생시키는 것이다.

(1) 완전연소

① 산소가 충분한 상태에서 가연성분이 완전히 연소된 것으로 연소 후 가연성분이 없다. 예 $C + O_2 \rightarrow CO_2$

② 완전연소의 조건
  ㉠ 열전도율이 작은 것
  ㉡ 충분한 산소가 있을 것
  ㉢ 산소와 친화력이 좋은 것
  ㉣ 산소와의 접촉 면적이 큰 것일수록

(2) 불완전연소

① 산소가 부족한 상태에서 가연성분이 불완전하게 산화되는 연소로서 연소된 후에도 가연성분이 남아 있다.

  예 $C + O_2 \rightarrow CO + \frac{1}{2}O_2 \rightarrow CO_2$

② 불완전연소의 조건
  ㉠ 산소공급원이 부족할 때
  ㉡ 환기, 배기가 불충분할 때
  ㉢ 가스 조성이 맞지 않을 때
  ㉣ 주위의 온도, 연소실의 온도가 너무 낮을 때

✎ **정전기 방지방법**
• 접지할 것
• 공기를 이온화할 것
• 공기 중의 상대습도를 70% 이상으로 할 것

핵심문제

정전기를 제거할 수 있는 방법을 적으시오.

해설
• 상대습도를 70% 이상 높이는 방법
• 공기를 이온화하는 방법
• 접지에 의한 방법
• 제전기 설치에 의한 방법

2) 연소의 조건

연소가 일어나기 위해서는 연소의 3요소가 반드시 구비되어어야 한다. 이 중 하나라도 구비되지 않으면 연소는 일어나지 않는다.

① 연소의 3요소 : 가연물＋산소공급원＋점화원
② 연소의 4요소 : 가연물＋산소공급원＋점화원＋연쇄반응

(1) 가연물

고체, 액체, 기체를 통틀어 연소되기 쉬운 물질이다.
예 목재, 플라스틱, 금속, 비금속, 수소 등

① 가연물이 될 수 있는 조건
   ㉠ 표면적이 넓을 것
   ㉡ 열전도율이 작을 것
   ㉢ 활성화 에너지가 작을 것
   ㉣ 산소와 친화력이 좋을 것
   ㉤ 발열량이 클 것
   ㉥ 산화반응의 활성이 클 것

② 가연물이 될 수 없는 조건
   ㉠ 주기율표의 0족 원소(He, Ne, Ar)
   ㉡ 이미 산화반응이 완결된 산화물(CO_2, P_2O_5)
   ㉢ 흡열반응 물질 : 질소(N_2) 또는 질소산화물(NOx)

(2) 산소공급원(조연성 물질)

① 공기(산소)
② 산화성 고체(제1류 위험물), 산화성 액체(제6류 위험물)
③ 가연성 물질 자체 내에 다량의 산소를 함유하고 있는 물질(제5류 위험물)

(3) 점화원

① 물리적 변화 : 단열압축열 등
② 화학적 변화 : 산화열, 중합열, 분해열 등
③ 화기 : 전기불꽃, 정전기 불꽃, 마찰 및 충격에 의한 불꽃 등

> 전기불꽃 에너지(E) : $E = \dfrac{1}{2}QV = \dfrac{1}{2}CV^2$

여기서, Q : 전기량, V : 방전전압, C : 전기용량

핵심문제

다음 중 연소의 3요소를 모두 갖춘 것은?

① 휘발유＋공기＋수소
② 적린＋수소＋성냥불
❸ 성냥불＋황＋염소산암모늄
④ 알코올＋수소＋염소산암모늄

해설

성냥불(점화원)＋휘발유, 수소, 적린, 황, 알코올(가연물)＋공기, 염소산암모늄(산소공급원)

문제

최소 착화에너지를 측정하기 위해 콘덴서를 이용하여 불꽃 방전 실험을 하고자 한다. 콘덴서의 전기용량을 C, 방전전압을 V, 전기량을 Q라 할 때 착화에 필요한 최소 전기에너지 E를 옳게 나타낸 것은?

① $E = \dfrac{1}{2}CQ^2$ ② $E = \dfrac{1}{2}C^2V$
③ $E = \dfrac{1}{2}QV^2$ ❹ $E = \dfrac{1}{2}CV^2$

해설

$E = \dfrac{1}{2}QV = \dfrac{1}{2}CV^2$

3) 연소의 형태

(1) 고체의 연소

① 표면연소 : 목탄(숯), 코크스, 금속분 등의 연소
② 분해연소 : 석탄, 종이, 목재, 섬유, 플라스틱 등의 연소
③ 증발연소 : 나프탈렌, 장뇌, 황, 양초(파라핀) 등의 연소
④ 자기연소 : 제5류 위험물(나이트로글리세린, 나이트로셀룰로스, 질산에스터류) 등의 연소

(2) 액체의 연소

① 증발연소 : 알코올, 에터 등과 같은 가연성 액체가 열에 의해 발생한 증기의 연소(액면연소)
② 액적연소 : 점도가 높은 벙커C유와 같은 액체가 입자를 안개 모양으로 분출하여 연소(분무연소)

(3) 기체의 연소

① 발염연소 : 불꽃은 있으나 불티가 없는 연소(불꽃연소)
② 확산연소 : 수소, 아세틸렌 등과 같은 가연성 가스의 연소

4) 연소의 제반사항

(1) 인화점

① 가연성 물질에 점화원을 접촉시켰을 때 불이 붙는 최저온도이다.
② 가연물을 가열할 때 가연성 증기가 연소범위 하한에 달하는 최저온도이다.
③ 인화점이 낮을수록 인화의 위험이 크다.

(2) 착화점(착화온도 = 발화점 = 발화온도)

① 가연물을 가열할 때 점화원 없이 가열된 열만을 가지고 스스로 연소가 시작되는 최저온도이다.
② 발화점이 낮은 물질일수록 위험성이 크다.
③ 발화점과 인화점은 서로 연관관계가 작다.

(3) 연소점

점화원을 제거하더라도 계속 탈 수 있는 온도로서 대략 인화점보다 $5 \sim 10\,℃$ 높은 온도를 말한다.

핵심문제

다음 중 주된 연소형태가 분해연소인 것은?

① 목탄   ② 나트륨
❸ 석탄   ④ 에터

해설

①, ② 표면연소 ③ 분해연소
④ 증발연소

✎ **착화점이 낮아지는 조건**

• 압력이 클 때
• 발열량이 클 때
• 화학적 활성도가 클 때
• 산소와 친화력이 클 때

핵심문제

다음 중 발화점이 낮아지는 경우는?

① 화학적 활성도가 낮을 때
❷ 발열량이 클 때
③ 산소와 친화력이 나쁠 때
④ CO_2와 친화력이 높을 때

해설

① 화학적 활성도가 클 때
③ 산소와 친화력이 좋을 때
④ CO_2와 친화력이 낮을 때

(4) 연소범위(연소한계 = 가연범위 = 가연한계 = 폭발범위 = 폭발한계)

가연성 가스가 공기 중에 존재할 때 폭발할 수 있는 농도의 범위를 의미하는 것으로 농도가 진한 쪽을 폭발상한계, 농도가 묽은 쪽을 폭발하한계라 한다.

예를 들어, 가솔린의 연소범위가 1.4~7.6%라는 것은 가솔린이 1.4%이고 공기가 98.6%인 조건에서부터 가솔린이 7.6%, 공기가 92.4%인 조건 사이에서 연소가 일어난다는 의미이다.

▼ 중요 가스의 공기 중 폭발범위(상온, 1atm에서)

가스	하한계	상한계	가스	하한계	상한계
수소(H_2)	4.0	75.0	벤젠(C_6H_6)	1.4	7.1
메탄(CH_4)	5.0	15.0	톨루엔(C_7H_8)	1.4	6.7
에탄(C_2H_6)	3.0	12.5	메틸알코올(CH_4O)	6.0	36.0
아세틸렌(C_2H_2)	2.5	81.0	에틸알코올(C_2H_6O)	3.3	19
에틸에터 ($C_2H_5OC_2H_5$)	1.9	48.0	산화프로필렌 (C_3H_6O)	2.5	38.5
아세트알데하이드 (CH_3CHO)	4.1	57.0	아세톤 (CH_3COCH_3)	2.5	12.8

(5) 고온체의 색깔과 온도

① 담암적색 : 522℃

② 암적색 : 700℃

③ 적색 : 850℃

④ 휘적색 : 950℃

⑤ 황적색 : 1,100℃

⑥ 백적색 : 1,300℃

⑦ 휘백색 : 1,500℃

(6) 자연발화

① 자연발화의 형태

ㄱ 산화열에 의한 발화 : 석탄, 건성유 등

ㄴ 흡착열에 의한 발화 : 목탄, 활성탄 등

ㄷ 발효열에 의한 발화 : 퇴비, 먼지 속 미생물 등

ㄹ 분해열에 의한 발화 : 셀룰로이드, 나이트로셀룰로스 등

ㅁ 중합열에 의한 발화 : 사이안화수소, 산화에틸렌, 염화바이닐 등

✍ 위험도의 정의

위험도란 폭발 가능성을 표시한 수치로서 그 값이 클수록 폭발의 위험성이 크다는 것을 의미한다.

위험도 $H = \dfrac{U-L}{L}$

(단, U : 폭발상한, L : 폭발하한)

핵심문제

아세톤의 위험도를 구하면 얼마인가?(단, 아세톤의 연소범위는 2~13vol%이다.)

① 0.846   ② 1.23
❸ 5.5   ④ 7.5

해설

위험도 $H = \dfrac{U-L}{L} = \dfrac{13-2}{2} = 5.5$

핵심문제

다음 고온체의 색깔을 낮은 온도부터 옳게 나열한 것은?

① 암적색<황적색<백적색<휘적색
② 휘적색<백적색<황적색<암적색
③ 휘적색<암적색<황적색<백적색
❹ 암적색<휘적색<황적색<백적색

해설

암적색(700℃)<휘적색(950℃)<황적색(1,100℃)<백적색(1,300℃)

핵심문제

나이트로셀룰로스의 자연발화는 일반적으로 무엇에서 기인한 것인가?

① 산화열   ② 중합열
③ 흡착열   ❹ 분해열

해설

분해열에 의한 발화 : 나이트로셀룰로스, 셀룰로이드 등

핵심문제

자연발화에 영향을 주는 인자로 가장 거리가 먼 것은?

① 수분　　　❷ 증발열
③ 발열량　　④ 열전도율

해설
본문 참조

핵심문제

자연발화를 방지하기 위한 방법으로 옳지 않은 것은?

❶ 습도를 가능한 한 높게 유지한다.
② 열 축적을 방지한다.
③ 저장실의 온도를 낮춘다.
④ 정촉매 작용을 하는 물질을 피한다.

해설
① 습도를 낮게 할 것(수분량이 적당하지 않도록 할 것)

② 자연발화에 영향을 주는 인자
　㉠ 수분　　　　　　　㉡ 열전도율
　㉢ 열의 축적　　　　㉣ 퇴적방법
　㉤ 발열량　　　　　　㉥ 공기의 유동

③ 자연발화의 발생 조건
　㉠ 주위의 온도가 높을 것
　㉡ 열전도율이 낮을 것
　㉢ 발열량이 클 것
　㉣ 표면적이 넓을 것

④ 자연발화 방지법
　㉠ 통풍을 잘 시킬 것
　㉡ 주위 온도를 낮출 것
　㉢ 수분량이 적당하지 않도록 할 것
　㉣ 퇴적 및 수납 시 열이 쌓이지 않게 할 것

2 폭발 및 화재

1) 폭발의 정의

가연성 기체 또는 액체 열의 발생속도가 열의 일산속도를 상회하는 현상을 폭발이라 한다.

여기서, a : 열의 발생속도, b : 열의 일산속도
$c_1 \sim c_2$: 연소범위(폭발범위), k_1, k_2 : 착화온도

위의 그래프는 가연성 기체 또는 액체를 밀폐된 측정용기에 넣어 가열할 때 열의 발생속도 a는 열의 일산속도 b와의 경계점 k_1 이상에서 폭발이 일어난다는 것을 보여준다.

2) 폭발의 유형

(1) 분해폭발

아세틸렌, 산화에틸렌, 에틸렌, 하이드라진, 제5류 위험물(자기분해성 고체류) 등과 같이 분해하면서 폭발하는 현상을 말한다.

(2) 중합폭발

염화바이닐, 사이안화수소와 같이 일정 온도와 압력으로 반응이 진행되어 분자량이 큰 중합체가 되어 폭발하는 현상을 말한다.

(3) 산화폭발

가스가 공기 중에서 누설 또는 인화성 액체 탱크에 공기가 유입되어 탱크 내에 점화원이 유입되어 폭발하는 현상을 말한다.

(4) 분진폭발

① 가연성 고체가 미세한 분말상태로 공기 중에 부유한 상태로 점화원이 존재하면 폭발하는 현상을 말한다.
② 종류 : 농산물(밀가루, 전분, 솜가루, 담배가루, 커피가르 등), 광물질(철분, 마그네슘분, 알루미늄분, 아연분 등)
③ 분진폭발을 일으키지 않는 물질 : 모래, 생석회, 시멘트 분말 등

3) 폭굉(Detonation)

(1) 폭굉의 정의

① 폭발이 격렬한 경우로서 음속(340m/sec)보다도 화염전파속도가 더 큰 경우로, 이때 파면선단에 충격파라고 하는 솟구치는 압력파가 발생하여 격렬한 파괴작용을 일으키는 현상이다.
② 폭발범위 내의 어떤 특정 농도범위에서는 연소의 속도가 폭발에 비해 수 배~수천 배에 달하는 현상이다.

(2) 폭굉의 특성

폭발범위 내의 어떤 특정 농도범위에서는 연소의 속도가 폭발에 비해 수백 내지 수천 배에 달하는 현상이다.

① 정상연소 시 전하는 전파속도(연소파) : 0.1~10m/sec
② 폭굉 시 전하는 전파속도(폭굉파) : 1,000~3,500m/sec

✏️ **폭발 위험장소 및 현상**

폭발 위험장소	현상
0종 장소	위험 분위기가 지속적인 장소
1종 장소	일반적인 상태에서 위험한 분위기가 생길 우려가 있는 장소
2종 장소	이상이 없다면 위험 분위기가 생성될 우려가 없는 장소

핵심문제

다음 중 분진폭발을 일으킬 위험성이 가장 낮은 물질은?

① 알루미늄 분말
② 석탄
③ 밀가루
❹ 시멘트 분말

해설
본문 참조

핵심문제

일반적으로 폭굉파의 전파속도는 어느 정도인가?

해설
폭굉 시 전파속도(폭굉파) : 1,000~3,500m/sec

핵심문제

폭굉유도거리(DID)가 짧아지는 조건
이 아닌 것은?

❶ 관경이 굵을수록 짧아진다.
② 압력이 높을수록 짧아진다.
③ 점화원의 에너지가 클수록 짧아진다.
④ 관 속에 이물질이 있을 경우 짧아진다.

해설

① 관 속에 방해물이 있거나 관경이 가
늘수록 짧다.

핵심문제

공장 창고에 보관되었던 톨루엔이 유
출되어 미상의 점화원에 의해 착화되
어 화재가 발생한 경우 이 화재를 분류
하면?

해설

톨루엔은 제4류 위험물(제1석유류)로서
유류화재이므로 B급 화재에 해당된다.

핵심문제

가연물에 따른 화재의 종류 및 표시색
의 연결이 옳은 것은?

① 폴리에틸렌 – 유류화재 – 백색
② 석탄 – 일반화재 – 청색
③ 시너 – 유류화재 – 청색
❹ 나무 – 일반화재 – 백색

해설

① 폴리에틸렌 – 일반화재 – 백색
② 석탄 – 일반화재 – 백색
③ 시너 – 유류화재 – 황색

(3) 폭굉유도거리(DID : Detonation Inducement Distance)

① 최초의 완만한 연소가 격렬한 폭굉으로 발전할 때까지의 거리를 말한다.

② 폭굉유도거리가 짧아지는 경우

ㄱ 압력이 높을수록

ㄴ 점화원의 에너지가 클수록

ㄷ 정상연소 속도가 큰 혼합가스일수록

ㄹ 관 속에 방해물이 있거나 관경이 가늘수록

4) 화재의 분류 및 특수현상

(1) 화재의 분류

① A급 화재(일반화재)

목재, 섬유, 종이 등의 화재가 이에 속하며, 구분색은 백색이다(냉각
소화).

② B급 화재(유류 및 가스화재)

에터, 알코올, 석유, 가연성 액체가스 등 유류 및 가스화재가 이에 속
하며, 구분색은 황색이다(질식소화).

③ C급 화재(전기화재)

전기기구 · 기계 등에서 발생되는 화재가 이에 속하며, 구분색은 청색
이다(질식소화).

④ D급 화재(금속화재)

마그네슘과 같은 금속화재가 이에 속하며, 구분색은 없다[피복(질식)
소화].

(2) 화재의 특수현상

① 유류저장탱크에서 일어나는 현상

ㄱ 보일오버(Boil Over) : 유류저장탱크 내부에 물이 존재하면 하부
에 고여 있게 된다. 이때 외부로부터 화재 등에 의해 열을 받게 되
면 하부로 열이 전달되며, 탱크 하부의 물과 접촉하면서 급격히 증
발한다. 이때 상부의 유류를 밀어올리게 되고, 불이 붙은 유류가
외부로 튀기는 현상을 말한다. 탱크 하부에 드레인 밸브를 설치하
면 이러한 현상을 없애고 예방할 수 있다.

ㄴ 슬롭오버(Slop Over) : 유류저장탱크에서 표면 화재가 발생할 경
우 물 등의 소화약제가 표면에 분사되면 높은 온도에 의해 물이 증

발되어 액면에서 튀기는 현상을 말한다.

ⓒ 프로스오버(Forth Over) : 유류저장탱크 내부에 고온의 물질이 들어갈 경우 유류 표면에서 액체가 끓어 외부로 넘치는 현상을 말한다.

ⓔ BLEVE(Boiling Liquid Expanding Vapor Explosion)(＝비등액체팽창 증기 폭발) : 인화성 액체 또는 액화가스 저장탱크 주변에서 화재가 발생할 경우 탱크 내부의 기상부가 국부적으로 가열되면 그 부분의 강도가 약해져 결국 탱크가 파열된다. 이때 탱크 내부의 액화된 가스 또는 인화성 액체가 급격히 외부로 유출되며 팽창이 이루어지고, 화구(Fireball)를 형성하여 폭발하는 형태를 말한다.

② 가스저장탱크에서 일어나는 현상

ⓐ UVCE(Unconfined Vapor Cloud Explosion)(＝증기운 폭발) : 다량의 가연성 가스나 인화성 액체가 외부로 누출될 경우 해당 가스 또는 인화성 액체의 증기가 대기 중의 공기와 혼합하여 폭발성을 가진 증기운을 형성하게 되는데, 이때 점화원에 의해 점화할 경우 화구(Fireball)를 형성하며 폭발하는 형태를 말한다.

ⓑ 화구(Fireball) : BLEVE, UVCE 등에 의해 인화성 증기가 확산하여 공기와의 혼합이 폭발범위에 이르렀을 때 커다란 공의 형태로 폭발하는 현상을 말한다.

ⓒ 플래시오버(Flash Over) : 건축물의 실내에서 화재가 발생하였을 때 발화로부터 화재가 서서히 진행하다가 어느 정도 시간이 경과함에 따라 대류와 복사현상에 의해 일정 공간 안에 열과 가연성 가스가 축적되고 발화점에 도달하여 순간적인 폭발로 화염에 휩싸이는 화재현상을 말한다.

3 소화이론

1) 소화의 정의

연소현상을 중단시키는 것을 소화라고 하며, 소화는 연소의 3요소 중 전부 또는 일부를 제거하면 된다. 연쇄반응을 억제하는 행위 또한 소화라고 할 수 있다.

핵심문제

고온층(Hot Zone)이 형성된 유류화재의 탱크 밑면에 물이 고여 있는 경우, 화재의 진행에 따라 바닥의 물이 급격히 증발하여 불붙은 기름을 분출시키는 위험현상을 무엇이라 하는가?

해설

보일오버(Boil Over)에 대한 설명이다.

핵심문제

탱크화재 현상 중 BLEVE(Boiling Liquid Expanding Vapor Explosion)란?

① 기름탱크에서의 수증기 폭발현상이다.
❷ 비등상태의 액화가스가 기화하여 팽창하고 폭발하는 현상이다.
③ 화재 시 기름 속의 수분이 급격히 증발하여 기름거품이 되고 팽창해서 기름탱크에서 밖으로 내뿜어져 나오는 현상이다.
④ 고점도의 기름 속에 수증기를 포함한 볼 형태의 물방울이 형성되어 탱크 밖으로 넘치는 현상이다.

해설

비등상태의 액화가스가 기화하여 팽창하고 폭발하는 현상이다.

핵심문제

화재가 발생한 후 실내온도는 급격히 상승하고 축적된 가연성 가스가 착화하면 실내 전체가 화염에 휩싸이는 화재현상은?

해설

플래시오버(Flash Over)에 대한 설명이다.

PART 02 화재예방과 소화방법 │ **73**

2) 소화의 효과

냉각소화, 질식소화, 제거소화, 희석소화, 부촉매소화 효과 등이 있다.

(1) 냉각소화

① 연소물로부터 열을 빼앗아 발화점 이하로 온도를 낮추어 소화하는 방법이다.

② 대표적인 소화약제 : 물, 강화액, 분말, CO_2 등이 있다.

(2) 질식소화(산소공급원 차단)

① 공기 중에 존재하고 있는 산소의 농도 21%를 15% 이하로 낮추어 소화하는 방법이다.

② 대표적인 소화약제 : 물, 포말(화학포 및 기계포), CO_2, 분말 등이 있다.

(3) 제거소화

① 가연물을 연소구역에서 제거하여 줌으로써 소화하는 방법(촛불, 산불, 유전의 화재, 가스 화재)이다.

② 제거소화의 예

ㄱ 산림 화재 시 불의 진행 방향을 앞질러 벌목함으로써 소화하는 방법이다.

ㄴ 가스 화재 시 가스가 분출되지 않도록 밸브를 폐쇄하여 소화하는 방법이다.

ㄷ 전선에 합선이 일어나 화재가 발생한 경우 전원공급을 차단해서 소화하는 방법이다.

ㄹ 대규모 유전 화재 시에 질소 폭탄을 폭발시켜 강풍에 의해 불씨를 제거하여 소화하는 방법이다.

(4) 희석소화

① 가연성 가스와 공기와의 혼합농도 범위인 연소범위의 하한값 이하로 농도를 낮추는 방법이다.

② 수용성 액체 위험물(알코올, 에터, 아세톤 등)의 화재 시 대량의 물로 농도를 낮게 하는 방법이다.

(5) 부촉매소화(억제소화)

① 연소의 4요소 중 하나인 연쇄반응을 차단해서 소화하는 방법, 즉 가연성 물질과 산소와의 화학반응을 느리게 함으로써 소화하는 방법이다.

② 대표적인 소화약제 : 할론 1301, 할론 1211, 할론 2402 등의 할로젠 화합물이 있다.

핵심문제

다음 중 가연물이 연소할 때 공기 중의 산소농도를 떨어뜨려 연소를 중단시키는 소화방법은?

해설

질식소화에 대한 설명이다.

핵심문제

제거소화의 예가 아닌 것은?

① 가스 화재 시 가스 공급을 차단하기 위해 밸브를 닫아 소화시킨다.

② 유전 화재 시 폭약을 사용하여 폭풍에 의하여 가연성 증기를 날려보내 소화시킨다.

❸ 연소하는 가연물을 밀폐시켜 공기 공급을 차단하여 소화한다.

④ 촛불 소화 시 입으로 바람을 불어서 소화시킨다.

해설

③은 제거소화가 아니라 질식소화에 해당된다.

핵심문제

수용성 가연성 물질의 화재 시 다량의 물을 방사하여 가연물질의 농도를 연소농도 이하가 되도록 하여 소화시키는 것은 무슨 소화원리인가?

해설

희석소화에 대한 설명이다.

CHAPTER 02 소화약제 및 소화기

1 소화약제

1) 물 소화약제

(1) 소화약제의 효과

냉각소화, 질식소화, 유화소화, 희석소화 등의 효과가 있다.

(2) 소화약제의 장단점

① 장점
- ㉠ 쉽게 구입할 수 있고, 인체에 무해하다.
- ㉡ 가격이 저렴하고 장시간 저장, 보존이 가능하다.
- ㉢ 증발잠열(539kcal/kg)이 크기 때문에 냉각효과가 우수하다.
- ㉣ 안개형태(무상)로 주수할 때는 질식소화, 유화효과(어멀션)도 얻을 수 있다.

② 단점
- ㉠ 0℃ 이하에서는 동파될 수 있다.
- ㉡ 전기가 통하는 도체이므로 전기화재에는 부적당하다.
- ㉢ 전기화재, 금속분 화재에는 소화효과가 없다.
- ㉣ 유류 중에서 물보다 가벼운 물질에 소화 작업을 진행할 때 연소면 확대의 우려가 있다.

(3) 소화약제 방사방법

① 봉상주수

옥내·외 소화전과 같이 소방 노즐에서 분사되는 물줄기 그 자체로 주수소화하는 방법이다.

② 적상주수

스프링클러헤드와 같이 기계적인 장치를 이용해 물방울을 형성하면서 방사되는 주수형태이다.

핵심문제

물의 특성 및 소화효과에 관한 설명으로 틀린 것은?

① 이산화탄소보다 기화잠열이 크다.
② 극성분자이다.
❸ 이산화탄소보다 비열이 작다.
④ 주된 소화효과는 냉각소화이다.

해설

③ 비열은 이산화탄소(0.199kcal/kg℃)보다 물(1kcal/kg℃)이 크다.

핵심문제

다음 중 물을 소화약제로 사용하는 가장 큰 이유는?

❶ 기화잠열이 크므로
② 부촉매 효과가 있으므로
③ 환원성이 있으므로
④ 기화하기 쉬우므로

해설

물은 기화잠열(539kcal/kg)이 매우 커서 냉각효과가 우수하다.

③ 무상주수

물 분무 소화설비와 같이 분무헤드나 분무노즐에서 안개상으로 주수하는 소화방법이다.

(4) 소화약제 동결 방지제

에틸렌글리콜, 프로필렌글리콜, 글리세린, 염화나트륨 등이 있다.

2) 강화액소화약제

핵심문제

물의 소화능력을 향상시키고 동절기 또는 한랭지에서도 사용할 수 있도록 탄산칼륨 등의 알칼리 금속 염을 첨가한 소화약제는?

해설

강화액소화약제에 대한 설명이다.

물 소화약제의 어는점을 낮추어 겨울철, 한랭지역에서 사용 가능하도록 물에 탄산칼륨(K_2CO_3)을 보강시켜 만든 소화제이다.

① 주된 소화효과는 냉각소화이다.
② 액상 : pH 12 이상인 강알칼리성
③ 액 비중 : 1.3~1.4
④ 응고점 : $-30 \sim -25℃$
⑤ 물보다 점성이 있는 수용액으로 독성, 부식성이 없다.

3) 산·알칼리소화약제

용기에 황산(H_2SO_4)[산]과 탄산수소나트륨($NaHCO_3$)[알칼리]을 혼합하면 화학적인 작용이 진행되면서 가압용 가스(CO_2)에 의해 약제를 방출시키는 방법이다.

$$2NaHCO_3 + H_2SO_4 \rightarrow Na_2SO_4 + 2CO_2 + 2H_2O$$

4) 포소화약제

핵심문제

포소화약제의 주된 소화효과를 모두 옳게 나타낸 것은?

① 촉매효과와 억제효과
② 억제효과와 제거효과
❸ 질식효과와 냉각효과
④ 연소방지와 촉매효과

해설

③ 포소화약제의 주된 소화효과는 질식효과와 냉각효과이다.

소화능력을 향상시키기 위하여 거품(Foam)을 방사할 수 있는 약제를 첨가하여 질식효과, 냉각효과를 얻을 수 있도록 만든 소화약제이다.

(1) 포소화약제의 조건

① 부착성이 있을 것
② 유류의 표면에 잘 분산될 것
③ 바람에 견디는 응집성과 안전성이 있을 것
④ 열에 대한 센 막을 가지고 유동성이 있을 것

(2) 포소화약제의 종류

① 화학포소화약제

탄산수소나트륨($NaHCO_3$)과 황산알루미늄[$Al_2(SO_4)_3$]이 화학적으로 반응하면서 만들어지며, 압력원인 CO_2가 발생되어 CO_2 가스압력에 의해 거품을 방사하는 형식이나 소방시설의 설치·유지 및 위험물 제조소등의 기준 등에 관한 규칙에 의해 사용을 인정하지 않고 있다.

② 기계포(공기포)소화약제

ㄱ 단백포소화약제

- 동물의 뼈, 뿔, 발톱, 피, 식물성 단백질이 주성분이고 3%형과 6%형이 있다.
- 재연소 방지능력이 우수하다.
- 동물, 식물성 단백질을 첨가시킨 형태로 내구력이 없어 보관 시 유의한다.

ㄴ 합성계면활성제포소화약제

- 일반적으로 고급 알코올황산에스터염을 기포제로 사용하며 냄새가 없는 황색의 액체이다.
- 밀폐 또는 준밀폐 구조물의 화재 시 고팽창포로 사용하여 화재를 진압할 수 있는 포소화약제이다.
- 약제의 변질이 없고, 거품이 잘 만들어지며 유류화재에도 효과가 높다.
- 단백포에 비해 유동성이 좋고 겨울철에도 비교적 안정성이 있다.

ㄷ 수성막포소화약제

- 미국의 3M사가 개발한 것으로 Light Water라고도 한다.
- 계면활성제로는 불소계 계면활성제를 사용한다.
- 소화효과를 증대시키기 위하여 분말소화약제와 병용하여 사용할 수 있다.
- 단백포소화약제보다 독성은 있으나 장기보존은 가능하다.
- 포소화약제 중에서 가장 우수한 소화효과를 가지고 있다.

ㄹ 내알코올포소화약제

- 소포성이 있는 물질인 수용성 액체 위험물에 화재가 일어났을 경우 유용하도록 만든 소화약제를 말하며 6%형이 있다.
- 수용성이 있는 위험물(제4류 위험물 중 알코올류, 아세톤, 피리딘, 글리세린 등)에 소화효과가 있다.

핵심문제

다음 중 질식소화효과를 주로 이용하는 소화기는?

❶ 포소화기
② 강화액소화기
③ 수(물)소화기
④ 할로젠화합물소화기

해설

① 질식소화, ②, ③ 냉각소화
④ 억제소화

핵심문제

유류화재 소화 시 분말소화약제를 사용할 경우 소화 후에 재발화 현상이 가끔씩 발생할 수 있다. 다음 중 이러한 현상을 예방하기 위하여 병용하여 사용하면 가장 효과적인 포소화약제는?

해설

수성막포소화약제에 대한 설명이다.

핵심문제

알코올 화재 시 수성막포소화약제는 내알코올포소화약제에 비하여 소화효과가 낮다. 그 이유로서 가장 타당한 것은?

① 소화약제와 섞이지 않아서 연소면을 확대하기 때문에
② 알코올은 포화 반응하여 가연성 가스를 발생하기 때문에
③ 알코올이 연료로 사용되어 불꽃의 온도가 올라가기 때문에
❹ 수용성 알코올로 인해 포가 소멸되기 때문에

해설

알코올 화재(수용성 물질의 화재)에 소포성을 낮게 하기 위하여 내알코올포소화약제를 사용해야 한다.

핵심문제

분말소화약제의 소화효과로 가장 거리가 먼 것은?

① 질식효과
② 냉각효과
❸ 제거효과
④ 방사열 차단효과

해설

분말소화약제의 소화효과
질식효과, 냉각효과, 방사열 차단효과 등이 있다.

핵심문제

분말소화약제의 분류가 옳게 연결된 것은?

① 제1종 분말약제 : $KHCO_3$
② 제2종 분말약제 : $KHCO_3$
   $+ (NH_2)_2CO$
❸ 제3종 분말약제 : $NH_4H_2PO_4$
④ 제4종 분말약제 : $NaHCO_3$

해설

본문 참조

핵심문제

Halon 1301에 해당하는 화학식은?

① CH_3Br ❷ CF_3Br
③ CBr_3F ④ CH_3Cl

해설

할론번호(Halon 번호)의 구성은 천의 자리 숫자는 C의 개수(1개), 백의 자리 숫자는 F의 개수(3개), 십의 자리 숫자는 Cl의 개수(0개), 일의 자리 숫자는 Br의 개수(1개)를 나타낸다(CF_3Br).

---

5) 분말소화약제

① **제1종 분말소화약제** : 주성분은 탄산수소나트륨($NaHCO_3$)이며, 식용유, 지방질유의 화재소화 시 가연물과의 비누화 반응으로 소화효과가 증대된다.

② **제2종 분말소화약제** : 주성분은 탄산수소칼륨($KHCO_3$)이다.

③ **제3종 분말소화약제** : 열 분해 시 암모니아(NH_3)와 수증기(H_2O)에 의한 질식효과, 열분해에 의한 냉각효과, 암모늄에 의한 부촉매효과와 메타인산(HPO_3)에 의한 방진작용 등이 주된 소화효과이다.

④ **제4종 분말소화약제** : 주성분은 탄산수소칼륨($KHCO_3$)과 요소[$(NH_2)_2CO$]이다.

⑤ 분말에 습기가 침투하는 것을 방지하기 위해서 사용하는 물질은 스테아리산아연이다.

⑥ 소화효과로는 질식소화, 냉각소화, 부촉매소화효과가 있다.

종류	주성분	착색	적응화재	열분해 반응식
제1종 분말	$NaHCO_3$ (탄산수소나트륨)	백색	B, C	$2NaHCO_3$ $\rightarrow Na_2CO_3 + CO_2 + H_2O$
제2종 분말	$KHCO_3$ (탄산수소칼륨)	보라색	B, C	$2KHCO_3$ $\rightarrow K_2CO_3 + CO_2 + H_2O$
제3종 분말	$NH_4H_2PO_4$ (제1인산암모늄)	담홍색 (핑크색)	A, B, C	$NH_4H_2PO_4$ $\rightarrow HPO_3 + NH_3 + H_2O$
제4종 분말	$KHCO_3 + (NH_2)_2CO$ (탄산수소칼륨 + 요소)	회백색	B, C	$2KHCO_3 + (NH_2)_2CO$ $\rightarrow K_2CO_3 + 2NH_3 + 2CO_2$

6) 할로젠화합물소화약제

(1) 할로젠화합물의 구성

① 메탄(CH_4), 에탄(C_2H_6)에서 수소원자 대신 할로젠원소, 즉 불소(F_2), 염소(Cl_2), 취소(Br_2), 옥소(I_2)로 치환된 물질로서 주된 소화효과는 부촉매소화효과이다.

② 할론번호의 구성은 천의 자리 숫자는 C의 개수, 백의 자리 숫자는 F의 개수, 십의 자리 숫자는 Cl의 개수, 일의 자리 숫자는 Br의 개수를 나타낸다.

   예 Halon 1301 : 천의 자리 숫자는 C의 1개, 백의 자리 숫자는 F의 3개, 십의 자리 숫자는 Cl의 0개, 일의 자리 숫자는 Br의 1개를 나타내므로, 일취화삼불화메탄(CF_3Br)이 된다.

(2) 종류

① Halon 1301(CF₃Br) : 일취화삼불화메탄(BTM : Bromo Trifluoro Methane)
　㉠ 상온에서 무색·무취의 기체로 비전도성이다.
　㉡ 공기보다 무겁다.
　㉢ 인체에 독성이 약하다.
　㉣ 소화효과가 가장 커 널리 사용한다.

② Halon 1211(CF₂ClBr) : 일취화일염화이불화메탄(BCF : Bromo Chloro Difluro Methane)
　㉠ 상온에서 기체이다.
　㉡ 공기보다 무겁다.
　㉢ 비점은 −4℃이다.

③ Halon 1011(CH₂ClBr) : 일염화일취화메탄(CB : Chloro Bromo Methane)
　㉠ 상온에서 액체이다.
　㉡ 증기 비중은 4.5이다.
　㉢ B급(유류)과 C급(전기) 화재에 적합하다.

④ Halon 2402 소화약제(C₂F4Br₂) : 이취화사불화에탄(FB : Tetra Fluoro Dibromo Ethane)
　㉠ 상온에서 액체이다.
　㉡ 증기 비중이 가장 높은 소화약제이다.
　㉢ 저장용기에 충전할 경우에는 방출압력원인 질소(N₂)와 함께 충전하여야 한다.

⑤ Halon 104 소화약제 : 사염화탄소(CTC : Carbon Tetra Chloride)
　㉠ 무색 투명한 액체로서 공기, 수분, 탄산가스와 반응하여 맹독성 기체인 포스겐(COCl₂)을 생성시키기 때문에 실내에서는 소방법상 사용 금지하도록 규정되어 있다.

　㉡ 화학반응식
　　• 공기 중 : $2CCl_4 + O_2 \rightarrow 2COCl_2 + 2Cl_2$
　　• 습기 중 : $CCl_4 + H_2O \rightarrow COCl_2 + 2HCl$
　　• 탄산가스 중 : $CCl_4 + CO_2 \rightarrow 2COCl_2$
　　• 금속접촉 중 : $3CCl_4 + Fe_2O_3 \rightarrow 3COCl_2 + 2FeCl_3$
　　• 발연황산 중 : $2CCl_4 + H_2SO_4 + SO_3 \rightarrow 2COCl_2 + S_2O_5Cl_2 + 2HCl$

핵심문제

Halon 1301, Halon 1211, Halon 2402 중 상온, 상압에서 액체상태인 Halon 소화약제로만 나열된 것은?

① Halon 1211
❷ Halon 2402
③ Halon 1301, Halon 1211
④ Halon 2402, Halon 1211

해설
• 상온에서 기체 : Halon 1301, Halon 1211
• 상온에서 액체 : Halon 1011, Halon 2402

핵심문제

할로젠화합물소화약제의 조건으로 옳은 것은?

① 비점이 높을 것
❷ 기화되기 쉬울 것
③ 공기보다 가벼울 것
④ 연소성이 좋을 것

해설

본문 참조

핵심문제

다음에서 설명하는 소화약제에 해당하는 것은?

• 무색, 무취이며 비전도성이다.
• 증기상태의 비중은 약 1.50이다.
• 임계온도는 약 31℃이다.

해설

CO_2 소화약제에 대한 내용이다(CO_2 증기비중 $= \dfrac{분자량}{29} = \dfrac{44}{29} = 1.517$).

핵심문제

다음 소화약제 중 오존파괴지수(ODP)가 가장 큰 것은?

① IG－541　② Halon 2402
③ Halon 1211　❹ Halon 1301

해설

화학물질	오존파괴능력 (ODP)
IG－541	0.0
Halon 1211	3.0
Halon 2402	6.0
Halon 1301	10.0

(3) Halon 소화약제 능력의 크기

Halon 1301 > Halon 1211 > Halon 2402 > Halon 1011 > Halon 104

(4) 할로젠화합물소화약제의 효과

억제효과(부촉매효과), 희석효과, 냉각효과 등이 있다.

(5) 할로젠화합물소화약제의 조건

① 불연성일 것
② 비점이 낮을 것
③ 공기보다 무거울 것

7) 이산화탄소(CO_2) 소화약제

① 무색·무취 기체로서 비중이 1.52 정도이다.
② 줄－톰슨 효과에 의해 드라이아이스 생성으로 질식·냉각 소화를 한다.
③ 소화작업 진행 시 인체에 묻으면 동상에 걸리기 쉽고 질식의 위험이 있다.
④ 「고압가스 안전관리법」에 적용을 받으며 충전비는 1.5 이상이 되어야 한다 $\left[충전비 = \dfrac{용기의\ 내용적(L)}{CO_2의\ 무게(kg)} \right]$.
⑤ 소화약제는 탄산가스의 함량이 99.5% 이상이고 수분은 중량 0.05% 이하이어야 한다. 수분이 0.05% 이상이면 결빙되어 배관과 노즐이 터질 우려가 있다.
⑥ 자체 압력으로 분출이 가능하기 때문에 별도의 가압장치가 필요 없다.

8) 할로겐화합물 및 불활성기체

소화약제	화학식	소화약제	화학식
IG－01	Ar : 100%	FIC－1311	CF_3I
IG－100	N_2 : 100%	HFC－23	CHF_3
IG－541	N_2 : 52%, Ar : 40%, CO_2 : 8%	HFC－236fa	$CF_3CH_2CF_3$
IG－55	N_2 : 50%, Ar : 50%	FC－3－1－10	C_4F_{10}

2 소화기

1) 소화기의 분류

(1) 물소화기(봉상 : A급 화재, 무상 : A · B급 화재)

① 수동 펌프식 : 수조에 수동펌프를 설치하여 피스톤의 압축효과를 이용하여 방사하는 방식이다.

② 축압식 : 물과 공기를 축합시킨 것을 방사하는 방식으로서 축압가스로는 질소, 탄산가스 등이 있다.

③ 가스가압식 : 본체 용기와 별도로 가압용 가스(탄산가스)의 압력을 이용하여 방출하는 방식이다(대형 소화기에 사용).

(2) 강화액소화기

① 축압식 : $8.1 \sim 9.8 kg/cm^2$의 압력으로 압축공기 또는 N_2 가스를 축압시킨 것으로 방출방식은 봉상 또는 무상인 소화기이다(압력지시계 존재).

② 가스가압식 : 용기 속에 CO_2 용기가 장착되어 있고 축압식과 유사하다(압력지시계가 없으며 안전밸브와 액면 표시가 되어 있는 소화기).

③ 반응식(파병식) : 산 · 알칼리 소화기의 파병식과 동일

(3) 산 · 알칼리소화기

유류화재, 전기화재에 사용 금지, 보관 중 전도 금지, 겨울철 동결에 주의한다.

① 전도식 : 외통에는 중조와 물, 내통에는 농황산을 넣은 소화기이다.

② 파병식 : CO_2의 방사압력으로 약제를 방출시키는 방식이다.

(4) 포소화기(A · B급 화재)

① 포소화기의 보존 및 사용상 주의사항

　㉠ 전기나 알코올류 화재에는 사용 금지

　㉡ 동절기에는 동결 주의

　㉢ 안전한 장소에 보관할 것

② 포소화기의 종류

　㉠ 화학포소화기(전도식, 밀폐식, 밀봉식)

　㉡ 기계포소화기(축압식, 가스가압식)

　※ 알코올포소화기(특수 포) : 알코올 등 수용성인 가연물 화재에 사용하는 내알코올성 소화기

핵심문제

강화액소화기에 대한 설명으로 옳은 것은?

① 물의 유동성을 크게 하기 위한 유화제를 첨가한 소화기이다.

② 물의 표면장력을 강화한 소화기이다.

③ 산 · 알칼리 액을 주성분으로 한다.

❹ 물의 소화효과를 높이기 위해 염류를 첨가한 소화기이다.

해설

강화액소화기

물의 소화능력을 향상시킬 목적으로 물에 탄산칼륨(K_2CO_3)을 보강시켜 만든 소화기이다.

(5) 분말소화기

① 축압식 : 용기 상부에 CO_2나 N_2 가스를 축압하고 압력지시계를 설치한다. 정상범위는 녹색이며 비정상범위는 황색이나 적색으로 표시된다. 축압식을 사용하는 ABC분말소화기의 압력지시계의 지시압력은 $7.0 \sim 9.8 kg/cm^2$를 유지한다.

② 가스가압식 : 용기는 철제이고 용기 본체 내·외부에 설치된 봄베 속에 충전되어 있는 CO_2를 압력원으로 하는 소화기이다.

(6) 할로젠화합물소화기(증발성 액체소화기)

① 수동 펌프식 : 용기에 수동 펌프가 부착되어 핸들을 상하로 움직여 액체 할로젠화합물을 방사시키는 방식이다.

② 수동 축압식 : 용기에 공기 가압 펌프가 부착되어 있고 부수적으로 내부의 공기를 가압하는 방식이다.

③ 축압식 : 안전핀을 뽑고 레버를 쥐게 되면 방사되는 방식으로 축압가스는 압축공기 또는 질소가스를 사용한다.

④ 사용 금지 장소

　㉠ 좁고 밀폐된 실내에서는 사용하지 말 것

　㉡ 사용 후 신속히 환기할 것

　㉢ 설치 금지 : 지하층, 무창층 및 환기에 유효한 개구부의 넓이가 바닥 면적의 1/30 이하, 또는 바닥 면적이 $20m^2$ 이하의 장소

(7) 이산화탄소(CO_2)소화기

① 고압 용기를 사용하고 $250kg/cm^2$의 내압시험(TP)에 합격한 것을 사용한다.

② 물에 용해 시 약산인 탄산이 된다($CO_2 + H_2O \rightarrow H_2CO_3$).

③ 약제에 의한 오손이 작고, 전기절연성이 좋기 때문에 전기화재에도 효과가 있다.

④ 종류

　㉠ 소형 소화기(레버식) : 무계목 용기(이음새 없는 용기)로서 용기 본체는 $200 \sim 250kg/cm^2$에서 작동하는 안전밸브가 부착되어 있는 소화기이다.

　㉡ 대형 소화기(핸들식) : 용기의 재질 및 구조는 레버식과 동일하고 움직일 수 있도록 바퀴가 달려 있다.

⑤ 사용 금지 장소

　㉠ 지하층

핵심문제

이산화탄소소화기는 어떤 현상에 의해서 온도가 내려가 드라이아이스를 생성하는가?

❶ 줄-톰슨 효과 ② 사이펀
③ 표면장력　　④ 모세관

해설

이산화탄소소화기
줄-톰슨효과에 의해 드라이아이스 생성으로 질식, 냉각소화를 한다.

ⓛ 무창층

ⓒ 밀폐된 거실 및 사무실로서 그 바닥 면적이 20m² 미만인 곳

(8) 간이 소화용구

① 건조된 모래(건조사)

ⓐ 반드시 건조상태일 것

ⓛ 가연물이 함유되어 있지 않을 것

ⓒ 포대나 반절 드럼통에 보관할 것

ⓐ 부속기구(삽과 양동이)를 비치할 것

② 팽창질석과 팽창진주암

발화점이 낮은 알킬알루미늄 등의 화재에 사용되는 불연성 고체로서 가열하면 1,000℃ 이상에서는 10~15배 팽창되므로 매우 가볍다.

③ 중조톱밥

중조(탄산수소나트륨)와 톱밥의 혼합물로 이루어져 있으며 인화성 액체의 소화 용도로 개발된 모세관 현상의 원리를 이용한 소화기구이다.

▼ 각종 소화기의 특성

소화기명	소화약제	종류	적응 화재	소화효과
산·알칼리 소화기	H_2SO_4, $NaHCO_3$	파병식, 전도식	A급(무상 : C급)	냉각
강화액 소화기	K_2CO_3	축압식, 화학반응식, 가스가압식	A급 (무상 : A, B, C급)	냉각 (무상 : 질식)
이산화탄소 소화기	CO_2	고압가스용기	B, C급	질식, 냉각, 피복
할로젠화합물 소화기	할론 1301 할론 1211 할론 2402	축압식, 수동 펌프식	B, C급	질식, 냉각, 부촉매(억제)
분말소화기	제1종, 제2종, 제3종, 제4종	축압식, 가스가압식	A, B, C급	질식, 냉각, 부촉매(억제)
포소화기	$Al_2(SO_4)_3 \cdot 18H_2O$ $NaHCO_3$	전도식, 내통밀폐식, 내통밀봉식	A, B급	질식, 냉각

핵심문제

위험물안전관리법령에 따른 대형 수동식 소화기의 설치기준에서 방호대상물의 각 부분으로부터 하나의 대형 수동식 소화기까지의 보행거리는 몇 m 이하가 되도록 설치하여야 하는 가?(단, 옥내소화전설비, 옥외소화전설비, 스프링클러설비 또는 물분무등 소화설비와 함께 설치하는 경우는 제외한다.)

① 10 　　② 15
③ 20 　　❹ 30

해설

소화기의 설치 간격
• 소형 소화기 : 보행거리 20m 이내마다
• 대형 소화기 : 보행거리 30m 이내마다

핵심문제

다음 중 소화기의 사용방법으로 잘못된 것은?

① 적응화재에 따라 사용할 것
② 성능에 따라 방출거리 내에서 사용할 것
❸ 바람을 마주보며 소화할 것
④ 양옆으로 비로 쓸 듯이 방사할 것

해설

본문 참조

---

2) 소화기의 설치 · 사용 및 유지 관리

(1) 소화기의 설치기준

① 소화기는 각 층마다 설치한다.
② 설치간격
　ㄱ 소형 소화기 : 보행거리 20m 이내마다
　ㄴ 대형 소화기 : 보행거리 30m 이내마다

(2) 소화기의 관리요령

① 바닥으로부터 높이가 1.5m 이하가 되는 곳에 배치한다.
② 통행에 지장이 없고 사용 시 쉽게 반출할 수 있는 곳에 설치한다.
③ 각 소화제가 동결, 변질 또는 분출할 우려가 없는 곳에 설치한다.
④ 소화기를 설치한 곳이 잘 보이도록 "소화기"라고 표시를 한다.

(3) 소화기의 사용방법

① 적응화재에만 사용한다.
② 성능에 따라 화재 면에 근접하여 사용한다.
③ 소화작업은 양옆으로 비로 쓸 듯이 골고루 방사한다.
④ 바람을 등지고 풍상에서 풍하의 방향으로 소화작업을 진행한다.

(4) 소화기의 외부표시사항

① 소화기 명칭
② 적응화재 표시
③ 취급상 주의사항
④ 능력단위, 사용방법
⑤ 용기 합격 및 중량 표시
⑥ 제조년월일, 제조업체명 및 상호

CHAPTER 03 소화설비, 경보설비 및 피난설비의 기준

1 용어의 정의

(1) 소화설비

소화기구, 옥내소화전설비, 옥외소화전설비, 스프링클러설비, 물분무등 소화설비 등이 있다.

(2) 소화활동설비

화재를 진압하거나 인명구조 활동을 위하여 사용하는 설비의 종류는 다음과 같다.

① 제연설비 ② 연결송수관설비
③ 연결살수설비 ④ 비상콘센트설비
⑤ 무선통신보조설비 ⑥ 연소방지설비

(3) 물분무등 소화설비

물분무소화설비, 포소화설비, 불활성가스소화설비, 할로겐화합물소화설비, 분말소화설비 등이 있다.

(4) 경보설비

자동화재탐지설비, 비상경보설비, 확성장치, 비상방송설비, 자동식 사이렌설비 등이 있다.

(5) 피난설비

화재가 발생할 경우 피난하기 위하여 사용하는 기구 또는 설비를 말한다.

① 미끄럼대, 피난사다리, 구조대, 완강기, 피난교, 피난밧줄, 공기안전매트, 그 밖의 피난기구
② 방열복, 공기호흡기 및 인공소생기
③ 유도등 및 유도표지
④ 비상조명등 및 휴대용비상조명등

핵심문제

위험물안전관리법령상 물분무등 소화설비에 포함되지 않는 것은?

① 포소화설비
② 분말소화설비
❸ 스프링클러설비
④ 불활성가스소화설비

해설

③은 물분무등 소화설비에 포함되지 않는 별도의 소화설비이다.

핵심문제

위험물안전관리법령상 피난설비에 해당하는 것은?

① 자동화재탐지설비
② 비상방송설비
③ 자동식 사이렌설비
❹ 유도등

해설

①, ②, ③ 경보설비
④ 피난설비

2 소화난이도등급

1) 소화난이도등급 Ⅰ의 제조소등 및 소화설비

(1) 소화난이도등급 Ⅰ에 해당하는 제조소등

구분	제조소등의 규모, 저장 또는 취급하는 위험물의 품명 및 최대수량 등
제조소 일반 취급소	• 연면적 1,000m² 이상인 것 • 지정수량의 100배 이상인 것 • 지반면으로부터 6m 이상의 높이에 위험물 취급설비가 있는 것
주유취급소	면적의 합이 500m²를 초과하는 것
옥내 저장소	• 지정수량의 150배 이상인 것 • 연면적 150m²를 초과하는 것 • 처마높이가 6m 이상인 단층건물의 것
옥외 탱크 저장소	• 액표면적이 40m² 이상인 것 • 지반면으로부터 탱크 옆판의 기초에서 상단까지 높이가 6m 이상인 것 • 지중탱크 또는 해상탱크로서 지정수량의 100배 이상인 것 • 고체위험물을 저장하는 것으로서 지정수량의 100배 이상인 것
옥내 탱크 저장소	• 액표면적이 40m² 이상인 것 • 바닥면으로부터 탱크 옆판의 상단까지 높이가 6m 이상인 것 • 탱크전용실이 단층건물 외의 건축물에 있는 것으로서 인화점 38℃ 이상 70℃ 미만의 위험물을 지정수량의 5배 이상 저장하는 것
옥외 저장소	• 덩어리 상태의 황을 저장하는 것으로서 경계표시 내부의 면적이 100m² 이상인 것 • 지정수량의 100배 이상인 것
암반탱크 저장소	• 액표면적이 40m² 이상인 것 • 고체위험물만을 저장하는 것으로서 지정수량의 100배 이상인 것
이송 취급소	모든 대상

(2) 소화난이도등급 Ⅰ의 제조소등에 설치하여야 하는 소화설비

구분			소화설비
제조소 및 일반취급소			옥내소화전설비, 옥외소화전설비, 스프링클러설비 또는 물분무등 소화설비
주유취급소			스프링클러설비, 소형 수동식 소화기 등
옥내저장소	처마높이가 6m 이상인 단층건물 또는 다른 용도의 부분이 있는 건축물에 설치한 옥내저장소		스프링클러설비 또는 이동식 외의 물분무등 소화설비
	그 밖의 것		옥외소화전설비, 스프링클러설비, 이동식 외의 물분무등 소화설비 또는 이동식 포소화설비
옥외탱크저장소	지중탱크 또는 해상탱크 외의 것	황만을 저장·취급하는 것	물분무소화설비
		인화점 70℃ 이상의 제4류 위험물만을 저장·취급하는 것	물분무소화설비 또는 고정식 포소화설비
		그 밖의 것	고정식 포소화설비
	지중탱크		고정식 포소화설비, 이동식 이외의 불활성가스소화설비 또는 이동식 이외의 할로젠화합물소화설비
	해상탱크		고정식 포소화설비, 물분무소화설비, 이동식 이외의 불활성가스소화설비 또는 이동식 이외의 할로젠화합물소화설비
옥내탱크저장소	황만을 저장·취급하는 것		물분무소화설비
	인화점 70℃ 이상의 제4류 위험물만을 저장·취급하는 것		물분무소화설비, 고정식 포소화설비, 이동식 이외의 불활성가스소화설비, 이동식 이외의 할로젠화합물소화설비 또는 이동식 이외의 분말소화설비
	그 밖의 것		고정식 포소화설비, 이동식 이외의 불활성가스소화설비, 이동식 이외의 할로젠화합물소화설비 또는 이동식 이외의 분말소화설비
옥외저장소 및 이송취급소			옥내소화전설비, 옥외소화전설비, 스프링클러설비 또는 물분무등 소화설비
암반탱크저장소	황만을 저장·취급하는 것		물분무소화설비
	인화점 70℃ 이상의 제4류 위험물만을 저장·취급하는 것		물분무소화설비 또는 고정식 포소화설비
	그 밖의 것		고정식 포소화설비

핵심문제

처마의 높이가 6m 이상인 단층건물에 설치된 옥내저장소의 소화설비로 고려될 수 없는 것은?

① 고정식 포소화설비
❷ 옥내소화전설비
③ 고정식 이산화탄소소화설비
④ 고정식 분말소화설비

해설

본문 참조

핵심문제

인화점이 70℃ 이상인 제4류 위험물을 저장·취급하는 소화난이도등급 Ⅰ의 옥외탱크저장소(지중탱크 또는 해상탱크 외의 것)에 설치하는 소화설비는?

① 스프링클러소화설비
❷ 물분무소화설비
③ 간이소화설비
④ 분말소화설비

해설

본문 참조

2) 소화난이도등급 Ⅱ의 제조소등 및 소화설비

(1) 소화난이도등급 Ⅱ에 해당하는 제조소등

구분	제조소등의 규모, 저장 또는 취급하는 위험물의 품명 및 최대수량 등
제조소 일반취급소	• 연면적 $600m^2$ 이상인 것 • 지정수량의 10배 이상인 것
옥내저장소	• 단층건물 이외의 것 • 지정수량의 10배 이상인 것 • 연면적 $150m^2$ 초과인 것 • 소화난이도등급 Ⅰ의 제조소등에 해당하지 아니하는 것
옥외탱크저장소 옥내탱크저장소	소화난이도등급 Ⅰ의 제조소등 외의 것
옥외저장소	• 덩어리 상태의 황을 저장하는 것으로서 경계표시 내부의 면적이 $5m^2$ 이상 $100m^2$ 미만인 것 • 지정수량의 10배 이상 100배 미만인 것 • 지정수량의 100배 이상인 것
주유취급소	옥내주유취급소로서 소화난이도등급 Ⅰ의 제조소등에 해당하지 아니하는 것
판매취급소	제2종 판매취급소

(2) 소화난이도등급 Ⅱ의 제조소등에 설치하여야 하는 소화설비

구분	소화설비
제조소 옥내저장소 옥외저장소 주유취급소 판매취급소 일반취급소	방사능력범위 내에 당해 건축물, 그 밖의 공작물 및 위험물이 포함되도록 대형 수동식 소화기를 설치하고, 당해 위험물의 소요단위의 1/5 이상에 해당되는 능력단위의 소형 수동식 소화기 등을 설치할 것
옥외탱크저장소 옥내탱크저장소	대형 수동식 소화기 및 소형 수동식 소화기 등을 각각 1개 이상 설치할 것

핵심문제

제4류 2석유류 비수용성인 위험물 180,000리터를 저장하는 옥외저장소의 경우 설치하여야 하는 소화설비의 기준과 소화기 개수를 설명한 것이다. ( ) 안에 들어갈 수의 합은?

• 해당 옥외저장소는 소화난이도등급 Ⅱ에 해당하며 소화설비의 기준은 방사능력 범위 내에 공작물 및 위험물이 포함되도록 대형 수동식 소화기를 설치하고 당해 위험물의 소요단위의 (㉠)에 해당하는 능력단위의 소형 수동식 소화기를 설치하여야 한다.
• 화기의 능력단위가 2라고 가정할 때 비치하여야 하는 소형 수동식 소화기의 최소 개수는 (㉡)개이다.

❶ 2.2 ② 4.5
③ 9   ④ 10

해설

㉠ 당해 위험물의 소요단위의 (1/5)에 해당하는 능력단위의 소형 수동식 소화기를 설치하여야 한다.

㉡ 소요단위 $= \dfrac{180,000}{1,000 \times 10} = 18$ 이고,

소요단위의 1/5 = 3.6이므로, 필요

수동식 소화기 $= \dfrac{3.6}{2} = 1.8 = 2$(개)

가 된다.

∴ ㉠ + ㉡ = 1/5 + 2 = 2.2

3) 소화난이도등급 Ⅲ의 제조소등 및 소화설비

(1) 소화난이도등급 Ⅲ에 해당하는 제조소등

구분	제조소등의 규모, 저장 또는 취급하는 위험물의 품명 및 최대수량 등
제조소 일반취급소	소화난이도등급 Ⅰ 또는 소화난이도등급 Ⅱ의 제조소등에 해당하지 아니하는 것
옥내저장소	소화난이도등급 Ⅰ 또는 소화난이도등급 Ⅱ의 제조소등에 해당하지 아니하는 것
지하 탱크저장소 간이 탱크저장소 이동 탱크저장소	모든 대상
옥외저장소	• 덩어리 상태의 황을 저장하는 것으로서 경계표시 내부의 면적이 5m² 미만인 것 • 덩어리 상태의 황 외의 것을 저장하는 것으로서 소화난이도등급 Ⅰ 또는 소화난이도등급 Ⅱ의 제조소등에 해당하지 아니하는 것
주유취급소	옥내주유취급소 외의 것으로서 소화난이도등급 Ⅰ의 제조소등에 해당하지 아니하는 것
제1종 판매취급소	모든 대상

(2) 소화난이도등급 Ⅲ의 제조소등에 설치하여야 하는 소화설비

구분	소화설비	설치기준	
지하 탱크저장소	소형 수동식 소화기 등	능력단위의 수치가 3 이상	2개 이상
이동 탱크저장소	자동차용 소화기	• 무상의 강화액 8L 이상 • 이산화탄소 3.2kg 이상 • 브로모클로로다이플루오로메탄 (CF$_2$ClBr) 2L 이상 • 브로모트라이플루오로메탄(CF$_3$Br) 2L 이상 • 다이브로모테트라플루오로에탄 (C$_2$F$_4$Br$_2$) 1L 이상 • 소화분말 3.3kg 이상	2개 이상
	마른 모래 및 팽창질석 또는 팽창진주암	• 마른 모래 150L 이상 • 팽창질석 또는 팽창진주암 640L 이상	
그 밖의 제조소등	소형 수동식 소화기 등	능력단위의 수치가 건축물 그 밖의 공작물 및 위험물의 소요단위의 수치에 이르도록 설치할 것	

핵심문제

위험물안전관리법령상 스프링클러설비가 제4류 위험물에 대하여 적응성을 갖는 경우는?

[해설]

스프링클러설비가 제4류 위험물에 대하여 적응성을 갖는 경우는 살수밀도가 일정수치 이상인 경우에 한하여 적응성이 있다.

핵심문제

위험물별로 설치하는 소화설비 중 적응성이 없는 것과 연결된 것은?

❶ 제3류 위험물 중 금수성 물질 이외의 것 – 할로젠화합물소화설비, 이산화탄소소화설비
② 제4류 위험물 – 물분무소화설비, 이산화탄소소화설비
③ 제5류 위험물 – 포소화설비, 스프링클러설비
④ 제6류 위험물 – 옥내소화전설비, 물분무소화설비

[해설]

본문 참조

핵심문제

위험물안전관리법령에 따른 소화설비의 적응성에 관한 다음 내용 중 ( ) 안에 적합한 내용은?

제6류 위험물을 저장 또는 취급하는 장소로서 폭발의 위험이 없는 장소에 한하여 (   )가(이) 제6류 위험물에 대하여 적응성이 있다.

① 할로젠화합물소화기
② 분말소화기 – 탄산수소염류소화기
③ 분말소화기 – 그 밖의 것
❹ 이산화탄소소화기

[해설]

제6류 위험물을 저장 또는 취급하는 장소로서 폭발의 위험이 없는 장소에 한하여 이산화탄소가 적응성이 있다(적응성표에는 △로 표시됨).

---

3 소화설비의 적응성

소화설비의 구분	건축물·그 밖의 공작물	전기설비	제1류 위험물		제2류위험물			제3류 위험물		제4류 위험물	제5류 위험물	제6류 위험물
			알칼리금속과산화물 등	그 밖의 것	철분·금속분·마그네슘 등	인화성 고체	그 밖의 것	금수성 물품	그 밖의 것			
옥내소화전 또는 옥외소화전설비	○			○		○	○		○		○	○
스프링클러설비	○			○		○	○		○	△	○	○
물분무등소화설비 / 물분무소화설비	○	○		○		○	○		○	○	○	○
물분무등소화설비 / 포소화설비	○			○		○	○		○	○	○	○
물분무등소화설비 / 불활성가스소화설비		○				○				○		
물분무등소화설비 / 할로젠화합물소화설비		○				○				○		
물분무등소화설비 / 분말소화설비 – 인산염류 등	○	○		○		○				○		○
물분무등소화설비 / 분말소화설비 – 탄산수소염류 등		○	○		○	○		○		○		
물분무등소화설비 / 분말소화설비 – 그 밖의 것			○					○				
대형·소형수동식소화기 / 봉상수(棒狀水)소화기	○			○		○	○		○		○	○
대형·소형수동식소화기 / 무상수(霧狀水)소화기	○	○		○		○	○		○		○	○
대형·소형수동식소화기 / 봉상강화액소화기	○			○		○	○		○		○	○
대형·소형수동식소화기 / 무상강화액소화기	○	○		○		○	○		○	○	○	○
대형·소형수동식소화기 / 포소화기	○			○		○	○		○	○	○	○
대형·소형수동식소화기 / 이산화탄소소화기		○				○				○		△
대형·소형수동식소화기 / 할로젠화합물소화기		○				○				○		
대형·소형수동식소화기 / 분말소화기 – 인산염류소화기	○	○		○		○				○		○
대형·소형수동식소화기 / 분말소화기 – 탄산수소염류소화기		○	○		○	○		○		○		
대형·소형수동식소화기 / 분말소화기 – 그 밖의 것			○					○				
기타 / 물통 또는 수조	○			○		○	○		○		○	○
기타 / 건조사			○	○	○	○	○	○	○	○	○	○
기타 / 팽창질석 또는 팽창진주암			○	○	○	○	○	○	○	○	○	○

[비고]
- "○" 표시 : 소화설비가 적응성이 있음
- "△" 표시 : 제4류 위험물 소화에서 살수밀도가 기준 이상인 경우, 적응성이 있음/제6류 위험물 소화에서 폭발의 위험이 없는 장소에 한하여 적응성이 있음

4 전기설비 및 소요단위와 능력단위

1) 전기설비의 소화설비

제조소등에 전기설비(전기배선, 조명기구 등은 제외)가 설치된 경우에는 당해 장소의 면적 100m²마다 소형 수동식 소화기를 1개 이상 설치한다.

2) 소요단위

소화설비의 설치대상이 되는 건축물 그 밖의 공작물의 규모 또는 위험물 양의 기준단위이다.

▼ 1소요단위의 기준

구분	외벽이 내화구조인 것	외벽이 내화구조가 아닌 것
제조소 또는 취급소	연면적 100m²	연면적 50m²
저장소	연면적 150m²	연면적 75m²
위험물	지정수량 10배$\left(\text{소요단위} = \dfrac{\text{저장수량}}{\text{지정수량} \times 10\text{배}}\right)$	
옥외에 설치된 공작물(제조소등)	외벽이 내화구조인 것으로 간주하고 공작물의 최대수평투영면적을 연면적으로 간주하여 소요단위를 산정할 것	

3) 능력단위

능력단위는 소요단위에 대응하는 소화설비의 소화능력 기준단위를 말한다.

예 A－2에서 A는 일반화재(화재의 종류), 2는 능력단위를 의미한다.

▼ 소화설비의 능력단위

소화설비	용량(L)	능력단위
소화전용 물통	8	0.3
수조(소화전용물통 3개 포함)	80	1.5
수조(소화전용물통 6개 포함)	190	2.5
마른 모래(삽 1개 포함)	50	0.5
팽창질석 또는 팽창진주암(삽 1개 포함)	160	1.0

핵심문제

위험물안전관리법령상 연면적이 450 m²인 저장소의 건축물 외벽이 내화구조가 아닌 경우 저장소의 소화기 소요단위는?

해설

외벽이 내화구조가 아닌 경우
$\dfrac{450}{75} = 6(\text{단위})$

핵심문제

메틸알코올 8,000L에 대한 소화능력으로 삽을 포함한 마른 모래를 몇 L 설치하여야 하는가?

① 100 ❷ 200
③ 300 ④ 400

해설

메틸알코올 소요단위
$= \dfrac{\text{저장수량}}{\text{지정수량} \times 10\text{배}} = \dfrac{8,000}{400 \times 10} = 2$
마른 모래(50L)의 능력단위가 0.5이고, 메틸알코올 소요단위가 2였으므로, 필요한 마른 모래의 양은 50×4＝200L 이다.

핵심문제

다음 소화설비 중 능력 단위가 1.0인 것은?

① 삽 1개를 포함한 마른 모래 50L
② 삽 1개를 포함한 마른 모래 150L
③ 삽 1개를 포함한 팽창질석 100L
❹ 삽 1개를 포함한 팽창질석 160L

해설

본문 참조

5 각종 소화설비

1) 옥내소화전설비

(1) 설치기준

① 개폐밸브 및 호스접속구는 지반면으로부터 1.5m 이하의 높이에 설치한다.

② 제조소등의 건축물의 층마다 당해 층의 각 부분에서 하나의 호스접속구까지의 수평거리가 25m 이하가 되도록 설치하고, 각 층의 출입구 부근에 1개 이상 설치한다.

③ 수원의 수량은 옥내소화전이 가장 많이 설치된 층의 옥내소화전 설치개수(설치개수가 5개 이상인 경우는 5개)에 7.8m³를 곱한 양 이상이 되도록 설치한다.

④ 각 노즐선단의 방수압력이 350kPa 이상이고 방수량이 1분당 260L 이상의 성능이 되도록 한다.

⑤ 옥내소화전설비의 설치의 표시

    ㉠ 옥내소화전함에는 그 표면에 "소화전"이라고 표시한다.

    ㉡ 옥내소화전함의 상부의 벽면에 적색의 표시등을 설치하되, 당해 표시등의 부착면과 15° 이상의 각도가 되는 방향으로 10m 떨어진 곳에서 용이하게 식별이 가능하도록 한다.

    ㉢ 가압송수장치의 시동을 알리는 표시등(시동표시등)은 적색으로 하고 옥내소화전함의 내부 또는 그 직근의 장소에 설치한다.

⑥ 비상전원의 용량은 옥내소화전설비를 유효하게 45분 이상 작동시키는 것이 가능하게 한다.

⑦ 배관은 배관용 탄소 강관(KS D 3507)을 사용하고, 주 배관 중 입상배관은 50mm(호스릴 : 32mm) 이상으로 한다.

(2) 옥내소화전설비의 가압송수장치

① 고가수조를 이용

    ㉠ 낙차(수조의 하단으로부터 호스접속구까지의 수직거리)는 다음 식에 의하여 구한 수치 이상으로 한다.

$$H = h_1 + h_2 + 35\text{m}$$

여기서, H : 필요낙차(m)
h_1 : 소방용 호스의 마찰손실수두(m)
h_2 : 배관의 마찰손실수두(m)

핵심문제

일반취급소 1층에 옥내소화전 6개, 2층에 옥내소화전 5개, 3층에 옥내소화전 5개를 설치하고자 한다. 위험물안전관리법령상 이 일반취급소에 설치되는 옥내소화전에 있어서 수원의 수량은 얼마 이상이어야 하는가?

① 13m³   ② 15.6m³
❸ 39m³   ④ 46.8m³

해설

옥내소화전의 수원의 수량(최대 5개)
= 소화전 설치개수×7.8m³
= 5개×7.8m³=39m³

핵심문제

다음 ( )에 알맞은 수치를 옳게 나열한 것은?

위험물안전관리법령상 옥내소화전설비는 각 층을 기준으로 하여 당해 층의 모든 옥내소화전(설치개수가 5개 이상인 경우는 5개의 옥내소화전)을 동시에 사용할 경우에 각 노즐선단의 방수압력이 ( )kPa 이상이고 방수량이 1분당 ( )L 이상의 성능이 되도록 할 것

❶ 350, 260   ② 260, 350
③ 450, 260   ④ 260, 450

해설

본문 참조

ⓛ 고가수조에는 수위계, 배수관, 오버플로우용 배수관, 보급수관 및 맨홀을 설치한다.

② 압력수조를 이용
  ㉠ 압력수조의 압력은 다음 식에서 구한 수치 이상으로 한다.

$$P = p_1 + p_2 + p_3 + 0.35\text{MPa}$$

  여기서, P : 필요한 압력(MPa)
  p_1 : 소방용 호스의 마찰손실수두압(MPa)
  p_2 : 배관의 마찰손실수두압(MPa)
  p_3 : 낙차의 환산수두압(MPa)

  ㉡ 압력수조의 수량은 당해 압력수조 체적의 2/3 이하이어야 한다.
  ㉢ 압력수조에는 압력계, 수위계, 배수관, 보급수관, 통기관 및 맨홀을 설치한다.

③ 펌프를 이용
  ㉠ 펌프의 토출량은 옥내소화전의 설치개수가 가장 많은 층에 대해 당해 설치개수(설치개수가 5개 이상인 경우에는 5개로 한다)에 260L/min을 곱한 양 이상이 되도록 한다.
  ㉡ 펌프의 전양정은 다음 식에서 구한 수치 이상으로 한다.

$$H = h_1 + h_2 + h_3 + 35\text{m}$$

  여기서, H : 펌프의 전양정(m)
  h_1 : 소방용 호스의 마찰손실수두(m)
  h_2 : 배관의 마찰손실수두(m)
  h_3 : 낙차(m)

  ㉢ 펌프의 토출량이 정격토출량의 150%인 경우에는 전양정은 정격 전양정의 65% 이상이어야 한다.
  ㉣ 가압송수장치에는 당해 옥내소화전의 노즐선단에서 방수압력이 0.7MPa을 초과하지 않도록 한다.

2) 옥외소화전설비

① 개폐밸브 및 호스접속구는 지반면으로부터 1.5m 이하의 높이에 설치한다.
② 옥외소화전함은 옥외소화전으로부터 보행거리 5m 이하의 장소에 설치한다.
③ 건축물의 1층 및 2층 부분만을 방사능력범위로 하고 건축물의 지하층

핵심문제

위험물안전관리법령에서 규정하고 있는 옥내소화전설비의 설치기준에 관한 내용 중 옳은 것은?

❶ 제조소등 건축물의 층마다 당해 층의 각 부분에서 하나의 호스접속구까지의 수평거리가 25m 이하가 되도록 설치한다.
② 수원의 수량은 옥내소화전이 가장 많이 설치된 층의 옥내소화전 설치개수(설치개수가 5개 이상인 경우는 5개)에 18.6m^3를 곱한 양 이상이 되도록 설치한다.
③ 옥내소화전설비는 각 층을 기준으로 하여 당해 층의 모든 옥내소화전(설치개수가 5개 이상인 경우는 5개의 옥내소화전을 동시에 사용할 경우에 각 노즐선단의 방수압력이 170kPa 이상의 성능이 되도록 한다.
④ 옥내소화전설비는 각 층을 기준으로 하여 당해 층의 모든 옥내소화전(설치개수가 5개 이상인 경우는 5개의 옥내소화전을 동시에 사용할 경우에 각 노즐선단의 방수량이 1분당 130L 이상의 성능이 되도록 한다.

해설

② 7.8m^3를 곱한 양 이상이 되도록 설치할 것
③ 노즐선단의 방수압력이 350kPa 이상일 것
④ 방수량이 1분당 260L 이상일 것

핵심문제

위험물안전관리법령에 따른 옥내소화전설비의 기준에서 펌프를 이용한 가압송수장치의 경우 펌프의 전양정 H는 소정의 산식에 의한 수치 이상이어야 한다. 전양정 H를 구하는 식으로 옳은 것은?

① $H = h_1 + h_2 + h_3$
② $H = h_1 + h_2 + h_3 + 0.35\text{m}$
❸ $H = h_1 + h_2 + h_3 + 35\text{m}$
④ $H = h_1 + h_2 + 0.35\text{m}$

해설

본문 참조

핵심문제

위험물제조소에 옥외소화전이 5개 설치되어 있다. 이 경우 확보하여야 하는 수원의 법정 최소량은 몇 m³인가?

해설

수원의 수량 :
설치개수(최대 4) × 13.5m³
∴ 4 × 13.5 = 54m³ 이상

핵심문제

스프링클러설비의 장점이 아닌 것은?

① 소화약제가 물이므로 비용이 절감된다.
❷ 초기 시공비가 적게 든다.
③ 화재 시 사람의 조작 없이 작동이 가능하다.
④ 초기화재의 진화에 효과적이다.

해설

② 다른 소화설비보다 구조가 복잡하고, 시설비(시공비)가 크다.

및 3층 이상의 층에 대하여 다른 소화설비를 설치한다.

④ 호스접속구까지의 수평거리가 40m 이하가 되도록 설치한다.

⑤ 수원의 수량은 옥외소화전의 설치개수(최대 4개)에 13.5m³를 곱한 양 이상이 되도록 설치한다.

⑥ 각 노즐선단의 방수압력이 350kPa 이상이고, 방수량이 1분당 450L 이상의 성능이 되도록 한다.

⑦ 비상전원의 용량은 옥내소화전설비를 유효하게 45분 이상 작동시키는 것이 가능하게 한다.

3) 스프링클러설비

(1) 스프링클러설비의 장단점

① 화재의 초기 진압에 효율적이다.

② 사용 약제를 쉽게 구할 수 있다.

③ 자동으로 화재를 감지하고 소화할 수 있다.

④ 다른 소화설비보다 구조가 복잡하고, 시설비가 크다.

(2) 설치기준

① 스프링클러헤드는 방호대상물의 천장 또는 건축물의 최상부 부근에 설치하되, 방호대상물의 각 부분에서 하나의 스프링클러헤드까지의 수평거리가 1.7m 이하가 되도록 설치한다.

② 개방형 스프링클러헤드를 이용한 스프링클러설비의 방사구역은 150m² 이상으로 한다.

③ 수원의 양
    ㉠ 개방형 스프링클러헤드 : 가장 많이 설치된 방사구역의 스프링클러헤드 설치개수에 2.4m³를 곱한 양 이상이 되도록 설치한다.
    ㉡ 폐쇄형 스프링클러헤드 : 30개(헤드의 설치개수가 30 미만인 경우에는 그 설치개수)에 2.4m³를 곱한 양 이상이 되도록 설치한다.

④ 방사압력은 100kPa 이상, 방수량은 80L/min 이상이어야 한다.

⑤ 제어밸브의 설치높이는 바닥으로부터 0.8m 이상 1.5m 이하로 한다.

⑥ 소화작용으로 질식작용, 희석작용, 냉각작용 등이 있다.

(3) 스프링클러헤드의 종류

① 개방형 스프링클러헤드
  ㉠ 방호대상물의 모든 표면이 헤드의 유효사정 내에 있도록 설치한다.
  ㉡ 헤드의 반사판으로부터 하방으로 0.45m, 수평방향으로 0.3m의 공간을 보유한다.
  ㉢ 헤드는 헤드의 축심이 당해 헤드의 부착면에 대하여 직각이 되도록 설치한다.
  ㉣ 수동식 개방밸브를 개방 조작하는 데 필요한 힘은 15kg 이하가 되도록 설치할 것

② 폐쇄형 스프링클러헤드
  ㉠ 헤드의 반사판과 당해 헤드의 부착면과의 거리는 0.3m 이하이어야 한다.
  ㉡ 헤드는 당해 헤드의 부착면으로부터 0.4m 이상 돌출한 보 등에 의하여 구획된 부분마다 설치한다(다만, 당해 보 등의 상호 간의 거리가 1.8m 이하인 경우는 그러하지 아니하다).
  ㉢ 급배기용 덕트 등의 긴 변의 길이가 1.2m를 초과하는 것이 있는 경우에는 당해 덕트 등의 아랫면에도 스프링클러헤드를 설치한다.
  ㉣ 스프링클러헤드의 부착위치
    • 가연성 물질을 수납하는 부분에 스프링클러헤드를 설치하는 경우 : 당해 헤드의 반사판으로부터 하방으로 0.9m, 수평방향으로 0.4m의 공간을 보유한다.
    • 개구부에 설치하는 스프링클러헤드 : 당해 개구부의 상단으로부터 높이 0.15m 이내의 벽면에 설치한다.
  ㉤ 건식 또는 준비작동식의 유수검지장치의 2차 측에 설치하는 스프링클러헤드는 상향식 스프링클러헤드로 한다.
  ㉥ 스프링클러헤드는 그 부착장소의 평상시의 최고주위온도에 따라 다음 표에 정한 표시온도를 갖는 것을 설치한다.

(단위 ℃)

부착장소의 최고주위온도	표시온도
28 미만	58 미만
28 이상 39 미만	58 이상 79 미만
39 이상 64 미만	79 이상 121 미만
64 이상 106 미만	121 이상 162 미만
106 이상	162 이상

핵심문제

위험물안전관리법령상 스프링클러헤드는 부착장소의 평상시 최고주위온도가 28℃ 미만인 경우 몇 ℃의 표시온도를 갖는 것을 설치하여야 하는가?

❶ 58 미만
② 58 이상 79 미만
③ 79 이상 121 미만
④ 121 이상 162 미만

해설
본문 참조

핵심문제

위험물제조소등에 설치해야 하는 각 소화설비의 설치기준에 있어서 각 노즐 또는 헤드선단의 방사압력 기준이 나머지 셋과 다른 설비는?

① 옥내소화전설비
② 옥외소화전설비
❸ 스프링클러설비
④ 물분무소화설비

해설

방사압력
• 스프링클러설비 : 0.1MPa(100kPa) 이상
• 옥내소화전설비, 옥외소화전설비, 물분무소화설비 : 0.35MPa(350kPa) 이상

핵심문제

위험물안전관리법령에서 정한 물분무소화설비의 설치기준에서 물분무소화설비의 방사구역은 몇 m² 이상으로 하여야 하는가?(단, 방호대상물의 표면적이 150m² 이상인 경우이다.)

① 75   ② 100
❸ 150   ④ 350

해설

본문 참조

4) 물분무소화설비

① 분무헤드의 개수 및 배치
  ㉠ 분무헤드로부터 방사되는 물분무에 의하여 방호대상물의 모든 표면을 유효하게 소화할 수 있도록 설치한다.
  ㉡ 방호대상물의 표면적 $1m^2$당 표준방사량을 방사할 수 있도록 설치한다.
② 방사구역은 $150m^2$ 이상(방호대상물의 표면적이 $150m^2$ 미만인 경우에는 당해 표면적)으로 한다.
③ 수원의 수량은 당해 방사구역의 표면적 $1m^2$당 1분당 20L의 비율로 계산한 양으로 30분간 방사할 수 있는 양 이상이 되도록 설치한다.
④ 선단의 방사압력이 350kPa 이상으로 표준방사량을 방사할 수 있는 성능이 되도록 한다.
⑤ 고압의 전기설비가 있는 장소에는 당해 전기설비와 분무헤드 및 배관과의 사이에 전기절연을 위하여 필요한 공간을 보유한다.
⑥ 물분무소화설비에 2 이상의 방사구역을 두는 경우에는 화재를 유효하게 소화할 수 있도록 인접하는 방사구역이 상호 중복되도록 한다.
⑦ 스트레이너 및 일제개방밸브는 제어밸브의 하류 측 부근에 스트레이너, 일제개방밸브의 순으로 설치한다.
⑧ 수원의 수위가 수평회전식 펌프보다 낮은 위치에 있는 가압송수장치의 물올림장치는 타 설비와 겸용하여 설치하지 않는다.
⑨ 제어밸브의 설치높이는 바닥으로부터 0.8m 이상 1.5m 이하로 한다.
⑩ 비상전원을 설치한다.

5) 포소화설비

(1) 포소화약제 혼합장치

물과 포소화약제를 혼합하여 규정농도의 포수용액을 제조하는 기기적인 장치이다.

① 펌프 프로포셔너 방식(Pump Proportioner Type)
  펌프의 토출관과 흡입관 사이의 배관 도중에 설치된 흡입기에 펌프에서 토출된 물의 일부를 보내고 농도조절밸브에서 조정된 포소화약제의 필요량을 포소화약제 탱크에서 펌프 흡입 측으로 보내어 이를 혼합하는 방식이다.

96 | 위험물산업기사 필기

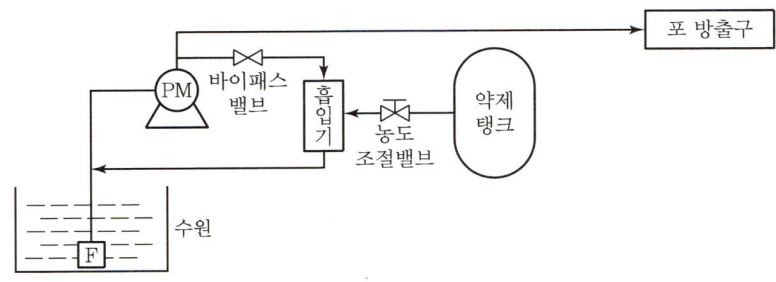

② **라인 프로포셔너 방식(Line Proportioner Type)**

펌프와 발포기 중간에 설치된 벤투리관의 벤투리작용에 의해 포소화약제를 흡입·혼합하는 방식이다.

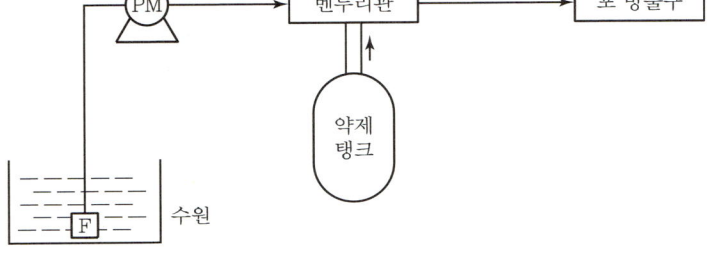

③ **프레셔 프로포셔너 방식(Pressure Proportioner Type)**

펌프와 발포기 중간에 설치된 벤투리관의 벤투리작용과 펌프가압수의 포소화약제 저장탱크에 대한 압력에 의하여 포소화약제를 흡입·혼합하는 방식이다.

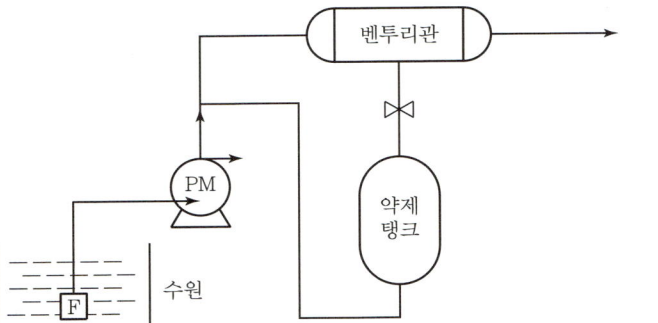

④ **프레셔 사이드 프로포셔너 방식(Pressure Side Proportioner Type)**

펌프의 토출관에 압입기를 설치하여 포소화약제 압입용 펌프로 포소화약제를 압입시켜 혼합하는 방식이다.

핵심문제

펌프와 발포기의 중간에 설치된 벤투리관의 벤투리 작용과 펌프 가압수의 포소화약제저장탱크에 대한 압력에 의하여 포소화약제를 흡입·혼합하는 방식은?

❶ 프레셔 프로포셔너
② 펌프 프로포셔너
③ 프레셔 사이드 프로포셔너
④ 라인 프로포셔너

해설

본문 참조

PART 02 화재예방과 소화방법 | **97**

핵심문제

포소화약제의 혼합방식 중 포원액을 송수관에 압입하기 위하여 포원액용 펌프를 별도로 설치하여 혼합하는 방식은?

① 라인 프로포셔너 방식
② 프레셔 프로포셔너 방식
③ 펌프 프로포셔너 방식
❹ 프레셔 사이드 프로포셔너 방식

해설

프레셔 사이드 프로포셔너 방식(Pressure Side Proportioner Type)
펌프의 토출배관에 압입기를 설치하여 포소화약제 압입용 펌프로 포소화약제를 압입시켜 혼합하는 방식

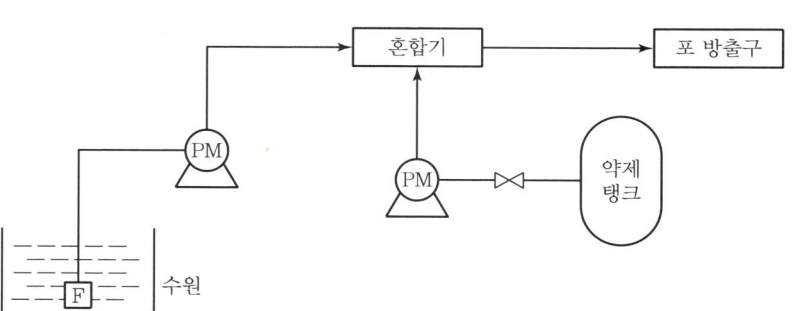

(2) 탱크에 설치하는 고정식 포소화설비의 포방출구

구분	포방출구의 형태	포주입법
고정지붕구조의 탱크	Ⅰ형 방출구	상부포주입법
(부상덮개부착) 고정지붕구조	Ⅱ형 방출구	
고정지붕구조의 탱크	Ⅲ형 방출구	저부포주입법
	Ⅳ형 방출구	
부상지붕구조의 탱크	특형 방출구	상부포주입법

* 상부포주입법 : 고정포방출구를 탱크 옆판의 상부에 설치하여 액표면상에 포를 방출하는 방법
* 저부포주입법 : 탱크의 액면하에 설치된 포방출구로부터 포를 탱크 내에 주입하는 방법

(3) 보조포소화전의 기준

① 각각의 보조포소화전 상호 간의 보행거리가 75m 이하가 되도록 설치한다.
② 보조포소화전은 3개의 노즐을 동시에 사용할 경우, 노즐선단의 방사압력이 0.35MPa 이상이고 방사량이 400L/min 이상의 성능이 되도록 설치한다.

(4) 포헤드방식의 포헤드의 기준

① 방호대상물의 표면적 9m²당 1개 이상의 헤드를, 방호대상물의 표면적 1m²당의 방사량이 6.5L/min 이상의 비율로 계산한 양의 포수용액을 표준방사량으로 방사할 수 있도록 설치한다.
② 방사구역은 100m² 이상으로 한다.

(5) 포모니터 노즐

① 옥외저장탱크 또는 이송취급소의 펌프설비 등이 안벽, 부두, 해상구조물, 그 밖의 이와 유사한 장소에 설치되어 있는 경우에 당해 장소의 끝선

(해면과 접하는 선)으로부터 수평거리 15m 이내의 해면 및 주입구 등 위험물취급설비의 모든 부분이 수평방사거리 내에 있도록 설치한다. 이 경우에 그 설치개수가 1개인 경우에는 2개로 한다.

② 모든 노즐을 동시에 사용할 경우에 각 노즐선단의 방사량이 1,900 L/min 이상이고 수평방사거리가 30m 이상이 되도록 설치한다.

(6) 기타 사항

제4류 위험물을 저장 또는 취급하는 탱크에 포소화설비를 설치하는 경우에는 고정식 포소화설비를 설치한다.

6) 분말소화설비

분말소화약제 저장탱크에 분말소화약제를 충전하고 외부의 가압가스용기를 설치하여 가압용 가스(불연성 가스)의 압력으로 분말소화약제를 방출하여 소화하는 설비로서 가압용 가스용기는 2.5MPa 이하의 압력에서 조정이 가능한 압력조정기를 설치해야 한다.

(1) 전역방출방식

① 분말소화약제의 가압용 가스로는 질소 또는 이산화탄소를 사용한다.
② 분사헤드는 방사된 소화약제가 방호구역의 전역에 균일하고 신속하게 확산할 수 있도록 설치한다.
③ 분사헤드의 방사압력은 0.1MPa 이상이어야 한다.
④ 소화약제의 양을 30초 이내에 균일하게 방사한다.

(2) 국소방출방식

① 분사헤드는 방호대상물의 모든 표면이 분사헤드의 유효사정 내에 있도록 설치한다.
② 소화약제의 방사에 의하여 위험물이 비산되지 않는 장소에 설치한다.
③ 소화약제의 양을 30초 이내에 균일하게 방사한다.

7) 이산화탄소소화설비

(1) 전역방출방식

① 방사된 소화약제가 방호구역의 전역에 균일하고 신속하게 방사할 수 있도록 설치한다.
② 분사헤드의 방사압력은 고압식의 것에 있어서는 2.1MPa 이상, 저압식의 것에 있어서는 1.05MPa 이상이어야 한다.

핵심문제

위험물안전관리법령상 전역방출방식 또는 국소방출방식의 분말소화설비의 기준에서 가압식의 분말소화설비에는 얼마 이하의 압력으로 조정할 수 있는 압력조정기를 설치하여야 하는가?

① 2.0MPa ❷ 2.5MPa
③ 3.0MPa ④ 5MPa

해설

가압용 가스용기는 2.5MPa 이하의 압력에서 조정이 가능한 압력조정기를 설치해야 한다.

핵심문제

위험물안전관리법령상 분말소화설비의 기준에서 가압용 또는 축압용 가스로 알맞은 것은?

① 산소 또는 수소
② 수소 또는 질소
❸ 질소 또는 이산화탄소
④ 이산화탄소 또는 산소

해설

분말소화설비
분말소화약제 저장탱크에 분말소화약제를 충전하고 외부의 가압가스용기를 설치하여 가압용 가스(불연성 가스)의 압력으로 분말소화약제를 방출하여 소화하는 설비
※ 불연성 가스 : 질소 또는 이산화탄소

핵심문제

위험물안전관리법령상 전역방출방식 분말소화설비 분사헤드의 방사압력은 몇 Mpa 이상인가?

❶ 0.1 ② 0.2
③ 0.3 ④ 0.4

해설

분말소화설비(전역방출방식)에서 분사헤드의 방사압력은 0.1MPa이어야 한다.

PART 02 화재예방과 소화방법 | **99**

핵심문제

위험물제조소등에 설치하는 전역방출방식의 이산화탄소 소화설비 분사헤드의 방사 압력은 고압식의 경우 몇 MPa 이상이어야 하는가?

① 1.05   ② 1.7
❸ 2.1   ④ 2.6

해설

분사헤드의 방사압력은 고압식의 것에 있어서는 2.1MPa 이상, 저압식의 것에 있어서는 1.05MPa 이상이어야 한다.

핵심문제

위험물안전관리법령상 이산화탄소를 저장하는 저압식 저장용기에는 용기 내부의 온도를 어떤 범위로 유지할 수 있는 자동냉동기를 설치하여야 하는가?

❶ 영하 20℃~영하 18℃
② 영하 20℃~0℃
③ 영하 25℃~영하 18℃
④ 영하 25℃~0℃

해설

저압식 저장용기
용기 내부의 온도를 영하 20℃ 이상 영하 18℃ 이하로 유지할 수 있는 자동냉동기를 설치한다.

핵심문제

이산화탄소소화설비의 기준에서 전역방출방식의 분사헤드의 방사압력은 저압식의 것에 있어서는 1.05MPa 이상이어야 한다고 규정하고 있다. 이때 저압식의 것은 소화약제가 몇 ℃ 이하의 온도로 용기에 저장되어 있는 것을 말하는가?

해설

이산화탄소소화설비의 기준에서 저압식의 것은 소화약제가 －18℃ 이하의 온도로 저장되어 있어야 한다.

③ 소화약제의 양을 60초 이내에 균일하게 방사한다.

(2) 국소방출방식

① 분사헤드는 방호대상물의 모든 표면이 분사헤드의 유효사정 내에 있도록 설치한다.

② 소화약제의 방사에 의해서 위험물이 비산되지 않는 장소에 설치한다.

③ 소화약제의 양을 30초 이내에 균일하게 방사한다.

(3) 이산화탄소소화설비 저장용기

① 저장용기의 충전비
  ㉠ 고압식인 경우에는 1.5 이상 1.9 이하
  ㉡ 저압식인 경우에는 1.1 이상 1.4 이하

② 저장용기의 설치기준
  ㉠ 방호구역 외의 장소에 설치한다.
  ㉡ 온도가 40℃ 이하이고 온도 변화가 적은 장소에 설치한다.
  ㉢ 직사일광 및 빗물이 침투할 우려가 적은 장소에 설치한다.
  ㉣ 저장용기에는 안전장치를 설치한다.

③ 저압식 저장용기
  ㉠ 액면계 및 압력계를 설치한다.
  ㉡ 2.3MPa 이상 1.9MPa 이하의 압력에서 작동하는 압력경보장치를 설치한다.
  ㉢ 용기 내부의 온도를 영하 20℃ 이상 영하 18℃ 이하로 유지할 수 있는 자동냉동기를 설치한다.
  ㉣ 파괴판 및 방출밸브를 설치한다.

④ 기동용 가스용기
  ㉠ 25MPa 이상의 압력에 견딜 수 있는 것이어야 한다.
  ㉡ 내용적은 1L 이상으로 하고 당해 용기에 저장하는 이산화탄소의 양은 0.6kg 이상으로 하되 그 충전비는 1.5 이상이어야 한다.
  ㉢ 안전장치 및 용기밸브를 설치한다.

8) 할론소화설비

(1) 전역방출방식

① 방사된 소화약제가 방호구역의 전역에 균일하고 신속하게 확산할 수 있도록 할 것

② 할론 2402를 방출하는 분사헤드는 해당 소화약제가 무상으로 방사하는 것으로 할 것

③ 분사헤드의 방출압력은 0.1MPa(할론 1211을 방출하는 것은 0.2MPa, 할론1301을 방출하는 것은 0.9MPa) 이상으로 할 것

④ 기준저장량의 소화약제를 10초 이내에 방출할 수 있는 것으로 할 것

(2) 국소방출방식

① 소화약제의 방출에 따라 가연물이 비산하지 않는 장소에 설치할 것

② 할론 2402를 방출하는 분사헤드는 해당 소화약제가 무상으로 분무되는 것으로 할 것

③ 분사헤드의 방출압력은 0.1MPa(할론 1211을 방출하는 것은 0.2MPa, 할론1301을 방출하는 것은 0.9MPa) 이상으로 할 것

④ 기준저장량의 소화약제를 10초 이내에 방출할 수 있는 것으로 할 것

(3) 호스릴방식

① 호스릴방식의 설치장소

㉠ 지상 1층 및 피난층에 있는 부분으로서 지상에서 수동 또는 원격조작에 따라 개방할 수 있는 개구부의 유효면적의 합계가 바닥면적의 15% 이상이 되는 부분

㉡ 전기설비가 설치되어 있는 부분 또는 다량의 화기를 사용하는 부분(해당 설비의 주위 5m 이내의 부분을 포함한다)의 바닥면적이 해당 설비가 설치되어 있는 구획의 바닥면적의 5분의 1 미만이 되는 부분

② 호스릴방식의 설치기준

㉠ 방호대상물의 각 부분으로부터 하나의 호스접결구까지의 수평거리는 20m 이하가 되도록 할 것

㉡ 소화약제의 저장용기의 개방밸브는 호스릴의 설치장소에서 수동으로 개폐할 수 있는 것으로 할 것

㉢ 소화약제의 저장용기는 호스릴을 설치하는 장소마다 설치할 것

㉣ 노즐은 20℃에서 하나의 노즐마다 분당 45kg(할론 1211은 40kg, 할론 1301은 35kg) 이상의 소화약제를 방사할 수 있는 것으로 할 것

㉤ 소화약제 저장용기의 가장 가까운 곳의 보기 쉬운 곳에 표시등을 설치하고, 호스릴방식의 할론소화설비가 있다는 뜻을 표시한 표지를 할 것

핵심문제

할론 2402를 소화약제로 사용하는 호스릴방식 할론소화설비는 20℃의 온도에서 하나의 노즐마다 분당 방사되는 소화약제의 양(kg)을 얼마 이상으로 하여야 하는가?

① 5 　　　　② 35
❸ 45 　　　　④ 50

해설

호스릴방식 할론소화설비에서 노즐은 20℃에서 하나의 노즐마다 할론 2402는 분당 45kg(할론 1211은 40kg, 할론 1301은 35kg) 이상의 소화약제를 방사할 수 있는 것으로 할 것

약제	충전비	
할론 1301	0.9~1.6 이하	
할론 1211	0.7~1.4 이하	
할론 2402	가압식	0.51~0.67 미만
	축압식	0.67~2.75 이하

핵심문제

위험물안전관리법령에 따른 할로겐화합물 및 불활성기체소화설비의 저장용기 설치기준으로 틀린 것은?

① 방호구역 외의 장소에 설치할 것
❷ 저장용기에는 안전장치(용기밸브에 설치되어 있는 것은 제외)를 설치할 것
③ 저장용기의 외면에 저장용기의 자체중량과 총중량, 충전일시 충전압력 및 약제의 체적을 표시할 것
④ 온도가 55℃ 이하이고 온도의 변화가 작은 곳에 설치할 것

해설

② 저장용기에 충전량 및 충전압력을 확인할 수 있는 장치를 하는 경우에는 해당 소화약제에 적합한 구조로 할 것

9) 할로겐화합물 및 불활성기체소화설비

(1) 설치제외

① 사람이 상주하는 곳으로서 최대허용설계농도를 초과하는 장소
② 제3류 위험물 및 제5류 위험물을 사용하는 장소(소화성능이 인정되는 위험물 제외)

(2) 저장용기

① 저장용기 설치장소의 적합기준

　㉠ 방호구역 외의 장소에 설치할 것. 방호구역 내에 설치할 경우에는 피난 및 조작이 용이하도록 피난구 부근에 설치할 것
　㉡ 온도가 55℃ 이하이고 온도의 변화가 작은 곳에 설치할 것
　㉢ 직사광선 및 빗물이 침투할 우려가 없는 곳에 설치할 것
　㉣ 저장용기를 방호구역 외에 설치한 경우에는 방화문으로 구획된 실에 설치할 것
　㉤ 용기의 설치장소에는 해당 용기가 설치된 곳임을 표시하는 표지를 할 것
　㉥ 용기 간의 간격은 점검에 지장이 없도록 3cm 이상의 간격을 유지할 것
　㉦ 저장용기와 집합관을 연결하는 연결배관에는 체크밸브를 설치할 것(저장용기가 하나의 방호구역만을 담당하는 경우에는 제외)

② 저장용기의 적합기준

　㉠ 저장용기의 충전밀도 및 충전압력은 별도의 기준에 따를 것
　㉡ 저장용기는 약제명, 저장용기의 자체중량과 총중량, 충전일시, 충전압력 및 약제의 체적을 표시할 것
　㉢ 집합관에 접속되는 저장용기는 동일한 내용적을 가진 것으로 충전량 및 충전압력이 같도록 할 것
　㉣ 저장용기에 충전량 및 충전압력을 확인할 수 있는 장치를 하는 경우에는 해당 소화약제에 적합한 구조로 할 것
　㉤ 저장용기의 약제량 손실이 5%를 초과하거나 압력손실이 10%를

초과할 경우에는 재충전하거나 저장용기를 교체할 것(단, 불활성기체 소화약제 저장용기의 경우에는 압력손실이 5%를 초과할 경우 재충전하거나 저장용기를 교체할 것)

(3) 수동식 기동장치

① 방호구역마다 설치할 것
② 해당 방호구역의 출입구 부근 등 조작을 하는 자가 쉽게 피난할 수 있는 장소에 설치할 것
③ 기동장치의 조작부는 바닥으로부터 0.8m 이상 1.5m 이하의 위치에 설치하고, 보호판 등에 따른 보호장치를 설치할 것
④ 기동장치 인근의 보기 쉬운 곳에 "할로겐화합물 및 불활성기체소화설비 수동식 기동장치"라는 표지를 할 것
⑤ 전기를 사용하는 기동장치에는 전원표시등을 설치할 것
⑥ 기동장치의 방출용스위치는 음향경보장치와 연동하여 조작될 수 있는 것으로 할 것
⑦ 50N 이하의 힘을 가하여 기동할 수 있는 구조로 할 것
⑧ 기동장치에는 보호장치를 설치해야 하며, 보호장치를 개방하는 경우 기동장치에 설치된 부저 또는 벨 등에 의하여 경고음을 발할 것
⑨ 기동장치를 옥외에 설치하는 경우 빗물 또는 외부 충격의 영향을 받지 아니하도록 설치할 것

(4) 분사헤드의 기준

① 분사헤드의 설치 높이는 방호구역의 바닥으로부터 최소 0.2m 이상 최대 3.7m 이하로 해야 하며 천장높이가 3.7m를 초과할 경우에는 추가로 다른 열의 분사헤드를 설치할 것. 다만, 분사헤드의 성능인정 범위 내에서 설치하는 경우에는 그렇지 않다.
② 분사헤드의 개수는 방호구역에 따른 방출시간이 충족되도록 설치할 것
③ 분사헤드에는 부식방지조치를 해야 하며 오리피스의 크기, 제조일자, 제조업체가 표시되도록 할 것
④ 분사헤드의 방출률 및 방출압력은 제조업체에서 정한 값으로 할 것
⑤ 분사헤드의 오리피스의 면적은 분사헤드가 연결되는 배관구경 면적의 70% 이하가 되도록 할 것

핵심문제

경보설비는 지정수량 몇 배 이상의 위험물을 저장 또는 취급하는 제조소 등에 설치되는가?

① 2　　　　　② 4
③ 8　　　　　❹ 10

해설

지정수량 10배 이상의 위험물을 저장 또는 취급하는 제조소등(이동탱크저장소를 제외)에는 경보설비를 설치하여야 한다.

6 경보설비

지정수량의 10배 이상의 위험물을 저장 또는 취급하는 제조소등(이동탱크저장소를 제외)에는 경보설비를 설치하며, 종류로는 자동화재탐지설비, 비상경보설비(비상벨장치 또는 경종 포함), 확성장치(휴대용 확성기 포함), 비상방송설비, 누전경보기, 시각경보기, 가스누설경보기, 통합감시시설 등으로 구분한다.

1) 제조소등의 경보설비 설치기준

제조소등의 구분	제조소등의 규모, 저장 또는 취급하는 위험물의 종류 및 최대수량 등	경보설비
제조소 및 일반취급소	• 연면적 500m² 이상인 것 • 옥내에서 지정수량의 100배 이상을 취급하는 것(고인화점 위험물만을 100℃ 미만의 온도에서 취급하는 것은 제외)	자동화재 탐지설비
옥내저장소	• 지정수량의 100배 이상을 저장 또는 취급하는 것(고인화점 위험물만을 100℃ 미만의 온도에서 취급하는 것을 제외) • 저장창고의 연면적이 150m²를 초과하는 것 • 처마높이가 6m 이상인 단층건물의 것	
옥내탱크저장소	단층건물 외의 건축물에 설치된 옥내탱크저장소로서 소화난이도등급 Ⅰ에 해당하는 것	
주유취급소	옥내주유취급소	
옥외탱크저장소	특수인화물, 제1석유류 및 알코올류를 저장 또는 취급하는 탱크의 용량이 1,000만L 이상인 것	자동화재탐지설비, 자동화재속보설비
자동화재탐지설비 설치 대상에 해당하지 아니하는 제조소등	지정수량의 10배 이상을 저장 또는 취급하는 것	자동화재탐지설비, 비상경보설비, 확성장치 또는 비상방송설비 중 1종 이상

2) 자동화재탐지설비의 설치기준

① 자동화재탐지설비의 경계구역은 건축물 그 밖의 공작물의 2 이상의 층에 걸치지 아니하도록 한다. 다만, 하나의 경계구역의 면적이 500m² 이하이면서 당해 경계구역이 두 개의 층에 걸치는 경우이거나 계단·경사로·승강기의 승강로 그 밖에 이와 유사한 장소에 연기감지기를 설치하는 경우에는 그러하지 아니하다.

핵심문제

옥내저장소에서 지정수량의 몇 배 이상을 저장 또는 취급할 때 자동화재탐지설비를 설치하여야 하는가?(단, 원칙적인 경우에 한한다.)

① 지정수량의 10배 이상을 저장 또는 취급할 때
② 지정수량의 50배 이상을 저장 또는 취급할 때
❸ 지정수량의 100배 이상을 저장 또는 취급할 때
④ 지정수량의 150배 이상을 저장 또는 취급할 때

해설

옥내저장소에서 지정수량의 100배 이상을 저장 또는 취급하는 곳에는 자동화재탐지설비를 설치한다.

② 하나의 경계구역의 면적은 600m² 이하로 하고 그 한 변의 길이는 50m (광전식분리형 감지기를 설치할 경우에는 100m) 이하로 한다. 다만, 당해 건축물 그 밖의 공작물의 주요한 출입구에서 그 내부의 전체를 볼 수 있는 경우에 있어서는 그 면적을 1,000m² 이하로 할 수 있다.

③ 감지기는 지붕 또는 벽의 옥내에 면한 부분에 유효하게 화재의 발생을 감지할 수 있도록 설치한다.

④ 비상전원을 설치한다.

3) 이송취급소에는 비상벨장치, 확성장치의 경보설비 설치

7 피난설비

1) 피난설비의 종류

① **피난기구** : 피난사다리, 피난교, 미끄럼대, 완강기 등이 있다.
② **인명구조기구** : 방열복, 공기호흡기, 인공소생기 등이 있다.
③ **기타** : 방화복, 유도등, 유도표지, 비상조명등, 휴대용비상조명등 등이 있다.

2) 피난설비의 설치기준

① 주유취급소 중 건축물의 2층 이상의 부분을 점포·휴게음식점 또는 전시장의 용도로 사용하는 것에 있어서는 당해 건축물의 2층 이상으로부터 주유취급소의 부지 밖으로 통하는 출입구와 당해 출입구로 통하는 통로·계단 및 출입구에 유도등을 설치한다.

② 옥내주유취급소에 있어서는 당해 사무소 등의 출입구 및 피난구와 당해 피난구로 통하는 통로·계단 및 출입구에 유도등을 설치한다.

③ 유도등에는 비상전원을 설치한다.

3) 건축물의 바깥쪽에 설치하는 피난계단의 구조

① 계단은 계단으로 통하는 출입구 외의 창문 등으로부터 2m 이상의 거리를 두고 설치할 것

② 건축물의 내부에서 계단으로 통하는 출입구에는 60분+ 방화문 또는 60분 방화문을 설치할 것

③ 계단의 유효너비는 0.9m 이상으로 할 것

④ 계단은 내화구조로 하고 지상까지 직접 연결되도록 할 것

핵심문제

피난동선의 특징이 아닌 것은?

❶ 가급적 지그재그의 복잡한 형태가 좋다.
② 수평동선과 수직동선으로 구분한다.
③ 2개 이상의 방향으로 피난할 수 있어야 한다.
④ 가급적 상호 반대방향으로 다수의 출구와 연결되는 것이 좋다.

해설

① 피난동선은 가급적 단순한 형태가 좋다.

핵심문제

위험물안전관리법령에 따라 다음의 ( ) 안에 알맞은 용어는?

주유취급소 중 건축물의 2층 이상의 부분을 점포, 휴게음식점 또는 전시장의 용도로 사용하는 것에 있어서는 당해 건축물의 2층 이상으로부터 직접 주유취급소의 부지 밖으로 통하는 출입구와 당해 출입구로 통하는 통로, 계단 및 출입구에 ( )을(를) 설치하여야 한다.

해설

본문 참조

핵심문제

옥내주유취급소에 있어서는 당해 사무소 등의 출입구 및 피난구와 당해 피난구로 통하는 통로·계단 및 출입구에 무엇을 설치해야 하는가?

① 화재감지기
② 스프링클러
③ 자동화재 탐지설비
❹ 유도등

해설

본문 참조

PART 02 출제예상문제

01 화재 및 소화

01 가연물에 대한 일반적인 설명으로 옳지 않은 것은?

① 주기율표에서 0족의 원소는 가연물이 될 수 없다.
② 활성화에너지가 작을수록 가연물이 되기 쉽다.
③ 산화반응이 완결된 산화물은 가연물이 아니다.
④ 질소는 비활성 기체이므로 질소의 산화물은 존재하지 않는다.

해설

④ 질소의 산화물은 흡열화합물로 존재는 하지만 가연물은 아니다.

02 연소반응을 위한 산소공급원이 될 수 없는 것은?

① 과망가니즈산칼륨   ② 염소산칼륨
③ 탄화칼슘   ④ 질산칼륨

해설

탄화칼슘(CaC_2)은 제3류 위험물(금수성 물질)로서 산소를 함유하지 않으므로 산소공급원이 될 수 없다.
※ ①, ②, ④는 제1류 위험물(산화성 고체)로 산소공급원에 해당된다.

03 다음 중 점화원이 될 수 없는 것은?

① 전기스파크   ② 증발잠열
③ 마찰열   ④ 분해열

해설

융해잠열, 증발잠열 등은 열을 흡수하기 때문에 점화원이 될 수 없다.

04 열의 전달에 있어서 열전달면적과 열전도도가 각각 2배로 증가한다면, 다른 조건이 일정한 경우 전도에 의해 전달되는 열의 양은 몇 배가 되는가?

① 0.5배   ② 1배
③ 2배   ④ 4배

해설

열전달량(Q)은 열전도도(k), 열전달면적(A), 온도차(Δt)에 비례하고 두께(D)에 반비례한다.

$$Q = k \times \frac{A \times \Delta t}{D}$$

∴ $Q = 2 \times 2 = 4$배 증가

05 불꽃의 표면온도가 300℃에서 360℃로 상승하였다면 300℃보다 약 몇 배의 열을 방출하였는가?

① 1.49배   ② 3배
③ 7.27배   ④ 10배

해설

슈테판 – 볼츠만 법칙
복사 에너지(열의 방출)가 절대온도의 4제곱에 비례한다는 법칙이다.

$$\frac{Q_1}{Q_0} = k \times \left(\frac{T_1}{T_0}\right)^4 = k \times \left(\frac{273+360}{273+300}\right)^4 = 1.489$$

06 주된 연소형태가 표면연소인 것은?

① 황   ② 종이
③ 금속분   ④ 나이트로셀룰로스

해설

표면연소 : 목탄(숯), 코크스, 금속분 등의 연소

정답 01 ④ 02 ③ 03 ② 04 ④ 05 ① 06 ③

07 주된 연소형태가 분해연소인 것은?

① 금속분 　　　　　② 황
③ 목재 　　　　　　④ 피크르산

해설

분해연소
석탄, 종이, 목재, 플라스틱의 고체 물질과 중유와 같은 점도가 높은 액체연료

08 다음 중 일반적인 연소의 형태가 나머지 셋과 다른 하나는?

① 나프탈렌 　　　　② 코크스
③ 양초 　　　　　　④ 황

해설

- 표면연소 : ②
- 증발연소 : ①, ③, ④

09 양초(파라핀)의 연소형태는?

① 표면연소 　　　　② 분해연소
③ 자기연소 　　　　④ 증발연소

해설

증발연소
나프탈렌, 장뇌, 황, 양초(파라핀) 등의 연소

10 착화점에 대한 설명으로 가장 옳은 것은?

① 외부에서 점화하지 않더라도 발화하는 최저온도
② 외부에서 점화했을 때 발화하는 최저온도
③ 외부에서 점화했을 때 발화하는 최고온도
④ 외부에서 점화하지 않더라도 발화하는 최고온도

해설

착화점이란 가연물을 가열할 때 점화원 없이 가열된 열만을 가지고 스스로 연소가 시작되는 최저온도이다.

11 연소 이론에 대한 설명으로 가장 거리가 먼 것은?

① 착화온도가 낮을수록 위험성이 크다.
② 인화점이 낮을수록 위험성이 크다.
③ 인화점이 낮은 물질은 착화점도 낮다.
④ 폭발한계가 넓을수록 위험성이 크다

해설

③ 인화점과 착화점은 서로 연관성이 없다.

12 휘발유의 위험성 중 잘못 설명하고 있는 것은?

① 증기는 정전기 스파크에 의해서 인화된다.
② 휘발유의 연소범위는 아세트알데하이드보다 넓다.
③ 비전도성으로 정전기의 발생, 축적이 용이하다.
④ 강산화제, 강산류와의 혼촉발화의 위험이 있다.

해설

② 휘발유(1.4~7.6%)의 연소범위는 아세트알데하이드(4.1~57%)보다 좁다.

13 물과 접촉되었을 때 연소 범위의 하한값이 2.5vol%인 가연성 가스가 발생하는 것은?

① 금속나트륨 　　　　② 인화칼슘
③ 과산화칼륨 　　　　④ 탄화칼슘

해설

탄화칼슘은 물과 반응하여 수산화칼슘과 아세틸렌가스가 발생하며, 아세틸렌의 연소범위는 2.5~81%이다.
$CaC_2 + 2H_2O \rightarrow Ca(OH)_2 + C_2H_2 \uparrow$

14 연소 시 온도에 따른 불꽃의 색상이 잘못된 것은?

① 적색 : 약 850℃ 　　② 황적색 : 약 1,100℃
③ 휘적색 : 약 1,200℃ ④ 백적색 : 약 1,300℃

해설

③ 휘적색 : 약 950℃

정답　07 ③　08 ②　09 ④　10 ①　11 ③　12 ②　13 ④　14 ③

15 셀룰로이드의 자연발화 형태를 가장 옳게 나타낸 것은 무엇인가?

① 잠열에 의한 발화
② 미생물에 의한 발화
③ 분해열에 의한 발화
④ 흡착열에 의한 발화

해설

자연발화의 형태
㉠ 산화열에 의한 발화 : 석탄, 건성유 등
㉡ 흡착열에 의한 발화 : 목탄, 활성탄 등
㉢ 발효열에 의한 발화 : 퇴비, 먼지 속 미생물 등
㉣ 분해열에 의한 발화 : 셀룰로이드, 나이트로셀룰로스 등
㉤ 중합열에 의한 발화 : 사이안화수소, 산화에틸렌, 염화바이닐 등

16 셀룰로이드류에 대한 설명 중 틀린 것은?

① 연소하면 산화질소, 사이안화수소 등의 유독한 가스를 발생한다.
② 여름보다 겨울에 자연발화가 많고 순도가 낮을수록 자연발화가 쉽다.
③ 통풍환기가 나쁜 장소, 온도가 높은 곳에서 자연발화가 쉽다.
④ 일반적으로 착화온도가 180도이지만, 제품을 저장하는 곳의 조건에 따라 낮은 온도에서도 착화할 위험이 있다.

해설

② 겨울보다 여름에 자연발화가 많고 순도가 높을수록 자연발화가 쉽다.

17 자연발화가 일어나는 물질과 대표적인 에너지원의 관계로 옳지 않은 것은?

① 셀룰로이드－흡착열에 의한 발열
② 활성탄－흡착열에 의한 발열
③ 퇴비－미생물에 의한 발열
④ 먼지－미생물에 의한 발열

해설

① 셀룰로이드－분해열에 의한 발열

18 자연발화를 방지하는 방법으로 가장 거리가 먼 것은?

① 통풍이 잘 되게 할 것
② 열의 축적이 용이하지 않게 할 것
③ 저장실의 온도를 낮게 할 것
④ 습도를 높게 할 것

해설

자연발화 방지법
㉠ 통풍을 잘 시킬 것
㉡ 주위 온도를 낮출 것
㉢ 수분량이 적당하지 않도록 할 것
㉣ 퇴적 및 수납 시 열이 쌓이지 않게 할 것

19 셀룰로이드류를 다량으로 저장하는 경우, 자연발화의 위험성을 고려하였을 때 다음 중 가장 적합한 장소는?

① 습도가 높고 온도가 낮은 곳
② 습도와 온도가 모두 낮은 곳
③ 습도와 온도가 모두 높은 곳
④ 습도가 낮고 온도가 높은 곳

해설

자연발화 방지를 위해 습도와 온도가 모두 낮은 곳에 저장한다.

20 일반적으로 다량의 주수를 통한 소화가 가장 효과적인 화재는 무엇인가?

① A급 화재
② B급 화재
③ C급 화재
④ D급 화재

해설

A급 화재(일반화재)는 다량의 주수에 의한 냉각소화가 가장 효과적이다.

정답   15 ③   16 ②   17 ①   18 ④   19 ②   20 ①

21 중질유탱크 등의 화재 시 물이나 포말을 주입하면 수분의 급격한 증발에 의하여 유면이 거품을 일으키거나 열류의 교란에 의하여 열류층 밑의 냉유가 급격히 팽창하여 유면을 밀어 올리는 위험한 현상은?

① Boil-Over 현상
② Slop-Over 현상
③ Water Hammer 현상
④ Priming 현상

[해설]

슬롭오버(Slop-Over) 현상에 대한 설명이다.

22 BLEVE 현상에 대한 설명으로 가장 옳은 것은?

① 기름탱크에서 수증기의 폭발현상
② 비등상태의 액화가스가 기화하여 팽창하고 폭발하는 현상
③ 화재식 기름 속의 수분이 급격히 증발하여 기름 거품이 되고 팽창해서 기름탱크에서 밖으로 내뿜어져 나오는 현상
④ 원유, 중유 등 고점도의 기름 속에 수증기를 포함한 볼형태의 물방울이 형성되어 탱크 밖으로 넘치는 현상

[해설]

BLEVE(Boiling Liquid Expanding Vapor Explosion)
비등상태의 액화가스가 기화하여 팽창하고 폭발하는 현상

23 화재 발생 시 소화방법으로 공기를 차단하는 것이 효과 있으며, 연소물질을 제거하거나 액체를 인화점 이하로 냉각시켜 소화할 수도 있는 위험물은?

① 제1류 위험물   ② 제4류 위험물
③ 제5류 위험물   ④ 제6류 위험물

[해설]

• 제거소화, 질식소화, 냉각소화 모두 효과가 있는 것은 제4류 위험물이다.
• 제1, 5, 6류 위험물의 경우 모두 산소를 함유하고 있어 질식소화는 효과가 없다.

24 소화 효과에 대한 설명으로 옳지 않은 것은?

① 산소공급원 차단에 의한 소화는 제거효과이다.
② 가연물질의 온도를 떨어뜨려서 소화하는 것은 냉각효과이다.
③ 촛불을 입으로 바람을 불어 끄는 것은 제거효과이다.
④ 물에 의한 소화는 냉각효과이다.

[해설]

① 산소공급원 차단에 의한 소화는 질식효과이다.

25 가연성 가스나 증기의 농도를 연소한계(하한) 이하로 하여 소화하는 방법은?

① 희석소화   ② 제거소화
③ 질식소화   ④ 냉각소화

[해설]

희석소화
가연성 가스와 공기와의 혼합농도 범위인 연소범위의 하한값 이하로 농도를 낮추는 방법이다.

26 연소 및 소화에 대한 설명으로 틀린 것은?

① 공기 중의 산소 농도가 0%까지 떨어져야만 연소가 중단되는 것은 아니다.
② 질식소화, 냉각소화 등은 물리적 소화에 해당한다.
③ 연소의 연쇄반응을 차단하는 것은 화학적 소화에 해당한다.
④ 가연물질에 상관없이 온도, 압력이 동일하면 한계산소량은 일정한 값을 가진다.

[해설]

④ 가연물질의 종류에 따라 한계산소량(연소에 필요한 최소한의 산소농도)은 변한다.

정답   21 ②   22 ②   23 ②   24 ①   25 ①   26 ④

02 소화약제 및 소화기

27 소화약제 제조 시 사용되는 성분이 아닌 것은?

① 에틸렌글리콜
② 탄산칼륨
③ 인산이수소암모늄
④ 인화알루미늄

해설

① 액체소화약제의 부동액으로 사용(제4류 위험물 3석유류)
②, ③ 분말소화약제에 사용
④ 제3류 위험물(금수성 물질)

28 소화기와 주된 소화효과가 옳게 짝지어진 것은?

① 포 소화기 – 제거소화
② 할로젠화합물 소화기 – 냉각소화
③ 탄산가스 소화기 – 억제소화
④ 분말 소화기 – 질식소화

해설

① 포 소화기 – 질식 · 냉각 소화
② 할로젠화합물 소화기 – 억제소화
③ 탄산가스 소화기 – 질식소화

29 다음 중 증발잠열이 가장 큰 것은?

① 아세톤   ② 사염화탄소
③ 이산화탄소   ④ 물

해설

① 43.4kJ/mol
② 46.3kJ/mol
③ 350kJ/mol
④ 2,256kJ/mol(539kcal/kg)

30 포 소화약제의 종류에 해당되지 않는 것은?

① 단백포소화약제
② 합성계면활성제포소화약제
③ 수성막포소화약제
④ 액표면포소화약제

해설

기계포(공기포) 소화약제의 종류
㉠ 단백포소화약제
㉡ 합성계면활성제포소화약제
㉢ 수성막포소화약제
㉣ 내알코올포소화약제

31 수성막포소화약제에 대한 설명으로 옳은 것은?

① 물보다 가벼운 유류의 화재에는 사용할 수 없다.
② 계면활성제를 사용하지 않고 수성의 막을 이용한다.
③ 내열성이 뛰어나고 고온의 화재일수록 효과적이다.
④ 일반적으로 불소계 계면활성제를 사용한다.

해설

수성막포소화약제
㉠ 미국의 3M사가 개발한 것으로 Light Water라고도 한다.
㉡ 계면활성제로는 불소계 계면활성제를 사용한다.
㉢ 포소화약제 중에서 가장 우수한 소화효과를 가지고 있다.
㉣ 소화효과를 증대시키기 위하여 분말소화약제와 병용하여 사용할 수 있다.

32 분말소화약제를 조별로 주성분을 바르게 연결한 것은?

① 1종 분말약제 – 탄산수소나트륨
② 2종 분말약제 – 인산암모늄
③ 3종 분말약제 – 탄산수소칼륨
④ 4종 분말약제 – 탄산수소칼륨 + 인산암모늄

정답 27 ④ 28 ④ 29 ④ 30 ④ 31 ④ 32 ①

해설

종류	주성분	착색	적응화재
제1종 분말	$NaHCO_3$ (탄산수소나트륨)	백색	B, C
제2종 분말	$KHCO_3$ (탄산수소칼륨)	보라색	B, C
제3종 분말	$NH_4H_2PO_4$ (제1인산암모늄)	담홍색 (핑크색)	A, B, C
제4종 분말	$KHCO_3 + (NH_2)_2CO$ (탄산수소칼륨 + 요소)	회백색	B, C

33 분말소화약제로 사용되는 탄산수소칼륨(중탄산 칼륨)의 착색 색상은?

① 백색
② 담홍색
③ 청색
④ 담회색

해설

32번 문제 해설 참조

34 분말소화약제의 분해반응식이다. ( ) 안에 알맞은 것은?

$$2NaHCO_3 \rightarrow (\quad) + CO_2 + H_2O$$

① $2NaCO$
② $2NaCO_2$
③ Na_2CO_3
④ Na_2CO_4

해설

$2NaHCO_3 \rightarrow Na_2CO_3 + CO_2 + H_2O$

35 탄산수소칼륨 소화약제가 열분해 반응 시 생성되는 물질이 아닌 것은?

① K_2CO_3
② CO_2
③ H_2O
④ KNO_3

해설

$2KHCO_3 \rightarrow K_2CO_3 + CO_2 + H_2O$

36 소화약제의 열분해 반응식으로 옳은 것은?

① $NH_4H_2PO_4 \rightarrow HPO_3 + NH_3 + H_2O$
② $2KNO_3 \rightarrow 2KNO_2 + O_2$
③ $KClO_4 \rightarrow KCl + 2O_2$
④ $2CaHCO_3 \rightarrow CaO + H_2CO_3$

해설

① 제3종분말소화약제인 제1인산암모늄의 열분해반응식이다.

37 제1종 분말소화약제의 소화효과에 대한 설명으로 가장 거리가 먼 것은?

① 열분해 시 발생하는 이산화탄소와 수증기에 의한 질식효과
② 열분해 시 흡열반응에 의한 냉각효과
③ H^+ 이온에 의한 부촉매효과
④ 분말 운무에 의한 열방사의 차단효과

해설

③ Na^+ 이온에 의한 비누화 반응효과

38 제3종 분말소화약제에 대한 설명으로 틀린 것은?

① A급을 제외한 모든 화재에 소화효과가 있다.
② 주성분은 $NH_4H_2PO_4$ 분자식으로 표현된다.
③ 제1인산암모늄이 주성분이다.
④ 담홍색(또는 황색)으로 착색되어 있다.

해설

① 제3종 분말소화약제는 A, B, C급에 소화효과가 있다.

39 제3종 분말소화약제를 화재면에 방출 시 부착성이 좋은 막을 형성하여 연소에 필요한 산소의 유입을 차단하기 때문에 연소를 중단시킬 수 있다. 그러한 막을 구성하는 물질은?

① H_3PO_4
② PO_4
③ HPO_3
④ P_2O_5

정답 33 ④ 34 ③ 35 ④ 36 ① 37 ③ 38 ① 39 ③

해설

$NH_4H_2PO_4 \rightarrow HPO_3 + NH_3 + H_2O$

40 제1종 분말소화약제가 1차 열분해되어 표준상태를 기준으로 2m³의 탄산가스가 생성되었다. 몇 kg의 탄산수소나트륨이 사용되는가?(단, 나트륨의 원자량은 23이다.)

① 15
② 18.75
③ 56.25
④ 75

해설

$$2NaHCO_3 \rightarrow Na_2CO_3 + CO_2 + H_2O$$
$$x\text{kg} \quad : \quad 2\text{m}^3$$
$$2 \times 84\text{kg} \quad : \quad 22.4\text{m}^3$$
$$\therefore \ x = 15(\text{kg})$$

41 Halon 1011에 함유되지 않은 원소는?

① H
② Cl
③ Br
④ F

해설

Halon ABCD : Halon 1011
A는 탄소(1개), B는 불소(0개), C는 염소(1개), D는 취소(1개) ⇒ CH_2ClBr

42 할로젠화합물 중 CH_3I에 해당하는 할론번호는?

① 1031
② 1301
③ 13001
④ 10001

해설

Halon ABCDE : Halon 10001
A는 탄소(1개), B는 불소(0개), C는 염소(0개), D는 취소(0개), E는 아이오딘(1개)

43 이산화탄소를 이용한 질식소화에 있어서 아세톤의 한계산소농도(vol%)에 가장 가까운 값은?

① 15
② 18
③ 21
④ 25

해설

질식소화
산소의 농도 21%를 15% 이하로 낮추어 소화하는 방법이다.

44 이산화탄소가 불연성인 이유를 옳게 설명한 것은?

① 산소와의 반응이 느리기 때문이다.
② 산소와 반응하지 않기 때문이다.
③ 착화되어도 곧 불이 꺼지기 때문이다.
④ 산화반응이 일어나도 열 발생이 없기 때문이다.

해설

② 산소와 반응이 완결되어 안정화된 물질(CO_2)이기 때문이다.

45 드라이아이스의 성분을 옳게 나타낸 것은?

① H_2O
② CO_2
③ $H_2O + CO_2$
④ $N_2 + H_2O + CO_2$

해설

드라이아이스의 성분은 CO_2이다.

46 이산화탄소소화약제에 대한 설명으로 틀린 것은?

① 장기간 저장하여도 변질, 부패 또는 분해를 일으키지 않는다.
② 한랭지에서 동결의 우려가 없고 전기 절연성이 있다.
③ 밀폐된 지역에서 방출 시 인명피해의 위험이 있다.
④ 표면화재보다는 심부화재에 적응력이 뛰어나다.

해설

④ 심부화재보다는 표면화재에 적응력이 뛰어나다.

정답 40 ① 41 ④ 42 ④ 43 ① 44 ② 45 ② 46 ④

47 이산화탄소 소화기의 장·단점에 대한 설명으로 틀린 것은?

① 밀폐된 공간에서 사용 시 질식으로 인명피해가 발생할 수 있다.
② 전도성이어서 전류가 통하는 장소에서의 사용은 위험하다.
③ 자체의 압력으로 방출할 수 있다.
④ 소화 후 소화약제에 의한 오손이 없다.

해설

② 비전도성이어서 전류가 통하는 장소에서도 사용 가능하다.

48 할로겐화합물 및 불활성기체소화약제 중 "IG-55"의 성분 및 그 비율을 옳게 나타낸 것은? (단, 용량비 기준이다.)

① 질소 : 이산화탄소=55 : 46
② 질소 : 이산화탄소=50 : 50
③ 질소 : 아르곤=55 : 46
④ 질소 : 아르곤=50 : 50

해설

약제명	화학식
IG-01	Ar : 100%
IG-100	N_2 : 100%
IG-541	N_2 : 52%, Ar : 40%, CO_2 : 8%
IG-55	N_2 : 50%, Ar : 50%

49 할로겐화합물 및 불활성기체소화약제 중 IG-100의 성분을 옳게 나타낸 것은?

① 질소 100%
② 질소 50%, 아르곤 50%
③ 질소 52%, 아르곤 40%, 이산화탄소 8%
④ 질소 52%, 이산화탄소 40%, 아르곤 8%

해설

48번 문제 해설 참조

50 할로겐화합물 및 불활성기체소화약제 중 IG-541의 구성 성분을 옳게 나타낸 것은?

① 헬륨, 네온, 아르곤
② 질소, 아르곤, 이산화탄소
③ 질소, 이산화탄소, 헬륨
④ 헬륨, 네온, 이산화탄소

해설

48번 문제 해설 참조

51 소화약제의 종류에 해당하지 않는 것은?

① CF_2BrCl
② $NaHCO_3$
③ NH_4BrO_3
④ CF_3Br

해설

① Halon 1211
② 분말소화약제
③ 제1류 위험물
④ Halon 1301

52 포소화약제와 분말소화약제의 공통적인 주요 소화효과는 무엇인가?

① 질식효과
② 부촉매효과
③ 제거효과
④ 억제효과

해설

포소화약제와 분말소화약제의 공통적인 주소화효과는 질식효과이다.

정답 47 ② 48 ④ 49 ① 50 ② 51 ③ 52 ①

03 소화설비, 경보설비 및 피난설비의 기준

53 위험물안전관리법령상 전기설비에 적응성이 없는 소화설비는?

① 포소화설비   ② 불활성가스소화설비
③ 물분무소화설비   ④ 할로젠화합물소화설비

해설

구분	포소화	불활성가스	물분무	할로젠화합물
전기설비	×	○	○	○

54 금수성 물품에 대한 소화설비의 적응성으로서 가장 적당한 것은?

① 이산화탄소소화설비
② 무상강화액소화기
③ 탄산수소염류소화기
④ 포소화기

해설

구분	이산화탄소	무상강화액	탄산수소염류	포소화기
금수성 물품	×	×	○	×

55 제1류 위험물 중 알칼리금속의 과산화물의 화재에 대하여 적응성이 있는 소화설비는 무엇인가?

① 탄산수소염류분말소화설비
② 옥내소화전설비
③ 스프링클러설비(방사밀도 12.2[L/m³·분] 이상인 것)
④ 포소화설비

해설

구분	탄산수소염류분말소화	옥내소화전	스프링클러	포소화설비
알칼리금속 과산화물	○	×	×	×

56 위험물안전관리법령상 제2류 위험물인 철분에 적응성이 있는 소화설비는 무엇인가?

① 포소화설비
② 탄산수소염류분말소화설비
③ 할로젠화합물소화설비
④ 스프링클러설비

해설

구분	포소화설비	탄산수소염류분말소화	할로젠화합물	스프링클러
제2류 위험물 (철분)	×	○	×	×

57 위험물안전관리법령상 제3류 위험물 중 금수성 물질 이외의 것에 적응성이 있는 소화설비는?

① 할로젠화합물소화설비
② 불활성가스소화설비
③ 포소화설비
④ 분말소화설비

해설

구분	할로젠화합물	불활성가스	포소화설비	분말소화설비
제3류 위험물 (그 밖의 것)	×	×	○	×

58 위험물안전관리법령상 소화설비의 적응성에서 이산화탄소 소화기가 적응성이 있는 것은?

① 제1류 위험물
② 제3류 위험물
③ 제4류 위험물
④ 제5류 위험물

해설

CO_2소화기
질식소화와 냉각소화를 겸하고 있는 소화기로서, 적응성이 있는 위험물은 제4류 위험물이다.

정답   53 ①   54 ③   55 ①   56 ②   57 ③   58 ③

59 위험물안전관리법령상 물분무소화설비가 적응성이 있는 위험물은?

① 알칼리금속과산화물 ② 금속분 · 마그네슘
③ 금수성 물질   ④ 인화성 고체

해설

④ 인화성 고체는 주수에 의한 냉각소화가 적응성이 있다.
※ ①, ②, ③은 물과 반응하여 산소 또는 가연성 가스를 발생시킨다.

60 위험물안전관리법령에서 정한 소화설비의 적응성에서 인산염류 등 분말소화설비는 적응성이 있으나 탄산수소염류 등 분말소화설비는 적응성이 없는 것은?

① 인화성 고체   ② 제4류 위험물
③ 제5류 위험물   ④ 제6류 위험물

해설

④ 제6류 위험물의 소화는 분말소화설비 중 인산염류 등에는 적응성이 있으나 탄산수소염류 등에는 적응성이 없다.

61 위험물안전관리법령상 포소화기의 적응성이 없는 위험물은?

① S   ② P
③ P₄S₃   ④ Al분

해설

• 제2류 위험물(그 밖의 것) : ①, ②, ③
• 제2류 위험물(철분 · 금속분 · 마그네슘 등) : ④

62 위험물안전관리법령상 톨루엔의 화재에 적응성이 있는 소화방법은?

① 무상수소화기에 의한 소화
② 무상강화액소화기에 의한 소화
③ 봉상수소화기에 의한 소화
④ 봉상강화액소화기에 의한 소화

해설

소화설비의 적응성 도표에 의거 톨루엔(제4류 위험물)은 무상강화액소화기는 적응성이 있다.

63 위험물의 화재발생 시 적응성이 있는 소화설비의 연결로 틀린 것은?

① 마그네슘 – 포소화기
② 황린 – 포소화기
③ 인화성 고체 – 이산화탄소소화기
④ 등유 – 이산화탄소소화기

해설

① 마그네슘은 제2류 위험물(철분 · 금속분 · 마그네슘 등)로서 포소화기는 수분이 존재하므로 사용을 금지한다.
※ 물과 반응식 : $Mg + 2H_2O \rightarrow Mg(OH)_2 + H_2 \uparrow$

64 다음 위험물의 저장창고에 화재가 발생하였을 때 소화방법으로 주수소화가 적당하지 않은 것은?

① NaClO₃   ② S
③ NaH   ④ TNT

해설

① 염소산나트륨(제1류 위험물)
② 황(제2류 위험물)
③ 수소화나트륨(제3류 위험물) : 금수성 물질이므로, 주수소화가 부적당하다.
④ 트라이나이트로톨루엔(제5류 위험물)

65 다량의 비수용성 제4류 위험물의 화재 시 물로 소화하는 것이 적합하지 않은 이유는 무엇인가?

① 가연성 가스를 발생한다.
② 연소면을 확대한다.
③ 인화점이 내려간다.
④ 물이 열분해한다.

해설

② 비수용성 제4류 위험물은 비중이 물보다 작기 때문에 연소면을 확대할 우려가 있어 주수소화를 금한다.

정답 59 ④ 60 ④ 61 ④ 62 ② 63 ① 64 ③ 65 ②

PART 02 출제예상문제 | 115

66 제5류 위험물의 화재 시 일반적인 조치사항으로 알맞은 것은?

① 분말소화약제를 이용한 질식소화가 효과적이다.
② 할로젠화합물소화약제를 이용한 냉각소화가 효과적이다.
③ 이산화탄소를 이용한 질식소화가 효과적이다.
④ 다량의 주수에 의한 냉각소화가 효과적이다.

해설

④ 제5류 위험물의 화재 시 최적의 소화는 다량의 물에 의한 냉각소화이다.

67 물통 또는 수조를 이용한 소화가 공통적으로 적응성이 있는 위험물은 제 몇 류 위험물인가?

① 제2류 위험물　　② 제3류 위험물
③ 제4류 위험물　　④ 제5류 위험물

해설

제5류 위험물의 화재 시 최적의 소화는 다량의 물(물통 또는 수조를 이용한 소화)에 의한 냉각소화이다.

68 위험물안전관리법령상 인화성 고체와 질산에 공통적으로 적응성이 있는 소화설비는?

① 불활성가스소화설비
② 할로젠화합물소화설비
③ 탄산수소염류분말소화설비
④ 포소화설비

해설

인화성 고체(제2류)와 질산(제6류)에 공통적으로 적응성이 있는 소화설비는 포소화설비이다.

69 제조소 또는 취급소의 건축물로 외벽이 내화구조인 것은 연면적 몇 m^2를 1소요단위로 규정하는가?

① $100m^2$　　② $200m^2$
③ $300m^2$　　④ $400m^2$

해설

1소요단위의 기준

구분	외벽이 내화구조인 것	외벽이 내화구조가 아닌 것
제조소 또는 취급소	연면적 $100m^2$	연면적 $50m^2$
저장소	연면적 $150m^2$	연면적 $75m^2$
위험물	지정수량 10배 $\left(소요단위 = \dfrac{저장수량}{지정수량 \times 10배}\right)$	
옥외에 설치된 공작물 (제조소등)	외벽이 내화구조인 것으로 간주하고 공작물의 최대수평투영면적을 연면적으로 간주하여 소요단위를 산정할 것	

70 위험물안전관리법령상 다음 사항을 참고하여 제조소의 소화설비의 소요단위의 합을 옳게 산출한 것은?

ⓐ 제조소 건축물의 연면적은 3,000m^2이다.
ⓑ 제조소 건축물의 외벽은 내화구조이다.
ⓒ 제조소 허가 지정수량은 3,000배이다.
ⓓ 제조소 옥외 공작물의 최대수평투영면적은 500m^2이다.

① 335　　② 395
③ 400　　④ 440

해설

소요단위 계산
ⓐ, ⓑ 제조소(내화구조) 1소요단위는 100m^2이므로,

$$\frac{3,000\,m^2}{100\,m^2} = 30\,(단위)$$

ⓒ 지정수량의 10배가 1소요단위이므로,

$$\frac{3,000\,배}{100\,배} = 300\,(단위)$$

ⓓ 최대수평투영면적을 연면적으로 간주하므로,

$$\frac{500\,m^2}{100\,m^2} = 5\,(단위)$$

∴ 소요단위 $= 30 + 300 + 5 = 335\,(단위)$

정답　66 ④　67 ④　68 ④　69 ①　70 ①

71 위험물취급소의 건축물 연면적이 500m²인 경우 소요단위는?(단, 외벽은 내화구조이다.)

① 2단위　　　　② 5단위
③ 10단위　　　　④ 50단위

해설

취급소(내화구조) 1소요단위는 100m²이므로,

$$\frac{500\,\text{m}^2}{100\,\text{m}^2} = 5\,(\text{단위})$$

72 탄화칼슘 60,000kg을 소요단위로 산정하면?

① 10단위　　　　② 20단위
③ 30단위　　　　④ 40단위

해설

㉠ 탄화칼슘의 지정수량 : 제3류 위험물 300kg
㉡ 1소요단위 = 지정수량 10배

$$\therefore \text{소요단위} = \frac{60,000}{300 \times 10} = 20\,(\text{단위})$$

73 특수인화물이 소화설비 기준 적용상 1소요단위가 되기 위한 용량은?

① 50L　　　　② 100L
③ 250L　　　　④ 500L

해설

㉠ 특수인화물의 지정수량 : 50L
㉡ 1소요단위 = 지정수량 10배
∴　50L × 10배 = 500L

74 가솔린 저장량이 2,000L일 때 소화설비 설치를 위한 소요단위는?

① 1　　　　② 2
③ 3　　　　④ 4

해설

㉠ 가솔린의 지정수량 : 제4류 위험물(제1석유류) 비수용성 200L
㉡ 1소요단위 = 지정수량 10배

$$\therefore \text{소요단위} = \frac{2,000\,\text{L}}{200\,\text{L} \times 10\text{배}} = 1\,(\text{단위})$$

75 메탄올 40,000L는 소요단위가 얼마인가?

① 5단위　　　　② 10단위
③ 15단위　　　　④ 20단위

해설

㉠ 알코올 지정수량 : 400L
㉡ 1소요단위 = 지정수량 10배

$$\therefore \text{소요단위} = \frac{40,000\,\text{L}}{400\,\text{L} \times 10} = 10\,(\text{단위})$$

76 인화성 액체 위험물인 제2석유류(비수용성 액체) 60,000L에 대한 소화설비의 소요단위는?

① 2단위　　　　② 4단위
③ 6단위　　　　④ 8단위

해설

㉠ 제2석유류 비수용성 : 1,000L
㉡ 1소요단위 = 지정수량 10배

$$\therefore \text{소요단위} = \frac{60,000\,\text{L}}{1,000\,\text{L} \times 10} = 6\,(\text{단위})$$

77 소화기에 'B-2'라고 표시되어 있었다. 이 표시의 의미를 가장 옳게 나타낸 것은?

① 일반화재에 대한 능력단위 2단위에 적용되는 소화기
② 일반화재에 대한 무게단위 2단위에 적용되는 소화기
③ 유류화재에 대한 능력단위 2단위에 적용되는 소화기
④ 유류화재에 대한 무게단위 2단위에 적용되는 소화기

해설

B-2
• B : 유류화재(화재의 종류)
• 2 : 능력단위 2단위

정답　71 ②　72 ②　73 ④　74 ①　75 ②　76 ③　77 ③

PART 02 출제예상문제 | **117**

78 위험물안전관리법령에서 정한 다음의 소화설비 중 능력단위가 가장 큰 것은?

① 팽창진주암 160L(삽 1개 포함)
② 수조 80L(소화전용물통 3개 포함)
③ 마른 모래 50L(삽 1개 포함)
④ 팽창질석 160L(삽 1개 포함)

해설

소화설비	용량(L)	능력단위
소화전용 물통	8	0.3
수조(소화전용물통 3개 포함)	80	1.5
수조(소화전용물통 6개 포함)	190	2.5
마른 모래(삽 1개 포함)	50	0.5
팽창질석 또는 팽창진주암(삽 1개 포함)	160	1.0

79 능력단위가 1단위의 팽창질석(삽 1개 포함)은 용량이 몇 L인가?

① 160　　　　② 130
③ 90　　　　④ 60

해설

78번 문제 해설 참조

80 위험물안전관리법령상 옥내소화전설비의 기준에서 옥내소화전의 개폐밸브 및 호스접속구의 바닥면으로부터 설치 높이 기준으로 옳은 것은?

① 1.2m 이하　　② 1.2m 이상
③ 1.5m 이하　　④ 1.5m 이상

해설

옥내소화전설비의 개폐밸브 및 호스접속구는 지반면으로부터 1.5m 이하의 높이에 설치한다.

81 위험물제조소에서 옥내소화전이 가장 많이 설치된 층의 옥내소화전 설치개수가 2개이다. 위험물안전관리법령의 옥내소화전설비 설치기준에 의하면 수원의 수량은 얼마 이상이 되어야 하는가?

① 7.8m³　　　　② 15.6m³
③ 20.6m³　　　　④ 78m³

해설

옥내소화전의 수원의 수량(최대 5개)
소화전 설치개수 × 7.8m³ = 2개 × 7.8m³ = 15.6m³

82 위험물제조소 등에 설치된 옥외소화전설비는 모든 옥외소화전(설치개수가 4개 이상인 경우는 4개의 옥외소화전)을 동시에 사용할 경우에 각 노즐선단의 방수압력은 몇 kPa 이상이어야 하는가?

① 250　　　　② 300
③ 350　　　　④ 450

해설

옥외소화전설비는 모든 옥외소화전(설치개수가 4개 이상인 경우는 4개의 옥외소화전)을 동시에 사용할 경우에 각 노즐선단의 방수압력이 350kPa 이상이고, 방수량이 1분당 450L 이상의 성능이 되도록 한다.

83 폐쇄형 스프링클러 헤드 부착장소의 평상 시 최고 주위온도가 39℃ 이상 64℃ 미만일 때 표시온도의 범위로 옳은 것은?

① 58℃ 이상 79℃ 미만
② 79℃ 이상 121℃ 미만
③ 121℃ 이상 162℃ 미만
④ 162℃ 이상

해설

부착장소의 최고주위온도(단위 ℃)	표시온도(단위 ℃)
28 미만	58 미만
28 이상 39 미만	58 이상 79 미만
39 이상 64 미만	79 이상 121 미만
64 이상 106 미만	121 이상 162 미만
106 이상	162 이상

정답　78 ②　79 ①　80 ③　81 ②　82 ③　83 ②

84 위험물안전관리법령상 물분무소화설비의 제어밸브는 바닥으로부터 어느 위치에 설치하여야 하는가?

① 0.5m 이상 1.5m 이하
② 0.8m 이상 1.5m 이하
③ 1m 이상 1.5m 이하
④ 1.5m 이상

해설

물분무소화설비에서 제어밸브의 설치높이는 바닥으로부터 0.8m 이상 1.5m 이하로 한다.

85 위험물안전관리법령상 방호대상물의 표면적이 70m²인 경우 물분무소화설비의 방사구역은 몇 m²로 하여야 하는가?

① 35
② 70
③ 150
④ 300

해설

물분무소화설비의 설치기준
방사구역은 150m² 이상(방호대상물의 표면적이 150m² 미만인 경우에는 당해 표면적)으로 한다.
※ 표면적이 70m²으로 150m² 미만인 경우에 해당되므로, 당해 표면적 70m²으로 한다.

86 피난구의 출입구가 구비해야 할 조건으로 틀린 것은?

① 출입구의 유효너비는 0.9m 이상으로 한다.
② 옥내에서 특별피난계단의 부속실이나 노대를 통하는 출입구는 반드시 30분 방화문을 설치한다.
③ 출입구는 항상 피난방향으로 열 수 있도록 설치한다.
④ 출입구는 언제나 닫혀 있는 것이 원칙이다.

해설

② 건축물의 내부에서 계단으로 통하는 출입구에는 60분+ 방화문 또는 60분 방화문을 설치할 것

87 제1석유류를 저장하는 옥외탱크저장소에 특형포방출구를 설치하는 경우, 방출률은 액표면적 1m²당 1분에 몇 L 이상이어야 하는가?

① 9.5L
② 8.0L
③ 6.5L
④ 3.7L

해설

비수용성 위험물의 방출구별 방출량과 시간

포방출구의 종류, 방출률 및 방사시간 ＼ 제4류 위험물	Ⅰ형		Ⅱ형Ⅲ형Ⅳ형		특형	
	방출률 (L/m² · min)	방사 시간 (min)	방출률 (L/m² · min)	방사 시간 (min)	방출률 (L/m² · min)	방사 시간 (min)
인화점이 21℃ 미만	4	30	4	55	8	30
인화점이 21℃ 이상 70℃ 미만	4	20	4	30	8	20
인화점이 70℃ 이상	4	15	4	25	8	15

정답 84 ② 85 ② 86 ② 87 ②

PART 03

위험물 성상 및 취급

CHAPTER 01 | 위험물의 총칙

CHAPTER 02 | 위험물의 종류 및 성질

CHAPTER 03 | 위험물안전관리법

CHAPTER 01

위험물의 총칙

1 위험물의 개요

1) 용어의 정의

(1) 위험물

대통령령이 정하는 인화성 또는 발화성 등의 성질을 가진 물질을 말한다.

(2) 지정수량

대통령령이 정하는 수량으로서 위험물의 종류별로 위험성을 고려하여 지정한다.

(3) 2품명 이상의 위험물의 환산

지정수량에 미달되는 위험물 2품명 이상을 동일한 장소 또는 시설에서 제조·저장 또는 취급할 경우에 품명별 지정수량으로 나누어 얻은 수치의 합계이다.

$$지정수량 \ 배수의 \ 합 = \frac{A품명의 \ 저장수량}{A품명의 \ 지정수량} + \frac{B품명의 \ 저장수량}{B품명의 \ 지정수량}$$

$$+ \frac{C품명의 \ 저장수량}{C품명의 \ 지정수량} + \cdots$$

여기서, 지정수량 배수의 합≥1 : 「위험물안전관리법」 규제
지정수량 배수의 합<1 : 시·도 조례 규제

2) 위험물의 구분

(1) 위험물의 유별

화학적·물리적 성질이 비슷하며, 제1류 위험물에서 제6류 위험물로 구분된다.

(2) 품명 및 물질명

① 품명 : 예를 들어, 제1류 위험물에서 염소산염류를 의미한다.

핵심문제

금속칼륨 20kg, 금속나트륨 40kg, 탄화칼슘 600kg의 각각의 지정수량 배수의 총합은 얼마인가?

① 2 ② 4
③ 6 ❹ 8

해설

• 지정수량
 Na(10kg), K(10kg), CaC₂(300kg)
• 지정수량 배수 총합
 $= \frac{20}{10} + \frac{40}{10} + \frac{600}{300} = 8$

핵심문제

다음의 물질 중 위험물안전관리법령상 제1류 위험물에 해당하는 것의 지정수량을 모두 합산한 값은?

퍼옥소이황산염류, 아이오딘산, 과염소산, 차아염소산염류

❶ 350kg ② 400kg
③ 650kg ④ 1,350kg

해설

제1류 위험물에 해당하는 것은 퍼옥소이황산염류(300kg)와 차아염소산염류(50kg)이다.
※ 아이오딘산(유별 분류 안 됨), 과염소산(제6류 위험물)

---

122 | 위험물산업기사 필기

② 물질명 : 예를 들어, 제1류 위험물에서 염소산염류 중 염소산칼륨($KClO_3$)을 의미한다.

(3) 지정수량과 위험등급

① 지정수량 : 대통령령으로 정하는 수량을 말하며 제1, 2, 3, 5, 6류는 "kg"으로 표시하고, 제4류는 "L" 단위로 표시한다. 예를 들어, 제1류 위험물에서 염소산염류의 지정수량은 50kg이다(각 유별표로 표시).

② 위험등급 : 예를 들어, 제1류 위험물에서 염소산염류의 위험등급은 Ⅰ급이다(각 유별표로 표시).

3) 위험물의 유별 저장ㆍ취급의 공통기준

① 제1류 위험물은 가연물과의 접촉ㆍ혼합이나 분해를 촉진하는 물품과의 접근 또는 과열ㆍ충격ㆍ마찰 등을 피하는 한편, 알칼리금속의 과산화물 및 이를 함유한 것에 있어서는 물과의 접촉을 피하여야 한다(산화성 고체).

② 제2류 위험물은 산화제와의 접촉ㆍ혼합이나 불티ㆍ불꽃ㆍ고온체와의 접근 또는 과열을 피하는 한편, 철분ㆍ금속분ㆍ마그네슘 및 이를 함유한 것에 있어서는 물이나 산과의 접촉을 피하고 인화성 고체에 있어서는 함부로 증기를 발생시키지 아니하여야 한다(가연성 물질).

③ 제3류 위험물 중 자연발화성 물질에 있어서는 불티ㆍ불꽃 또는 고온체와의 접근ㆍ과열 또는 공기와의 접촉을 피하고, 금수성 물질에 있어서는 물과의 접촉을 피하여야 한다(금수성 및 자연발화성 물질).

④ 제4류 위험물은 불티ㆍ불꽃ㆍ고온체와의 접근 또는 과열을 피하고, 함부로 증기를 발생시키지 아니하여야 한다(인화성 액체).

⑤ 제5류 위험물은 불티ㆍ불꽃ㆍ고온체와의 접근이나 과열ㆍ충격 또는 마찰을 피하여야 한다(자기 반응성 물질).

⑥ 제6류 위험물은 가연물과의 접촉ㆍ혼합이나 분해를 촉진하는 물품과의 접근 또는 과열을 피하여야 한다(산화성 액체).

2 위험물의 분류

1) 제1류 위험물(산화성 고체)

① 산화성 물질이라 함은 물과 반응하여 산소가스를 발생하여 연소를 촉진시키는 물질이다.

핵심문제

위험물안전관리법령상 자연발화성 물질 및 금수성 물질은 제 몇 류 위험물로 지정되어 있는가?

① 제1류   ② 제2류
❸ 제3류   ④ 제4류

해설

① 산화성 고체
② 가연성 고체
③ 자연발화성 물질 또는 금수성 물질
④ 인화성 액체

핵심문제

다음 (   ) 안에 알맞은 것은?

산화성 고체란 고체로서 산화력의 잠재적인 위험성 또는 충격에 대한 민감성을 판단하기 위하여 (   )이 정하여 고시하는 시험에서 고시로 정하는 성질과 상태를 나타내는 것을 말한다.

① 대통령
❷ 소방청장
③ 지식경제부장관
④ 행정자치부장관

[해설]

본문 참조

핵심문제

위험물안전관리법령에 따른 철분의 정의를 쓰시오.

[해설]

"철분"이라 함은 철의 분말로서 $53\mu m$의 표준체를 통과하는 것이 50(중량)% 미만인 것은 제외한다.

② 산화성 고체라 함은 산화력의 잠재적인 위험성 또는 충격에 대한 민감성을 판단하기 위하여 소방청장이 정하여 고시하는 시험에서 고시로 정하는 성질과 상태를 나타내는 것을 말한다.

2) 제2류 위험물(가연성 고체, 인화성 고체)

① **가연성 고체** : 화염에 의한 발화의 위험성 또는 인화의 위험성을 판단하기 위하여 고시로 정하는 시험에서 고시로 정하는 성질과 상태를 나타내는 것이다.
② **황** : 순도가 60(중량)% 이상인 것으로 한다.
③ **철분** : $53\mu m$의 표준체를 통과하는 것이 50(중량)% 이상인 것으로 한다.
④ **금속분** : 알칼리금속·알칼리토금속·철 및 마그네슘 외의 금속의 분말을 말하는 것으로, 구리분·니켈분 및 $150\mu m$의 체를 통과하는 것이 50(중량)% 미만인 것은 제외한다.
⑤ **마그네슘(마그네슘을 함유한 것)**
　　㉠ 2mm의 체를 통과하는 것
　　㉡ 직경 2mm 미만의 막대 모양의 것
⑥ **인화성 고체** : 고형알코올 그 밖에 1atm에서 인화점이 40℃ 미만인 고체로 한다.

3) 제3류 위험물(금수성 물질 및 자연발화성 물질)

고체 또는 액체로서 공기 중에서 발화의 위험성이 있거나 물과 접촉하여 발화하거나 가연성 가스를 발생시킬 위험성이 있는 것이다.

4) 제4류 위험물(인화성 액체)

① 액체(제3석유류, 제4석유류 및 동식물유류에 있어서는 1atm과 20℃에서 액상인 것)로서 인화의 위험성이 있는 것이다.
② **특수인화물** : 이황화탄소, 다이에틸에터, 그 밖에 1atm에서 발화점이 100℃ 이하인 것, 또는 인화점이 −20℃ 이하이고 비점이 40℃ 이하인 것으로 한다.
③ **제1석유류** : 아세톤, 휘발유, 그 밖에 1atm에서 인화점이 21℃ 미만인 것으로 한다.
④ **알코올류** : 1분자를 구성하는 탄소원자의 수가 1개부터 3개까지인 포화 1가 알코올(변성알코올 포함)이다.
　　㉠ 1분자를 구성하는 탄소원자의 수가 1개 내지 3개의 포화 1가 알코

올의 함유량이 60(중량)% 이상인 수용액이다.

　　ⓛ 가연성 액체량이 60(중량)% 이상이고 인화점 및 연소점이 에틸알
　　코올 60(중량)% 수용액의 인화점 및 연소점 이하의 것이다.

⑤ **제2석유류** : 등유, 경유, 그 밖에 1atm에서 인화점이 21℃ 이상 70℃
미만인 것으로 한다.

⑥ **제3석유류** : 중유, 크레오소트유, 그 밖에 1atm에서 인화점이 70℃
이상 200℃ 미만인 것으로 한다.

⑦ **제4석유류** : 기어유, 실린더유, 그 밖에 1atm에서 인화점이 200℃ 이
상 250℃ 미만의 것으로 한다.

⑧ **동식물유류** : 동물의 지육 등 또는 식물의 종자나 과육으로부터 추출
한 것으로서 1atm에서 인화점이 250℃ 미만인 것으로 한다.

5) 제5류 위험물(자기반응성 물질, 즉 폭발성 물질)

고체 또는 액체로서 폭발의 위험성 또는 가열, 분해의 격렬함을 가지고
있는 것이다.

Reference

제5류 위험물 중 유기과산화물을 함유한 것으로서 위험물에서 제외되는 것의 기준
- 과산화벤조일의 함유량이 35.5(중량)% 미만인 것으로서 전분가루, 황산칼슘 2
수화물 또는 인산수소칼슘 2수화물과의 혼합물
- 비스(4클로로벤조일)퍼옥사이드의 함유량이 30(중량)% 미만인 것으로서 불활
성 고체와의 혼합물
- 1,4비스(2-터셔리부틸퍼옥시아이소프로필)벤젠의 함유량이 40(중량)% 미만
인 것으로서 불활성 고체와의 혼합물
- 사이클로헥사논퍼옥사이드의 함유량이 30(중량)% 미만인 것으로서 불활성 고
체와의 혼합물
- 과산화다이쿠밀의 함유량이 40(중량)% 미만인 것으로서 불활성 고체와의 혼합물

6) 제6류 위험물(산화성 액체)

① **산화성 액체** : 액체로서 산화력의 잠재적인 위험성을 판단하기 위하여
고시로 정하는 시험에서 고시로 정하는 성질과 상태를 나타내는 것이다.

② **과산화수소** : 농도가 36(중량)% 이상인 것이다.

③ **질산** : 비중이 1.49 이상인 것이다.

핵심문제

다음 물질 중에서 「위험물안전관리법」
상 위험물의 범위에 포함되는 것은?

❶ 농도가 40(중량)%인 과산화수소
350kg
② 비중이 1.40인 질산 350kg
③ 직경 2.5mm의 막대 모양인 마그네
슘 500kg
④ 순도가 55(중량)%인 황 50kg

해설

① 농도가 36(중량)% 이상인 과산화수소
② 비중이 1.49 이상인 질산
③ 직경 2mm 이하의 막대 모양인 마
그네슘
④ 순도가 60(중량)% 이상인 황

핵심문제

복수의 성상을 가지는 위험물에 대한 품명지정의 기준상 유별의 연결이 틀린 것은?

① 산화성 고체의 성상 및 가연성 고체의 성상을 가지는 경우 : 가연성 고체
② 산화성 고체의 성상 및 자기반응성 물질의 성상을 가지는 경우 : 자기반응성 물질
③ 가연성 고체의 성상과 자연발화성 물질의 성상 및 금수성 물질의 성상을 가지는 경우 : 자연발화성 물질 및 금수성 물질
❹ 인화성 액체의 성상 및 자기반응성 물질의 성상을 가지는 경우 : 인화성 액체

해설

④ 인화성 액체의 성상 및 자기반응성 물질의 성상을 가지는 경우 : 자기반응성 액체

핵심문제

서로 접촉하였을 때 발화하기 쉬운 물질을 연결한 것은?

❶ 무수크로뮴산과 아세트산
② 금속나트륨과 석유
③ 나이트로셀룰로스와 알코올
④ 과산화수소와 물

해설

혼재 가능 위험물 : ④ ⇨ 2 3, ⑤ ⇨ 2 4, ⑥ ⇨ 1
① 제1류 위험물과 제4류 위험물
② 제3류 위험물과 보호액
③ 제5류 위험물과 제4류 위험물
④ 제6류 위험물과 소화제

---

3 복수성상물품

규정된 성상을 2가지 이상 포함하는 물품을 복수성상물품이라 한다.

① 산화성 고체의 성상 및 가연성 고체의 성상을 가지는 경우 : 제2류 위험물
② 산화성 고체의 성상 및 자기반응성 물질의 성상을 가지는 경우 : 제5류 위험물
③ 가연성 고체의 성상과 자연발화성 물질의 성상 및 금수성 물질의 성상을 가지는 경우 : 제3류 위험물
④ 자연발화성 물질의 성상, 금수성 물질의 성상 및 인화성 액체의 성상을 가지는 경우 : 제3류 위험물
⑤ 인화성 액체의 성상 및 자기반응성 물질의 성상을 가지는 경우 : 제5류 위험물

4 혼합발화

혼합발화란 위험물을 2가지 이상 또는 그 이상으로 서로 혼합한다든지, 접촉하면 발열·발화하는 현상으로서 다음 표는 유별을 달리하는 위험물의 혼재기준이다.

구분	제1류	제2류	제3류	제4류	제5류	제6류
제1류		×	×	×	×	○
제2류	×		×	○	○	×
제3류	×	×		○	×	×
제4류	×	○	○		○	×
제5류	×	○	×	○		×
제6류	○	×	×	×	×	

[비고] • "×"표시는 혼재할 수 없음을 표시
  • "○"표시는 혼재할 수 있음을 표시
  • 이 표는 지정수량의 $\frac{1}{10}$ 이하의 위험물에 대하여는 적용하지 아니한다.

  상기의 표를 정리하면, 혼재 가능 위험물은 다음과 같다.
  • ④ ⇨ 2 3 : 4류와 2류, 4류와 3류는 서로 혼재 가능
  • ⑤ ⇨ 2 4 : 5류와 2류, 5류와 4류는 서로 혼재 가능
  • ⑥ ⇨ 1 : 6류와 1류는 서로 혼재 가능

CHAPTER 02 위험물의 종류 및 성질

1 제1류 위험물

유별	성질	위험물 품명	지정수량	위험등급
제1류	산화성고체	1. 무기과산화물, 아염소산염류, 과염소산염류, 염소산염류	50kg	I
		2. 아이오딘산염류, 브로민산염류, 질산염류	300kg	II
		3. 과망가니즈산염류, 다이크로뮴산염류	1,000kg	III
		4. 그 밖에 행정안전부령이 정하는 것 [과아이오딘산염류/과아이오딘산/크로뮴, 납 또는 아이오딘의 산화물/아질산염류/차아염소산염류/염소화아이소사이아누르산/퍼옥소이황산염류/퍼옥소붕산염류]	50kg, 300kg 또는 1,000kg	

암기법 고상(高山)에서는 무아과염(50kg)으로 옹취질(300분)을 (1,000명) 과다하게 한다.

1) 공통 성질

① 대부분 무기화합물로서 무색 결정 또는 백색 분말의 상온에서 고체 상태이다(단, 과망가니즈산염류는 흑자색, 다이크로뮴산염류는 등적색).
② 가열, 충격, 마찰 등에 의해 분해될 수 있다.
③ 가연물과 혼합하면 연소 또는 폭발의 위험이 크다.
④ 분해하면 산소를 발생하고, 산소를 함유한 강산화제이고, 물보다 무겁다.
⑤ 자신은 불연성 고체로서 다른 가연물의 연소를 돕는 조연성 물질(지연성 물질)이다.
⑥ 대부분 물에 잘 녹으며, 특히 무기과산화물은 물과 작용하여 열과 산소를 발생시킨다.

2) 위험성

① 가열, 충격, 마찰 등으로 단독으로 분해 폭발하는 물질도 있다.
예 NH_4NO_3, NH_4ClO_3

핵심문제

산화성 고체 위험물의 위험성에 해당하지 않는 것은?

① 불연성 물질로 산소를 방출하고 산화력이 강하다.
② 단독으로 분해 폭발하는 물질도 있지만 기열 충격 이물질 등과의 접촉으로 분해를 하여 가연물과 접촉, 혼합에 의하여 폭발할 위험성이 있다.
③ 유독성 및 부식성 등 손상의 위험성이 있는 물질도 있다.
❹ 착화온도가 높아서 연소 확대의 위험이 크다.

해설
④ 산화성 고체(제1류 위험물)는 불연성 물질이므로 착화온도가 없다.

핵심문제

다음 중 제1류 위험물들로만 옳게 짝지어 놓은 것은?

┌─────────────────┐
│ ㉠ 염소산칼륨 │
│ ㉡ 과산화나트륨 │
│ ㉢ 칠레초석 │
│ ㉣ 과망가니즈산칼륨 │
└─────────────────┘

① ㉠, ㉡, ㉢　　② ㉠, ㉡, ㉣
③ ㉡, ㉢, ㉣　　❹ ㉠, ㉡, ㉢, ㉣

해설
모두 제1류 위험물들이다.
※ 칠레초석은 질산나트륨($NaNO_3$)의 다른 이름이다.

핵심문제

다음 제1류 위험물 중 물과의 접촉이 가장 위험한 것은?

① 아염소산나트륨
❷ 과산화나트륨
③ 과염소산나트륨
④ 다이크로뮴산암모늄

해설

과산화나트륨(Na_2O_2)은 무기과산화물에 속하며, 금수성으로 물과 반응하여 산소(O_2)를 발생시킨다.

② 무기과산화물은 물과 반응하여 발열하고 산소를 방출하기 때문에 제3류 위험물과 비슷한 금수성 물질이며, 삼산화크로뮴은 물과 반응하여 발열과 산소를 만들어 낸다.

3) 저장 및 취급방법

① 가연물과의 접촉 및 혼합을 피한다.
② 조해성 물질의 경우는 공기나 물과의 접촉을 피한다.
③ 환기가 잘되는 서늘한 곳에 저장한다.
④ 무기과산화물, 삼산화크로뮴은 물기를 엄금해야 한다.
⑤ 복사열이 없고 환기가 잘 되는 서늘한 곳에 저장한다.
⑥ 분해를 촉진하는 물품의 접근을 피한다.
⑦ 가열, 충격, 마찰을 피한다.
⑧ 알칼리금속의 과산화물은 물과의 접촉을 피하여야 한다.

4) 소화방법

① 무기과산화물류를 제외한 위험물은 다량의 물에 의한 냉각소화를 이용한다.
② 가연물과 혼합 연소 시 폭발위험이 있으므로 주의해야 한다.
③ 무기과산화물류(알칼리금속 과산화물류)는 물과 반응하여 산소와 열이 발생하므로 주수소화는 절대 금지한다.

구분	스프링클러	물분무설비	포소화설비	불활성가스소화	할로젠화합물
알칼리금속 과산화물 등					
그 밖의 것	○	○	○		

구분	분말소화기			CO_2	건조사	팽창질석 · 진주암
	인산염류	탄산수소염류	그 밖의 것			
알칼리금속 과산화물 등		○	○		○	○
그 밖의 것	○				○	○

5) 제1류 위험물 종류

(1) 무기과산화물(지정수량 50kg)

• 과산화수소(H_2O_2)의 수소이온이 떨어져 나가고 금속 또는 다른 원자단(NH_4^+)으로 치환된 화합물로서 물과 급격히 반응하여 조연성 가스(산소)를 방출하고 발열한다.

- 불안정한 고체 화합물로서 분해가 용이하여 산소를 방출한다.
- 물과 격렬하게 반응하여 발열한다.

① 알칼리금속과산화물
　ㄱ 과산화나트륨(Na_2O_2)

분자량	비중	융점($℃$)
78	2.8	460

- 유기물질의 혼입, 가연물과의 접촉을 피한다.
- 흡습성과 조해성이 있고, 알코올에는 녹지 않는다.
- 물과 접촉하면 열과 조연성 가스인 산소가 발생한다.
- 순수한 것은 백색이지만 보통 황색의 분말 또는 과립상이다.
- 자신은 불연성 물질이지만 가열, 충격하면 분해하여 산소와 열을 방출한다.
- 순수한 금속 나트륨을 고온으로 건조한 공기 중에서 연소시켜 얻은 위험물질이다.
- 용기는 밀전, 밀봉하여 수분이 들어가지 않도록 하고 갈색의 착색 유리병에 저장한다.
- 소화방법은 건조사, 팽창질석, 팽창진주암, 탄산수소 분말염류 등으로 피복소화가 좋고 주수소화를 하면 위험하다.
- 화학반응식

$$-2Na + O_2 \longrightarrow Na_2O_2$$
$$-2Na_2O_2 \xrightarrow{\Delta} 2Na_2O + O_2 \uparrow (열분해)$$
$$-2Na_2O_2 + 2CO_2 \longrightarrow 2Na_2CO_3 + O_2 \uparrow (탄산가스와의\ 반응)$$
$$-2Na_2O_2 + 2H_2O \longrightarrow 4NaOH + O_2 \uparrow (물과의\ 반응)$$
$$-Na_2O_2 + 2HCl \longrightarrow H_2O_2 + 2NaCl (염산과의\ 반응)$$
$$-Na_2O_2 + 2CH_3COOH \longrightarrow H_2O_2 + 2CH_3COONa (초산과의\ 반응)$$

　ㄴ 과산화칼륨(K_2O_2)

분자량	비중	융점($℃$)
110	2.9	490

- 무색 또는 오렌지색의 분말이다.
- 흡습성이 있으며 에탄올에 녹는다.
- 접촉 시 피부를 부식시킬 위험이 있다.
- 가연물과 혼합 시 충격이 가해지면 발화할 위험이 있다.
- 물과 반응하여 산소와 열을 발생시킨다(주수소화를 하면 위험성이 증가).

핵심문제

알칼리금속의 과산화물의 성질로서 맞는 것은?

❶ 단독으로 타지 않는다.
② 비중은 1보다 작다.
③ 분해가 어렵고 산소를 쉽게 방출한다.
④ 물과 격렬하게 반응하여 산소를 방출하나 발열하지 않는다.

해설

① 제1류 위험물(산화성 고체)이고 불연성이다.
② 비중은 대체로 1보다 크다.
③ 분해가 쉽고 산소를 쉽게 방출한다.
④ 물과 격렬하게 반응하여 산소를 방출하고 발열한다.

핵심문제

과염소산염류에 공통된 성질에 관한 설명 중 옳은 것은?

① 인화성이 크다.
② 발화성향이 높다.
③ 연소성이 양호하다.
❹ 타 물질의 연소를 촉진한다.

해설

과염소산염류는 제1류 위험물(산화성 고체)이므로, 타 물질의 연소를 돕는 불연성 고체이다.

핵심문제

과산화나트륨의 위험성에 대한 설명으로 틀린 것은?

① 가열하면 분해하여 산소를 방출한다.
② 부식성 물질이므로 취급 시 주의해야 한다.
❸ 물과 접촉하면 가연성 수소가스를 방출한다.
④ 이산화탄소와 반응을 일으킨다.

해설

③ 물과 접촉하면 조연성 산소가스를 방출한다.

- 화학반응식

$$-2K_2O_2 + 2H_2O \xrightarrow{\Delta} 4KOH + O_2 \uparrow (열분해)$$

$$-2K_2O_2 + 2CO_2 \rightarrow 2K_2CO_3 + O_2 \uparrow (탄산가스와의 반응)$$

ⓒ 기타 알칼리금속과산화물

과산화리튬(Li_2O_2), 과산화루비듐(Rb_2O_2), 과산화세슘(Cs_2O_2) 등이 있다.

② 알칼리토금속과산화물

㉠ 과산화마그네슘(MgO_2)

분자량	비중	분해온도(℃)
72	1.7	275

- 백색 분말이며 산류에 녹아서 과산화수소로 된다.
- 마찰, 충격, 가열을 피하고 용기는 밀봉, 밀전한다.
- 염산과 반응하면 염화마그네슘과 과산화수소를 발생시킨다.
- 물에는 녹지 않으나 습기나 물에 의하여 활성산소를 방출하기 때문에 방습에 유의하여야 한다.
- 산화제, 표백제, 살균제 등으로 사용된다.
- 소화방법은 건조사에 의한 피복소화 또는 주수소화를 한다.
- 화학반응식

$$-2MgO_2 \xrightarrow{\Delta} 2MgO + O_2 \uparrow (열분해)$$

$$-MgO_2 + 2HCl \rightarrow MgCl_2 + H_2O_2 (염산과 반응 시)$$

ⓒ 과산화칼슘(CaO_2)

분자량	비중	분해온도(℃)
72	1.7	275

- 백색 또는 담황색 분말이다.
- 물에는 약간 녹고 알코올, 에터에는 녹지 않는다.
- 소화방법은 건조사에 의한 피복소화 또는 주수소화를 한다.
- 화학반응식

$$-2CaO_2 \xrightarrow{\Delta} 2CaO + O_2 \uparrow$$

$$-2CaO_2 + 2H_2O \rightarrow 2Ca(OH)_2 + O_2 \uparrow$$

$$-CaO_2 + 2HCl \rightarrow CaCl_2 + H_2O_2$$

ⓒ 과산화바륨(BaO_2)

분자량	비중	분해온도(℃)
169	4.96	840

- 백색 또는 회색의 정방정계 분말이다.
- 물에는 약간 녹고, 알코올, 에터, 아세톤에는 녹지 않는다.
- 알칼리토금속의 과산화물 중 분해 온도가 가장 높으므로 매우 안정한 물질이다.
- 약 840℃의 고온에서 분해하여 산소를 발생시킨다.
- 황산과 반응하여 과산화수소를 만든다.
- 용도로는 테르밋의 점화제로 사용된다.
- 유기물, 산 등의 접촉을 피하고, 냉암소에 보관한다.
- 피부와 직접적인 접촉을 피한다.
- 소화방법은 건조사에 의한 피복소화, CO_2 가스, 사염화탄소로 소화한다.
- 화학반응식

$$-2BaO_2 \xrightarrow{\Delta} 2BaO + O_2 \uparrow$$
$$-2BaO_2 + 2H_2O \rightarrow 2Ba(OH)_2 + O_2 \uparrow$$
$$-BaO_2 + H_2SO_4 \rightarrow BaSO_4 + H_2O_2$$

ⓔ 기타 알칼리토금속과산화물

과산화베릴륨(BeO_2), 과산화스트론튬(SrO_2) 등이 있고, 물과 접촉해도 큰 위험성이 없는 물질이 대부분이다.

(2) 아염소산염류(지정수량 50kg)

아염소산($HClO_2$)의 수소이온이 떨어져 나가고 금속 또는 다른 원자단(NH_4^+)으로 치환된 형태의 염을 말하며, 가열, 충격, 마찰 등에 의해 폭발하며, 중금속염은 기폭제로 사용된다.

① 아염소산나트륨($NaClO_2$)

분자량	분해온도(℃)	
90.5	120(수분함유)	350(무수물)

ⓐ 무색의 결정성 분말, 조해성, 물에 잘 녹는다.
ⓑ 불안정하여 180℃ 이상 가열하면 산소를 방출한다.
ⓒ 가연성 물질, 강산류와의 접촉 및 취급 시 충격, 마찰을 피한다.
ⓓ 염산을 가하면 이산화염소를 발생시킨다.

ⓜ 환원성 물질과 접촉 또는 혼합에 의하여 발화 또는 폭발한다.

ⓗ 물에 잘 녹기 때문에 물속에 저장하지 말고 냉암소에 저장한다.

ⓢ 화학반응식

$$3NaClO_2 + 2HCl \rightarrow 3NaCl + 2ClO_2 + H_2O_2 \uparrow$$

② 아염소산칼륨($KClO_2$)

분자량	분해온도(℃)
106.5	160

㉠ 백색 침상결정 또는 분말의 산화성 고체이다.

㉡ 조해성, 부식성, 열, 충격 등으로 인한 폭발위험이 존재한다.

㉢ 다른 아염소산 염류와 비슷한 성질을 갖는다.

㉣ 화학반응식

$$3KClO_2 + 2HCl \rightarrow 3KCl + 2ClO_2 + H_2O_2$$

(3) 과염소산염류(지정수량 50kg)

과염소산($HClO_4$)의 수소이온이 떨어져 나가고 금속 또는 다른 원자단(NH_4^+)으로 치환된 형태의 염을 말하며 대부분 물에 녹으며 유기용매에도 녹는 것이 많고, 수용액은 화학적으로 안정하며 불용성의 염 이외에는 조해성이 있다.

① 과염소산나트륨($NaClO_4$)

분자량	비중	융점(℃)	분해온도(℃)
122.5	2.5	482	400

㉠ 무색, 무취 사방정계 결정이다.

㉡ 조해성을 가진다.

㉢ 물, 에틸알코올, 아세톤에 잘 녹고, 에터에는 녹지 않는다.

㉣ 산화제, 폭약 등에 사용된다.

㉤ 소화방법은 주수소화가 좋다.

㉥ 화학반응식

$$NaClO_4 \rightarrow NaCl + 2O_2 \uparrow$$

② 과염소산칼륨($KClO_4$)

분자량	비중	융점(℃)	분해온도(℃)
138.5	2.5	610	400~610

㉠ 무색, 무취 사방정계 결정 또는 백색 분말이다.

㉡ 물, 알코올, 에터에 잘 녹지 않는다.

㉢ 강산화제, 불연성 고체로서 화약, 폭약, 섬광제 등에 쓰인다.

㉣ 400℃에서 분해하기 시작하여 610℃에서 완전 분해하여 산소를 발생시킨다.

㉤ 목탄, 황, 유기물과의 혼합 시 가열, 마찰, 외부적 충격에 의해 폭발한다.

㉥ 소화방법은 주수소화가 좋다.

㉦ 화학반응식

$$KClO_4 \rightarrow KCl + 2O_2 \uparrow$$

③ 과염소산암모늄(NH_4ClO_4)

분자량	비중	분해온도(℃)
117.5	1.87	130

㉠ 무색, 무취의 결정이다.

㉡ 폭약이나 성냥 원료로 쓰인다.

㉢ 물, 알코올, 아세톤에는 잘 녹고 에터에는 녹지 않는다.

㉣ 수분 흡수 시에는 안정하나 건조 시에는 폭발한다.

㉤ 강산과 접촉하거나, 가연성 물질 또는 산화성 물질과 혼합하면 폭발할 수 있다.

㉥ 충격에는 비교적 안정하나 130℃에서 분해 시작, 300℃에서는 급격히 분해 폭발한다.

㉦ 소화방법은 주수소화가 좋다.

㉧ 화학반응식

- $NH_4ClO_4 \rightarrow NH_4Cl + 2O_2 \uparrow$
- $2NH_4ClO_4 \rightarrow N_2 \uparrow + Cl_2 \uparrow + 2O_2 \uparrow + 4H_2O$

④ 기타 과염소산염류

과염소산마그네슘[$Mg(ClO_4)_2$], 과염소산바륨[$Ba(ClO_4)_2$], 과염소산리튬[$LiClO_4 \cdot 8H_2O$], 과염소산루비듐[$RbClO_4$] 등이 있다.

(4) 염소산염류(지정수량 50kg)

염소산($HClO_3$)의 수소이온이 떨어져 나가고 금속 또는 다른 원자단으로 치환된 형태의 염을 말하며, 대부분 물에 녹으며 상온에서 안정하나 열에 의해 분해하게 되면 산소를 발생한다.

PART 03 위험물 성상 및 취급 | **133**

핵심문제

염소산나트륨의 저장 및 취급에 관한 설명 중 잘못 설명된 것은?

① 가열, 충격, 마찰을 피한다.
② 분해를 촉진하는 약품류와의 접촉을 피한다.
❸ 공기와의 접촉을 피하기 위하여 물속에 저장한다.
④ 조해성이 있으므로 용기를 밀폐·밀봉하여 저장한다.

해설

③ 조해성과 흡습성이 있으므로, 방습에 유의한다.

핵심문제

KClO₃의 일반적인 성질을 나타낸 것 중 틀린 것은?

① 비중은 약 2.32이다.
② 융점은 약 368℃이다.
③ 용해도는 20℃에서 약 7.3이다.
❹ 단독 분해온도는 약 200℃이다.

해설

④ 단독 분해온도는 약 400℃이다.

핵심문제

염소산칼륨이 고온에서 완전 열분해할 때 주로 생성되는 물질은?

① 칼륨과 물 및 산소
❷ 염화칼륨과 산소
③ 이염화칼륨과 수소
④ 칼륨과 물

해설

$2KClO_3 \xrightarrow{\triangle} 2KCl + 3O_2 \uparrow$

---

① 염소산나트륨($NaClO_3$)

분자량	비중	융점(℃)	분해온도(℃)
106.5	2.5	250	300

㉠ 무색, 무취의 입방정계 주상결정이다.

㉡ 물, 알코올, 에터에는 녹는다.

㉢ 조해성과 흡습성이 있으므로, 방습에 유의한다.

㉣ 가열하여 분해시킬 때 산소가 발생한다.

㉤ 산과 반응하여 유독한 이산화염소(ClO_2)를 발생시키고 폭발위험이 있다.

㉥ 가열, 충격, 마찰을 피하고, 환기가 잘 되는 냉암소에 밀전 보관한다.

㉦ 저장용기 중 철제용기는 부식시킬 우려가 있으므로 유리용기를 사용한다.

㉧ 분해를 촉진하는 약품류와의 접촉을 피한다.

　예 암모니아

㉨ 소화방법은 주수소화가 좋다.

㉪ 화학반응식

- $2NaClO_3 \rightarrow 2NaCl + 3O_2 \uparrow$
- $3NaClO_3 \rightarrow NaClO_4 + Na_2O + 2ClO_2 \uparrow$
- $2NaClO_3 + 2HCl \rightarrow 2NaCl + H_2O_2 + 2ClO_2 \uparrow$

② 염소산칼륨($KClO_3$)

분자량	비중	융점(℃)	분해온도(℃)
122.5	2.33	368	400

㉠ 무색, 무취의 단사정계 판상결정 또는 불연성 분말로서 폭약, 성냥, 로켓제조에 사용된다.

㉡ 온수, 글리세린에 잘 녹고, 냉수, 알코올에는 잘 녹지 않는다.

㉢ 촉매 없이 가열하면 약 400℃에서 분해한다.

㉣ 분해 시 촉매로 이산화망가니즈(MnO_2)를 사용하면 활성화에너지를 감소시켜 반응속도가 빨라지고 산소를 방출하게 된다.

㉤ 산과 반응하여 이산화염소(ClO_2)를 발생시키고 폭발위험이 있다.

㉥ 가열, 충격, 마찰에 주의하고 강산이나 중금속류와의 혼합을 피한다.

㉦ 소화방법은 주수소화가 좋다.

---

134 | 위험물산업기사 필기

◎ 화학반응식

- $2KClO_3 \rightarrow 2KCl + 3O_2 \uparrow$
- $2KClO_3 \rightarrow KCl + KClO_4 + O_2 \uparrow$ / $KClO_4 \rightarrow KCl + 2O_2 \uparrow$
- $2KClO_3 + 2HCl \rightarrow 2KCl + 2ClO_2 + H_2O_2 \uparrow$

③ 염소산암모늄(NH_4ClO_3)

분자량	분해온도(℃)
101.5	100

㉠ 무색, 무취 결정이다.

㉡ 조해성, 폭발성이 있고, 수용액은 금속을 부식시킨다.

㉢ 화학반응식

$$2NH_4ClO_3 \rightarrow N_2 \uparrow + Cl_2 \uparrow + O_2 \uparrow + 4H_2O$$

④ 기타 염소산염류

염소산은($AgClO_3$), 염소산납[$Pb(ClO_3)_2H_2O$], 염소산아연[$Zn(ClO_2)_2$], 염소산바륨[$Ba(ClO_3)_2$] 등이 있다.

(5) 아이오딘산염류(지정수량 300kg)

아이오딘산(HIO_3)의 수소이온이 떨어져 나가고 금속 또는 원자단(NH_4^+)으로 치환된 형태의 화합물로 대부분 결정성 고체이다.

① 아이오딘산나트륨($NaIO_3$)

㉠ 백색 결정 또는 분말이다.

㉡ 물에는 녹고, 알코올에는 불용이다.

㉢ 용도로는 의약품, 분석시약 등에 사용된다.

② 아이오딘산칼륨(KIO_3)

㉠ 분자량 214, 분해온도 560℃, 비중 3.89

㉡ 광택이 나는 무색 결정성 분말이다.

㉢ 가연물과 혼합하여 가열하면 폭발한다.

㉣ 융점 이상으로 가열하면 산소를 방출하며 가연물과 혼합하면 폭발 위험이 있다.

③ 아이오딘산칼슘[$Ca(IO_3)_2 \cdot 6H_2O$]

㉠ 융점 42℃, 무수물의 융점 575℃

㉡ 백색, 조해성 결정, 물에 잘 녹는다.

④ 기타 아이오딘산염류

옥소산아연[$Zn(IO_3)_2 \cdot 6H_2O$], 옥소산나트륨($NaIO_3$), 옥소산은($AgIO_3$), 옥소산바륨[$Ba(IO_3)_2 \cdot H_2O$], 옥소산마그네슘[$Mg(IO_3)_2 \cdot 4H_2O$] 등이 있다.

(6) 브로민산염류(지정수량 300kg)

브로민산($HBrO_3$)의 수소이온이 떨어져 나가고 금속 또는 원자단(NH_4^+)으로 치환된 화합물이다.

① 브로민산나트륨($NaBrO_3$)

ㄱ 분자량 151, 융점 381℃, 비중 3.3

ㄴ 무색 결정이다.

ㄷ 물에 잘 녹는다.

② 브로민산칼륨($KBrO_3$)

ㄱ 백색 결정 또는 결정성 분말이다.

ㄴ 물에는 잘 녹고 알코올에는 잘 녹지 않는다.

ㄷ 황, 숯, 마그네슘 등은 다른 가연물과 혼합되면 위험하다.

ㄹ 화학반응식

$$2KBrO_3 \rightarrow 2KBr + 3O_2 \uparrow$$

③ 브로민산마그네슘[$Mg(BrO_3)_2 \cdot 6H_2O$]

ㄱ 무색 · 백색 결정, 물에 잘 녹는다.

ㄴ 가열하면 분해하여 산소를 발생시키고 200℃에서는 무수물이 된다.

ㄷ 화학반응식

$$2Mg(BrO_3)_2 \rightarrow 2MgO + 2Br_2 \uparrow + 5O_2 \uparrow$$

④ 브로민산아연[$Zn(BrO_3)_2 \cdot 6H_2O$]

ㄱ 무색 결정, 물에 잘 녹는다.

ㄴ 가연물과 혼합되면 위험하다.

⑤ 브로민산바륨[$Ba(BrO_3)_2 \cdot H_2O$]

ㄱ 무색 결정, 물에 약간 녹는다.

ㄴ 가연물과 혼합되면 위험하다.

⑥ 기타 브로민산염류

브로민산납[$Pb(BrO_3)_2 \cdot H_2O$], 브로민산암모늄(NH_4BrO_3) 등이 있다.

(7) 질산염류(지정수량 300kg)

질산(HNO_3)의 수소이온이 떨어져 나가고 금속 또는 원자단(NH_4^+)으로 치환된 화합물을 말한다.

① 질산나트륨($NaNO_3$)[칠레초석]

분자량	비중	융점(℃)	분해온도(℃)
85	2.26	308	380

ㄱ 무색, 무취의 투명한 결정 또는 백색 분말이다.

ㄴ 강력한 산화제이며, 물보다 무겁다.

ㄷ 물과 글리세린에 잘 녹고, 무수알코올에는 잘 녹지 않는다.

ㄹ 조해성이 크고 흡습성이 강하므로 습도에 주의한다.

ㅁ 가연물과 혼합하면 충격에 의해 발화할 수 있다.

ㅂ 화학반응식

$$2NaNO_3 \longrightarrow 2NaNO_2 + O_2 \uparrow$$

② 질산칼륨(KNO_3)[초석]

분자량	비중	융점(℃)	분해온도(℃)
101	2.11	336	400

ㄱ 무색 또는 백색 결정 분말이다.

ㄴ 물에는 잘 녹으나 알코올에는 잘 녹지 않는다.

ㄷ 숯가루, 황가루를 혼합하면 흑색 화약이 되며 가열, 충격, 마찰에 주의한다.

ㄹ 상온·단독으로는 분해하지 않지만 가열하면 약 400℃에서 용융 분해하여 산소와 아질산칼륨을 생성한다.

ㅁ 화학반응식

$$2KNO_3 \longrightarrow 2KNO_2 + O_2 \uparrow$$

③ 질산암모늄(NH_4NO_3)

분자량	비중	융점(℃)	분해온도(℃)
80	1.73	165	220

ㄱ 무색, 무취의 백색 결정 고체이다.

ㄴ 물, 알코올, 알칼리에 잘 녹고, 흡습성, 조해성이 있다.

ㄷ 물과는 흡열반응을 하므로, 밀폐된 용기에 보관하여야 한다.

ㄹ 220℃ 부근에서 열분해하여 산화이질소(N_2O)가 발생한다.

핵심문제

다음은 질산암모늄의 성질을 설명한 것이다. 옳은 것은?

① 흡습성이 없다.

❷ 강력한 산화제이기 때문에 혼합화약의 재료로 쓰인다.

③ 조해성이 없다.

④ 상온에서 폭발성 액체이다.

해설

질산암모늄(NH_4NO_3)은 흡습성, 조해성을 가진 강력한 산화성 고체로서 충격을 주면 단독으로도 폭발한다.

핵심문제

다음 중 질산암모늄에 대한 설명으로서 옳은 것은?

① 열처리제로 사용하기도 한다.
② 습한 곳에 저장하는 것이 좋다.
③ 가열하면 약 300℃에서 분해한다.
❹ 단독으로도 급격한 가열, 충격으로 분해, 폭발하는 경우도 있다.

해설

① 비료, 냉각제, 혼합화약으로 사용된다.
② 밀폐된 용기에 저장하는 것이 좋다.
③ 가열하면 약 220℃에서 분해한다.

핵심문제

흑색 감광제로 사용하는 질산염은?

❶ $AgNO_3$
② $Fe(NO_3)_3$
③ $NaNO_3$
④ KNO_3

해설

질산은($AgNO_3$)은 사진감광제, 부식제, 온도눈금, 보온병 제조, 살충제, 살균제 등에서 사용된다.

핵심문제

과망가니즈산칼륨의 일반성상에 관한 설명 중 틀린 것은?

① 강한 살균력과 산화력이 있다.
❷ 금속성 광택이 있는 무색의 결정이다.
③ 가열 분해시키면 산소를 방출한다.
④ 상온에서 안정하다.

해설

② 상온에서는 안정하며, 흑자색 또는 적자색 사방정계 결정이다.

ⓜ 단독으로도 급격한 가열, 충격으로 분해, 폭발한다.
ⓑ 강력한 산화제이며 비료, 혼합화약(ANFO의 주성분), 냉각제로 사용된다.
ⓢ ANFO폭약 = 질산암모늄(94%)과 경유(6%)를 혼합하여 제조한다.
ⓞ 소화방법은 주수소화가 적당하다.
ⓩ 화학반응식

- $NH_4NO_3 \rightarrow N_2O + 2H_2O$(220℃ 분해반응식)
- $2NH_4NO_3 \rightarrow 4H_2O + 2N_2 + O_2$(폭발반응식)

④ **질산은($AgNO_3$)**

분자량	비중	융점(℃)	분해온도(℃)
80	4.35	212	445

ⓐ 무색, 무취, 투명한 결정이다.
ⓑ 물, 아세톤, 알코올, 글리세린 등에 녹는다.
ⓒ 햇빛에 의한 변질 방지를 위하여 갈색 병에 보관한다.
ⓓ 사진감광제, 부식제, 온도눈금, 보온병 제조, 살충제, 살균제 등에서 사용된다.

⑤ **기타 질산염류**

질산바륨[$Ba(NO_3)_2$], 기타 질산코발트[$Co(NO_3)_2$], 질산니켈[$Ni(NO_3)_2$], 질산구리[$Cu(NO_3)_2$], 질산카드뮴[$Cd(NO_3)_2$], 질산납[$Pb(NO_3)_2$], 질산마그네슘[$Mg(NO_3)_2$], 질산철[$Fe(NO_3)_2$] 등이 있다.

(8) 과망가니즈산염류(지정수량 1,000kg)

과망가니즈산($HMnO_4$)의 수소가 떨어져 나가고 금속 또는 원자단으로 치환된 형태의 화합물을 말한다.

① **과망가니즈산칼륨($KMnO_4$)**

분자량	비중	분해온도(℃)
158	2.70	240

ⓐ 상온에서는 안정하며, 흑자색 또는 적자색 사방정계 결정이다.
ⓑ 물에 녹아 진한 보라색이 되고 강한 산화력과 살균력이 있다.
ⓒ 알코올, 아세톤에 잘 녹는다.
ⓓ 강한 살균력을 가지고 있으며, 수용액을 만들어 무좀 등의 치료제로 사용된다.

138 | 위험물산업기사 필기

ⓜ 강력한 산화제로, 직사광선을 피하고 저장용기는 밀봉하며 냉암소에 저장한다.
ⓑ 묽은 황산과 반응하여 산소를 방출시키고, 진한 황산과는 폭발적으로 반응한다.
ⓢ 알코올, 에터, 글리세린, 염산 등 유기물과 접촉을 금한다.
ⓞ 화학반응식

> • $2KMnO_4 \rightarrow K_2MnO_4 + MnO_2 + O_2 \uparrow$
> • $4KMnO_4 + 6H_2SO_4 \rightarrow 2K_2SO_4 + 4MnSO_4 + 6H_2O$
> $\qquad\qquad\qquad\qquad + 5O_2 \uparrow$ (묽은 황산과 반응)
> • $2KMnO_4 + H_2SO_4 \rightarrow K_2SO_4 + 2HMnO_4 \uparrow$ (진한 황산과 반응)
> $\Rightarrow 2HMnO_4 \rightarrow Mn_2O_7 + H_2O$ / $2Mn_2O_7 \rightarrow 4MnO_2 + 3O_2 \uparrow$

② 기타 과망가니즈산염류

과망가니즈산나트륨($NaMnO_4 \cdot 3H_2O$), 과망가니즈산칼슘[$Ca(MnO_4)_2 \cdot 2H_2O$], 과망가니즈산암모늄(NH_4MnO_4) 등이 있다.

(9) 다이크로뮴산염류(지정수량 1,000kg)

다이크로뮴산($H_2Cr_2O_7$)의 수소가 떨어져 나가고 금속 또는 원자단으로 치환된 화합물이다.

① 다이크로뮴산나트륨($Na_2Cr_2O_7$)

분자량	비중	융점(℃)	분해온도(℃)
262	2.52	356	400

ⓐ 등적색(오렌지색)의 단사정계 결정이다.
ⓑ 수용성, 알코올에는 녹지 않는다.
ⓒ 단독으로는 안정하나 가연물, 유기물과 혼입되면 마찰, 충격에 의해 발화, 폭발한다.
ⓓ 소화작업 시 폭발 우려가 있으므로 충분한 안전거리를 확보하고, 소화방법으로는 주수소화가 좋다.

② 다이크로뮴산칼륨($K_2Cr_2O_7$)

분자량	비중	융점(℃)	분해온도(℃)
294	2.69	398	500

ⓐ 등적색 판상결정으로 쓴맛이 난다.
ⓑ 부식성이 강하고, 흡습성, 수용성, 알코올에는 불용이다.
ⓒ 산화제, 의약품 등에 사용된다.

핵심문제

다음 물질 중에서 제1류 위험물이 아닌 경우?
① 과아이오딘산염류
② 퍼옥소붕산염류
③ 아이오딘의 산화물
❹ 금속의 아지화합물

해설

④는 제5류 위험물에 해당된다.

핵심문제

제1류 위험물이 위험을 내포하고 있는 이유를 설명하시오.

해설

제1류 위험물은 산화성 고체로서 산소를 내포하고 있는 강산화제이다. 그러므로 충분한 에너지를 가하면 공통적으로 산소를 발생시켜 다른 가연물의 연소를 촉진하는 조연성 물질이다.

PART 03 위험물 성상 및 취급 | **139**

ⓔ 단독으로는 안정하나 가연물, 유기물과 혼입되면 마찰, 충격에 의해 발화, 폭발한다.

ⓜ 화재 시 물과 반응하여 폭발하므로 주수소화를 금한다.

ⓗ 소화작업 시 폭발 우려가 있으므로 충분한 안전거리를 확보한다.

ⓢ 화학반응식

- $4K_2Cr_2O_7 \rightarrow 2Cr_2O_3 + 4K_2CrO_4 + 3O_2 \uparrow$

- $K_2Cr_2O_7 + 4H_2SO_4 \rightarrow K_2SO_4 + Cr_2(SO_4)_3 + 4H_2O + \dfrac{3}{2}O_2$

③ 다이크로뮴산암모늄[$(NH_4)_2Cr_2O_7$]

분자량	비중	분해온도($^\circ C$)
252	2.15	185

ⓐ 오렌지색의 단사정계 침상결정이다.

ⓑ 물, 알코올에 잘 녹는다.

ⓒ 가열하면 약 225$^\circ C$에서 분해하여 질소를 발생한다.

ⓓ 에틸렌, 수산화나트륨, 하이드라진과는 혼촉, 발화한다.

ⓔ 화학반응식

$$(NH_4)_2Cr_2O_7 \rightarrow Cr_2O_3 + N_2 \uparrow + 4H_2O$$

④ 기타 다이크로뮴산염류

다이크로뮴산칼슘($CaCr_2O_7 \cdot 3H_2O$), 다이크로뮴산아연($ZnCr_2O_7 \cdot 3H_2O$), 다이크로뮴산제1철[$Fe_2(Cr_2O_7)_3$] 등이 있다.

핵심문제

오렌지색의 단사정계 결정이며 약 185$^\circ C$에서 질소가스를 발생하는 것은?

① 다이크로뮴산칼륨
② 다이크로뮴산나트륨
❸ 다이크로뮴산암모늄
④ 다이크로뮴산아연

해설

$(NH_4)_2Cr_2O_7 \xrightarrow{\Delta} Cr_2O_3 + N_2 \uparrow + 4H_2O$

2 제2류 위험물

위험물			지정수량	위험등급
유별	성질	품명		
제2류	가연성 고체	1. 황화인, 황, 적린	100kg	II
		2. 금속분, 철분, 마그네슘	500kg	III
		3. 그 밖에 행정안전부령이 정하는 것	100kg 또는 500kg	
		4. 인화성 고체	1,000kg	III

암기법 ②차 대전이 끝나 ㉑㉲나면 ㉤ ㉲건㉣(100kg)이 ㉥이 간 ㉳㉤(500kg)를 타고 ㉠㉲(1,000kg)의 세월을 한탄한다.

1) 공통 성질

① 가연성 고체로서 낮은 온도에서 착화하기 쉬운 물질이다.
② 비중은 1보다 크고 물에 녹지 않으며 강한 환원성 물질이다.
③ 연소속도가 빠르고, 연소열이 크며, 유독가스가 발생하는 것도 있다.

2) 위험성

① 철분, 마그네슘, 금속분류 등은 물이나 산과의 접촉을 피한다.
② 금속분과 물이 만나면 자연발화하고, 수소가스가 발생하여 폭발위험이 있다.
③ 제2류 위험물은 환원제이므로, 산화제와 만나면 폭발의 위험이 존재한다.
④ 산화제(제1류, 제6류)와 혼합한 것은 가열·충격·마찰에 의해 발화 폭발위험이 있다.
⑤ 금속분이 미세한 가루(분진형태)인 경우, 산화 표면적의 증가로 공기와 혼합 및 열전도가 적어 열의 축적이 쉽기 때문에 폭발할 위험성이 크다.

3) 저장 및 취급방법

① 화기를 피하며 불티, 불꽃, 고온체와의 접촉을 피한다.
② 산화제인 제1류 및 제6류 위험물과의 혼합과 혼촉을 피한다.
③ 철분, 마그네슘, 금속분류는 물, 습기, 산과의 접촉을 피하여 저장한다.
④ 저장용기는 밀봉하고 용기의 파손과 누출에 주의한다.
⑤ 통풍이 잘 되는 냉암소에 보관, 저장하며 폐기 시는 소량씩 소각 처리한다.

핵심문제

다음 물질 중 지정수량이 다른 물질은?

① 황화인　　② 적린
❸ 철분　　④ 황

해설

①, ②, ④ : 지정수량 100kg
③ 지정수량 500kg

핵심문제

제2류 위험물의 일반적인 특징에 대한 설명으로 가장 옳은 것은?

❶ 비교적 낮은 온도에서 연소하기 쉬운 물질이다.
② 위험물 자체 내에 산소를 갖고 있다.
③ 연소속도가 느리지만 지속적으로 연소한다.
④ 대부분 물보다 가볍고 물에 잘 녹는다.

해설

② 위험물 자체 내에 산소를 갖고 있지 않다.
③ 연소속도가 빠르고 지속적으로 연소한다.
④ 대부분 물보다 무겁고 물에 잘 녹지 않는다.

4) 소화방법

① 적린, 황은 물에 의한 냉각소화가 적당하다.
② 철분, 마그네슘, 금속분의 경우, 건조사, 탄산수소염류 분말소화가 좋다.
③ 연소 시 발생하는 다량의 열과 연기 및 유독성 가스의 흡입 방지를 위해 방호의와 공기호흡기 등 보호장구를 착용한다.

구분	스프링클러	물분무설비	포소화설비	불활성가스소화	할로젠화합물
철분 · 금속분 · 마그네슘 등					
인화성 고체	○	○	○	○	○
그 밖의 것	○		○	○	

구분	분말소화기			CO₂	건조사	팽창질석 · 진주암
	인산염류	탄산수소염류	그 밖의 것			
철분 · 금속분 · 마그네슘 등		○	○		○	○
인화성 고체	○	○		○	○	○
그 밖의 것	○				○	○

5) 제2류 위험물 종류

(1) 황화인(지정수량 100kg)

구분	삼황화인	오황화인	칠황화인
화학식	P_4S_3	P_2S_5	P_4S_7
분자량	220	222	348
비중	2.03	2.09	2.19
비점($\degree$C)	407	514	523
융점($\degree$C)	172.5	290	310
착화점($\degree$C)	100	142	—
색상	황색 결정	담황색 결정	담황색 결정
물의 용해성	불용성	조해성	조해성
CS_2의 용해성	소량	77g/100g	0.03g/100g

① 삼황화인(P_4S_3)

㉠ 이황화탄소(CS_2), 질산, 알칼리에는 녹지만, 물, 염산, 황산 등에는 녹지 않는다. 100$\degree$C 이상 가열하면 발화할 위험이 있다.

㉡ 자연발화성이 있으므로, 가열, 습기 방지 및 산화제와의 접촉을 피한다.

㉢ 삼황화인이 연소하면 오산화인과 이산화황을 발생시킨다.

㉣ 용도로는 성냥, 유기합성 등에 사용된다.

핵심문제

다음 중 조해성이 있는 황화인만 모두 선택하여 나열한 것은 무엇인가?

① P_4S_3, P_2S_5
② P_4S_3, P_4S_7
❸ P_2S_5, P_4S_7
④ P_4S_3, P_2S_5, P_4S_7

해설

본문 참조

ⓜ 화학반응식

$$P_4S_3 + 8O_2 \rightarrow 2P_2O_5 + 3SO_2 \uparrow$$

② 오황화인(P_2S_5)

　　ⓞ 담황색 결정으로 흡습성과 조해성이 있다.

　　ⓛ 물, 알코올, 이황화탄소에 녹는다.

　　ⓒ 물에 녹아 유독성 가스인 황화수소(H_2S)를 발생시킨다.

　　ⓔ 용도로는 선광제, 윤활유 첨가제, 의약품 등에 사용된다.

　　ⓜ 화학반응식

　　• $2P_2S_5 + 15O_2 \rightarrow 2P_2O_5 + 10SO_2 \uparrow$

　　• $P_2S_5 + 8NaOH \rightarrow H_2S + 2H_3PO_4 + 4Na_2S$

　　• $P_2S_5 + 8H_2O \rightarrow 5H_2S + 2H_3PO_4$ / $2H_2S + 3O_2 \rightarrow 2SO_2 + 2H_2O \uparrow$

③ 칠황화인(P_4S_7)

　　ⓞ 이황화탄소(CS_2)에 약간 녹고 조해성을 가진다.

　　ⓛ 찬물에는 서서히, 더운물에는 급격히 녹아 분해하여 H_2S를 발생시킨다.

　　ⓒ 용도로는 유기합성 등에 사용된다.

④ 저장 및 취급방법

　　ⓞ 가열, 충격과 마찰 금지, 직사광선 차단, 화기엄금을 해야 한다.

　　ⓛ 빗물의 침투를 막고 습기와의 접촉을 피한다.

　　ⓒ 산화제, 금속분, 과산화물, 과망가니즈산염, 알칼리, 알코올류와의 접촉을 피한다.

　　ⓔ 소량이면 유리병에 넣고 대량이면 양철통에 넣어 보관한다.

　　ⓜ 용기는 밀폐하여 차고 건조하며 통풍이 잘 되는 비교적 안전한 곳에 저장한다.

⑤ 소화방법

　　ⓞ 황화인이 물과 만나면 유독하고 가연성인 황화수소(H_2S) 가스를 발생시킨다.

　　ⓛ 물에 의한 냉각소화는 적당하지 않으며, 건조분말, 이산화탄소(CO_2), 건조사 등으로 질식 소화한다.

　　ⓒ 연소 시 발생하는 유독성 연소생성물(P_2O_5, SO_2)의 흡입방지를 위해 공기호흡기 등과 같은 보호 장구를 착용해야 한다.

핵심문제

오황화인에 관한 설명으로 옳은 것은?

① 물과 반응하면 불연성 기체가 발생된다.

❷ 담황색 결정으로 흡습성과 조해성이 있다.

③ P_5S_2로 표현되며 물에 녹지 않는다.

④ 공기 중에서 자연발화한다.

해설

① 물과 반응하면 유독성 가스(황화수소)가 발생된다.

③ P_2S_5로 표현되며 물에 녹는다.

④ 공기 중에서 자연발화하지 않는다.

핵심문제

황에 대한 설명으로 옳지 않은 것은?

❶ 순도가 50[wt%] 이하인 것은 제외한다.
② 사방황의 색상은 황색이다.
③ 단사황의 비중은 1.96이다.
④ 고무상황의 결정형은 무정형이다.

[해설]

① 황(S)은 순도가 60[wt%] 이상인 것을 위험물이라 한다.

핵심문제

사방황에 대한 설명으로 가장 거리가 먼 것은?

① 가열하면 단사황을 얻을 수 있다.
② 물보다 비중이 크다.
③ 이황화탄소에 잘 녹는다.
❹ 조해성이 크므로 습기에 주의한다.

[해설]

① 단사황은 사방황이 녹았다가 굳은 상태이다.
② 황의 비중은 $1.92g/cm^3$으로 물보다 무겁다.
③ 단사황, 사방황은 수용성이고, 고무상황은 비수용성이다.
④ 황은 조해성이 없다.

핵심문제

황의 연소생성물과 그 특성을 옳게 나타낸 것은?

❶ SO_2, 유독가스
② SO_2, 청정가스
③ H_2S, 유독가스
④ H_2S, 청정가스

[해설]

$S + O_2 \rightarrow SO_2$(유독가스)

---

(2) 황(지정수량 100kg)

순도가 60(중량)% 이상인 것을 위험물이라 말한다.

▼ 황의 동소체

구분	단사황	사방황	고무상황
색상	황색	황색	적갈색
분자량	32	32	32
결정형	단사정계 (바늘 모양)	사방정계 (팔면체)	비정형 (무정형)
비중	1.96	2.07	–
융점(℃)	119	113	–
착화점(℃)	–	–	360
물에 대한 용해도	녹지 않음	녹지 않음	녹지 않음
CS_2에 대한 용해도	잘 녹음	잘 녹음	녹지 않음

① 일반적인 성질

ㄱ 동소체(단사황, 사방황, 고무상황)를 가진다.

ㄴ 조해성은 없고, 물, 산에는 녹지 않으나 알코올에는 약간 녹는다. 용융된 황을 물에서 급랭하면 고무상황을 얻을 수 있다.

ㄷ 고무상황은 이황화탄소(CS_2)에 녹지 않지만 단사황과 사방황은 잘 녹는다.

ㄹ 공기 중에서 연소하면 푸른빛을 내며 이산화황(SO_2)을 발생시킨다.

ㅁ 전기절연체로 쓰이며, 탄성고무, 성냥, 화약 등에 쓰인다.

② 위험성

ㄱ 자연발화는 하지 않지만 매우 연소하기 쉬운 가연성 고체이다.

ㄴ 정전기가 발생하지 않도록 주의해야 한다. 고온에서 용융된 황은 수소와 반응한다.

ㄷ 산화제와 목탄가루 등과 혼합되어 있는 것은 약간의 가열, 충격 등에 의해 착화 폭발을 일으킨다.

ㄹ 미분상태로 황가루가 공기 중에 떠 있을 때는 산소와의 결합으로 분진폭발을 일으킨다.

ㅁ 화학반응식

$$S + O_2 \rightarrow SO_2 \uparrow$$

144 | 위험물산업기사 필기

③ 저장 및 취급방법
  ㉠ 산화제와 격리 저장하고, 화기 및 가열, 충격, 마찰에 주의한다.
  ㉡ 분말은 분진폭발의 위험성이 있으므로, 특히 주의해야 한다.
  ㉢ 분말은 유리 또는 금속제 용기에 넣어 보관하고, 고체 덩어리는 폴리에틸렌 포대 등에 보관한다.

④ 소화방법
  ㉠ 소규모 화재는 모래로 질식소화하며, 대규모 화재는 다량의 물로 분무 주수한다.
  ㉡ 연소 중 발생하는 유독성 가스(SO_2)의 흡입방지를 위해 방독마스크 등의 보호장구를 착용한다.

(3) 적린(P)(지정수량 100kg)

분자량	비중	융점(℃)	착화점(℃)	승화점(℃)
31	2.2	600	260	400

① 일반적 성질
  ㉠ 암적색 무취의 분말인 비금속으로서, 동소체로 황린(제3류 위험물)이 있다.
  ㉡ 물, 에터, 암모니아, 이황화탄소에 녹지 않는다.
  ㉢ 상온에서 할로젠 원소와 반응하지 않는다.
  ㉣ 조해성은 있으나, 자연발화성이 없어 공기 중에 안전하다.
  ㉤ 용도는 성냥, 불꽃놀이, 의약, 농약, 유기합성 등에 사용된다.

② 위험성
  ㉠ 연소 시 오산화인(P_2O_5)의 흰 연기가 생긴다.
  ㉡ 독성도 없고, 황린보다 활성이 적으며, 매우 안정하다.
  ㉢ 이황화탄소(CS_2), 황(S), 암모니아(NH_3)와 접촉하면 발화한다.
  ㉣ 강알칼리와 반응하여 포스핀(PH_3) 가스를 발생시킨다.
  ㉤ 강산화제와 혼합 시 마찰, 충격에 쉽게 발화하므로, 혼합되지 않도록 주의하여야 한다.
  ㉥ 적린과 염소산칼륨의 산소와 반응하여 오산화인을 발생시킨다.
  ㉦ 화학반응식

  • $4P + 5O_2 \rightarrow 2P_2O_5$
  • $6P + 5KClO_3 \rightarrow 5KCl + 3P_2O_5$

핵심문제

적린의 성질에 관한 설명 중 틀린 것은?

① 착화온도는 약 260℃이다.
② 물, 암모니아에 불용한다.
❸ 연소 시 인화수소가스가 발생한다.
④ 산화제와 혼합 시 착화하기 쉽다.

해설

③ 연소 시 오산화인(P_2O_5)의 흰 연기가 생기고, 강알칼리와 반응하여 포스핀(PH_3) 가스를 발생시킨다.

③ 저장 및 취급방법
　　㉠ 제1류 위험물(특히, 염소산염류)과 혼합되지 않도록 한다.
　　㉡ 인화성, 폭발성, 가연성 물질과 격리하여 보관한다.
　　㉢ 직사광선을 피하여 냉암소에 보관하고, 물속에 저장하기도 한다.

④ 소화방법
　　㉠ 적린의 양이 소량인 경우 건조사, 이산화탄소(CO_2) 소화를 하며, 대량인 경우 다량의 물로 냉각소화를 한다.
　　㉡ 연소 시 발생하는 오산화인의 흡입방지를 위해 보호 장구를 착용해야 한다.

(4) 금속분류(지정수량 500kg)

알칼리금속, 알칼리토금속 및 철분, 마그네슘 이외의 금속분을 말하며, 구리분, 니켈분과 $150\mu m$의 체를 통과하는 것이 50(중량)% 미만인 것은 위험물에서 제외된다.

① 알루미늄분(Al)
　　㉠ 융점 660℃, 비점 2,000℃, 비중 2.7
　　㉡ 양쪽성 원소로서 은백색의 경금속이다.
　　㉢ 연성과 전성이 좋으며 열전도율, 전기전도도가 크다.
　　㉣ 온수, 산, 알칼리 모두와 반응하여 수소를 발생시킨다.
　　㉤ 연소하면 많은 열을 발생시키고, 산화피막을 형성한다.
　　㉥ 진한 질산은 알루미늄(Al), 철(Fe), 코발트(Co), 니켈(Ni)과 반응하여 부동태를 형성한다(부동태란 더 이상 산화작용을 하지 않는다는 의미이다).
　　㉦ 분진폭발할 위험성이 존재한다.
　　㉧ 할로젠과 반응하여 할로젠화물을 형성하며, 자연발화의 위험성이 존재한다.
　　㉨ 유리병에 넣어 건조한 곳에 저장한다.
　　㉩ 소화방법은 분말의 비산을 막기 위해 모래, 멍석으로 피복 후 주수소화한다.
　　㉪ 화학반응식

> - $4Al + 3O_2 \rightarrow 2Al_2O_3 + 399kcal$
> - $2Al + 6H_2O \rightarrow 2Al(OH)_3 + 3H_2 \uparrow$
> - $2Al + 6HCl \rightarrow 2AlCl_3 + 3H_2 \uparrow$
> - $2Al + 2NaOH + 2H_2O \rightarrow 2NaAlO_2 + 3H_2 \uparrow$

핵심문제

알루미늄(Al)분의 성질을 설명한 것 중 옳은 것은?

① 은백색의 중(重)금속이고, 불연성이다.
② 산에서만 녹아 수소가스를 발생한다.
❸ 열의 전도성이 좋고, +3가의 화합물을 만든다.
④ 진한 질산과는 표면에 환원막이 생성되어 부동태로 되므로 잘 녹는다.

해설

① 은백색의 경금속이고, 불연성이다.
② 양쪽성 원소이므로, 산, 염기에서 녹아 수소가스를 발생한다.
④ 진한 질산과는 표면에 산화막이 생성되어 부동태를 형성한다.

② 아연분(Zn)

㉠ 융점 419℃, 비점 907℃, 비중 7.14

㉡ 은백색 금속분말이다.

㉢ 알루미늄분과 성질이 유사하다.

㉣ 온수, 산(염산, 황산), 알칼리 모두와 반응하여 수소를 발생시킨다.

㉤ 분진폭발할 위험성이 존재하며, 유리병에 넣어 건조한 곳에 저장한다.

㉥ 소화방법은 분말의 비산을 막기 위해 모래, 멍석으로 피복 후 주수소화한다.

(5) 철분(Fe분)(지정수량 500kg)

$53\mu m$의 표준체를 통과하는 것이 50(중량)% 이상인 것을 말한다.

분자량	비중	융점(℃)	비점(℃)
55.8	7.86	1,535	2,730

① 일반적인 성질

㉠ 은백색의 광택이 나는 금속분말이다.

㉡ 공기 중에서 서서히 산화하여 산화철(Fe_2O_3)이 되어 백색의 광택이 황갈색으로 변한다.

② 위험성

㉠ 장시간 방치하면 자연발화의 위험성이 있다.

㉡ 미세한 분말은 분진폭발을 일으킨다.

㉢ 온수, 묽은 산과 반응하여 수소를 발생시키고 경우에 따라 폭발한다.

㉣ 화학반응식

- $Fe + 2H_2O \longrightarrow Fe(OH)_2 + H_2$
- $Fe + 2HCl \longrightarrow FeCl_2 + H_2$
- $2Fe + 3Br_2 \longrightarrow 2FeBr_3 + 열 \uparrow$

③ 저장 및 취급방법

㉠ 화기엄금, 가열, 충격, 마찰을 피한다.

㉡ 산이나 물, 습기와 접촉을 피한다.

㉢ 저장용기는 밀폐시키고 습기나 빗물이 침투하지 않도록 해야 한다.

㉣ 분말이 비산되지 않도록 완전 밀봉하여 저장한다.

핵심문제

아연 분말과 알루미늄 분말의 저장방법 중 옳은 것은?

① 에틸알코올 수용액을 넣어 보관

❷ 유리병에 넣어 건조한 곳에 저장

③ 폴리에틸렌병에 넣어 수분이 많은 곳에 보관

④ 염산 수용액을 넣어 보관

해설

금속분(아연 분말, 알루미늄 분말)은 수분과 반응하므로, 유리병에 넣어 건조한 곳에 저장하여야 한다.

핵심문제

마그네슘에 화재가 발생하여 물을 주수하였다. 그에 대한 설명으로 옳은 것은?

① 냉각소화 효과에 의해서 화재가 진압된다.
② 주수된 물이 증발하여 질식소화 효과에 의해서 화제가 진압된다.
❸ 수소가 발생하여 폭발 및 화재 확산의 위험성이 증가한다.
④ 물과 반응하여 독성가스를 발생한다.

해설

온수와 접촉하면 격렬하게 수소와 열이 발생하며 연소 시 주수하면 위험성이 증대된다.
$Mg + 2H_2O \rightarrow Mg(OH)_2 + H_2 \uparrow$

---

④ 소화방법

건조사, 탄산수소염류 분말소화에 따른 질식소화가 효과적이나 주수소화는 위험하다.

(6) 마그네슘(Mg)(지정수량 500kg)

2mm 체를 통과한 것만 위험물에 해당된다.

분자량	비중	융점(℃)	비점(℃)
24.3	1.74	651	1,100

① 일반적인 성질

　㉠ 은백색의 광택이 있는 금속분말이다.

　㉡ 대체로 열전도율 및 전기전도도가 큰 금속이다.

　㉢ 알루미늄보다 열전도율 및 전기전도도가 낮다.

　㉣ 용도로는 환원제, 사진촬영, 주물 제조 등에 쓰인다.

② 위험성

　㉠ 분진폭발의 위험이 있고 연소할 때 자외선을 많이 포함하는 불꽃을 발생시킨다.

　㉡ 이산화탄소(CO_2)와 같은 질식성 가스 중에서도 연소한다.

　㉢ 공기 중의 습기나 수분에 의하여 자연발화할 수 있다.

　㉣ 산(염산, 황산 등)과 반응하여 수소가스를 발생시킨다.

　㉤ 온수와 접촉하면 격렬하게 수소와 열이 발생하며 연소 시 주수하면 위험성이 증대된다.

　㉥ 할로젠원소 및 산화제와 혼합하고 있는 것은 약간의 가열, 충격에 의해 착화하기 쉽다.

　㉦ 화학반응식

　　• $2Mg + O_2 \rightarrow 2MgO + 열$
　　• $Mg + 2H_2O \rightarrow Mg(OH)_2 + H_2 \uparrow$
　　• $2Mg + CO_2 \rightarrow 2MgO + C$ / $Mg + CO_2 \rightarrow MgO + CO \uparrow$
　　• $Mg + 2HCl \rightarrow MgCl_2 + H_2$ / $Mg + H_2SO_4 \rightarrow MgSO_4 + H_2 \uparrow$
　　• $Mg + Br_2 \rightarrow MgBr_2$

③ 저장 및 취급방법

철분과 유사하다.

④ 소화방법

철분과 유사하다.

(7) 인화성 고체(지정수량 1,000kg)

상온에서 고체인 것으로 고형알코올과 그 밖의 1atm에서 인화점이 40℃ 미만인 것을 말한다.

① 종류
  ㉠ 고무풀 : 생고무에 인화성 용제, 휘발유를 가공하여 풀과 같은 상태로 만든 것
  ㉡ 고형알코올 : 합성수지에 메탄올을 혼합 침투시켜 한천상으로 만든 것
  ㉢ 메타알데하이드[$(CH_3CHO)_4$], 제삼부틸알코올[$(CH_3)_3COH$], 래커퍼티 등

② 화재예방 및 소화방법
  이산화탄소로 질식소화할 수 있다.

---

3 제3류 위험물

유별	성질	품명	지정수량	위험등급
제3류	자연 발화성 물질 및 금수성 물질	1. 칼륨, 나트륨, 알킬알루미늄, 알킬리튬	10kg	I
		2. 황린	20kg	
		3. 알칼리금속(칼륨 및 나트륨 제외) 및 알칼리토금속, 유기금속화합물(알킬알루미늄 및 알킬리튬 제외)	50kg	II
		4. 칼슘 또는 알루미늄의 탄화물, 금속의 인화물, 금속의 수소화물	300kg	III
		5. 그 밖에 행정안전부령이 정하는 것 염소화규소화합물	10kg, 20kg, 50kg 또는 300kg	

암기법 (10)칼나알 튜 개로 배를 가르면 황(20)되고, 금알유(50)를 칼알탄(300) 사람이 금인수(300)하러 온다.

1) 공통 성질

① 대부분 고체이지만 알킬알루미늄과 같은 액체 위험물도 있다.
② 대부분 물에 대해 위험한 반응을 일으키는 물질(금수성 물질)이나, 자연발화성 물질(황린)은 물속에 저장한다.
③ 나트륨, 칼륨, 알킬알루미늄(액체), 알킬리튬은 물보다 가볍고 나머지는 물보다 무겁다.

핵심문제

인화성 고체는 1기압에서 인화점이 섭씨 몇 도인 고체를 말하는가?

① 20℃ 미만 ② 30℃ 미만
❸ 40℃ 미만 ④ 50℃ 미만

해설

인화성 고체란 고형알코올 그 밖에 1atm에서 인화점이 40℃ 미만인 고체로 한다.

핵심문제

제3류 위험물의 공통적인 성질을 설명한 것 중 옳은 것은?(단, 황린은 제외)

① 모두 무기화합물이다.
② 저장액으로 석유류를 이용한다.
③ 햇빛에 노출되는 순간 발화한다.
❹ 물과 반응 시 발열 또는 발화한다.

해설

제3류 위험물(단, 황린은 제외)은 금수성 물질로서 물과 반응 시 발열 또는 발화한다.

PART 03 위험물 성상 및 취급 | **149**

2) 위험성

① 황린을 제외하고 모든 품목은 물과 반응하여 가연성 가스(수소, 아세틸렌, 포스핀 등)를 발생시킨다.
② 황린은 공기 중에 노출되면 자연발화를 일으킨다.
③ 가열, 강산화성 물질 또는 강산류와 접촉에 의해 위험성이 증가한다.

3) 저장 및 취급방법

① 저장용기는 공기와의 접촉을 방지하고 수분과의 접촉을 피한다.
② 산화성 물질과 강산류와의 혼합을 방지한다.
③ 소분해서 저장하고 저장용기는 파손 및 부식을 막으며 완전 밀폐하여 공기와의 접촉을 방지한다.
④ 나트륨, 칼륨 및 알칼리금속은 석유류에 저장하고, 보호액 표면에 노출되지 않도록 주의해야 한다.

4) 소화방법

① 물에 의한 냉각소화는 불가능하다(황린의 경우, 물로 소화 가능).
② 금수성 물질인 경우는 탄산수소 염류 분말소화, 건조사, 팽창질석과 팽창진주암이 효과적이다.
③ 제3류 위험물(금수성 물품 제외)의 소화에는 물분무소화설비, 포소화설비, 건조사, 팽창질석과 팽창진주암이 효과적이다.
④ 불활성가스소화, 할로젠화합물소화, 이산화탄소소화는 부적절하다.
⑤ 황린 등은 유독가스가 발생하므로 방독마스크를 착용해야 한다.

구분	스프링클러	물분무설비	포소화설비	불활성가스	할로젠화합물
금수성 물품					
그 밖의 것	○	○	○		

구분	분말소화기			CO_2	건조사	팽창질석 · 진주암
	인산염류	탄산수소염류	그 밖의 것			
금수성 물품		○	○		○	○
그 밖의 것					○	○

5) 제3류 위험물 종류

(1) 칼륨(K)(지정수량 10kg)

분자량	비중	융점(℃)	비점(℃)
39	0.86	63.7	774

① 일반적인 성질

   ① 은백색의 무른 경금속으로 불꽃 반응 시 색상은 보라색을 띤다.

   ② 원자가전자가 1개로 쉽게 1가의 양이온이 되어 반응한다.

   ③ 보호액(석유 등)에 장시간 저장 시 표면에 K_2O, KOH, K_2CO_3와 같은 물질로 피복된다.

   ④ 공기 중의 수분과 반응하여 수소를 발생시키며 자연발화를 일으키기 쉽다.

   ⑤ 흡습성, 조해성, 부식성이 있다.

② 위험성

   ㉠ 가열하면 연소하여 산화칼륨을 생성시킨다.

   ㉡ 이산화탄소와 접촉하면 폭발적으로 반응한다.

   ㉢ 공기 중에서 수분과 반응하여 수산화물과 수소를 발생시킨다.

   ㉣ 화학적 활성이 크며 알코올과 반응하여 칼륨알콕사이드와 수소를 발생시킨다.

   ㉤ 피부와 접촉하면 화상을 입는다.

   ㉥ 화학반응식

> • $4K + O_2 \rightarrow 2K_2O$
> • $2K + 2H_2O \rightarrow 2KOH + H_2 \uparrow + 열$
> • $2K + 2C_2H_5OH \rightarrow 2C_2H_5OK + H_2 \uparrow$
> • $4K + 3CO_2 \rightarrow 2K_2CO_3 + C$
> • $4K + CCl_4 \rightarrow 4KCl + C$

③ 저장 및 취급방법

   ㉠ 반드시 등유, 경유, 유동파라핀 등의 석유류를 보호액으로 사용한다.

   ㉡ 수분과 접촉을 차단하고 공기 산화를 방지하려고 석유 속에 저장한다.

   ㉢ 가급적 소량씩 나누어 저장, 취급하고 용기의 파손 및 보호액 누설에 주의해야 한다.

핵심문제

금속칼륨의 일반적인 성질로 옳지 않은 것은?

① 은백색의 연한 금속이다.
❷ 알코올 속에 저장한다.
③ 물과 반응하여 수소가스를 발생한다.
④ 물보다 가볍다.

해설

② 금속칼륨, 금속나트륨은 석유 속에 저장한다.

핵심문제

금속칼륨의 일반적인 성질에 대한 설명으로 틀린 것은?

① 칼로 자를 수 있는 무른 금속이다.
❷ 에탄올과 반응하여 조연성 기체(산소)를 발생한다.
③ 물과 반응하여 가연성 기체를 발생한다.
④ 물보다 가벼운 은백색의 금속이다.

해설

② $2K + 2C_2H_5OH \rightarrow 2C_2H_5OK + H_2 \uparrow$

④ 소화방법

    ㉠ 주수소화는 절대 금한다.

    ㉡ 초기소화에는 건조사가 적당하다.

    ㉢ 팽창질석, 탄산수소염류 분말소화약제로 질식소화한다.

(2) 나트륨(Na)(지정수량 10kg)

분자량	비중	융점(℃)	비점(℃)
23	0.97	97.7	880

① 일반적인 성질

    ㉠ 은백색의 무른 경금속으로 불꽃 반응 시 색상은 노란색을 띤다.

    ㉡ 열전도도가 크고, 화학적으로 활성이 크다.

    ㉢ 기타 금속칼륨에 준한다.

② 위험성

    ㉠ 가연성 고체로 공기 중에 장시간 방치하면 자연발화를 일으킨다.

    ㉡ 피부와 접촉하면 화상을 입는다.

    ㉢ 수분 또는 습기가 있는 공기, 알코올과 반응하여 수소를 발생시킨다.

    ㉣ 에틸알코올과 반응하여 나트륨알콕사이드와 수소가스를 발생시킨다.

    ㉤ 액체 암모니아와 반응하여 수소를 발생시킨다.

    ㉥ 화학반응식

        • $2Na + 2H_2O \rightarrow 2NaOH + H_2 \uparrow$

        • $2Na + 2C_2H_5OH \rightarrow 2C_2H_5ONa + H_2 \uparrow$

③ 저장 및 취급방법

    ㉠ 습기나 물에 접촉하지 않도록 한다.

    ㉡ 수분과 접촉을 차단하고 공기 산화를 방지하려고 석유 속에 저장한다.

    ㉢ 가급적 소량씩 나누어 저장, 취급하고 용기의 파손 및 보호액 누설에 주의해야 한다.

④ 소화방법

    ㉠ 주수소화는 절대 엄금이다.

    ㉡ 할로겐화물과도 화학적 반응을 하므로 소화약제로는 사용할 수 없다.

    ㉢ 건조사, 팽창질석, 탄산수소염류 분말소화약제로 질식소화한다.

핵심문제

금속나트륨의 일반적인 성질로 옳지 않은 것은?

① 은백색의 연한 금속이다.

❷ 알코올 속에 저장한다.

③ 물과 반응하여 수소가스를 발생한다.

④ 물보다 비중이 작다.

해설

② 금속나트륨은 석유, 유동파라핀 속에 저장한다.

(3) 알킬알루미늄(R_3Al)(지정수량 10kg)

① 일반적인 성질

    ㉠ 알킬기(C_nH_{2n+1})와 알루미늄의 화합물이다.

    ㉡ 자극적인 냄새와 독성이 있으며, 금수성이다.

    ㉢ C_1~C_4까지는 공기와 접촉하면 자연발화를 일으킨다.

    ㉣ 트라이에틸알루미늄[$(C_2H_5)_3Al$]은 물과 접촉하면 폭발적으로 반응하여 에탄(C_2H_6)을 발생시킨다.

    ㉤ 알킬알루미늄은 헥산, 톨루엔 등 탄화수소용제를 희석제로 사용하고, 소분하여 밀봉 보관한다.

    ㉥ 알킬알루미늄, 알킬리튬을 저장하는 탱크에는 불활성 가스(질소)의 봉입장치를 설치한다.

    ㉦ 용도로서는 미사일 연료, 알루미늄 도금원료, 유기합성용 시약 등에 쓰인다.

    ㉧ 화학반응식

> • $(C_2H_5)_3Al + 3HCl \rightarrow AlCl_3 + 3C_2H_6 \uparrow$
> • $(C_2H_5)_3Al + 3H_2O \rightarrow Al(OH)_3 + 3C_2H_6 \uparrow$
> • $2(C_2H_5)_3Al + 21O_2 \rightarrow Al_2O_3 + 12CO_2 + 15H_2O$

② 종류

    트라이메틸알루미늄[$(CH_3)_3Al$], 트라이에틸알루미늄[$(C_2H_5)_3Al$)], 트라이프로필알루미늄[$(C_3H_7)_3Al$], 트라이이소부틸알루미늄[$(C_4H_9)_3Al$] 등이 있다.

③ 소화방법

    ㉠ 사염화탄소, 이산화탄소와 반응하여 발열하므로 화재 시 이들 소화약제는 사용할 수 없다.

    ㉡ 소화방법은 팽창질석과 팽창진주암으로 피복소화가 가장 효과적이다.

(4) 알킬리튬(LiR)(지정수량 10kg)

① 일반적인 성질

    ㉠ 가연성 액체이다.

    ㉡ 금수성이며 자연발화성 물질이다.

    ㉢ 물과 만나면 심하게 발열하고 메탄을 발생시킨다.

    ㉣ 이산화탄소와는 격렬하게 반응한다.

핵심문제

트라이에틸알루미늄(triethyl aluminium) 분자식에 포함된 탄소의 개수는?

① 2   ② 3
③ 5   ❹ 6

해설

트라이에틸알루미늄 : $(C_2H_5)_3Al$

핵심문제

트라이에틸알루미늄의 화재 발생 시 물을 이용한 소화가 위험한 이유를 옳게 설명한 것은?

① 가연성의 수소가스가 발생하기 때문에
② 유독성의 포스겐가스가 발생하기 때문에
③ 유독성의 포스겐가스가 발생하기 때문에
❹ 가연성의 에탄가스가 발생하기 때문에

해설

④ $(C_2H_5)_3Al + 3H_2O \rightarrow Al(OH)_3 + 3C_2H_6 \uparrow$

ⓜ 화학반응식

$$CH_3Li + H_2O \rightarrow LiOH + CH_4 \uparrow$$

② 종류

메틸리튬(CH_3Li), 에틸리튬(C_2H_5Li), 프로필리튬(C_3H_7Li), 이소부틸리튬(C_4H_9Li) 등이 있다.

③ 소화방법

물의 주수는 불가하며, 탄산수소염류 분말소화약제를 사용하여야 한다.

(5) 황린(P_4)(지정수량 20kg)

분자량	비중	융점(℃)	비점(℃)	증기비중
124	1.82	44	280	4.3

① 일반적인 성질

ⓐ 마늘 냄새와 같은 자극적인 냄새가 나는 백색 또는 담황색의 자연발화성 고체이다.

ⓑ 환원력이 강하다.

ⓒ 발화점이 34℃로 낮기 때문에 자연발화하기 쉽다.

ⓓ 물에는 녹지 않고, 이황화탄소(CS_2), 알코올, 벤젠에 잘 녹는다.

ⓔ 독성물질이고 증기는 공기보다 무겁다.

ⓕ 황린(제3류, 지정수량 20kg)은 적린(제2류, 지정수량 100kg)에 비하여 불안정하다.

ⓖ 적린과 황린은 모두 물에는 불용성이다.

ⓗ 비중과 융점은 황린보다 적린이 크다.

ⓘ 연소할 때 황린과 적린은 모두 오산화인(P_2O_5)의 흰 연기가 발생한다.

② 위험성

ⓐ 발화점이 매우 낮고, 공기 중에 방치하면 산화되면서 자연발화를 일으킨다.

ⓑ 공기 중에서 격렬하게 연소하며 유독성 가스인 오산화인(P_2O_5)을 발생시킨다.

ⓒ 강알칼리 용액과 반응하여 pH=9 이상이 되면 가연성, 유독성의 포스핀가스(PH_3)를 발생시킨다.

ⓓ 화학적 활성이 커 많은 원소와 직접 결합하며, 특히 황, 산소, 할로겐과 격렬하게 결합한다.

핵심문제

다음의 [조건]을 갖추고 있는 위험물은?

[조건]
- 지정수량은 20kg이고 백색 또는 담황색 고체이다.
- 상온에서 증기를 발생하고 천천히 산화된다.
- 비중 1.92, 융점 4℃, 비점 280℃, 발화점 34℃

① 적린　　　❷ 황린
③ 황　　　　④ 마그네슘

해설
황린(P_4)
제3류 위험물, 지정수량 20kg, 백색 또는 담황색 고체, 발화점 34℃, 자연발화성 물질

핵심문제

다음 위험물 중 자연발화 위험성이 가장 낮은 것은?

① 알킬리튬　　② 알킬알루미늄
③ 칼륨　　　　❹ 황

해설
①, ②, ③은 제3류 위험물로서 자연발화성이 있다.

154 | 위험물산업기사 필기

ⓜ KOH 수용액과 반응하여 유독한 포스핀 가스가 발생한다.

ⓗ 화학반응식

- $P_4 + 5O_2 \rightarrow 2P_2O_5$
- $P_4 + 3KOH + 3H_2O \rightarrow 3KH_2PO_2 + PH_3\uparrow$

③ 저장 및 취급방법

ⓐ 화기엄금해야 하고, 고온체와 직사광선을 차단해야 한다.

ⓑ 포스핀가스(PH_3)의 생성을 방지하기 위하여 약알칼리성(pH=9) 정도의 물속에 저장한다.

ⓒ 맹독성 물질이므로 고무장갑, 보호복, 보호안경을 쓰고 취급한다.

ⓓ 공기 중 노출 시는 즉시 통풍, 환기시키고 저장용기는 금속 또는 유리용기를 사용하여 밀봉한 후 냉암소에 저장한다.

▼ 인의 종류에 따른 특성

종류 \ 항목	화학식	지정 수량	색상	독성	연소 생성물	CS_2에 대한 용해도	위험등급
적린(2류)	P	100kg	암적색	없음	P_2O_5	녹지 않음	Ⅱ
황린(3류)	P_4	20kg	백색 또는 담황색	있음	P_2O_5	녹음	Ⅰ

(6) 알칼리금속(K, Na 제외) 및 알칼리토금속(지정수량 50kg)

① 알칼리금속(K, Na 제외)

ⓐ 리튬(Li)

- 은백색의 연한 고체이다.
- 물과 접촉하면 수산화리튬과 수소를 발생시킨다.
- 화학반응식

$$2Li + 2H_2O \rightarrow 2LiOH + H_2\uparrow$$

ⓑ 기타 알칼리금속 : 루비듐(Rb), 세슘(Ce), 프란슘(Fr) 등이 있다.

ⓒ 소화방법 : 화재 시 소화약제로는 탄산수소염류 분말소화약제, 마른 모래, 팽창질석 · 진주암 등이다.

② 알칼리토금속

ⓐ 칼슘(Ca)

- 은백색의 고체로서, 연성, 전성이 있다.
- 물과 접촉하면 수소를 발생시킨다.

핵심문제

금속리튬의 화학적 성질로 옳지 않은 것은?

❶ 상온에서 리튬은 산소와 반응하여 진홍색의 산화리튬을 생성한다.

② 물과 반응하여 수산화리튬과 수소를 생성한다.

③ 질소와 직접 결합하여 생성물로 질화리튬을 만든다.

④ 금속칼륨, 금속나트륨보다 화학 반응성이 크지 않다.

해설

① 리튬(Li)은 상온에서 비교적 안정하나, 연소시키면 백색의 산화리튬(Li_2OH)을 생성한다.

• 화학반응식

$$Ca + 2H_2O \rightarrow Ca(OH)_2 + H_2 \uparrow$$

ⓒ 기타 알칼리토금속 : 베릴륨(Be), 스트론튬(St), 바륨(Ba), 라듐(Ra) 등이 있다.

(7) 유기금속화합물(알킬알루미늄, 알킬리튬 제외)(지정수량 50kg)

① 일반적인 성질

금속을 성분으로 하는 유기화합물로서, 탄소와 금속원자의 직접결합을 가진 것을 말한다.

② 종류

다이메틸아연[$Zn(CH_3)_2$], 다이에틸아연[$Zn(C_2H_5)_2$], 사에틸납[$Pb(C_2H_5)_4$] 등이 있다.

(8) 칼슘 또는 알루미늄의 탄화물(지정수량 300kg)

① 탄화칼슘(CaC_2)

ⓐ 비중 2.2, 융점 2,370℃이다.

ⓑ 순수한 것은 무색 투명하나 보통은 회백색 덩어리 상태로서 카바이드라고도 한다.

ⓒ 물과 반응하여 수산화칼슘(소석회)과 폭발성 가스인 아세틸렌가스가 생성된다.

ⓓ 아세틸렌가스와 은, 구리 등과 작용하면 아세틸리드를 만들고 열이나 충격에 쉽게 폭발한다.

ⓔ 고온에서 질소 가스와 반응하여 칼슘사이안아미드(석회질소 ; $CaCN_2$)가 된다.

ⓕ 건조하고 환기가 잘되는 장소에 밀폐용기로 저장하고 용기에는 질소가스 등과 같은 불연성 가스를 봉입한다.

ⓖ 화학반응식

• $CaC_2 + 2H_2O \rightarrow Ca(OH)_2 + C_2H_2 \uparrow$

• $CaC_2 + N_2 \rightarrow CaCN_2 + C$ (고온에서)

② 탄화알루미늄(Al_4C_3)

ⓐ 순수한 것은 백색이나 보통은 황색 결정 또는 분말이다.

ⓑ 물과 반응하여 수산화알루미늄과 메탄가스가 생성된다.

핵심문제

탄화칼슘에 대한 설명으로 틀린 것은 무엇인가?

❶ 화재 시 이산화탄소소화기가 적응성이 있다.
② 비중은 약 2.2로 물보다 무겁다.
③ 질소 중에서 고온으로 가열하면 $CaCN_2$가 얻어진다.
④ 물과 반응하면 아세틸렌가스가 발생한다.

해설

① 탄화칼슘(금수성 물질)은 화재 시 이산화탄소소화기는 적응성이 없고, 탄산수소염류 분말소화기가 적응성이 있다.

핵심문제

다음 위험물을 보관하는 창고에 화재가 발생하였을 때 물을 사용하여 소화하면 위험성이 증가하는 것은?

① 질산암모늄
❷ 탄화칼슘
③ 과염소산나트륨
④ 셀루로이드

해설

② $CaC_2 + 2H_2O \rightarrow Ca(OH)_2 + C_2H_2 \uparrow$

ⓒ 화학반응식

$$Al_4C_3 + 12H_2O \longrightarrow 4Al(OH)_3 + 3CH_4 \uparrow$$

③ 기타 카바이드

    ㉠ 아세틸렌(C_2H_2)가스를 발생시키는 카바이드 : Li_2C_2, Na_2C_2, K_2C_2, MgC_2, CaC_2, BaC_2

    ㉡ 메탄(CH_4)가스를 발생시키는 카바이드 : Al_4C_3

    ⓒ 메탄(CH_4)가스와 수소(H_2)가스를 발생시키는 카바이드 : Mn_3C ($Mn_3C + 6H_2O \longrightarrow 3Mn(OH)_2 + CH_4 + H_2 \uparrow$)

④ 위험성

    ㉠ 발생하는 아세틸렌가스는 연소범위가 2.5~81%로 위험도가 매우 높다.

       • 연소반응식 : $2C_2H_2 + 5O_2 \longrightarrow 4CO_2 \uparrow + 2H_2O$

       • 폭발반응식 : $C_2H_2 \longrightarrow 2C + H_2 \uparrow$

    ㉡ 수산화칼슘[$Ca(OH)_2$]은 독성이 있기 때문에 인체에 피부점막 염증이나, 시력장애를 일으킨다.

    ⓒ 발생되는 아세틸렌가스는 금속(Cu, Ag, Hg 등)과 반응하여 폭발성 화합물인 금속아세틸리드(M_2C_2)를 생성한다.

       예 $C_2H_2 + 2Ag \longrightarrow 2Ag_2C_2 + H_2 \uparrow$

(9) 금속의 인화물(지정수량 300kg)

① 인화알루미늄(AlP)

    ㉠ 진한 회색 또는 황색 결정체이다.

    ㉡ 물, 산과 반응하여 포스핀(PH_3)을 생성한다.

    ⓒ 담배 및 곡물의 저장창고의 훈증제로 사용되는 약제이다.

    ㉣ 화학반응식

$$AlP + 3H_2O \longrightarrow PH_3 + Al(OH)_3$$

② 인화칼슘(Ca_3P_2)

    ㉠ 적갈색의 괴상고체로서 독성이 강하고, 알코올·에터에 녹지 않는다.

    ㉡ 물, 산과 반응하여 인화수소(PH_3)를 발생시킨다.

    ⓒ 소화방법으로 탄산수소염류 분말소화약제가 가장 적당하다.

    ㉣ 화학반응식

       • $Ca_3P_2 + 6HCl \longrightarrow 3CaCl_2 + 2PH_3 \uparrow$

       • $Ca_3P_2 + 6H_2O \longrightarrow 3Ca(OH)_2 + 2PH_3 \uparrow$

핵심문제

인화칼슘의 성질이 아닌 것은?

① 적갈색의 고체이다.

② 물과 반응하여 포스핀 가스를 발생한다.

❸ 물과 반응하여 유독한 불연성 가스를 발생한다.

④ 산과 반응하여 포스핀 가스를 발생한다.

해설

③ 물과 반응하여 유독한 가연성 가스(PH_3)를 발생한다.

PART 03 위험물 성상 및 취급 | **157**

핵심문제

다음 제3류 위험물 중 살충제로 사용되며 순수한 물질일 때 암회색의 결정으로서 이황화탄소에 녹는 물질은?

❶ 인화아연(Zn_3P_2)
② 수소화나트륨(NaH)
③ 금속칼륨(K)
④ 금속나트륨(Na)

해설

인화아연에 대한 내용이다.

③ 인화아연(Zn_3P_2)
　㉠ 순수한 물질일 때 암회색의 결정이며, 이황화탄소에 녹는다.
　㉡ 살충제(쥐약 등)로 사용된다.
　㉢ 물, 산과 반응하여 포스핀(PH_3)을 발생시킨다.

(10) 금속의 수소화물(지정수량 300kg)

금속수소화합물이 물과 반응할 때 생성되는 것은 수소이다.

① 수소화리튬(LiH)
　㉠ 대용량의 저장 용기에는 아르곤과 같은 불활성기체를 봉입한다.
　㉡ 물과 반응하여 수산화리튬과 수소를 생성한다.
　㉢ 질소와 직접 결합하여 생성물로 질화리튬을 만든다.
　㉣ 소화방법은 할로젠은 곤란하고, 건조사, 팽창질석·진주암, 탄산수소염류 분말 소화약제가 좋다.
　㉤ 화학반응식

$$LiH + H_2O \rightarrow LiOH + H_2 \uparrow$$

핵심문제

수소화칼륨에 대한 설명으로 옳은 것은?

① 회갈색의 등축정계 결정이다.
② 낮은 온도(150℃)에서 분해된다.
❸ 물과 작용하여 수소를 발생한다.
④ 물과의 반응은 흡열반응이다.

해설

① 회백색의 결정분말이다.
② 200~350℃에서 분해된다.
④ 물과 반응하면 수산화칼륨(KOH)과 수소(H_2)가스를 발생한다.

② 수소화칼륨(KH)
　㉠ 회백색의 결정분말이다.
　㉡ 200~350℃에서 분해된다.
　㉢ 물과 반응하면 수산화칼륨(KOH)과 수소(H_2)가스를 발생시킨다.

③ 수소화칼슘(CaH_2)
　㉠ 물과 반응하여 수산화나트륨과 수소를 생성한다.
　㉡ 화학반응식

$$NaH + H_2O \rightarrow NaOH + H_2 \uparrow$$

④ 기타 금속의 수소화물
　수소화나트륨(NaH), 수소화칼슘(CaH_2), 수소화알루미늄리튬($LiAlH_4$) 등이 있다.

4 제4류 위험물

위험물			지정수량	위험등급
유별	성질	품명		
제4류	인화성 액체	1. 특수인화물	50L	I
		2. 제1석유류 비수용성	200L	II
		수용성	400L	
		3. 알코올류	400L	
		4. 제2석유류 비수용성	1,000L	
		수용성	2,000L	
		5. 제3석유류 비수용성	2,000L	III
		수용성	4,000L	
		6. 제4석유류	6,000L	
		7. 동식물유류	10,000L	

1) 공통 성질

① 대부분 유기화합물이다.
② 전기의 부도체로서 정전기 축적이 용이하다.
③ 대부분 물보다 가볍고 물에 잘 녹지 않는다.
④ 상온에서 인화성 액체(가연성 액체)이며 대단히 인화되기 쉽다.
⑤ 발생된 증기는 공기보다 무겁기 때문에 낮은 곳에 체류하여 연소, 폭발의 위험이 있다.
⑥ 비점이 대체로 낮으므로 가연성 증기가 공기와 약간만 혼합하여도 연소하기 쉽다.
⑦ 제1석유류~제4석유류는 인화점으로 구분한다.

2) 위험성

① 증기의 성질은 인화성 또는 가연성이다.
② 증기는 공기보다 무겁고, 가연성 액체의 연소범위 하한은 가연성 기체보다 낮다.
③ 석유류는 전기의 부도체이기 때문에 정전기 발생을 제거할 수 있는 조치를 해야 한다.
④ 액체 비중은 물보다 가볍고 물에 녹지 않는 것이 많다.

핵심문제

산화프로필렌 300L, 메탄올 400L, 벤젠 200L를 저장하고 있는 경우 각각 지정수량배수의 총합은 얼마인가?

① 4   ② 6
❸ 8   ④ 10

해설

산화프로필렌 : 특수인화물(50L), 메탄올 : 알코올류(400L), 벤젠 : 제1석유류 비수용성(200L)
지정수량 배수의 합
$$= \frac{300}{50} + \frac{400}{400} + \frac{200}{200} = 8(배)$$

핵심문제

인화성 액체 위험물의 일반적인 성질에 대한 설명으로 가장 적합한 것은?

① 상온에서 증발성으로 대부분의 증기는 공기보다 가볍다.
② 물에 비교적 잘 녹으면 인화성이 크다.
❸ 착화온도가 낮은 것은 위험성이 높다.
④ 전기도체로서 정전기에 의하여도 인화되기 쉽다.

해설

① 상온에서 증발성으로 대부분의 증기는 공기보다 무겁다.
② 물에 비교적 잘 녹지 않으나 수용성이면 인화성이 작다.
④ 전기부도체로서 정전기에 의하여 인화되기 쉽다.

• 지정수량 판정기준 : 증류수와 1 : 1로 혼합 시 균일한 외관이면 수용성이라 한다.
• 유분리장치 설치 여부, 포소화설비 규정에 따른 기준 : 용해도 1% 이상이면 수용성이라 한다.

㉠ 액체 비중이 1보다 큰 물질 : 이황화탄소(특수인화물), 염화아세틸(제1석유류), 클로로벤젠(제2석유류), 제3석유류 등
㉡ 수용성 : 알코올류, 에스터류, 아민류, 알데하이드류 등

3) 저장 및 취급방법

① 화기 및 점화원으로부터 멀리 저장한다.
② 증기는 가급적 높은 곳으로 배출시킨다.
③ 용기는 밀전하여 통풍이 양호한 곳, 찬 곳에 저장한다.
④ 인화점 이상으로 가열하지 말고, 가연성 증기의 발생, 누설에 주의해야 한다.
⑤ 중유탱크 화재의 경우 Boil Over 현상이 일어나 위험한 상황이 발생할 수도 있으므로 유의한다.

4) 소화방법

① 포, 이산화탄소, 분말, 할로젠화물로 질식소화한다.
② 수용성 위험물에는 알코올포를 사용하거나 다량의 물로 희석시켜 가연성 증기의 발생을 억제하여 소화한다.
③ 제4류 위험물은 비중이 물보다 작기 때문에 주수소화(봉상소화)하면 화재 면을 확대시킬 수 있으므로 절대 금물이다.

스프링클러	물분무설비	포소화설비	불활성가스소화	할로젠화물
△	○	○	○	○

분말소화기			CO₂	건조사	팽창질석 · 진주암
인산염류	탄산수소염류	그 밖의 것			
○	○		○	○	○

[비고] "△"표시 : 제4류 위험물 소화에서 살수밀도가 기준 이상인 경우, 적응성이 있음

5) 제4류 위험물 종류

(1) 특수인화물(지정수량 50L)

지정성상(액체, 1atm 기준)	종류
• 발화점 100℃ 이하 또는 • 인화점 −20℃ 이하, 비점 40℃ 이하	산화프로필렌, (다이에틸)에터, 아세트알데하이드, 이황화탄소, 이소프렌, 이소펜탄, 이소프로필아민, 황화다이메틸

암기법 특수한 산에 사는 아이

핵심문제

제4류 위험물의 소화방법에 대한 설명 중 틀린 것은?

① 공기차단에 의한 질식소화가 효과적이다.
② 물분무소화도 적응성이 있다.
❸ 수용성인 가연성 액체의 화재에는 수성막포에 의한 소화가 효과적이다.
④ 비중이 물보다 작은 위험물의 경우는 주수소화가 효과가 떨어진다.

해설

③ 수용성인 가연성 액체의 화재에는 알코올포에 의한 소화가 효과적이다.

① 일반적인 성질
ㄱ 지정품명 : 다이에틸에터, 이황화탄소
ㄴ 비점, 인화점, 연소범위의 하한값 등이 낮고, 중기압은 높다.

② 종류
ㄱ 산화프로필렌

	화학식	분자량	비중	인화점($℃$)	발화점($℃$)
H H H | | | H—C—C—C—H | \ / H O	CH_3CH_2CHO	58	0.86	-37	465

ⓐ 일반적인 성질
- 물 또는 유기용제(알코올, 벤젠, 에터) 등에 잘 녹는 무색, 에터향의 냄새가 나는 휘발성 액체로서 증기는 인체에 해롭다.
- 은, 마그네슘 등의 금속과 반응하여 폭발성 혼합물을 생성한다.
- 연소범위는 가솔린(1.4~7.6%)보다 넓다(산화프로필렌 : 2.5~38.5%).
- 화학적으로 활성이 크고 반응을 할 때에는 발열반응을 한다.
- 액체가 피부에 닿으면 동상을 입고 증기를 마시면 심할 때는 폐부종을 일으킨다.

ⓑ 저장 및 취급방법
- 용기의 상부는 불연성 가스(N_2) 또는 수증기로 봉입하여 저장한다.
- 용기는 구리, 은, 수은, 마그네슘 또는 이의 합금을 사용하지 않는다(아세틸리드를 생성하기 때문).
- 소화방법 : 물에 잘 녹기 때문에 알코올포로 질식소화가 적당하다.

ㄴ 다이에틸에터(에터, 에틸에터)

	화학식	분자량	비중	인화점 ($℃$)	발화점 ($℃$)
H H H H | | | | H—C—C—O—C—C—H | | | | H H H H	$C_2H_5OC_2H_5$	74	0.71	-45	180

ⓐ 일반적인 성질
- 에틸알코올의 축합반응에 의해 만들어진 화합물이다.

$$(2C_2H_5OH \xrightarrow{C-H_2SO_4} C_2H_5OC_2H_5 + H_2O)$$

- 물에 잘 녹지 않고, 유지 등에는 잘 녹는다.
- 전기의 부도체이므로 정전기가 발생하기 쉽다.

핵심문제

산화프로필렌에 대한 설명으로 틀린 것은?

① 무색의 휘발성 액체이고, 물에 녹는다.
② 인화점이 상온 이하이므로 가연성 증기 발생을 억제하여 보관해야 한다.
③ 은, 마그네슘 등의 금속과 반응하여 폭발성 혼합물을 생성한다.
❹ 증기압이 낮고 연소범위가 좁아서 위험성이 높다.

해설

④ 증기압이 높고 연소범위가 넓어서 위험성이 높다.

핵심문제

다이에틸에터의 취급방법으로 옳은 것은?

① 직사광선에 장시간 노출하여도 된다.
② 용기에 가득 채워 유동성이 없도록 하여 보관한다.
❸ 용기는 갈색병을 사용하여 냉암소에 보관한다.
④ 용기가 약간 파손되어 증기가 누출되어도 된다.

해설

① 직사광선에 장시간 노출하면 과산화물이 생성될 수 있고, 가열, 충격, 마찰에 의해 폭발할 수도 있다.
② 팽창 계수가 크므로 용기의 용적은 10% 여유공간을 둔다.
④ 용기는 밀봉하여 보관하고 파손, 누출에 주의하며 통풍, 환기를 잘 시켜야 한다.

PART 03 위험물 성상 및 취급 | **161**

- 휘발성, 마취성, 유동성, 인화성을 가진 무색 투명한 특유의 향이 있는 액체이다.
- 햇빛이나 장시간 공기와 접촉하면 과산화물이 생성될 수 있고, 가열, 충격, 마찰에 의해 폭발할 수도 있다.
  - 과산화물 검출시약 : 아이오딘화칼륨(KI) 10% 수용액을 가하면 황색으로 변한다.
  - 과산화물 제거시약 : 황산제일철, 환원철

ⓑ 저장 및 취급방법
- 용기는 갈색병을 사용하여 밀봉, 밀전하여 냉암소에 보관한다(공기와 접촉 시 과산화물을 생성하기 때문에).
- 강산화제와 혼합 시 폭발의 위험성이 증대한다.
- 대량으로 저장 시 불활성 가스를 봉입한다.
- 정전기 발생 방지를 위하여, 저장 시 소량의 염화칼슘을 넣어 정전기 발생을 방지한다.
- 팽창 계수가 크므로 안전한 공간 10% 여유를 둔다.
- 용기는 밀봉하여 보관하고 파손, 누출에 주의하며 통풍, 환기를 잘 시켜야 한다.

ⓒ 소화방법
- 이산화탄소에 의한 질식소화가 가장 효과적이다.
- 포, 할로젠, 청정소화약제도 효과가 있다.

ⓒ 아세트알데하이드

화학식	분자량	비중	인화점(℃)	발화점(℃)
CH_3CHO	44	0.78	−39	175

ⓐ 일반적인 성질
- 물에 잘 녹고, 유기물에도 잘 녹는다.
- 증기의 냄새는 자극성이 있다.
- 알데하이드의 환원성을 알아보기 위한 반응으로 알데하이드에 질산은 용액과 암모니아수의 혼합액을 넣고 가열하면 시험관 벽에 은거울이 형성된다(은거울반응).
- 아세트알데하이드는 아이오딘포름반응, 펠링반응, 은거울반응을 모두 한다.
- 아세트알데하이드는 산소에 의해 산화되기 쉽다($2CH_3CHO + O_2 \rightarrow 2CH_3COOH$).

핵심문제

다음 중 CH_3CHO의 저장 및 취급 시 주의사항으로 옳지 않은 것은?

① 산 또는 강산화제와의 접촉을 피한다.
② 취급설비에 구리, 마그네슘 및 그의 합금성분으로 된 것은 사용해서는 아니 된다.
③ 이동탱크 및 옥외탱크에 저장 시 불연성 가스 또는 수증기를 봉입시킨다.
❹ 휘발성이 강하므로 용기의 파열을 방지하기 위해 마개에 구멍을 낸다.

해설

④는 과산화수소(H_2O_2)의 저장용기에 대한 내용이다.

162 | 위험물산업기사 필기

ⓑ 저장 및 취급방법
- 용기 내부에는 불연성 가스(N_2, Ar)를 채워 봉입한다.
- 강산화제와의 접촉을 피한다.
- 용기는 구리, 은, 수은, 마그네슘 또는 이의 합금을 사용하지 말 것(아세틸리드를 생성하기 때문)
- 용기는 갈색병을 사용하여 밀봉, 밀전하여 냉암소에 보관한다(공기와 접촉 시 과산화물을 생성하기 때문에).
- 수용성이기 때문에 화재 시 물로 희석 소화가 가능하다.

ⓔ 이황화탄소

화학식	분자량	비중	인화점(℃)	발화점(℃)
CS_2	76	1.30	−30	100

ⓐ 일반적인 성질
- 끓는점 46.3℃이고, 특히 착화점 100℃로 제4류 위험물 중 가장 낮다.
- 비스코스레이온의 원료로 사용된다.
- 물에 녹지 않으나, 알코올, 에터, 벤젠 등의 유기용제에는 잘 녹는다.
- 순수한 것은 무색 투명한 액체, 불순물이 존재하면 황색을 띠며 냄새가 난다.
- 증기는 유독하며 신경계통에 장애를 준다.
- 연소하면 청색 불꽃을 발생하고 이산화황의 유독가스를 발생한다.
- 고온의 물(150℃ 이상)과 반응하면 이산화탄소와 황화수소를 발생한다.
- 화학반응식

  - $CS_2 + 3O_2 \rightarrow CO_2 + 2SO_2$
  - $CS_2 + 2H_2O \rightarrow CO_2 + 2H_2S$

ⓑ 저장 및 취급방법 : 가연성 증기의 발생을 억제하기 위하여, 물보다 무겁고 불용이므로 물속에 보관해야 한다.

ⓜ 기타 특수인화물로는 이소펜탄, 이소프렌, 황화다이메틸, 이소프로필아민 등이 있다.

핵심문제

화재예방을 위하여 이황화탄소는 액면 자체 위에 물을 채워주는데 그 이유로 가장 타당한 것은?

① 공기와 접촉하면 발생하는 불쾌한 냄새를 방지하기 위하여
② 발화점을 낮추기 위하여
③ 불순물을 물에 용해시키기 위하여
❹ 가연성 증기의 발생을 방지하기 위하여

해설

④ 가연성 증기의 발생을 억제하기 위하여, 물보다 무겁고 불용이므로 물속에 보관해야 한다.

핵심문제

다음 위험물 중 착화온도가 가장 높은 것은?

① 이황화탄소
② 다이에틸에터
③ 아세트알데하이드
❹ 산화프로필렌

해설

① 이황화탄소 : 90~100℃
② 다이에틸에터 : 180℃
③ 아세트알데하이드 : 175℃
④ 산화프로필렌 : 465℃

핵심문제

위험물안전관리법령에 따른 제4류 위험물 중 제1석유류에 해당하지 않는 것은?

❶ 등유   ② 벤젠
③ 메틸에틸케톤   ④ 톨루엔

해설

①는 제2석유류이다.

핵심문제

메틸에틸케톤의 저장 또는 취급 시 유의할 점으로 가장 거리가 먼 것은?

① 통풍을 잘 시킬 것
② 찬 곳에 저장할 것
③ 직사일광을 피할 것
❹ 저장 용기에는 증기배출을 위해 구멍을 설치할 것

해설

④는 제6류 위험물 과산화수소(H_2O_2)에 대한 설명이다.

---

(2) 제1석유류(지정수량 : 비수용성 200L, 수용성 400L)

지정성상(인화점, 1atm 기준)	종류
21℃ 미만	톨루엔, 메틸에틸케톤, 가솔린, 벤젠, 의산에스터류, 초산에스터류, 아세톤, 아세토나이트릴, 사이안화수소, 피리딘

암기법 톨 메기벤 의초 아아사이피

① 일반적인 성질

　㉠ 지정품명 : 아세톤, 휘발유

　㉡ 대단히 인화되기 쉬워 위험성이 높고, 폭발, 발화, 연소 등의 위험성을 가진다.

② 종류

　㉠ 톨루엔(메틸벤젠)(지정수량 200L)

화학식	분자량	비중	인화점(℃)	발화점(℃)
$C_6H_5CH_3$	92	0.87	4	552

　　ⓐ 일반적인 성질

　　　• 특유한 냄새가 나는 무색의 유독성 액체인 방향족 탄화수소이다.

　　　• 물에는 녹지 않고 아세톤, 알코올 등의 유기용제에는 잘 녹는다.

　　　• 증기는 마취성이 있고, 트라이나이트로톨루엔(TNT)의 주원료로 사용된다.

　　ⓑ 위험성

　　　• 독성은 벤젠보다 약하다.

　　　• 정전기가 발생하여 인화할 수도 있다.

　　　• 피부에 접촉 시 자극성, 탈지작용이 있다.

　　ⓒ 소화방법 : 주수소화는 위험하고, 포, 분말에 의한 소화가 적당하다.

　㉡ 메틸에틸케톤(MEK)(지정수량 200L)

화학식	비중	인화점(℃)	발화점(℃)
$CH_3COC_2H_5$	0.81	−1.0	516

　　• 휘발성이 강한 무색의 액체이다.

　　• 피부에 닿으면 탈지작용을 한다.

　　• 물, 알코올에 잘 녹고, 에터, 벤젠 등의 유기용제에도 잘 녹는다.

　　• 물에는 녹으나 지정수량은 200L이다.

　　• 직사광선을 피하고 통풍이 잘되는 냉암소에 저장한다.

ⓒ 가솔린(휘발유)(지정수량 200L)

화학식	비중	인화점(℃)	발화점(℃)
$C_5H_{12} \sim C_9H_{20}$	0.65~0.76	−43~−20	300

ⓐ 일반적인 성질
- 연소범위 1.4~7.6%, 유출온도 30~210℃, 증기비중 3~4로 공기보다 무겁다.
- 탄소수가 5~9까지의 포화·불포화탄화수소(알칸 또는 알칸계 탄화수소)의 혼합물을 일컫는다.
- 원유의 성질·상태·처리방법에 따라 탄화수소의 혼합비율이 다르다.
- 가솔린의 제조방법은 직류법, 분해증류법, 접촉개질법 등이 있다.
- 비수용성이며, 전기에 부도체이고 물보다 가볍다.

ⓑ 위험성
- 부피 팽창률이 크므로 10%의 안전공간을 둔다.
- 옥탄가를 늘리기 위해 사에틸납[$(C_2H_5)_4Pb$]을 첨가시켜 오렌지 또는 청색으로 착색한다.
- 가연성 증기가 발생하기 쉬우므로 주의한다.
- 인화점이 상온보다 낮으므로 겨울철에 각별한 주의가 필요하다.
- 용기는 직사광선을 피해 서늘한 곳에 환기가 잘 되게 보관한다.
- 비전도성이므로 정전기에 따른 화재에 주의한다.

ⓒ 소화방법 : 화재 소화 시 포, 분말, 이산화탄소 소화약제에 의한 질식소화를 한다.

ⓓ 벤젠(지정수량 200L)

	화학식	비중	인화점(℃)	발화점(℃)
⬡	C_6H_6	0.90	−11	562

ⓐ 일반적인 성질
- 증기는 공기보다 무겁다(증기비중 2.69).
- 무색 투명한 방향성을 갖는 휘발성 액체이다.
- 물에는 녹지 않으나, 알코올, 아세톤, 에터에는 녹는다.
- 불포화결합을 이루고 있으나 첨가반응보다는 치환반응이 많다.
- 독특한 냄새가 나고 정전기가 발생하기 쉬우며, 증기는 독성과 마취성이 있다.

핵심문제

벤젠의 성질에 대한 설명으로 맞지 않는 사항은?

① 불포화결합을 이루고 있으나 첨가반응보다는 치환반응이 많다.
② 무색투명한 독특한 냄새를 가진 액체이다.
❸ 물에 잘 녹으며 유기용매와 혼합된다.
④ 끓는점은 약 80℃이다.

해설

③ 물에 잘 녹지 않으며 다른 유기용매와 잘 혼합된다.

- 수소(H)의 수에 비해 탄소(C)의 수가 많기 때문에 화재 시 그 을음이 많이 발생한다.
  ⓑ 저장 및 취급방법 : 벤젠은 겨울철에는 고체 상태(융점 5.5℃)이나 가연성 증기를 발생(인화점 −11℃)시키기 때문에 취급에 주의해야 한다.

ⓤ 의산에스터류(지정수량 200L)
  ⓐ 의산메틸(HCOOCH$_3$)
    - 럼주와 같은 향기를 가진 무색 투명한 액체이다.
    - 증기는 마취성이 있으나 독성은 없다.
    - 물, 에터, 벤젠, 에스터에 잘 녹는다.
  ⓑ 의산에틸(HCOOC$_2$H$_5$)
    - 복숭아향이 나는 무색 투명한 액체이다.
    - 물에는 약간 녹고, 에터, 벤젠, 에스터 등에 잘 녹는다.
  ⓒ 의산프로필(HCOOC$_3$H$_7$)   ⓓ 의산부틸(HCOOC$_4$H$_9$)

ⓗ 초산에스터류(지정수량 200L)
  - 초산메틸(CH$_3$COOCH$_3$)
  - 초산에틸(CH$_3$COOC$_2$H$_5$)
  - 정초산프로필(CH$_3$COOC$_3$H$_7$)

ⓢ 아세톤(다이메틸케톤)(지정수량 400L : 수용성)

화학식	분자량	비중	인화점(℃)	발화점(℃)
(CH$_3$)$_2$CO	58	0.79	−18	538

  ⓐ 일반적인 성질
    - 무색 투명한 휘발성 액체로 독특한 냄새가 있다.
    - 물에 잘 녹고, 유기용제(알코올, 에터)와 잘 혼합된다.
    - 증기는 공기보다 무겁고, 독성을 가지며, 피부에 닿으면 탈지작용이 있다.
    - 인화점이 낮아서 겨울철에도 인화의 위험성이 있다.
    - 아이오딘포름 반응을 한다(아세톤 검출방법).
  ⓑ 저장 및 취급방법
    - 과산화물 생성방지를 위하여 갈색 병에 저장한다.
    - 알코올 포, 분무상의 주수소화 및 질식소화가 효과적이다.
  ⓒ 소화방법
    - 화재 발생 시 물 분무에 의한 소화가 가능하다.

핵심문제

아세톤의 성질에 대한 설명으로 옳지 않은 것은?

❶ 보관 중에 청색으로 변한다.
② 아이오딘포름반응을 일으킨다.
③ 아세틸렌 저장에 이용된다.
④ 유기물을 잘 녹인다.

해설

① 아세톤은 무색의 액체이며, 보관 중에도 색이 변하는 것은 아니다.

---

166 | 위험물산업기사 필기

• 수용성이므로, 화재 시 내알코올포소화약제를 사용하면 좋다.

ⓓ 아세톤의 연소반응식

$$CH_3COCH_3 + 4O_2 \rightarrow 3CO_2 \uparrow + 3H_2O$$

ⓞ 아세토나이트릴(C_2H_3N)(지정수량 400L : 수용성)

ⓧ 사이안화수소(HCN, 청산)(지정수량 400L : 수용성)

ⓧ 피리딘(C_5H_5N)(지정수량 400L : 수용성)

• 순수한 것은 무색의 액체로 강한 악취와 독성이 있다.
• 산, 알칼리에 안정하고, 물, 알코올, 에터에 잘 녹는다.
• 약알칼리성을 나타내며, 수용액 상태에서도 인화의 위험이 있다.

ⓚ 사이클로헥산(C_6H_{12})(지정수량 200L)

ⓣ 에틸벤젠($C_6H_5C_2H_5$)(지정수량 200L)

ⓟ 콜로디온(지정수량 400L)

• 질화도가 낮은 질화면(NC)에 부피비로 에탄올(3)과 에터(1)의 비율로 녹여 교질상태로 만든 것이다.
• 무색, 투명한 끈기 있는 액체이며, 인화점은 −18℃이다.
• 알코올포, 이산화탄소 분무주수 등으로 소화한다.

(3) 알코올류(지정수량 400L)

① 일반적인 성질

$$(C_nH_{2n+1}) + OH$$

㉠ $n = 1 \sim 3$인 알코올($n = 4$ 이상인 경우는 인화점에 따라 석유류로 분류)
㉡ 수용액의 농도가 60vol% 이상인 것(60vol% 미만이면 석유류로 분류)

② 종류

㉠ 메틸알코올

화학식	분자량	비중	비점(℃)	인화점(℃)	발화점(℃)
CH_3OH	32	0.79	64.7	11	464

• 휘발성이 강한 액체로서 메탄올, 목정이라고도 한다.
• 무색 투명한 액체로서 물, 에터에 잘 녹는다.
• 독성이 매우 강해 먹으면 실명 또는 사망에 이를 수 있다.

핵심문제

위험물안전관리법령상 HCN의 품명으로 옳은 것은?

❶ 제1석유류   ② 제2석유류
③ 제3석유류   ④ 제4석유류

해설

사이안화수소(HCN)의 품명은 제1석유류이다.

핵심문제

다음 중 C_5H_5N에 대한 설명으로 틀린 것은?

① 순수한 것은 무색이고 악취가 나는 액체이다.
② 상온에서 인화의 위험이 있다.
③ 물에 녹는다.
❹ 강한 산성을 나타낸다.

해설

④ 약알칼리성을 나타내며, 수용액 상태에서도 인화의 위험이 있다.

핵심문제

알코올류 위험물에 대한 설명으로 옳지 않은 것은?

① 탄소수가 1개부터 3개까지인 포화 1가 알코올을 말한다.
❷ 포소화약제 중 단백포를 사용하는 것이 효과적이다.
③ 메틸알코올은 산화되면 최종적으로 포름산이 된다.
④ 포화 1가 알코올의 함유량이 60wt% 이상인 것을 말한다.

해설

② 포소화약제 중 수용성이므로 내알코올포소화약제를 사용한다.

PART 03 위험물 성상 및 취급 | **167**

• 산화 · 환원 반응식

$$CH_3OH \underset{\text{환원}}{\overset{\text{산화}}{\rightleftharpoons}} HCHO \underset{\text{환원}}{\overset{\text{산화}}{\rightleftharpoons}} HCOOH$$

   (메틸알코올)   (포름알데하이드)   (의산)

ⓛ 에틸알코올

화학식	분자량	비중	비점(℃)	인화점(℃)	발화점(℃)
C_2H_5OH	46	0.79	78	13	423

• 에탄올, 주정이라고도 한다.
• 무색 투명한 액체로서 물, 에터에 잘 녹는다.
• 메탄올에는 독성이 있으나, 에탄올은 독성이 없다.
• 산화 · 환원 반응식

$$C_2H_5OH \underset{\text{환원}}{\overset{\text{산화}}{\rightleftharpoons}} CH_3CHO \underset{\text{환원}}{\overset{\text{산화}}{\rightleftharpoons}} CH_3COOH$$

  (에틸알코올)   (아세트알데하이드)   (초산)

• 에틸알코올에 아이오딘을 가하면 아이오딘포름(CHI_3)의 노란색 침전물이 생긴다.
• 화학반응식

$$2C_2H_5OH \xrightarrow{C-H_2SO_4} C_2H_5OC_2H_5 + H_2O \ (140℃에서 \ 반응식)$$

$$C_2H_5OH \xrightarrow{C-H_2SO_4} C_2H_4 + H_2O \ (160℃에서 \ 반응식)$$

$$C_2H_5OH + 6KOH + 4I_2 \rightarrow CHI_3 + 5KI + HCOOK + 5H_2O$$

ⓒ 정프로필알코올[정프로판올(C_3H_7OH)]

ⓔ 이소프로필알코올[이소프로판올(C_3H_7OH)]
• 무색 투명한 액체이다.
• 탈수하면 프로필렌(C_3H_6)이 된다.
• 탈수소하면 아세톤(CH_3COCH_3)이 된다.

ⓜ 변성알코올 : 공업용으로 이용되는 알코올로 주성분은 에틸알코올이며, 여기에 메탄올, 가솔린, 피리딘, 변성제로 석유 등을 섞은 것을 말한다.

핵심문제

다음 중 인화점이 가장 높은 것은?

❶ 메탄올
② 휘발유
③ 아세트산메틸
④ 메틸에틸케톤

해설

① CH_3OH(11℃)
② C_5H_{12}~C_9H_{20}($-43℃$~$-20℃$)
③ CH_3COOCH_3($-10℃$)
④ $CH_3COC_2H_5$($-1℃$)
※ ① 알코올류, ②, ③, ④ 제1석유류

168 | 위험물산업기사 필기

(4) 제2석유류(지정수량 : 비수용성 1,000L, 수용성 2,000L)

지정성상(인화점, 1atm 기준)	종류
21℃ 이상 ~ 70℃ 미만	클로로벤젠, 테레빈, 크실렌, 스티렌, 벤즈알데하이드, 등유, 경유, 의산, 초산, 하이드라진

암기법 클테크스 벤등경 의초하이

① 일반적인 성질

  ㉠ 지정품명 : 등유, 경유

  ㉡ 도료류 그 밖의 물품에 있어서 가연성 액체량이 40(중량)% 이하이면서 인화점이 40℃ 이상인 동시에 연소점이 60℃ 이상인 것은 제외한다.

② 종류

  ㉠ 클로로벤젠(지정수량 1,000L)

	화학식	분자량	비중	인화점(℃)	발화점(℃)
(Cl - 벤젠 구조)	C_6H_5Cl	112	1.11	32	638

  • 석유와 비슷한 냄새가 나는 무색의 액체이다.

  • 물에 녹지 않고 알코올, 에터 등 유기용제에 잘 녹는다.

  • 연소가 되면, 염화수소를 발생시킨다.

  ㉡ 크실렌[Xylene, $C_6H_4(CH_3)_2$, 지정수량 1,000L]

이성질체	분자량	비중	인화점(℃)	발화점(℃)
o-크실렌			32	464
m-크실렌	106	0.86	25	528
p-크실렌			25	529

  • 3가지의 이성질체가 있다(o-, m-, p-).

o-크실렌	m-크실렌	p-크실렌
(CH₃, CH₃ 구조)	(CH₃, CH₃ 구조)	(CH₃, CH₃ 구조)

  • 무색 투명한 독특한 냄새가 나는 액체이다.

  • 물에는 불용이고, 알코올, 에터, 벤젠 등 유기용제에 잘 녹는다.

  • B.T.X(벤젠, 톨루엔, 크실렌) 중에서 독성이 가장 약하다.

핵심문제

크실렌(Xylene)의 일반적인 성질에 대한 설명으로 옳지 않은 것은?

① 3가지 이성질체가 있다.
❷ 독특한 냄새를 가지며 갈색이다.
③ 유지나 수지 등을 녹인다.
④ 증기의 비중이 높아 낮은 곳에 체류하기 쉽다.

해설

② 무색 투명한 독특한 냄새가 나는 액체이다.

PART 03 위험물 성상 및 취급 | **169**

ⓒ 스티렌(지정수량 1,000L)

CH₂CH	화학식	분자량	비중	인화점(℃)	발화점(℃)
	$C_6H_5CH=CH_2$	102	0.81	32	490

- 독특한 냄새가 나는 무색 액체이다.
- 물에 녹지 않으나, 알코올, 에터, 이황화탄소 등에는 잘 녹는다.

ⓔ 벤즈알데하이드(지정수량 1,000L)

화학식	분자량	비중	인화점(℃)	발화점(℃)
C_7H_6O	106	1.1	64	192

ⓜ 등유(지정수량 1,000L)

인화점(℃)	발화점(℃)	유출온도(℃)	연소범위(%)
40~70	210	150~300	1~6

- 원유 증류 시 휘발유와 경유 사이에서 유출되는 포화·불포화탄화수소 혼합물이다.
- 증기비중 4.5, 인화점이 상온(25℃)보다 높고, 물보다 가벼운 인화성 액체이다.
- 휘발유(300℃)보다 등유(210℃)의 착화온도가 더 낮다.
- 비수용성, 부도체이므로 정전기 불꽃으로 인하여 위험성이 있다.

ⓗ 경유(지정수량 1,000L)

인화점(℃)	발화점(℃)	유출온도(℃)	증기비중
50~70	200	150~350	4.5

- 원유 증류 시 등유보다 높은 온도에서 유출되는 포화·불포화탄화수소 혼합물이다.
- 비수용성, 담황색 액체로 정전기 불꽃으로 인하여 위험성이 있다.
- 디젤기관의 연료로 사용된다. 칼륨(K), 나트륨(Na)의 보호액으로 사용할 수 있다.

ⓢ 포름산(HCOOH)(지정수량 2,000L : 수용성)
- 액비중 1.22, 의산, 개미산이라고도 한다.
- 수용성이며 물보다 무겁다.
- 피부에 대한 수종이 있고, 점화하면 푸른 불꽃을 내면서 연소한다.
- 강산에 속하므로, 환원성을 가지며, 저장 시 내산성용기를 사용하여야 한다.

◎ 초산(CH_3COOH)(지정수량 2,000L : 수용성)

- 무색, 투명한 액체이다.
- 약 16℃ 정도에서 응고하며, 겨울철에는 고체화될 수 있다.
- 아세트산, 빙초산이라고도 한다.
- 수용성이며 물보다 무겁다.
- 피부에 닿으면 수종을 일으킨다.

㉒ 하이드라진(지정수량 2,000L : 수용성)

화학식	분자량	비중	인화점(℃)	발화점(℃)
N_2H_4	32	1.01	37.8	270

- 로켓 연료, 플라스틱 발포제 등으로 사용된다.
- 암모니아와 비슷한 냄새가 나고, 수용성이며 녹는점은 약 2℃이다.
- 인체 발암성이 높고 호흡기, 피부 등에 영향을 미칠 수 있는 유독성의 물질이다.

(5) 제3석유류(지정수량 : 비수용성 2,000L, 수용성 4,000L)

지정성상(인화점, 1atm 기준)	종류
70℃ 이상 ~ 200℃ 미만	아닐린, 나이트로벤젠, 나이트로톨루엔, 담금질유, 메타크레졸, 크레오소트유, 중유, 에틸렌글리콜, 글리세린

암기법 아나아나 담메 크중 에글

① 일반적인 성질

㉠ 지정품명 : 중유, 크레오소트유

㉡ 도료류 그 밖의 물품은 가연성 액체량이 40중량퍼센트 이하인 것은 제외한다.

② 종류

㉠ 아닐린(지정수량 2,000L)

	화학식	분자량	비중	인화점(℃)	발화점(℃)
NH₂ 구조식	$C_6H_5NH_2$	93	1.02	75	615

- 황색 또는 담황색의 기름모양의 액체로서 물보다 무겁고 독성이 있다.
- 물에는 녹지 않고, 알코올, 아세톤, 벤젠 등에는 잘 녹는다.
- 황산과 같은 강산화제와 접촉하면 훨씬 더 위험하게 된다.
- 나이트로벤젠을 수소로 환원시켜 얻는다.

핵심문제

다음 중 인화점이 가장 높은 것은?

❶ 등유
② 벤젠
③ 아세톤
④ 아세트알데하이드

해설

① 등유(40~70℃)
② C_6H_6(−11℃)
③ CH_3COCH_3(−18℃)
④ CH_3CHO(−39℃)

핵심문제

다음에서 설명하는 위험물은?

- 지정수량은 2,000L이다.
- 로켓의 연료, 플라스틱 발포제 등으로 사용된다.
- 암모니아와 비슷한 냄새가 나고, 녹는점은 약 2℃이다.

해설

하이드라진(N_2H_4)에 대한 설명이다.

핵심문제

다음에서 설명하는 위험물의 명칭은?

- HCl과 반응하여 염산염을 만든다.
- 나이트로벤젠을 수소로 환원하여 만든다.
- $CaOCl_2$ 용액에서 붉은 보라색을 띤다.

해설

아닐린[$C_6H_5NH_2$]에 대한 내용이다.

PART 03 위험물 성상 및 취급 | 171

• 알칼리금속 및 알칼리토금속과 반응하여 수소와 아닐리드를 생성한다.

ⓛ 나이트로벤젠(지정수량 2,000L)

NO₂	화학식	분자량	비중	인화점(℃)	발화점(℃)
	$C_6H_5NO_2$	123	1.20	88	482

• 암갈색 또는 갈색의 특이한 냄새가 나는 액체로서 물보다 무겁고 독성이 있다.
• 물에는 녹지 않고 알코올, 벤젠, 에터 등에는 잘 녹는다.
• 벤젠을 황산과 질산의 혼합산 속에서 나이트로화시켜 얻는다.

ⓒ 나이트로톨루엔($C_6H_4CH_3NO_2$)(지정수량 2,000L)

ⓔ 담금질유(지정수량 2,000L)

ⓜ 메타크레졸(지정수량 2,000L)
• 무색 또는 황색의 페놀냄새가 나는 액체이다.
• 물에는 녹지 않으나 알코올, 에터, 클로로포름에는 녹는다.

ⓗ 크레오소트유(지정수량 2,000L)
• 인화점 : 74℃, 발화점 : 336℃, 비중 : 1.05
• 황색 또는 암록색의 기름 모양의 액체로서 독특한 냄새가 나며, 증기는 유독하다.
• 비수용성, 알코올, 에터, 벤젠, 톨루엔에 잘 녹는다.
• 방부제, 살충제의 원료로 사용되며, 저장 시 내산성 용기를 사용하여야 한다.

ⓢ 중유(지정수량 2,000L)

인화점(℃)	발화점(℃)	유출온도(℃)	비중
60~150	254~405	300~350	0.85

• 점도가 낮고 분무성이 좋으며, 착화가 잘 된다.
• 비수용성으로 디젤기관의 연료로 사용된다.

ⓞ 에틸렌글리콜(지정수량 4,000L : 수용성)

H H | | OH — C — C — OH | | H H	화학식	비중	인화점(℃)	발화점(℃)
	$C_2H_4(OH)_2$	1.1	111	413

• 무색, 무취의 단맛이 나는 끈끈한 흡습성이 있는 액체이다.

핵심문제

다음 중 부동액으로 사용되는 것은?

① 에탄   ② 아세톤
③ 이황화탄소   ❹ 에틸렌글리콜

해설

에틸렌글리콜[$C_2H_4(OH)_2$]
비점이 약 197℃인 무색 액체이고, 약간 단맛이 있으며 부동액의 원료로 사용한다.

- 물, 알코올 등에 잘 녹고 2가 알코올에 해당한다.
- 독성이 있고 자동차의 부동액의 주원료로 사용된다.

ⓩ 글리세린(글리세롤)(지정수량 4,000L : 수용성)

	화학식	비중	인화점(℃)	발화점(℃)
H H H │ │ │ H—C—C—C—H │ │ │ OH OH OH	$C_3H_5(OH)_3$	1.26	160	393

- 무색, 무취의 단맛이 나는 끈끈한 액체이다.
- 수용성이며 3가 알코올에 해당한다.
- 독성이 없고, 윤활제, 화장품, 폭약의 원료로 사용된다.

(6) 제4석유류(지정수량 6,000L)

① 일반적인 성질
- ㉠ 지정품명 : 기어유, 실린더유
- ㉡ 지정성상 : 1기압, 20℃에서 액체로서 인화점이 200℃ 이상 250℃ 미만인 것

② 종류
- 기어유, 실린더유, 스핀들유, 터빈유, 모빌유, 기계유, 윤활유 등

(7) 동식물유류(지정수량 10,000L)

① 일반적인 성질
동물의 지육 또는 식물의 종자나 과육으로부터 추출한 것으로 1기압에서 인화점이 250℃ 미만이다.

② 위험성
- ㉠ 화재 시 액온이 높아 소화가 곤란하다.
- ㉡ 아이오딘값이 클수록 불포화지방산이 많으므로 자연발화의 위험이 크다.
- ㉢ 불포화결합이 많을수록 자연발화의 위험성이 커진다.

③ 저장 및 취급방법
- ㉠ 액체 누설에 주의한다.
- ㉡ 심부화재로 소화가 곤란하다.
- ㉢ 건성유의 경우는 자연발화 위험이 있다.

④ 소화방법
대량의 분무주수나 탄산가스 및 분말소화가 가능하다.

핵심문제

다음 위험물 중 물보다 가벼운 것은?

❶ 메틸에틸케톤
② 나이트로벤젠
③ 에틸렌글리콜
④ 글리세린

해설

① $CH_3C_2H_5CO(0.8)$
② $C_6H_5NO_2(1.20)$
③ $C_2H_4(OH)_2(1.10)$
④ $C_3H_5(OH)_3(1.25)$

핵심문제

동·식물유류의 일반적 성질에 관한 내용이다. 거리가 먼 것은?

① 아마인유는 건성유이므로 자연발화의 위험이 존재한다.
❷ 아이오딘값이 클수록 포화지방산이 많으므로 자연발화의 위험이 적다.
③ 화재 시 액온이 상승하여 대형화재로 발전하기 때문에 소화가 곤란하다.
④ 동식물유는 대체로 인화점이 220~300℃ 정도이므로 연소위험성 측면에서 제4석유류와 유사하다.

해설

② 아이오딘값이 클수록 불포화지방산이 많으므로 자연발화의 위험이 크다.

⑤ 아이오딘값의 정의 및 특성

　　㉠ 아이오딘값이란 유지 100g에 부가(첨가)되는 아이오딘(I_2)의 g수를 의미한다.

　　㉡ 아이오딘값은 유지에 함유된 지방산의 불포화 정도를 나타낸다.

　　㉢ 불포화 정도가 클수록 반응성이 크다.

　　　• 아이오딘값이 크다 : 이중결합이 많고 건성유에 가깝다.

　　　• 아이오딘값이 작다 : 이중결합이 적고 불건성유에 가깝다.

⑥ 아이오딘값에 따른 구분

　　㉠ 건성유 : 아이오딘값이 130 이상인 것

　　　• 자연발화의 위험성이 있다.

　　　• 공기 중 산소와 결합하기 쉽다(공기 중 산화중합으로 생긴 고체가 도막을 형성할 수 있다).

　　　• 아마인유, 들기름, 대구유, 상어유, 동유, 해바라기기름, 정어리기름

　　　　암기법 ㉨전한 ㉨등 ㉨㉨에 ㉨㉨ ㉨㉨㉨를 상품으로 준다.

　　㉡ 반건성유 : 아이오딘값이 100 이상 130 미만인 것

　　　청어유, 옥수수기름, 쌀겨기름, 콩기름, 참기름, 채종유, 면실유

　　　암기법 ㉨㉨전한 농부가 ㉨㉨㉨㉨으로 ㉨㉨㉨을 살렸다.

　　㉢ 불건성유 : 아이오딘값이 100 미만인 것

　　　땅콩기름, 올리브유, 피마자유, 고래기름, 소기름, 야자유

　　　암기법 ㉨㉨전한 ㉨(고스톱)에서 ㉨㉨는 경찰서에 ㉨㉨해㉨ 한다.

5 제5류 위험물

유별	성질	위험물 품명		지정수량	위험등급
제5류	자기 반응성 물질	1. 유기과산화물(제2종), 질산에스터류(제1, 2종)		제1종 10kg	제1종 I
		2. 나이트로화합물(제1, 2종), 나이트로소화합물(제1, 2종)			
		3. 다이아조화합물(종판단 필요), 아조화합물(제2종)			
		4. 하이드라진 유도체(제2종), 하이드록실아민(제2종), 하이드록실아민염류(제2종)		제2종 100kg	제2종 II
		5. 행정안전부령이 정하는 것 (금속의 아자이드화합물, 질산구아니딘)			

암기법 ㉨ !! ㉨㉨가 있는(㉨) ㉨이 ㉨㉨㉨㉨㉨㉨㉨㉨

핵심문제

짚, 헝겊 등을 다음 물질에 적셔서 대량으로 쌓아 두었을 경우 자연발화의 위험성이 제일 높은 것은?

❶ 동유　　　　② 야자유
③ 올리브유　　④ 피마자유

해설

자연발화의 위험성이 가장 높은 것은 건성유이다.
※ ① 건성유 ②, ③, ④ 불건성유

핵심문제

자기반응성 물질의 일반적인 성질로 옳지 않은 것은?

① 강산류와 접촉은 위험하다.
② 연소속도가 대단히 빨라서 폭발성이 있다.
③ 물질 자체가 산소를 함유하고 있어 내부연소를 일으키기 쉽다.
❹ 물과 격렬하게 반응하여 폭발성 가스를 발생한다.

해설

자기반응성 물질은 제5류 위험물로서 물과는 반응하지 않으므로 화재시 다량의 물로 소화시킨다.

174 │ 위험물산업기사 필기

1) 공통 성질

① 외부로부터 산소의 공급 없이 가열, 충격 등에 의해 연소폭발을 일으킬 수 있는 자기반응성 물질이다.
② 자기연소로서 연소 속도가 매우 빨라 폭발성이 강한 물질이다.
③ 하이드라진 유도체류를 제외하고는 유기화합물이다.
④ 유기질소화합물에는 자연발화의 위험성을 갖는 것도 있다.
⑤ 강산류와 접촉은 매우 위험하며, 화약의 주원료로 사용하고 있다.
⑥ 제5류 위험물 중에서 아조벤젠, 다이아조벤젠 등은 산소를 포함하고 있지 않다.

2) 저장 및 취급방법

① 저장 시 가열, 충격, 마찰 등을 피한다.
② 용기의 파손 및 균열에 주의한다.
③ 점화원 및 분해를 촉진시키는 물질로부터 멀리한다.
④ 직사광선 차단, 습도에 주의하고 통풍이 양호한 찬 곳에 보관한다.
⑤ 소분하여 저장하고 용기의 파손 및 균열에 주의한다.
⑥ 운반용기 외부에 주의사항으로 "화기엄금" 및 "충격주의"를 표기한다.
⑦ 강산화제 또는 강산류와 접촉 시 위험성이 증가한다.

3) 소화방법

① 다량의 주수에 의한 냉각소화가 가장 적합하다.
② 할로젠화물소화기는 부적당하다.
③ 산소를 함유하고 있으므로 질식소화는 부적당하다.

스프링클러	물분무설비	포소화설비	불활성가스소화	할로젠화합물
○	○	○		

분말소화기			CO₂	건조사	팽창질석 · 진주암
인산염류	탄산수소염류	그 밖의 것			
				○	○

4) 제5류 위험물 종류

(1) 유기과산화물

과산화벤조일(벤조일퍼옥사이드, BPO), 과산화메틸에틸케톤(메틸에틸케톤퍼옥사이드, MEKPO) 등이 있다.

🖉

제5류 위험물에서 제1종과 제2종의 구분은 폭발성 판정기준, 가열분해성 판정기준에 의거하여 분류한다[지정수량 : 제1종(10kg), 제2종(100kg)].

압력 열분석	등급 Ⅰ	등급 Ⅱ	등급 Ⅲ
위험성 있음	제1종	제2종	제2종
위험성 없음	제1종	제2종	비위험물

가열분해성 판정기준에서
• 등급 Ⅰ : 구멍의 직경이 9mm 인 오리피스관을 이용하여 파열판이 파열되는 물질
• 등급 Ⅱ : 구멍의 직경이 1mm 인 오리피스관을 이용하여 파열판이 파열되는 물질
• 등급 Ⅲ : 구멍의 직경이 1mm 인 오리피스관을 이용하여 파열판이 파열되지 않는 물질

핵심문제

유기과산화물의 저장 시 주의사항으로서 옳지 않은 것은?

① 화기나 열원으로부터 멀리한다.
② 강한 환원제와 가까이 하지 않는다.
③ 직사일광을 피하고 찬 곳에 저장한다.
❹ 산화제이므로 다른 산화제와 같이 저장해도 괜찮다.

해설

④ 산화제와 환원제 모두 가까이 하면 위험성이 증가한다.

① 일반적인 성질

　ⓐ −O−O−기를 가진 유기과산화물이라 한다.

　ⓑ 산화제와 환원제 모두 가까이 하지 말아야 한다.

　ⓒ 가능한 한 소용량으로 그늘지고, 습한 곳에 저장한다.

　ⓓ 용기의 파손에 의하여 누출 위험이 있으므로 정기적으로 점검한다.

　ⓔ 산소원자 사이의 결합이 약하기 때문에 가열, 충격, 마찰에 의해 폭발을 일으키기 쉽다.

② 종류

　ⓐ 과산화벤조일(벤조일퍼옥사이드)(제2종)

O=C−O−O−C=O ⬡　　⬡	화학식	비중	융점(℃)	발화점(℃)
	$(C_6H_5CO)_2O_2$	1.33	103~105	125

　　• 무색, 무미의 백색 결정이다.

　　• 물에는 녹지 않고, 알코올에 약간 녹는다.

　　• 저장 시 희석제로 폭발의 위험성을 낮출 수 있다.

　　• 상온에서 안정된 물질로서, 강한 산화작용이 있다.

　　• 유기물, 환원성 물질과 접촉을 피해야 한다.

　　• 진한 황산과 접촉하면 분해폭발의 위험이 있다.

　　• 건조한 상태, 열, 빛, 충격, 마찰 등에 의해 폭발의 위험이 있다.

　　• 수성일 경우 함유율이 80(중량)% 이상일 때 지정유기과산화물이라 한다.

　ⓑ 과산화메틸에틸케톤(메틸에틸케톤퍼옥사이드)(제2종)

화학식	인화점(℃)	융점(℃)	발화점(℃)
$(CH_3COC_2H_5)_2O_2$	58 이상	−20 이하	205

　　• 무색의 특이한 냄새가 나는 기름 모양의 액체이다.

　　• 물에 약간 용해하고 에터, 알코올, 케톤유에 녹는다.

　　• 열, 빛, 알칼리금속에 의하여 연소된다.

　　• 40℃ 이상에서 분해가 시작되어 110℃ 이상에서 발열 및 분해가스가 연소된다.

(2) 질산에스터류

나이트로셀룰로스(NC), 나이트로글리세린(NG), 질산메틸, 질산에틸, 나이트로글리콜, 펜트라이트 등이 있다.

① 일반적인 성질

　　㉠ 질산(HNO_3)의 수소(H)원자 대신 알킬기(C_nH_{2n+1})로 치환된 화합물이다(펜트라이트 제외).

　　㉡ 부식성이 강한 물질로 가열, 충격에 의한 폭발이 쉬우며 폭약의 원료로 많이 사용된다.

　　㉢ 분자 내부에 산소를 함유하고 있어 불안정하며 가열, 충격, 마찰에 의해 폭발할 수 있다.

② 종류

　　㉠ 나이트로셀룰로스(NC)$[(C_6H_7O_2(ONO_2)_3)_n]$(제1종)

　　　다이너마이트의 원료로 사용되며 건조한 상태에서는 타격, 마찰에 의하여 폭발의 위험이 있으므로 운반 시 물 또는 알코올을 첨가하여 습윤시키는 위험물이다.

　　　• 무색 또는 백색의 고체로서 물에는 약간 녹으나, 알코올, 아세톤에는 잘 녹는다.

　　　• 셀룰로스에 진한 질산(3)과 진한 황산(1)을 비율로 혼산으로 반응시켜 제조한 것이다.

　　　• 130℃에서 서서히 분해하여 180℃에서 불꽃을 내면서 급격히 연소한다.

　　　• 발화점은 약 160~170℃이다.

　　　• 무연화약으로 사용되며 질화도가 클수록 위험하다(질화도란 질소의 함유량을 말한다).

　　　• 직사광선 및 산의 존재하에 자연발화의 위험이 있다.

　　　• 저장 운반 시 안정제를 가해서 냉암소에 저장한다.

　　　• 셀룰로이드는 장뇌를 함유하고 있는 나이트로셀룰로스로 이루어진 일종의 플라스틱이다.

　　㉡ 나이트로글리세린(NG)$[C_3H_5(ONO_2)_3]$(제1종)

　　　충격이나 마찰에 민감하고 가수분해반응을 일으키는 단점을 가지고 있어 이를 개선하여 다이너마이트를 발명하는 데 주원료로 사용한 위험물이다. 순수한 것은 무색, 투명한 기름상의 액체이고 공업용은 담황색인 위험물로 충격, 마찰에 매우 예민하며 겨울철에는 동결할 우려가 있다.

　　　• 여름은 액체이나, 겨울은 고체이다.

　　　• 비중은 약 1.6, 물에 녹지 않고, 알코올, 벤젠 등에 녹는다.

　　　• 가열 · 마찰 · 충격에 민감하며 폭발하기 쉽다.

핵심문제

나이트로셀룰로스를 저장, 운반할 때 가장 좋은 방법은?

① 질소가스를 충전한다.
② 유리병에 넣는다.
③ 냉동시킨다.
❹ 함수알코올 등으로 습윤시킨다.

해설

④ 저장, 운반할 때 물 또는 알코올을 첨가하여 습윤시킨다.

핵심문제

다음 중 규조토에 흡수시켜 다이너마이트를 제조할 때 사용되는 위험물은?

① 장뇌
② 질산에틸
❸ 나이트로글리세린
④ 나이트로셀룰로스

해설

본문 참조

- 규조토에 흡수시킨 것을 다이너마이트라 한다.
- 공기 중에서 점화하면 폭발뿐만 아니라 폭굉을 일으킨다.
- 화학반응식

$$4C_3H_5(ONO_2)_3 \rightarrow 12CO_2 \uparrow + 10H_2O + 6N_2 \uparrow + O_2 \uparrow$$

ⓒ 나이트로글리콜[$C_2H_4(ONO_2)_2$](제1종)

낮은 온도에서도 잘 얼지 않는 다이너마이트를 제조하기 위해 나이트로글리세린의 일부를 대체하여 첨가하는 물질이다.
- 순수한 것은 무색이나 공업용은 담황색 또는 분홍색의 액체이다.
- 물에는 녹지 않고 알코올, 아세톤, 벤젠에는 잘 녹는다.
- 마찰, 충격에 민감하고 산이 존재하면 분해되어 폭발하는 수도 있다.

ⓡ 질산메틸(CH_3ONO_2)(제1종)
- 비점은 약 66℃, 증기는 공기보다 무겁다(증기비중 2.65).
- 무색 투명하고 향긋한 냄새가 나는 액체로 단맛이 있다.
- 인화성은 있으나 폭발성은 거의 없다.
- 물에는 녹지 않으며, 알코올, 에터에 잘 녹는다.

ⓜ 질산에틸($C_2H_5ONO_2$)(제1종)
- 무색 투명한 향긋한 냄새가 나는 액체로 단맛이 있다.
- 물에는 녹지 않으며, 알코올, 에터에 잘 녹는다.
- 증기비중 3.14, 비점 88℃, 인화점 −10℃로 매우 낮으므로 연소하기 쉽다.

ⓗ 펜트라이트[$C(CH_2NO_3)_4$](제1종)

Reference

셀룰로이드류(지정수량 10kg)

(1) 개요
① 질화도가 낮은 나이트로셀룰로스(질소함유량 10.5~11.5%)에 장뇌와 알코올을 녹여 교질상태로 만든 것으로 무색 또는 반투명 탄력성을 가진 고체이다.
② 질소가 함유된 유기물이다.
③ 물에 녹지 않지만 진한 황산, 알코올, 아세톤, 초산, 에스터에 녹는다.
(2) 위험성
① 열을 가하면 연소가 매우 용이하며 외부의 산소공급 없이도 연소가 가능하다.
② 장시간 방치되면 햇빛, 고온도, 고습도 등에 의해 분해가 촉진되고 분해열이 축적되면 자연발화 위험이 있다.
③ 연소 시 사이안화수소(HCN), 포름산(HCOOH), 일산화탄소(CO) 등 유독성 가스가 다량 발생하므로 주의를 요한다.

(3) 저장 및 취급방법

　① 화기 엄금, 직사광선 차단, 환기가 잘 되는 찬 곳에 저장하고 30℃ 이하
　　가 유지되도록 한다.

　② 저장소 내 강산화제, 강산류, 알칼리, 가연성 물질을 함께 저장하지 않는다.

　③ 가온, 가습, 열분해가 되지 않도록 주의한다.

(4) 소화방법

　① 이산화탄소(CO_2), 건조분말, 할로젠화합물소화약제에 의한 질식소화
　　는 효과가 없다.

　② 다량의 물로 냉각소화하는 것이 가장 적합하다.

　③ 소화 시 유독성 가스의 발생에 주의를 요한다.

(3) 나이트로화합물

트라이나이트로톨루엔(TNT), 트라이나이트로페놀(TNP) 등이 있다.

① 일반적인 성질

　㉠ 유기화합물의 수소원자가 나이트로기($-NO_2$)로 치환된 화합물이다.

　㉡ 공기 중 자연발화 위험은 없으나, 가열·충격·마찰에 폭발한다.

　㉢ 나이트로기가 많을수록 연소하기 쉽고 폭발력도 커진다.

　㉣ 연소 시 다량의 유독가스를 발생시키므로 주의한다.

② 종류

　㉠ 트라이나이트로톨루엔(TNT)(제1종)

화학식	비중	융점(℃)	발화점(℃)
$C_6H_2CH_3(NO_2)_3$	1.66	81	300

- 담황색의 침상 결정으로 강력한 폭약이다.
- 톨루엔에 질산, 황산을 반응시켜 생성되는 물질이다.
- 비수용성, 아세톤, 알코올, 벤젠, 에터에 잘 녹는다.
- 폭약류의 폭력을 비교할 때 기준 폭약으로 활용된다.
- 일광을 쪼이면 다갈색으로 변한다.
- 공기 중에 노출되면 쉽게 가수분해한다.
- 피크르산에 비해 충격, 마찰에 둔감하나 급격한 타격에 의하여 폭발한다.
- 분해하여 질소, 일산화탄소, 수소가스가 발생한다.
- 화학반응식

핵심문제

TNT의 폭발, 분해 시 생성물이 아닌 것은?

① CO　　　　② N_2

❸ SO_2　　　④ H_2

해설

$2C_6H_2CH_3(NO_2)_3$
$\rightarrow 12CO \uparrow +5H_2 \uparrow +3N_2 \uparrow +2C$

$$-C_6H_5CH_3 + 3HNO_3 \xrightarrow{c-H_2SO_4} C_6H_2CH_3(NO_2)_3 + 3H_2O \text{ (제조 반응식)}$$

$$-2C_6H_2CH_3(NO_2)_3 \rightarrow 12CO\uparrow + 5H_2\uparrow + 3N_2\uparrow + 2C \text{ (분해 반응식)}$$

ⓛ 트라이나이트로페놀(TNP)(제2종)

화학식	비중	융점(℃)	발화점(℃)
$C_6H_2OH(NO_2)_3$	1.8	122.5	300

- 강한 쓴맛과 독성이 있고, 광택이 있는 휘황색의 침상 결정으로 피크린산 또는 피크르산이라고도 한다.
- 폭발속도가 7,350m/s 정도이고 자기연소를 하며 상온에서 안정하다.
- 페놀(C_6H_5OH)에 질산, 황산을 반응시켜 생성되는 물질이다.
- 중금속(철, 구리, 납) 등과 반응하여 민감한 금속염(피크르산염)을 만든다.
- 냉수에는 녹기 힘들고 더운물, 에터, 벤젠, 알코올에는 잘 녹는다.
- 단독으로는 안정하고, 연소 시 검은 연기를 내지만 폭발은 하지 않는다.
- 테트릴보다 충격, 마찰에 둔감한 편이다.
- 드럼통에 넣어서 밀봉시켜 저장하고, 건조할수록 위험성이 증가한다.
- 화학반응식

$$2C_6H_2OH(NO_2)_3 \rightarrow 4CO_2\uparrow + 6CO\uparrow + 3H_2\uparrow + 3N_2\uparrow + 2C$$

ⓒ 테트릴(제1종)

2,4,6-트라이나이트로페닐메틸나이트로아민의 약칭으로 분자식은 $C_7H_5N_5O_8$이다. 충격 마찰에 예민하고 폭발 위력이 큰 물질로 뇌관의 첨장약으로 사용되고 폭발물 중에서도 독성이 매우 강한 편에 속한다.

ⓔ 기타

다이나이트로벤젠, 다이나이트로톨루엔, 다이나이트로페놀 등이 있다.

핵심문제

트라이나이트로페놀의 성질에 대한 설명 중 틀린 것은?

❶ 폭발에 대비하여 철, 구리로 만든 용기에 저장한다.
② 휘황색을 띤 침상결정이다.
③ 비중이 약 1.8로 물보다 무겁다.
④ 단독으로는 테트릴보다 충격, 마찰에 둔감한 편이다.

해설

① 중금속(철, 구리, 납) 등과 반응하여 민감한 금속염(피크르산염)을 만들기 때문에 철, 구리로 만든 용기에 저장하여서는 안 된다.

핵심문제

충격 마찰에 예민하고 폭발 위력이 큰 물질로 뇌관의 첨장약으로 사용되는 것은?

① 나이트로글리콜
② 나이트로셀룰로스
❸ 테트릴
④ 질산메틸

해설

테트릴($C_7H_5N_5O_8$)은 충격 마찰에 예민하고 폭발 위력이 큰 물질로 뇌관의 첨장약으로 사용되고 폭발물 중에서도 독성이 매우 강한 편에 속한다.

(4) 나이트로소화합물

나이트로소기(−NO)를 가진 화합물로서 파라디나이트로소벤젠, 디나이트로소레조르신, 다이나이트로소펜타메틸렌테드라민 등이 있다.

(5) 아조화합물(지정수량 200kg)

아조기(−N=N−)를 가진 화합물로서 아조벤젠, 히드록시아조벤젠, 아미노아조벤젠, 아족시벤젠 등이 있다.

(6) 다이아조화합물

다이아조기(−N≡N)를 가진 화합물로서 다이아조메탄, 다이아조디나이트로페놀, 질화납(아지화연), 다이아조아세토나이트릴, 메틸다이아조 아세테이트 등이 있다.

(7) 하이드라진 유도체

하이드라진(N_2H_4)은 유기화합물로부터 얻어진 물질이며, 탄화수소 치환체를 포함한다. 종류는 페닐하이드라진, 히드라조벤젠 등이 있다.

(8) 하이드록실아민(NH_2OH)

6 제6류 위험물

유별	성질	품명	지정수량	위험등급
제6류	산화성 액체	1. 과염소산, 과산화수소, 질산	300kg	I
		2. 그 밖에 행정안전부령이 정하는 것		
		할로젠간화합물(BrF_3, BrF_5, IF_5)		

암기법 산화성 액체에는 질산과 염산이 있다.

1) 공통 성질

① 강한 부식성이 있고 비중은 1보다 크다.
② 불연성이고 무색 투명하며, 물에 잘 녹는다.
③ 증기는 유독하며 피부와 접촉 시 점막을 발생시킨다.
④ 자신이 환원되는 산화성 물질이다.

핵심문제

나이트로셀룰로스(1종) 5kg과 트라이나이트로페놀(2종)을 함께 저장하려고 한다. 이때 지정수량 1배로 저장하려면 트라이나이트로페놀을 몇 kg 저장하여야 하는가?

해설

- 나이트로셀룰로스(1종) 지정수량 : 10kg
- 트라이나이트로페놀(2종) 지정수량 : 100kg

$$\therefore \frac{5}{10} + \frac{x}{100} = 1 \Rightarrow x = 50$$

핵심문제

제6류 위험물의 일반적인 성질에 대한 설명으로 가장 거리가 먼 것은?

① 모두 무기화합물이며 물에 녹기 쉽고 물보다 무겁다.
❷ 모두 강산에 속한다.
③ 모두 산소를 함유하고 있으며 다른 물질을 산화시킨다.
④ 자신은 모두 불연성 물질이다.

해설

② 과산화수소를 제외하고 강산성 물질이다.

핵심문제

[보기]의 물질 중 「위험물안전관리법」
상 제6류 위험물에 해당하는 것은 모
두 몇 개인가?

[보기]
ⓐ 비중 1.49인 질산
ⓑ 비중 1.7인 과염소산
ⓒ 물 60g, 과산화수소 40g을 혼
합한 수용액

① 1개   ② 2개
❸ 3개   ④ 없음

해설

제6류 위험물
• 과염소산
• 비중 1.49 이상인 질산
• 36wt% 이상인 과산화수소

핵심문제

질산의 성상에 관한 설명이다. 맞는
것은?

① 질산은 비휘발성 물질이다.
② $KClO_3$와 혼합하면 안정한 질산염이
   생성된다.
③ 자신은 불연성 물질로 강한 환원력
   을 갖고 있다.
❹ 「위험물안전관리법」상 질산의 비
   중 1.49 이상을 위험물로 간주하고
   있다.

해설

① 질산은 휘발성 물질이다.
② $KClO_3$와 혼합하면 폭발성을 가진
   질산칼륨이 생성된다.
③ 자신은 불연성 물질로 강한 산화력
   을 갖고 있다.

---

2) 위험성

① 자체는 불연성 물질이나 조연성 가스인 산소를 발생시키므로 가연물,
유기물 등과의 혼합으로 발화한다.
② 자신은 불연성 물질이지만 산화성이 커 다른 물질의 연소를 돕는다.
③ 일반 가연물과 접촉하면 혼촉, 발화하거나 가열 등에 의해 매우 위험
한 상태로 된다.
④ 과산화수소를 제외하고 강산성 물질에 속하며, 물과 접촉하면 심하게
발열한다.
⑤ 염기와 작용하여 염과 물을 만드는데, 이때 발열한다.

3) 저장 및 취급방법

① 화기엄금, 직사광선 차단, 강환원제, 유기물질, 가연성 위험물과 접촉
을 피한다.
② 물이나 염기성 물질, 제1류 위험물과의 접촉을 피한다.
③ 용기의 내산성으로 하며 밀전, 파손방지, 전도방지, 변형방지에 주의
하고 물, 습기에 주의해야 한다.
④ 증기는 유독하므로 취급 시에는 보호구를 착용하여야 한다.

4) 소화방법

① 주수소화가 적합하나 다량의 물로 희석하여 사용한다.
② 건조사나 인산염류의 분말 등을 사용한다.

스프링클러	물분무설비	포소화설비	불활성가스소화	할로젠화합물
○	○	○		

분말소화기			CO₂	건조사	팽창질석·진주암
인산염류	탄산수소염류	그 밖의 것			
○			△	○	○

[비고] "△"표시 : 제6류 위험물 소화에서 폭발의 위험이 없는 장소에 한하여 적응성이
있음

5) 제6류 위험물 종류

(1) 질산(HNO_3)(지정수량 300kg)

① 일반적인 성질

㉠ 소방법에서 규제하는 진한 질산은 그 비중이 1.49 이상이다.

ⓛ 물과 반응하여 발열한다. 금, 백금 등과 반응하여 질산염과 수소가 생성된다.

ⓒ 분해하면 산소를 발생시킨다.

ⓔ 질산과 염산을 1 : 3 비율로 제조한 것을 왕수라고 한다.

ⓜ 흡습성이 강하고 부식성이 있는 무색의 액체로서 자연발화하지 않는다.

ⓗ 자극성, 부식성이 강하며 비점이 낮아 휘발성이 있고 햇빛에 의해 분해한다.

ⓢ 구리와 묽은 질산과 반응하여 일산화질소를 발생시킨다.

ⓞ 진한 질산은 철(Fe), 니켈(Ni), 크로뮴(Cr), 알루미늄(Al)과 반응하여 부동태를 형성한다(부동태란 더 이상 산화작용을 하지 않는다는 의미이다).

ⓩ 진한 질산을 가열, 분해 시 이산화질소(NO_2) 가스가 발생하고 여러 금속과 반응하여 가스를 방출시킨다.

ⓦ 발연질산은 이산화질소(NO_2)를 함유하는 진한 질산용액(86% 이상 질산)으로, 상온에서 적갈색의 연기를 발생시킨다.

ⓚ 유기물질과 혼합하면 발화의 위험성이 있다.

ⓣ 화학반응식

• $4HNO_3 \xrightarrow{\Delta} 2H_2O + 4NO_2 \uparrow + O_2 \uparrow$

• $3Cu + 8HNO_3 \longrightarrow 3Cu(NO_3)_2 + 2NO \uparrow + 4H_2O$

② 저장 및 취급방법

ㄱ 공기 중에서 유독성 적갈색의 연기(NO_2)를 내며 갈색 병에 보관해야 한다.

ㄴ 화기엄금, 직사광선 차단, 물기와 접촉금지, 통풍이 잘되는 찬 곳에 저장한다.

ㄷ 진한 질산이 손이나 몸에 묻었을 때 응급처치방법은 다량의 물로 충분히 씻는다.

③ 소화방법

ㄱ 소량 화재인 경우 다량의 물로 희석소화하고, 다량의 경우 포나 이산화탄소(CO_2), 마른 모래 등으로 소화한다.

ㄴ 다량의 경우 안전거리를 확보하여 소화작업을 진행한다.

핵심문제

질산의 위험성에 대한 설명으로 옳은 것은?

① 화재에 대한 직·간접적인 위험성은 없으나 인체에 묻으면 화상을 입는다.

② 공기 중에서 스스로 자연발화하므로 공기에 노출되지 않도록 한다.

③ 인화점 이상에서 가연성 증기를 발생하여 점화원이 있으면 폭발한다.

❹ 유기물질과 혼합하면 발화의 위험성이 있다.

해설

① 화재에 대한 직·간접적인 위험성뿐만 아니라, 인체에 묻으면 화상을 입는다.

② 자연발화의 위험성은 없다.

③ 제6류 위험물이므로 상황에 따라 조연성 가스를 발생시킨다.

핵심문제

과염소산과 과산화수소의 공통된 성질이 아닌 것은?

① 비중이 1보다 크다.
❷ 물에 녹지 않는다.
③ 산화제이다.
④ 산소를 포함한다.

해설

② 과염소산($HClO_4$)과 과산화수소(H_2O_2) 모두 물에 잘 녹는다.

핵심문제

과산화수소의 저장방법으로 올바르게 나타낸 것은?

① 착색 병에 100% 넣고 밀봉해서 건조한 곳에 둔다.
② 폴리에틸렌병에 90% 이상 넣어 밀봉해서 보관한다.
❸ 가스를 빼는 마개가 붙은 폴리에틸렌 병에 90% 이하 넣어서 둔다.
④ 가스를 빼는 마개가 붙은 내산 유리병에 100% 넣어서 양지바른 곳에 둔다.

해설

과산화수소의 저장방법
직사일광에 의해 분해할 위험성이 있으므로 갈색의 착색 유리병(10% 여유공간)에 보관한다(저장용기 마개는 내압상승 방지를 위하여 구멍 뚫린 마개를 사용한다).

---

(2) 과염소산(지정수량 300kg)

화학식	비중	융점($℃$)	비점($℃$)
$HClO_4$	1.76	-112	39

① 일반적인 성질
　　㉠ 무색, 무취의 물에 잘 녹는 액체로 흡습성이 강하다.
　　㉡ 독성, 휘발성, 폭발성이 있다.
　　㉢ 유기물과 접촉 시 발화 또는 폭발의 위험이 있다.
　　㉣ 염소산 중에서 제일 강한 산이다.
　　㉤ 물과 접촉하면 심하게 발열한다.
　　㉥ 철(Fe), 구리(Cu), 아연(Zn)과 격렬히 반응하여 산화합물을 만들기 때문에 철제 용기를 사용하지 말아야 한다.
　　㉦ 산화력이 강하고, 연소와 동시에 폭발한다.
　　㉧ 일반적으로 물과 접촉하면 발열하므로 생성된 혼합물도 강한 산화력을 가진다.
　　㉨ 상압에서 가열하면 분해하고 유독성가스인 염화수소(HCl)를 발생시킨다.

② 저장 및 취급방법
　　㉠ 밀폐용기에 넣어 저장하고 통풍이 양호한 곳에 저장한다.
　　㉡ 화기, 직사광선, 유기물·가연물과 접촉해서는 안 된다.
　　㉢ 물과의 접촉을 피하고 충격, 마찰을 주지 않도록 해야 한다.

③ 소화방법
　　㉠ 다량의 물로 분무주수하거나 분말소화약제를 사용한다.
　　㉡ 유기물과 접촉 시 발화의 위험이 있기 때문에 가연물과 접촉시키지 않는다.

(3) 과산화수소(H_2O_2)(지정수량 300kg)

① 일반적인 성질
　　㉠ 무색의 액체이며, 물, 알코올, 에터에는 녹지만, 벤젠·석유에는 녹지 않는다.
　　㉡ 산화제 및 환원제로도 사용되며 표백, 살균작용을 한다. 자연발화의 위험성은 없다.
　　㉢ 과산화수소 3%의 용액을 소독약인 옥시풀이라 한다.
　　㉣ 농도에 따라 밀도, 끓는점, 녹는점이 달라진다.
　　㉤ 농도 36% 이상이면 위험물에 속하며, 단독으로 폭발할 위험이 있다.

ⓑ 분해할 때 발생하는 발생기산소(O)는 난분해성 유기물질을 산화시킬 수 있다.

ⓢ 상온에서 $2H_2O_2 \rightarrow 2H_2O + O_2 \uparrow$ 로 서서히 분해되어 산소를 방출한다.

② 저장 및 취급방법

　ⓞ 햇빛 차단, 화기 엄금, 충격 금지, 환기 잘 되는 냉암소에 저장한다.

　ⓛ 햇빛에 의해서 분해되며, 정촉매(MnO_2)하에서 분해가 촉진된다.

　ⓒ 가연물(종이, 나무부스러기, 금속분 등)과의 접촉을 피한다.

　ⓔ 용기의 내압상승을 방지하기 위하여 저장용기마개는 구멍 뚫린 마개를 사용한다.

　ⓜ 분해방지 안정제(인산나트륨, 인산, 요산, 글리세린 등)를 첨가하여 산소분해를 억제한다.

　ⓑ 직사일광에 의해 분해할 위험성이 있으므로 갈색의 착색 유리병(10% 여유공간)에 보관한다.

③ 소화방법

　ⓞ 주수에 의해 냉각소화한다.

　ⓛ 피부와 접촉을 막기 위해 보호의를 착용한다.

핵심문제

「위험물안전관리법령」상 위험물에 해당하는 것은?

① 황산
② 비중이 1.41인 질산
③ 53μm의 표준체를 통과하는 것이 50(중량)% 미만인 철의 분말
❹ 농도가 40(중량)%인 과산화수소

해설

① 해당사항 없음(위험물이 아님)
② 비중이 1.49 이상인 질산
③ 53μm의 표준체를 통과하는 것이 50(중량)% 이상인 철의 분말
④ 농도가 36(중량)% 이상인 과산화수소

CHAPTER 03 위험물안전관리법

1 위험물안전관리에 관한 일반적인 사항

1) 용어의 정의

① **위험물** : 인화성 또는 발화성 등의 성질을 가지는 것으로 대통령령이 정하는 물품을 말한다.

② **제조소** : 위험물을 제조할 목적으로 지정수량 이상의 위험물을 취급하기 위하여 허가를 받은 장소를 말한다.

③ **저장소** : 지정수량 이상의 위험물을 저장하기 위하여 허가를 받은 장소를 말한다.

④ **취급소** : 지정수량 이상의 위험물을 제조 외의 목적으로 취급하기 위한 대통령령이 정하는 장소로서 허가를 받은 장소를 말한다.

⑤ **제조소등** : 제조소ㆍ저장소 및 취급소를 말한다.

⑥ **지정수량** : 위험물의 종류별로 위험성을 고려하여 대통령령이 정하는 수량으로서 제조소등의 설치허가 등에 있어서 최저의 기준이 되는 수량을 말한다.

2) 행정안전부령에 따른 유별 분류

① 제1류 위험물
    ㉠ 과아이오딘산염류
    ㉡ 과아이오딘산
    ㉢ 크로뮴, 납 또는 아이오딘의 산화물
    ㉣ 아질산염류
    ㉤ 차아염소산염류
    ㉥ 염소화아이소사이아누르산
    ㉦ 퍼옥소이황산염류
    ㉧ 퍼옥소붕산염류

② 제3류 위험물 : 염소화규소화합물
③ 제5류 위험물
  ㉠ 금속의 아지화합물
  ㉡ 질산구아니딘
④ 제6류 위험물 : 할로젠간화합물

3) 위험물안전관리법 적용 제외

항공기, 선박, 철도 및 궤도에 의한 위험물의 저장·취급 및 운반에 있어서는 적용하지 않는다.

4) 국가의 책무

국가는 위험물에 의한 사고를 예방하기 위하여 다음 사항을 포함하는 시책을 수립·시행하여야 한다.

① 위험물의 유통실태 분석
② 위험물에 의한 사고 유형의 분석
③ 사고 예방을 위한 안전기술 개발
④ 전문인력 양성
⑤ 그 밖에 사고 예방을 위하여 필요한 사항

5) 위험물의 저장 및 취급의 제한

① 지정수량 이상의 위험물을 저장소가 아닌 장소에서 저장 및 취급을 금지한다.
② 제조소등이 아닌 장소에서 지정수량 이상의 위험물을 취급할 수 있는 경우 : 시·도의 조례
  ㉠ 관할소방서장의 승인 후 위험물을 90일 이내의 기간 동안 임시로 저장 또는 취급하는 경우
  ㉡ 군부대가 위험물을 군사목적으로 임시로 저장 또는 취급하는 경우
③ 제조소등의 위치·구조 및 설비의 기술기준은 행정안전부령으로 정한다.
④ 둘 이상의 위험물을 같은 장소에서 저장 또는 취급하는 경우에 있어서 각 위험물의 수량을 지정수량으로 나누어 얻은 수의 합계가 1 이상인 경우 당해 위험물은 지정수량 이상의 위험물로 본다.

핵심문제

위험물안전관리법령상 시·도의 조례가 정하는 바에 따라 관할소방서장의 승인을 받아 지정수량 이상의 위험물을 임시로 제조소등이 아닌 장소에서 취급할 때 며칠 이내의 기간 동안 취급할 수 있는가?

① 7   ② 30
❸ 90   ④ 180

해설

본문 참조

핵심문제

제조소 등의 관계인은 당해 제조소등의 용도를 폐지한 때에는 총리령이 정하는 바에 따라 제조소등의 용도를 폐지한 날부터 며칠 이내에 시·도지사에게 신고하여야 하는가?

① 5일   ② 7일
❸ 14일   ④ 21일

해설

본문 참조

6) 제조소등 설치허가 관련

① 지정수량 이상의 위험물 :「위험물안전관리법」에 적용
② 지정수량 미만의 위험물 : 시·도조례로 정함
③ 제조소등을 설치하고자 하는 자 : 시·도지사
④ 제조소등의 위치, 구조 변경 : 시·도지사(변경하고자 하는 날의 1일 전까지)
⑤ 설비의 변경 없이 위험물의 품명, 수량 변경 : 시·도지사(변경하고자 하는 날의 1일 전까지)
⑥ 지정수량의 배수를 변경하고자 하는 자 : 시·도지사(변경하고자 하는 날의 1일 전까지)
⑦ 제조소등의 용도폐지 신고 : 시·도지사(폐지한 날부터 14일 이내 신고)

7) 제조소등 설치허가 제외사항

① 주택의 난방시설(공동주택의 중앙난방시설 제외)을 위한 저장소 또는 취급소
② 농예용·축산용 또는 수산용으로 필요한 난방시설 또는 건조시설을 위한 지정수량 20배 이하의 저장소

8) 제조소등 설치허가의 취소와 사용정지 등

① 시·도지사는 허가취소 또는 6월 이내의 기간을 정하여 전부 또는 일부의 사용정지를 명할 수 있다.
② 제조소등 설치허가의 취소와 사용정지 요건
　㉠ 변경허가를 받지 아니하고 제조소등의 위치·구조 또는 설비를 변경한 때
　㉡ 완공검사를 받지 아니하고 제조소등을 사용한 때
　㉢ 수리·개조 또는 이전의 명령을 위반한 때
　㉣ 위험물안전관리자를 선임하지 아니한 때
　㉤ 대리자를 지정하지 아니한 때
　㉥ 정기점검을 하지 아니한 때
　㉦ 정기검사를 받지 아니한 때
　㉧ 저장·취급기준 준수명령을 위반한 때

9) 제조소등의 완공검사 신청

① 시·도지사, 소방서장 또는 한국소방산업기술원에 신청

② 시·도지사는 완공검사를 실시하고, 완공검사필증을 교부

③ 완공검사필증을 잃어버리거나 멸실·훼손 또는 파손한 경우 : 시·도지사에게 재교부 신청

④ 잃어버린 완공검사필증을 발견하는 경우 : 10일 이내에 시·도지사에게 제출

10) 제조소등의 완공검사 신청시기

① 지하탱크가 있는 제조소등의 경우 : 해당 지하탱크를 매설하기 전

② 이동탱크저장소의 경우 : 이동저장탱크를 완공하고 상치장소를 확보한 후

③ 이송취급소의 경우 : 이송배관 공사의 전체 또는 일부를 완료한 후. 다만 지하·하천 등에 매설하는 이송배관 공사의 경우에는 이송배관을 매설하기 전

④ 전체 공사가 완료된 후에 완공검사를 실시하기 곤란한 경우
   ㉠ 위험물 설비 또는 배관의 설치가 완료되어 기밀시험 또는 내압시험을 실시하는 시기
   ㉡ 배관을 지하에 설치하는 경우에는 시·도지사, 소방서장 또는 기술원이 지정하는 부분을 매몰하기 직전
   ㉢ 기술원이 지정하는 부분의 비파괴 시험을 실시하는 시기

11) 제조소등 설치자의 지위승계

① 설치자가 사망, 양도·인도한 때 또는 법인인 제조소등의 설치자의 합병이 있는 때

② 경매, 압류재산의 매각과 그 밖에 이에 준하는 절차에 따라 제조소등의 시설의 전부를 인수한 자

③ 지위를 승계한 자는 승계한 날부터 30일 이내에 시·도지사에게 그 사실을 신고하여야 한다.

12) 위험물안전관리자 관련

① 위험물안전관리자 선임권자 : 제조소등의 관계인

② 위험물안전관리자 선임신고 : 소방본부장 또는 소방서장에게 신고

③ 위험물안전관리자 해임 또는 퇴직 시 : 30일 이내 재선임

④ 위험물안전관리자 선임신고 : 14일 이내

⑤ 위험물안전관리자의 여행, 질병 기타 사유로 직무수행이 불가능 시 : 대리자 지정(대행기간은 30일을 초과할 수 없다)

핵심문제

다음은 위험물안전관리법령에 관한 내용이다. ( )에 알맞은 수치의 합은?

> ㉠ 위험물안전관리자를 선임한 제조소등의 관계인은 그 안전관리자를 해임하거나 안전관리자가 퇴직한 때에는 해임하거나 퇴직한 날부터 ( )일 이내에 다시 안전관리자를 선임하여야 한다.
>
> ㉡ 제조소등의 관계인은 당해 제조소 등의 용도를 폐지한 때에는 총리령이 정하는 바에 따라 제조소등의 용도를 폐지한 날부터 ( )일 이내에 시·도지사에게 신고하여야 한다.

① 40 ❷ 44
③ 49 ④ 62

해설

㉠ 30일, ㉡ 14일
∴ 30＋14＝44일

PART 03 위험물 성상 및 취급 | **189**

핵심문제

위험물안전관리자의 책무 및 선임에 대한 설명 중 맞지 않는 것은?

① 위험물 취급에 관한 일지의 작성 및 기록
② 화재 등의 발생 시 응급조치 및 소방관서에 연락
③ 위험물제조소등의 계측장치, 제어장치 및 안전장치 등의 적정한 유지관리
❹ 위험물을 저장하는 각 저장창고의 바닥면적의 합계가 1천㎡ 이하인 옥내저장소는 1명의 안전관리자를 중복 선임해야 한다

해설

④ 1명의 안전관리자를 중복 선임할 수 있는 조건에는 저장창고의 바닥면적에 대한 규정은 없다.

✎
이동탱크저장소는 위험물안전관리자를 선임하지 않아도 된다.

---

⑥ 위험물안전관리자 미선임 : 1,500만 원 이하의 벌금
⑦ 위험물안전관리자 선임신고 태만 : 200만 원 이하의 과태료
⑧ 1인의 안전관리자를 중복하여 선임할 수 있는 경우 등
  ㉠ 보일러·버너 또는 이와 비슷한 것으로서 위험물을 소비하는 장치로 이루어진 7개 이하의 일반취급소와 그 일반취급소에 공급하기 위한 위험물을 저장하는 저장소[일반취급소 및 저장소가 모두 동일구 내(같은 건물 안 또는 같은 울 안을 말한다)에 있는 경우에 한한다]를 동일인이 설치한 경우
  ㉡ 위험물을 차량에 고정된 탱크 또는 운반용기에 옮겨 담기 위한 5개 이하의 일반취급소[일반취급소 간의 거리(보행거리를 밀한다)가 300m 이내인 경우에 한한다]와 그 일반취급소에 공급하기 위한 위험물을 저장하는 저장소를 동일인이 설치한 경우
  ㉢ 동일구 내에 있거나 상호 100m 이내의 거리에 있는 저장소로서 저장소의 규모, 저장하는 위험물의 종류 등을 고려하여 행정안전부령이 정하는 저장소를 동일인이 설치한 경우
  ㉣ 다음 각 기준에 모두 적합한 5개 이하의 제조소등을 동일인이 설치한 경우
    • 각 제조소등이 동일구 내에 위치하거나 상호 100m 이내의 거리에 있을 것
    • 각 제조소등에서 저장 또는 취급하는 위험물의 최대수량이 지정수량의 3천 배 미만일 것(다만, 저장소의 경우는 그러하지 아니하다)

13) 위험물안전관리자의 책무

① 위험물 취급작업에 참여하여 해당 작업이 예방규정에 적합하도록 작업자에 대하여 지시 및 감독
② 위험물 취급 관련 일지의 작성 또는 기록
③ 화재 등의 재난이 발생한 경우 응급조치 및 소방관서 등에 대한 연락업무
④ 위험물제조소등의 계측장치, 제어장치 및 안전장치 등의 적정한 유지관리

14) 안전교육대상자

① 안전관리자로 선임된 자
② 탱크시험자의 기술인력으로 종사하는 자
③ 위험물운송자로 종사하는 자

15) 예방규정을 정하여야 하는 대상

① 제조소등의 관계인은 제조소등의 화재예방과 재해 발생 시의 비상조치에 필요한 사항, 즉 예방규정을 서면으로 작성하여 허가청에 제출하여야 한다.

② 예방규정을 정하여야 하는 대상
  ㉠ 지정수량의 10배 이상의 위험물을 취급하는 제조소, 일반취급소
  ㉡ 지정수량의 100배 이상의 위험물을 저장하는 옥외저장소
  ㉢ 지정수량의 150배 이상의 위험물을 저장하는 옥내저장소
  ㉣ 지정수량의 200배 이상의 위험물을 저장하는 옥외탱크저장소
  ㉤ 암반탱크저장소, 이송취급소

16) 예방규정의 작성내용

① 위험물의 안전관리업무를 담당하는 자의 직무 및 조직에 관한 사항
② 안전관리자가 여행·질병 등으로 인하여 그 직무를 수행할 수 없을 경우 그 직무의 대리자에 관한 사항
③ 자체소방대의 편성과 화학소방자동차의 배치에 관한 사항
④ 위험물의 안전에 관계된 작업에 종사하는 자에 대한 안전교육 및 훈련에 관한 사항
⑤ 위험물시설 및 작업장에 대한 안전순찰에 관한 사항
⑥ 위험물시설·소방시설 그 밖의 관련 시설에 대한 점검 및 정비에 관한 사항
⑦ 위험물시설의 운전 또는 조작에 관한 사항
⑧ 위험물 취급 작업의 기준에 관한 사항
⑨ 재난 그 밖의 비상시의 경우에 취하여야 하는 조치에 관한 사항

17) 운송책임자의 감독, 지원을 받아 운송하여야 하는 위험물

① 알킬알루미늄　　　② 알킬리튬
③ 알킬알루미늄 또는 알킬리튬의 물질을 함유하는 위험물

18) 탱크 사항

① 탱크의 공간용적
  ㉠ 위험물을 저장 또는 취급하는 탱크의 용량은 당해 탱크의 내용적에서 공간용적을 뺀 용적으로 한다. 다만, 이동저장탱크의 경우에는 내용적에서 공간용적을 뺀 용량이 「자동차 및 자동차부품의 성능과 기준에 관한 규칙」에 의한 최대적재량 이하로 하여야 한다.

핵심문제

위험물을 저장 또는 취급하는 탱크의 용량은 어떻게 정하는가?

해설

탱크의 내용적에서 공간용적을 뺀 용적으로 한다.

핵심문제

다음은 위험물을 저장하는 탱크의 공간용적 산정기준이다. (　) 안에 알맞은 수치로 옳은 것은?

> 가) 위험물을 저장 또는 취급하는 탱크의 공간용적은 탱크 내용적의 (A) 이상 (B) 이하의 용적으로 한다. 다만, 소화설비(소화약제 방출구를 탱크안의 윗부분에 설치하는 것에 한한다)를 설치하는 탱크의 공간용적은 당해 소화설비의 소화약제 방출구 아래의 0.3m 이상 1m 미만 사이의 면으로부터 윗부분의 용적으로 한다.
> 나) 암반탱크에 있어서는 당해 탱크 내에 용출하는 (C)일간의 지하수의 양에 상당하는 용적과 당해 탱크의 내용적의 (D)의 용적 중에서 보다 큰 용적을 공간용적으로 한다.

① A : 3/100, B : 10/100, C : 10, D : 1/100
② A : 5/100, B : 5/100, C : 10, D : 1/100
❸ A : 5/100, B : 10/100, C : 7, D : 1/100
④ A : 5/100, B : 10/100, C : 10, D : 3/100

해설

본문 참조

핵심문제

그림과 같이 횡으로 설치한 원통형 위험물탱크에 대하여 탱크의 용량을 구하면 약 몇 m³인가?(단, 공간용적은 탱크 내용적의 100분의 5로 한다.)

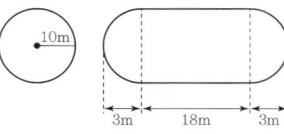

해설

$$\pi r^2 \left(l + \frac{l_1 + l_2}{3} \right) = \pi \times 10^2$$
$$\times \left(18 + \frac{3+3}{3} \right) \times (1 - 0.05)$$
$$= 5,969.026 \, \text{m}^3$$

㉡ 탱크의 공간용적은 탱크 내용적의 100분의 5 이상 100분의 10 이하의 용적으로 한다. 다만, 소화설비(소화약제 방출구를 탱크 안의 윗부분에 설치하는 것)를 설치하는 탱크의 공간용적은 해당 소화설비의 소화약제 방출구 아래의 0.3m 이상 1m 미만 사이의 면으로부터 윗부분의 용적으로 한다.

㉢ 암반탱크에 있어서는 해당 탱크 내에 용출하는 7일간의 지하수의 양에 상당하는 용적과 해당 탱크 내용적의 1/100 용적 중에서 보다 큰 용적을 공간용적으로 한다.

② 탱크의 내용적

㉠ 타원형 탱크의 내용적

• 양쪽이 볼록한 것

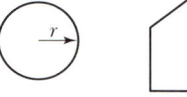

$$\frac{\pi \, ab}{4} \left(l + \frac{l_1 + l_2}{3} \right)$$

• 한쪽은 볼록하고 다른 한쪽은 오목한 것

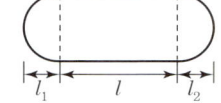

$$\frac{\pi \, ab}{4} \left(l + \frac{l_1 - l_2}{3} \right)$$

㉡ 원형 탱크의 내용적

• 횡으로 설치한 것

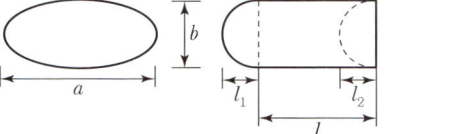

$$\pi r^2 \left(l + \frac{l_1 + l_2}{3} \right)$$

• 종으로 설치한 것

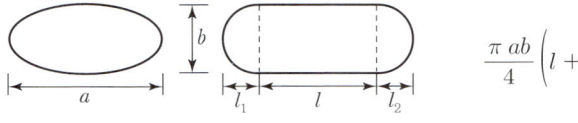

$$\pi r^2 \, l$$

③ 탱크안전성능검사의 위탁 가능 탱크

㉠ 용량이 100만L 이상인 액체위험물을 저장하는 탱크

㉡ 암반탱크

㉢ 지하탱크저장소의 위험물탱크 중 행정안전부령이 정하는 액체위험물탱크

④ 탱크안전성능검사

    ㉠ 기초 · 지반검사   ㉡ 충수 · 수압검사

    ㉢ 용접부 검사   ㉣ 암반탱크검사

19) 자체소방대 관련

① 설치대상

    ㉠ 지정수량 3,000배 이상의 제4류 위험물을 취급하는 제조소, 일반 취급소

    ㉡ 지정수량 50만 배 이상의 제4류 위험물을 취급하는 옥외탱크저장소

② 자체소방대에 두는 화학소방자동차 및 인원

제조소 및 일반취급소의 구분	화학소방자동차	조작인원
지정수량의 12만 배 미만을 저장 · 취급하는 것	1대	5인
지정수량의 12만 배 이상 24만 배 미만을 저장 · 취급하는 것	2대	10인
지정수량의 24만 배 이상 48만 배 미만을 저장 · 취급하는 것	3대	15인
지정수량의 48만 배 이상을 저장 · 취급하는 것	4대	20인
옥외탱크저장소에 저장하는 제4류 위험물의 최대수량이 지정수량의 50만 배 이상인 사업소	2대	10인

③ 자체소방대의 설치 제외대상

    ㉠ 보일러, 버너 그 밖에 이와 유사한 장치로 위험물을 소비하는 일반 취급소

    ㉡ 이동저장탱크 그 밖에 이와 유사한 것에 위험물을 주입하는 일반 취급소

    ㉢ 유압장치, 윤활유순환장치 그 밖에 이와 유사한 장치로 위험물을 취급하는 일반취급소

    ㉣ 용기에 위험물을 옮겨 담는 일반취급소

④ 자체소방대 미설치 시 1년 이하의 징역 또는 1천만 원 이하의 벌금 부과

20) 화학소방차 관련

① 10만리터 이상의 포수용액을 방사할 수 있는 양의 소화약제를 비치할 것

② 포수용액의 방사능력이 분당 2,000리터 이상이 될 것

③ 포수용액을 방사하는 화학소방자동차의 대수는 전체 화학소방자동차 대수의 2/3 이상으로 할 것

핵심문제

제조소에서 취급하는 제4류 위험물의 최대수량의 합이 지정수량의 48만 배 이상인 사업소의 자체소방대를 두어야 하는 화학소방차의 대수 및 자체소방대원의 수는?(단, 해당 사업소는 다른 사업소 등과 상호응원에 관한 협정을 체결하고 있지 아니하다.)

❶ 4대, 20명   ② 3대, 15명
③ 2대, 10명   ④ 1대, 5명

해설
본문 참조

핵심문제

자체소방대를 두어야 하는 화학소방자동차 중 포수용액을 방사하는 화학소방자동차는 전체 법정 화학소방자동차 대수의 얼마 이상으로 하여야 하는가?

① 1/3   ❷ 2/3
③ 1/5   ④ 2/5

해설
본문 참조

핵심문제

위험물 이동탱크저장소 관계인은 해당 제조소 등에 대하여 연간 몇 회 이상 정기점검을 실시하여야 하는가?(단, 구조안전점검 외의 정기점검인 경우이다.)

해설

본문 참조

21) 제조소등의 정기점검 및 정기검사

① 정기점검 횟수

규정에 의하여 제조소등의 관계인은 당해 제조소등에 대하여 연 1회 이상 정기점검을 실시하여야 한다.

② 정기점검 실시자

위험물안전관리자, 위험물운송자

③ 정기점검의 대상인 제조소등

㉠ 지정수량의 10배 이상의 위험물을 취급하는 제조소, 일반취급소

㉡ 지정수량의 100배 이상의 위험물을 저장하는 옥외저장소

㉢ 지정수량의 150배 이상의 위험물을 저장하는 옥내저장소

㉣ 지정수량의 200배 이상의 위험물을 저장하는 옥외탱크저장소

㉤ 암반탱크저장소, 이송취급소

㉥ 지하탱크저장소

㉦ 이동탱크저장소

㉧ 위험물을 취급하는 탱크로서 지하에 매설된 탱크가 있는 제조소 · 주유취급소 또는 일반취급소

22) 제조소등의 행정처분

위반사항	행정처분기준		
	1차	2차	3차
제조소등의 위치 · 구조 또는 설비를 변경한 때	경고 또는 사용정지 15일	사용정지 60일	허가 취소
• 완공검사를 받지 아니하고 제조소등을 사용한 때 • 위험물안전관리자를 선임하지 아니한 때	사용정지 15일	사용정지 60일	허가 취소
수리 · 개조 또는 이전의 명령에 위반한 때	사용정지 30일	사용정지 90일	허가 취소
• 규정을 위반하여 대리자를 지정하지 아니한 때 • 규정에 의한 정기점검을 하지 아니한 때 • 규정에 의한 정기검사를 하지 아니한 때	사용정지 10일	사용정지 30일	허가 취소
규정에 의한 저장 · 취급기준 준수명령을 위반한 때	사용정지 30일	사용정지 60일	허가 취소

23) 제조소등의 변경허가를 받아야 하는 경우

① 옥외탱크저장소
  ㉠ 옥외저장탱크의 위치를 이전하는 경우
  ㉡ 옥외탱크저장소의 기초ㆍ지반을 정비하는 경우
  ㉢ 옥외저장탱크의 밑판 또는 옆판을 교체하는 경우
  ㉣ 주입구의 위치를 이전하거나 신설하는 경우
  ㉤ 불활성기체의 봉입장치를 신설하는 경우

② 이동탱크저장소
  ㉠ 상치장소의 위치를 이전하는 경우(같은 사업장인 경우는 제외)
  ㉡ 이동저장탱크를 보수(탱크본체를 절개하는 경우)하는 경우
  ㉢ 이동저장탱크의 노즐 또는 맨홀을 신설하는 경우(노즐 또는 맨홀의 직경이 250mm를 초과하는 경우)
  ㉣ 이동저장탱크의 내용적을 변경하기 위하여 구조를 변경하는 경우
  ㉤ 주입설비를 설치 또는 철거하는 경우
  ㉥ 펌프설비를 신설하는 경우

24) 한국소방산업기술원의 기술검토를 받아야 하는 사항

① 지정수량의 3천 배 이상의 위험물을 취급하는 제조소 또는 일반취급소 : 구조ㆍ설비에 관한 사항
② 옥외저장탱크(저장용량이 50만L 이상인 것만 해당한다) : 위험물탱크의 기초ㆍ지반, 탱크본체 및 소화설비에 관한 사항
③ 암반탱크저장소 : 위험물탱크의 기초ㆍ지반, 탱크본체 및 소화설비에 관한 사항

25) 제조소등에 대한 긴급 사용정지명령 등

① 긴급 사용정지명령자 : 시ㆍ도지사, 소방본부장 또는 소방서장
② 공공의 안전을 유지하거나 재해의 발생을 방지하기 위하여 긴급한 필요가 있다고 인정하는 때에 사용을 일시정지하거나 사용제한할 것을 명할 수 있다.

26) 벌칙

① 제조소등에서 위험물을 유출ㆍ방출 또는 확산시켜 사람의 생명ㆍ신체 또는 재산에 대하여 위험을 발생시킨 자는 1년 이상 10년 이하의 징역에 처한다.

② 제조소등에서 위험물을 유출·방출 또는 확산시켜 사람을 상해(傷害)에 이르게 한 때에는 무기 또는 3년 이상의 징역에 처하며, 사망에 이르게 한 때에는 무기 또는 5년 이상의 징역에 처한다.

③ 업무상 과실로 제조소등에서 위험물을 유출·방출 또는 확산시켜 사람의 생명·신체 또는 재산에 대하여 위험을 발생시킨 자는 7년 이하의 금고 또는 7천만 원 이하의 벌금에 처한다.

④ 업무상 과실로 제조소등에서 위험물을 유출·방출 또는 확산시켜 사람을 사상(死傷)에 이르게 한 자는 10년 이하의 징역 또는 금고나 1억 원 이하의 벌금에 처한다.

핵심문제

위험물안전관리법령에서 정하는 제조소와의 안전거리 기준이 다음 중 가장 큰 것은?

① 「고압가스 안전관리법」의 규정에 의하여 허가를 받거나 신고를 하여야 하는 고압가스저장시설
② 사용전압이 35,000V를 초과하는 특고압가공전선
③ 병원, 학교, 극장
❹ 「문화유산의 보존 및 활용에 관한 법률」의 규정에 의한 지정문화유산과 천연기념물

해설

① 20m ② 5m
③ 30m ④ 50m

핵심문제

위험물안전관리법령상 연소의 우려가 있는 위험물제조소의 외벽의 기준으로 옳은 것은?

① 개구부가 없는 불연재료의 벽으로 하여야 한다.
② 개구부가 없는 내화구조의 벽으로 하여야 한다.
③ 출입구 외의 개구부가 없는 불연재료의 벽으로 하여야 한다.
❹ 출입구 외의 개구부가 없는 내화구조의 벽으로 하여야 한다.

해설

위험물제조소의 외벽의 기준
연소의 우려가 있는 외벽은 출입구 외의 개구부가 없는 내화구조의 벽으로 한다.

---

2 제조소 및 각종 저장소의 위치, 구조와 설비의 기준

1) 제조소등의 위치, 구조 및 설비의 기준

(1) 안전거리

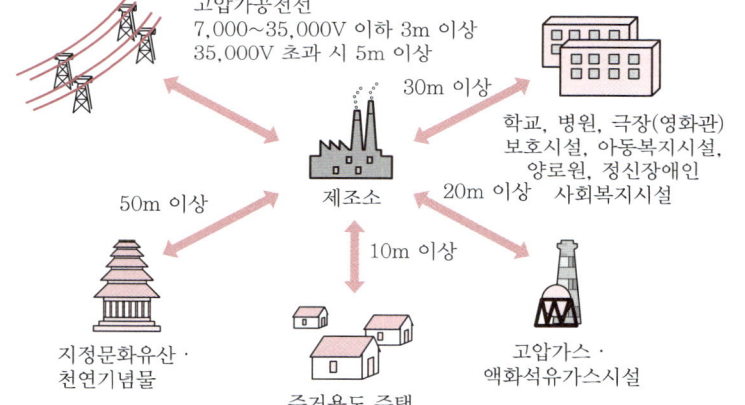

안전거리	건축물
3m 이상	사용전압이 7,000V 초과 35,000V 이하의 특고압가공전선
5m 이상	사용전압이 35,000V를 초과하는 특고압가공전선
10m 이상	건축물 그 밖의 공작물로서 주거용으로 사용되는 것
20m 이상	고압가스, 액화석유가스 또는 도시가스를 저장 또는 취급하는 시설
30m 이상	학교·병원·극장 그 밖에 다수인을 수용하는 시설
50m 이상	지정문화유산 및 천연기념물

(2) 보유공지

① 제조소의 보유공지

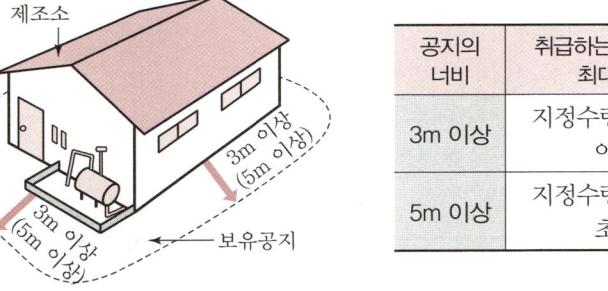

공지의 너비	취급하는 위험물의 최대수량
3m 이상	지정수량의 10배 이하
5m 이상	지정수량의 10배 초과

② 보유공지 대신 방화상 유효한 격벽(방화벽) 설치

ⓐ 방화벽은 내화구조로 할 것(제6류 위험물인 경우는 불연재료)

ⓑ 출입구 및 창 등의 개구부는 가능한 한 최소, 자동폐쇄식의 60분＋
방화문 또는 60분 방화문 설치

ⓒ 양단 및 상단이 외벽 또는 지붕으로부터 50cm 이상 돌출

(3) 표지판, 게시판 및 주의사항

① 표지판 및 게시판

ⓐ 표지판 예 "위험물제조소"

- 표지판은 한 변의 길이가 0.3m 이상, 다른 한 변의 길이가 0.6m
이상인 직사각형으로 한다.
- 표지의 바탕은 백색으로, 문자는 흑색으로 한다.

ⓑ 게시판

- 게시판은 한 변의 길이가 0.3m 이상, 다른 한 변의 길이가 0.6m
이상인 직사각형으로 한다.
- 게시판의 바탕은 백색으로, 문자는 흑색으로 한다[단, 이동탱크

핵심문제

지정수량 이상의 위험물을 차량으로
운반할 때 게시판의 색상에 대한 설명
으로 옳은 것은?

① 흑색바탕에 청색의 도료로 "위험물"
이라고 게시한다.

❷ 흑색바탕에 황색의 반사도료로 "위
험물"이라고 게시한다.

③ 적색바탕에 흰색의 반사도료로 "위
험물"이라고 게시한다.

④ 적색바탕에 흑색의 도료로 "위험물"
이라고 게시한다.

해설

게시판의 색상

게시판의 바탕은 백색으로, 문자는 흑
색으로 한다.[단, 이동탱크저장소의
게시판("위험물")은 흑색 바탕으로 문
자는 황색 반사도료로 할 것]

핵심문제

위험물제조소에서 위험물게시판에 기재할 사항이 아닌 것은?

① 취급최대수량
❷ 위험물의 성분·함량
③ 위험물의 유별·품명
④ 위험물 안전관리자 성명

해설

본문 참조

핵심문제

주유취급소의 표지 및 게시판의 기준에서 "위험물 주유취급소" 표지와 "주유중 엔진정지" 게시판의 바탕색을 차례대로 나타내시오.

해설

본문 참조

핵심문제

제3류 위험물 중 금수성 물질의 위험물제조소에 설치하는 주의사항 게시판의 색상 및 표시내용으로 옳은 것은?

❶ 청색 바탕 – 백색 문자, "물기엄금"
② 청색 바탕 – 백색 문자, "물기주의"
③ 백색 바탕 – 청색 문자, "물기엄금"
④ 백색 바탕 – 청색 문자, "물기주의"

해설

본문 참조

저장소의 게시판("위험물")은 흑색 바탕으로 문자는 황색 반사 도료로 할 것].

ⓒ 제조소등의 게시판에 기재할 내용

• 위험물의 유별·품명
• 저장최대수량 또는 취급최대수량
• 지정수량의 배수
• 안전관리자의 성명 또는 직명

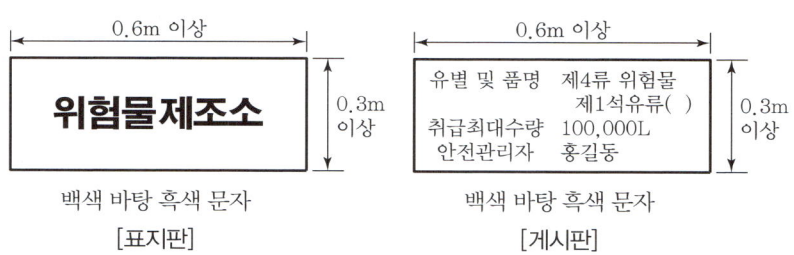

ⓔ 구분에 따른 표지판, 게시판과 위험물의 주의사항에 따른 색상

구분	제조소등의 구분	표지 및 게시판	바탕색	문자색
게시판	제조소등	제조소게시판	백색	흑색
	주유취급소	주유 중 엔진정지	황색	흑색
	이동탱크저장소	위험물	흑색	황색반사 도료
표지판	제조소등	위험물제조소	백색	흑색
	주유취급소	위험물 주유취급소	백색	흑색

위험물 종류	주의사항	바탕색	문자색
제1류 위험물 중 알칼리금속의 과산화합물 제3류 위험물 중 금수성 물질	물기엄금	청색	백색
제2류 위험물(인화성 고체는 제외)	화기주의	적색	백색
제2류 위험물 중 인화성 고체 제3류 위험물 중 자연발화성 물질 제4류 위험물 제5류 위험물	화기엄금	적색	백색

0.6m 이상

화기엄금

0.3m 이상

[적색 바탕 백색 문자]

0.6m 이상

물기엄금

0.3m 이상

[청색 바탕 백색 문자]

(4) 건축물의 구조

① 지하층이 없도록 한다.
② 벽·기둥·바닥·보·서까래 및 계단을 불연재료로 한다.
③ 연소의 우려가 있는 외벽은 출입구 외의 개구부가 없는 내화구조의 벽으로 한다.
④ 지붕은 폭발력이 위로 방출될 정도의 가벼운 불연재료로 덮는다.
⑤ 출입구와 비상구에는 60분＋ 방화문·60분 방화문 또는 30분 방화문을 설치한다.
⑥ 연소의 우려가 있는 외벽에 설치하는 출입구에는 수시로 열 수 있는 자동폐쇄식의 60분＋ 방화문 또는 60분 방화문을 설치한다.
⑦ 액체의 위험물을 취급하는 건축물의 바닥은 위험물이 스며들지 못하는 재료를 사용하고, 적당한 경사를 두어 그 최저부에 집유설비를 한다.

(5) 채광·조명 및 환기설비

① 채광설비는 불연재료로 하고 연소의 우려가 없는 장소에 설치하되 채광면적을 최소로 한다.
② 조명설비는 다음의 기준에 적합하게 설치한다.
  ㉠ 가연성 가스 등이 체류할 우려가 있는 장소의 조명등은 방폭등으로 한다.
  ㉡ 전선은 내화·내열전선으로 한다.
  ㉢ 점멸스위치는 출입구 바깥부분에 설치한다.
③ 환기설비는 다음의 기준에 의한다.
  ㉠ 환기는 자연배기방식으로 한다.
  ㉡ 급기구는 당해 급기구가 설치된 실의 바닥면적 150m² 마다 1개 이상으로 하되, 급기구의 크기는 800cm² 이상으로 한다. 다만, 바닥면적이 150m² 미만인 경우에는 다음의 크기로 한다.

바닥면적	급기구의 면적
60m² 미만	150cm² 이상
60m² 이상 90m² 미만	300cm² 이상
90m² 이상 120m² 미만	450cm² 이상
120m² 이상 150m² 미만	600cm² 이상

  ㉢ 급기구는 낮은 곳에 설치, 가는 눈의 구리망 등으로 인화방지망을 설치한다.
  ㉣ 환기구는 지붕 위 또는 지상 2m 이상의 높이에 회전식 고정벤틸레이터 또는 루프팬방식으로 설치한다.

핵심문제

위험물제조소 건축물의 구조 기준이 아닌 것은?

① 출입구에는 60분＋ 방화문·60분 방화문 또는 30분 방화문을 설치할 것
② 지붕은 폭발력이 위로 방출될 정도의 가벼운 불연재료로 덮을 것
③ 벽·기둥·바닥·보·서까래 및 계단을 불연재료로 하고, 연소(燃燒)의 우려가 있는 외벽은 출입구 외의 개구부가 없는 내화구조의 벽으로 하여야 한다.
❹ 산화성 고체, 가연성 고체 위험물을 취급하는 건축물의 바닥은 위험물이 스며들지 못하는 재료를 사용할 것

해설

④ 액체의 위험물을 취급하는 건축물의 바닥은 위험물이 스며들지 못하는 재료를 사용하고, 적당한 경사를 두어 그 최저부에 집유설비를 한다.

핵심문제

위험물 제조소의 건축물의 자연배기방식 환기설비 중 바닥면적 150m²마다 1개 이상 설치하는 급기구의 크기로 옳은 것은?

① 200cm² 이상
② 400cm² 이상
③ 600cm² 이상
❹ 800cm² 이상

해설

급기구는 당해 급기구가 설치된 실의 바닥면적 150m²마다 1개 이상으로 하되, 급기구의 크기는 800cm² 이상으로 한다.

④ 배출설비

   ㉠ 배출설비는 예외적인 경우를 제외하고는 국소방식으로 한다.

   ㉡ 배출설비는 배풍기 · 배출덕트 · 후드 등을 이용하여 강제배출방식으로 한다.

   ㉢ 배출능력은 1시간당 배출장소 용적의 20배 이상인 것으로 한다(전역방식의 경우에는 바닥면적 $1m^2$당 $18m^3$ 이상으로 할 것).

   ㉣ 급기구는 높은 곳에 설치하고, 가는 눈의 구리망 등으로 인화방지망을 설치한다.

   ㉤ 배출구는 지상 2m 이상으로서 연소의 우려가 없는 장소에 설치한다.

   ㉥ 배출덕트가 관통하는 벽부분의 바로 가까이에 화재 시 자동으로 폐쇄되는 방화댐퍼를 설치한다.

   ㉦ 배풍기는 강제배기방식으로 하고, 옥내덕트의 내압이 대기압 이상이 되지 아니하는 위치에 설치한다.

(6) 옥외설비의 바닥(옥외에서 액체 위험물을 취급하는 경우)

① 바닥의 둘레에 높이 0.15m 이상의 턱을 설치한다.

② 바닥의 최저부에 집유설비를 한다.

③ 위험물(20℃의 물 100g에 용해되는 양이 1g 미만인 것에 한함)을 취급하는 설비에는 집유설비에 유분리장치를 설치한다.

(7) 피뢰설비 및 정전기 제거방법

① 피뢰설비

   지정수량의 10배 이상의 위험물을 취급하는 제조소(제6류 위험물은 제외)에 설치한다.

② 정전기 제거방법

   ㉠ 접지에 의한 방법

   ㉡ 공기 중의 상대습도를 70% 이상으로 하는 방법

   ㉢ 공기를 이온화하는 방법

(8) 위험물 취급탱크 방유제(지정수량 1/5 미만은 제외)

① 위험물의 제조소

   ㉠ 하나의 취급탱크 : 당해 탱크용량의 50% 이상

   ㉡ 2기 이상의 취급탱크 : (용량이 최대인 것의 50%) + (나머지 탱크 용량 합계의 10%) 이상

핵심문제

제조소의 옥외에 모두 3기의 휘발유 취급탱크를 설치하고 그 주위에 방유제를 설치하고자 한다. 방유제 안에 설치하는 각 취급탱크의 용량이 5,000L, 3,000L, 2,000L일 때 필요한 방유제의 용량은 몇 L 이상인가?

① 6,600   ② 6,000
③ 3,300   ❹ 3,000

해설

방유제의 용량
= (탱크의 최대용량×0.5) + (나머지 탱크의 용량×0.1)
= (5,000×0.5) + (3,000+2,000) ×0.1
= 3,000L

② 옥외탱크저장소
　㉠ 하나의 저장탱크 : 당해 탱크용량의 110% 이상으로 한다.
　㉡ 2기 이상의 저장탱크 : 용량이 최대인 것의 용량의 110% 이상으로 한다.

(9) 배관

① 배관의 재질은 강관, 유리섬유강화플라스틱, 고밀도폴리에틸렌, 폴리우레탄 등으로 한다.

② 배관에 사용하는 관이음의 설계기준
　㉠ 관이음의 설계는 배관의 설계에 준하는 것 외에 관이음의 휨특성 및 응력집중을 고려하여 행한다.
　㉡ 배관을 분기하는 경우는 미리 제작한 분기용 관이음 또는 분기구 조물을 이용한다. 이 경우 분기구조물에는 보강판을 부착하는 것을 원칙으로 한다.
　㉢ 분기용 관이음, 분기구조물 및 리듀서는 원칙적으로 이송기지 또는 전용부지 내에 설치한다.

③ 배관의 수압시험 : 최대사용압력의 1.5배 이상의 압력에서 실시하여 이상이 없어야 한다.

④ 배관을 지상에 설치하는 경우에는 지진·풍압·지반침하 및 온도변화에 안전한 구조의 지지물에 설치하되, 지면에 닿지 아니하도록 하고 배관의 외면에 부식방지를 위한 도장을 하여야 한다. 다만, 불변강관 또는 부식의 우려가 없는 재질의 배관의 경우에는 부식방지를 위한 도장을 아니할 수 있다.

(10) 기타 설비 및 특례기준

① 기타 설비
　㉠ 위험물 누출·비산방지설비
　㉡ 가열·냉각설비 등의 온도측정장치
　㉢ 가열건조설비
　㉣ 압력계 및 안전장치
　　• 자동적으로 압력의 상승을 정지시키는 장치
　　• 감압 측에 안전밸브를 부착한 감압밸브
　　• 안전밸브를 병용하는 경보장치
　　• 파괴판(위험물의 성질에 따라 안전밸브의 작동이 곤란한 설비에 한한다)

핵심문제

인화성 액체 위험물을 저장 또는 취급 하는 옥외탱크저장소의 방유제 내에 용량 10만L와 5만L인 옥외저장탱크 2기를 설치하는 경우에 확보하여야 하는 방유제의 용량은?

① 50,000L 이상
② 80,000L 이상
③ 100,000L 이상
❹ 110,000L 이상

해설

방유제의 용량은 방유제 안에 설치된 탱크가 하나인 때에는 그 탱크 용량의 110% 이상, 2기 이상인 때에는 그 탱크 중 용량이 최대인 것의 용량의 110% 이상으로 할 것
∴ 100,000(L)×1.1
＝110,000L 이상

핵심문제

위험물안전관리법령에 의한 위험물제조소의 설치기준으로 옳지 않은 것은?

① 위험물을 취급하는 기계, 기구, 기타 설비에 새거나 넘치거나 비산하는 것을 방지할 수 있는 구조로 한다.
② 위험물을 가열하거나 냉각하는 설비 또는 위험물 취급에 따라 온도 변화가 생기는 설비에는 온도 측정 장치를 설치하여야 한다.
③ 정전기 발생을 유효하게 제거할 수 있는 설비를 설치한다.
❹ 위험물을 취급하는 동관을 지하에 설치하는 경우에는 지진, 풍압, 지반, 침하, 온도 변화에 안전한 구조의 지지물을 설치한다.

해설

④ 배관을 지상에 설치하는 경우에는 지진·풍압·지반침하 및 온도 변화에 안전한 구조의 지지물에 설치하되, 지면에 닿지 아니하도록 하고 배관의 외면에 부식방지를 위한 도장을 하여야 한다. 다만, 불변강관 또는 부식의 우려가 없는 재질의 배관의 경우에는 부식방지를 위한 도장을 아니할 수 있다.

② 기타 제조소등의 특례기준

    ㉠ 고인화점 위험물이란 인화점이 100℃ 이상인 제4류 위험물을 말한다.

    ㉡ 알킬알루미늄 등, 아세트알데하이드 등을 취급하는 제조소의 특례

        • 알킬알루미늄 등을 취급하는 설비의 주위에는 누설범위를 국한하기 위한 설비와 누설된 알킬알루미늄 등을 안전한 장소에 설치된 저장실에 유입시킬 수 있는 설비를 갖춘다.

        • 알킬알루미늄 등을 취급하는 설비에는 불활성기체(질소, 이산화탄소)를 봉입하는 장치를 갖춘다.

        • 아세트알데하이드 등을 취급하는 설비는 은·수은·동·마그네슘 또는 이들을 성분으로 하는 합금으로 만들지 아니한다.

        • 아세트알데하이드 등을 취급하는 설비에는 연소성 혼합기체의 생성에 의한 폭발을 방지하기 위한 불활성기체 또는 수증기를 봉입하는 장치를 갖춘다.

    ㉢ 지정수량 이상의 하이드록실아민 등을 취급하는 제조소의 위치는 건축물의 벽 또는 이에 상당하는 공작물의 외측으로부터 해당 제조소의 외벽 또는 이에 상당하는 공작물의 외측까지의 사이에 안전거리(D)를 둔다.

$$D = 51.1 \sqrt[3]{N}$$

여기서, N은 당해 제조소에서 취급하는 하이드록실아민 등의 지정수량 배수를 나타낸다.

2) 옥내저장소의 위치, 구조 및 설비의 기준

(1) 옥내저장소의 안전거리 제외 대상

① 제4석유류 또는 동식물유류의 위험물을 저장 또는 취급하고 그 최대수량이 지정수량의 20배 미만인 것으로 한다.

② 제6류 위험물을 저장 또는 취급하는 옥내저장소

③ 지정수량의 20배(하나의 저장창고의 바닥면적이 150m² 이하인 경우에는 50배) 이하의 위험물을 저장 또는 취급하는 옥내저장소로서 다음의 기준에 적합한 것으로 한다.

    ㉠ 저장창고의 벽·기둥·바닥·보 및 지붕이 내화구조인 것

    ㉡ 저장창고의 출입구에 수시로 열 수 있는 자동폐쇄방식의 60분＋방화문 또는 60분 방화문이 설치되어 있을 것

    ㉢ 저장창고에 창을 설치하지 아니할 것

(2) 보유공지

저장 또는 취급하는 위험물의 최대수량	공지의 너비	
	벽 · 기둥 및 바닥이 내화구조로 된 건축물	그 밖의 건축물
지정수량의 5배 이하	–	0.5m 이상
지정수량의 5배 초과 10배 이하	1m 이상	1.5m 이상
지정수량의 10배 초과 20배 이하	2m 이상	3m 이상
지정수량의 20배 초과 50배 이하	3m 이상	5m 이상
지정수량의 50배 초과 200배 이하	5m 이상	10m 이상
지정수량의 200배 초과	10m 이상	15m 이상

[비고] 지정수량의 20배를 초과하는 옥내저장소와 동일한 부지 내에 있는 다른 옥내저장소와의 사이에는 표에 정하는 공지의 너비의 3분의 1(당해 수치가 3m 미만인 경우에는 3m)의 공지를 보유할 수 있다.

(3) 옥내저장소의 저장창고의 설치기준

① 저장창고는 위험물의 저장을 전용으로 하는 독립된 건축물로 하여야 한다.

② 저장창고는 지면에서 처마까지의 높이(처마높이)가 6m 미만인 단층 건물로 하고 그 바닥을 지반면보다 높게 하여야 한다.

③ 제2류 또는 제4류의 위험물만을 저장하는 창고로서 20m 이하로 할 수 있는 기준

   ㉠ 벽 · 기둥 · 보 및 바닥을 내화구조로 할 것

   ㉡ 출입구에 60분+ 방화문 또는 60분 방화문을 설치할 것

   ㉢ 피뢰침을 설치할 것

④ 하나의 저장창고의 바닥면적(2 이상의 구획된 실이 있는 경우에는 각 실의 바닥면적의 합계)

바닥면적	위험물을 저장하는 창고의 종류
1,000m² 이하	• 제1류 위험물 중 아염소산염류, 염소산염류, 과염소산염류, 무기과산화합물 그 밖에 지정수량이 50kg인 위험물(위험등급 Ⅰ) • 제3류 위험물 중 칼륨, 나트륨, 알킬알루미늄, 알킬리튬 그 밖에 지정수량이 10kg인 위험물 및 황린(위험등급 Ⅰ) • 제4류 위험물 중 특수인화물(위험등급 Ⅰ), 제1석유류, 알코올류(위험등급 Ⅱ) • 제5류 위험물 중 유기과산화물, 질산에스터류, 그 밖에 지정수량이 10kg인 위험물(위험등급 Ⅰ) • 제6류 위험물(위험등급 Ⅰ)

바닥면적	위험물을 저장하는 창고의 종류
2,000m² 이하	바닥면적 1,000m² 이하 이외의 위험물
1,500m² 이하	가목의 위험물과 나목의 위험물을 내화구조의 격벽으로 완전히 구획된 실에 각각 저장하는 창고(가목의 위험물을 저장하는 실의 면적은 500m²를 초과할 수 없다)

⑤ 저장창고의 벽·기둥 및 바닥은 내화구조로 하고, 보와 서까래는 불연재료로 하여야 한다.

⑥ 복합용도 건축물의 옥내저장소의 기준(지정수량 20배 이하의 것)

ㄱ 벽·기둥·바닥 및 보가 내화구조인 건축물의 1층 또는 2층의 어느 하나의 층에 설치할 것

ㄴ 바닥은 지면보다 높게 설치하고 그 층고를 6m 미만으로 할 것

ㄷ 바닥면적은 75m² 이하로 할 것

ㄹ 출입구에는 수시로 열 수 있는 자동폐쇄방식 60분+ 방화문 또는 60분 방화문을 설치할 것

⑦ 지정과산화물을 저장 또는 취급하는 옥내저장소

ㄱ 지정과산화물이란 제5류 위험물 중 유기과산화물 또는 이를 함유하는 것으로서 지정수량이 10kg인 것을 말한다.

ㄴ 옥내저장소 저장창고의 기준

• 저장창고는 150m² 이내마다 격벽으로 완전하게 구획할 것

• 격벽의 두께 : 30cm 이상의 철근콘크리트조 또는 철골철근콘크리트조

• 저장창고 양측의 외벽으로부터 1m 이상, 상부의 지붕으로부터 50cm 이상 돌출시킬 것

• 저장창고의 외벽은 두께 20cm 이상의 철근콘크리트조나 철골철근콘크리트조

• 저장창고의 지붕은 다음에 적합할 것

－중도리(서까래 중간을 받치는 수평의 도리) 또는 서까래의 간격은 30cm 이하로 할 것

－지붕의 아래쪽 면에는 한 변의 길이가 45cm 이하의 강제(鋼製) 격자를 설치할 것

－지붕의 아래쪽 면에 철망을 쳐서 불연재료의 도리(서까래를 받치기 위해 기둥과 기둥 사이에 설치한 부재)·보 또는 서까래에 단단히 결합할 것

－두께 5cm 이상, 너비 30cm 이상의 목재로 만든 받침대를 설치할 것

✎ 연소의 우려가 있는 벽·기둥 및 바닥을 불연재료로 할 수 있는 저장창고

• 지정수량 10배 이하의 위험물의 저장창고
• 제2류 위험물(인화성 고체는 제외)만의 저장창고
• 제4류 위험물(인화점이 70℃ 미만은 제외)만의 저장창고

핵심문제

지정 유기과산화물을 옥내에 저장하는 저장창고 외벽의 기준으로 옳은 것은?

① 두께 20cm 이상의 보강콘크리트블록조
❷ 두께 20cm 이상의 철근콘크리트조
③ 두께 30cm 이상의 철근콘크리트조
④ 두께 30cm 이상의 철골콘크리트블록조

해설

② 저장창고의 외벽은 두께 20cm 이상의 철근콘크리트조나 철골철근콘크리트조

- 출입구에는 60분+ 방화문 또는 60분 방화문을 설치할 것
- 창은 바닥면으로부터 2m 이상의 높이에 두되, 하나의 벽면에 두는 창의 면적의 합계를 당해 벽면의 면적의 80분의 1 이내로 하고, 하나의 창의 면적을 $0.4m^2$ 이내로 할 것

3) 옥외저장소의 위치, 구조 및 설비의 기준

(1) 옥외저장소의 안전거리 및 게시판

제조소 기준과 동일하다.

(2) 보유공지

저장 또는 취급하는 위험물의 최대수량	공지의 너비
지정수량의 10배 이하	3m 이상
지정수량의 10배 초과 20배 이하	5m 이상
지정수량의 20배 초과 50배 이하	9m 이상
지정수량의 50배 초과 200배 이하	12m 이상
지정수량의 200배 초과	15m 이상

[비고] 제4류 위험물 중 제4석유류와 제6류 위험물을 저장 또는 취급하는 옥외저장소의 보유공지는 표에 의한 공지의 너비의 3분의 1 이상의 너비로 할 수 있다.

(3) 옥외저장소에 선반을 설치하는 경우

① 선반은 불연재료로 만들고 견고한 지반면에 고정한다.
② 선반은 당해 선반 및 그 부속설비의 자중 · 저장하는 위험물의 중량 · 풍하중 · 지진의 영향 등에 의하여 생기는 응력에 대하여 안전해야 한다.
③ 선반의 높이는 6m를 초과하지 아니하도록 한다.
④ 선반에는 위험물을 수납한 용기가 쉽게 낙하하지 아니하는 조치를 강구한다.

(4) 덩어리 상태의 황을 저장 또는 취급하는 경우

① 하나의 경계표시의 내부 면적은 $100m^2$ 이하이어야 한다.
② 2 이상의 경계표시를 설치하는 경우에 있어서는 각각의 경계표시 내부의 면적을 합산한 면적은 $1,000m^2$ 이하로 한다.
③ 경계표시는 불연재료로 만드는 동시에 황이 새지 아니하는 구조로 한다.
④ 경계표시의 높이는 1.5m 이하로 한다.
⑤ 경계표시에는 황이 넘치거나 비산하는 것을 방지하기 위한 천막 등을 고정하는 장치를 설치하되, 천막 등을 고정하는 장치는 경계표시의 길이 2m마다 한 개 이상 설치한다.

⑥ 황을 저장 또는 취급하는 장소의 주위에는 배수구와 분리장치를 설치한다.

(5) 인화성 고체, 제1석유류, 알코올류의 옥외저장소의 특례

① 인화성 고체(인화점이 21℃ 미만인 것), 제1석유류, 알코올류를 저장 또는 취급하는 장소에는 살수설비를 설치한다.

② 제1석유류, 알코올류를 저장 또는 취급하는 장소 주위에는 배수구와 집유설비를 설치한다. 이 경우 제1석유류(온도 20℃의 물 100g에 용해되는 양이 1g 미만인 것에 한한다)를 저장 또는 취급하는 장소에는 집유설비에 유분리장치를 설치한다.

(6) 옥외저장소에 저장할 수 있는 위험물

① 제2류 위험물 중 황, 인화성 고체(인화점이 0℃ 이상인 것에 한함)

② 제4류 위험물 중 제1석유류(인화점이 0℃ 이상인 것에 한함), 제2석유류, 제3석유류, 제4석유류, 알코올류, 동식물유류

③ 제6류 위험물

4) 옥내탱크저장소의 위치, 구조 및 설비의 기준

(1) 옥내탱크저장소의 위치·구조 및 설비의 기술기준

① 옥내저장탱크의 탱크전용실은 단층건축물에 설치한다.

② 옥내저장탱크와 탱크전용실의 벽과의 사이 및 옥내저장탱크의 상호 간에는 0.5m 이상의 간격을 유지한다.

③ 옥내저장탱크의 용량(동일한 탱크전용실에 옥내저장탱크를 2 이상 설치하는 경우에는 각 탱크의 용량의 합계)은 지정수량의 40배(제4석유류 및 동식물유류 외의 제4류 위험물에 있어서 당해 수량이 20,000L를 초과할 때에는 20,000L) 이하이어야 한다.

④ 탱크전용실의 기준

㉠ 탱크전용실은 벽·기둥 및 바닥을 내화구조로 하고, 보를 불연재료로 한다.

㉡ 탱크전용실은 지붕을 불연재료로 하고, 천장을 설치하지 아니한다.

㉢ 탱크전용실의 창 및 출입구에는 60분＋ 방화문·60분 방화문 또는 30분 방화문을 설치하는 동시에, 연소의 우려가 있는 외벽에 두는 출입구에는 수시로 열 수 있는 자동폐쇄식의 60분＋ 방화문 또는 60분 방화문을 설치한다.

핵심문제

옥외저장소에서 저장할 수 없는 위험물은?(단, 시·도 조례에서 별도로 정하는 위험물 또는 국제해상 위험물 규칙에 적합한 용기에 수납된 위험물은 제외한다.)

① 과산화수소　❷ 아세톤
③ 에탄올　　　④ 황

해설

① 제6류 위험물
② 제1석유류(인화점 −18℃)
③ 알코올류
④ 제2류 위험물

핵심문제

제4석유류를 지정하는 옥내탱크저장소의 기준으로 옳은 것은?(단, 단층건축물에 탱크전용실을 설치하는 경우이다.)

❶ 옥내저장탱크의 용량은 지정수량의 40배 이하일 것
② 탱크전용실은 벽, 기둥, 바닥, 보를 내화구조로 할 것
③ 탱크전용실에는 창을 설치하지 아니할 것
④ 탱크전용실에 펌프설비를 설치하는 경우에는 그 주위에 0.2m 이상의 높이로 턱을 설치할 것

해설

① 옥내저장탱크의 용량(동일한 탱크전용실에 옥내저장탱크를 2 이상 설치하는 경우에는 각 탱크의 용량의 합계를 말한다)은 지정수량의 40배(제4석유류 및 동식물유류 외의 제4류 위험물에 있어서 당해 수량이 20,000L를 초과할 때에는 20,000L) 이하일 것
※ ②, ③, ④는 옥내탱크저장소 중 탱크전용실을 단층건물 외의 건축물에 설치하는 것에 해당되는 내용이다.

② 탱크전용실의 창 또는 출입구에 유리를 이용하는 경우에는 망입유리로 한다.

　　⑩ 액상의 위험물의 옥내저장탱크를 설치하는 탱크전용실의 바닥은 위험물이 침투하지 아니하는 구조로 하고, 적당한 경사를 두는 한편, 집유설비를 설치한다.

(2) 통기관 설치

① 옥내저장탱크 중 압력탱크(최대상용압력이 부압 또는 정압 5kPa을 초과하는 탱크) 외의 탱크에 있어서는 통기관을 설치한다.

② 밸브 없는 통기관

　　㉠ 통기관의 선단은 건축물의 창·출입구 등의 개구부로부터 1m 이상 떨어진 옥외의 장소에 지면으로부터 4m 이상의 높이로 설치하되, 인화점이 40℃ 미만인 위험물의 탱크에 설치하는 통기관에 있어서는 부지경계선으로부터 1.5m 이상 이격한다.

　　㉡ 직경은 30mm 이상이어야 한다.

　　㉢ 선단은 수평면보다 45도 이상 구부려 빗물 등의 침투를 막는 구조로 한다.

　　㉣ 가는 눈의 구리망 등으로 인화방지장치를 한다.

　　㉤ 통기관은 가스 등이 체류할 우려가 있는 굴곡이 없도록 한다.

③ 대기밸브 부착 통기관

　　㉠ 5kPa 이하의 압력 차이로 작동할 수 있어야 한다.

　　㉡ 대기밸브 부착 통기관은 항시 닫혀 있어야 한다.

④ 탱크전용실을 단층건축물 외(1층 또는 지하층)에 설치 가능한 위험물

　　㉠ 제2류 위험물 중 황화인, 적린, 덩어리 황

　　㉡ 제3류 위험물 중 황린

　　㉢ 제6류 위험물 중 질산

5) 옥외탱크저장소의 위치, 구조 및 설비의 기준

(1) 옥외탱크저장소의 안전거리 및 게시판

안전거리 및 표지 및 게시판은 제조소 기준과 동일하다.

핵심문제

지정수량에 따른 제4류 위험물 옥외 탱크저장소 주위의 보유공지 너비의 기준으로 틀린 것은?(단, 원칙적인 경우에 한함)

① 지정수량의 500배 이하 - 3m 이상
② 지정수량의 500배 초과 1,000배 이하 - 5m 이상
③ 지정수량의 1,000배 초과 2,000배 이하 - 9m 이상
❹ 지정수량의 2,000배 초과 3,000배 이하 - 15m 이상

해설

④ 지정수량의 2,000배 초과 3,000배 이하 - 12m 이상

(2) 보유공지

저장 또는 취급하는 위험물의 최대수량	공지의 너비
지정수량의 500배 이하	3m 이상
지정수량의 500배 초과 1,000배 이하	5m 이상
지정수량의 1,000배 초과 2,000배 이하	9m 이상
지정수량의 2,000배 초과 3,000배 이하	12m 이상
지정수량의 3,000배 초과 4,000배 이하	15m 이상
지정수량의 4,000배 초과	당해 탱크의 수평단면의 최대지름(횡형은 긴 변)과 높이 중 큰 것과 같은 거리 이상(단, 30m 초과의 경우에는 30m 이상으로, 15m 미만의 경우에는 15m 이상으로 할 것

(3) 보유공지의 감소

① 제6류 위험물을 저장 및 취급하는 옥외저장탱크

　㉠ 보유공지 너비의 1/3 이상일 것(단, 보유공지의 최소 너비는 1.5m 이상)

$$감소된\ 보유공지 = 보유공지\ 너비 \times \frac{1}{3}\ 이상(최소\ 1.5m\ 이상)$$

　㉡ 동일한 방유제 안에 2개 이상 인접하여 설치하는 경우

$$감소된\ 보유공지 = ①의\ 규정에\ 의해\ 산출된\ 너비 \times \frac{1}{3}\ 이상(최소\ 1.5m\ 이상)$$

② 제6류 위험물 외의 위험물을 저장 및 취급하는 옥외저장탱크(지정수량 4,000배 초과 시 제외)

　㉠ 동일한 방유제 안에 2개 이상 인접하여 설치하는 경우

$$감소된\ 보유공지 = 보유공지\ 너비 \times \frac{1}{3}\ 이상(최소\ 3m\ 이상)$$

　㉡ 보유공지 너비의 1/2 이상(단, 보유공지의 최소 너비는 3m 이상)일 것

$$감소된\ 보유공지 = 보유공지\ 너비 \times \frac{1}{2}\ 이상(최소\ 3m\ 이상)$$

(4) 물분무설비의 방사량, 수원의 양

① 탱크 표면에 방사하는 물의 양은 탱크의 원주길이 1m에 대하여 분당 37L 이상으로 할 것

② 수원의 양은 ①에 의한 수량으로 20분 이상 방사할 수 있는 수량으로 할 것

$$수원의 양 = 원주 길이 \times 37\frac{L}{min \cdot m} \times 20\,min$$
$$= 2\pi r \times 37\frac{L}{min \cdot m} \times 20\,min$$

(5) 옥외저장탱크의 종류

① 특정옥외저장탱크 : 액체위험물의 최대수량이 100만L 이상의 옥외저장탱크

② 준특정옥외저장탱크 : 액체위험물의 최대수량이 50만L 이상 100만L 미만의 옥외저장탱크

(6) 옥외저장탱크의 외부구조 및 설비기준

① 탱크의 두께(특정옥외저장탱크 및 준특정옥외저장탱크는 제외) : 3.2mm 이상의 강철판

② 탱크시험방법
   ㉠ 압력탱크 : 최대사용압력의 1.5배 압력으로 10분간 실시하는 수압시험에서 이상이 없을 것
   ㉡ 압력탱크 외의 탱크 : 충수시험

③ 통기관의 설치기준
   ㉠ 밸브 없는 통기관
   • 선단은 수평면보다 45도 이상 구부려 빗물 등의 침투를 막는 구조로 할 것
   • 직경은 30mm 이상일 것
   • 가는 눈의 구리망 등으로 인화방지장치를 할 것(다만, 인화점 70℃ 이상의 위험물)
   • 통기관은 가스 등이 체류할 우려가 있는 굴곡이 없도록 할 것
   ㉡ 대기밸브부착 통기관
   • 5kPa 이하의 압력 차이로 작동할 수 있을 것
   • 가는 눈의 구리망 등으로 인화방지장치를 할 것(다만, 인화점 70℃ 이상의 위험물)

핵심문제

특정옥외탱크저장소라 함은 옥외탱크저장소 중 저장 또는 취급하는 액체위험물의 최대수량이 얼마 이상의 것을 말하는가?

해설

본문 참조

④ 배수관 설치 : 탱크의 옆판에 설치

⑤ 피뢰침 설치 : 지정수량의 10배 이상(제6류 위험물은 제외)

⑥ 이황화탄소의 옥외저장탱크 설치기준 : 벽 및 바닥의 두께가 0.2m 이상이고, 누수가 되지 아니하는 철근콘크리트 수조에 넣어 보관한다. 이 경우 보유공지 또는 통기관 및 자동계량장치는 생략할 수 있다.

⑦ 인화점이 21℃ 미만인 위험물의 옥외저장탱크의 주입구 기준

   ㉠ 게시판의 크기 : 한 변의 길이가 0.3m 이상, 다른 한 변의 길이가 0.6m 이상

   ㉡ 게시판의 색상 : 백색 바탕에 흑색 문자

   ㉢ 게시판의 기재사항 : 옥외저장탱크 주입구, 위험물의 유별, 품명, 주의사항

   ㉣ 주입구 주위에는 새어나온 기름 등 액체가 외부로 유출되지 아니하도록 방유턱을 설치하거나 집유설비 등의 장치를 갖춘다.

⑧ 옥외저장탱크의 펌프실 설치기준

   ㉠ 펌프설비의 주위에는 너비 3m 이상의 공지를 보유한다(제6류 위험물, 지정수량의 10배 이하 위험물 제외).

   ㉡ 펌프설비로부터 옥외저장탱크까지의 사이에는 해당 옥외저장탱크의 보유공지 너비의 1/3 이상의 거리를 둔다.

   ㉢ 펌프실의 벽, 기둥, 바닥, 보 : 불연재료

   ㉣ 펌프실의 지붕 : 폭발력이 위로 방출될 정도의 가벼운 불연재료

   ㉤ 펌프실의 창 및 출입구에는 60분＋ 방화문 · 60분 방화문 또는 30분 방화문을 설치한다.

   ㉥ 펌프실의 창 및 출입구에 유리를 이용하는 경우 망입유리로 한다.

   ㉦ 펌프실 바닥의 주위에는 높이 0.2m 이상의 턱을 만들고 그 최저부에는 집유설비를 설치한다.

   ㉧ 펌프실 외의 장소에 설치하는 펌프설비에는 그 직하의 지반면의 주위에 높이 0.15m 이상의 턱을 만들고 그 최저부에는 집유설비를 설치한다. 이 경우 제4류 위험물(온도 20℃의 물 100g에 용해되는 양이 1g 미만인 것)을 취급하는 펌프설비에 있어서는 집유설비에 유분리장치를 설치한다.

⑨ 옥외저장탱크의 방유제 설치기준

   ㉠ 설치대상 : 이황화탄소를 제외한 인화성 액체위험물의 옥외탱크저장소

   ㉡ 방유제의 면적 : 8만m² 이하

   ㉢ 방유제 높이 : 0.5m 이상 3m 이하

ⓔ 방유제 두께 및 매설깊이 : 두께 0.2m 이상, 매설깊이 1m 이상

ⓜ 방유제 내 탱크 설치 개수

- 특수인화합물, 제1석유류, 제2석유류, 알코올류 : 10기 이하
- 제3석유류(20만L 이하이고, 인화점이 70℃ 이상 200℃ 미만) : 20기 이하
- 제4석유류(인화점이 200℃ 이상) : 제한 없음

ⓗ 방유제와 탱크 측면과의 이격거리(인화점이 200℃ 이상인 위험물은 제외)

- 탱크 지름이 15m 미만인 경우 : 탱크 높이의 1/3 이상
- 탱크 지름이 15m 이상인 경우 : 탱크 높이의 1/2 이상

ⓢ 방유제에는 배수구를 설치하고 개폐밸브를 방유제 밖에 설치한다.

ⓞ 높이가 1m 이상이면 계단 또는 경사로를 50m마다 설치한다.

⑩ 방유제의 용량

ㄱ 탱크 1기 : 탱크용량×110% 이상(인화의 위험이 없는 액체의 경우 100% 이상)

ㄴ 탱크 1기 이상 : 최대탱크용량×110% 이상(인화의 위험이 없는 액체의 경우 100% 이상)

⑪ 간막이 둑

ㄱ 용량이 1,000만L 이상인 옥외저장탱크의 주위에 설치하는 방유제에는 규정에 따라 당해 탱크마다 설치

ㄴ 간막이 둑의 높이는 0.3m(방유제 내에 설치되는 옥외저장탱크의 용량의 합계가 2억L를 넘는 방유제에 있어서는 1m) 이상으로 하되, 방유제의 높이보다 0.2m 이상 낮게 할 것

ㄷ 간막이 둑은 흙 또는 철근콘크리트로 할 것

ㄹ 간막이 둑의 용량은 간막이 둑 안에 설치된 탱크의 용량의 10% 이상일 것

⑫ 옥외탱크저장소의 특례

ㄱ 알킬알루미늄 등의 옥외저장탱크 : 불활성의 기체를 봉입하는 장치를 설치한다.

ㄴ 아세트알데하이드 등의 옥외저장탱크

- 옥외저장탱크의 설비는 동, 마그네슘, 은, 수은의 합금으로 만들지 아니한다.
- 옥외저장탱크에는 냉각장치, 보랭장치, 불활성기체의 봉입장치를 설치한다.

핵심문제

옥외탱크저장소의 방유제 설치기준으로 옳지 않은 것은?

① 방유제의 용량은 방유제 안에 설치된 탱크가 하나일 때에는 그 탱크의 용량의 110% 이상으로 한다.

② 방유제의 높이는 0.5m 이상 3m 이하로 하여야 한다.

③ 방유제의 면적은 8만㎡ 이하로 하고 물을 배출시키기 위한 배수구를 설치한다.

❹ 높이가 1m를 넘는 방유제의 안팎에 폭 1.5m 이상의 계단 또는 15° 이하의 경사로를 20m 간격으로 설치한다.

해설

④ 높이가 1m 이상이면 계단 또는 경사로를 50m마다 설치한다.

핵심문제

위험물안전관리법령상 옥외탱크저장소의 위치, 구조 및 설비의 기준에서 간막이 둑을 설치할 경우, 그 용량의 기준은?

해설

본문 참조

핵심문제

위험물안전관리법에 명시된 아세트알데하이드의 옥외저장탱크에 필요한 설비가 아닌 것은?

① 보랭장치

② 냉각장치

❸ 철이온 흡입방지장치

④ 불활성의 기체봉입장치

해설

본문 참조

6) 지하탱크저장소의 위치, 구조 및 설비의 기준

(1) 탱크전용실의 설치기준

① 지하의 가장 가까운 벽·피트·가스관 등의 시설물과 대지경계선으로부터 0.1m 이상 떨어진 곳에 설치한다.
② 지하저장탱크와 탱크전용실의 안쪽과의 간격 : 0.1m 이상
③ 탱크 주위에 마른 모래 또는 습기 등에 의하여 응고되지 않는 입자지름 5mm 이하의 마른 자갈분을 채운다.

(2) 탱크전용실의 구조

① 벽, 바닥, 뚜껑의 두께 : 0.3m 이상의 철근콘크리트구조
② 벽, 바닥 및 뚜껑의 내부에는 직경 9mm부터 13mm까지의 철근을 가로 및 세로 5cm부터 20cm까지의 간격으로 배치한다.
③ 벽, 바닥 및 뚜껑의 재료에 수밀콘크리트를 혼입하거나 벽, 바닥 및 뚜껑의 중간에 아스팔트층을 만드는 방법으로 적절한 방수조치를 한다.

(3) 지하저장탱크의 설치기준

① 탱크의 두께 : 3.2mm 이상의 강철판
② 탱크의 수압시험
   ㉠ 압력탱크 : 최대사용압력의 1.5배 압력으로 10분간
   ㉡ 압력탱크(최대사용압력이 46.7kPa 이상인 탱크) 외의 탱크 : 70kPa의 압력으로 10분간
③ 지하저장탱크의 윗부분은 지면으로부터 0.6m 이상 아래에 있어야 한다.
④ 지하저장탱크를 2 이상 인접해 설치하는 경우 그 상호 간의 1m(용량의 합계가 지정수량의 100배 이하인 때에는 0.5m) 이상의 간격을 유지한다.

(4) 과충전방지장치 기준

① 탱크용량을 초과하는 위험물이 주입될 때 자동으로 그 주입구를 폐쇄하거나 위험물의 공급을 자동으로 차단하는 방법이다.
② 탱크용량의 90%가 찰 때 경보음을 울리는 방법이다.

핵심문제

위험물안전관리법령상 지하탱크저장소의 위치·구조 및 설비의 기준에 따라 다음 ( )에 들어갈 수치로 옳은 것은?

> 탱크전용실은 지하의 가장 가까운 벽·피트·가스관 등의 시설물 및 대지경계선으로부터 (ⓐ)m 이상 떨어진 곳에 설치하고, 지하저장탱크와 탱크전용실의 안쪽과의 사이는 (ⓑ)m 이상의 간격을 유지하도록 하며, 당해 탱크의 주위에 마른 모래 또는 습기 등에 의하여 응고되지 아니하는 입자지름 (ⓒ)mm 이하의 마른 자갈분을 채워야 한다.

❶ ⓐ : 0.1, ⓑ : 0.1, ⓒ : 5
② ⓐ : 0.1, ⓑ : 0.3, ⓒ : 5
③ ⓐ : 0.1, ⓑ : 0.1, ⓒ : 10
④ ⓐ : 0.1, ⓑ : 0.3, ⓒ : 10

해설

본문 참조

7) 간이탱크저장소의 위치, 구조 및 설비의 기준

(1) 탱크전용실의 설치기준

① 탱크전용실의 창 및 출입구에는 60분+ 방화문·60분 방화문 또는 30분 방화문을 설치하는 동시에, 연소의 우려가 있는 외벽에 두는 출입구에는 수시로 열 수 있는 자동폐쇄식의 60분+ 방화문 또는 60분 방화문을 설치하여야 한다.

② 저장창고의 창 또는 출입구에 유리를 이용하는 경우에는 망입유리로 하여야 한다.

③ 액상의 위험물의 저장창고의 바닥은 위험물이 스며들지 아니하는 구조로 하고, 적당하게 경사지게 하여 그 최저부에 집유설비를 하여야 한다.

(2) 설치기준

① 간이저장탱크는 옥외에 설치할 것

② 탱크의 두께 : 3.2mm 이상의 강철판

③ 탱크의 용량 : 600L 이하

④ 탱크의 수압시험 : 70kPa의 압력으로 10분간

⑤ 하나의 간이탱크저장소에 설치하는 간이저장탱크의 수 : 3개 이하

⑥ 동일한 품질의 위험물의 간이저장탱크를 2 이상 설치하지 아니하여야 한다.

(3) 밸브 없는 통기관 설치기준

① 선단은 수평면보다 45도 이상 구부려 빗물 등의 침투를 막는 구조로 한다.

② 통기관의 지름은 25mm 이상으로 한다.

③ 가는 눈의 구리망 등으로 인화방지장치를 한다(다만, 인화점 70℃ 이상의 위험물).

④ 통기관은 옥외에 설치하되, 그 선단의 높이는 지상 1.5m 이상으로 한다.

8) 이동탱크저장소의 위치, 구조 및 설비의 기준

(1) 이동탱크저장소의 상치장소

① 상치장소 : 이동탱크를 주차할 수 있는 장소

② 옥외에 있는 상치장소 : 화기를 취급하는 장소 또는 인근 건축물로부터 5m 이상(인근의 건축물이 1층인 경우에는 3m 이상)의 거리를 확보한다.

③ 옥내에 있는 상치장소 : 벽·바닥·보·서까래 및 지붕이 내화구조 또는 불연재료로 된 건축물 1층에 설치한다.

핵심문제

위험물을 저장하는 간이탱크저장소의 구조 및 설비의 기준으로 옳은 것은?

① 탱크의 두께 2.5mm 이상, 용량 600L 이하

② 탱크의 두께 2.5mm 이상, 용량 800L 이하

❸ 탱크의 두께 3.2mm 이상, 용량 600L 이하

④ 탱크의 두께 3.2mm 이상, 용량 800L 이하

해설

본문 참조

핵심문제

다음 중 지하탱크저장소의 수압시험 기준으로 옳은 것은?

① 압력 외 탱크는 상용압력의 30kPa의 압력으로 10분간 실시하여 새거나 변형이 없을 것

❷ 압력탱크는 최대상용압력의 1.5배의 압력으로 10분간 실시하여 새거나 변형이 없을 것

③ 압력 외 탱크는 상용압력의 30kPa의 압력으로 20분간 실시하여 새거나 변형이 없을 것

④ 압력탱크는 최대상용압력의 1.1배의 압력으로 10분간 실시하여 새거나 변형이 없을 것

해설

지하탱크저장소의 수압시험

㉠ 압력탱크 : 최대사용압력의 1.5배 압력으로 10분간

㉡ 압력탱크(최대사용압력이 46.7kPa 이상인 탱크) 외의 탱크 : 70kPa의 압력으로 10분간

핵심문제

위험물을 저장하기 위해 제작한 이동 저장탱크의 내용적이 20,000L인 경우 위험물 허가를 위해 산정할 수 있는 이 탱크의 최대용량은 지정수량의 몇 배인가?(단, 저장하는 위험물은 비수용성 제2석유류이며 비중은 0.8, 차량의 최대적재량은 15톤이다.)

① 21 ❷ 18.75
③ 12 ④ 9.375

해설

㉠ 최대적재량

$$= 15,000kg \times \frac{1}{0.8\frac{kg}{L}} = 18,750 \, L$$

㉡ 제2석유류 비수용성 지정수량
= 1,000 L

$$\therefore \frac{18,750 \, L}{1,000 \, L} = 18.75 \, (배)$$

핵심문제

이동탱크저장소에 설치하는 방파판의 기능에 대한 설명으로 가장 적절한 것은?

❶ 출렁임 방지
② 유증기 발생의 억제
③ 정전기 발생 제거
④ 파손 시 유출 방지

해설

방파판
위험물 운송 중 내부의 위험물이 출렁임, 쏠림 등을 완화(두께 1.6mm 이상의 강철판)

(2) 이동저장탱크의 구조

① 탱크의 두께 : 3.2mm 이상의 강철판

② 탱크의 수압시험
  ㉠ 압력탱크 : 최대사용압력의 1.5배 압력으로 10분간
  ㉡ 압력탱크(최대사용압력이 46.7kPa 이상인 탱크) 외의 탱크 : 70kPa의 압력으로 10분간
  ㉢ 수압시험은 용접부에 대한 비파괴시험과 기밀시험으로 대신 가능

(3) 칸막이로 구획된 부분에 설치된 부속장치 기준

① 칸막이 : 탱크 전복 시 위험물의 누출 방지(4,000L 이하마다 3.2mm 이상의 강철판)

② 측면틀 : 탱크 전복 시 탱크 본체 파손 방지(3.2mm 이상의 강철판)

③ 방호틀 : 주입구, 맨홀, 안전장치 보호(2.3mm 이상의 강철판)

④ 방파판 : 위험물 운송 중 내부의 위험물이 출렁임, 쏠림 등을 완화(두께 1.6mm 이상의 강철판)

(4) 안전장치의 작동압력

① 상용압력이 20kPa 이하인 탱크 : 20kPa 이상 24kPa 이하의 압력

② 상용압력이 20kPa을 초과하는 탱크 : 상용압력의 1.1배 이하의 압력

(5) 이동탱크저장소의 접지도선

① 접지도선 설치대상 : 특수인화물, 제1석유류, 제2석유류

② 접지도선 설치기준
  ㉠ 양도체의 도선에 바이닐 등의 절연재료로 피복하여 선단에 접지전극 등을 결착시킬 수 있는 클립 등을 부착한다.
  ㉡ 도선이 손상되지 아니하도록 도선을 수납할 수 있는 장치를 부착한다.

(6) 위험성 경고표지(표지)

① 표지
  ㉠ 이동탱크저장소 : 전면 상단 및 후면 상단
  ㉡ 위험물운반차량 : 전면 및 후면

② 규격 및 형상 : 0.6m×0.3m 이상의 횡형 사각형

③ 색상 및 문자 : 흑색 바탕에 황색 반사도료로 "위험물"이라 표기할 것

(7) 알킬알루미늄 등을 저장 또는 취급하는 이동탱크저장소

① 탱크의 두께, 맨홀, 주입구의 뚜껑의 두께 : 10mm 이상의 강판
② 수압시험 : 1MPa 이상의 압력으로 10분간 실시하여 새거나 변형하지 아니하여야 한다.
③ 탱크의 용량 : 1,900L
④ 안전장치 : 수압시험의 압력의 2/3를 초과하고 4/5를 넘지 아니하는 범위의 압력에서 작동해야 한다.
⑤ 이동저장탱크에는 불활성기체 봉입장치를 설치한다.

9) 취급소의 위치, 구조 및 설비의 기준

(1) 주유취급소

① 주유취급소의 주유공지
  ㉠ 주유공지 : 너비 15m 이상, 길이 6m 이상
  ㉡ 공지의 바닥 : 주위 지면보다 높게 하고, 적당한 기울기, 배수구, 집유설비, 유분리장치를 설치한다.

② 주유취급소의 저장 또는 취급 가능한 탱크
  ㉠ 폐유, 윤활유를 저장하는 전용탱크 : 2,000L 이하
  ㉡ 보일러 등에 직접 접속하는 전용탱크 : 10,000L 이하
  ㉢ 자동차 등에 주유하기 위한 고정주유설비에 직접 접속하는 전용탱크 : 50,000L 이하
  ㉣ 고정급유설비에 직접 접속하는 전용탱크 : 50,000L 이하
  ㉤ 고정주유설비 또는 고정급유설비에 직접 접속하는 간이탱크 : 3기 이하

③ 주유취급소에 설치할 수 있는 건축물
  ㉠ 주유취급소 관계자가 거주하는 주거시설
  ㉡ 주유취급소에 업무를 행하기 위한 사무소
  ㉢ 주유 또는 등유·경유를 옮겨 담기 위한 작업장
  ㉣ 자동차 등의 세정을 위한 작업장
  ㉤ 자동차 등의 점검 및 간이정비를 위한 작업장

④ 고정주유설비 및 고정급유설비의 설치기준
  ㉠ 주유관 선단에서의 최대토출량
    • 제1석유류 : 분당 50L 이하
    • 등유 : 분당 80L 이하
    • 경유 : 분당 180L 이하

핵심문제

위험물안전관리법령에서는 위험물을 제조 외의 목적으로 취급하기 위한 장소와 그에 따른 취급소의 구분을 4가지로 정하고 있다. 다음 중 법령에서 정한 취급소의 구분에 해당되지 않는 것은?

① 주유취급소 ❷ 특수취급소
③ 일반취급소 ④ 이송취급소

해설

취급소의 종류
주유취급소, 일반취급소, 판매취급소, 이송취급소

핵심문제

위험물 주유취급소의 주유 및 급유 공지의 바닥에 대한 기준으로 옳지 않은 것은?

❶ 주위 지면보다 낮게 할 것
② 표면을 적당히 경사지게 할 것
③ 배수구, 집유설비를 할 것
④ 유분리장치를 할 것

해설

본문 참조

ⓛ 이동저장탱크에 주입하기 위한 고정급유설비의 최대토출량 : 분당 300L 이하

ⓒ 주유관의 길이 : 5m(현수식의 경우에는 지면 위 0.5m의 수평면에 수직으로 내려 만나는 점을 중심으로 반경 3m) 이내로 하고 그 선단에는 축적된 정전기를 유효하게 제거할 수 있는 장치를 설치할 것

ⓔ 고정주유설비의 설치 이격거리
- 도로경계선까지 4m 이상
- 부지경계선 · 담 및 건축물의 벽까지 2m(개구부가 없는 벽까지는 1m) 이상

ⓜ 고정급유설비의 설치 이격거리
- 도로경계선까지 4m 이상
- 부지경계선 · 담까지 1m 이상
- 건축물의 벽까지 2m(개구부가 없는 벽까지는 1m) 이상

⑤ 캐노피 설치기준
ⓐ 배관이 캐노피 내부를 통과할 경우에는 1개 이상의 점검구를 설치할 것
ⓑ 캐노피 외부의 점검이 곤란한 장소에 배관을 설치하는 경우에는 용접이음으로 할 것
ⓒ 캐노피 외부의 배관이 일광열의 영향을 받을 우려가 있는 경우에는 단열재로 피복할 것

⑥ 주유취급소의 특례
ⓐ 고속국도의 도로변에 설치된 주유취급소 탱크의 용량 : 60,000L 이하
ⓑ 셀프용 고정주유설비의 설치기준
- 주유호스는 200kgf 이하의 하중에 의하여 파단 또는 이탈되어야 하고, 파단 또는 이탈된 부분으로부터의 위험물 누출을 방지할 수 있는 구조이어야 한다.
- 1회의 연속주유량 및 주유시간의 상한을 미리 설정할 수 있는 구조일 것. 이 경우 연속주유량의 상한은 휘발유 100L 이하, 경유는 200L 이하로 하며, 주유시간의 상한은 4분 이하로 한다.
ⓒ 셀프용 고정급유설비의 설치기준 : 1회의 연속급유량 및 주유시간의 상한을 미리 설정할 수 있는 구조일 것. 이 경우 급유량의 상한은 100L 이하, 급유시간의 상한은 6분 이하로 한다.

핵심문제

주유취급소에 캐노피를 설치하려고 한다. 위험물안전관리법령에 따른 캐노피의 설치기준이 아닌 것은?

❶ 캐노피의 면적은 주유취급소 공지 면적의 1/2 이하로 할 것
② 배관이 캐노피 내부를 통과할 경우에는 1개 이상의 점검구를 설치할 것
③ 캐노피 외부의 배관이 일광열의 영향을 받을 우려가 있는 경우에는 단열재로 피복할 것
④ 캐노피 외부의 점검이 곤란할 장소에 배관을 설치하는 경우에는 용접이음으로 할 것

해설

① 캐노피의 면적에는 특별한 규정이 없다.

(2) 판매취급소

① 제1종 판매취급소
　ㄱ 저장 또는 취급하는 위험물의 수량이 지정수량의 20배 이하인 판매취급소로 한다.
　ㄴ 건축물의 1층에 설치한다.
　ㄷ 보, 천장을 불연재료로 한다.
　ㄹ 창 및 출입구에는 60분+ 방화문·60분 방화문 또는 30분 방화문을 설치한다.
　ㅁ 창 또는 출입구에 유리를 이용하는 경우에는 망입유리로 한다.

② 제2종 판매취급소
　ㄱ 저장 또는 취급하는 위험물의 수량이 지정수량의 40배 이하인 판매취급소로 한다.
　ㄴ 벽·기둥·바닥 및 보를 내화구조로 한다.
　ㄷ 천장이 있는 경우에는 이를 불연재료로 한다.
　ㄹ 판매취급소로 사용되는 부분과 다른 부분과의 격벽은 내화구조로 한다.
　ㅁ 창에는 60분+ 방화문·60분 방화문 또는 30분 방화문을 설치한다.
　ㅂ 출입구에는 60분+ 방화문·60분 방화문 또는 30분 방화문을 설치한다.

③ 위험물 배합실의 설치기준
　ㄱ 내화구조 또는 불연재료로 된 벽으로 구획한다.
　ㄴ 바닥면적은 $6m^2$ 이상 $15m^2$ 이하이어야 한다.
　ㄷ 바닥은 위험물이 침투하지 아니하는 구조로 하여 적당한 경사를 두고 집유설비를 한다.
　ㄹ 출입구에는 수시로 열 수 있는 자동폐쇄식의 60분+ 방화문 또는 60분 방화문을 설치한다.
　ㅁ 출입구의 문턱의 높이는 바닥면으로부터 0.1m 이상으로 한다.
　ㅂ 내부에 체류한 가연성의 증기 또는 가연성의 미분을 지붕 위로 방출하는 설비를 한다.

(3) 이송취급소

① 이송취급소의 설치 제외 장소
　ㄱ 철도 및 도로의 터널 안
　ㄴ 호수·저수지 등으로서 수리의 수원이 되는 곳

핵심문제

판매취급소의 배합실 설치기준으로 옳지 않은 것은?

① 내화구조로 된 벽으로 구획하여야 한다.
② 출입구는 자동 폐쇄식의 60분+ 방화문 또는 60분 방화문을 설치하여야 한다.
③ 출입구는 바닥으로부터 0.1m 이상의 턱을 설치한다.
❹ 바닥면적은 $6m^2$ 이상 $10m^2$ 이하로 한다.

해설

④ 바닥면적은 $6m^2$ 이상 $15m^2$ 이어야 한다.

ⓒ 급경사지역으로서 붕괴의 위험이 있는 지역

ⓔ 고속국도 및 자동차전용도로의 차도 · 갓길 및 중앙분리대

② 이송취급소의 배관의 지하매설 시 안전거리

    ⓐ 건축물(지하가 내의 건축물은 제외) : 1.5m 이상

    ⓑ 지하가 및 터널 : 10m 이상

    ⓒ 수도시설 : 300m 이상

    ⓓ 공작물 : 0.3m 이상

    ⓔ 산이나 들 : 0.9m 이상

(4) 일반취급소의 특례

① 분무도장 작업 등의 일반취급소의 특례

② 세정작업의 일반취급소의 특례

③ 열처리작업 등의 일반취급소의 특례

④ 옮겨 담는 일반취급소의 특례

⑤ 충전하는 일반취급소의 특례

⑥ 보일러 등으로 위험물을 소비하는 일반취급소의 특례

3 제조소등의 저장 및 취급에 관한 기준

1) 저장 · 취급의 공통기준

① 제조소등에서 위험물시설의 설치 및 변경 등에 대한 품명 외의 위험물 또는 허가 및 신고와 관련되는 수량 또는 지정수량의 배수를 초과하는 위험물을 저장 또는 취급하지 아니하여야 한다.

② 위험물을 저장 또는 취급하는 건축물 그 밖의 공작물 또는 설비는 당해 위험물의 성질에 따라 차광 또는 환기하여야 한다.

③ 위험물은 온도계, 습도계, 압력계 그 밖의 계기를 감시하여 당해 위험물의 성질에 맞는 적정한 온도, 습도 또는 압력을 유지하도록 저장 또는 취급하여야 한다.

④ 위험물을 저장 또는 취급하는 경우에는 위험물의 변질, 이물의 혼입 등에 의하여 당해 위험물의 위험성이 증대되지 아니하도록 필요한 조치를 강구하여야 한다.

⑤ 위험물이 남아 있거나 남아 있을 우려가 있는 설비, 기계 · 기구, 용기 등을 수리하는 경우에는 안전한 장소에서 위험물을 완전하게 제거한 후에 실시하여야 한다.

⑥ 위험물을 용기에 수납하여 저장 또는 취급할 때에는 그 용기는 당해 위험물의 성질에 적응하고 파손·부식·균열 등이 없는 것으로 하여야 한다.

⑦ 가연성의 액체·증기 또는 가스가 새거나 체류할 우려가 있는 장소 또는 가연성의 미분이 현저하게 부유할 우려가 있는 장소에서는 전선과 전기기구를 완전히 접속하고 불꽃을 발하는 기계·기구·공구·신발 등을 사용하지 아니하여야 한다.

⑧ 위험물을 보호액 중에 보존하는 경우에는 당해 위험물이 보호액으로부터 노출되지 아니하도록 하여야 한다.

2) 유별 저장 및 취급의 공통기준

① 제1류 위험물(산화성 고체) : 가연물과의 접촉·혼합이나 분해를 촉진하는 물품과의 접근 또는 과열·충격·마찰 등을 피하는 한편, 알칼리금속의 과산화물 및 이를 함유한 것에 있어서는 물과의 접촉을 피하여야 한다.

② 제2류 위험물(가연성 고체) : 산화제와의 접촉·혼합이나 불티·불꽃·고온체와의 접근 또는 과열을 피하는 한편, 철분·금속분·마그네슘 및 이를 함유한 것에 있어서는 물이나 산과의 접촉을 피하고 인화성 고체에 있어서는 함부로 증기를 발생시키지 아니하여야 한다.

③ 제3류 위험물(금수성 및 자연발화성 물질) : 자연발화성물질에 있어서는 불티·불꽃 또는 고온체와의 접근·과열 또는 공기와의 접촉을 피하고, 금수성물질에 있어서는 물과의 접촉을 피하여야 한다.

④ 제4류 위험물(인화성 액체) : 불티·불꽃·고온체와의 접근 또는 과열을 피하고, 함부로 증기를 발생시키지 아니하여야 한다.

⑤ 제5류 위험물(자기반응성 물질) : 불티·불꽃·고온체와의 접근이나 과열·충격 또는 마찰을 피하여야 한다.

⑥ 제6류 위험물 : 가연물과의 접촉·혼합이나 분해를 촉진하는 물품과의 접근 또는 과열을 피하여야 한다.

3) 저장의 기준

① 옥내저장소 또는 옥외저장소에 있어서 유별을 달리하는 위험물을 동일한 저장소에 저장할 수 없다. 다만, 1m 이상의 간격을 두고 아래 유별을 저장할 수 있다.
　㉠ 제1류 위험물(알칼리금속의 과산화물은 제외)과 제5류 위험물
　㉡ 제1류 위험물과 제6류 위험물

핵심문제

질산나트륨을 저장하고 있는 옥내저장소(내화구조의 격벽으로 완전히 구획된 실이 2 이상 있는 경우에는 동일한 실)에 함께 저장하는 것이 법적으로 허용되는 것은?(단, 위험물을 유별로 정리하여 서로 1m 이상의 간격을 두는 경우이다.)

① 적린   ② 인화성 고체
③ 동식물유류   ❹ 과염소산

해설

제1류 위험물(질산나트륨)과 제6류 위험물(과염소산)

핵심문제

옥외저장탱크 · 옥내저장탱크 또는 지하저장탱크 중 압력탱크에 저장하는 아세트알데하이드 등의 온도는 몇 ℃ 이하로 유지하여야 하는가?

① 30   ❷ 40
③ 55   ④ 65

해설

본문 참조

ⓒ 제1류 위험물과 자연발화성 물품(황린에 한함)

ⓔ 제2류 위험물 중 인화성 고체와 제4류 위험물

ⓜ 제3류 위험물 중 알킬알루미늄 등과 제4류 위험물(알킬알루미늄 또는 알킬리튬을 함유한 것)

ⓗ 제4류 위험물 중 유기과산화물 또는 이를 함유하는 것과 제5류 위험물 중 유기과산화물 또는 이를 함유한 것

② 제3류 위험물 중 황린, 그 밖에 물속에 저장하는 물품과 금수성 물질은 동일한 저장소에서 저장하지 아니하여야 한다.

③ 옥내저장소에 있어서 위험물은 규정에 의한 바에 따라 용기에 수납하여 저장하여야 한다. 다만, 덩어리 상태의 황과 별도의 규정에 의한 위험물에 있어서는 그러하지 아니하다.

④ 옥내저장소에서 동일 품명의 위험물이더라도 자연발화할 우려가 있는 위험물 또는 재해가 현저하게 증대할 우려가 있는 위험물을 다량 저장하는 경우에는 지정수량의 10배 이하마다 구분하여 상호 간 0.3m 이상의 간격을 두어 저장하여야 한다.

⑤ 옥내저장소에서 위험물을 저장하는 경우에는 다음 각목의 규정에 의한 높이를 초과하여 용기를 겹쳐 쌓지 아니하여야 한다.

ⓐ 기계에 의하여 하역하는 구조로 된 용기만을 겹쳐 쌓는 경우 : 6m

ⓑ 제4류 위험물 중 제3석유류, 제4석유류 및 동식물유류를 수납하는 용기만을 겹쳐 쌓는 경우 : 4m

ⓒ 그 밖의 경우 : 3m

⑥ 옥내저장소에서는 용기에 수납하여 저장하는 위험물의 온도 : 55℃ 이하

⑦ 옥외저장소에서 위험물을 수납한 용기를 선반에 저장하는 경우 : 6m를 초과하지 않는다.

⑧ 옥외저장탱크 · 옥내저장탱크 또는 지하저장탱크 중 압력탱크의 저장온도 : 아세트알데하이드 등 또는 다이에틸에터 등은 40℃ 이하로 유지한다.

⑨ 옥외저장탱크 · 옥내저장탱크 또는 지하저장탱크 중 압력탱크 외의 탱크 저장온도

ⓐ 산화프로필렌, 다이에틸에터 : 30℃ 이하

ⓑ 아세트알데하이드 : 15℃ 이하

⑩ 이동저장탱크에는 저장 또는 취급하는 위험물의 유별, 품명, 최대수량 및 적재중량을 표시하고 잘 보일 수 있도록 관리하여야 한다.

⑪ 이동탱크저장소에는 당해 이동탱크저장소의 완공검사필증 및 정기점검기록을 비치하여야 한다.

⑫ 알킬알루미늄 등을 저장 또는 취급하는 이동탱크저장소에는 긴급 시

220 | 위험물산업기사 필기

의 연락처, 응급조치에 관하여 필요한 사항을 기재한 서류, 방호복, 고무장갑, 밸브 등을 죄는 결합공구 및 휴대용 확성기를 비치하여야 한다.

⑬ 이동저장탱크에 알킬알루미늄 등을 저장하는 경우 : 20kPa 이하의 압력으로 불활성의 기체를 봉입한다.

⑭ 이동저장탱크에 아세트알데하이드 등을 저장하는 경우에는 항상 불활성의 기체를 봉입하여 둘 것

⑮ 아세트알데하이드 등 또는 다이에틸에터 등을 이동저장탱크에 저장 시 온도
ㄱ 보랭장치가 있는 경우 : 비점 이하
ㄴ 보랭장치가 없는 경우 : 40℃ 이하

4) 취급의 기준

(1) 제조에 관한 기준

① 증류공정에 있어서는 위험물을 취급하는 설비의 내부압력의 변동 등에 의하여 액체 또는 증기가 새지 아니하도록 한다.

② 추출공정에 있어서는 추출관의 내부압력이 비정상으로 상승하지 아니하도록 한다.

③ 건조공정에 있어서는 위험물의 온도가 국부적으로 상승하지 아니하는 방법으로 가열 또는 건조한다.

④ 분쇄공정에 있어서는 위험물의 분말이 현저하게 부유하고 있거나 위험물의 분말이 현저하게 기계 · 기구 등에 부착하고 있는 상태로 그 기계 · 기구를 취급하지 아니한다.

(2) 소비에 관한 기준

① 분사도장작업은 방화상 유효한 격벽 등으로 구획된 안전한 장소에서 실시한다.

② 담금질 또는 열처리작업은 위험물이 위험한 온도에 이르지 아니하도록 하여 실시한다.

③ 버너를 사용하는 경우에는 버너의 역화를 방지하고 위험물이 넘치지 아니하도록 한다.

(3) 이동탱크저장소의 취급기준

① 이동저장탱크로부터 위험물을 저장 또는 취급하는 탱크에 인화점이 40℃ 미만인 위험물을 주입할 때에는 원동기를 정지시킨다.

② 휘발유 · 벤젠 그 밖에 정전기에 의한 재해발생의 우려가 있는 액체의

핵심문제

이동저장탱크를 저장할 때 불연성 가스를 봉입하여야 하는 위험물은?

① 메틸에틸케톤퍼옥사이드
❷ 아세트알데하이드
③ 아세톤
④ 트라이나이트로톨루엔

해설

본문 참조

핵심문제

이동저장탱크로부터 위험물을 저장 또는 취급하는 탱크에 인화점이 몇 ℃ 미만인 위험물을 주입할 때 이동탱크저장소의 원동기를 정지시켜야 하는가?

① 21　　　　❷ 40
③ 71　　　　④ 700

해설

본문 참조

위험물을 주입 또는 배출할 때에는 도선으로 이동저장탱크와 접지전극 등과의 사이를 긴밀히 연결하여 접지한다.

③ 휘발유·벤젠·그 밖에 정전기에 의한 재해발생의 우려가 있는 액체의 위험물을 이동저장탱크 상부로 주입하는 때에는 주입관을 사용하되, 당해 주입관의 선단을 밑바닥에 밀착한다.

(4) 이동저장탱크에 위험물(휘발유, 등유, 경유) 교체 주입 시 정전기 등에 의한 재해방지 조치

① 이동저장탱크의 상부로부터 위험물을 주입할 때에는 위험물의 액표면이 주입관의 선단을 넘는 높이가 될 때까지 그 주입관 내의 유속을 초당 1m 이하로 한다.

② 이동저장탱크의 밑부분으로부터 위험물을 주입할 때에는 위험물의 액표면이 주입관의 정상부분을 넘는 높이가 될 때까지 그 주입배관 내의 유속을 초당 1m 이하로 한다.

③ 그 밖의 방법에 의한 위험물의 주입은 이동저장탱크에 가연성 증기가 잔류하지 아니하도록 조치하고 안전한 상태로 있음을 확인한 후에 한다.

(5) 알킬알루미늄 등 및 아세트알데하이드 등의 취급기준

① 알킬알루미늄 등의 제조소 또는 일반취급소에 있어서 알킬알루미늄 등을 취급하는 설비에는 불활성의 기체를 봉입한다.

② 알킬알루미늄 등의 이동탱크저장소에 있어서 이동저장탱크로부터 알킬알루미늄 등을 꺼낼 때에는 동시에 200kPa 이하의 압력으로 불활성의 기체를 봉입한다.

③ 아세트알데하이드 등의 제조소 또는 일반취급소에 있어서 아세트알데하이드 등을 취급하는 설비에는 연소성 혼합기체의 생성에 의한 폭발의 위험이 생겼을 경우에 불활성의 기체 또는 수증기를 봉입한다.

④ 아세트알데하이드 등의 이동탱크저장소에 있어서 이동저장탱크로부터 아세트알데하이드 등을 꺼낼 때에는 동시에 100kPa 이하의 압력으로 불활성의 기체를 봉입한다.

4 위험물의 운반에 관한 기준

1) 운반용기

(1) 운반용기의 재질

강판 · 알루미늄판 · 양철판 · 유리 · 금속판 · 종이 · 플라스틱 · 섬유판 · 고무류 · 합성섬유 · 삼 · 짚 또는 나무 등이 사용된다.

(2) 운반용기의 최대용적 또는 중량

① 고체위험물

내장용기 종류	내장 최대용적 또는 중량	외장용기 종류	외장 최대용적 또는 중량	제1류 I	제1류 II	제1류 III	제2류 II	제2류 III	제3류 I	제3류 II	제3류 III	제5류 I	제5류 II
유리용기 또는 플라스틱 용기	10L	나무상자 또는 플라스틱상자 (필요에 따라 불활성의 완충재를 채울 것)	125kg	○	○	○	○	○	○	○	○	○	○
			225kg		○	○		○	○	○			○
		파이버판상자 (필요에 따라 불활성의 완충재를 채울 것)	40kg	○	○	○	○	○	○	○	○	○	○
			55kg		○	○		○	○	○			○
금속제 용기	30L	나무상자 또는 플라스틱상자	125kg	○	○	○	○	○	○	○	○	○	○
			225kg		○	○		○	○	○			○
		파이버판상자	40kg	○	○	○	○	○	○	○	○	○	○
			55kg		○	○		○	○	○			○
플라스틱 필름포대 또는 종이포대	5kg	나무상자 또는 플라스틱상자	50kg	○	○	○	○	○					○
	50kg		50kg	○	○	○	○	○					
	125kg		125kg		○	○	○	○					
	225kg		225kg			○		○					
	5kg	파이버판상자	40kg	○	○	○	○	○	○	○	○		○
	40kg		40kg		○	○	○	○					○
	55kg		55kg			○		○					
		금속제용기 (드럼 제외)	60L	○	○	○	○	○	○	○	○	○	○
		플라스틱용기 (드럼 제외)	10L		○	○	○	○		○	○		○
			30L			○		○			○		○
		금속제드럼	250L	○	○	○	○	○	○	○	○	○	○
		플라스틱드럼 또는 파이버드럼 (방수성이 있는 것)	60L										
			250L		○	○		○	○	○			○

PART 03 위험물 성상 및 취급

운반 용기				수납 위험물의 종류									
내장 용기		외장 용기		제1류			제2류		제3류			제5류	
용기의 종류	최대용적 또는 중량	용기의 종류	최대용적 또는 중량	I	II	III	II	III	I	II	III	I	II
		합성수지포대 (방수성이 있는 것), 플라스틱필름포대, 섬유포대(방수성이 있는 것) 또는 종이포대(여러 겹으로서 방수성이 있는 것)	50kg		○	○	○	○		○	○		○

[비고] 1. "○" 표시는 수납위험물의 종류별 각란에 정한 위험물에 대하여 당해 각 난에 정한 운반용기가 적응성이 있음을 표시한다.
2. 내장용기는 외장용기에 수납하여야 하는 용기로서 위험물을 직접 수납하기 위한 것을 말한다.
3. 내장용기의 용기의 종류란이 빈칸인 것은 외장용기에 위험물을 직접 수납하거나 유리용기, 플라스틱용기, 금속제용기, 폴리에틸렌포대 또는 종이포대를 내장용기로 할 수 있음을 표시한다.

② 액체위험물

운반 용기				수납위험물의 종류								
내장 용기		외장 용기		제3류			제4류			제5류		제6류
용기의 종류	최대용적 또는 중량	용기의 종류	최대용적 또는 중량	I	II	III	I	II	III	I	II	I
유리 용기	5L	나무 또는 플라스틱상자 (불활성의 완충재를 채울 것)	75kg	○	○	○	○	○	○	○	○	○
	10L		125kg		○	○		○	○		○	
			225kg						○			
	5L	파이버판상자 (불활성의 완충재를 채울 것)	40kg	○	○	○	○	○	○	○	○	○
	10L		55kg						○			
플라스틱용기	10L	나무 또는 플라스틱상자 (필요에 따라 불활성의 완충재를 채울 것)	75kg	○	○	○	○	○	○	○	○	○
			125kg		○	○		○	○		○	
			225kg						○			
		파이버판상자 (필요에 따라 불활성의 완충재를 채울 것)	40kg	○	○	○	○	○	○	○	○	○
			55kg						○			
금속제 용기	30L	나무 또는 플라스틱상자	125kg	○	○	○	○	○	○	○	○	○
			225kg						○			
		파이버판상자	40kg	○	○	○	○	○	○	○	○	○
			55kg		○	○			○		○	
		금속제용기 (금속제드럼 제외)	60L					○	○		○	

핵심문제

위험물의 운반용기 재질 중 액체위험물의 외장용기로 사용할 수 없는 것은?

❶ 유리 ② 나무
③ 파이버판 ④ 플라스틱

해설

액체위험물의 운반용기
• 내장용기 : 유리용기, 플라스틱용기, 금속제용기
• 외장용기 : 나무상자, 플라스틱상자 (용기), 금속제용기(드럼), 파이버 판상자(드럼)

| 운반 용기 | | | | 수납위험물의 종류 | | | | | | | | |
| 내장 용기 | | 외장 용기 | | 제3류 | | | 제4류 | | | 제5류 | | 제6류 |
용기의 종류	최대용적 또는 중량	용기의 종류	최대용적 또는 중량	I	Ⅱ	Ⅲ	I	Ⅱ	Ⅲ	I	Ⅱ	I
		플라스틱용기 (플라스틱드럼 제외)	10L		○	○		○	○		○	
			20L					○	○			
			30L						○		○	
		금속제드럼 (뚜껑고정식)	250L	○	○	○	○	○	○	○	○	○
		금속제드럼 (뚜껑탈착식)	250L					○	○			
		플라스틱 또는 파이버드럼 (플라스틱 내 용기부착의 것)	250L						○		○	

[비고]　1. "○"표시는 수납위험물의 종류별 각 란에 정한 위험물에 대하여 해당 각 난에 정한 운반용기
　　　　　가 적응성이 있음을 표시한다.
　　　　2. 내장용기는 외장용기에 수납하여야 하는 용기로서 위험물을 직접 수납하기 위한 것을 말한다.
　　　　3. 내장용기의 용기의 종류란이 빈칸인 것은 외장용기에 위험물을 직접 수납하거나 유리용기,
　　　　　플라스틱용기 또는 금속제용기를 내장용기로 할 수 있음을 표시한다.

2) 운반 및 적재방법

(1) 위험물 운반용기 수납방법

① 고체위험물은 운반용기 내용적의 95 % 이하의 수납률로 수납한다.

② 액체위험물은 운반용기 내용적의 98 % 이하의 수납률로 수납하되, 50℃의 온도에서 누설되지 아니하도록 충분한 공간용적을 유지하도록 한다.

③ 하나의 외장용기에는 다른 종류의 위험물을 수납하지 아니한다.

④ 운반용기는 수납구를 위로 향하게 하여 적재하여야 한다.

(2) 제3류 위험물 운반용기의 수납기준

① 자연발화성물질에 있어서는 불활성 기체를 봉입하여 밀봉하는 등 공기와 접하지 아니하도록 한다.

② 자연발화성 물질 외의 물품에 있어서는 파라핀·경유·등유 등의 보호액으로 채워 밀봉하거나 불활성기체를 봉입하여 밀봉하는 등 수분과 접하지 아니하도록 한다.

③ 자연발화성 물질 중 알킬알루미늄 등은 운반용기의 내용적의 90 % 이하의 수납률로 수납하되, 50℃의 온도에서 5 % 이상의 공간용적을 유지하도록 한다.

핵심문제

위험물의 적재 방법에 관한 기준으로 틀린 것은?

① 위험물은 규정에 의한 바에 따라 재해를 발생시킬 우려가 있는 물품과 함께 적재하지 아니하여야 한다.

② 적재하는 위험물의 성질에 따라 일광의 직사 또는 빗물의 침투를 방지하기 위하여 유효하게 피복하는 등 규정에서 정하는 기준에 따른 조치를 하여야 한다.

❸ 증기 발생·폭발에 대비하여 운반용기의 수납구를 옆 또는 아래로 향하게 하여야 한다.

④ 위험물을 수납한 운반용기가 전도·낙하 또는 파손되지 아니하도록 적재하여야 한다.

해설

③ 운반용기는 수납구를 위로 향하게 하여 적재하여야 한다.

핵심문제

적재 시 일광의 직사를 피하기 위하여 차광성이 있는 피복으로 가려야 하는 것은?

① 메탄올　　❷ 과산화수소
③ 철분　　　④ 가솔린

해설

① 제4류 위험물 중 알코올류
② 제6류 위험물
③ 제2류 위험물
④ 제4류 위험물 중 제1석유류

핵심문제

다음 중 방수성이 있는 덮개를 해야 할 위험물만으로 구성된 것은?

① 과염소산염류, 삼산화크로뮴, 황린
② 무기과산화물, 과산화수소, 마그네슘
❸ 철분, 금속분, 마그네슘
④ 염소산염류, 과산화수소, 금속분

해설

본문 참조

핵심문제

위험물안전관리법령상 위험물의 운반용기 외부에 표시해야 할 사항이 아닌 것은?(단, 용기의 용적은 10L이며, 원칙적인 경우에 한한다.)

① 위험물의 화학명
❷ 위험물의 지정수량
③ 위험물의 품명
④ 위험물의 수량

해설

본문 참조

---

(3) 적재 위험물에 따른 조치

① 차광성이 있는 것으로 피복하여야 할 위험물

　㉠ 제1류 위험물

　㉡ 제3류 위험물 중 자연발화성 물질

　㉢ 제4류 위험물 중 특수인화물

　㉣ 제5류 위험물(제5류 위험물 중 55℃ 이하의 온도에서 분해될 우려가 있는 것은 보랭 컨테이너에 수납하는 등 적정한 온도관리를 할 것)

　㉤ 제6류 위험물

② 방수성이 있는 것으로 피복하여야 할 위험물

　㉠ 제1류 위험물 중 알칼리금속의 과산화물 또는 이를 함유한다.

　㉡ 제2류 위험물 중 철분·금속분·마그네슘 또는 이들 중 어느 하나 이상을 함유한다.

　㉢ 제3류 위험물 중 금수성 물질

(4) 위험물을 수납한 운반용기를 겹쳐 쌓는 경우의 높이

높이를 3m 이하로 하고, 용기의 상부에 걸리는 하중은 당해 용기 위에 당해 용기와 동종의 용기를 겹쳐 쌓아 3m의 높이로 하였을 때에 걸리는 하중 이하로 하여야 한다.

(5) 운반용기 외부 표기사항

① 위험물의 품명, 위험등급, 화학명 및 수용성(제4류 위험물의 수용성인 것에 한한다)

② 위험물의 수량

③ 주의사항

종류		주의사항
제1류 위험물	알칼리금속의 과산화물	화기·충격주의, 가연물접촉주의, 물기엄금
	그 밖의 것	화기·충격주의, 가연물접촉주의
제2류 위험물	철분, 마그네슘, 금속분	화기주의, 물기엄금
	인화성 고체	화기엄금
	그 밖의 것	화기주의

종류		주의사항
제3류 위험물	자연발화성 물질	화기엄금, 공기접촉엄금
	금수성 물질	물기엄금
제4류 위험물		화기엄금
제5류 위험물		화기엄금, 충격주의
제6류 위험물		가연물접촉주의

(6) 운반 시 혼재가 가능한 위험물

구분	제1류	제2류	제3류	제4류	제5류	제6류
제1류		×	×	×	×	○
제2류	×		×	○	○	×
제3류	×	×		○	×	×
제4류	×	○	○		○	×
제5류	×	○	×	○		×
제6류	○	×	×	×	×	

[비고] • "×"표시는 혼재할 수 없음을 표시
• "○"표시는 혼재할 수 있음을 표시
• 이 표는 지정수량의 $\frac{1}{10}$ 이하의 위험물에 대하여는 적용하지 아니한다.

상기의 표를 정리하면, 혼재 가능 위험물은 다음과 같다.
• ④ ⇨ 2 3 : 4류와 2류, 4류와 3류는 서로 혼재 가능
• ⑤ ⇨ 2 4 : 5류와 2류, 5류와 4류는 서로 혼재 가능
• ⑥ ⇨　1 : 6류와 1류는 서로 혼재 가능

3) 위험물의 위험등급

(1) 위험등급 Ⅰ의 위험물

① 제1류 위험물 중 아염소산염류, 염소산염류, 과염소산염류, 무기과산
화물 그 밖에 지정수량이 50kg인 위험물
② 제3류 위험물 중 칼륨, 나트륨, 알킬알루미늄, 알킬리튬, 황린 그 밖
에 지정수량이 10kg 또는 20kg인 위험물
③ 제4류 위험물 중 특수인화물
④ 제5류 위험물 중 제1종 10kg인 위험물
⑤ 제6류 위험물

핵심문제

위험물을 수납한 운반용기는 수납하는 위험물에 따라 주의사항을 표시하여 적재하여야 한다. 주의사항으로 옳지 않은 것은?

① 제2류 위험물 중 인화성 고체 – 화기엄금
② 제6류 위험물 – 가연물접촉주의
❸ 금수성 물질(제3류 위험물) – 물기주의
④ 자연발화성 물질(제3류 위험물) – 화기엄금 및 공기접촉엄금

해설

③ 금수성 물질(제3류 위험물) – 물기엄금

핵심문제

제3류 위험물의 운반 시 혼재할 수 있는 위험물은 제 몇 류 위험물인가?(단, 각각 지정수량의 10배인 경우이다.)

① 제1류　　② 제2류
❸ 제4류　　④ 제5류

해설

혼재가능 위험물
• ④ ⇨ 2 3　• ⑤ ⇨ 2 4　• ⑥ ⇨ 1

핵심문제

위험물안전관리법령상 위험등급 Ⅰ의 위험물이 아닌 것은?

① 염소산염류　　❷ 황화인
③ 알킬리튬　　④ 과산화수소

해설

②는 제2류 위험물로서 위험등급 Ⅱ이다.

핵심문제

위험등급 Ⅱ의 위험물이 아닌 것은?

① 질산염류　　② 황화인
❸ 칼륨　　　　④ 알코올류

해설

① 제1류 위험물(Ⅱ)
② 제2류 위험물(Ⅱ)
③ 제3류 위험물(Ⅰ)
④ 제4류 위험물(Ⅱ)

핵심문제

위험물안전관리법령상 제4류 위험물의 위험등급에 대한 설명으로 옳은 것은?

❶ 특수인화물은 위험등급 Ⅰ, 알코올류는 위험등급 Ⅱ이다.
② 특수인화물과 제1석유류는 위험등급 Ⅰ이다.
③ 특수인화물은 위험등급 Ⅰ, 그 이외에는 위험등급 Ⅱ이다.
④ 제2석유류는 위험등급 Ⅱ이다.

해설

제4류 위험물 위험등급
특수인화물은 위험등급 Ⅰ, 제1석유류와 알코올류는 위험등급 Ⅱ, 제2석유류, 제3석유류, 제4석유류, 동식물류는 위험등급 Ⅲ이다.

---

(2) 위험등급 Ⅱ의 위험물

① 제1류 위험물 중 브로민산염류, 질산염류, 아이오딘산염류 그 밖에 지정수량이 300kg인 위험물
② 제2류 위험물 중 황화인, 적린, 황 그 밖에 지정수량이 100kg인 위험물
③ 제3류 위험물 중 알칼리금속(칼륨 및 나트륨을 제외한다) 및 알칼리토금속, 유기금속화합물(알킬알루미늄 및 알킬리튬을 제외한다) 그 밖에 지정수량이 50kg인 위험물
④ 제4류 위험물 중 제1석유류 및 알코올류
⑤ 제5류 위험물 중 제2종 100kg인 위험물

(3) 위험등급 Ⅲ의 위험물

위험등급 Ⅰ, Ⅱ에서 정하지 아니한 위험물을 말한다.

(4) 위험물 운송책임자의 감독 또는 지원의 방법과 위험물의 운송 시에 준수하여야 하는 사항

① 위험물 운송책임자의 감독 또는 지원의 방법
　㉠ 운송책임자가 이동탱크저장소에 동승하여 운송 중인 위험물의 안전확보에 관하여 운전자에게 필요한 감독 또는 지원을 하는 방법으로서 운전자가 운송책임자의 자격이 있는 경우에는 운송책임자의 자격이 없는 자가 동승할 수 있다.
　㉡ 운송의 감독 또는 지원을 위하여 마련한 별도의 사무실에 운송책임자가 대기하면서 다음의 사항을 이행한다.
　　• 운송경로를 미리 파악하고 관할소방관서 또는 관련업체(비상대응에 관한 협력을 얻을 수 있는 업체)에 대한 연락체계를 갖추는 것
　　• 이동탱크저장소의 운전자에 대하여 수시로 안전확보 상황을 확인하는 것
　　• 비상시의 응급처치에 관하여 조언을 하는 것
　　• 그 밖에 위험물의 운송 중 안전확보에 관하여 필요한 정보를 제공하고 감독 또는 지원하는 것
② 이동탱크저장소에 의한 위험물의 운송 시에 준수하여야 하는 기준
　㉠ 위험물운송자는 운송의 개시 전에 이동저장탱크의 배출밸브 등의 밸브와 폐쇄장치, 맨홀 및 주입구의 뚜껑, 소화기 등의 점검을 충분히 실시한다.
　㉡ 위험물운송자는 장거리(고속국도는 340km 이상, 그 밖의 도로는 200km 이상)에 걸치는 운송을 하는 때에는 2명 이상의 운전자로 한다. 다만, 다음의 경우에는 그러하지 아니한다.

- 운송책임자를 동승시킨 경우
- 운송하는 위험물이 제2류 위험물·제3류 위험물(칼슘 또는 알루미늄의 탄화물과 이것만을 함유한 것) 또는 제4류 위험물(특수인화물은 제외)인 경우
- 운송 도중에 2시간 이내마다 20분 이상씩 휴식하는 경우

ⓒ 위험물운송자는 이동탱크저장소를 휴식·고장 등으로 일시 정차시킬 때에는 안전한 장소를 택하고 당해 이동탱크저장소의 안전을 위한 감시를 할 수 있는 위치에 있는 등 운송하는 위험물의 안전확보에 주의한다.

ⓔ 위험물운송자는 이동저장탱크로부터 위험물이 현저하게 새는 등 재해발생의 우려가 있는 경우에는 재난을 방지하기 위한 응급조치를 강구하는 동시에 소방관서 그 밖의 관계기관에 통보한다.

ⓜ 위험물(제4류 위험물에 있어서는 특수인화물 및 제1석유류)을 운송하게 하는 자는 위험물안전카드를 위험물운송자로 하여금 휴대하게 한다.

ⓗ 위험물운송자는 위험물안전카드를 휴대하고 당해 카드에 기재된 내용에 따른다. 다만, 재난 그 밖의 불가피한 이유가 있는 경우에는 당해 기재된 내용에 따르지 아니할 수 있다.

5 위험물안전관리에 관한 세부기준

1) 위험물의 시험 및 판정

(1) 제1류 위험물(산화성 고체)의 시험방법 및 판정기준

① 산화성 시험
  ㉠ 표준물질의 연소시험
  ㉡ 시험물품의 연소시험

② 충격민감성 시험
  ㉠ 표준물질의 낙구타격감도시험
  ㉡ 시험물품의 낙구타격감도시험

(2) 제2류 위험물(가연성 고체)의 시험방법 및 판정기준

① 착화의 위험성 시험
② 고체의 인화 위험성 시험

(3) 제3류 위험물(자연발화성 및 금수성 물질)의 시험방법 및 판정기준

① 공기 중 발화의 위험성 시험
② 금수성 시험

(4) 제4류 위험물(인화성 액체의 시험)의 시험방법 및 판정기준

① 태그 밀폐식 인화점측정기에 의한 인화점 측정시험
② 신속평형법 인화점측정기에 의한 인화점 측정시험

　　㉠ 시험장소는 1기압, 무풍의 장소로 한다.
　　㉡ 신속평형법 인화점측정기의 시료컵을 설정온도까지 가열 또는 냉각하여 시험물품(설정온도가 상온보다 낮은 온도인 경우에는 설정온도까지 냉각한 것) 2mL를 시료컵에 넣고 즉시 뚜껑 및 개폐기를 닫는다.
　　㉢ 시료컵의 온도를 1분간 설정온도로 유지한다.
　　㉣ 시험불꽃을 점화하고 화염의 크기를 직경 4mm가 되도록 조정한다.
　　㉤ 1분 경과 후 개폐기를 작동하여 시험불꽃을 시료컵에 2.5초간 노출시키고 닫는다. 이 경우 시험불꽃을 급격히 상하로 움직이지 아니하여야 한다.
　　㉥ ㉤의 방법에 의하여 인화한 경우에는 인화하지 않을 때까지 설정온도를 낮추고, 인화하지 않는 경우에는 인화할 때까지 설정온도를 높여 ㉡에서 ㉤의 조작을 반복하여 인화점을 측정한다.

③ 클리블랜드 개방컵 인화점측정기에 의한 인화점 측정시험

(5) 제5류 위험물(자기반응성 물질)의 시험방법 및 판정기준

① 폭발성 시험
② 가열분해성 시험

(6) 제6류 위험물(산화성 액체)의 시험방법 및 판정기준

연소시간 측정시험

2) 제조소등의 허가 및 탱크안전성능검사

(1) 기술검토를 받지 아니하는 부분적 변경

① 옥외저장탱크의 지붕판(노즐·맨홀 등을 포함한다)의 교체(동일한 형태의 것으로 교체하는 경우에 한한다)

② 옥외저장탱크의 옆판(노즐·맨홀 등을 포함한다)의 교체 중 다음 각목의 어느 하나에 해당하는 경우
  ㉠ 최하단 옆판을 교체하는 경우에는 옆판 표면적의 10% 이내의 교체
  ㉡ 최하단 외의 옆판을 교체하는 경우에는 옆판 표면적의 30% 이내의 교체

③ 옥외저장탱크의 밑판(옆판의 중심선으로부터 600mm 이내의 밑판에 있어서는 당해 밑판의 원주길이의 10% 미만에 해당하는 밑판에 한한다)의 교체

④ 옥외저장탱크의 밑판 또는 옆판(노즐·맨홀 등을 포함한다)의 정비(밑판 또는 옆판의 표면적의 50% 미만의 겹침보수공사 또는 육성보수공사를 포함한다)

⑤ 옥외탱크저장소의 기초·지반의 정비

⑥ 암반탱크의 내벽의 정비

⑦ 제조소 또는 일반취급소의 구조·설비를 변경하는 경우에 변경에 의한 위험물 취급량의 증가가 지정수량의 1,000배 미만인 경우

⑧ 한국소방산업기술원이 부분적 변경에 해당한다고 인정하는 경우

(2) 탱크안전성능검사

① 충수 수압시험의 방법 및 판정기준
  ㉠ 충수시험은 탱크에 물이 채워진 상태에서 1,000kL 미만의 탱크는 12시간, 1,000kL 이상의 탱크는 24시간 이상 경과한 이후에 지반 침하가 없고 탱크본체·접속부 및 용접부 등에서 누설 변형 또는 손상 등의 이상이 없어야 한다.
  ㉡ 수압시험은 탱크의 모든 개구부를 완전히 폐쇄한 이후에 물을 가득 채우고 최대사용압력의 1.5배 이상의 압력을 가하여 10분 이상 경과한 이후에 탱크본체·접속부 및 용접부 등에서 누설 또는 영구변형 등의 이상이 없어야 한다. 다만, 규칙에서 시험압력을 정하고 있는 탱크의 경우에는 당해 압력을 시험압력으로 한다.

핵심문제

이동탱크저장소에 있어서 구조물 등의 시설을 변경하는 경우 변경허가를 득하여야 하는 경우는?

① 펌프설비를 보수하는 경우
② 동일 사업장 내에서 상치장소의 위치를 이전하는 경우
③ 직경이 200mm인 이동저장탱크의 맨홀을 신설하는 경우
❹ 탱크본체를 절개하여 탱크를 보수하는 경우

해설

• 펌프설비를 신설하는 경우
• 상치장소의 위치를 이전하는 경우 (동일 사업장 제외)
• 이동저장탱크의 맨홀을 신설하는 경우(직경이 250mm 초과)
• 이동저장탱크를 보수(탱크본체를 절개하는 경우)하는 경우

핵심문제

「자동화재탐지설비 일반점검표」의 점검내용이 "변형·손상의 유무, 표시의 적부, 경계구역일람도의 적부, 기능의 적부"인 점검항목은?

① 감지기　　② 중계기
❸ 수신기　　④ 발신기

해설

자동화재탐지설비 일반점검표

점검항목	점검내용
감지기	변형·손상의 유무
	감지장해의 유무
	기능의 적부
중계기	변형·손상의 유무
	표시의 적부
	기능의 적부
수신기	변형·손상의 유무
	표시의 적부
	경계구역일람도의 적부
	기능의 적부
발신기	변형·손상의 유무
	기능의 적부

② 강화플라스틱제 이중벽탱크의 성능시험

　㉠ 기밀시험

　　ⓐ 감지층에 대하여 다음 각 호의 공기압을 5분 동안 가압하는 경우에 누출되거나 파손되지 아니하여야 한다.

　　　• 탱크 직경이 3m 미만인 경우 : 30kPa

　　　• 탱크 직경이 3m 이상인 경우 : 20kPa

　　ⓑ 탱크를 정격최대압력 및 정격진공압력으로 24시간 동안 유지한 후 감지층에 대하여 정격최대압력의 2배의 압력과 진공압력(20kPa)을 각각 1분간 가하는 경우에 탱크가 파손되거나 손상되지 아니하여야 한다.

　㉡ 수압시험

　　ⓐ 다음의 규정에 따른 수압을 1분 동안 탱크 내부에 가하는 경우에 파손되지 아니하고 내압력을 지탱해야 한다.

　　　• 탱크 직경이 3m 미만인 경우 : 0.17MPa

　　　• 탱크 직경이 3m 이상인 경우 : 0.1MPa

　　ⓑ 빈 탱크를 시험용 도크(Dock)에 적절히 고정하고 탱크 윗부분이 수면으로부터 0.9m 이상 잠기도록 물을 채워 24시간 동안 유지한 후 1분 동안 탱크 내부에 20kPa의 진공압력을 작용시키는 경우에 파열 또는 손상이 없어야 한다.

PART 03 출제예상문제

01 위험물의 총칙

01 다음 중 지정수량이 나머지 셋과 다른 것은?

① Fe분   ② Zn분
③ Na   ④ Mg

해설

- 제2류 위험물(지정수량 500kg) : ①, ②, ④
- 제3류 위험물(지정수량 10kg) : ③

02 위험물안전관리법령상 유별을 달리하는 위험물의 혼재 기준에서 제6류 위험물과 혼재할 수 있는 위험물의 유별에 해당하는 것은?(단, 지정수량의 1/10을 초과하는 경우)

① 제1류   ② 제2류
③ 제3류   ④ 제4류

해설

혼재 가능 위험물
- ④ ⇨ 2 3 : 4류와 2류, 4류와 3류는 서로 혼재 가능
- ⑤ ⇨ 2 4 : 5류와 2류, 5류와 4류는 서로 혼재 가능
- ⑥ ⇨ 1 : 6류와 1류는 서로 혼재 가능

03 다음과 같은 물질이 서로 혼합되었을 때 발화 또는 폭발의 위험성이 가장 높은 것은?

① 벤조일퍼옥사이드와 질산
② 이황화탄소와 증류수
③ 금속나트륨과 석유
④ 금속칼륨과 유동성 파라핀

해설

혼재 가능 위험물
- ④ ⇨ 2 3   ⑤ ⇨ 2 4   ⑥ ⇨ 1
- ※ ① 5류＋6류 ②, ③, ④ 3류＋보호액

04 다음 중 혼재하여 저장할 수 없는 것은?

① 적린과 황화인을 같은 곳에 저장
② 마그네슘과 황을 같은 곳에 저장
③ 철분과 알루미늄분을 같은 곳에 저장
④ 황린과 과염소산나트륨을 같은 곳에 저장

해설

혼재 가능 위험물
- ④ ⇨ 2 3   ⑤ ⇨ 2 4   ⑥ ⇨ 1
- ※ ①, ②, ③ 2류＋2류 ④ 3류＋1류

02 위험물의 종류 및 성질

제1류 위험물

05 다음 중 제1류 위험물의 과염소산염류에 속하는 것은?

① $KClO_3$ ② $NaClO_4$
③ $HClO_4$ ④ $NaClO_2$

해설

과염소산염류
과염소산($HClO_4$)의 수소이온이 떨어져 나가고 금속 또는 다른 원자단(NH_4^+)으로 치환된 형태의 염을 말한다.
① 염소산칼륨   ② 과염소산나트륨
③ 과염소산   ④ 아염소산나트륨

정답   **01** ③   **02** ①   **03** ①   **04** ④   **05** ②

06 과산화나트륨이 물과 반응할 때의 변화를 가장 옳게 설명한 것은?

① 산화나트륨과 수소를 발생한다.
② 물을 흡수하여 탄산나트륨이 된다.
③ 산소를 방출하여 수산화나트륨이 된다.
④ 서서히 물에 녹아 과산화나트륨의 안전한 수용액이 된다.

해설

③ $Na_2O_2 + H_2O \rightarrow 2NaOH + 0.5O_2 \uparrow$

07 다음 중 물과 반응하여 산소와 열을 발생하는 것은?

① 염소산칼륨　　　　② 과산화나트륨
③ 금속나트륨　　　　④ 과산화벤조일

해설

①, ④ 물과 반응하지 않음
② $2Na_2O_2 + 2H_2O \rightarrow 4NaOH + O_2 \uparrow + 열$
③ $2Na + 2H_2O \rightarrow 2NaOH + H_2 \uparrow$

08 아염소산나트륨의 성상에 관한 설명 중 잘못된 것은?

① 자신은 불연성이다.
② 불안정하여 180℃ 이상 가열하면 산소를 방출한다.
③ 수용액 상태에서도 강력한 환원력을 가지고 있다.
④ 티오황산나트륨, 다이에틸에터 등과 혼합하면 폭발한다.

해설

③ 수용액 상태에서도 강력한 산화력을 가지고 있다.

09 염소산나트륨이 열분해하였을 때 발생하는 기체는?

① 나트륨　　　　　　② 염화수소
③ 염소　　　　　　　④ 산소

해설

$2NaClO_3 \xrightarrow{\Delta} 2NaCl + 3O_2 \uparrow$

10 염소산칼륨의 성질에 대한 설명 중 옳지 않은 것은?

① 비중은 약 2.3으로 물보다 무겁다.
② 강산과의 접촉은 위험하다.
③ 열분해하면 산소와 염화칼륨이 생성된다.
④ 냉수에도 매우 잘 녹는다.

해설

④ 온수와 글리세린에 잘 녹고, 냉수와 알코올에는 잘 녹지 않는다.

11 염소산칼륨에 대한 설명으로 옳은 것은?

① 강한 산화제이며 열분해하여 염소를 발생한다.
② 폭약의 원료로 사용된다.
③ 점성이 있는 액체이다.
④ 녹는점이 700℃ 이상이다.

해설

염소산칼륨($KClO_3$)
㉠ 강한 산화제이며 열분해하여 산소를 발생한다.
㉡ 무색·무취의 불연성 분말로 융점이 368℃이고, 폭약, 성냥, 로켓제조 등에 사용된다.

12 질산암모늄에 관한 설명 중 틀린 것은?

① 상온에서 고체이다.
② 폭약의 제조 원료로 사용할 수 있다.
③ 흡습성과 조해성이 있다.
④ 물과 반응하여 발열하고 다량의 가스를 발생한다.

해설

④ 물과 흡열반응을 한다.

정답　06 ③　07 ②　08 ③　09 ④　10 ④　11 ②　12 ④

제2류 위험물

13 제2류 위험물의 화재에 대한 일반적인 특징으로 옳은 것은?

① 연소 속도가 빠르다.
② 산소를 함유하고 있어 질식소화는 효과가 없다.
③ 화재 시 자신이 환원되고 다른 물질을 산화시킨다.
④ 연소열이 거의 없어 초기 화재 시 발견이 어렵다.

해설

제2류 위험물은 가연성 고체로서 연소속도가 빠르고, 연소열이 크며, 유독가스가 발생하는 것도 있다.

14 삼황화인과 오황화인의 공통 연소생성물을 모두 나타낸 것은?

① H_2O, SO_2
② P_2O_5, H_2S
③ SO_2, P_2O_5
④ H_2S, SO_2, P_2O_5

해설

• $P_4S_3 + 8O_2 \rightarrow 2P_2O_5 \uparrow + 3SO_2 \uparrow$
• $2P_2S_5 + 15O_2 \rightarrow 2P_2O_5 \uparrow + 10SO_2 \uparrow$

15 황의 성질을 옳게 나타낸 것은?

① 물에 잘 녹는다.
② 황색의 연한 금속이다.
③ 전기 절연체로 쓰이며 가연성 고체이다.
④ 황의 동소체인 사방황, 단사황, 고무상황은 CS_2에 잘 녹는다.

해설

① 물에 녹지 않는다.
② 황색의 비금속이다.
④ 고무상황은 이황화탄소(CS_2)에 녹지 않지만 단사황과 사방황은 잘 녹는다.

16 다음 각 물질에 대한 설명 중 틀린 것은?

① 황은 물이나 산에 녹지 않는다.
② 오황화인은 CS_2에 녹는다.
③ 삼황화인은 가연성 물질이다.
④ 칠황화인은 더운 물에 분해하여 이산화황을 발생한다.

해설

④ 칠황화인(P_4S_7)은 찬물에는 서서히, 더운물에는 급격히 녹아 분해하여 황화수소(H_2S)를 발생시킨다.

17 알루미늄분이 NaOH 수용액과 반응하였을 때 발생하는 물질은?

① H_2 ② O_2
③ Na_2O ④ NaAl

해설

$2Al + 2NaOH + H_2O \rightarrow 2NaAlO_2 + 3H_2 \uparrow$

18 알루미늄의 연소생성물을 옳게 나타낸 것은?

① Al_2O_3 ② $Al(OH)_3$
③ Al_2O_3, H_2O ④ $Al(OH)_3$, H_2O

해설

$4Al + 3O_2 \rightarrow 2Al_2O_3 +$ 열

19 산화제가 혼합되어 연소할 때 자외선을 많이 포함하는 불꽃을 내는 것은?

① 셀룰로이드
② 나이트로셀룰로스
③ 마그네슘
④ 글리세린

해설

금속(마그네슘)은 산화제가 혼합되어 연소할 때 자외선을 많이 포함하는 불꽃을 낸다.

정답   13 ①   14 ③   15 ③   16 ④   17 ①   18 ①   19 ③

20 마그네슘리본에 불을 붙여 이산화탄소 기체 속에 넣었을 때 일어나는 현상은?

① 즉시 소화된다.
② 연소를 지속하며 유독성의 기체를 발생한다.
③ 연소를 지속하며 수소 기체를 발생한다.
④ 산소를 발생하며 서서히 소화된다.

> **해설**
>
> $Mg + CO_2 \rightarrow MgO + CO$(유독성 기체)

21 다음 표의 빈칸 (가), (나)에 알맞은 품명은?

품명	지정수량
(가)	100킬로그램
(나)	1,000킬로그램

① (가) : 철분, (나) : 인화성 고체
② (가) : 적린, (나) : 인화성 고체
③ (가) : 철분, (나) : 마그네슘
④ (가) : 적린, (나) : 마그네슘

> **해설**
>
> 제2류 위험물
> • 황화인, 황, 적린 : 지정수량 100kg
> • 인화성 고체 : 지정수량 1,000kg

제3류 위험물

22 칼륨(K)에 대한 설명으로 옳지 않은 것은?

① 제3류 위험물이다.
② 지정수량은 10kg이다.
③ 피부에 닿으면 화상을 입는다.
④ 알코올과는 반응하지 않는다.

> **해설**
>
> ④ 알코올과 반응하여 칼륨알콕사이드와 수소를 발생
> 시킨다.
>   [$2K + 2C_2H_5OH \rightarrow 2C_2H_5OK + H_2 \uparrow$]

23 다음 중 물과 접촉했을 때 위험성이 가장 큰 것은?

① 금속칼륨　　　　② 황린
③ 과산화벤조일　　④ 다이에틸에터

> **해설**
>
> ①은 물과 접촉하면 수소를 발생시키고, 나머지는 물과
> 반응하지 않는다.
> [$2K + 2H_2O \rightarrow 2KOH + H_2 \uparrow + 열$]

24 금속나트륨에 대한 설명으로 옳은 것은?

① 청색 불꽃을 내며 연소한다.
② 경도가 높은 중금속에 해당한다.
③ 녹는점이 100℃보다 낮다.
④ 25% 이상의 알코올 수용액에 저장한다.

> **해설**
>
> ① 노란색 불꽃을 내며 연소한다.
> ② 은백색 무른 경금속에 해당한다.
> ③ 녹는점은 97.7℃이다.
> ④ 수분과 접촉을 차단하고 공기 산화를 방지하기 위해
>   석유 속에 저장한다.

25 다음 중 물과 접촉 시 유독성의 가스를 발생하지는 않지만 화재의 위험성이 증가하는 것은?

① 인화칼슘　　　　② 황린
③ 적린　　　　　　④ 나트륨

> **해설**
>
> ① $Ca_3P_2 + 6H_2O \rightarrow 3Ca(OH)_2 + PH_3$(유독가스)
> ② P_4 : 반응하지 않음
> ③ P : 반응하지 않음
> ④ $2Na + 2H_2O \rightarrow 2NaOH + H_2 \uparrow$

26 물, 염산, 메탄올과 반응하여 에탄을 생성하는 물질은?

① K　　　　　　　② P_4
③ $(C_2H_5)_3Al$　　　④ LiH

정답　20 ②　21 ②　22 ④　23 ①　24 ③　25 ④　26 ③

해설

$(C_2H_5)_3Al + 3H_2O \rightarrow Al(OH)_3 + 3C_2H_6 \uparrow$

27 트라이에틸알루미늄이 습기와 반응할 때 발생되는 가스는 무엇인가?

① 수소
② 아세틸렌
③ 에탄
④ 메탄

해설

$(C_2H_5)_3Al + 3H_2O \rightarrow Al(OH)_3 + 3C_2H_6 \uparrow$

28 다음 중 황린의 자연발화가 쉽게 일어나는 이유로 올바른 것은?

① 조해성이 커서 공기 중 수분을 흡수하여 분해하기 때문이다.
② 환원력이 강하여 분해하여 폭발성 가스를 생성하기 때문이다.
③ 발화점이 매우 낮고 화학적 활성이 크기 때문이다.
④ 상온에서 산화성 고체이기 때문이다.

해설

③ 황린(P_4)은 발화점(34℃)이 매우 낮고 화학적 활성이 크기 때문에 자연발화를 쉽게 일으킨다.

29 카바이드(CaC_2)의 일반 성질에 대한 설명 중 틀린 것은?

① 물과 심하게 반응하여 발열한다.
② 물과 반응하여 가연성 메탄가스를 발생시킨다.
③ 순수한 것은 무색 투명하나 보통은 흑회색의 덩어리 상태이다.
④ 건조한 공기 중에서는 안정하나 350℃ 이상으로 열을 가하면 산화된다.

해설

② 물과 반응하여 수산화칼슘[$Ca(OH)_2$]과 아세틸렌(C_2H_2)가스가 생성된다.

30 다음 중 물과 반응하여 수소를 발생하지 않는 물질은?

① 칼륨
② 수소화붕소나트륨
③ 탄화칼슘
④ 수소화칼슘

해설

탄화칼슘은 물과 반응하여 아세틸렌가스를 발생시킨다.
[$CaC_2 + 2H_2O \rightarrow Ca(OH)_2 + C_2H_2 \uparrow$]

31 Ca_3P_2의 지정수량은 얼마인가?

① 50kg
② 100kg
③ 300kg
④ 500kg

해설

인화칼슘(Ca_3P_2) : 제3류 위험물 금속인화물 지정수량 (300kg)

32 물과 접촉 시 발생되는 가스의 종류가 나머지 셋과 다른 하나는?

① 나트륨
② 수소화칼슘
③ 인화칼슘
④ 수소화나트륨

해설

① $2Na + 2H_2O \rightarrow 2NaOH + H_2$
② $CaH_2 + 2H_2O \rightarrow Ca(OH)_2 + 2H_2$
③ $Ca_3P_2 + 6H_2O \rightarrow 3Ca(OH)_2 + 2PH_3$
④ $NaH + H_2O \rightarrow NaOH + H_2$

33 위험물이 물과 반응하였을 때 발생하는 가연성 가스를 잘못 나타낸 것은?

① 금속칼륨 – 수소
② 금속나트륨 – 수소
③ 인화칼슘 – 포스겐
④ 탄화칼슘 – 아세틸렌

해설

③ 인화칼슘 – 포스핀

정답 27 ③ 28 ③ 29 ② 30 ③ 31 ③ 32 ③ 33 ③

제4류 위험물

34 제4류 위험물의 일반적인 성질 또는 취급 시 주의사항에 대한 설명 중 가장 거리가 먼 것은?

① 액체의 비중은 물보다 가벼운 것이 많다.
② 대부분 증기는 공기보다 무겁다.
③ 제1석유류~제4석유류는 비점으로 구분한다.
④ 정전기 발생에 주의하여 취급하여야 한다.

> **해설**
>
> ③ 제1석유류~제4석유류는 인화점으로 구분한다.

35 제4류 위험물의 위험물안전관리법령상 정의가 맞지 않는 것은?

① 특수인화물류라 함은 1기압에서 액체가 되는 것으로 발화점이 100℃ 이하 또는 인화점이 −20℃ 이하로서 비점이 40℃ 이하인 것을 말한다.
② 제1석유류라 함은 1기압에서 액체로서 21℃ 미만인 것을 말한다.
③ 동식물류라 함은 1기압과 20℃에서 액체로 되는 동식물류를 말한다.
④ 제2석유류라 함은 1기압에서 액체로서 인화점이 70℃ 이상 200℃ 미만인 것을 말한다.

> **해설**
>
> ④ 제3석유류라 함은 1기압에서 액체로서 인화점이 70℃ 이상 200℃ 미만인 것을 말한다.

36 다음과 같이 위험물을 저장할 경우 각각의 지정수량 배수의 총합은 얼마인가?

- 클로로벤젠 : 1,000L
- 동식물유류 : 5,000L
- 제4석유류 : 12,000L

① 2.5   ② 3.0
③ 3.5   ④ 4.0

> **해설**
>
> 클로로벤젠 : 제2석유류 비수용성(1,000L), 동식물류(10,000L), 제4석유류(6,000L)
>
> 지정수량 배수의 합 $= \dfrac{1,000}{1,000} + \dfrac{5,000}{10,000} + \dfrac{12,000}{6,000} = 3.5$ (배)

37 다음 물질 중 지정수량이 400L인 것은?

① 피리딘   ② 벤젠
③ 톨루엔   ④ 벤즈알데하이드

> **해설**
>
> ① 제1석유류 수용성(400L)
> ②, ③ 제1석유류 비수용성(200L)
> ④ 제2석유류 비수용성(1,000L)

38 지정수량이 같은 것끼리 짝지어진 것은?

① 톨루엔 − 피리딘
② 사이안화수소 − 에틸알코올
③ 아세트산메틸 − 아세트산
④ 클로로벤젠 − 나이트로벤젠

> **해설**
>
> ① 제1석유류(비수용성)[200L] − 제1석유류(수용성)[400L]
> ② 제1석유류(수용성)[400L] − 알코올류[400L]
> ③ 제1석유류(비수용성)[200L] − 제2석유류(수용성)[2,000L]
> ④ 제2석유류(비수용성)[1,000L] − 제3석유류(비수용성)[2,000L]

39 다음 제4류 위험물 중 인화점이 가장 낮은 것은?

① 아세톤   ② 아세트알데하이드
③ 산화프로필렌   ④ 다이에틸에터

> **해설**
>
> ① 제1석유류(−18℃)
> ② 특수인화물(−38℃)
> ③ 특수인화물(−37℃)
> ④ 특수인화물(−45℃)

정답 34 ③   35 ④   36 ③   37 ①   38 ②   39 ④

238 | 위험물산업기사 필기

40 다음 물질 중 인화점이 가장 낮은 것은?

① CS_2 ② $C_2H_5OC_2H_5$
③ CH_3COCH_3 ④ CH_3OH

[해설]

① 특수인화물(-30℃)   ② 특수인화물(-45℃)
③ 제1석유류(-18℃)   ④ 메틸알코올(11℃)

41 다음 위험물 중에서 인화점이 가장 낮은 것은?

① $C_6H_5CH_3$ ② $C_6H_5CHCH_2$
③ CH_3OH ④ CH_3CHO

[해설]

① 제1석유류(톨루엔)
② 제2석유류(스티렌)
③ 알코올류(메탄올)
④ 특수인화물(아세트알데하이드)

42 다음 중 증기비중이 가장 큰 것은?

① 벤젠   ② 아세톤
③ 아세트알데하이드   ④ 톨루엔

[해설]

분자량이 클수록 증기비중이 크다.
① C_6H_6(78g)   ② CH_3COCH_3(58g)
③ CH_3CHO(44g)   ④ $C_6H_5CH_3$(92g)

43 다음 제4류 위험물 특수인화물류 중 물에 잘 녹지 않으며 비중이 물보다 작고, 인화점이 -45℃ 정도인 위험물은?

① 아세트알데하이드   ② 산화프로필렌
③ 다이에틸에터   ④ 나이트로벤젠

[해설]

다이에틸에터($C_2H_5OC_2H_5$)
특수인화물로 비수용성이다. 인화점 -45℃, 증기비중 2.55이고, 에틸알코올의 축합반응에 의해 만들어진 화합물이다.

44 다이에틸에터에서 과산화물의 확인 방법으로 옳은 것은?

① 산화철을 첨가한다.
② 10% KI 용액을 첨가하여 1분 이내에 황색으로 변화하는지 확인한다.
③ 30% $FeSO_4$ 10mL를 다이에틸에터 1L의 비율로 첨가하여 추출한다.
④ 98% 에틸알코올 12mL를 다이에틸에터 1L의 비율로 첨가하여 증류한다.

[해설]

과산화물 검출시약
아이오딘화칼륨(KI) 10% 수용액을 가하면 황색으로 변한다.

45 다이에틸에터 중의 과산화물을 검출할 때 그 검출시약과 정색반응의 색이 옳게 짝지어진 것은?

① 아이오딘화칼륨용액 - 적색
② 아이오딘화칼륨용액 - 황색
③ 브로민화칼륨용액 - 무색
④ 브로민화칼륨용액 - 청색

[해설]

과산화물 검출시약
아이오딘화칼륨(KI) 10% 수용액을 가하면 황색으로 변한다.

46 아세트알데하이드(CH_3CHO)의 성질에 관한 설명이다. 틀린 것은?

① 아이오딘포름 반응을 한다.
② 물, 에탄올, 에터에 녹는다.
③ 산화되면 에탄올, 환원되면 아세트산이 된다.
④ 환원성을 이용하여 은거울반응과 페엘링반응을 한다.

[해설]

③ 산화(+O)하면 아세트산(CH_3COOH), 환원(-H)하면 에탄올(C_2H_5OH)이 된다.

정답   40 ②   41 ④   42 ④   43 ③   44 ②   45 ②   46 ③

47 위험물안전관리법령상 은, 수은, 동, 마그네슘 및 이의 합금으로 된 용기를 사용하여서는 안 되는 물질은?

① 이황화탄소
② 아세트알데하이드
③ 아세톤
④ 다이에틸에터

해설

아세트알데하이드, 산화프로필렌
용기는 구리, 은, 수은, 마그네슘 또는 이의 합금을 사용하지 말 것(폭발성을 가진 아세틸라이드를 만들기 때문)

48 이황화탄소의 인화점, 발화점, 끓는점에 해당하는 온도를 낮은 것부터 차례대로 나타낸 것은?

① 끓는점 < 인화점 < 발화점
② 끓는점 < 발화점 < 인화점
③ 인화점 < 끓는점 < 발화점
④ 인화점 < 발화점 < 끓는점

해설

인화점(−30℃) < 끓는점(46.3℃) < 발화점(100℃)

49 물보다 무겁고, 물에 녹지 않아 저장 시 가연성 증기발생을 억제하기 위해 수조 속의 위험물탱크에 저장하는 물질은?

① 다이에틸에터
② 에탄올
③ 이황화탄소
④ 아세트알데하이드

해설

이황화탄소는 물보다 무겁고, 물에 녹지 않아 저장 시 가연성 증기발생을 억제하기 위해 수조 속의 위험물탱크에 저장한다.

50 이황화탄소를 물속에 저장하는 이유로 타당한 것은?

① 가연성 증기의 발생을 억제하기 위해
② 적외선으로부터 분해되는 것을 방지하기 위해

③ 축중합반응을 방지하기 위해
④ 수용액상태로 존재 시 안전하기 때문

해설

① 가연성 증기의 발생을 억제하기 위하여, 물보다 무겁고 불용이므로 물속에 보관해야 한다.

51 다음 중 품명이 나머지 셋과 다른 하나는?

① $C_6H_5CH_3$
② C_6H_6
③ $CH_3(CH_2)_3OH$
④ CH_3COCH_3

해설

① 제1석유류(톨루엔)
② 제1석유류(벤젠)
③ 제2석유류(n−부탄올)
④ 제1석유류(아세톤)

52 제1석유류 중에서 인화점이 −18℃, 분자량이 58.08이고 햇빛에 분해되며 착화온도가 538℃인 위험물은 다음 중 어느 것인가?

① 가솔린
② 아세톤
③ 에틸알코올
④ 벤젠

해설

아세톤[$(CH_3)_2CO$]
• 제4류 위험물 제1석유류 수용성 지정수량 400L
• 인화점 : −18℃, 연소범위 : 2.5~12.8%
• 무색의 휘발성 액체로 독특한 냄새가 있다.
• 피부에 닿으면 탈지작용이 있다.
• 아이오딘포름 반응을 한다.

53 위험물안전관리법령상 위험물 품명이 나머지 셋과 다른 것은?

① 메틸알코올
② 에틸알코올
③ 이소프로필알코올
④ 부틸알코올

해설

• 알코올류 : ①, ②, ③
• 제2석유류 : ④

정답 47 ② 48 ③ 49 ③ 50 ① 51 ③ 52 ② 53 ④

54 다음 중 에틸알코올의 인화점(℃)에 가장 가까운 것은?

① −4℃ ② 3℃
③ 13℃ ④ 27℃

해설

알코올류 인화점
• 메틸알코올(CH_3OH) : 11℃
• 에틸알코올(C_2H_5OH) : 13℃

55 다음 중 제2석유류에 해당되는 것은?

① (벤젠 구조) ② (사이클로헥산 구조)

③ CH_3 (톨루엔 구조) ④ CHO (벤즈알데하이드 구조)

해설

① 제1석유류 : 벤젠(C_6H_6)
② 제1석유류 : 사이클로헥산(C_6H_{12})
③ 제1석유류 : 톨루엔($C_6H_5CH_3$)
④ 제2석유류 : 벤즈알데하이드(C_6H_5CHO)

56 다음 중 3개의 이성질체가 존재하는 물질은?

① 아세톤
② 톨루엔
③ 벤젠
④ 자일렌(크실렌)

해설

크실렌의 이성질체의 구조식

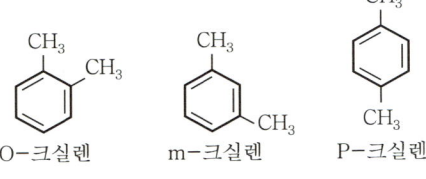

O-크실렌   m-크실렌   P-크실렌

57 동식물유류에 대한 설명으로 틀린 것은?

① 아이오딘화값이 클수록 자연발화의 위험성이 크다.
② 아마인유는 불건성유이므로 자연발화의 위험성이 낮다.
③ 동식물유류는 제4류 위험물에 속한다.
④ 아이오딘값이 130 이상인 것이 건성유이므로 저장할 때 주의한다.

해설

② 아마인유는 건성유이므로 자연발화의 위험성이 높다.

58 아이오딘값이 큰 건성유가 나타내는 성질은?

① 건조되기 쉽고 자연발화가 용이하다.
② 공기 중 환원중합으로 인화점이 아주 낮아진다.
③ 포화지방산을 많이 가지고 있어 공기 중에서 굳어지기 어렵다.
④ 불포화지방산을 적게 가지고 있으므로 공기 중에 방치하여도 액상을 유지한다.

해설

① 아이오딘값이 큰 건성유는 건조되기 쉽고 자연발화가 용이하다.

59 다음 물질을 적셔서 얻은 헝겊을 대량으로 쌓아 두었을 경우 자연발화의 위험성이 가장 큰 것은?

① 아마인유 ② 땅콩기름
③ 야자유 ④ 올리브유

해설

자연발화의 위험성이 가장 높은 것은 건성유이다.
※ ① 건성유 ②, ③, ④ 불건성유

정답 54 ③ 55 ④ 56 ④ 57 ② 58 ① 59 ①

PART 03 출제예상문제 | 241

제5류 위험물

60 외부의 산소공급이 없어도 연소하는 물질이 아닌 것은?

① 알루미늄의 탄화물
② 하이드록실아민
③ 유기과산화물
④ 질산에스터

[해설]

① 제3류 위험물(금수성 물질)
②, ③, ④ 제5류 위험물(자기반응성 물질)

61 소방법상 위험물을 분류할 때 나이트로화합물류에 속하는 것은?

① 질산에틸[$C_2H_5ONO_2$]
② 하이드라진[N_2H_4]
③ 질산메틸[CH_3ONO_2]
④ 피크르산[$C_6H_2(OH)(NO_2)_3$]

[해설]

①, ③ 제5류 위험물(질산에스터류)
② 제4류 위험물(제2석유류)
④ 제5류 위험물(나이트로화합물류)

62 다음 중 트라이나이트로톨루엔을 녹일 수 없는 용제는?

① 물
② 벤젠
③ 아세톤
④ 에터

[해설]

트라이나이트로톨루엔(TNT)은 비수용성, 아세톤, 벤젠, 알코올, 에터에는 잘 녹으나, 물에는 불용이다.

제6류 위험물

63 과염소산, 질산, 과산화수소의 공통점이 아닌 것은?

① 다른 물질을 산화시킨다.
② 강산에 속한다.
③ 산소를 함유한다.
④ 불연성 물질이다.

[해설]

② 과산화수소를 제외하고 강산성 물질이다.

64 다음 위험물 중 가연성 액체를 옳게 나타낸 것은?

$$HNO_3, \ HClO_4, \ H_2O_2$$

① HNO_3, $HClO_4$
② HNO_3, H_2O_2
③ HNO_3, $HClO_4$, H_2O_2
④ 모두 가연성이 아님

[해설]

모두 제6류 위험물로 산화성 액체(불연성 물질)이다.

65 진한 질산의 위험성과 저장에 대한 설명 중 적당하지 않은 것은?

① 부식성이 크고 산화성이 강하다.
② 황화수소와 접촉하면 폭발을 한다.
③ 일광에 쪼이면 분해되어 산소를 발생한다.
④ 저장 보호액으로는 물이 안전하다.

[해설]

④ 물과 반응하여 발열하므로 저장 보호액이 될 수 없으며, 질산의 보관은 빛을 차단하는 갈색 유리병에 보관한다.

정답 60 ① 61 ④ 62 ① 63 ② 64 ④ 65 ④

66 제6류 위험물인 과산화수소의 농도에 따른 물리적 성질에 대한 설명으로 옳은 것은?

① 농도와 무관하게 밀도, 끓는점, 녹는점이 일정하다.
② 농도와 무관하게 밀도는 일정하나, 끓는점과 녹는점이 농도에 따라 달라진다.
③ 농도와 무관하게 끓는점, 녹는점은 일정하나, 밀도는 농도에 따라 달라진다.
④ 농도에 따라 밀도, 끓는점, 녹는점이 달라진다.

해설

④ 과산화수소는 농도에 따라 밀도, 끓는점, 녹는점이 달라진다.

67 과산화수소의 성질 또는 취급방법에 관한 설명 중 틀린 것은?

① 햇빛에 의하여 분해한다.
② 인산, 요산 등의 분해 방지 안정제를 넣는다.
③ 공기와의 접촉은 위험하므로 저장용기는 밀전(密栓)하여야 한다.
④ 에탄올에 녹는다.

해설

③ 저장용기 마개는 용기의 내압상승을 방지하기 위하여 구멍 뚫린 마개를 사용한다.

68 과산화수소의 저장방법으로 옳은 것은 무엇인가?

① 분해를 막기 위해 하이드라진을 넣고 완전히 밀전하여 보관한다.
② 분해를 막기 위해 하이드라진을 넣고 가스가 빠지는 구조로 마개를 하여 보관한다.
③ 분해를 막기 위해 요산을 넣고 완전히 밀전하여 보관한다.
④ 분해를 막기 위해 요산을 넣고 가스가 빠지는 구조로 마개를 하여 보관한다.

해설

④ 분해방지 안정제(요산 등)을 넣고 가스가 빠지는 구조로된 구멍 뚫린 마개를 하여 보관한다.

69 과염소산 1몰을 모두 기체로 변환하였을 때 질량은 1기압, 50℃를 기준으로 몇 g인가?(단, Cl의 원자량은 35.5)

① 5.4
② 22.4
③ 100.5
④ 224

해설

$1mol\ HClO_4 = 1 + 35.5 + (4 \times 16) = 100.5(g)$(질량은 온도와 압력의 변화와는 무관하다.)

제1~6류 위험물 통합

70 위험물안전관리법령에 따른 제1류 위험물과 제6류 위험물의 공통적 성질로 옳은 것은?

① 산화성 물질이며 다른 물질을 환원시킨다.
② 환원성 물질이며 다른 물질을 환원시킨다.
③ 산화성 물질이며 다른 물질을 산화시킨다.
④ 환원성 물질이며 다른 물질을 산화시킨다.

해설

제1류 위험물(산화성 고체)과 제6류 위험물(산화성 액체) 모두 산화성 물질이며, 자신은 환원되고, 다른 물질을 산화시키는 산화제이다.

71 다음의 2가지 물질을 혼합하였을 때 위험성이 증가하는 경우가 아닌 것은?

① 과망가니즈산칼륨+황산
② 나이트로셀룰로스+알코올 수용액
③ 질산나트륨+유기물
④ 질산+에틸알코올

해설

②는 알코올 수용액이 안정제 역할을 하여, 폭발을 방지한다.

정답 66 ④ 67 ③ 68 ④ 69 ③ 70 ③ 71 ②

PART 03 출제예상문제 | **243**

72 시약의 보관방법으로 옳지 않은 것은?

① Na : 석유 속에 보관
② NaOH : 공기가 잘 통하는 곳에 보관
③ P_4(황린) : 물속에 보관
④ HNO_3 : 갈색 병에 보관

[해설]

② NaOH : 공기중 수분을 흡수하면 녹아버리기 때문에 시원하고 건조하며 환기가 잘 되는 장소에 밀봉하여 보관해야 한다.

73 과염소산칼륨과 적린을 혼합하는 것이 위험한 이유로 가장 타당한 것은?

① 마찰열이 발생하여 과염소산칼륨이 자연발화할 수 있기 때문에
② 과염소산칼륨이 연소하면서 생성된 연소열이 적린을 연소시킬 수 있기 때문에
③ 산화제인 과염소산칼륨과 가연물인 적린이 혼합하면 가열, 충격 등에 의해 연소 · 폭발할 수 있기 때문에
④ 혼합하면 용해되어 액상 위험물이 되기 때문에

[해설]

③ 과염소산칼륨(제1류 위험물)+제2류 위험물(적린)은 혼재가 불가한 이유는 산화제(과염소산칼륨)와 가연물(적린)이 혼합하면 가열, 충격 등에 의해 연소 · 폭발할 수 있기 때문이다.

74 황린과 적린의 공통점으로 옳은 것은?

① 독성
② 발화점
③ 연소생성물
④ CS_2에 대한 용해성

[해설]

황린(P_4)과 적린(P)은 동소체로서 연소생성물(P_2O_5)이 같다.

75 황린과 적린의 성질에 대한 설명 중 잘못된 것은?

① 황린이나 적린은 이황화탄소에 녹는다.
② 황린이나 적린은 물과 반응하지 않는다.
③ 적린은 황린에 비하여 화학적으로 활성이 작다.
④ 황린과 적린을 각각 연소시키면 P_2O_5이 생성된다.

[해설]

① 적린(P)은 이황화탄소에 녹지 않고, 황린(P_4)은 이황화탄소에 잘 녹는다.

76 위험물의 저장액(보호액)으로 잘못된 것은?

① 황린 – 물
② 인화석회 – 물
③ 금속나트륨 – 등유
④ 나이트로셀룰로스 – 함수알코올

[해설]

② 인화석회(인화칼슘)은 물과 반응하여 인화수소(PH_3)을 발생시킨다.
   [$Ca_3P_2 + H_2O \rightarrow Ca(OH)_2 + PH_3 \uparrow$]

77 각 위험물의 화재예방 및 소화방법으로 옳지 않은 것은?

① C_2H_5OH의 화재 시 수성막포소화약제를 사용하여 소화한다.
② $NaNO_3$의 화재 시 물에 의한 냉각소화를 한다.
③ CH_3CHOCH_2는 구리, 마그네슘과 접촉을 피하여야 한다.
④ CaC_2의 화재 시 이산화탄소소화약제를 사용할 수 없다.

[해설]

① C_2H_5OH는 수용성 위험물이므로 내알코올포소화약제를 사용하여 소화한다.

정답 72 ② 73 ③ 74 ③ 75 ① 76 ② 77 ①

03 위험물안전관리법

78 위험물안전관리법령상 다음 암반탱크의 공간용적은 얼마인가?

- 암반탱크의 내용적 : 100억 L
- 탱크 내에 용출하는 1일 지하수의 양 : 2천만 L

① 2천만 L
② 1억 L
③ 1억 4천만 L
④ 100억 L

해설

암반 탱크의 공간 용적

해당 탱크 내에 용출하는 7일간의 지하수 양에 상당하는 용적과 해당 탱크 내용적의 1/100 용적 중에서 보다 큰 용적을 공간 용적으로 한다.

㉠ 당해 탱크 내용적의 100분의 1의 용적

$$10,000,000,000 \times \frac{1}{100} = 1억 \ L$$

㉡ 당해 탱크 내에 용출하는 7일간의 지하수 양에 상당하는 용적

$$= 7 \times 20,000,000 = 1억 \ 4천만 \ L$$

∴ 큰 용적은 1억 4천만 L이다.

79 그림과 같이 설치한 원형 탱크의 내용적을 구하는 공식이 올바른 것은?

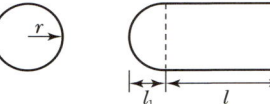

① $\dfrac{\pi ab}{4}\left(l + \dfrac{l_1 - l_2}{3}\right)$
② $\dfrac{\pi ab}{4}\left(l + \dfrac{l_1 + l_2}{3}\right)$

③ $\pi r^2\left(l + \dfrac{l_1 + l_2}{3}\right)$
④ $\pi r^2 l$

해설

원형 탱크의 내용적

㉠ 횡으로 설치한 것

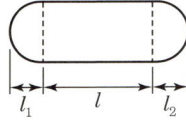

용량 : $\pi r^2\left(l + \dfrac{l_1 + l_2}{3}\right)$

㉡ 종으로 설치한 것

용량 : $\pi r^2 l$

80 다음 그림과 같이 원형 탱크를 설치하여 일정량의 위험물을 저장, 취급하려고 한다. 이 탱크의 내용적은 얼마인가?

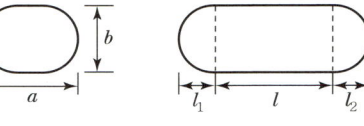

$r : 1\text{m}, \ l : 5\text{m}, \ l_1 : 1\text{m}, \ l_2 : 1\text{m}$

① 16.67m^3
② 17.79m^3
③ 18.85m^3
④ 19.96m^3

해설

$$V = \pi r^2\left(l + \frac{l_1 + l_2}{3}\right)$$

$$= 3.14 \times 1^2 \times \left(5 + \frac{1+1}{3}\right) = 17.793 \, (\text{m}^3)$$

81 그림과 같은 타원형 탱크의 내용적은 약 몇 m^3인가?

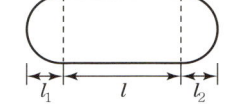

$a : 8\text{m}, \ b : 6\text{m}, \ l : 16\text{m}, \ l_1 : 2\text{m}, \ l_2 : 2\text{m}$

① 453
② 553
③ 653
④ 753

해설

$$V = \frac{\pi \, ab}{4}\left(l + \frac{l_1 + l_2}{3}\right)$$

$$= \frac{\pi \times 8 \times 6}{4} \times \left(16 + \frac{2+2}{3}\right) = 653.45 \, (\text{m}^3)$$

정답 78 ③ 79 ③ 80 ② 81 ③

PART 03 출제예상문제 | **245**

82 다음 그림과 같은 위험물을 저장하는 탱크의 내용적은 약 몇 m³인가?(단, r은 10m, l은 25m)

① 3,612
② 4,754
③ 5,812
④ 7,854

해설

$V = \pi r^2 l = \pi \times 10^2 \times 25 = 7,853.98 \, (\text{m}^3)$

83 제4류 위험물을 취급하는 제조소에서 지정 수량의 몇 배 이상을 취급할 경우 자체소방대를 설치하여야 하는가?

① 1,000배
② 2,000배
③ 3,000배
④ 4,000배

해설

자체소방 설치대상
지정수량의 3,000배 이상의 제4류 위험물을 취급하는 제조소, 일반취급소

84 위험물안전관리법령에 따른 위험물제조소의 안전거리 기준으로 틀린 것은?

① 주택으로부터 10m 이상
② 학교로부터 30m 이상
③ 지정문화유산과 천연기념물로부터는 30m 이상
④ 병원으로부터 30m 이상

해설

안전거리	건축물
3m 이상	사용전압이 7,000V 초과 35,000V 이하의 특고압가공전선
5m 이상	사용전압이 35,000V를 초과하는 특고압가공전선
10m 이상	건축물 그 밖의 공작물로서 주거용으로 사용되는 것

안전거리	건축물
20m 이상	고압가스, 액화석유가스 또는 도시가스를 저장 또는 취급하는 시설
30m 이상	학교·병원·극장 그 밖에 다수인을 수용하는 시설
50m 이상	지정문화유산 및 천연기념물

85 위험물제조소로부터 20m 이상의 안전거리를 유지하여야 하는 건축물 또는 공작물은?

① 「문화유산의 보존 및 활용에 관한 법률」에 따른 지정문화유산
② 「고압가스안전관리법」에 따라 신고하여야 하는 고압가스저장시설
③ 주거용 건축물
④ 「고등교육법」에서 정하는 학교

해설

84번 문제 해설 참조

86 위험물제조소 등의 안전거리의 단축기준과 관련해서 $H \leq pD^2 + a$ 인 경우 방화상 유효한 담의 높이는 2m 이상으로 한다. 다음 중 a에 해당되는 것은?

① 인근 건축물의 높이(m)
② 제조소등의 외벽의 높이(m)
③ 제조소등과 공작물과의 거리(m)
④ 제조소등과 방화상 유효한 담과의 거리(m)

해설

방화상 유효한 벽의 높이(h)는 다음에 의하여 산정한 높이 이상으로 한다.
㉠ $H \leq pD^2 + a$ 인 경우 : $h = 2$
㉡ $H > pD^2 + a$ 인 경우 : $h = H - p(D^2 - d^2)$

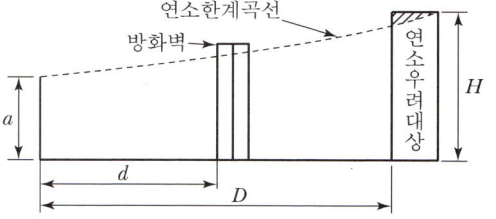

D : 제조소등과 인접 건축물과의 거리(m)
H : 인접 건물의 높이(m)
a : 제조소등의 외벽의 높이(m)
d : 제조소등과 방화상 유효한 벽과의 거리(m)
h : 방화상 유효한 벽의 높이(m)
p : 상수

87 위험물안전관리법령상 지정수량의 3천 배 초과 4천 배 이하의 위험물을 저장하는 옥외탱크 저장소에 확보하여야 하는 보유공지의 너비는 얼마인가?

① 6m 이상　　　　② 9m 이상
③ 12m 이상　　　　④ 15m 이상

[해설]

저장 또는 취급하는 위험물의 최대수량	공지의 너비
지정수량의 500배 이하	3m 이상
지정수량의 500배 초과 1,000배 이하	5m 이상
지정수량의 1,000배 초과 2,000배 이하	9m 이상
지정수량의 2,000배 초과 3,000배 이하	12m 이상
지정수량의 3,000배 초과 4,000배 이하	15m 이상
지정수량의 4,000배 초과	당해 탱크의 수평단면의 최대지름(횡형은 긴 변)과 높이 중 큰 것과 같은 거리 이상(단, 30m 초과의 경우에는 30m 이상으로, 15m 미만의 경우에는 15m 이상으로 할 것

88 간이탱크저장소의 탱크에 설치하는 통기관 기준에 대한 설명으로 옳은 것은?

① 통기관의 지름은 20mm 이상으로 한다.
② 통기관은 옥내에 설치하고 선단의 높이는 지상 1.5m 이상으로 한다.
③ 가는 눈의 동망 등으로 인화방지장치를 한다.

④ 통기관의 선단은 수평면에 대하여 아래로 35° 이상 구부려 빗물 등이 들어가지 않도록 한다.

[해설]

① 통기관의 지름은 25mm 이상으로 한다.
② 통기관은 옥외에 설치하되, 그 선단의 높이는 지상 1.5m 이상으로 한다.
④ 통기관의 선단은 수평면에 대하여 아래로 45° 이상 구부려 빗물 등이 들어가지 않도록 한다.

89 제4류 위험물 중 [보기]의 요건에 모두 해당하는 위험물은 무엇인가?

[보기]
㉠ 옥내저장소에 저장·취급하는 경우 하나의 저장창고 바닥면적은 1,000m² 이하여야 한다.
㉡ 위험등급은 Ⅱ에 해당한다.
㉢ 이동탱크저장소에 저장·취급할 때에는 법정의 접지도선을 설치하여야 한다.

① 다이에틸에터　　　② 피리딘
③ 크레오소트유　　　④ 고형알코올

[해설]

• ㉠, ㉡의 조건에 해당되는 제4류 위험물 : 제1석유류와 알코올류
• ㉢의 조건에 해당되는 제4류 위험물 : 특수인화물, 제1석유류, 제2석유류
따라서 위 조건에 맞는 위험물은 제1석유류(피리딘)이다.

90 다음은 위험물안전관리법령상 제조소등에서의 위험물의 저장 및 취급에 관한 기준 중 저장기준의 일부이다. ( ) 안에 알맞은 것은?

옥내저장소에 있어서 위험물은 규정에 의한 바에 따라 용기에 수납하여 저장하여야 한다. 다만, ( )과 별도의 규정에 의한 위험물에 있어서는 그러하지 아니하다.

① 동식물유류　　　　② 덩어리 상태의 황
③ 고체상태의 알코올　④ 고화된 제4석유류

정답　87 ④　88 ③　89 ②　90 ②

해설

옥내저장소에 있어서 위험물은 규정에 의한 바에 따라 용기에 수납하여 저장하여야 한다. 다만, 덩어리 상태의 황과 별도의 규정에 의한 위험물에 있어서는 그러하지 아니하다.

91 주유취급소에서의 위험물의 취급기준으로 옳지 않은 것은?

① 자동차에 주유 시 고정주유설비를 사용하여 직접 주유하여야 한다.
② 고정주유설비에 유류를 공급하는 배관은 전용탱크로부터 고정주유설비에 직접 접결된 것이어야 한다.
③ 주유취급소에는 "주유 중 엔진정지"라는 황색바탕에 흑색문자로 표시한 게시판을 설치하여야 한다.
④ 주유 시 자동차 등의 원동기는 정지시킬 필요는 없으나 자동차의 일부가 주유취급소의 공지 밖에 나와서는 안 된다.

해설

④ 자동차 등에 인화점 40℃ 미만의 위험물을 주유할 때에는 자동차 등의 원동기를 정지시킬 것. 다만, 연료탱크에 위험물을 주유하는 동안 방출되는 가연성 증기를 회수하는 설비가 부착된 고정주유설비에 의하여 주유하는 경우에는 그러하지 아니하다.

92 위험물의 취급 중 소비에 관한 기준으로 틀린 것은?

① 열처리 작업은 위험물이 위험한 온도에 이르지 아니하도록 하여 실시하여야 한다.
② 담금질 작업은 위험물이 위험한 온도에 이르지 아니하도록 하여 실시하여야 한다.
③ 분사도장 작업은 방화상 유효한 격벽 등으로 구획한 안전한 장소에서 하여야 한다.
④ 버너를 사용하는 경우에는 버너의 역화를 유지하고 위험물이 넘치지 아니하도록 하여야 한다.

해설

④ 버너를 사용하는 경우에는 버너의 역화를 방지하고 위험물이 넘치지 아니하도록 한다.

93 제4류 위험물을 수납하는 내장용기가 금속제 용기인 경우 최대용적은 몇 L인가?

① 5   ② 18
③ 20   ④ 30

해설

액체위험물(제4류 위험물)의 내장용기가 금속제 용기인 경우 최대용적 : 30L

94 다음은 위험물안전관리법령상 위험물의 운반 기준 중 적재방법에 관한 내용이다. (   ) 안에 알맞은 내용은?

( ) 위험물 중 ( )℃ 이하의 온도에서 분해될 우려가 있는 것은 보랭 컨테이너에 수납하는 등 적정한 온도관리를 할 것

① 제5류, 25   ② 제5류, 55
③ 제6류, 25   ④ 제6류, 55

해설

제5류 위험물 중 55℃ 이하의 온도에서 분해될 우려가 있는 것은 보랭 컨테이너에 수납하는 등 적정한 온도관리를 할 것

95 위험물 운반용기 외부표시의 주의사항으로 틀린 것은?

① 제1류 위험물 중 알칼리금속의 과산화물 : 화기 · 충격주의, 물기엄금 및 가연물 접촉주의
② 제2류 위험물 중 인화성 고체 : 화기엄금
③ 제4류 위험물 : 화기엄금
④ 제6류 위험물 : 물기엄금

정답 91 ④ 92 ④ 93 ④ 94 ② 95 ④

해설

위험물 운반용기 외부표시의 주의사항

종류		주의사항
제1류 위험물	알칼리금속의 과산화물	화기 · 충격주의, 가연물접촉주의, 물기엄금
	그 밖의 것	화기 · 충격주의, 가연물접촉주의
제2류 위험물	철분, 마그네슘, 금속분	화기주의, 물기엄금
	인화성 고체	화기엄금
	그 밖의 것	화기주의
제3류 위험물	자연발화성물질	화기엄금, 공기접촉엄금
	금수성물질	물기엄금
제4류 위험물		화기엄금
제5류 위험물		화기엄금, 충격주의
제6류 위험물		가연물접촉주의

96 위험물안전관리법령상 제1류 위험물 중 알칼리금속의 과산화물의 운반용기 외부에 표시하여야 하는 주의사항을 모두 나타낸 것은?

① "화기엄금", "충격주의" 및 "가연물접촉주의"
② "화기 · 충격주의", "물기엄금" 및 "가연물접촉주의"
③ "화기주의" 및 "물기엄금"
④ "화기엄금" 및 "물기엄금"

해설

95번 문제 해설 참조

97 용기에 수납하는 위험물에 따라 운반용기 외부에 표시하여야 할 주의사항으로 옳지 않은 것은?

① 자연발화성 물질 – 화기엄금 및 공기접촉엄금
② 인화성 액체 – 화기엄금
③ 자기반응성 물질 – 화기주의
④ 산화성 액체 – 가연물접촉주의

해설

③ 자기반응성 물질 – 화기엄금, 충격주의

98 운반 시 질산과 혼재가 가능한 위험물은?(단, 지정수량의 10배인 위험물이다.)

① 질산메틸 ② 알루미늄 분말
③ 탄화칼슘 ④ 질산암모늄

해설

제6류 위험물(질산)과 혼재가 가능한 위험물은 제1류 위험물(질산암모늄)이다.
※ ① 제5류 위험물(질산에스터류), ② 제2류 위험물(금속분), ③ 제3류 위험물, ④ 제1류 위험물

99 위험물안전관리법령상 위험물 운반 시에 혼재가 금지된 위험물로 이루어진 것은?(단, 지정수량은 $\frac{1}{10}$ 초과이다.)

① 과산화나트륨과 황
② 황과 과산화벤조일
③ 황린과 휘발유
④ 과염소산과 과산화나트륨

해설

① 제1류 위험물+제2류 위험물(혼재 불가능)
② 제2류 위험물+제5류 위험물(혼재 가능)
③ 제3류 위험물+제4류 위험물(혼재 가능)
④ 제6류 위험물+제1류 위험물(혼재 가능)

100 위험물의 운반에 관한 기준에서 위험물의 적재 시 혼재가 가능한 위험물은?(단, 지정수량의 5배인 경우이다.)

① 과염소산칼륨 – 황린
② 질산메틸 – 경유
③ 마그네슘 – 알킬알루미늄
④ 탄화칼슘 – 나이트로글리세린

해설

① 제1류 위험물+제3류 위험물(혼재 불가능)
② 제5류 위험물+제4류 위험물(혼재 가능)
③ 제2류 위험물+제3류 위험물(혼재 불가능)
④ 제3류 위험물+제5류 위험물(혼재 불가능)

정답 96 ② 97 ③ 98 ④ 99 ① 100 ②

101 제6류 위험물의 운반 시 적용되는 위험등급은?

① 위험등급 Ⅰ   ② 위험등급 Ⅱ
③ 위험등급 Ⅲ   ④ 위험등급 Ⅳ

해설

제6류 위험물은 모두 위험등급 Ⅰ에 해당한다.

102 위험물안전관리법령상 제4류 위험물의 위험등급에 대한 설명으로 옳은 것은?

① 특수인화물은 위험등급 Ⅰ, 알코올류는 위험등급 Ⅱ이다.
② 특수인화물과 제1석유류는 위험등급 Ⅰ이다.
③ 특수인화물은 위험등급 Ⅰ, 그 이외에는 위험등급 Ⅱ이다.
④ 제2석유류는 위험등급 Ⅱ이다.

해설

제4류 위험물 위험등급
중에서 특수인화물은 위험등급 Ⅰ, 제1석유류와 알코올류는 위험등급 Ⅱ, 제2석유류, 제3석유류, 제4석유류, 동식물류는 위험등급 Ⅲ이다.

103 위험물안전관리법령상 위험등급이 나머지 셋과 다른 하나는?

① 아염소산염류   ② 알킬알루미늄
③ 알코올류   ④ 칼륨

해설

① 제1류 위험물(Ⅰ)
② 제3류 위험물(Ⅰ)
③ 제4류 위험물(Ⅱ)
④ 제2류 위험물(Ⅰ)

정답   101 ①   102 ①   103 ③

PART

04

과년도
기출문제

2021년 제1회 CBT 기출문제

1과목 일반화학

01 25℃에서 83% 해리된 0.1N HCl의 pH는 얼마인가?

① 1.08　　　　② 1.52
③ 2.02　　　　④ 2.25

해설

$pH = -\log[전리도 \times N] = -\log(0.83 \times 0.1) = 1.080$

02 다음 물질 중 수용액에서 약한 산성을 나타내며, 염화제이철 수용액과 정색반응을 하는 것은?

①　OH
②　CH₂OH
③　OH　CH₃
④　OH　COOH

해설

정색반응은 페놀류(−OH)의 검출반응으로 이용된다.
① 페놀 ② 벤질알코올 ③ 크레졸 ④ 살리실산

03 다음 물질 중 환원성이 없는 것은?

① 설탕　　　　② 엿당
③ 젖당　　　　④ 포도당

해설

• 환원성이 없는 것 : 설탕, 녹말, 셀룰로오스, 글리코겐 등
• 환원성이 있는 것 : 단당류(글루코스, 갈락토스, 포도당, 과당), 맥아당, 젖당

04 벤젠에 수소원자 한 개는− CH_3 기로, 또 다른 수소원자 한 개는 −OH 기로 치환되었다면 이 성질체 수는 몇 개인가?

① 1　　　　② 2
③ 3　　　　④ 4

해설

크레졸(CH₄CH₃OH)

05 96wt% (A)와 60wt% (B)를 혼합하여 80wt% 100kg 만들려고 한다. 각각 몇 kg씩 혼합하여야 하는가?

① (A) 30, (B) 70
② (A) 44.4, (B) 55.6
③ (A) 55.6, (B) 44.4
④ (A) 70, (B) 30

해설

$(0.96 \times x) + [0.6 \times (100 - x)] = 0.8 \times 100$
$\therefore \ x = 55.56 = (A), \ (B) = 100 - 55.56 = 44.44$

06 벤젠을 약 300℃ 높은 압력에서 Ni 촉매로 수소와 반응시켰을 때 얻어지는 물질은?

① Cyclopentane　　　　② Cyclopropane
③ Cyclohexane　　　　④ Cyclooctane

정답 01 ① 02 ① 03 ① 04 ③ 05 ③ 06 ③

해설

벤젠의 부가반응

$$C_6H_6 + 3H_2 \xrightarrow{\text{Ni or Pt}} C_6H_{12}(\text{사이클로헥산})$$

07 프로판 1몰을 완전연소하는 데 필요한 산소의 이론량을 표준상태에서 계산하면 몇 L가 되는가?

① 22.4
② 44.8
③ 89.6
④ 112.0

해설

$$C_3H_8 + 5O_2 \rightarrow 3CO_2 + 4H_2O$$

1mol 완전연소 시 산소는 5mol을 필요로 한다.

∴ $5 \times 22.4(L) = 112.0(L)$

08 표준상태에서의 생성엔탈피가 다음과 같다고 가정할 때 가장 안정한 것은?

① $\Delta H_{HF} = -269\text{kcal/mol}$
② $\Delta H_{HCl} = -92.30\text{kcal/mol}$
③ $\Delta H_{HBr} = -36.2\text{kcal/mol}$
④ $\Delta H_{HI} = 25.21\text{kcal/mol}$

해설

생성엔탈피(ΔH)는 음($-$)의 값이 클수록 안정한 상태, 즉 작을수록 안정하다.

09 다음 반응식에서 산화된 성분은?

$$MnO_2 + 4HCl \rightarrow MnCl_2 + 2H_2O + Cl_2$$

① Mn
② O
③ H
④ Cl

해설

산화는 산화수가 증가하는 반응이고, 환원은 산화수가 감소하는 반응이다.

① $+4 \rightarrow +2$
② $-2 \rightarrow -2$
③ $+1 \rightarrow +1$
④ $-1 \rightarrow 0$

10 다음 물질 중에서 염기성인 것은?

① $C_6H_5NH_2$
② $C_6H_5NO_2$
③ C_6H_5OH
④ C_6H_5COOH

해설

아닐린($C_6H_5NH_2$)에서 NH_2(염기성)는 NH_3에서 H가 알킬기로 치환된 아민으로서 대표적인 염기에 해당된다.

11 전기화학 반응을 통해 전극에서 금속으로 석출되는 다음 원소 중 무게가 가장 큰 것은?(단, 각 원소의 원자량은 Ag는 107.868, Cu는 63.546, Al은 26.982, Pb는 207.20이고, 전기량은 동일하다.)

① Ag
② Cu
③ Al
④ Pb

해설

$1F = 96,500C = 1g$당량 석출

① $Ag = \dfrac{107.868}{1가} = 107.868$
② $Cu = \dfrac{63.546}{2가} = 31.773$
③ $Al = \dfrac{26.982}{3가} = 8.994$
④ $Pb = \dfrac{207.2}{2가} = 103.6$

12 원자번호가 7인 질소와 같은 족에 해당되는 원소의 원자번호는?

① 15
② 16
③ 17
④ 18

해설

질소는 2주기, 그 다음 주기는 3주기이고, 원자번호는 $7 + 8 = 15$이며 원자는 인(P)이다.

정답 07 ④ 08 ① 09 ④ 10 ① 11 ① 12 ①

13 $CH_3COOH \rightarrow CH_3COO^- + H^+$의 반응식에서 전리평형상수 K는 다음과 같다. K 값을 변화시키기 위한 조건으로 옳은 것은?

$$K = \frac{[CH_3COO^-][H^+]}{[CH_3COOH]}$$

① 온도를 변화시킨다.
② 압력을 변화시킨다.
③ 농도를 변화시킨다.
④ 촉매 양을 변화시킨다.

[해설]

평형상수(K)의 값은 온도의 조건에서만 관계한다.

14 물 36g을 모두 증발시키면 수증기가 차지하는 부피는 표준상태를 기준으로 몇 L인가?

① 11.2L
② 22.4L
③ 33.6L
④ 44.8L

[해설]

1mol 물(H_2O) = 18(g)이므로, $2 \times 22.4 = 44.8$(L)

15 그레이엄의 법칙에 따른 기체의 확산속도와 분자량의 관계를 옳게 설명한 것은?

① 기체의 확산속도는 분자량의 제곱에 비례한다.
② 기체의 확산속도는 분자량의 제곱에 반비례한다.
③ 기체의 확산속도는 분자량의 제곱근에 비례한다.
④ 기체의 확산속도는 분자량의 제곱근에 반비례한다.

[해설]

그레이엄의 기체 확산의 법칙
기체분자의 확산속도(v)는 일정한 압력하에서 그 기체 분자량(M)과 밀도(d)의 제곱근에 반비례하고, 확산시간(t)에는 반비례한다는 법칙이다(미지의 기체 분자량 측정에 이용).

16 불순물로 식염을 포함하고 있는 NaOH 3.2g을 물에 녹여 100mL로 한 다음 그중 50mL를 중화하는 데 1N의 염산이 20mL 필요했다. 이 NaOH의 농도는 약 몇 wt%인가?

① 10
② 20
③ 33
④ 50

[해설]

㉠ 중화적정 : $NV = N'V' \Rightarrow 1 \times 20 = N \times 50$, $N = 0.4$
㉡ 0.4N 100mL는 용액 1,000mL 중에는 0.04N(1.6g)이다.
∴ 농도 $= \dfrac{1.6g}{3.2g} \times 100 = 50$wt(%)

17 다음 중 양쪽성 산화물에 해당하는 것은?

① NO_2
② Al_2O_3
③ MgO
④ Na_2O

[해설]

양쪽성 산화물
Al, Zn, Sn, Pb 등과 결합하는 산화물

18 어떤 물질이 산소 50wt%, 황 50wt%로 구성되어 있다. 이 물질의 실험식을 옳게 나타낸 것은?

① SO
② SO_2
③ SO_3
④ SO_4

[해설]

㉠ O $= \dfrac{50}{16} = 3.125$
㉡ S $= \dfrac{50}{32} = 1.5625$
㉢ O : S $= 3.125 : 1.5625 = 2 : 1$
∴ SO_2

정답 13 ① 14 ④ 15 ④ 16 ④ 17 ② 18 ②

19 다음에서 설명하는 물질의 명칭은?

- HCl과 반응하여 염산염을 만든다.
- 나이트로벤젠을 수소로 환원하여 만든다.
- $CaOCl_2$ 용액에서 붉은 보라색을 띤다.

① 페놀　　　　　② 아닐린
③ 톨루엔　　　　④ 벤젠술폰산

해설

② 아닐린($C_6H_5NH_2$)에 대한 내용이다.

20 다음에서 설명하는 법칙은 무엇인가?

일정한 온도에서 비휘발성이며, 비전해질인 용질이 녹은 묽은 용액의 증기압력내림은 일정량의 용매에 녹아 있는 용질의 몰수에 비례한다.

① 헨리의 법칙
② 라울의 법칙
③ 아보가드로의 법칙
④ 보일 – 샤를의 법칙

해설

라울의 법칙
비휘발성, 비전해질인 용질이 녹아 있는 용액의 증기압내림은 용질의 몰분율에 비례하며 또한 비휘발성 용액 속 용매의 증기압은 용매의 몰분율에 비례한다는 법칙

2과목 **화재예방과 소화방법**

21 Halon 1301에 해당하는 할로젠화합물의 분자식을 옳게 나타낸 것은?

① CBr_2F　　　　② CF_3Br
③ CH_3Cl　　　　④ OCl_3H

해설

할론번호(Halon 번호)의 구성은 천자리 숫자는 C의 개수(1개), 백자리 숫자는 F의 개수(3개), 십자리 숫자는 Cl의 개수(0개), 일자리 숫자는 Br의 개수(1개)를 나타낸다. (CF_3Br)

22 다음 중 가연성 물질이 아닌 것은?

① $C_2H_5OC_2H_5$　　② $KClO_4$
③ $C_2H_4(OH)_2$　　④ P_4

해설

① 다이에틸에터　　　② 과염소산칼륨
③ 에틸렌글리콜　　　④ 황린
※ ② 제1류 위험물(산화성 고체)로서 불연성 물질이다.

23 스프링클러 설비에 대한 설명 중 틀린 것은?

① 초기 화재의 진압에 효과적이다.
② 조작이 쉽다.
③ 소화약제가 물이므로 경제적이다.
④ 타 설비보다 시공이 비교적 간단하다.

해설

④ 타 소화설비보다 구조나 시공이 복잡하고, 시설비(시공비)가 크다.

24 경보설비는 지정수량 몇 배 이상의 위험물을 저장·취급하는 제조소 등에 설치하는가?

① 2　　　　　② 4
③ 8　　　　　④ 10

정답　19 ②　20 ②　21 ②　22 ②　23 ④　24 ④

해설

지정수량 10배 이상의 위험물을 저장 또는 취급하는 제조소등(이동탱크저장소를 제외)에는 경보설비를 설치하여야 한다.

25 다음은 위험물안전관리법령에서 정한 제조소등에서의 위험물의 저장 및 취급에 관한 기준 중 위험물의 유별 저장·취급 공통기준의 일부이다. ( ) 안에 알맞은 위험물 유별은?

( ) 위험물은 가연물과의 접촉·혼합이나 분해를 촉진하는 물품과의 접근 또는 과열을 피하여야 한다.

① 제2류   ② 제3류
③ 제5류   ④ 제6류

해설

제6류 위험물은 가연물과의 접촉·혼합이나 분해를 촉진하는 물품과의 접근 또는 과열을 피하여야 한다(산화성 액체).

26 불연성 기체로서 비교적 액화가 용이하고 안전하게 저장할 수 있으며 전기절연성이 좋아 C급 화재에 사용되기도 하는 기체는?

① N_2 ② CO_2
③ Ar   ④ He

해설

이산화탄소(CO_2)에 대한 설명이다.

27 자연발화가 일어날 수 있는 조건으로 가장 옳은 것은?

① 주위의 온도가 낮을 것
② 표면적이 작을 것
③ 열전도율이 작을 것
④ 발열량이 작을 것

해설

① 주위의 온도가 높을 것
② 표면적이 넓을 것
④ 발열량이 클 것

28 위험물안전관리법령상 지정수량의 3천 배 초과 4천 배 이하의 위험물을 저장하는 옥외탱크저장소에 확보하여야 하는 보유공지는 얼마인가?

① 6m 이상   ② 9m 이상
③ 12m 이상   ④ 15m 이상

해설

저장 또는 취급하는 위험물의 최대수량	공지의 너비
지정수량의 500배 이하	3m 이상
지정수량의 500배 초과 1,000배 이하	5m 이상
지정수량의 1,000배 초과 2,000배 이하	9m 이상
지정수량의 2,000배 초과 3,000배 이하	12m 이상
지정수량의 3,000배 초과 4,000배 이하	15m 이상
지정수량의 4,000배 초과	당해 탱크 수평단면의 최대지름(횡형인 경우에는 긴 변)과 높이 중 큰 것과 같은 거리 이상(30m 초과의 경우에는 30m 이상으로 할 수 있고, 15m 미만의 경우에는 15m 이상으로 할 것)

29 제3종 분말소화약제 사용 시 방진효과로 A급 화재의 진화에 효과적인 물질은?

① 암모늄이온   ② 메타인산
③ 물   ④ 수산화이온

해설

$NH_4H_2PO_4 \rightarrow HPO_3 + NH_3 + H_2O$

정답   25 ④   26 ②   27 ③   28 ④   29 ②

256 | 위험물산업기사 필기

30 표시 색상이 황색인 화재는?

① A급 화재   ② B급 화재
③ C급 화재   ④ D급 화재

해설

① 백색 ② 황색 ③ 청색 ④ 구분색이 없다.

31 위험물안전관리법에 따른 지하탱크저장소에 관한 설명으로 틀린 것은?

① 안전거리 적용대상이 아니다.
② 보유공지 확보대상이 아니다.
③ 설치 용량의 제한이 없다.
④ 10m 내에 2기 이상을 인접하여 설치할 수 없다.

해설

④ 지하저장탱크를 2 이상 인접해 설치하는 경우 그 상호 간의 1m(용량의 합계가 지정수량의 100배 이하인 때에는 0.5m) 이상의 간격을 유지한다.

32 제2류 위험물의 화재에 대한 일반적인 특징을 가장 옳게 설명한 것은?

① 연소속도가 빠르다.
② 산소를 함유하고 있어 질식소화는 효과가 없다.
③ 화재 시 자신이 환원되고 다른 물질을 산화시킨다.
④ 연소열이 거의 없어 초기 화재 시 발견이 어렵다.

해설

① 가연성 고체이므로 연소속도가 빠르다.

33 인화성 액체의 화재에 해당하는 것은?

① A급 화재   ② B급 화재
③ C급 화재   ④ D급 화재

해설

② 인화성 액체는 유류 및 가스에 의한 화재에 해당되므로 B급 화재에 속한다.

34 이산화탄소소화설비의 기준으로 틀린 것은?

① 저장용기의 충전비는 고압식에 있어서는 1.5 이상 1.9 이하, 저압식에 있어서는 1.1 이상 1.4 이하로 한다.
② 저압식 저장용기에는 2.3MPa 이상 1.9MPa 이하의 압력에서 작동하는 압력경보장치를 설치한다.
③ 저압식 저장용기에는 용기 내부의 온도를 $-20℃$ 이상, $-18℃$ 이하로 유지할 수 있는 자동냉동기를 설치한다.
④ 기동용 가스용기는 20MPa 이상의 압력에 견딜 수 있는 것이어야 한다.

해설

④ 기동용 가스용기는 25MPa 이상의 압력에 견딜 수 있는 것이어야 한다.

35 제3종 분말소화약제를 화재면에 방출 시 부착성이 좋은 막을 형성하여 연소에 필요한 산소의 유입을 차단하기 때문에 연소를 중단시킬 수 있다. 그러한 막을 구성하는 물질은?

① H_3PO_4 ② PO_4
③ HPO_3 ④ P_2O_5

해설

$NH_4H_2PO_4 \rightarrow HPO_3 + NH_3 + H_2O$

36 피리딘 20,000리터에 대한 소화설비의 소요단위는?

① 5단위   ② 10단위
③ 15단위   ④ 100단위

해설

㉠ 피리딘의 지정수량 : 제4류 위험물(제1석유류) 수용성 400L
㉡ 1소요단위 = 지정수량 10배
∴ 소요단위 $= \dfrac{20,000L}{400L \times 10} = 5$(단위)

정답   30 ②   31 ④   32 ①   33 ②   34 ④   35 ③   36 ①

37 제6류 위험물의 소화방법으로 틀린 것은?

① 마른 모래로 소화한다.
② 환원성 물질을 사용하여 중화 · 소화한다.
③ 연소의 상황에 따라 분무주수도 효과가 있다.
④ 과산화수소 화재 시 다량의 물을 사용하여 희석 소화할 수 있다.

해설

② 산화성 액체이며, 소화방법은 다량의 물, 인산염류 분말소화설비 등이 유효하다.

38 제1종 분말소화약제의 소화효과에 대한 설명으로 가장 거리가 먼 것은?

① 열 분해 시 발생하는 이산화탄소와 수증기에 의한 질식효과
② 열 분해 시 흡열반응에 의한 냉각효과
③ H⁺ 이온에 의한 부촉매효과
④ 분말 운무에 의한 열방사의 차단효과

해설

③ Na⁺ 이온에 의한 비누화 반응효과

39 할론 소화약제의 종류가 아닌 것은?

① 할론 1011   ② 할론 2102
③ 할론 2402   ④ 할론 1301

해설

② 할론 2102라는 할론 소화약제는 없다.

40 제2류 위험물의 소화방법에 대한 설명으로 틀린 것은?

① 적린과 황은 물에 의한 냉각소화가 가능하다.
② 연소 시 유독한 연소생성물이 발생할 수 있으므로 주의하여야 한다.
③ 철분은 직접 주수가 위험하며 물분무소화설비가 적응성이 있다.
④ 마그네슘은 건조사에 의한 질식소화가 가능하다.

해설

③ 철분은 직접 주수소화, 물분무소화 모두 적응성이 없다(수소 발생).

3과목 **위험물 성상 및 취급**

41 위험물안전관리법령상 옥외저장소에 저장할 수 없는 위험물은?(단, 국제해상위험물규칙에 적합한 용기에 수납된 위험물인 경우를 제외한다.)

① 질산에스터류   ② 질산
③ 제2석유류   ④ 동식물유류

해설

옥외저장소에 저장할 수 있는 위험물
㉠ 제2류 위험물 중 황, 인화성 고체(인화점이 0℃ 이상인 것에 한함)
㉡ 제4류 위험물 중 제1석유류(인화점이 0℃ 이상인 것에 한함), 제2석유류, 제3석유류, 제4석유류, 알코올류, 동식물유류
㉢ 제6류 위험물
※ ①은 제5류 위험물이므로 옥외저장소에 저장할 수 없다.

42 다음 그림은 제5류 위험물 중 유기과산화물을 저장하는 옥내저장소의 저장창고를 개략적으로 보여 주고 있다. 창과 바닥으로부터 높이(a)와 하나의 창의 면적(b)은 각각 얼마로 하여야 하는가?(단, 이 저장창고의 바닥면적은 150m² 이내이다.)

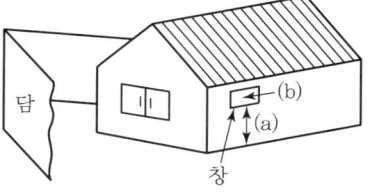

① (a) 2m 이상, (b) 0.6m² 이내
② (a) 3m 이상, (b) 0.4m² 이내
③ (a) 2m 이상, (b) 0.4m² 이내
④ (a) 3m 이상, (b) 0.6m² 이내

해설

지정과산화물을 저장 또는 취급하는 옥내저장소 창은 바닥면으로부터 2m 이상의 높이에 두되, 하나의 벽면에 두는 창의 면적의 합계를 당해 벽면의 면적의 80분의 1 이내로 하고, 하나의 창의 면적을 $0.4m^2$ 이내로 할 것

43 아밀알코올에 대한 설명으로 틀린 것은?

① 8가지 이성체가 있다.
② 청색이고 무취의 액체이다.
③ 분자량은 약 88.15이다.
④ 포화지방족 알코올이다.

해설

아밀알코올($C_5H_{11}OH$)
㉠ 펜틸 알코올이라고도 한다.
㉡ 탄소수가 5개인 지방족 포화알코올(분자량은 약 88 정도)
㉢ 8종의 이성질체, 무색의 알코올로서 특유의 쏘는 듯한 냄새가 난다.

44 물과 접촉하였을 때 에탄이 발생되는 물질은?

① CaC_2
② $(C_2H_5)_3Al$
③ $C_6H_3(NO_2)_3$
④ $C_2H_5ONO_2$

해설

② $(C_2H_5)_3Al + 3H_2O \rightarrow Al(OH)_3 + 3C_2H_6\uparrow$

45 가열했을 때 분해되어 적갈색의 유독한 가스를 방출하는 것은?

① 과염소산
② 질산
③ 과산화수소
④ 적린

해설

$4HNO_3 \xrightarrow{\Delta} 2H_2O + 4NO_2 + O_2$
※ 이산화질소(NO_2) : 적갈색의 유독한 기체

46 산화프로필렌 300L, 메탄올 400L, 벤젠 200L를 저장하고 있는 경우 각각 지정수량 배수의 총합은 얼마인가?

① 4
② 6
③ 8
④ 10

해설

산화프로필렌(50L), 메탄올(400L), 벤젠(200L)
지정수량 배수의 합 $= \dfrac{300}{50} + \dfrac{400}{400} + \dfrac{200}{200} = 8$(배)

47 위험물 간이탱크저장소의 간이저장탱크 수압시험 기준으로 옳은 것은?

① 50kPa의 압력으로 7분간의 수압시험
② 70kPa의 압력으로 10분간의 수압시험
③ 50kPa의 압력으로 10분간의 수압시험
④ 70kPa의 압력으로 7분간의 수압시험

해설

② 간이저장탱크의 수압시험 : 70kPa의 압력으로 10분간의 수압시험을 실시하여 새거나 변형되지 아니할 것

48 다음 중 적린과 황린에서 동일한 성질을 나타내는 것은?

① 발화점
② 색상
③ 유독성
④ 연소생성물

해설

동소체임을 확인하는 방법 : 연소생성물
※ 적린(P)과 황린(P_4)은 동소체이다.

정답 43 ② 44 ② 45 ② 46 ③ 47 ② 48 ④

49 적린에 관한 설명 중 틀린 것은?

① 황린의 동소체이고 황린에 비하여 안정하다.
② 성냥, 화약 등에 이용된다.
③ 연소생성물은 황린과 같다.
④ 자연발화를 막기 위해 물속에 보관한다.

해설

④ 적린은 자연발화성은 없고, 보관방법은 가연성 물질과 격리하며, 직사광선을 피하여 냉암소에 보관한다.

50 운반할 때 빗물의 침투를 방지하기 위하여 방수성이 있는 피복으로 덮어야 하는 위험물은?

① TNT
② 이황화탄소
③ 과염소산
④ 마그네슘

해설

방수성이 있는 것으로 피복하여야 할 위험물
㉠ 제1류 위험물 중 알칼리금속의 과산화물 또는 이를 함유한 것
㉡ 제2류 위험물 중 철분 · 금속분 · 마그네슘 또는 이들 중 어느 하나 이상을 함유한 것
㉢ 제3류 위험물 중 금수성 물질

51 위험물제조소의 표지판 크기 규격으로 옳은 것은?

① 0.2m × 0.4m
② 0.3m × 0.3m
③ 0.3m × 0.6m
④ 0.6m × 0.2m

해설

표지판(게시판)은 한 변의 길이가 0.3m 이상, 다른 한 변의 길이가 0.6m 이상인 직사각형으로 한다.

52 질산나트륨 90kg, 황 70kg, 클로로벤젠 2,000L를 저장하고 있을 경우 각각의 지정수량 배수의 총합은?

① 2
② 3
③ 4
④ 5

해설

질산나트륨(300kg), 황(100kg), 클로로벤젠(1,000L)
∴ 지정수량 배수의 합 $= \dfrac{90}{300} + \dfrac{70}{100} + \dfrac{2,000}{1,000} = 3(배)$

53 1기압 27℃에서 아세톤 58g을 완전히 기화시키면 부피는 약 몇 L가 되는가?

① 22.4
② 24.6
③ 27.4
④ 58.0

해설

$PV = \dfrac{W}{M}RT$

$\Rightarrow V = \dfrac{WRT}{PM} = \dfrac{58 \times 0.082 \times (273 + 27)}{1 \times 58} = 24.6\,(\text{L})$

54 옥내저장소에서 안전거리 기준이 적용되는 경우는?

① 지정수량 20배 미만의 제4석유류를 저장하는 것
② 제2류 위험물 중 덩어리 상태의 황을 저장하는 것
③ 지정수량 20배 미만의 동식물유류를 저장하는 것
④ 제6류 위험물을 저장하는 것

해설

옥내저장소의 안전거리 제외 대상
㉠ 제4석유류 또는 동식물유류의 위험물을 저장 또는 취급하는 옥내저장소로서 그 최대수량이 지정수량의 20배 미만인 것
㉡ 제6류 위험물을 저장 또는 취급하는 옥내저장소
㉢ 지정수량의 20배(하나의 저장창고의 바닥면적이 150m² 이하인 경우에는 50배) 이하의 위험물을 저장 또는 취급하는 옥내저장소로서 다음의 기준에 적합한 것
  • 저장창고의 벽 · 기둥 · 바닥 · 보 및 지붕이 내화구조인 것
  • 저장창고의 출입구에 수시로 열 수 있는 자동폐쇄 방식의 60분+방화문 또는 60분방화문이 설치되어 있을 것
  • 저장창고에 창을 설치하지 아니할 것

정답 49 ④ 50 ④ 51 ③ 52 ② 53 ② 54 ②

55 다음 중 아이오딘가가 가장 큰 것은?

① 땅콩기름
② 해바라기기름
③ 면실유
④ 아마인유

해설

아이오딘가가 큰 것은 건성유인데, 보기에서 건성유는 아마인유, 해바라기기름이 있다. 이 중 아마인유(170~204)가 해바라기기름(110~145)보다 더 크다.

56 위험물안전관리법령상 제2류 위험물 중 철분을 수납한 운반용기에 표시해야 할 내용은?

① 물기주의 및 화기엄금
② 화기주의 및 물기엄금
③ 공기노출엄금
④ 충격주의 및 화기엄금

해설

종류		주의사항
제2류 위험물	철분, 마그네슘, 금속분	화기주의, 물기엄금
	인화성 고체	화기엄금
	그 밖의 것	화기주의

57 다음 중 물과 접촉시켰을 때 위험성이 가장 큰 것은?

① 황
② 다이크로뮴산칼륨
③ 질산암모늄
④ 알킬알루미늄

해설

④ $(C_2H_5)_3Al + 3H_2O \rightarrow Al(OH)_3 + 3C_2H_6 \uparrow$

58 지정수량의 10배를 초과하는 위험물을 취급하는 제조소에 확보하여야 하는 보유공지의 너비는?

① 1m 이상
② 3m 이상
③ 5m 이상
④ 7m 이상

해설

제조소의 보유공지

공지의 너비	취급하는 위험물의 최대수량
3m 이상	지정수량의 10배 이하
5m 이상	지정수량의 10배 초과

59 과염소산과 과산화수소의 공통된 성질이 아닌 것은?

① 비중이 1보다 크다.
② 물에 녹지 않는다.
③ 산화제이다.
④ 산소를 포함한다.

해설

② 물에 녹는다.

60 다음 산·알칼리 소화기의 화학반응식에서 ( )이 들어갈 분자식은?

$$2NaHCO_3 + H_2SO_4 \rightarrow Na_2SO_4 + 2CO_2 + 2(\quad)$$

① Na_2CO_3
② H_2O
③ H_2S
④ $NaCl$

해설

$2NaHCO_3 + H_2SO_4 \rightarrow Na_2SO_4 + 2CO_2 + 2H_2O$

정답 55 ④ 56 ② 57 ④ 58 ③ 59 ② 60 ②

2021년 제2회 CBT 기출문제

1과목 일반화학

01 볼타전지에 관련된 내용으로 가장 거리가 먼 것은?

① 아연판과 구리판　　② 화학전지
③ 진한 질산용액　　　④ 분극현상

해설

볼타전지 : $(+)$ Cu $\parallel$ H_2SO_4 (aq) $\parallel$ Zn $(-)$
※ ③ 진한 황산용액

02 농도 단위에서 "N"의 의미를 가장 옳게 나타낸 것은?

① 용액 1L 속에 녹아 있는 용질의 몰 수
② 용액 1L 속에 녹아 있는 용질의 g당량 수
③ 용액 1,000g 속에 녹아 있는 용질의 몰 수
④ 용액 1,000g 속에 녹아 있는 용질의 g당량 수

해설

N(노르말 농도) : 용액 1L 속에 녹아 있는 용질의 g당량 수

$$※ \text{ N 농도} = \frac{질량(g)}{1g당량} \times \frac{1,000(mL)}{전체용액(mL)}$$

03 다음 중 1차 이온화에너지가 가장 작은 것은?

① Li　　　　　　② O
③ Cs　　　　　　④ Cl

해설

제1족 알칼리금속에 속하는 원소 중 원자번호가 증가할수록 이온화에너지는 작아진다.

※ 제1차 이온화에너지 : Li(520.2), O(1,313.9), Cs (375.7), Cl(1,251.2)

04 볼타전지의 기전력은 약 1.3V인데 전류가 흐르기 시작하면 곧 0.4V로 된다. 이러한 현상을 무엇이라 하는가?

① 감극　　　　　　② 소극
③ 분극　　　　　　④ 충전

해설

분극현상
볼타전지에서 갑자기 전류가 약해지는 현상을 말하며, 이 분극현상을 방지해 주는 것이 감극제이다.
※ 감극제(소극제) : MnO_2, CuO, PbO_2, HgO 등

05 분자 운동에너지와 분자 간의 인력에 의하여 물질의 상태 변화가 일어난다. 다음 그림에서 (a), (b)의 변화는?

① (a) 융해, (b) 승화
② (a) 승화, (b) 융해
③ (a) 응고, (b) 승화
④ (a) 승화, (b) 응고

정답　01 ③　02 ②　03 ③　04 ③　05 ①

262 | 위험물산업기사 필기

해설

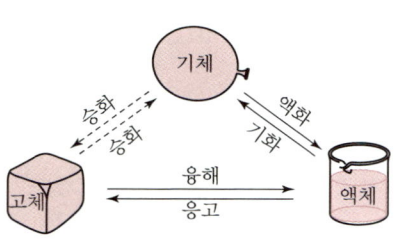

06 KNO_3의 물에 대한 용해도는 70℃에서 130이며 30℃에서 40이다. 70℃의 포화용액 260g을 30℃로 냉각시킬 때 석출되는 KNO_3의 양은 약 얼마인가?

① 92g
② 101g
③ 130g
④ 153g

해설

㉠ 230g(70℃ 용액) ⇒ $130-40=90g$(30℃ 석출되는 g수)

㉡ 260g(70℃의 용액) ⇒ $90 \times \dfrac{260}{230} = 101.73(g)$

07 4℃의 물이 얼음의 밀도보다 큰 이유는 물 분자의 무슨 결합 때문인가?

① 이온결합
② 공유결합
③ 배위결합
④ 수소결합

해설

수소결합
물의 물리적 특성(밀도, 끓는점, 어는점 등)은 물 자신의 수소결합을 하고 있기 때문이다.

08 암모니아 분자의 구조는?

① 평면
② 선형
③ 피라미드
④ 사각형

해설

암모니아(NH_3) : 삼각피라미드형(sp^3 - 결합), 쌍극자모멘트 생성

09 어떤 기체가 탄소원자 1개당 2개의 수소원자를 함유하고 0℃, 1기압에서 밀도가 1.25g/L일 때 이 기체에 해당하는 것은?

① CH_2
② C_2H_4
③ C_3H_6
④ C_4H_8

해설

$1.25g/L = \dfrac{28g}{22.4L} \Rightarrow 1mol = 28(g) = C_2H_4$

10 발연황산이란 무엇인가?

① H_2SO_4의 농도가 98% 이상인 거의 순수한 황산
② 황산과 염산을 1 : 3의 비율로 혼합한 것
③ SO_3를 황산에 흡수시킨 것
④ 일반적인 황산을 총괄

해설

발연황산
삼산화황(SO_3)을 진한 황산에 흡수시킨 것으로 끈적끈적한 액체이다.

11 밑줄 친 원소 중 산화수가 가장 큰 것은?

① $\underline{N}H_4^+$
② $\underline{N}O_3^-$
③ $\underline{Mn}O_4^-$
④ $\underline{Cr}_2O_7^{2-}$

해설

① $x + (1 \times 4) = +1$ ∴ $x = -3$
② $x + [(-2) \times 3] = -1$ ∴ $x = +5$
③ $x + [(-2) \times 4] = -1$ ∴ $x = +7$
④ $(2 \times x) + [(-2) \times 7] = -2$ ∴ $x = +6$

정답　**06** ②　**07** ④　**08** ③　**09** ②　**10** ③　**11** ③

12 $^{226}_{88}$Ra의 α 붕괴 후 생성물은 어떤 물질인가?

① 금속원소　　　　　② 비활성원소
③ 양쪽원소　　　　　④ 할로젠원소

> **해설**
>
> $^{226}_{88}\text{Ra} \xrightarrow{\ \alpha\ \text{붕괴}\ } {}^{222}_{86}\text{Rn} + {}^4_2\text{He}$
>
> ※ 라돈(Rn)은 제6주기 비활성기체(0족)이다.

13 17g의 NH_3가 황산과 반응하여 만들어지는 황산암모늄은 몇 g인가?(단, S의 원자량은 32이고, N의 원자량은 14이다.)

① 66　　　　　　　② 81
③ 96　　　　　　　④ 111

> **해설**
>
> $2NH_3 + H_2SO_4 \longrightarrow (NH_4)_2SO_4$
> 　17g　　　　　　$:$　　xg
> 　2×17　　　　　$:$　　132
> $\therefore\ x = 66$g

14 20℃에서 설탕물 100g 중에 설탕 40g이 녹아 있다. 이 용액이 포화용액일 경우 용해도(g/H_2O 100g)는?

① 72.4　　　　　　② 66.7
③ 40　　　　　　　④ 28.6

> **해설**
>
> 용해도 $= \dfrac{\text{용질}}{\text{용매}} = \dfrac{40}{(100-40)} \times 100 = 66.66$

15 10L의 프로판을 완전연소시키기 위해 필요한 공기는 몇 L인가?(단, 공기 중 산소의 부피는 20%로 가정한다.)

① 10　　　　　　　② 50
③ 125　　　　　　④ 250

> **해설**
>
> $C_3H_8 + 5O_2 \longrightarrow 3CO_2 + 4H_2O$
> 　10L　$:$　　xL
> 22.4L　$:$　5×22.4L
> $\therefore\ x = 50(\text{L})$
> $\therefore$ 이론적 공기량 $A_0 = \dfrac{50}{0.2} = 250(\text{L})$

16 $ns^2\ np^5$의 전자구조를 가지지 않는 것은?

① F(원자번호 9)　　　② Cl(원자번호 17)
③ Se(원자번호 34)　　④ I(원자번호 53)

> **해설**
>
> 최외각전자 7개(2+5)인 것은 7족 원소(F, Cl, Br, I, At)이다.

17 다음 [보기]의 벤젠 유도체 가운데 벤젠의 치환반응으로부터 직접 유도할 수 없는 것은?

[보기]	
ⓐ $-Cl$	ⓑ $-OH$
ⓒ $-SO_3H$	ⓓ $-NH_2$

① ⓐ, ⓑ　　　　　　② ⓑ, ⓓ
③ ⓐ, ⓒ　　　　　　④ ⓒ, ⓓ

> **해설**
>
> 벤젠의 치환반응
> 할로젠화($-Cl$, $-Br$), 나이트로화($-NO_2$), 술폰화($-SO_3H$), 알킬화($-CH_3$)

18 25.0g의 물속에 2.85g의 설탕($C_{12}H_{22}O_{11}$)이 녹아 있는 용액의 끓는점은?(단, 물의 끓는점 오름 상수는 0.52이다.)

① 200.0℃　　　　　② 100.08℃
③ 100.17℃　　　　④ 100.34℃

정답　12 ②　13 ①　14 ②　15 ④　16 ③　17 ②　18 ③

해설

㉠ m농도 $= \dfrac{\text{질량(g)}}{\text{분자량(g)}} \times \dfrac{1{,}000\text{(g)}}{\text{전체용매(g)}}$

$= \dfrac{2.85}{342} \times \dfrac{1{,}000}{25} = 0.333$

㉡ $\Delta T_b = m \times K_b = 0.333 \times (+0.52) = +0.173$

∴ $100 + 0.173 = 100.173$

---

19 다음 중 헨리의 법칙으로 설명되는 것은?

① 극성이 큰 물질일수록 물에 잘 녹는다.
② 비눗물은 0℃보다 낮은 온도에서 언다.
③ 높은 산 위에서는 물이 100℃ 이하에서 끓는다.
④ 사이다의 병마개를 따면 거품이 난다.

해설

헨리법칙
용해도가 비교적 작은 기체는 일정한 온도하에서 용해되는 기체의 질량은 압력에 비례하고 부피와는 무관하다는 법칙이다(④).

---

20 분자량이 120인 물질 12g을 물 500g에 녹였다. 이 용액의 몰랄농도는 몇 m인가?

① 0.1　　　　　　② 0.2
③ 0.3　　　　　　④ 0.4

해설

m농도 $= \dfrac{\text{질량(g)}}{\text{분자량(g)}} \times \dfrac{1{,}000\text{(g)}}{\text{전체용매(g)}}$

$= \dfrac{12}{120} \times \dfrac{1{,}000\text{g}}{500\text{g}} = 0.2$

2과목 화재예방과 소화방법

21 벼락으로부터 재해를 예방하기 위하여 위험물안전관리법령상 피뢰설비를 설치하여야 하는 위험물제조소의 기준은?(단, 제6류 위험물을 취급하는 위험물제조소는 제외한다.)

① 모든 위험물을 취급하는 제조소
② 지정수량 5배 이상의 위험물을 취급하는 제조소
③ 지정수량 10배 이상의 위험물을 취급하는 제조소
④ 지정수량 20배 이상의 위험물을 취급하는 제조소

해설

피뢰설비 설치기준
지정수량 10배 이상의 위험물을 취급하는 제조소(제6류 위험물은 제외한다)에 설치한다.

---

22 위험물안전관리법령에 따르면 옥외소화전 개폐밸브 및 호스접속구는 지반면으로부터 몇 m 이하의 높이에 설치해야 하는가?

① 1.5　　　　　　② 2.5
③ 3.5　　　　　　④ 4.5

해설

옥외소화전설비
개폐밸브 및 호스접속구는 지반면으로부터 1.5m 이하의 높이에 설치한다.

---

23 1기압, 100℃에서 물 36g이 모두 기화되었다. 생성된 기체는 약 몇 L인가?

① 11.2　　　　　　② 22.4
③ 44.8　　　　　　④ 61.2

해설

$PV = \dfrac{W}{M}RT$

$V = \dfrac{WRT}{PM} = \dfrac{36 \times 0.082 \times (273+100)}{1 \times 18} = 61.172$

정답　19 ④　20 ②　21 ③　22 ①　23 ④

24 위험물제조소 등에 설치하는 이산화탄소 소화설비의 기준으로 틀린 것은?

① 저장용기의 충전비는 고압식에 있어서는 1.5 이상 1.9 이하, 저압식에 있어서는 1.1 이상 1.4 이하로 한다.
② 저압식 저장용기에는 2.3MPa 이상 및 1.9MPa 이하의 압력에서 작동하는 압력경보장치를 설치한다.
③ 저압식 저장용기에는 용기 내부의 온도를 $-20℃$ 이상, $-18℃$ 이하로 유지할 수 있는 자동냉동기를 설치한다.
④ 기동용 가스용기는 20MPa 이상의 압력에 견딜 수 있는 것이어야 한다.

[해설]

④ 기동용 가스용기는 25MPa 이상의 압력에 견딜 수 있는 것이어야 한다.

25 제3종 분말소화약제를 화재면에 방출 시 부착성이 좋은 막을 형성하여 연소에 필요한 산소의 유입을 차단하기 때문에 연소를 중단시킬 수 있다. 그러한 막을 구성하는 물질은?

① H_3PO_4 ② PO_4
③ HPO_3 ④ P_2O_5

[해설]

$NH_4H_2PO_4 \rightarrow HPO_3 + NH_3 + H_2O$

26 위험물안전관리법령상 옥외소화전설비의 옥외소화전이 3개 설치되었을 경우 수원의 수량은 몇 m^3 이상이 되어야 하는가?

① 7   ② 20.4
③ 40.5   ④ 100

[해설]

옥외소화전의 수원의 수량(최대 4개)
소화전 설치개수 $\times 13.5m^3 = 3$개 $\times 13.5m^3 = 40.5m^3$

27 위험물안전관리법령상 지정수량의 10배 이상의 위험물을 저장·취급하는 제조소 등에 설치하여야 할 경보설비 종류에 해당되는 않는 것은?

① 확성장치   ② 비상방송설비
③ 자동화재탐지설비   ④ 무선통신설비

[해설]

④는 소화활동설비에 해당된다.

28 고정지붕구조 위험물 옥외탱크저장소의 탱크 안에 설치하는 고정포방출구가 아닌 것은?

① 특형 방출구
② Ⅰ형 방출구
③ Ⅱ형 방출구
④ 표면하 주입식 방출구

[해설]

구분	포방출구의 형태	포주입법
고정지붕구조의 탱크	Ⅰ형 방출구	상부포주입법
(부상덮개부착) 고정지붕구조	Ⅱ형 방출구	
고정지붕구조의 탱크	Ⅲ형, Ⅳ형 방출구	저부포주입법
부상지붕구조의 탱크	특형 방출구	상부포주입법

29 위험물제조소 등에 설치하는 포 소화설비에 있어서 포헤드 방식의 포헤드는 방호대상물의 표면적(m^2) 얼마당 1개 이상의 헤드를 설치하여야 하는가?

① 3   ② 6
③ 9   ④ 12

[해설]

포헤드의 기준
방호대상물의 표면적 $9m^2$당 1개 이상의 헤드를, 방호대상물의 표면적 $1m^2$당의 방사량이 6.5L/min 이상의 비율로 계산한 양의 포수용액을 표준방사량으로 방사할 수 있도록 설치한다.

정답   24 ④   25 ③   26 ③   27 ④   28 ①   29 ③

30 물을 소화약제로 사용하는 가장 큰 이유는?

① 기화잠열이 크므로
② 부촉매 효과가 있으므로
③ 환원성이 있으므로
④ 기화하기 쉬우므로

> **해설**
>
> ① 물은 기화잠열(539kcal/kmol)이 매우 커서 냉각효과가 우수하다.

31 다이에틸에터 2,000L와 아세톤 4,000L를 옥내저장소에 저장하고 있다면 총 소요단위는 얼마인가?

① 5   ② 6
③ 50   ④ 60

> **해설**
>
> ㉠ 다이에틸에터(지정수량 50L), 아세톤(지정수량 400L)
> ㉡ 1소요단위 = 지정수량의 10배
> ㉢ 총소요단위 $= \dfrac{2,000}{50 \times 10배} \times \dfrac{4,000}{400 \times 10배} = 5(단위)$

32 옥내소화전설비의 비상전원은 자가발전설비 또는 축전지 설비로 옥내소화전설비를 유효하게 몇 분 이상 작동할 수 있어야 하는가?

① 10분   ② 20분
③ 45분   ④ 60분

> **해설**
>
> 비상전원의 용량은 옥내소화전설비를 유효하게 45분 이상 작동시키는 것이 가능하게 한다.

33 드라이아이스 1kg을 완전히 기화하면 약 몇 몰의 탄산가스가 되겠는가?

① 22.7   ② 51.3
③ 230.1   ④ 515.0

> **해설**
>
> 1mol CO_2 = 44(g)이므로, $\dfrac{1,000g}{44g/mol} = 22.727(mol)$

34 주된 연소형태가 나머지 셋과 다른 하나는?

① 황   ② 코크스
③ 금속분   ④ 숯

> **해설**
>
> • 증발연소 : ①
> • 표면연소 : ②, ③, ④

35 이산화탄소소화기의 장단점에 대한 설명으로 틀린 것은?

① 밀폐된 공간에서 사용 시 질식으로 인명피해가 발생할 수 있다
② 전도성이어서 전류가 통하는 장소에서의 사용은 위험하다.
③ 자체의 압력으로 방출할 수가 있다.
④ 소화 후 소화약제에 의한 오손이 없다.

> **해설**
>
> ② 비전도성이므로 전류가 통하는 장소에도 사용이 가능하다.

36 가연성 가스의 폭발범위에 대한 일반적인 설명으로 틀린 것은?

① 가스의 온도가 높아지면 폭발범위는 넓어진다.
② 폭발한계농도 이하에서 폭발성 혼합가스를 생성한다.
③ 공기 중에서보다 산소 중에서 폭발범위가 넓어진다.
④ 가스압이 높아지면 하한값은 크게 변하지 않으나 상한값은 높아진다.

> **해설**
>
> ② 폭발한계농도 하한과 상한 사이에서 폭발성 혼합가스를 생성한다.

정답 30 ① 31 ① 32 ③ 33 ① 34 ① 35 ② 36 ②

37 분말 소화약제 중 제1인산암모늄의 특징이 아닌 것은?

① 백색으로 착색되어 있다.
② 전기화재에 사용할 수 있다.
③ 유류화재에 사용할 수 있다.
④ 목재화재에 사용할 수 있다.

해설

① 담홍색으로 착색되어 있다.

38 주된 연소형태가 증발연소에 해당하는 물질은?

① 황   ② 금속분
③ 목재   ④ 피크르산

해설

① 증발연소 ② 표면연소 ③ 분해연소 ④ 자기연소

39 제3류 위험물에서 금수성 물질의 화재에 적응성이 있는 소화약제는?

① 할로젠화합물   ② 이산화탄소
③ 탄산수소염류   ④ 인산염류

해설

구분	분말소화기		이산화탄소	할로젠화합물
	인산염류	탄산수소염류		
제3류 위험물 (금수성 물품)	×	○	×	×

40 위험물과 적응성이 있는 소화약제의 연결이 틀린 것은?

① K − 탄산수소염류분말
② $C_2H_5OC_2H_5 - CO_2$
③ Na − 건조사
④ $CaC_2 - H_2O$

해설

④ CaC_2 − 탄산수소염류분말
※ $CaC_2 + 2H_2O \rightarrow Ca(OH)_2 + C_2H_2 \uparrow$

3과목 **위험물 성상 및 취급**

41 위험물안전관리법령에 따른 질산에 대한 설명으로 틀린 것은?

① 지정수량은 300kg이다.
② 위험등급은 Ⅰ이다.
③ 농도가 36중량퍼센트 이상인 것에 한하여 위험물로 간주된다.
④ 운반 시 제1류 위험물과 혼재할 수 있다.

해설

③ 비중이 1.49 이상인 것에 한하여 위험물로 간주된다.

42 위험물안전관리법령상 위험물 취급소에 해당되지 않는 것은?

① 주유취급소   ② 옥내취급소
③ 이송취급소   ④ 판매취급소

해설

위험물 취급소
주유취급소, 판매취급소, 이송취급소, 일반취급소 등이 있다.

43 주거용 건축물과 위험물 제조소와의 안전거리를 단축할 수 있는 경우는?

① 제조소가 위험물의 화재 진압을 하는 소방서와 근거리에 있는 경우
② 취급하는 위험물의 최대수량(지정수량의 배수)이 10배 미만이고 기준에 의한 방화상 유효한 벽을 설치한 경우
③ 위험물을 취급하는 시설이 철근콘크리트 벽일 경우
④ 취급하는 위험물이 단일 품목일 경우

해설

주거용 건축물과 제조소 · 일반취급소와의 안전거리를 단축할 수 있는 경우
취급하는 위험물의 최대수량(지정수량의 배수)이 10배 미만이고 기준에 의한 방화상 유효한 벽을 설치한 경우

정답   37 ①   38 ①   39 ③   40 ④   41 ③   42 ②   43 ②

268 | 위험물산업기사 필기

44 위험물안전관리법령상 제6류 위험물에 해당하는 물질로서 햇빛에 의해 갈색의 연기를 내며 분해할 위험이 있으므로 갈색병에 보관해야 하는 것은?

① 질산
② 황산
③ 염산
④ 과산화수소

해설

질산은 제6류 위험물로서 햇빛에 의해 갈색의 연기(NO_2)를 내며 분해되므로 갈색 유리병에 보관해야 한다($4HNO_3 \xrightarrow{\Delta} 2H_2O + 4NO_2 + O_2$).

45 위험물안전관리법령상 제1석유류를 취급하는 위험물제조소의 건축물의 지붕에 대한 설명으로 옳은 것은?

① 항상 불연성 재료로 하여야 한다.
② 항상 내화구조로 하여야 한다.
③ 가벼운 불연재료가 원칙이지만 예외적으로 내화구조로 할 수 있는 경우가 있다.
④ 내화구조가 원칙이지만 예외적으로 가벼운 불연재료로 할 수 있는 경우가 있다.

해설

건축물의 구조(제조소)
지붕은 폭발력이 위로 방출될 정도의 가벼운 불연재료로 덮어야 하나 예외적으로 그 지붕을 내화구조로 할 수 있다

46 위험물안전관리법령에 따른 위험물제조소와 관련한 내용으로 틀린 것은?

① 채광설비는 불연재료를 사용한다.
② 환기는 자연배기방식으로 한다.
③ 조명설비의 전선은 내화·내열전선으로 한다.
④ 조명설비의 점멸스위치는 출입구 안쪽 부분에 설치한다.

해설

④ 점멸스위치는 출입구 바깥부분에 설치할 것. 다만, 스위치의 스파크로 인한 화재·폭발의 우려가 없을 경우에는 그러하지 아니하다.

47 과산화벤조일에 대한 설명으로 틀린 것은?

① 발화점이 약 425℃로 상온에서 비교적 안전하다.
② 상온에서 고체이다.
③ 산소를 포함하는 산화성 물질이다.
④ 물을 혼합하면 폭발성이 줄어든다.

해설

① 발화점이 약 125℃로 상온에서 비교적 안전하다.

48 다음과 같이 위험물을 저장할 경우 각각의 지정수량 배수의 총합은 얼마인가?

- 클로로벤젠 : 1,000L
- 동식물유류 : 5,000L
- 제4석유류 : 12,000L

① 2.5
② 3.0
③ 3.5
④ 4.0

해설

클로로벤젠(1,000L), 동식물유류(10,000L), 제4석유류(6,000L)

$\therefore$ 지정수량 배수의 합 $= \dfrac{1,000}{1,000} + \dfrac{5,000}{10,000} + \dfrac{12,000}{6,000} = 3.5$(배)

49 피크린산의 각 특성 온도 중 가장 낮은 것은?

① 인화점
② 발화점
③ 녹는점
④ 끓는점

해설

피크린산[$C_6H_2OH(NO_2)_3$]
- 인화점 : 150℃
- 발화점 : 300℃
- 녹는점 : 122.5℃
- 끓는점 : 300℃

정답 44 ① 45 ③ 46 ④ 47 ① 48 ③ 49 ③

50 위험물안전관리법에 의한 위험물 분류상 제1류 위험물에 속하지 않는 것은?

① 아염소산염류 ② 질산염류
③ 유기과산화물 ④ 무기과산화물

해설

③은 제5류 위험물(자기반응성 물질)이다.

51 과산화나트륨이 물과 반응할 때의 변화를 가장 옳게 설명한 것은?

① 산화나트륨과 수소를 발생한다.
② 물을 흡수하여 탄산나트륨이 된다.
③ 산소를 방출하여 수산화나트륨이 된다.
④ 서서히 물에 녹아 과산화나트륨의 안정한 수용액이 된다.

해설

$2Na_2O_2 + 2H_2O \longrightarrow 4NaOH + O_2 \uparrow$

52 위험물의 취급 중 소비에 관한 기준으로 틀린 것은?

① 열처리작업은 위험물이 위험한 온도에 이르지 아니하도록 하여 실시하여야 한다.
② 담금질 작업은 위험물이 위험한 온도에 이르지 아니하도록 하여 실시하여야 한다.
③ 분사도장 작업은 방화상 유효한 격벽 등으로 구획한 안전한 장소에서 하여야 한다.
④ 버너를 사용하는 경우에는 버너의 역화를 유지하고 위험물이 넘치지 아니하도록 하여야 한다.

해설

④ 버너를 사용하는 경우에는 버너의 역화를 방지하고 위험물이 넘치지 아니하도록 하여야 한다.

53 위험물제조소의 배출설비 기준 중 국소방식의 경우 배출능력은 1시간당 배출장소용적의 몇 배 이상으로 해야 하는가?

① 10배 ② 20배
③ 30배 ④ 40배

해설

배출능력은 1시간당 배출장소 용적의 20배 이상인 것으로 한다(전역방식의 경우에는 바닥면적 $1m^2$당 $18m^3$ 이상으로 할 것).

54 가솔린에 대한 설명 중 틀린 것은?

① 수산화칼륨과 아이오딘포름 반응을 한다.
② 휘발하기 쉽고 인화성이 크다.
③ 물보다 가벼우나 증기는 공기보다 무겁다.
④ 전기에 대하여 부도체이다.

해설

① 가솔린은 아이오딘포름 반응을 하지 않는다.
※ 아이오딘포름 반응은 에틸알코올 검출법이다.

55 황린에 대한 설명으로 틀린 것은?

① 백색 또는 담황색의 고체로 독성이 있다.
② 물에는 녹지 않고 이황화탄소에는 녹는다.
③ 공기 중에서 산화되어 오산화인이 된다.
④ 녹는점이 적린과 비슷하다.

해설

④ 녹는점은 황린(44℃), 적린(600℃)로 황린이 매우 낮다.

56 트라이나이트로톨루엔에 관한 설명 중 틀린 것은?

① TNT라고 한다.
② 피크린산에 비해 충격, 마찰에 둔감하다.
③ 물에 녹아 발열 · 발화한다.
④ 폭발 시 다량의 가스를 발생한다.

정답 50 ③ 51 ③ 52 ④ 53 ② 54 ① 55 ④ 56 ③

해설

③ 물에는 불용이나, 아세톤, 알코올, 벤젠, 에터에는 잘 녹는다.

57 제3류 위험물 중 금수성 물질 위험물제조소에는 어떤 주의사항을 표시한 게시판을 설치하여야 하는가?

① 물기엄금
② 물기주의
③ 화기엄금
④ 화기주의

해설

제3류 위험물

종류	주의사항
자연발화성 물질	화기엄금, 공기접촉엄금
금수성 물질	물기엄금

58 취급하는 위험물의 최대수량이 지정수량의 10배를 초과할 경우 제조소 주위에 보유하여야 하는 공지의 너비는?

① 3m 이상
② 5m 이상
③ 10m 이상
④ 15m 이상

해설

제조소의 보유공지

공지의 너비	취급하는 위험물의 최대수량
3m 이상	지정수량의 10배 이하
5m 이상	지정수량의 10배 초과

59 인화칼슘이 물과 반응하면 어떤 가스가 발생하는가?

① 포스겐
② 포스핀
③ 메탄
④ 이산화황

해설

$Ca_3P_2 + 6H_2O \rightarrow 3Ca(OH)_2 + 2PH_3$

60 물과 반응하면 폭발적으로 반응하여 에탄을 생성하는 물질은?

① $(C_2H_5)_2O$
② CS_2
③ CH_3CHO
④ $(C_2H_5)_3Al$

해설

$(C_2H_5)_3Al + 3H_2O \rightarrow Al(OH)_3 + 3C_2H_6 \uparrow$

정답 57 ① 58 ② 59 ② 60 ④

2021년 제3회 CBT 기출문제

1과목 일반화학

01 벤젠에 진한 질산과 진한 황산의 혼합물을 작용시킬 때 황산이 촉매와 탈수제 역할을 하여 얻어지는 화합물은?

① 나이트로벤젠　　　② 클로로벤젠
③ 알킬벤젠　　　　　④ 벤젠술폰산

해설

벤젠의 치환반응(나이트로화)

$$C_6H_6 + HNO_3 \xrightarrow{c-H_2SO_4} C_6H_5NO_2 + H_2O$$

02 밑줄 친 원소의 산화수가 같은 것끼리 짝지어진 것은?

① $\underline{S}O_3$와 $Ba\underline{O}_2$　　② $\underline{Ba}O_2$와 $K_2\underline{Cr}_2O_7$
③ $K_2\underline{Cr}_2O_7$과 $\underline{S}O_3$　　④ $H\underline{N}O_3$와 $\underline{N}H_3$

해설

① S(+6), Ba(+4)　　② Ba(+4), Cr(+6)
③ Cr(+6), S(+6)　　④ N(+5), N(-3)

03 pH=12인 용액의 $[OH^-]$는 pH=9인 용액의 몇 배인가?

① 1/1,000　　　　② 1/100
③ 100　　　　　　④ 1,000

해설

$$\frac{pH\,12}{pH\,9} = \frac{pOH\,2}{pOH\,5} = \frac{10^{-2}}{10^{-5}} = 1,000$$

04 다음 화합물 중 2mol이 완전 연소될 때 6mol의 산소가 필요한 것은?

① $CH_3 - CH_3$　　　② $CH_2 = CH_2$
③ $CH \equiv CH$　　　④ C_6H_6

해설

① 7mol　② 6mol　③ 5mol　④ 15mol
※ $2 \times (C_2H_4 + 3O_2 \rightarrow 2CO_2 + 2H_2O)$

05 다음 중 나타내는 수의 크기가 다른 하나는?

① 질소 7g 중의 원자수
② 수소 1g 중의 원자수
③ 염소 71g 중의 분자수
④ 물 18g 중의 분자수

해설

① $\frac{1}{2}$ mol　② 1mol　③ 1mol　④ 1mol
※ $1mol = 6.02 \times 10^{23}$(개)

06 이산화황이 산화제로 작용하는 화학반응은?

① $SO_2 + H_2O \rightarrow H_2SO_4$
② $SO_2 + NaOH \rightarrow NaHSO_4$
③ $SO_2 + 2H_2S \rightarrow 3S + H_2O$
④ $SO_2 + Cl_2 + 2H_2O \rightarrow H_2SO_4 + 2HCl$

해설

③ SO_2는 산소를 잃어 S이 되었다(환원, 즉 산화제로 작용).

정답　01 ①　02 ③　03 ④　04 ②　05 ①　06 ③

272 | 위험물산업기사 필기

07 0℃, 일정 압력하에서 1L의 물에 이산화탄소 10.8g을 녹인 탄산음료가 있다. 동일한 온도에서 압력을 1/4로 낮추면 방출되는 이산화탄소의 질량은 몇 g인가?

① 2.7　　　　　　② 5.4
③ 8.1　　　　　　④ 10.8

해설

헨리의 법칙
용해도가 비교적 작은 기체는 일정한 온도하에서 용해되는 기체의 질량은 압력에 비례하고 부피와는 무관하다는 법칙이다.

㉠ 저압상태에서 녹은 기체량 : $10.8 \times \dfrac{1}{4} = 2.7$

㉡ 저압상태에서 방출량 : $10.8 - 2.7 = 8.1(g)$

08 다이에틸에터에 관한 설명으로 옳지 않은 것은?

① 휘발성이 강하고 인화성이 크다.
② 증기는 마취성이 있다.
③ 2개의 알킬기가 있다.
④ 물에 잘 녹지만 알코올에는 불용이다.

해설

④ 물에는 불용이나, 알코올에는 잘 녹는다(비극성 용매).

09 0.001N−HCl의 pH는?

① 2　　　　　　② 3
③ 4　　　　　　④ 5

해설

$pH = -\log(N) = -\log(0.001) = 3$

10 금속은 열, 전기를 잘 전도한다. 이와 같은 물리적 특성을 갖는 가장 큰 이유는?

① 금속의 원자 반지름이 크다.
② 자유전자를 가지고 있다.

③ 비중이 대단히 크다.
④ 이온화 에너지가 매우 크다.

해설

② 자유전자의 영향으로 높은 전기 전도성을 갖는다.

11 네슬러 시약에 의하여 적갈색으로 검출되는 물질은 어느 것인가?

① 질산이온　　　　　② 암모늄이온
③ 아황산이온　　　　④ 일산화탄소

해설

NH_4^+ 이온은 네슬러 시약에 의하여 검출한다(적갈색 침전).

12 27℃에서 9g의 비전해질을 녹여 만든 900mL 용액의 삼투압은 3.84기압이었다. 이 물질의 분자량은 약 얼마인가?

① 18　　　　　　② 32
③ 44　　　　　　④ 64

해설

$$\pi V = \frac{W}{M}RT$$

$$M = \frac{WRT}{\pi V} = \frac{9 \times 0.082 \times (27+273)}{3.84 \times 0.9} = 64.062$$

13 다음 물질 중 환원성이 없는 것은?

① 설탕　　　　　　② 엿당
③ 젖당　　　　　　④ 포도당

해설

• 환원성이 없는 것 : 설탕, 녹말, 셀룰로오스, 글리코겐 등
• 환원성이 있는 것 : 단당류(글루코스, 갈락토스, 포도당, 과당), 맥아당, 젖당

정답　**07** ③　**08** ④　**09** ②　**10** ②　**11** ②　**12** ④　**13** ①

14 0.1N 아세트산 용액의 전리도가 0.01이라고 하면 이 아세트산 용액의 pH는?

① 0.5
② 1
③ 1.5
④ 3

해설

$$pH = -\log[전리도 \times N] = -\log(0.01 \times 0.1) = 3$$

15 화약제조에 사용되는 물질인 질산칼륨에서 N의 산화수는 얼마인가?

① +1
② +3
③ +5
④ +7

해설

$KNO_3 : (+1) + x + [(-2) \times 3] = 0$
$\therefore x = +5$

16 다음 중 방향족 화합물이 아닌 것은?

① 톨루엔
② 아세톤
③ 크레졸
④ 아닐린

해설

② CH_3COCH_3(제4류 위험물 제1석유류 수용성)

17 95% 황산의 비중 1.84일 때 이 황산의 몰농도는 약 얼마인가?(단, S의 원자량은 32이다.)

① 17.8M
② 16.8M
③ 15.8M
④ 14.8M

해설

$$M농도 = \frac{비중 \times 1,000}{분자량(g)} \times \frac{\%농도}{100}$$
$$= \frac{1.84 \times 1,000}{98} \times \frac{95}{100} = 17.84$$

18 어떤 기체의 무게는 30g인데 같은 조건에서 같은 부피의 이산화탄소의 무게가 11g이었다. 이 기체의 분자량은?

① 110
② 120
③ 130
④ 140

해설

$M_{gas} : 44 = 30 : 11$
$\therefore M_{gas} = 120(g)$

19 어떤 방사능 물질의 반감기가 10년이라면 10g의 물질이 20년 후에는 몇 g이 남는가?

① 2.5
② 5.0
③ 7.5
④ 10.0

해설

$$m = M \times \left(\frac{1}{2}\right)^{\frac{t}{T}} = 10 \times \left(\frac{1}{2}\right)^{\frac{20}{10}} = 2.5\,(g)$$

20 다음 중 염기성 $-NH_2$기를 가지고 있는 것은?

① 벤조산
② 아닐린
③ 페놀
④ 크레졸

해설

① O C OH (벤젠고리)
② NH₂ (벤젠고리)
③ OH (벤젠고리)
④ CH₃ OH (벤젠고리)

정답   14 ④   15 ③   16 ②   17 ①   18 ②   19 ①   20 ②

2과목 화재예방과 소화방법

21 C_6H_6 화재의 소화약제로서 적합하지 않은 것은?

① 인산염류분말   ② 이산화탄소
③ 할로젠화합물   ④ 물(봉상수)

해설

④ 벤젠(C_6H_6) 화재의 소화약제에서 물(봉상수)은 화재 면을 확대시킬 수 있으므로 절대 금물이다.

22 위험물제조소에서 옥내소화전을 각 층에 8개씩 설치하도록 할 때 수원의 최소 수량은 얼마인가?

① $13m^3$ ② $20.8m^3$
③ $39m^3$ ④ $62.4m^3$

해설

옥내소화전의 수원의 수량(최대 5개)
소화전 설치개수 $\times 7.8m^3 = 5$개 $\times 7.8m^3 = 39m^3$

23 할로젠화합물의 화학식과 Halon 번호가 옳게 연결된 것은?

① CH_2ClBr − Halon 1211
② CF_2ClBr − Halon 104
③ $C_2F_4Br_2$ − Halon 2402
④ CF_3Br − Halon 1011

해설

① CH_2ClBr − Halon 1011
② CF_2ClBr − Halon 1211
④ CF_3Br − Halon 1301

24 위험물안전관리법령상 분말소화설비의 기준에서 가압용 또는 축압용 가스로 사용하도록 지정한 것은?

① 헬륨   ② 질소
③ 일산화탄소   ④ 아르곤

해설

분말소화설비
분말소화약제 저장탱크에 분말소화약제를 충전하고 외부의 가압가스용기를 설치하여 가압용 가스(불연성 가스)의 압력으로 분말소화약제를 방출하여 소화하는 설비
※ 불연성 가스 : 질소 또는 이산화탄소

25 트라이나이트로톨루엔에 대한 설명으로 틀린 것은?

① 햇빛을 받으면 다갈색으로 변한다.
② 벤젠, 아세톤 등에 잘 녹는다.
③ 건조사 또는 팽창질석만 소화설비로 사용할 수 있다.
④ 폭약의 원료로 사용될 수 있다.

해설

③ 다량의 주수소화(옥내·외소화전, 스프링클러, 물분무, 포소화설비), 건조사, 팽창질석 또는 팽창진주암이 적당하다.

26 탄소 1mol이 완전연소하는 데 필요한 최소 이론공기량은 약 몇 L인가?(단, 0℃, 1기압 기준이며, 공기 중 산소의 농도는 21vol%이다.)

① 10.7   ② 22.4
③ 107   ④ 224

해설

$C + O_2 \rightarrow CO_2$
탄소 1mol의 완전연소에 필요한 산소량은 1mol(22.4L)이므로

필요 이론공기량 = $\dfrac{22.4}{0.21} = 106.67$(L)

27 주된 소화작용이 질식소화와 거리가 먼 것은?

① 할론소화기   ② 분말소화기
③ 포소화기   ④ 이산화탄소소화기

해설

할론소화기의 주된 소화작용은 부촉매효과(억제소화)이다.

정답   21 ④   22 ③   23 ③   24 ②   25 ③   26 ③   27 ①

제4편 과년도 기출문제 | **275**

28 분말소화약제로 사용할 수 있는 것을 모두 옳게 나타낸 것은?

ⓐ 탄산수소나트륨   ⓑ 탄산수소칼륨
ⓒ 황산구리   ⓓ 인산암모늄

① ⓐ, ⓑ, ⓒ, ⓓ   ② ⓐ, ⓓ
③ ⓐ, ⓑ, ⓒ   ④ ⓐ, ⓑ, ⓓ

해설

분말소화약제

종류	주성분	종류	주성분
제1종 분말	$NaHCO_3$	제3종 분말	$NH_4H_2PO_4$
제2종 분말	$KHCO_3$	제4종 분말	$KHCO_3 + (NH_2)_2CO$

※ 황산구리($CuSO_4$)는 소화약제가 아니다.

29 분말소화약제의 착색된 색상으로 틀린 것은?

① $KHCO_3 + (NH_2)_2CO$: 회색
② $NH_4H_2PO_4$: 담홍색
③ $KHCO_3$: 보라색
④ $NaHCO_3$: 황색

해설

④ $NaHCO_3$: 백색

30 소화약제의 종류에 해당하지 않는 것은?

① CH_2ClBr ② $NaHCO_3$
③ NH_4BrO_3 ④ CF_3Br

해설

① Halon 1011
② 제1종 분말소화약제
③ 브로민산암모늄(제1류 위험물)
④ Halon 1301

31 위험물에 따른 소화설비를 설명한 내용으로 틀린 것은?

① 제1류 위험물 중 알칼리금속과산화물은 포소화설비에 적응성이 없다.
② 제2류 위험물 중 금속분은 스프링클러설비에 적응성이 없다.
③ 제3류 위험물 중 금수성 물질은 포소화설비에 적응성이 있다.
④ 제4류 위험물은 스프링클러설비에 적응성이 있다.

해설

③ 제3류 위험물 중 금수성 물질은 탄산수소염류 분말소화설비에 적응성이 있다.

32 위험물안전관리법령상 제3류 위험물 중 금수성 물질에 적응성이 있는 소화기는?

① 할로젠화합물소화기
② 인산염류분말소화기
③ 이산화탄소소화기
④ 탄산수소염류분말소화기

해설

구분	분말소화기			이산화탄소	할로젠화합물
	인산염류	탄산수소염류	그 밖의 것		
제3류 위험물 (금수성 물품)	×	○	○	×	×

33 분말소화약제의 화학반응식이다. (   ) 안에 알맞은 것은?

$$2NaHCO_3 \rightarrow (\quad) + CO_2 + H_2O$$

① $2NaCO$ ② $2NaCO_2$
③ Na_2CO_3 ④ Na_2CO_4

해설

$2NaHCO_3 \rightarrow Na_2CO_3 + CO_2 + H_2O$

정답   28 ④   29 ④   30 ③   31 ③   32 ④   33 ③

34 옥외탱크저장소의 압력탱크 수압시험의 조건으로 옳은 것은?

① 최대상용압력의 1.5배의 압력으로 5분간 수압시험을 한다.
② 최대상용압력의 1.5배의 압력으로 10분간 수압시험을 한다.
③ 사용압력에서 15분간 수압시험을 한다.
④ 사용압력에서 20분간 수압시험을 한다.

해설

옥외탱크저장소의 압력탱크 수압시험조건은 최대사용압력의 1.5배 압력으로 10분간 실시하는 수압시험에서 이상이 없을 것

35 제4류 위험물에 대한 적응성이 있는 소화설비 또는 소화기는?

① 옥내소화전설비   ② 옥외소화전설비
③ 봉상강화액소화기   ④ 무상강화액소화기

해설

구분	옥내소화전설비	옥외소화전설비	봉상강화액소화기	무상강화액소화기
제4류 위험물	×	×	×	○

36 아세톤과 아세트알데하이드의 공통 성질에 대한 설명이 아닌 것은?

① 무취이며 휘발성이 강하다.
② 무색의 액체로 인화성이 강하다.
③ 증기는 공기보다 무겁다.
④ 물보다 가볍다.

해설

① 아세톤과 아세트알데하이드는 무색의 휘발성 액체로 둘 다 독특한 냄새를 가진다.

37 강화액소화기에 한랭지역 및 겨울철에도 얼지 않도록 첨가하는 물질은 무엇인가?

① 탄산칼륨   ② 질소
③ 사염화탄소   ④ 아세틸렌

해설

강화액소화약제
물소화약제의 어는점을 낮추어 겨울철, 한랭지역에서 사용 가능하도록 물에 탄산칼륨(K_2CO_3)을 보강시켜 만든 소화제이다.

38 화재의 위험성이 감소한다고 판단되는 경우는?

① 착화온도가 낮아지고 인화점이 낮아질수록
② 폭발하한값이 작아지고 폭발범위가 넓어질수록
③ 주변 온도가 낮을수록
④ 산소농도가 높을수록

해설

• 화재의 위험성이 감소 : ③
• 화재의 위험성이 증가 : ①, ②, ④

39 아닐린 취급을 주된 작업내용으로 하는 장소에 스프링클러설비를 설치할 경우 확보하여야 하는 1분당 방사밀도는 몇 L/m^2 이상이어야 하는가?(단, 살수기준면적은 $250m^2$이다.)

① 12.2   ② 13.9
③ 15.5   ④ 16.3

해설

살수기 준면적(m^2)	방사밀도(L/m^2분)	
	인화점 38℃ 미만	인화점 38℃ 이상
279 미만	16.3 이상	12.2 이상
279 이상 372 미만	15.5 이상	11.8 이상
372 이상 465 미만	13.9 이상	9.8 이상
465 이상	12.2 이상	8.1 이상

※ 아닐린(제3석유류) : 인화점 75℃, 살수기준면적 $279m^2$ 미만이므로 방사밀도는 12.2(L/m^2분)이 된다.

정답 34 ② 35 ④ 36 ① 37 ① 38 ③ 39 ①

40 단층의 위험물제조소에 옥내소화전을 3개 설치하였을 때 수원의 수량은 몇 m³ 이상이어야 하는가?

① 7.8
② 9.9
③ 10.4
④ 23.4

해설

옥내소화전의 수원의 수량(최대 5개)
소화전 설치개수 $\times 7.8\text{m}^3 = 3$개 $\times 7.8\text{m}^3 = 23.4(\text{m}^3)$

3과목 위험물 성상 및 취급

41 금속나트륨이 물과 작용하면 위험한 이유로 옳은 것은?

① 물과 반응하여 과염소산을 생성하므로
② 물과 반응하여 염산을 생성하므로
③ 물과 반응하여 수소를 방출하므로
④ 물과 반응하여 산소를 방출하므로

해설

③ $2Na + 2H_2O \longrightarrow 2NaOH + H_2 \uparrow$

---

42 옥외저장탱크를 강철판으로 제작할 경우 두께 기준은 몇 mm 이상인가?(단 특정옥외저장탱크 및 준특정옥외저장탱크는 제외한다.)

① 1.2
② 2.2
③ 3.2
④ 4.2

해설

옥외저장탱크의 두께(특정옥외저장탱크 및 준특정옥외저장탱크는 제외) : 3.2mm 이상의 강철판

---

43 염소산칼륨이 고온에서 열분해할 때 생성되는 물질을 옳게 나타낸 것은?

① 물, 산소
② 염화칼륨, 산소
③ 이염화칼륨, 수소
④ 칼륨, 물

해설

$2KClO_3 \xrightarrow{\Delta} 2KCl + 3O_2$

---

44 위험물안전관리법령에 따라 지정수량 10배의 위험물을 운반할 때 혼재가 가능한 것은?

① 제1류 위험물과 제2류 위험물
② 제2류 위험물과 제3류 위험물
③ 제3류 위험물과 제5류 위험물
④ 제4류 위험물과 제5류 위험물

해설

혼재 가능 위험물
• ④ ⇨ 2 3 • ⑤ ⇨ 2 4 • ⑥ ⇨ 1

---

45 위험물안전관리법령에 따라 제4류 위험물 옥내저장탱크에 설치하는 밸브 없는 통기관의 설치기준으로 가장 거리가 먼 것은?

① 통기관의 지름은 30mm 이상으로 한다.
② 통기관의 선단은 수평면에 대하여 아래로 45도 이상 구부려 설치한다.
③ 통기관은 가스가 체류되지 않도록 그 선단을 건축물의 출입구로부터 0.5mm 이상 떨어진 곳에 설치하고 끝에 팬을 설치한다.
④ 가는 눈의 구리망 등으로 인화 방지 장치를 한다.

해설

③ 통기관은 가스 등이 체류할 우려가 있는 굴곡이 없도록 하고, 통기관의 선단은 건축물의 창·출입구 등의 개구부로부터 1m 이상 떨어진 옥외의 장소에 지면으로부터 4m 이상의 높이로 설치하되, 인화점이 40℃ 미만인 위험물의 탱크에 설치하는 통기관에 있어서는 부지경계선으로부터 1.5m 이상 이격할 것

정답　40 ④　41 ③　42 ③　43 ②　44 ④　45 ③

46 염소산칼륨의 성질이 아닌 것은?

① 황산과 반응하여 이산화염소를 발생한다.
② 상온에서 고체이다.
③ 알코올보다는 글리세린에 더 잘 녹는다.
④ 환원력이 강하다.

[해설]

④ 제1류 위험물(산화성 고체)로서 산화력이 강하다.

47 벤젠의 성질에 대한 설명 중 틀린 것은?

① 증기는 유독하다.
② 물에 녹지 않는다.
③ CS_2보다 인화점이 낮다.
④ 독특한 냄새가 있는 액체이다.

[해설]

③ 인화점은 벤젠($-11℃$), 이황화탄소($-30℃$)로서 인화점이 높다.

48 위험물안전관리법령에 따른 지하탱크저장소의 지하저장탱크의 기준으로 옳지 않은 것은?

① 탱크의 외면에는 녹 방지를 위한 도장을 하여야 한다.
② 탱크의 강철판 두께는 3.2mm 이상으로 하여야 한다.
③ 압력탱크는 최대 상용압력의 1.5배의 압력으로 10분간 수압시험을 한다.
④ 압력탱크 외의 것은 50kPa의 압력으로 10분간 수압시험을 한다.

[해설]

지하탱크저장소의 수압시험
㉠ 압력탱크 : 최대사용압력의 1.5배 압력으로 10분간
㉡ 압력탱크(최대사용압력이 46.7kPa 이상인 탱크) 외의 탱크 : 70kPa의 압력으로 10분간

49 다음 중 과망가니즈산칼륨과 혼촉하였을 때 위험성이 가장 낮은 물질은?

① 물
② 에터
③ 글리세린
④ 염산

[해설]

과망가니즈산칼륨($KMnO_4$)은 물에는 녹고, 에터, 글리세린, 염산 등과는 접촉을 금한다.

50 CS_2를 물속에 저장하는 주된 이유는 무엇인가?

① 불순물을 용해시키기 위하여
② 가연성 증기의 발생을 억제하기 위하여
③ 상온에서 수소 가스를 방출하기 때문에
④ 공기와 접촉하면 즉시 폭발하기 때문에

[해설]

이황화탄소(CS_2)
물보다 무겁고, 가연성 증기 발생을 억제하기 위해 수조 속에 저장한다.

51 위험물제조소는 「문화유산의 보존 및 활용에 대한 법률」에 의한 지정문화유산으로부터 몇 m 이상의 안전거리를 두어야 하는가?

① 20m
② 30m
③ 40m
④ 50m

[해설]

지정문화유산으로부터 50m 이상의 안전거리를 두어야 한다.

52 물과 반응하여 CH_4와 H_2 가스를 발생하는 것은?

① K_2C_2
② MgC_2
③ Be_2C
④ Mn_3C

[해설]

① C_2H_2 ② C_2H_2 ③ CH_4 ④ CH_4, H_2
※ ④ $Mn_3C + 6H_2O \rightarrow 3Mn(OH)_2 + CH_4 + H_2$

정답 46 ④ 47 ③ 48 ④ 49 ① 50 ② 51 ④ 52 ④

53 오황화인이 물과 작용해서 발생하는 기체는?

① 이황화탄소　　　② 황화수소
③ 포스겐가스　　　④ 인화수소

해설

$P_2S_5 + 8H_2O \rightarrow 2H_3PO_4 + 5H_2S$

54 그림과 같은 위험물을 저장하는 탱크의 내용적은 약 몇 m^3인가?(단, r은 10m, L은 25m이다.)

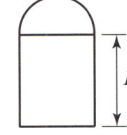

① 3,612　　　② 4,712
③ 5,812　　　④ 7,854

해설

탱크의 내용적 $= \pi r^2 L = \pi \times 10^2 \times 25 = 7,853.9\,(m^3)$

55 질산나트륨을 저장하고 있는 옥내저장소(내화구조의 격벽으로 완전히 구획된 실이 2 이상 있는 경우에는 동일한 실)에 함께 저장하는 것이 법적으로 허용되는 것은?(단, 위험물을 유별로 정리하여 서로 1m 이상의 간격을 두는 경우이다.)

① 적린　　　② 인화성 고체
③ 동식물유류　　　④ 과염소산

해설

저장의 기준
유별을 달리하는 위험물은 동일한 저장소(내화구조의 격벽으로 완전히 구획된 실이 2 이상 있는 저장소에 있어서는 동일한 실)에 저장하지 아니하여야 한다. 다만, 서로 1m 이상의 간격을 두는 경우에는 그러하지 아니하다.
㉠ 제1류 위험물(알칼리금속의 과산화물 또는 이를 함유한 것 제외)과 제5류 위험물을 저장하는 경우
㉡ 제1류 위험물과 제6류 위험물을 저장하는 경우
㉢ 제1류 위험물과 제3류 위험물 중 자연발화성 물질(황린 또는 이를 함유한 것)을 저장하는 경우

㉣ 제2류 위험물 중 인화성 고체와 제4류 위험물을 저장하는 경우
㉤ 제3류 위험물 중 알킬알루미늄 등과 제4류 위험물(알킬알루미늄 또는 알킬리튬을 함유한 것)을 저장하는 경우
㉥ 제4류 위험물 중 유기과산화물 또는 이를 함유하는 것과 제5류 위험물 중 유기과산화물 또는 이를 함유한 것을 저장하는 경우
※ 제1류 위험물(질산나트륨)과 제6류 위험물(과염소산)을 저장하는 경우

56 알킬알루미늄을 저장하는 이동탱크저장소에 적용하는 기준으로 틀린 것은?

① 탱크는 두께 10mm 이상의 강판 또는 이와 동등 이상의 기계적 성질이 있는 재료로 기밀하게 제작한다.
② 탱크의 저장용량은 1,900L 미만이어야 한다.
③ 탱크의 배관 및 밸브 등은 탱크의 아랫부분에 설치하여야 한다.
④ 안전장치는 이동저장탱크 수압시험 압력의 3분의 2를 초과하고 5분의 4를 넘지 아니하는 범위의 압력으로 작동하여야 한다.

해설

③ 이동저장탱크의 배관 및 밸브 등은 당해 탱크의 윗부분에 설치할 것

57 칼륨과 물이 반응할 때 생성되는 것은 무엇인가?

① 수산화칼륨, 산소
② 수산화칼륨, 수소
③ 산소, 수소
④ 산화칼륨, 산소

해설

$2K + 2H_2O \rightarrow 2KOH + H_2 \uparrow$

정답　53 ②　54 ④　55 ④　56 ③　57 ②

58 위험물 간이탱크저장소의 간이저장탱크 수압시험 기준으로 옳은 것은?

① 50kPa의 압력으로 7분간의 수압시험
② 70kPa의 압력으로 10분간의 수압시험
③ 50kPa의 압력으로 10분간의 수압시험
④ 70kPa의 압력으로 7분간의 수압시험

해설

② 간이저장탱크의 수압시험 : 70kPa의 압력으로 10분간의 수압시험을 실시하여 새거나 변형되지 아니할 것

59 규조토에 어떤 물질을 흡수시켜 다이너마이트를 제조하는가?

① 페놀   ② 나이트로글리세린
③ 질산에틸   ④ 장뇌

해설

나이트로글리세린(NG)[$C_3H_5(ONO_2)_3$]
• 제5류 위험물 질산에스터류
• 규조토에 흡수시킨 것을 다이너마이트라 한다.
• 무색, 투명한 기름상의 액체이며, 가열, 마찰, 충격에 민감하며 폭발하기 쉽다.

60 과산화벤조일에 대한 설명으로 틀린 것은?

① 발화점이 약 425℃로 상온에서 비교적 안전하다.
② 상온에서 고체이다.
③ 산소를 포함하는 산화성 물질이다.
④ 물을 혼합하면 폭발성이 줄어든다.

해설

① 발화점이 약 125℃로 상온에서 비교적 안전하다.

정답   58 ②   59 ②   60 ①

제4편 과년도 기출문제 | 281

2022년 제1회 CBT 기출문제

1과목 일반화학

01 다음 밑줄 친 원소 중 산화수가 +5인 것은?

① $Na_2\underline{Cr}_2O_7$
② $K_2\underline{S}O_4$
③ $K\underline{N}O_3$
④ $\underline{Cr}O_3$

해설

① $[(+1)\times 2]+2\times x+[(-2)\times 7]=0$ ∴ $x=+6$
② $[(+1)\times 2]+x+[(-2)\times 4]=0$ ∴ $x=+6$
③ $(+1)+x+[(-2)\times 3]=0$ ∴ $x=+5$
④ $x+[(-2)\times 3]=0$ ∴ $x=+6$

02 어떤 금속(M) 8g을 연소시키니 11.2g의 산화물이 얻어졌다. 이 금속의 원자량이 140이라면 이 산화물의 화학식은?

① M_2O_3
② MO
③ MO_2
④ M_2O_7

해설

화합물을 만드는 모든 원소들은 반드시 당량 대 당량으로 반응한다.

$M_{금속}$ + O → MO

8g : 3.2g

xg : 8g

∴ $x=20(g)$: $M_{금속}$의 1g당량

㉠ 원자량이 140이므로, $M_{금속}$은 +7가, 산소는 −2가 된다.

㉡ 화학식은 M_2O_7가 된다.

03 Mg^{2+}의 전자 수는 몇 개인가?

① 2
② 10
③ 12
④ 6×10^{23}

해설

Mg(전자 수가 12개) → Mg^{2+}(전자 2개를 잃어버림)

04 다음 중 반응이 정반응으로 진행되는 것은?

① $Pb^{2+}+Zn \rightarrow Zn^{2+}+Pb$
② $I_2+2Cl^- \rightarrow 2I^-+Cl_2$
③ $2Fe^{3+}+3Cu \rightarrow 3Cu^{2+}+2Fe$
④ $Mg^{2+}+Zn \rightarrow Zn^{2+}+Mg$

해설

이온화 경향과 전기음성도

① Zn의 이온화 경향이 더 크기 때문에 정반응으로 진행한다.
② Cl의 전기음성도가 더 크기 때문에 역반응으로 진행한다.
③ Fe의 이온화 경향이 더 크기 때문에 역반응으로 진행한다.
④ Mg의 이온화 경향이 더 크기 때문에 역반응으로 진행한다.

05 포화 탄화수소에 해당하는 것은?

① 톨루엔
② 에틸렌
③ 프로판
④ 아세틸렌

해설

① $C_6H_5CH_3$ ② C_2H_4 ③ C_3H_8 ④ C_2H_2
※ 포화 탄화수소는 단일결합으로만 이루어진 것 : 알칸(C_nH_{2n+2}), 사이클로알칸(C_nH_{2n})

정답 01 ③ 02 ④ 03 ② 04 ① 05 ③

06 중성원자가 무엇을 잃으면 양이온으로 되는가?

① 중성자 　　　② 핵전하

③ 양성자 　　　④ 전자

해설

양이온(+) : 전자를 잃음, 음이온(−) : 전자를 얻음

07 $CO + 2H_2 \rightarrow CH_3OH$의 반응에 있어서 평형상수 K를 나타내는 식은?

① $K = \dfrac{[CH_3OH]}{[CO][H_2]}$ 　　② $K = \dfrac{[CH_3OH]}{[CO][H_2]^2}$

③ $K = \dfrac{[CO][H_2]}{[CH_3OH]}$ 　　④ $K = \dfrac{[CO][H_2]^2}{[CH_3OH]}$

해설

$aA + bB \rightarrow cC + dD$에서

평형상수 $K = \dfrac{[C]^c[D]^d}{[A]^a[B]^b}$

08 730mmHg, 100℃에서 257mL 부피의 용기 속에 어떤 기체가 채워져 있다. 그 무게는 1.671g이다. 이 물질의 분자량은 약 얼마인가?

① 28 　　　② 56

③ 207 　　　④ 257

해설

$$PV = \frac{W}{M}RT \Rightarrow M = \frac{WRT}{PV}$$

$$= \frac{1.671 \times 0.082 \times (273 + 100)}{\frac{730}{760} \times 0.257}$$

$$= 207.0$$

09 염화나트륨 수용액의 전기 분해 시 음극(Cathode)에서 일어나는 반응식을 옳게 나타낸 것은?

① $2H_2O(L) + 2Cl^-(aq)$
　　$\rightarrow H_2(g) + Cl_2(g) + 2OH^-(aq)$

② $2Cl^-(aq) \rightarrow Cl_2(g) + 2e^-$

③ $2H_2O(L) + 2e^- \rightarrow H_2(g) + 2OH^-(aq)$

④ $2H_2O \rightarrow O_2 + 4H^+ + 4e^-$

해설

① H와 Cl의 산화 − 환원반응

② Cl의 산화반응

③ H의 환원반응

④ O의 산화반응

※ 음극에서 일어나는 반응 : 수소가 환원하는 것

10 NaOH 1g이 250mL 메스플라스크에 녹아 있을 때 NaOH 수용액의 농도는?

① 0.1N 　　　② 0.3N

③ 0.5N 　　　④ 0.7N

해설

$$N \, 농도 = \frac{질량(g)}{1g당량} \times \frac{1,000(mL)}{전체용액(mL)} = \frac{1}{40} \times \frac{1,000}{250} = 0.1\,N$$

11 다음 pH 값에서 알칼리성이 가장 큰 것은?

① pH = 1 　　　② pH = 6

③ pH = 8 　　　④ pH = 13

해설

pH가 크면 pOH는 작고 강알칼리성이 된다(pH + pOH = 14).

12 다음 반응식을 이용하여 구한 $SO_2(g)$의 몰 생성열은?

$S(s) + 1.5O_2(g) \rightarrow SO_3(g) \quad \Delta H^0 = -94.5kcal$
$2SO_2(g) + O_2(g) \rightarrow 2SO_3(g) \quad \Delta H^0 = -47kcal$

① −71kcal 　　　② −47.5kcal

③ 71kcal 　　　④ 47.5kcal

정답 06 ④ 07 ② 08 ③ 09 ③ 10 ① 11 ④ 12 ①

제4편 과년도 기출문제 | **283**

해설

$$2 \times [S(s) + 1.5O_2(g) \rightarrow SO_3(g) + 94.5kcal]$$
$$2S(s) + 3O_2(g) \rightarrow 2SO_3(g) + (2 \times 94.5kcal) \cdots\cdots \text{㉠}$$
$$2SO_2(g) + O_2(g) \rightarrow 2SO_3(g) + 47kcal \cdots\cdots \text{㉡}$$
㉠에서 ㉡을 빼면
$$2S(s) + 2O_2(g) \rightarrow 2SO_2(g) + [(2 \times 94.5) - 47]$$
∴ 몰당 열량 = $\dfrac{(2 \times 94.5) - 47}{2} = 71$ (kcal), 엔탈피로
나타내면 $\Delta H^+ = -71kcal$

---

13 pH가 2인 용액은 pH가 4인 용액과 비교하면 수소이온농도가 몇 배인 용액이 되는가?

① 100배
② 10배
③ 10^{-3}배
④ 10^{-2}배

해설

$$\dfrac{pH = 2}{pH = 4} = \dfrac{[H^+] = 10^{-2}}{[H^+] = 10^{-4}} = 100(배)$$

---

14 Rn은 α선 및 β선을 2번씩 방출하고 다음과 같이 변했다. 마지막 Po의 원자번호는 얼마인가? (단, Rn의 원자번호는 86, 원자량은 222이다)

$$Rn \xrightarrow{\alpha} Po \xrightarrow{\alpha} Po \xrightarrow{\beta} Bi \xrightarrow{\beta} Po$$

① 78
② 81
③ 84
④ 87

해설

㉠ α 붕괴 : 원자번호는 2 감소, 질량수는 4 감소
　 β 붕괴 : 원자번호는 1 증가, 질량수는 변화 없음
㉡ 각 2회 붕괴가 일어났으므로 원자번호는 2 감소, 질량수는 8 감소가 일어난다.
∴ 원자번호 86은 84, 원자량 222는 214가 된다.

---

15 0℃의 얼음 10g을 모두 수증기로 변화시키려면 약 몇 cal의 열량이 필요한가?

① 6,190cal
② 6,390cal
③ 6,890cal
④ 7,190cal

해설

㉠ 얼음(0℃) → 물(0℃) $q_1 = 10g \times 80cal/g = 800cal$
㉡ 물(0℃) → 물(100℃)
　 $q_2 = 10g \times 1cal/g \cdot ℃ \times 100℃ = 1,000cal$
㉢ 물(100℃) → 수증기(100℃)
　 $q_3 = 10g \times 539cal/g = 5,390cal$
∴ $Q = q_1 + q_2 + q_3 = 7,190cal$

---

16 다음 물질 중 이온결합을 하고 있는 것은?

① 얼음
② 흑연
③ 다이아몬드
④ 염화나트륨

해설

이온결합은 금속(Na)과 비금속(Cl) 사이에서 결합이 형성된다(NaCl).

---

17 프로판 1kg을 완전연소시키기 위해 표준상태의 산소가 약 몇 m³이 필요한가?

① 2.55
② 5
③ 7.56
④ 10

해설

$$C_3H_8 + 5O_2 \rightarrow 3CO_2 + 4H_2O$$
$$1kg \quad : \quad x\,m^3$$
$$44kg \quad : \quad 5 \times 22.4\,m^3$$
∴ $x = 2.545\,m^3$

---

18 물의 끓는점을 낮출 수 있는 방법으로 옳은 것은?

① 밀폐된 그릇에서 물을 끓인다.
② 열전도도가 높은 용기를 사용한다.
③ 소금을 넣어준다.
④ 외부 압력을 낮추어 준다.

정답　13 ①　14 ③　15 ④　16 ④　17 ①　18 ④

해설

①은 끓는점이 높아진다.
④는 끓는점이 낮아진다.

19 화학반응에서 발생 또는 흡수되는 열량은 그 반응 전의 물질의 종류와 상태 및 반응 후의 물질의 종류와 상태가 결정되면 그 도중의 경로에는 관계가 없다는 법칙은?

① 반트호프의 법칙
② 르샤틀리에의 법칙
③ 아보가드로의 법칙
④ 헤스의 법칙

해설

총열량 불변의 법칙(헤스의 법칙)
최초의 물질의 종류와 상태, 최종의 물질의 종류와 상태만 결정되면 반응 경로에 관계없이 출입하는 열량은 항상 같다는 법칙이다.

20 고체 유기물질을 정제하는 과정에서 이 물질이 순물질인지를 알아보기 위한 조사방법으로 다음 중 가장 적합한 방법은 무엇인가?

① 육안 관찰
② 녹는점 측정
③ 광학현미경 분석
④ 전도도 측정

해설

순물질을 확인하는 방법
녹는점, 끓는점 등의 일정여부

2과목 화재예방과 소화방법

21 위험물안전관리법령상 제1석유류를 저장하는 옥외탱크저장소 중 소화난이도등급 I에 해당하는 것은?(단, 지중탱크 또는 해상탱크가 아닌 경우이다.)

① 액표면적이 $10m^2$인 것
② 액표면적이 $20m^2$인 것
③ 지반면으로부터 탱크 옆판의 상단까지 높이가 4m인 것
④ 지반면으로부터 탱크 옆판의 상단까지 높이가 6m인 것

해설

소화난이도등급 I 에 해당하는 제조소등

구분	제조소등의 규모, 저장 또는 취급하는 위험물의 품명 및 최대수량 등
옥외 탱크 저장소	• 액표면적이 $40m^2$ 이상인 것 • 지반면으로부터 탱크 옆판의 기초에서 상단까지 높이가 6m 이상인 것 • 지중탱크 또는 해상탱크로서 지정수량의 100배 이상인 것 • 고체위험물을 저장하는 것으로서 지정수량의 100배 이상인 것

22 위험물안전관리법령에 따른 호스릴방식 할로젠화합물소화설비 기준에 의하면 20℃에서 하나의 노즐이 할론 2402를 방사할 경우 1분당 몇 kg의 소화약제를 방사할 수 있어야 하는가?

① 35
② 40
③ 45
④ 50

해설

호스릴방식 할로젠화합물소화설비에서 노즐은 섭씨 20℃에서 하나의 노즐마다 할론 2402는 분당 45kg (할론 1211은 40kg, 할론 1301은 35kg) 이상의 소화약제를 방사할 수 있는 것으로 할 것

정답 19 ④ 20 ② 21 ④ 22 ③

23 다음은 위험물안전관리법령에서 정한 제조소 등에서의 위험물의 저장 및 취급에 관한 기준 중 위험물의 유별 저장ㆍ취급의 공통기준에 관한 내용이다. ( ) 안에 알맞은 것은?

( )은 가연물과의 접촉ㆍ혼합이나 분해를 촉진하는 물품과의 접근 또는 과열을 피하여야 한다.

① 제2류 위험물　　② 제4류 위험물
③ 제5류 위험물　　④ 제6류 위험물

해설

제6류 위험물은 가연물과의 접촉ㆍ혼합이나 분해를 촉진하는 물품과의 접근 또는 과열을 피하여야 한다(산화성 액체).

24 위험물안전관리법령상 포소화설비의 고정포 방출구를 설치한 위험물 탱크에 부속하는 보조포소화전에서 3개의 노즐을 동시에 사용할 경우 각각의 노즐선단에서의 분당 방사량은 몇 L/min 이상이어야 하는가?

① 80　　　　　② 130
③ 230　　　　④ 400

해설

보조포소화전은 3개의 노즐을 동시에 사용할 경우, 노즐선단의 방사압력이 0.35MPa 이상이고 방사량이 400L/min 이상의 성능이 되도록 설치한다.

25 분말소화약제인 탄산수소나트륨 10kg이 1기압, 270℃에서 방사되었을 때 발생하는 이산화탄소의 양은 약 몇 m³인가?

① 2.65　　　　② 3.65
③ 18.22　　　④ 36.44

해설

$2NaHCO_3 \longrightarrow Na_2CO_3 + CO_2 + H_2O$
　10kg　　：　　$x\,m^3$
　2×84kg　：　22.4m³

$\therefore x = 1.33m^3$(표준상태)

1기압, 270℃에서 이산화탄소의 양

$= 1.33 \times \dfrac{(273 + 270)}{273} = 2.645\,(m^3)$

26 처마의 높이가 6m 이상인 단층 건물에 설치된 옥내저장소의 소화설비로 고려될 수 없는 것은?

① 고정식 포소화설비
② 옥내소화전설비
③ 고정식 이산화탄소소화설비
④ 고정식 분말소화설비

해설

처마높이가 6m 이상인 단층건물 또는 다른 용도의 부분이 있는 건축물에 설치한 옥내저장소	스프링클러설비 또는 이동식 외의 물분무등 소화설비
그 밖의 것	옥외소화전설비, 스프링클러설비, 이동식 외의 물분무등 소화설비 또는 이동식 포소화설비

27 제1종 분말소화약제의 소화효과에 대한 설명으로 거리가 먼 것은?

① 열 분해 시 발생하는 이산화탄소와 수증기에 의한 질식효과
② 열 분해 시 흡열반응에 의한 냉각효과
③ H^+ 이온에 의한 부촉매 효과
④ 분말 운무에 의한 열방사의 차단효과

해설

③ Na^+ 이온에 의한 비누화 반응효과

28 위험물안전관리법령상 다이에틸에터 화재 발생 시 적응성이 없는 소화기는?

① 이산화탄소 소화기
② 포소화기
③ 봉상강화액 소화기
④ 할로젠화합물 소화기

정답　23 ④　24 ④　25 ①　26 ②　27 ③　28 ③

> 해설

③ 다이에틸에터는 제4류 위험물로 무상강화액소화기
  는 적응성이 있다.

29 분말소화설비에서 분말소화약제의 가압용
가스로 사용하는 것은?

① CO_2 ② He
③ CCl_4 ④ Cl_2

> 해설

분말소화설비
분말소화약제 저장탱크에 분말소화약제를 충전하고
외부의 가압가스용기를 설치하여 가압용 가스(불연성
가스)의 압력으로 분말소화약제를 방출하여 소화하는
설비
※ 불연성 가스 : 질소(N_2) 또는 이산화탄소(CO_2)

30 제4종 분말 소화약제의 주성분으로 옳은 것
은?

① 탄산수소칼륨과 요소의 반응생성물
② 탄산수소칼륨과 인산염의 반응생성물
③ 탄산수소나트륨과 요소의 반응생성물
④ 탄산수소나트륨과 인산염의 반응생성물

> 해설

분말소화약제

종류	주성분	종류	주성분
제1종 분말	$NaHCO_3$	제3종 분말	$NH_4H_2PO_4$
제2종 분말	$KHCO_3$	제4종 분말	$KHCO_3 +$ $(NH_2)_2CO$

31 제2류 위험물에 해당하는 것은?

① 마그네슘과 나트륨
② 황화인과 황린
③ 수소화리튬과 수소화나트륨
④ 황과 적린

> 해설

① 2류, 3류   ② 2류, 3류
③ 3류, 3류   ④ 2류, 2류

32 Halon 1301, Halon 1211, Halon 2402 중
상온, 상압에서 액체상태인 Halon 소화약제로만
나열된 것은?

① Halon 1211
② Halon 2402
③ Halon 1301, Halon 1211
④ Halon 2402, Halon 1211

> 해설

• 액체 : Halon 1011, 2402
• 기체 : Halon 1211, 1301, 104

33 ABC급 화재에 적응성이 있으며 부착성이
좋은 메타인산을 만드는 분말 소화약제는?

① 제1종   ② 제2종
③ 제3종   ④ 제4종

> 해설

제3종 분말소화약제 : $NH_4H_2PO_4 \rightarrow HPO_3 + NH_3 + H_2O$

34 옥외소화전설비의 옥외소화전이 3개 설치
되었을 경우 수원의 수량은 몇 m^3 이상이 되어야
하는가?

① 7   ② 20.4
③ 40.5   ④ 100

> 해설

옥외소화전설비의 수원의 양
소화전 설치개수(최대 4개) $\times 13.5 m^3$
$= 3 \times 13.5 = 40.5 (m^3)$

정답   29 ①   30 ①   31 ④   32 ②   33 ③   34 ③

35 연소의 형태가 나머지 셋과 다른 하나는?

① 목탄
② 메탄올
③ 파라핀
④ 황

해설

• 표면연소 : ①
• 증발연소 : ②, ③, ④

36 올바른 소화기 사용법으로 가장 거리가 먼 것은?

① 적응화재에 사용할 것
② 바람을 등지고 사용할 것
③ 방출거리보다 먼 거리에서 사용할 것
④ 양옆으로 비로 쓸듯이 골고루 사용할 것

해설

③ 성능에 따라 화재 면에 근접하여 사용할 것

37 건축물의 외벽이 내화구조로 된 제조소는 연면적 몇 m²를 1소요단위로 하는가?

① 50
② 75
③ 100
④ 150

해설

1소요단위의 기준

구분	외벽이 내화구조인 것	외벽이 내화구조가 아닌 것
제조소 또는 취급소	연면적 100m²	연면적 50m²
저장소	연면적 150m²	연면적 75m²
위험물	지정수량 10배	

38 이산화탄소 소화약제 저장용기의 설치장소로 적당하지 않은 곳은?

① 방호구역 외의 장소
② 온도가 40℃ 이상이고 온도변화가 적은 장소
③ 빗물이 침투할 우려가 적은 장소
④ 직사일광을 피한 장소

해설

② 온도가 40℃ 이하이고 온도변화가 적은 장소에 설치한다.

39 화재의 종류 중 C급 화재에 속하는 것은?

① 일반화재
② 유류화재
③ 전기화재
④ 금속화재

해설

① A급화재
② B급화재
③ C급화재
④ D급화재

40 공기 중의 상대습도를 높여 정전기를 유효하게 제거할 수 있는 설비를 설치하고자 한다. 공기 중의 상대습도는 몇 % 이상 되게 하여야 하는가?

① 40%
② 50%
③ 60%
④ 70%

해설

정전기 방지법
• 접지에 의한 방법
• 공기를 이온화하는 방법
• 공기 중의 상대습도를 70% 이상으로 하는 방법

정답 35 ① 36 ③ 37 ③ 38 ② 39 ③ 40 ④

3과목 위험물 성상 및 취급

41 위험물안전관리법령상 지정수량의 각각 10배를 운반할 때 혼재할 수 있는 위험물은?

① 과산화나트륨과 과염소산
② 과망가니즈산칼륨과 적린
③ 질산과 알코올
④ 과산화수소와 아세톤

해설

혼재 가능 위험물
• $\boxed{4}$ ⇨ 2 3   • $\boxed{5}$ ⇨ 2 4   • $\boxed{6}$ ⇨ 1
※ ① 제1류 + 제6류   ② 제1류 + 제2류
    ③ 제6류 + 제4류   ④ 제6류 + 제4류

42 다음 중 일반적으로 자연발화의 위험성이 가장 낮은 장소는?

① 온도 및 습도가 높은 장소
② 습도 및 온도가 낮은 장소
③ 습도는 높고, 온도는 낮은 장소
④ 습도는 낮고, 온도는 높은 장소

해설

자연발화 방지법
• 주위 온도를 낮출 것
• 습도를 낮게 할 것(수분량이 적당하지 않도록 할 것)
• 통풍을 잘 시킬 것
• 불활성 가스를 주입하여 공기와 접촉면적을 낮게 할 것

43 위험물안전관리법령에서 정한 품명이 나머지 셋과 다른 하나는?

① $(CH_3)_2CHCH_2OH$
② $CH_2OHCHOHCH_2OH$
③ CH_2OHCH_2OH
④ $C_6H_5NO_2$

해설

제3석유류
$CH_2OHCHOHCH_2OH$(글리세린), CH_2OHCH_2OH(에틸렌글리콜), $C_6H_5NO_2$(나이트로벤젠)
※ ① 이소부틸알코올로서 제2석유류이다.

44 다음 중 C_5H_5N에 대한 설명으로 틀린 것은?

① 순수한 것은 무색이고 악취가 나는 액체이다.
② 상온에서 인화의 위험이 있다.
③ 물에 녹는다.
④ 강한 산성을 나타낸다.

해설

④ 피리딘은 약알칼리성을 나타내고 독성이 있다.

45 제4류 위험물 중 제1석유류에 속하는 것으로만 나열한 것은?

① 아세톤, 휘발유, 톨루엔, 사이안화수소
② 이황화탄소, 다이에틸에터, 아세트알데하이드
③ 메탄올, 에탄올, 부탄올, 벤젠
④ 중유, 크레오소트유, 실린더유, 의산에틸

해설

제1석유류
아세톤, 가솔린, 벤젠, 톨루엔, 메틸에틸케톤, 피리딘, 초산에스테르류, 의산에스테르류, 사이안화수소

46 다음 중 3개의 이성질체가 존재하는 물질은?

① 아세톤   ② 톨루엔
③ 벤젠   ④ 자일렌

해설

자일렌(크실렌)
벤젠고리에 메틸기($-CH_3$) 2개가 결합해 있는 구조의 방향족탄화수소

정답 41 ① 42 ② 43 ① 44 ④ 45 ① 46 ④

47 위험물안전관리법령 중 위험물의 운반에 관한 기준에 따라 운반용기의 외부에 주의사항으로 "화기·충격주의", "물기엄금" 및 "가연물접촉주의"를 표시하였다. 어떤 위험물에 해당하는가?

① 제1류 위험물 중 알칼리금속의 과산화물
② 제2류 위험물 중 철분·금속분·마그네슘
③ 제3류 위험물 중 자연발화성 물질
④ 제5류 위험물

> **해설**
>
> 제1류 위험물 중 알칼리금속의 과산화물 또는 이를 함유한 것에 있어서는 "화기·충격주의", "물기엄금" 및 "가연물접촉주의", 그 밖의 것에 있어서는 "화기·충격주의" 및 "가연물접촉주의"를 표시한다.

48 다음 중 인화점이 가장 낮은 것은?

① $C_6H_5NH_2$
② $C_6H_5NO_2$
③ C_5H_5N
④ $C_6H_5CH_3$

> **해설**
>
> ① 제3석유류 아닐린(75℃)
> ② 제3석유류 나이트로벤젠(88℃)
> ③ 제1석유류 피리딘(20℃)
> ④ 제1석유류 톨루엔(4℃)

49 옥외저장소에서 저장할 수 없는 위험물은? (단, 시·도 조례에서 정하는 위험물 또는 국제해상위험물규칙에 적합한 용기에 수납된 위험물은 제외한다.)

① 과산화수소
② 아세톤
③ 에탄올
④ 황

> **해설**
>
> 옥외저장소에 저장할 수 있는 위험물
> ㉠ 제2류 위험물 중 황, 인화성 고체(인화점이 0℃ 이상인 것에 한함)
> ㉡ 제4류 위험물 중 제1석유류(인화점이 0℃ 이상인 것에 한함), 제2석유류, 제3석유류, 제4석유류, 알코올류, 동식물유류

㉢ 제6류 위험물
※ ②는 인화점이 −18℃이므로 옥외저장소에 저장할 수 없는 위험물이다.

50 황린을 밀폐용기 속에서 260℃로 가열하여 얻은 물질을 연소시킬 때 주로 생성되는 물질은?

① P_2O_5
② CO_2
③ PO_2
④ CuO

> **해설**
>
> $$P_4 \xrightarrow[\Delta]{260℃} P$$
> $$4P + 5O_2 \rightarrow 2P_2O_5$$

51 특정옥외저장탱크를 원형으로 설치하고자 한다. 지반면으로부터의 높이가 16m일 때 이 탱크가 받는 풍하중은 1m²당 얼마 이상으로 계산하여야 하는가?(단, 강풍을 받을 우려가 있는 장소에 설치하는 경우는 제외한다.)

① 0.7640kN
② 1.2348kN
③ 1.6464kN
④ 2.348kN

> **해설**
>
> 1m²당 풍하중$[q(\text{kN/m}^2)]$
> $$q = 0.588\,k\,\sqrt{h}$$
> 여기서, k = 풍력계수(원통형탱크 0.7, 그 외의 탱크는 1.0), h = 지반면으로부터의 높이(단위 m)
> $\therefore q = 0.588 \times 0.7 \times \sqrt{16} = 1.6464\,(\text{kN/m}^2)$

52 고체위험물의 운반 시 내장용기가 금속제인 경우 내장용기의 최대 용적은 몇 L인가?

① 10
② 20
③ 30
④ 100

> **해설**
>
> 고체위험물의 운반 시 내장용기가 금속제인 경우 내장용기의 최대 용적은 30L이다.

정답 47 ① 48 ④ 49 ② 50 ① 51 ③ 52 ③

53 다음 ( ) 안에 알맞은 수치와 용어를 옳게 나열한 것은?

> 이황화탄소의 옥외저장탱크는 벽 및 바닥의 두께가 ( )m 이상이고, 누수가 되지 아니하는 철근콘크리트의 ( )에 넣어 보관하여야 한다.

① 0.2, 수조　　　　② 0.1, 수조
③ 0.2, 진공탱크　　④ 0.1, 진공탱크

[해설]

이황화탄소의 옥외저장탱크는 벽 및 바닥의 두께가 0.2m 이상이고, 누수가 되지 아니하는 철근콘크리트의 수조에 넣어 보관하여야 한다.

54 초산에틸(아세트산에틸)의 성질에 대한 설명으로 틀린 것은?

① 물보다 가볍다.
② 끓는점이 약 77℃이다.
③ 비수용성 제1석유류로 구분된다.
④ 무색, 무취의 투명 액체이다.

[해설]

④ 과일향이 나는 무색의 휘발성 액체이다.

55 판매 취급소에서 위험물을 배합하는 실의 기준으로 틀린 것은?

① 내화구조 또는 불연재료로 된 벽으로 구획한다.
② 출입구는 자동폐쇄식 60분＋ 방화문 또는 60분 방화문을 설치한다.
③ 내부에 체류한 가연성 증기를 지붕 위로 방출하는 설비를 한다.
④ 바닥에는 경사를 두어 되돌림관을 설치한다.

[해설]

④ 바닥은 위험물이 침투하지 아니하는 구조로 하여 적당한 경사를 두고 집유설비를 설치한다.

56 다음 위험물 중 인화점이 가장 낮은 것은?

① 이황화탄소
② 에터
③ 벤젠
④ 아세톤

[해설]

① 특수인화물(-30℃)
② 특수인화물(-45℃)
③ 제1석유류(-11℃)
④ 제1석유류(-18℃)

57 다음 중 제5류 위험물에 해당하지 않는 것은?

① 나이트로글리콜
② 나이트로글리세린
③ 트라이나이트로톨루엔
④ 나이트로톨루엔

[해설]

④는 제4류 위험물 제3석유류이다.

58 어떤 공장에서 아세톤과 메탄올을 18L 용기에 각각 10개, 등유를 200L 드럼으로 3드럼을 저장하고 있다면 각각의 지정수량 배수의 총합은 얼마인가?

① 1.3
② 1.5
③ 2.3
④ 2.5

[해설]

• 아세톤 : 제1석유류 수용성(400L)
• 메탄올 : 알코올류(400L)
• 등유 : 제2석유류 비수용성(1,000L)
∴ 지정수량 배수의 합

$$= \frac{18 \times 10}{400} + \frac{18 \times 10}{400} + \frac{200 \times 3}{1,000} = 1.5(배)$$

정답 　53 ①　54 ④　55 ④　56 ②　57 ④　58 ②

59 질산에틸의 성상에 관한 설명 중 틀린 것은?

① 향기를 갖는 무색의 액체이다.
② 휘발성 물질로 증기 비중은 공기보다 작다.
③ 물에는 녹지 않으나 에터에 녹는다.
④ 비점 이상으로 가열하면 폭발의 위험이 있다.

[해설]

② 휘발성 물질로 증기비중은 3.14로 공기보다 무겁다.

※ $C_2H_5NO_3$ 증기비중= $\dfrac{91}{29}$ =3.14

60 제4류 위험물의 일반적인 취급상 주의사항
으로 옳은 것은?

① 정전기가 축적되어 있으면 화재의 우려가 있으
　므로 정전기가 축적되지 않게 할 것
② 위험물이 유출하였을 때 액면이 확대되지 않게
　흙 등으로 잘 조치한 후 자연증발시킬 것
③ 물에 녹지 않는 위험물은 폐기할 경우 물을 섞어
　하수구에 버릴 것
④ 증기의 배출은 지표로 향해서 할 것

[해설]

① 제4류 위험물(인화성 액체)의 일반적인 취급상 주
　의사항으로는 전기에 부도체이기 때문에 정전기 발
　생을 제거할 수 있는 조치를 해야 한다.

정답 59 ② 60 ①

2022년 제2회 CBT 기출문제

1과목 일반화학

01 질산은 용액에 담갔을 때 은(Ag)이 석출되지 않는 것은?

① 백금
② 납
③ 구리
④ 아연

해설

① 백금(Pt)은 질산은용액($AgNO_3$)과 반응하지 않는다.
※ 은(Ag)보다 이온화 경향이 작은 금속은 백금(Pt)과 금(Au)이다.

02 SP^3 혼성 오비탈을 가지고 있는 것은?

① BF_3
② $BeCl_2$
③ C_2H_4
④ CH_4

해설

① 중심원자 B는 3개의 시그마 결합(SP^2 혼성 오비탈)
② 중심원자 Be는 2개의 시그마 결합(SP 혼성 오비탈)
③ 중심원자 C는 3개의 시그마 결합(+1개의 파이결합)[SP^2 혼성 오비탈]
④ 중심원자 C는 4개의 시그마 결합(SP^3 혼성 오비탈)

03 아세트알데하이드에 대한 시성식은?

① CH_3COOH
② CH_3COCH_3
③ CH_3CHO
④ CH_3COOCH_3

해설

① 초산
② 다이메틸케톤
③ 아세트알데하이드
④ 초산메틸

04 NaCl의 결정계는 다음 중 무엇에 해당되는가?

① 입방정계(Cubic)
② 정방정계(Tetragonal)
③ 육방정계(Hexagonal)
④ 단사정계(Monoclinic)

해설

NaCl은 정육면체의 결정구조인 입방정계이다.

05 11g의 프로판이 연소하면 몇 g의 물이 생기는가?

① 4
② 4.5
③ 9
④ 18

해설

$$C_3H_8 + 5O_2 \rightarrow 3CO_2 + 4H_2O$$

$$11g \quad : \quad xg$$
$$44g \quad : \quad 4 \times 18g$$
$$\therefore \ x = 18(g)$$

06 다음의 화합물 중 화합물 내 질소분율이 가장 높은 것은?

① $Ca(CN)_2$
② NaCN
③ $(NH_2)_2CO$
④ NH_4NO_3

해설

① $\dfrac{28}{92} = 0.304$
② $\dfrac{14}{49} = 0.286$
③ $\dfrac{28}{60} = 0.467$
④ $\dfrac{28}{80} = 0.35$

정답 01 ① 02 ④ 03 ③ 04 ① 05 ④ 06 ③

07 10.0mL의 0.1M−NaOH을 25.0mL의 0.1M−HCl에 혼합하였을 때 이 혼합 용액의 pH는 얼마인가?

① 1.37
② 2.82
③ 3.37
④ 4.82

해설

㉠ $NV - N'V' = N''V''$
㉡ $0.1 \times 25 - 0.1 \times 10 = N'' \times 35$
㉢ $N'' = 0.0429$
∴ $pH = -\log(0.0429) = 1.367$

08 다음 중 완충용액에 해당하는 것은?

① CH_3COONa와 CH_3COOH
② NH_4Cl와 HCl
③ CH_3COONa와 $NaOH$
④ $HCOONa$와 Na_2SO_4

해설

아세트산(CH_3COOH)과 아세트산나트륨(CH_3COONa)의 혼합용액이 완충용액의 예이다.

09 가열하면 부드러워져서 소성을 나타내고 식히면 경화하는 수지는?

① 페놀수지
② 멜라민수지
③ 요소수지
④ 폴리염화비닐수지

해설

㉠ 열가소성 수지 : 열을 가하면 연해지고, 냉각시키면 경화하는 수지(폴리에틸렌, 폴리스티렌, 폴리염화비닐수지 등)
㉡ 열경화성 수지 : 열을 가하면 단단해지고, 냉각 후 다시 가열하여도 연화용융을 하지 않음(폴리우레탄, 페놀수지, 멜라민수지, 요소수지 등)

10 다음 물질 중 벤젠 고리를 함유하고 있는 것은?

① 아세틸렌
② 아세톤
③ 메탄
④ 아닐린

해설

① C_2H_2
② CH_3COCH_3
③ CH_4
④ $C_6H_5NH_2$

11 Si 원소의 전자 배치로 옳은 것은?

① $1s^2\,2s^2\,2p^6\,3s^2\,3p^2$
② $1s^2\,2s^2\,2p^6\,3s^1\,3p^2$
③ $1s^2\,2s^2\,2p^5\,3s^1\,3p^2$
④ $1s^2\,2s^2\,2p^6\,3s^2$

해설

① Si는 원자번호가 14번이므로 전자수도 14개가 된다.

12 벤젠에 대한 설명으로 옳지 않은 것은?

① 정육각형의 평면구조로 120°의 결합각을 갖는다.
② 결합길이는 단일결합과 이중결합의 중간이다.
③ 공명혼성구조로 안정한 방향족화합물이다.
④ 이중결합을 가지고 있어 치환반응보다 첨가반응이 지배적이다.

해설

④ 이중결합을 가지고 있지만 치환반응이 첨가반응보다 더 잘 일어난다.

13 질산칼륨 수용액 속에 소량의 염화나트륨이 불순물로 포함되어 있다. 용해도 차이를 이용하여 이 불순물을 제거하는 방법으로 가장 적당한 것은?

① 증류
② 막분리
③ 재결정
④ 전기분해

해설

③ 결정을 용해도 차이에 의해 석출하는 방법을 재결정이라 한다[질산칼륨(KNO_3)에 소금($NaCl$)이 섞여 있을 때 분리하는 방법].

정답 07 ① 08 ① 09 ④ 10 ④ 11 ① 12 ④ 13 ③

14 중성원자가 무엇을 잃으면 양이온으로 되는가?

① 중성자   ② 핵전하
③ 양성자   ④ 전자

해설

양이온(+) : 전자를 잃음, 음이온(−) : 전자를 얻음

15 우라늄 $^{235}_{92}U$ 는 다음과 같이 붕괴된다. 생성된 Ac의 원자번호는?

$$^{235}_{92}U \xrightarrow{\alpha} Th \xrightarrow{\beta} Pa \xrightarrow{\alpha} Ac$$

① 87   ② 88
③ 89   ④ 90

해설

$$^{235}_{92}U \xrightarrow{\alpha} {}^{231}_{90}Th \xrightarrow{\beta} {}^{231}_{91}Pa \xrightarrow{\alpha} {}^{227}_{89}Ac$$

16 Li과 F를 비교 설명한 것 중 틀린 것은?

① Li은 F보다 전기전도성이 좋다.
② F는 Li보다 높은 1차 이온화에너지를 갖는다.
③ Li의 원자반지름은 F보다 작다.
④ Li는 F보다 작은 전자친화도를 갖는다.

해설

③ Li의 원자반지름은 F보다 크다.

17 다음 중 산성이 가장 약한 산은?

① HCl   ② H_2SO_4
③ H_2CO_3 ④ CH_3COOH

해설

①, ② 강산
③ 약산(4.3×10^{-7})
④ 약산(1.8×10^{-5})

18 물이 브뢴스테드의 산으로 작용한 것은?

① $HCl + H_2O \rightleftarrows H_3O^+ + Cl^-$
② $HCOOH + H_2O \rightleftarrows HCOO^- + H_3O^+$
③ $NH_3 + H_2O \rightleftarrows NH_4^+ + OH^-$
④ $3Fe + 4H_2O \rightleftarrows Fe_3O_4 + 4H_2$

해설

구분	산	염기
Bronsted − Lowry	H^+를 내놓는 물질	H^+를 받는 물질
	③의 H_2O	①, ②의 H_2O

19 물 200g에 A 물질 2.9g을 녹인 용액의 빙점은?(단, 물의 어는점 내림상수는 $1.86℃ \cdot kg/mol$ 이고, A 물질의 분자량은 58이다.)

① $-0.465℃$ ② $-0.932℃$
③ $-1.871℃$ ④ $-2.453℃$

해설

㉠ m농도 $= \dfrac{질량(g)}{분자량(g)} \times \dfrac{1,000(g)}{전체용매(g)}$

$= \dfrac{2.9}{58} \times \dfrac{1,000}{200} = 0.25$

㉡ $\triangle T_f = m \times K_f = 0.25 \times (-1.86) = -0.465$

20 할로젠 원소에 대한 설명 중 옳지 않은 것은?

① 아이오딘의 최외각 전자는 7개이다.
② 할로젠 원소 중 원자 반지름이 가장 작은 원소는 F이다.
③ 염화이온은 염화은의 흰색 침전 생성에 관여한다.
④ 브로민은 상온에서 적갈색 기체로 존재한다.

해설

④ 브로민은 상온에서 적갈색 액체로 존재한다.

정답   14 ④   15 ③   16 ③   17 ③   18 ③   19 ①   20 ④

2과목 화재예방과 소화방법

21 제3종 분말소화약제의 제조 시 사용되는 실리콘 오일의 용도는?

① 경화제
② 발수제
③ 탈색제
④ 착색제

[해설]

② 실리콘 오일은 분말소화약제 입자가 습기와 반응하여 고화되는 것을 방지하고, 유동성을 높이는 데 사용된다.

22 소화약제로서 물이 갖는 특성에 대한 설명으로 옳지 않은 것은?

① 유화효과(Emulsification Effect)도 기대할 수 있다.
② 증발잠열이 커서 기화 시 다량의 열을 제거한다.
③ 기화팽창률이 커서 질식효과가 있다.
④ 용융잠열이 커서 주수 시 냉각효과가 뛰어나다.

[해설]

④ 기화잠열(539cal/g)이 커서 주수 시 냉각효과가 뛰어나다.

23 위험물제조소 등에 옥내소화전이 1층에 6개, 2층에 5개, 3층에 4개가 설치되었다. 이때 수원의 수량은 몇 m^3 이상이 되도록 설치하여야 하는가?

① 23.4
② 31.8
③ 39.0
④ 46.8

[해설]

옥내소화전의 수원의 수량(최대 5개)
소화전 설치개수 $\times 7.8m^3 = 5$개$\times 7.8m^3 = 39.0(m^3)$

24 드라이아이스 1kg이 완전히 기화하면 약 몇 몰의 이산화탄소가 되겠는가?

① 22.7
② 51.3
③ 230.1
④ 515.0

[해설]

㉠ CO_2의 분자량 $= 44(g) = 1mol$
㉡ $1kg = 1,000g$
㉢ $\dfrac{1,000g}{44g/mol} = 22.73(mol)$

25 알코올 화재 시 수성막포소화약제는 효과가 없다. 그 이유로 가장 적당한 것은?

① 알코올이 수용성이어서 포를 소멸시키므로
② 알코올이 반응하여 가연성 가스를 발생하므로
③ 알코올이 화재 시 불꽃의 가연성 가스를 발생하므로
④ 알코올이 포소화약제와 발열반응을 하므로

[해설]

① 수성막포소화약제를 수용성 알코올 화재 시 사용하면 소포성을 가지므로 내알코올 포를 사용해야 한다.

26 제조소 또는 취급소의 건축물로 외벽이 내화구조인 것은 연면적 몇 m^2를 1소요단위로 규정하는가?

① $100m^2$
② $200m^2$
③ $300m^2$
④ $400m^2$

[해설]

1소요단위의 기준

구분	외벽이 내화구조인 것	외벽이 내화구조가 아닌 것
제조소 또는 취급소	연면적 $100m^2$	연면적 $50m^2$
저장소	연면적 $150m^2$	연면적 $75m^2$
위험물	지정수량 10배	

정답 21 ② 22 ④ 23 ③ 24 ① 25 ① 26 ①

27 위험물제조소등에 설치하는 옥내소화전설비의 기준으로 옳지 않은 것은?

① 옥내소화전함에는 그 표면에 "소화전"이라고 표시하여야 한다.
② 옥내소화전함의 상부 벽면에 적색의 표시등을 설치하여야 한다.
③ 표시등 불빛은 부착면과 10도 이상의 각도가 되는 방향으로 8m 이내에서 쉽게 식별할 수 있어야 한다.
④ 호스접속구는 바닥면으로부터 1.5m 이하의 높이에 설치하여야 한다.

해설

③ 표시등 불빛은 부착면과 10도 이상의 각도가 되는 방향으로 10m 이내에서 쉽게 식별할 수 있어야 한다.

28 탄화칼슘 60,000kg를 소요단위로 산정하면 몇 단위인가?

① 10단위
② 20단위
③ 30단위
④ 40단위

해설

㉠ 탄화칼슘의 지정수량 : 제3류 위험물 300kg
㉡ 1소요단위 = 지정수량 10배
∴ 소요단위 $= \dfrac{60,000}{300 \times 10} = 20$(단위)

29 다음 위험물 중 자연발화 위험성이 가장 낮은 것은?

① 알킬리튬
② 알킬알루미늄
③ 칼륨
④ 황

해설

①, ②, ③은 자연발화의 위험성이 있으나, ④는 자연발화의 위험성이 없다.

30 연소할 때 자기연소에 의하여 질식소화가 곤란한 위험물은?

① $C_3H_5(ONO_2)_3$
② $C_6H_4(CH_3)_2$
③ CH_3CHCH_2
④ $C_2H_5OC_2H_5$

해설

① 나이트로글리세린 ② 크실렌
③ 프로필렌 ④ 다이에틸에터
※ ①은 제5류 위험물(자기반응성 물질)이다.

31 스프링클러설비의 장점이 아닌 것은?

① 소화약제가 물이므로 비용이 절감된다.
② 초기 시공비가 적게 든다.
③ 화재 시 사람의 조작 없이 작동이 가능하다.
④ 초기 화재의 진화에 효과적이다.

해설

② 다른 소화설비보다 구조가 복잡하고, 시설비(시공비)가 크다.

32 톨루엔의 화재에 적응성이 있는 소화방법이 아닌 것은?

① 무상수(霧狀水) 소화기에 의한 소화
② 무상강화액소화기에 의한 소화
③ 포소화기에 의한 소화
④ 할로젠화합물소화기에 의한 소화

해설

구분	무상수 (霧狀水)	무상 강화액	포소화기	할로젠 화합물
제4류 위험물 (톨루엔)	×	○	○	○

정답 27 ③ 28 ② 29 ④ 30 ① 31 ② 32 ①

33 $(C_2H_5)_3Al$의 화재 예방법이 아닌 것은?

① 자연발화방지를 위해 얼음 속에 보관한다.
② 공기와의 접촉을 피하기 위해 불연성 가스를 봉입한다.
③ 용기는 밀봉하여 저장한다.
④ 화기의 접근을 피하여 저장한다.

해설

① $(C_2H_5)_3Al + 3H_2O \rightarrow Al(OH)_3 + 3C_2H_6$

34 분말소화약제로 사용되는 주성분에 해당하지 않는 것은?

① 탄산수소나트륨   ② 황산수소칼륨
③ 탄산수소칼륨   ④ 제1인산암모늄

해설

분말소화약제

종류	주성분	종류	주성분
제1종 분말	$NaHCO_3$	제3종 분말	$NH_4H_2PO_4$
제2종 분말	$KHCO_3$	제4종 분말	$KHCO_3 +$ $(NH_2)_2CO$

※ 황산수소칼륨($KHSO_4$)은 소화약제가 아니다.

35 일반적으로 다량 주수를 통한 소화가 가장효과적인 화재는?

① A급 화재   ② B급 화재
③ C급 화재   ④ D급 화재

해설

일반화재(A급)는 다량 주수에 의한 냉각소화가 가장 효과적이다.

36 이산화탄소를 이용한 질식소화에 있어서 아세톤의 한계산소농도(Vol%)에 가장 가까운 것은?

① 15   ② 18
③ 21   ④ 25

해설

질식소화
산소의 농도 21%를 15% 이하로 낮추어 소화하는 방법이다.

37 다음 중 무색, 무취이고 전기적으로 비전도성이며 공기보다 약 1.5배 무거운 성질을 가지는 소화약제는?

① 분말소화약제
② 이산화탄소 소화약제
③ 포소화약제
④ 할론 1301 소화약제

해설

이산화탄소(CO_2) 소화약제에 대한 내용이다(CO_2의 증기비중 $= \dfrac{44g}{29g} = 1.52$).

38 과산화나트륨의 화재 시 적응성이 있는 소화설비는?

① 포소화기
② 건조사
③ 이산화탄소소화기
④ 물통

해설

소화설비의 적응성(제1류 위험물 중 알칼리금속과 산화물 등)
탄산수소염류 분말소화설비, 건조사, 팽창질석 또는 팽창진주암 등이 소화효과가 있다.

39 이동식 이산화탄소소화설비의 호스접속구는 모든 방호대상물에 대하여 당해 방호 대상물의 각 부분으로부터 하나의 호스접속구까지의 수평거리가 몇 m 이하가 되도록 설치하여야 하는가?

① 10   ② 15
③ 20   ④ 30

정답 33 ① 34 ② 35 ① 36 ① 37 ② 38 ② 39 ②

해설

이동식 불활성가스소화설비의 호스접속구는 모든 방호 대상물에 대하여 당해 방호 대상물의 각 부분으로부터 하나의 호스접속구까지의 수평거리가 15m 이하가 되도록 설치할 것

40 소화난이도등급 Ⅰ에 해당하는 옥외탱크저장소 중 황만을 저장 취급하는 것에 설치하여야 하는 소화설비는?(단, 지중탱크와 해상탱크는 제외한다.)

① 스프링클러소화설비
② 이산화탄소소화설비
③ 분말소화설비
④ 물분무소화설비

해설

옥외탱크저장소의 소화설비

제조소 등의 구분		소화설비
지중탱크 또는 해상탱크 외의 것	황만을 저장 취급하는 것	물분무소화설비
	인화점 70℃ 이상의 제4류 위험물만을 저장 취급하는 것	물분무소화설비 또는 고정식 포소화설비
	그 밖의 것	고정식 포소화설비(포소화설비가 적응성이 없는 경우에는 분말소화설비)

3과목 위험물 성상 및 취급

41 은백색의 광택이 있는 비중 약 2.7의 금속으로서 열, 전기의 전도성이 크며, 진한 질산에서는 부동태가 되고 묽은 질산에 잘 녹는 것은?

① Al
② Mg
③ Zn
④ Sb

해설

① 알루미늄(Al)에 대한 설명이다.

42 황화인의 성질에 해당되지 않는 것은?

① 공통적으로 유독한 연소 생성물이 발생한다.
② 종류에 따라 용해 성질이 다를 수 있다.
③ P_4S_3의 녹는점은 100℃보다 높다.
④ P_2S_5는 물보다 가볍다.

해설

④ P_2S_5(비중은 2.09)은 물보다 무겁다.

43 염소산나트륨의 위험성에 대한 설명 중 틀린 것은?

① 조해성이 강하므로 저장용기는 밀전한다.
② 산과 반응하여 이산화염소를 발생한다.
③ 황, 목탄, 유기물 등과 혼합한 것은 위험하다.
④ 유리용기를 부식시키므로 철제용기에 저장한다.

해설

④ 강한 산화성을 가지므로 철제용기를 부식시킨다.

44 다음 중 물과 반응할 때 위험성이 가장 큰 것은?

① 과산화나트륨
② 과산화바륨
③ 과산화수소
④ 과염소산나트륨

해설

① 과산화나트륨은 물과 반응하며 산소와 열을 발생시킨다.
※ $2Na_2O_2 + 2H_2O \rightarrow 4NaOH + O_2 \uparrow$

정답 40 ④ 41 ① 42 ④ 43 ④ 44 ①

45 다음 중 메탄올의 연소범위에 가장 가까운 것은?

① 약 1.4~5.6% ② 약 7.3~36%
③ 약 20.3~66% ④ 약 42.0~77%

해설

메탄올의 연소범위 : 6.0~36%

46 위험물안전관리법령에서 정의한 특수인화물의 조건으로 옳은 것은?

① 1기압에서 발화점이 100℃ 이상인 것 또는 인화점이 영하 10℃ 이하이고 비점이 40℃ 이하인 것
② 1기압에서 발화점이 100℃ 이하인 것 또는 인화점이 영하 20℃ 이하이고 비점이 40℃ 이하인 것
③ 1기압에서 발화점이 200℃ 이하인 것 또는 인화점이 영하 10℃ 이하이고 비점이 40℃ 이하인 것
④ 1기압에서 발화점이 200℃ 이상인 것 또는 인화점이 영하 20℃ 이하이고 비점이 40℃ 이하인 것

해설

특수인화물 지정성상(액체, 1atm 기준)
발화점 100℃ 이하 또는 인화점 −20℃ 이하, 비점 40℃ 이하

47 취급하는 위험물의 최대수량이 지정수량의 10배를 초과할 경우 제조소 주위에 보유하여야 하는 공지의 너비는?

① 3m 이상 ② 5m 이상
③ 10m 이상 ④ 15m 이상

해설

제조소의 보유공지

공지의 너비	취급하는 위험물의 최대수량
3m 이상	지정수량의 10배 이하
5m 이상	지정수량의 10배 초과

48 구리, 은, 마그네슘과 접촉 시 아세틸라이드를 만들고, 연소범위가 2.5~38.5%인 물질은?

① 아세트알데하이드
② 알킬알루미늄
③ 산화프로필렌
④ 콜로디온

해설

산화프로필렌(CH_3CH_2CHO)에 대한 설명이다.

49 위험물안전관리법령상 어떤 위험물을 저장 또는 취급하는 이동탱크저장소는 불활성 기체를 봉입할 수 있는 구조로 하여야 하는가?

① 아세톤
② 벤젠
③ 과염소산
④ 아세트알데하이드

해설

이동저장탱크에 아세트알데하이드 등을 저장하는 경우에는 항상 불활성의 기체를 봉입하여 둘 것

50 다이에틸에터의 성질 및 저장, 취급할 때 주의사항으로 틀린 것은?

① 장시간 공기와 접촉하면 과산화물이 생성되어 폭발 위험이 있다.
② 연소범위는 가솔린보다 좁지만 발화점이 낮아 위험하다.
③ 정전기 생성 방지를 위해 약간의 $CaCl_2$를 넣어 준다.
④ 이산화탄소 소화기는 적응성이 있다.

해설

• 가솔린 : 연소범위(1.4~7.6%), 발화점(300℃)
• 다이에틸에터 : 연소범위(1.9~48%), 발화점(185℃)
※ ② 연소범위는 가솔린보다 넓고, 발화점도 낮다.

정답 45 ② 46 ② 47 ② 48 ③ 49 ④ 50 ②

51 주거용 건축물과 위험물제조소와의 안전거리를 단축할 수 있는 경우는?

① 제조소가 위험물의 화재 진압을 하는 소방서와 근거리에 있는 경우
② 취급하는 위험물의 최대수량(지정수량의 배수)이 10배 미만이고, 기준에 의한 방화상 유효한 벽을 설치한 경우
③ 위험물을 취급하는 시설이 철근콘크리트 벽일 경우
④ 취급하는 위험물이 단일 품목일 경우

[해설]

주거용 건축물과 제조소 · 일반취급소와의 안전거리를 단축할 수 있는 경우
취급하는 위험물의 최대수량(지정수량의 배수)이 10배 미만이고 기준에 의한 방화상 유효한 벽을 설치한 경우

52 최대 아세톤 150톤을 옥외탱크저장소에 저장할 경우 보유공지의 너비는 몇 m 이상으로 하여야 하는가?(단, 아세톤의 비중은 0.79이다.)

① 3 ② 5
③ 9 ④ 12

[해설]

저장 또는 취급하는 위험물의 최대수량	공지의 너비
지정수량의 500배 이하	3m 이상
지정수량의 500배 초과 1,000배 이하	5m 이상
지정수량의 1,000배 초과 2,000배 이하	9m 이상
지정수량의 2,000배 초과 3,000배 이하	12m 이상
지정수량의 3,000배 초과 4,000배 이하	15m 이상
지정수량의 4,000배 초과	당해 탱크의 수평단면의 최대지름(횡형인 경우에는 긴 변)과 높이 중 큰 것과 같은 거리 이상. 다만, 30m 초과의 경우에는 30m 이상으로 할 수 있고, 15m 미만의 경우에는 15m 이상으로 하여야 한다.

※ 아세톤의 지정배수 $= \dfrac{150{,}000 \times \frac{1}{0.79}}{400} = 474.68$, 즉 지정수량이 500배 이하이므로 3m 이상이다.

53 다음 물질 중에서 인화점이 가장 낮은 것은?

① 톨루엔 ② 아닐린
③ 피리딘 ④ 에틸렌글리콜

[해설]

① 톨루엔 : 4℃   ② 아닐린 : 70℃
③ 피리딘 : 20℃   ④ 에틸렌글리콜 : 111℃

54 다음 중 발화점이 가장 낮은 것은?

① 황 ② 황린
③ 적린 ④ 삼황화인

[해설]

황린은 금황색의 가연성 고체이고 발화점이 34℃로 낮기 때문에 자연발화하기 쉽다.

55 등유 속에 저장하는 위험물은?

① 트리에틸알루미늄 ② 인화칼슘
③ 탄화칼슘 ④ 칼륨

[해설]

칼륨과 나트륨은 보호액(등유, 경유, 파라핀유, 벤젠) 속에 저장할 것(공기와의 접촉을 막기 위하여)

56 다음 화학구조식 중 나이트로벤젠의 구조식은?

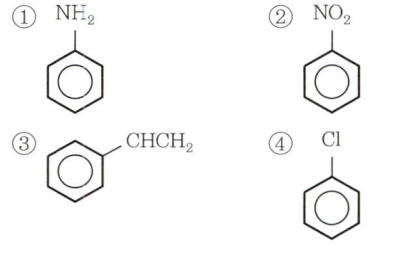

정답 51 ② 52 ① 53 ① 54 ② 55 ④ 56 ②

해설

① 아닐린 ③ 스티렌 ④ 염화벤젠

57 제4류 위험물의 저장 · 취급 시 주의사항으로 틀린 것은?

① 화기 접촉을 금한다.
② 증기의 누설을 피한다.
③ 냉암소에 저장한다.
④ 정전기 축적설비를 한다.

해설

④ 정전기가 축적되지 않도록 한다.

58 제1류 위험물에 관한 설명으로 옳은 것은?

① 질산암모늄은 황색 결정으로 조해성이 있다.
② 과망가니즈산칼륨은 흑자색 결정으로 물에 녹지 않으나 알코올에 녹여 피부병에 사용된다.
③ 질산나트륨은 무색 결정으로 조해성이 있으며 일명 칠레 초석으로 불린다.
④ 염소산칼륨은 청색 분말로 유독하며 냉수, 알코올에 잘 녹는다.

해설

① 질산암모늄은 무색 무취의 백색 고체이다.
② 과망가니즈산칼륨은 물에 녹아 진한 보라색이 되며 강한 산화력과 살균력이 있다.
④ 염소산칼륨은 무색, 무취 단사정계 판상결정 또는 불연성분말로서 냉수, 알코올에는 잘 녹지 않는다.

59 등유에 관한 설명 중 틀린 것은?

① 물보다 가볍다.
② 가솔린보다 인화점이 높다.
③ 물에 용해되지 않는다.
④ 증기는 공기보다 가볍다.

해설

④ 등유의 증기는 공기보다 무겁다.

60 이동탱크저장소의 용량이 19,000L일 때 탱크의 칸막이는 최소 몇 개를 설치해야 하는가?

① 2 　　　　　　② 3
③ 4 　　　　　　④ 5

해설

이동저장탱크는 그 내부에 4,000L 이하마다 3.2mm 이상의 강철판 또는 이와 동등 이상의 강도 · 내열성 및 내식성이 있는 금속성의 것으로 칸막이를 설치하여야 한다.

정답 57 ④ 58 ③ 59 ④ 60 ③

2022년 제3회 CBT 기출문제

1과목 일반화학

01 25℃의 포화용액 90g 속에 어떤 물질이 30g 녹아 있다. 이 온도에서 이 물질의 용해도는 얼마인가?

① 30
② 33
③ 50
④ 63

해설

$$용해도 = \frac{용질(g)}{용매(g)} \times 100 = \frac{30}{90-30} \times 100 = 50$$

02 이온평형계에서 평형에 참여하는 이온과 같은 종류의 이온을 외부에서 넣어주면 그 이온의 농도를 감소시키는 방향으로 평형이 이동한다는 이론과 관계가 있는 것은?

① 공통이온효과
② 가수분해효과
③ 물의 자체 이온화 현상
④ 이온용액의 총괄성

해설

공통이온효과

용해되어 있는 이온과 공통이온을 내놓는 물질을 첨가할 때 일어나는 평형의 이동 또는 용해도 감소 현상을 말한다. 예를 들어 $AgCl$의 용액에 $NaCl$을 넣으면, $NaCl$이 용해되면서 생성된 Na^+이온은 $AgCl$의 평형에 참여하는 Cl^-이온과 공통이온이 되고, 이로 인해 Cl^-이온의 농도가 증가하여 평형은 Cl^-이온의 농도를 감소시키는 방향으로 이동하게 되고, $AgCl$의 용해도가 감소하게 된다.

03 같은 주기에서 원자번호가 증가할수록 감소하는 것은?

① 이온화 에너지
② 원자 반지름
③ 비금속성
④ 전기음성도

해설

② 같은 주기에서 원자번호가 증가할수록(왼쪽에서 오른쪽으로 갈수록) 원자 반지름은 감소한다.

04 $CuCl_2$의 용액에 5A 전류를 1시간 동안 흐르게 하면 몇 g의 구리가 석출되는가?(단, Cu의 원자량은 63.54이며, 전자 1개의 전하량은 $1.602 \times 10^{-19}C$이다.)

① 3.17
② 4.83
③ 5.93
④ 6.35

해설

㉠ $1F = 96,500C(쿨롱) = 1g당량$ 석출 $= \dfrac{63.54g}{2}$

㉡ $C(쿨롱) = A(암페어) \times sec(초)$에서

$$96,500(C) : \frac{63.54}{2} = 5(A) \times 3,600(sec) : x$$

$$\therefore \ x = 5.926(g)$$

05 다이크로뮴산칼륨에서 크로뮴의 산화수는?

① 2
② 4
③ 6
④ 8

해설

$K_2Cr_2O_7$

$$[(+1) \times 2] + (2 \times x) + [(-2) \times 7] = 0 \qquad \therefore \ x = +6$$

정답 01 ③ 02 ① 03 ② 04 ③ 05 ③

06 같은 온도에서 크기가 같은 4개의 용기에 다음과 같은 양의 기체를 채웠을 때 용기의 압력이 가장 큰 것은?

① 메탄 분자 1.5×10^{23}
② 산소 1그램당량
③ 표준상태에서 CO_2 16.8L
④ 수소기체 1g

[해설]

모든 물질 $1mol = 22.4L = Mg = 6 \times 10^{23}$(개)

① $\frac{1}{4}$ mol, ② $\frac{1}{4}$ mol, ③ $\frac{3}{4}$ mol, ④ $\frac{1}{2}$ mol

07 아세토페논의 화학식에 해당하는 것은?

① C_6H_5OH
② $C_6H_5NO_2$
③ CH_3CH_3
④ $C_6H_5COCH_3$

[해설]

아세토페논[$C_6H_5COCH_3$]
무색의 점성이 있는 액체로서, 가장 단순한 형태의 방향성 케톤이다.

08 $[H^+] = 2 \times 10^{-6}M$인 용액의 pH는 약 얼마인가?

① 5.7
② 4.7
③ 3.7
④ 2.7

[해설]

$pH = -\log[H^+] = -\log(2 \times 10^{-6}) = 5.70$

09 평면 구조를 가진 $C_2H_2Cl_2$의 이성질체 수는?

① 1개
② 2개
③ 3개
④ 4개

[해설]

normal – 다이클로로에텐	cis – 다이클로로에텐
(구조식)	(구조식)
trans – 다이클로로에텐	
(구조식)	

10 밑줄 친 원소의 산화수가 +5인 것은?

① $H_3\underline{P}O_4$
② $K\underline{Mn}O_4$
③ $K_2\underline{Cr}_2O_7$
④ $K_3[\underline{Fe}(CN)_6]$

[해설]

① $[(+1) \times 3] + x + [(-2) \times 4] = 0$ ∴ $x = +5$
② $(+1) + x + [(-2) \times 4] = 0$ ∴ $x = +7$
③ $[(+1) \times 2] + 2 \times x + [(-2) \times 7] = 0$ ∴ $x = +6$
④ $[(+1) \times 3] + x + [(+4-5) \times 6] = 0$ ∴ $x = +3$

11 전기로에서 탄소와 모래를 용융 화합시켜서 얻을 수 있는 물질은?

① 카보런덤
② 카바이트
③ 규산석회
④ 유리

[해설]

탄소와 모래를 전기로에 넣어서 가열하면 연마제로 쓰이는 카보런덤(SiC)이 만들어진다.

12 CO_2와 CO의 성질에 대한 설명 중 옳지 않은 것은?

① CO_2는 공기보다 무겁고, CO는 가볍다.
② CO_2는 붉은색 불꽃을 내며 연소한다.
③ CO는 파란색 불꽃을 내며 연소한다.
④ CO는 독성이 있다.

정답 06 ③ 07 ④ 08 ① 09 ③ 10 ① 11 ① 12 ②

| 해설 |

② CO_2는 산소와 완결된 반응이므로 더 이상 연소하지 않는다.

13 탄산음료수의 병마개를 열면 거품이 솟아오르는 이유를 가장 올바르게 설명한 것은?

① 수증기가 생성되기 때문이다.
② 이산화탄소가 분해되기 때문이다.
③ 용기내부압력이 줄어들어 기체의 용해도가 감소하기 때문이다.
④ 온도가 내려가게 되어 기체가 생성물인 반응이 진행되기 때문이다.

| 해설 |

③ 기체의 용해도의 설명으로 압력이 낮아지면 기체의 용해도가 줄어들기 때문이다.

14 염소산칼륨을 이산화망가니즈를 촉매로 하여 가열하면 염화칼륨과 산소로 열분해된다. 표준상태를 기준으로 11.2L의 산소를 얻으려면 몇 g의 염소산칼륨이 필요한가?(단, 원자량은 K 39, Cl 35.5이다.)

① 30.63g   ② 40.83g
③ 61.25g   ④ 122.5g

| 해설 |

$KClO_3 \rightarrow KCl + 1.5O_2$
xg : 11.2L
122.5g : $1.5 \times 22.4L$
$\therefore x = 40.833$

15 대기를 오염시키고 산성비의 원인이 되며 광화학 스모그 현상을 일으키는 중요한 원인이 되는 물질은?

① 프레온가스   ② 질소산화물
③ 할로젠화수소   ④ 중금속물질

| 해설 |

질소산호물(NOx)
대기를 오염시키고 산성비의 원인이 되며 광화학 스모그 현상을 일으키는 중요한 원인이 되는 물질로서 연료 연소 시 고온에서 생성되며, 자동차 배기가스에도 포함되어 있다.

16 $t\ ℃$에서 수소와 아이오딘이 다음과 같이 반응하고 있을 때에 대한 설명 중 틀린 것은?(단, 정반응만 일어나고, 정반응속도식 $V_1 = K_1[H_2][I_2]$이다.)

$$H_2(g) + I_2(g) \rightarrow 2HI(g)$$

① K_1은 정반응의 속도상수이다.
② [ ]은 몰농도(mol/L)를 나타낸다.
③ $[H_2]$와 $[I_2]$는 시간이 흐름에 따라 감소한다.
④ 온도가 일정하면 시간이 흘러도 V_1은 변하지 않는다.

| 해설 |

④ 화학반응속도는 일반적으로 반응의 초기 단계에서 반응속도가 빠르다가 반응물이 소모됨에 따라 속도가 느려진다.

17 다음 중 극성 분자에 해당하는 것은?

① CO_2 ② CCl_4
③ Cl_2 ④ NH_3

| 해설 |

- 극성 공유결합(비대칭 구조) : HF, HCl, H_2O, NH_3, H_2S
- 비극성 공유결합(대칭 구조) : H_2, Cl_2, CCl_4, C_2H_4, CO_2

정답 13 ③ 14 ② 15 ② 16 ④ 17 ④

18 Mg^{2+}의 전자수는 몇 개인가?

① 2   ② 10
③ 12   ④ 6×10^{23}

해설

Mg의 전자수 12개(원자번호 12번)에서 전자 2개를 잃어버려 Mg^{2+}가 되었으므로, 전자수가 10개가 된다.

19 탄화알루미늄에 물을 작용시켰을 때 생성되는 물질은?

① 메탄   ② 수소
③ 산소   ④ 부탄

해설

$Al_4C_3 + 12H_2O \longrightarrow 4Al(OH)_3 + 3CH_4 \uparrow$

20 SiO_2의 특성에 대한 설명 중 틀린 것은?

① 수정, 석영, 모래의 주성분이다.
② 공유결합은 없고 이온결합을 하고 있다.
③ 3차원 그물구조로 육각기둥 모양을 하고 있다.
④ 수산화나트륨과 작용시키면 물유리의 원료인 규산나트륨을 만든다.

해설

② 이산화규소는 이온결합과 공유결합을 모두 하고 있다.

2과목 화재예방과 소화방법

21 위험물안전관리법령상 질산나트륨에 대한 소화설비의 적응성으로 옳은 것은?

① 건조사만 적응성이 있다.
② 이산화탄소소화기는 적응성이 있다.
③ 포소화기는 적응성이 없다.
④ 할로젠화합물소화기는 적응성이 없다.

해설

구분	건조사	포소화기	이산화탄소	할로젠 화합물
제1류 위험물 (질산나트륨)	○	○	×	×

22 다음 중 화학적 에너지원이 아닌 것은?

① 연소열   ② 분해열
③ 마찰열   ④ 융해열

해설

㉠ 화학적 에너지원 : 연소열, 분해열, 융해열, 산화열
㉡ 기계적 에너지원 : 마찰열, 충격열, 단열압축
㉢ 전기적 에너지원 : 정전기열, 아크방전

23 제4종 분말 소화약제의 주성분으로 옳은 것은?

① 탄산수소칼륨과 요소의 반응생성물
② 탄산수소칼륨과 인산염의 반응생성물
③ 탄산수소나트륨과 요소의 반응생성물
④ 탄산수소나트륨과 인산염의 반응생성물

해설

$2KHCO_3 + (NH_2)_2CO \longrightarrow K_2CO_3 + 2NH_3 + 2CO_2$

정답   18 ②   19 ①   20 ②   21 ④   22 ③   23 ①

24 프로판 $2m^3$이 완전연소할 때 필요한 이론공기량은 약 몇 m^3인가?(단, 공기 중 산소농도는 21vol%이다.)

① 23.81   ② 35.72
③ 47.62   ④ 71.43

> **해설**
>
> $C_3H_8 + 5O_2 \longrightarrow 3CO_2 + 4H_2O$
>
> $2m^3$: $x\,m^3$
>
> $22.4m^3$: $5 \times 22.4m^3$ $\therefore\ x = 10m^3$
>
> $\therefore$ 이론적 공기량 $A_0 = \dfrac{10}{0.21} = 47.619m^3$

25 위험물제조소 등에 설치하는 옥내소화전설비의 설명 중 틀린 것은?

① 개폐밸브 및 호스 접속구는 바닥으로부터 1.5m 이하에 설치
② 함의 표면에 "소화전"이라고 표시할 것
③ 축전지설비는 설치된 벽으로부터 0.2m 이상 이격할 것
④ 비상전원의 용량은 45분 이상일 것

> **해설**
>
> ③ 축전지설비를 동일실에 2 이상 설치하는 경우에는 축전지설비의 상호 간격은 0.6m(높이가 1.6m 이상인 선반 등을 설치한 경우에는 1m) 이상 이격할 것

26 위험물안전관리법령상 옥외소화전설비는 모든 옥외소화전을 동시에 사용할 경우 각 노즐 선단의 방수압력은 얼마 이상이어야 하는가?

① 100kPa   ② 170kPa
③ 350kPa   ④ 520kPa

> **해설**
>
> 옥외소화전설비의 노즐선단의 방수압력이 350kPa 이상이고 방수량이 1분당 260L 이상의 성능이 되도록 할 것

27 다음 중 화재 시 물을 사용할 경우 가장 위험한 물질은?

① 염소산칼륨   ② 인화칼슘
③ 황린   ④ 과산화수소

> **해설**
>
> $Ca_3P_2 + 6H_2O \longrightarrow 3Ca(OH)_2 + 2PH_3$

28 위험물안전관리법령상 제1류 위험물에 속하지 않는 것은?

① 염소산염류
② 무기과산화물
③ 유기과산화물
④ 다이크로뮴산염류

> **해설**
>
> ③은 제5류 위험물(자기반응성 물질)이다.

29 위험물안전관리법령상 지정수량의 몇 배 이상의 제4류 위험물을 취급하는 제조소에는 자체소방대를 두어야 하는가?

① 1,000   ② 2,000
③ 3,000   ④ 5,000

> **해설**
>
> 자체소방대 설치대상
> ㉠ 지정수량 3,000배 이상의 제4류 위험물을 취급하는 제조소, 일반취급소
> ㉡ 지정수량 50만 배 이상의 제4류 위험물을 취급하는 옥외탱크저장소

30 이산화탄소가 불연성인 이유를 옳게 설명한 것은?

① 산소와의 반응이 느리기 때문이다.
② 산소와 반응하지 않기 때문이다.
③ 착화되어도 곧 불이 꺼지기 때문이다.
④ 산화반응이 일어나도 열 발생이 없기 때문이다.

정답   24 ③   25 ③   26 ③   27 ②   28 ③   29 ③   30 ②

해설

② 산소와 반응이 완결되어 안정화된 물질(CO_2)이기 때문이다.

31 위험물의 저장방법에 대한 설명 중 틀린 것은?

① 황린은 산화제와 혼합되지 않게 저장한다.
② 황은 정전기가 축적되지 않도록 저장한다.
③ 적린은 인화성 물질로부터 격리 저장한다.
④ 마그네슘은 분진을 방지하기 위해 약간의 수분을 포함하여 저장한다.

해설

④ $Mg + 2H_2O \rightarrow Mg(OH)_2 + H_2 \uparrow$

32 주된 연소형태가 분해연소인 것은?

① 금속분
② 황
③ 목재
④ 피크르산

해설

분해연소
석탄, 종이, 목재, 플라스틱의 고체 물질과 중유와 같은 점도가 높은 액체 연료

33 점화원 역할을 할 수 없는 것은?

① 기화열
② 산화열
③ 정전기불꽃
④ 마찰열

해설

기화열은 흡열반응을 하므로, 점화원 역할을 할 수 없다.

34 황린이 연소할 때 다량으로 발생하는 흰 연기는 무엇인가?

① P_2O_5
② P_2O_7
③ PH_3
④ P_4S_3

해설

$P_4 + 5O_2 \rightarrow 2P_2O_5$

35 소화설비의 설치기준에 있어서 위험물저장소의 건축물로서 외벽이 내화구조로 된 것은 연면적 몇 m²를 1소요단위로 하는가?

① 50
② 75
③ 100
④ 150

해설

1소요단위의 기준

구분	외벽이 내화구조인 것	외벽이 내화구조가 아닌 것
제조소 또는 취급소	연면적 100m²	연면적 50m²
저장소	연면적 150m²	연면적 75m²
위험물	지정수량 10배	

36 폭굉유도거리(DID)가 짧아지는 요건에 해당되지 않은 것은?

① 정상연소속도가 큰 혼합가스일 경우
② 관속에 방해물이 없거나 관경이 큰 경우
③ 압력이 높을 경우
④ 점화원의 에너지가 클 경우

해설

② 관속에 방해물이 있거나 관경이 가는 경우

37 스프링클러헤드 부착장소의 평상시의 최고 주위온도가 39℃ 이상 64℃ 미만일 때 표시온도의 범위로 옳은 것은?

① 58℃ 이상 79℃ 미만
② 79℃ 이상 121℃ 미만
③ 121℃ 이상 162℃ 미만
④ 162℃ 이상

정답 31 ④ 32 ③ 33 ① 34 ① 35 ④ 36 ② 37 ②

해설

부착장소의 최고주위온도(단위 ℃)	표시온도(단위 ℃)
28 미만	58 미만
28 이상 39 미만	58 이상 79 미만
39 이상 64 미만	79 이상 121 미만
64 이상 106 미만	121 이상 162 미만
106 이상	162 이상

38 탄화칼슘 60,000kg를 소요단위로 산정하면?

① 10단위   ② 20단위
③ 30단위   ④ 40단위

해설

㉠ 탄화칼슘의 지정수량 : 제3류 위험물 300kg
㉡ 1소요단위 = 지정수량 10배

∴ 소요단위 $= \dfrac{60,000}{300 \times 10} = 20$(단위)

39 제5류 위험물의 화재 시에 가장 적당한 소화방법은?

① 인산염류를 사용한다.
② 할로젠화합물을 사용한다.
③ 탄산가스를 사용한다.
④ 다량의 물을 사용한다.

해설

④ 제5류 위험물의 화재 시 다량의 물에 의한 냉각소화가 가장 효과적이다.

40 다음 중 C급 화재의 표시색상은?

① 청색   ② 백색
③ 황색   ④ 무색

해설

① C급 화재 ② A급 화재 ③ B급 화재

3과목 위험물 성상 및 취급

41 위험물안전관리법령상 옥내저장탱크의 상호 간에는 몇 m 이상의 간격을 유지하여야 하는가?

① 0.3
② 0.5
③ 1.0
④ 1.5

해설

옥내저장탱크와 탱크전용실의 벽과의 사이 및 옥내저장탱크의 상호 간에는 0.5m 이상의 간격을 유지한다 (탱크의 점검 및 보수에 지장이 없는 경우에는 그러하지 아니하다).

42 과산화벤조일에 대한 설명으로 틀린 것은?

① 벤조일퍼옥사이드라고도 한다.
② 상온에서 고체이다.
③ 산소를 포함하지 않는 환원성 물질이다.
④ 희석제를 첨가하여 폭발성을 낮출 수 있다.

해설

③ 산소를 포함하고 있는 제5류 위험물 산화성 물질이다.

43 다음 물질 중 발화점이 가장 낮은 것은?

① CS_2
② C_6H_6
③ CH_3COCH_3
④ CH_3COOCH_3

해설

① 이황화탄소(100℃)
② 벤젠(498℃)
③ 아세톤(538℃)
④ 초산메틸(501℃)

정답   38 ②   39 ④   40 ①   41 ②   42 ③   43 ①

44 다음은 위험물의 성질을 설명한 것이다. 위험물과 그 위험물의 성질을 모두 옳게 연결한 것은?

> A. 건조 질소와 상온에서 반응한다.
> B. 물과 작용하면 가연성 가스를 발생한다.
> C. 물과 작용하면 수산화칼슘을 발생한다.
> D. 비중이 1 이상이다.

① $K - A, B, C$
② $Ca_3P_2 - B, C, D$
③ $Na - A, C, D$
④ $CaC_2 - A, B, D$

해설

인화칼슘(Ca_3P_2 = 인화석회)
㉠ 비중이 2.54이다.(D)
㉡ $Ca_3P_2 + 6H_2O \rightarrow 3Ca(OH)_2 + 2PH_3$(B, C)

45 제1류 위험물의 일반적인 성질이 아닌 것은?

① 불연성 물질이다.
② 유기화합물이다.
③ 산화성 고체로서 강산화제이다.
④ 알칼리금속의 과산화물은 물과 작용하여 발열한다.

해설

② 무기화합물이다.

46 그림과 같은 타원형 탱크의 내용적은 약 몇 m³인가?

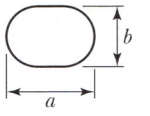 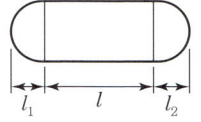

> $a : 8m, \quad b : 6m, \quad l : 16m, \quad l_1 : 2m, \quad l_2 : 2m$

① 453
② 553
③ 653
④ 753

해설

탱크의 내용적 $= \dfrac{\pi ab}{4}\left(l + \dfrac{l_1 + l_2}{3}\right)$

$= \dfrac{\pi \times 8 \times 6}{4} \times \left(16 + \dfrac{2+2}{3}\right) = 653.45$

47 위험물안전관리법령상 위험물의 운반용기 외부에 표시해야 할 사항이 아닌 것은?(단, 용기의 용적은 10L이며 원칙적인 경우에 한한다.)

① 위험물의 화학명
② 위험물의 지정수량
③ 위험물의 품명
④ 위험물의 수량

해설

운반용기 외부 표기사항
㉠ 위험물의 품명, 위험등급, 화학명 및 수용성(제4류 위험물의 수용성인 것에 한한다)
㉡ 위험물의 수량
㉢ 주의사항

48 제5류 위험물 중 나이트로화합물에서 나이트로기(Nitro Group)를 옳게 나타낸 것은?

① $-NO$
② $-NO_2$
③ $-NO_3$
④ $-NON_3$

해설

• 나이트로소기 : $-NO$
• 나이트로기 : $-NO_2$
• 질산기 : $-NO_3$

49 다이에틸에터의 성상에 해당하는 것은?

① 청색 액체
② 무미, 무취의 액체
③ 휘발성 액체
④ 불연성 액체

해설

다이에틸에터($C_2H_5OC_2H_5$)
㉠ 제4류 위험물(특수인화물)
㉡ 인화성과 휘발성을 가진 무색의 액체

정답 44 ② 45 ② 46 ③ 47 ② 48 ② 49 ③

50 황린의 보존방법으로 가장 적합한 것은?

① 벤젠 속에 보존한다.
② 석유 속에 보존한다.
③ 물속에 보존한다.
④ 알코올 속에 보존한다.

해설
③ 포스핀가스(PH_3)의 생성을 방지하기 위하여 약알 칼리성(pH=9) 정도의 물속에 저장한다.

51 위험물을 적재, 운반할 때 방수성 덮개를 하지 않아도 되는 것은?

① 알칼리금속의 과산화물
② 마그네슘
③ 나이트로화합물
④ 탄화칼슘

해설
제1류 위험물 중 알칼리금속의 과산화물 또는 이를 함유한 것, 제2류 위험물 중 철분·금속분·마그네슘 또는 이들 중 어느 하나 이상을 함유한 것 또는 제3류 위험물 중 금수성 물질은 방수성이 있는 피복으로 덮을 것
※ ③은 제5류 위험물에 해당된다.

52 자연발화를 방지하는 방법으로 가장 거리가 먼 것은?

① 통풍이 잘 되게 할 것
② 열의 축적이 용이하지 않을 것
③ 저장실의 온도를 낮게 할 것
④ 습도를 높게 할 것

해설
④ 습도가 높은 곳을 피할 것

53 경유는 제 몇 석유류에 해당하는지와 지정수량을 옳게 나타낸 것은?

① 제1석유류 - 200L
② 제2석유류 - 1,000L
③ 제1석유류 - 400L
④ 제2석유류 - 2,000L

해설
경유는 제2석유류(비수용성)이므로 지정수량이 1,000L 이다.

54 담황색 고체 위험물에 해당하는 것은?

① 나이트로셀룰로스
② 금속칼륨
③ 트라이나이트로톨루엔
④ 아세톤

해설
① 백색의 고체   ② 은백색 경금속
③ 담황색 고체   ④ 무색 투명한 액체

55 제3류 위험물과 혼재할 수 있는 위험물은 제 몇 류 위험물인가?(단, 지정수량의 10배인 경우이다.)

① 제1류   ② 제2류
③ 제4류   ④ 제5류

해설
혼재 가능 위험물
• ④ ⇨ 2 3   • ⑤ ⇨ 2 4   • ⑥ ⇨ 1

56 고체위험물은 운반용기 내용적의 몇 % 이하의 수납률로 수납하여야 하는가?

① 94%   ② 95%
③ 98%   ④ 99%

해설
고체위험물은 운반용기 내용적의 95% 이하의 수납률로 수납하여야 한다.

정답 50 ③ 51 ③ 52 ④ 53 ② 54 ③ 55 ③ 56 ②

57 다음 중에서 제2석유류에 속하지 않는 것은?

① 등유
② CH_3COOH
③ CH_3CHO
④ 경유

해설

① 제2석유류(비수용성)
② 제2석유류(수용성)
③ 아세트알데하이드(특수인화물)
④ 제2석유류(비수용성)

58 지정수량에 따른 제4류 위험물 옥외탱크저장소 주위의 보유공지 너비의 기준으로 틀린 것은?

① 지정수량의 500배 이하 - 3m 이상
② 지정수량의 500배 초과 1,000배 이상 - 5m 이상
③ 지정수량의 1,000배 초과 2,000배 이상 - 9m 이상
④ 지정수량의 2,000배 초과 3,000배 이하 - 15m 이상

해설

저장 또는 취급하는 위험물의 최대수량	공지의 너비
지정수량의 500배 이하	3m 이상
지정수량의 500배 초과 1,000배 이하	5m 이상
지정수량의 1,000배 초과 2,000배 이하	9m 이상
지정수량의 2,000배 초과 3,000배 이하	12m 이상
지정수량의 3,000배 초과 4,000배 이하	15m 이상
지정수량의 4,000배 초과	당해 탱크의 수평단면의 최대 지름(횡형인 경우에는 긴 변)과 높이 중 큰 것과 같은 거리 이상. 다만, 30m 초과의 경우에는 30m 이상으로 할 수 있고, 15m 미만의 경우에는 15m 이상으로 하여야 한다.

59 위험물안전관리법에서 규정한 운반용기의 재질이 아닌 것은?

① 플라스틱
② 도자기
③ 유리
④ 짚

해설

운반용기의 재질
강판·알루미늄판·양철판·유리·금속판·종이· 플라스틱·섬유판·고무류·합성섬유·삼·짚 또는 나무 등이 사용된다.

60 산화프로필렌 300L, 메탄올 400L, 벤젠 200L를 저장하고 있는 경우 각각 지정수량 배수의 총합은 얼마인가?

① 4
② 6
③ 8
④ 10

해설

산화프로필렌(50L), 메탄올(400L), 벤젠(200L)

지정수량 배수의 합$= \dfrac{300}{50} + \dfrac{400}{400} + \dfrac{200}{200} = 8(배)$

2023년 제1회 CBT 기출문제

1과목 일반화학

01 암모니아성 질산은 용액과 반응하여 은거울을 만드는 것은?

① CH_3CH_2OH
② CH_3OCH_3
③ CH_3COCH_3
④ CH_3CHO

해설

은거울반응
알데하이드(CHO) 환원성 확인반응이므로, 정답은 ④이다.

02 C_6H_{14}의 구조이성질체는 몇 개가 존재하는가?

① 4
② 5
③ 6
④ 7

해설

메탄계 탄화수소(C_nH_{2n+2}) 이성질체 수

화학식	C_4H_{10}	C_5H_{12}	C_6H_{14}	C_7H_{16}
이름	butane	pentane	hexane	heptane
이성질체 수	2개	3개	5개	9개

03 산의 일반적 성질을 옳게 나타낸 것은?

① 쓴맛이 있는 미끈거리는 액체로 리트머스 시험지를 푸르게 한다.
② 수용액에서 OH^- 이온을 내 놓는다.
③ 수소보다 이온화 경향이 큰 금속과 반응하여 수소를 발생한다.
④ 금속의 수산화물로서 비전해질이다.

해설

① 신맛이 나는 액체로 푸른 리트머스 종이를 붉게 변화시킨다.
② 수용액에서 수소이온(H^+)을 내놓는 물질이다.
④ 전해질이다.

04 물 36g을 모두 증발시키면 수증기가 차지하는 부피는 표준상태를 기준으로 몇 L인가?

① 11.2L
② 22.4L
③ 33.6L
④ 44.8L

해설

1mol 물(H_2O) = 18(g)이므로, $2 \times 22.4 = 44.8$(L)

05 물 500g 중에 설탕($C_{12}H_{22}O_{11}$) 171g이 녹아 있는 설탕물의 몰랄농도는?

① 2.0
② 1.5
③ 1.0
④ 0.5

해설

$$m농도 = \frac{질량(g)}{분자량(g)} \times \frac{1,000(g)}{전체 용매(g)}$$
$$= \frac{171}{(12 \times 12) + (1 \times 22) + (16 \times 11)} \times \frac{1,000}{500} = 1.0$$

06 수소 1.2몰과 염소 2몰이 반응할 경우 생성되는 염화수소의 몰수는?

① 1.2
② 2
③ 2.4
④ 4.8

해설

$H_2 + Cl_2 \rightarrow 2HCl$
$1.2mol : 1.2mol \rightarrow 2 \times 1.2mol$ ∴ 2.4mol

정답 01 ④ 02 ② 03 ③ 04 ④ 05 ③ 06 ③

07 주양자수가 4일 때 이 속에 포함된 오비탈 수는?

① 4   ② 9
③ 16   ④ 32

> **해설**
>
> 원자궤도함수(Orbital)
> ㉠ N 껍질[주양자수(n) 4] : 4개의 부껍질(s , p , d , f)
> ㉡ 오비탈 수 $= n^2 = 4^2 = 16$

08 다음 중 부동액으로 사용되는 것은?

① 에탄   ② 아세톤
③ 이황화탄소   ④ 에틸렌글리콜

> **해설**
>
> 에틸렌글리콜[$C_2H_4(OH)_2$]
> 비점이 약 197℃인 무색 액체이고, 약간 단맛이 있으며 부동액의 원료로 사용한다.

09 다음 중 기하 이성질체가 존재하는 것은?

① C_5H_{12} ② $CH_3CH = CHCH_3$
③ C_3H_7Cl ④ $CH = CH$

> **해설**
>
> 기하 이성질체
>
>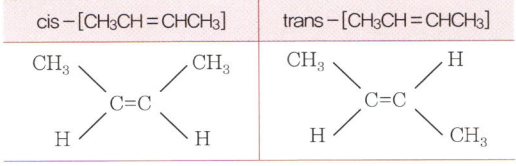
>
> | $cis - [CH_3CH = CHCH_3]$ | $trans - [CH_3CH = CHCH_3]$ |
> |---|---|

10 다음 중 염기성 산화물에 해당하는 것은?

① 이산화탄소
② 산화나트륨
③ 이산화규소
④ 이산화황

> **해설**
>
> • 산성 산화물(＝비금속 산화물) : ① CO_2 ③ SiO_2 ④ SO_2
> • 염기성 산화물(＝금속 산화물) : ② Na_2O

11 산소 5g을 27℃에서 1.0L의 용기 속에 넣었을 때 기체의 압력은 몇 기압인가?

① 0.52기압   ② 3.84기압
③ 4.50기압   ④ 5.43기압

> **해설**
>
> $$PV = \frac{W}{M}RT$$
> $$P = \frac{WRT}{MV} = \frac{5 \times 0.082 \times (273 + 27)}{32 \times 1.0} = 3.843$$

12 단백질에 관한 설명으로 틀린 것은?

① 펩타이드 결합을 하고 있다.
② 뷰렛반응에 의해 노란색으로 변한다.
③ 아미노산의 연결체이다.
④ 체내 에너지 대사에 관여한다.

> **해설**
>
> ② 뷰렛반응에 의해 적자색으로 변한다.

13 옥텟규칙(Octet Rule)에 따르면 저마늄(Ge)이 반응할 때 다음 중 어떤 원소의 전자수와 같아지려고 하는가?

① Kr   ② Si
③ Sn   ④ As

> **해설**
>
> 옥텟규칙(팔우설)
> 원자는 주기율표상에서 자신과 가장 가까이에 있는 비활성기체 원자의 전자배열과 같아지도록 전자를 잃거나 얻는다[$_{32}$Ge는 제4주기 4족이므로 제4주기 0족 크립톤($_{36}$Kr)으로 가려고 한다].

정답   07 ③   08 ④   09 ②   10 ②   11 ②   12 ②   13 ①

14 다음 합금 중 주요성분으로 구리가 포함되지 않은 것은?

① 두랄루민
② 문쯔메탈
③ 톰백
④ 고속도강

해설

① 알루미늄에 구리 4%, 마그네슘 0.5%, 기타 마그네슘, 아연, 규소 중 1~2종이 미량 섞인 합금
② 구리(6)와 아연(4)의 합금
③ 구리에 아연 8~20%를 혼합한 구리합금
④ 주로 탄소강에 텅스텐, 몰리브덴, 크로뮴, 바나듐 등 다양한 금속을 첨가하여 제조

15 벤젠을 약 300℃, 높은 압력에서 Ni 촉매로 수소와 반응시켰을 때 얻어지는 물질은?

① Cyclopentane
② Cyclopropane
③ Cyclohexane
④ Cyclooctane

해설

벤젠의 부가반응

$$C_6H_6 + 3H_2 \xrightarrow{\text{Ni or Pt}} C_6H_{12}(\text{사이클로헥산})$$

16 0.0016N에 해당하는 염기의 pH 값은?

① 2.8
② 3.2
③ 10.28
④ 11.2

해설

㉠ $pH = -\log(N) = -\log(0.0016) = 2.8$
㉡ $pH + pOH = 14$
㉢ $pH = 14 - 2.8 = 11.2$

17 다음 물질 중 −CONH−의 결합을 하는 것은?

① 천연고무
② 나이트로셀룰로스
③ 알부민
④ 전분

해설

펩타이드결합(−CO−NH−)
단백질의 결합형태이므로 보기에서 단백질과 관련 있는 고분자는 알부민이다.

18 곧은 사슬 포화탄화수소의 일반적인 경향으로 옳은 것은?

① 탄소수가 증가할수록 비점은 증가하나 빙점은 감소한다.
② 탄소수가 증가하면 비점과 빙점이 모두 감소한다.
③ 탄소수가 증가할수록 빙점은 증가하나 비점은 감소한다.
④ 탄소수가 증가하면 비점과 빙점이 모두 증가한다.

해설

④ 사슬 포화탄화수소에서 탄소수가 증가하면 비점과 빙점이 모두 증가한다.

19 산·염기 지시약인 페놀프탈레인의 pH 변색범위는?

① 3.5~4.5
② 3.5~6.5
③ 4.5~8.0
④ 8.3~10.0

해설

지시약	산성	중성	염기성	변색범위
리트머스시험지	빨간색	변화 없음	파랑색	5~10
페놀프탈레인(P.P)	무색	무색	빨간색	8.3~10.0
메틸오렌지(M.O)	빨간색	주황색	노란색	3.1~4.4
메틸레드(M.R)	빨간색	주황색	노란색	4.2~6.3

20 20℃, 28wt(%) 황산용액의 농도는 몇 M인가?[단, S의 원자량은 32이고, 20℃에서 28wt(%) 황산용액 1mL 무게는 1.202g이다.]

① 3.43
② 3.97
③ 4.11
④ 5.16

정답 14 ④ 15 ③ 16 ④ 17 ③ 18 ④ 19 ④ 20 ①

> **해설**

$$M농도 = \frac{비중 \times 1,000}{분자량(g)} \times \frac{\%농도}{100}$$
$$= \frac{1.202 \times 1,000}{98} \times \frac{28}{100} = 3.434$$

2과목 화재예방과 소화방법

21 위험물안전관리법령상 옥내소화전설비의 비상전원은 자기발전설비 또는 축전지 설비로 옥내소화전설비를 유효하게 몇 분 이상 작동할 수 있어야 하는가?

① 10분   ② 20분
③ 45분   ④ 60분

> **해설**
>
> 비상전원의 용량은 옥내소화전설비를 유효하게 45분 이상 작동시키는 것이 가능하게 한다.

22 소화약제 또는 그 구성성분으로 사용되지 않는 물질은?

① CF_2ClBr ② $(NH_2)_2CO$
③ NH_4NO_3 ④ K_2CO_3

> **해설**
>
> ① 할로젠소화(Halon1211)
> ② 제4종 분말소화(요소)
> ③ 제1류 위험물(질산암모늄)
> ④ 강화액소화(탄산칼륨)

23 위험물제조소 등에 설치하는 이산화탄소 소화설비에 있어 저압식 저장용기에 설치하는 압력경보장치의 작동압력 기준은?

① 0.9MPa 이하, 1.3MPa 이상
② 1.9MPa 이하, 2.3MPa 이상

③ 0.9MPa 이하, 2.3MPa 이상
④ 1.9MPa 이하, 1.3MPa 이상

> **해설**
>
> 저압식 저장용기에는 1.9MPa 이하, 2.3MPa 이상의 압력에서 작동하는 압력경보장치를 설치한다.

24 위험물안전관리법령에 의거하여 개방형 스프링클러헤드를 이용하는 스프링클러설비에 설치하는 수동식 개방밸브를 개방 조작하는 데 필요한 힘은 몇 kg 이하가 되도록 설치하여야 하는가?

① 5   ② 10
③ 15   ④ 20

> **해설**
>
> 수동식 개방밸브를 개방 조작하는 데 필요한 힘은 15kg 이하가 되도록 설치할 것

25 위험물제조소에서 취급하는 제4류 위험물의 최대수량의 합이 지정수량의 15만 배인 사업소에 두어야 할 자체 소방대의 화학소방자동차와 자체소방대원의 수는 각각 얼마로 규정되어 있는가? (단, 상호응원협정을 체결한 경우는 제외한다.)

① 1대, 5인   ② 2대, 10인
③ 3대, 15인   ④ 4대, 20인

> **해설**
>
> 자체소방대에 두는 화학소방자동차 및 인원

제조소 및 일반취급소의 구분	화학소방자동차	조작인원
지정수량의 12만 배 미만을 저장·취급하는 것	1대	5인
지정수량의 12만 배 이상 24만 배 미만을 저장·취급하는 것	2대	10인
지정수량의 24만 배 이상 48만 배 미만을 저장·취급하는 것	3대	15인
지정수량의 48만 배 이상을 저장·취급하는 것	4대	20인

정답   21 ③   22 ③   23 ②   24 ③   25 ②

26 소화기가 유류 화재에 적응력이 있음을 표시하는 색은?

① 백색   ② 황색
③ 청색   ④ 흑색

해설

유류 및 가스화재(B급)는 황색으로 표시한다.

27 옥내탱크전용실에 설치하는 탱크 상호 간에는 얼마의 간격을 두어야 하는가?

① 0.1m 이상   ② 0.3m 이상
③ 0.5m 이상   ④ 0.6m 이상

해설

옥내저장탱크와 탱크전용실의 벽과의 사이 및 옥내저장탱크의 상호 간에는 0.5m 이상의 간격을 유지한다 (탱크의 점검 및 보수에 지장이 없는 경우에는 그러하지 아니하다).

28 위험물안전관리법령에 따른 이산화탄소 소화약제의 저장용기 설치 장소에 대한 설명으로 틀린 것은?

① 방호구역 내의 장소에 설치하여야 한다.
② 직사일광 및 빗물이 침투할 우려가 적은 장소에 설치하여야 한다.
③ 온도 변화가 적은 장소에 설치하여야 한다.
④ 온도가 섭씨 40도 이하인 곳에 설치하여야 한다.

해설

① 방호구역 외의 장소에 설치하여야 한다.

29 위험물제조소에 옥내소화전이 가장 많이 설치된 층의 옥내소화전 설치 개수가 2개이다. 위험물안전관리법령의 옥내소화전 설비 설치기준에 의하면 수원의 수량은 얼마 이상이 되어야 하는가?

① 10.6m³   ② 15.6m³
③ 20.6m³   ④ 25.6m³

해설

옥내소화전의 수원의 수량(최대 5개)
소화전 설치개수 × 7.8m³ = 2개 × 7.8m³ = 15.6m³

30 위험물제조소등에 설치하는 자동화재탐지설비의 설치기준으로 틀린 것은?

① 원칙적으로 경계구역은 건축물의 2 이상의 층에 걸치지 아니하도록 한다.
② 원칙적으로 상층이 있는 경우에는 감지기를 설치하지 않을 수 있다.
③ 원칙적으로 하나의 경계구역의 면적은 600m² 이하로 하고 그 한 변의 길이는 50m 이하로 한다.
④ 비상전원을 설치하여야 한다.

해설

② 감지기는 지붕(상층이 있는 경우에는 상층의 바닥) 또는 벽의 옥내에 면한 부분(천장이 있는 경우에는 천장 또는 벽의 옥내에 면한 부분 및 천장의 뒷부분)에 유효하게 화재의 발생을 감지할 수 있도록 설치할 것

31 옥내소화전설비에서 펌프를 이용한 가압송수장치의 경우 펌프의 전양정(H)은 소정의 산식에 의한 수치 이상이어야 한다. 전양정(H)을 구하는 식으로 옳은 것은?(단, h_1은 소방용 호스의 마찰손실수두, h_2는 배관의 마찰손실수두, h_3는 낙차이며, h_1, h_2, h_3의 단위는 모두 m이다.)

① $H = h_1 + h_2 + h_3$
② $H = h_1 + h_2 + h_3 + 0.35m$
③ $H = h_1 + h_2 + h_3 + 35m$
④ $H = h_1 + h_2 + 0.35m$

해설

펌프 이용 시 전양정(H)
$H = h_1 + h_2 + h_3 + 35m$

정답   26 ②   27 ③   28 ①   29 ②   30 ②   31 ③

32 과산화수소의 화재예방 방법으로 틀린 것은?

① 암모니아와의 접촉은 폭발의 위험이 있으므로 피한다.
② 완전히 밀전, 밀봉하여 외부 공기와 차단한다.
③ 용기는 착색하여 직사광선이 닿지 않게 한다.
④ 분해를 막기 위해 분해방지 안정제를 사용한다.

해설

② 용기의 내압상승을 방지하기 위하여 저장용기마개는 구멍 뚫린 마개를 사용한다.

33 외벽이 내화구조인 위험물저장소 건축물의 연면적이 1,500m²인 경우 소요단위는?

① 6
② 10
③ 13
④ 14

해설

저장소(외벽이 내화구조)
㉠ 1 소요단위 = 150m²
㉡ $\dfrac{1,500m^2}{150m^2} = 10$(단위)

34 벤젠과 톨루엔의 공통점이 아닌 것은?

① 물에 녹지 않는다.
② 냄새가 없다.
③ 휘발성 액체이다.
④ 증기는 공기보다 무겁다.

해설

② 벤젠과 톨루엔은 방향족 화합물이므로, 독특한 냄새가 있다.

35 주된 소화효과가 산소공급원의 차단에 의한 소화가 아닌 것은?

① 포소화기
② 건조사
③ CO_2소화기
④ Halon 1211 소화기

해설

④는 촉매로서 화학반응을 느리게 하는 부촉매효과에 의한 소화이다.

36 다음 중 소화약제의 구성성분으로 사용하지 않는 것은?

① 제1인산암모늄
② 탄산수소나트륨
③ 황산알루미늄
④ 인화알루미늄

해설

① 제3종 분말소화
② 제1종 분말소화
③ 화학포소화
④ 제3류 위험물

37 소화설비의 구분에서 물분무등소화설비에 속하는 것은?

① 포소화설비
② 옥내소화전설비
③ 스프링클러설비
④ 옥외소화전설비

해설

물분무등소화설비의 종류
물분무소화설비, 포말소화설비, 이산화탄소소화설비, 할로젠화합물소화설비, 분말소화설비

38 할로젠화합물소화설비의 소화약제 중 축압식 저장용기에 저장하는 할론 2402의 충전비는?

① 0.51 이상 0.67 이하
② 0.67 이상 2.75 이하
③ 0.7 이상 1.4 이하
④ 0.9 이상 1.6 이하

해설

약제		충전비
할론 1301		0.9~1.6 이하
할론 1211		0.7~1.4 이하
할론 2402	가압식	0.51~0.67 미만
	축압식	0.67~2.75 이하

정답 32 ② 33 ② 34 ② 35 ④ 36 ④ 37 ① 38 ②

39 다음 중 화재 시 주수소화를 하면 위험성이 증가하는 것은?

① 염소산칼륨
② 과산화칼륨
③ 과염소산나트륨
④ 과산화수소

해설

② $2K_2O_2 + 2H_2O \rightarrow 4KOH + O_2$

40 분말소화약제의 종별 주성분을 옳게 연결한 것은?

① 1종 분말약제 $-$ $NaHCO_3$
② 2종 분말약제 $-$ $NaHCO_3$
③ 3종 분말약제 $-$ $KHCO_3$
④ 4종 분말약제 $-$ $NaHCO_3 + NH_4H_2PO_4$

해설

② 2종 분말약제 $-$ $KHCO_3$
③ 3종 분말약제 $-$ $NH_4H_2PO_4$
④ 4종 분말약제 $-$ $KHCO_3 + (NH_2)_2CO$

3과목 위험물 성상 및 취급

41 위험물안전관리법령상 제4류 위험물 옥외저장탱크의 대기밸브 부착 통기관은 몇 kPa 이하의 압력차이로 작동할 수 있어야 하는가?

① 2   ② 3
③ 4   ④ 5

해설

대기밸브 부착 통기관
5kPa 이하의 압력차이로 작동할 수 있을 것

42 물과 반응하여 가연성 또는 유독성 가스를 발생하지 않는 것은?

① 탄화칼슘
② 인화칼슘
③ 과염소산칼륨
④ 금속나트륨

해설

① $CaC_2 + 2H_2O \rightarrow Ca(OH)_2 + C_2H_2$
② $Ca_3P_2 + 6H_2O \rightarrow 3Ca(OH)_2 + 2PH_3$
③ $KClO_4$은 물과 반응하지 않는다.
④ $2Na + 2H_2O \rightarrow 2NaOH + H_2$

43 위험물 옥내저장소의 피뢰설비는 지정수량의 최소 몇 배 이상인 저장창고에 설치하도록 하는가?(단, 제6류 위험물의 저장창고를 제외한다.)

① 10   ② 15
③ 20   ④ 30

해설

피뢰설비 설치기준
지정수량 10배 이상의 위험물을 취급하는 저장소(제6류 위험물은 제외)에 설치한다.

정답 39 ② 40 ① 41 ④ 42 ③ 43 ①

제4편 과년도 기출문제 | **319**

44 위험물안전관리법령상 지정수량이 나머지 셋과 다른 하나는?

① 적린
② 황화인
③ 황
④ 마그네슘

해설

①, ②, ③ 지정수량 100kg   ④ 500kg

45 위험물안전관리법령에 따른 위험물제조소 건축물의 구조로 틀린 것은?

① 벽, 기둥, 서까래 및 계단은 난연재료로 할 것
② 지하층이 없도록 할 것
③ 출입구에는 60분+방화문·60분방화문 또는 30분방화문을 설치할 것
④ 창에 유리를 이용하는 경우에는 망입유리로 할 것

해설

① 벽, 기둥, 서까래 및 계단은 불연재료로 한다.

46 황이 연소할 때 발생하는 가스는?

① H_2S
② SO_2
③ CO_2
④ H_2O

해설

$S + O_2 \rightarrow SO_2$

47 제2류 위험물과 제5류 위험물의 공통점에 해당하는 것은?

① 유기화합물이다.
② 가연성 물질이다.
③ 자연발화성 물질이다.
④ 산소를 포함하고 있는 물질이다.

해설

제2류 위험물(가연성 고체)과 제5류 위험물(자기반응성 물질)의 공통점은 가연성 물질이다.

48 위험물안전관리법령에 따른 안전거리 규제를 받는 위험물 시설이 아닌 것은?

① 제6류 위험물 제조소
② 제1류 위험물 일반취급소
③ 제4류 위험물 옥내저장소
④ 제5류 위험물 옥외저장소

해설

위험물안전관리법령에 따른 제6류 위험물은 안전거리 규제를 받지 않는다.

49 다음 (   ) 안에 알맞은 수치는?(단, 인화점이 200℃ 이상인 위험물은 제외한다.)

옥외저장탱크의 지름이 15m 미만인 경우에 방유제는 탱크의 옆판으로부터 탱크 높이의 (   ) 이상 이격하여야 한다.

① $\dfrac{1}{3}$
② $\dfrac{1}{2}$
③ $\dfrac{1}{4}$
④ $\dfrac{2}{3}$

해설

방유제와 탱크 측면과의 이격거리(인화점이 200℃ 이상인 위험물은 제외)

㉠ 탱크 지름이 15m 미만인 경우 : 탱크 높이의 $\dfrac{1}{3}$ 이상

㉡ 탱크 지름이 15m 이상인 경우 : 탱크 높이의 $\dfrac{1}{2}$ 이상

50 동식물유류 취급 및 저장할 때 주의사항으로 옳은 것은?

① 아마인유는 불건성유이므로 옥외저장 시 자연발화의 위험이 없다.
② 아이오딘가가 130 이상인 것은 섬유질에 스며 들어 있으며 자연발화의 위험이 있다.
③ 아이오딘가가 100 이상인 것은 불건성유이므로 저장할 때 주의를 요한다.
④ 인화점이 상온 이하이므로 소화에는 별 어려움이 없다.

정답   44 ④   45 ①   46 ②   47 ②   48 ①   49 ①   50 ②

해설

① 아마인유는 건성유로서 자연발화의 위험성이 매우 높다.
③ 아이오딘가가 100 미만인 것은 불건성유이므로 건성유에 비해 덜 위험하다.
④ 인화점이 상온 이상이나, 화재 시 액온이 높아 소화가 곤란하다.

51 나이트로셀룰로스에 대한 설명으로 옳지 않은 것은?

① 직사일광을 피해서 저장한다.
② 알코올수용액 또는 물로 습윤시켜 저장한다.
③ 질화도가 클수록 위험도가 증가한다.
④ 화재 시에는 질식소화가 효과적이다.

해설

④ 제5류 위험물(나이트로셀룰로스)은 물질 자체에 산소를 함유하고 있기 때문에 질식소화는 소화효과가 없고, 다량의 물로 소화를 하는 것이 좋다.

52 다음 위험물안전관리법령에서 정한 지정수량이 가장 작은 것은?

① 염소산염류   ② 브로민산염류
③ 나이트로화합물(2종) ④ 금속의 인화물

해설

① 제1류 위험물(50kg)
② 제1류 위험물(300kg)
③ 제5류 위험물(100kg)
④ 제3류 위험물(300kg)

53 위험물 운반용기 외부에 표시하여야 하는 주의사항을 틀리게 연결한 것은?

① 염소산암모늄 – 화기 · 충격주의 및 가연물접촉주의
② 철분 – 화기주의 및 물기엄금
③ 아세틸퍼옥사이드 – 화기엄금 및 충격주의
④ 과염소산 – 물기엄금 및 가연물접촉주의

해설

① 제1류 위험물(그 밖의 것) – 화기 · 충격주의 및 가연물접촉주의
② 제2류 위험물(철분 · 금속분 · 마그네슘) – 화기주의 및 물기엄금
③ 제5류 위험물 – 화기엄금 및 충격주의
④ 제6류 위험물 – 가연물접촉주의

54 메틸알코올과 에틸알코올의 공통 성질이 아닌 것은?

① 무색 투명한 휘발성 액체이다.
② 물에 잘 녹는다.
③ 비중이 물보다 작다.
④ 인체에 대한 유독성이 없다.

해설

④ 메틸알코올은 독성이 매우 강해 먹으면 실명 또는 사망에 이를 수 있으나, 에틸알코올은 상대적으로 유독성은 없다.

55 주된 소화효과가 산소공급원의 차단에 의한 소화가 아닌 것은?

① 포소화기
② 건조사
③ CO_2 소화기
④ Halon 1211 소화기

해설

④ 부촉매효과(= 억제효과)
①, ②, ③ 질식효과

56 다음 위험물 중 혼재가 가능한 위험물은?

① 과염소산칼륨 – 황린
② 질산메틸 – 경유
③ 마그네슘 – 알킬알루미늄
④ 탄화칼슘 – 나이트로글리세린

정답 51 ④ 52 ① 53 ④ 54 ④ 55 ④ 56 ②

제4편 과년도 기출문제 | **321**

해설

혼재 가능 위험물
- $\boxed{4}$ ⇨ 2 3 • $\boxed{5}$ ⇨ 2 4 • $\boxed{6}$ ⇨ 1
※ ① 제1류＋제3류   ② 제5류＋제4류
   ③ 제2류＋제3류   ④ 제3류＋제5류

57 메틸에틸케톤의 저장 또는 취급 시 유의할 점으로 가장 거리가 먼 것은?

① 통풍을 잘 시킬 것
② 찬 곳에 저장할 것
③ 일광의 직사를 피할 것
④ 저장용기에는 증기 배출을 위해 구멍을 설치할 것

해설

④는 제6류 위험물 과산화수소(H_2O_2)에 대한 설명이다.

58 물과 작용하여 포스핀 가스를 발생시키는 것은?

① P_4 ② P_4S_3
③ Ca_3P_2 ④ CaC_2

해설

$Ca_3P_2 + 6H_2O \rightarrow 3Ca(OH)_2 + 2PH_3$

59 위험물 운반용기 외부에 표시하는 주의사항을 잘못 나타낸 것은?

① 적린 : 화기주의
② 탄화칼슘 : 물기엄금
③ 아세톤 : 화기엄금
④ 과산화수소 : 화기주의

해설

① 제2류 위험물(그 밖의 것) – 화기주의
② 제3류 위험물(금수성 물질) – 물기엄금
③ 제4류 위험물 – 화기엄금
④ 제6류 위험물 – 가연물접촉주의

60 다음 제4류 위험물 중 연소범위가 가장 넓은 것은?

① 아세트알데하이드
② 산화프로필렌
③ 휘발유
④ 아세톤

해설

① 특수인화물(4~60%)
② 특수인화물(2.3~36%)
③ 제1석유류(1.4~7.6%)
④ 제1석유류(2.5~12.8%)

정답 57 ④ 58 ③ 59 ④ 60 ①

2023년 제2회 CBT 기출문제

1과목 일반화학

01 집기병 속에 물에 적신 빨간 꽃잎을 넣고 어떤 기체를 채웠더니 얼마 후 꽃잎이 탈색되었다. 이와 같이 색을 탈색(표백)시키는 성질을 가진 기체는?

① He
② CO_2
③ N_2
④ Cl_2

해설

염소(Cl_2)는 강력한 산화제로서, 물에 녹아 하이포아염소산(HClO)이 되고, 이는 살균, 표백작용을 한다.

02 $CuSO_4$ 용액에 0.5F의 전기량을 흘렸을 때 몇 g의 구리가 석출되겠는가?(단, 원자량은 Cu : 64, S : 32, O : 16이다.)

① 16
② 32
③ 64
④ 128

해설

㉠ 1F = 1g당량 석출
㉡ 0.5F = 0.5g당량 석출
㉢ Cu 1g당량 $= \dfrac{64}{2} = 32(g)$이므로

　　0.5g당량 $= \dfrac{32}{2} = 16(g)$이 석출된다.

03 어떤 금속의 원자가 2이며, 그 산화물의 조성은 금속이 80wt%이다. 이 금속의 원자량은?

① 32
② 48
③ 64
④ 80

해설

화합물을 만드는 모든 원소들은 반드시 당량 대 당량으로 반응한다.

$M_{금속}$ + O → MO
80　:　20
x g　:　8g　　　　　$x = 32(g)$: $M_{금속}$의 1g당량
∴ 원자량 = 원자가 × 당량 = 2 × 32 = 64(g)

04 다음 중 전자배치가 다른 것은?

① Ar
② F^-
③ Na^+
④ Ne

해설

전자수 : ① 18개 ②, ③, ④ 10개

05 질소 2몰과 산소 3몰의 혼합기체가 나타나는 전압력이 10기압일 때 질소의 분압은 얼마인가?

① 2기압
② 4기압
③ 8기압
④ 10기압

해설

질소의 분압 = 전압 × $\dfrac{\text{성분기체의 몰수}}{\text{전 기체의 몰수}}$

　　　　　$= 10 \times \dfrac{2}{5} = 4(기압)$

06 다음 중 단원자 분자에 해당하는 것은?

① 산소
② 질소
③ 네온
④ 염소

정답 01 ④　02 ①　03 ③　04 ①　05 ②　06 ③

제4편 과년도 기출문제 | 323

해설

단원자 분자는 0족 원소(불활성기체)를 말한다.

07 80℃와 40℃에서 물에 대한 용해도가 각각 50, 30인 물질이 있다. 80℃의 이 포화용액 75g을 40℃로 냉각시키면 몇 g의 물질이 석출되겠는가?

① 25 ② 20
③ 15 ④ 10

해설

㉠ 80℃에서의 용액 = 100 + 50 = 150g
㉡ 40℃에서의 용액 = 100 + 30 = 130g
∴ 용액 150g 냉각 시 20g 석출되므로 용액 75g 냉각 시 10g 석출된다.

08 원자번호 19, 질량수 39인 칼륨 원자의 중성자 수는 얼마인가?

① 19 ② 20
③ 39 ④ 58

해설

질량수(원자량) = 양성자 수(원자번호) + 중성자 수
⇒ 중성자 수 = 39 - 19 = 20

09 산의 일반적 성질을 옳게 나타낸 것은?

① 쓴맛이 있는 미끈거리는 액체로 리트머스 시험지를 푸르게 한다.
② 수용액에서 OH^- 이온을 내 놓는다.
③ 수소보다 이온화 경향이 큰 금속과 반응하여 수소를 발생한다.
④ 금속의 수산화물로서 비전해질이다.

해설

① 신맛이 나는 액체로 푸른 리트머스 종이를 붉게 변화시킨다.
② 수용액에서 수소이온(H^+)을 내놓는 물질이다.
④ 전해질이다.

10 FeCl₃의 존재하에서 톨루엔과 염소를 반응시키면 어떤 물질이 생기는가?

① o − 클로로톨루엔
② p − 살리실산메틸
③ 아세트아닐라이드
④ 염화벤젠다이아조늄

해설

(오르소 클로로톨루엔)

11 기하이성질체 때문에 극성분자와 비극성분자를 가질 수 있는 것은?

① C_2H_4 ② C_2H_3Cl
③ $C_2H_2Cl_2$ ④ $C_2H_2Cl_3$

해설

기하이성질체

cis − 다이클로로에텐[$C_2H_2Cl_2$]	trans − 다이클로로에텐[$C_2H_2Cl_2$]

12 다음 중 수용액에서 산성의 세기가 가장 큰 것은?

① HF ② HCl
③ HBr ④ HI

해설

할로젠화 수소의 세기
㉠ 산성 : HI > HBr > HCl > HF
㉡ 결합력 : HF > HCl > HBr > HI
㉢ 끓는점 : HF > HI > HBr > HCl

정답 07 ④ 08 ② 09 ③ 10 ① 11 ③ 12 ④

13 먹물에 아교를 약간 풀어주면 탄소 입자가 쉽게 침전되지 않는다. 이때 가해준 아교를 무슨 콜로이드라 하는가?

① 서스펜션　　　　② 소수
③ 에멀션　　　　　④ 보호

해설

보호 콜로이드
소수 콜로이드(먹물)의 침전을 막기 위한 친수 콜로이드(아교)

14 염기성 산화물에 해당하는 것은?

① MgO　　　　　② SnO
③ ZnO　　　　　④ PbO

해설

• 염기성 산화물(금속 산화물) : MgO
• 양쪽성 산화물(Al, Zn, Sn, Pb 산화물)

15 평형상태를 이동시키는 조건에 해당되지 않는 것은?

① 온도　　　　　② 농도
③ 촉매　　　　　④ 압력

해설

평형상태를 이동시키는 조건
온도, 압력, 농도

16 다음 작용기 중에서 메틸(Methyl)기에 해당하는 것은?

① $-C_2H_5$　　　② $-COCH_3$
③ $-NH_2$　　　　④ $-CH_3$

해설

① 에틸기　　　　② 아세틸기
③ 아미노기　　　④ 메틸기

17 액체 공기에서 질소 등을 분리하여 산소를 얻는 방법은 다음 중 어떤 성질을 이용한 것인가?

① 용해도　　　　　② 비등점
③ 색상　　　　　　④ 압축률

해설

분별증류
비등점(끓는점)의 차이를 이용하여 분리
예 물과 알코올, 액체 공기로부터 산소와 질소의 분리에 이용

18 산화－환원에 대한 설명 중 틀린 것은?

① 한 원소의 산화수가 증가하였을 때 산화되었다고 한다.
② 전자를 잃은 반응을 산화라 한다.
③ 산화제는 다른 화학종을 환원시키며, 그 자신의 산화수는 증가하는 물질을 말한다.
④ 중성인 화합물에서 모든 원자와 이온들의 산화수의 합은 0이다.

해설

③ 산화제란 다른 화학종을 산화시키며, 그 자신의 산화수는 감소하는 물질을 말한다.

19 쌍극자 모멘트의 합이 0인 것으로만 나열된 것은?

① H_2O, CS_2　　　② NH_3, HCl
③ HF, H_2S　　　④ C_6H_6, CH_4

해설

쌍극자 모멘트의 합이 0이 된다는 것은 대칭구조를 의미한다(H_2, Cl_2, CH_4, CO_2, BH_3, C_6H_6 등).

20 다음 중 준금속(Matallold) 원소로만 이루어진 것은?

① B와 Si　　　　② Sn과 Ag
③ Mn과 Sb　　　④ Pb와 Cu

정답　**13** ④　**14** ①　**15** ③　**16** ④　**17** ②　**18** ③　**19** ④　**20** ①

제4편 과년도 기출문제 | **325**

해설

준금속
붕소(B), 규소(Si), 저마늄(Ge), 비소(As), 안티모니(Sb), 텔루륨(Te)

2과목 **화재예방과 소화방법**

21 다음 중 이황화탄소의 액면 위에 물을 채워두는 이유로 가장 적합한 것은?

① 자연분해를 방지하기 위해
② 화재 발생 시 물로 소화를 하기 위해
③ 불순물을 물에 용해시키기 위해
④ 가연성 증기의 발생을 방지하기 위해

해설

이황화탄소(CS_2)
물보다 무겁고, 가연성 증기 발생을 억제하기 위해 수조 속에 저장한다.

22 소화설비 설치 시 동식물유류 400,000L에 대한 소요단위는 몇 단위인가?

① 2   ② 4
③ 20   ④ 40

해설

㉠ 동식물류 지정수량 : 10,000L
㉡ 1소요단위 = 지정수량 10배
∴ 소요단위 $= \dfrac{400,000}{10,000 \times 10} = 4$(단위)

23 할론 1301 소화약제의 저장용기에 저장하는 소화약제의 양을 산출할 때는 '위험물의 종류에 대한 가스계 소화약제의 계수'를 고려해야 한다. 위험물의 종류가 이황화탄소인 경우 할론 1301에 해당하는 계수 값은 얼마인가?

① 1.0   ② 1.6
③ 2.2   ④ 4.2

해설

위험물의 종류에 대한 가스계 소화약제의 계수

소화약제의 종별 / 위험물의 종류	이산화탄소	할로젠화합물	
		할론 1301	할론 1211
산화프로필렌	1.8	2.0	1.8
다이에틸에터	1.2	1.2	1.0
이황화탄소	3.0	4.2	1.0

24 위험물안전관리법령상 위험물제조소와의 안전거리 기준이 50m 이상이어야 하는 것은?

① 고압가스 취급시설
② 학교, 병원
③ 지정문화유산
④ 극장

해설

지정문화유산으로부터 50m 이상의 안전거리를 두어야 한다.

25 다음 중 전기의 불량도체로 정전기가 발생되기 쉽고 폭발 범위가 가장 넓은 위험물은?

① 아세톤   ② 톨루엔
③ 에틸알코올   ④ 에틸에터

해설

① 제1석유류(2.5~12.8%)
② 제1석유류(1.1~7.1%)
③ 알코올류(3.3~19%)
④ 특수인화물(1.9~48%)

26 다음 중 C급 화재에 가장 적응성이 있는 소화설비는?

① 봉상강화액 소화기   ② 포소화기
③ 이산화탄소소화기   ④ 스프링클러설비

정답 21 ④ 22 ② 23 ④ 24 ③ 25 ④ 26 ③

해설

구분	봉상 강화액	물분무 소화	포 소화기	이산화 탄소	스프링 클러
C급 화재 (전기화재)	×	○	×	○	×

27 공기포 발포배율을 측정하기 위해 중량 340g, 용량 1,800mL의 포 수집 용기에 가득히 포를 채취하여 측정한 용기의 무게가 540g이었다면 발포배율은?(단, 포 수용액의 비중은 1로 가정한다.)

① 3배   ② 5배
③ 7배   ④ 9배

해설

발포배율(팽창비)

$$발포배율 = \frac{내용적의\ 중량}{(전체중량 - 빈용기중량)}$$

$$= \frac{1,800mL \times 1\frac{g}{mL}}{540g - 340g} = 9(배)$$

28 위험물안전관리법령에 따라 폐쇄형 스프링클러헤드를 설치하는 장소의 평상시 최고 주위 온도가 28℃ 이상 39℃ 미만일 경우 헤드의 표시온도는?

① 52℃ 이상 76℃ 미만
② 52℃ 이상 79℃ 미만
③ 58℃ 이상 76℃ 미만
④ 58℃ 이상 79℃ 미만

해설

부착장소의 최고주위온도(단위 ℃)	표시온도(단위 ℃)
28 미만	58 미만
28 이상 39 미만	58 이상 79 미만
39 이상 64 미만	79 이상 121 미만
64 이상 106 미만	121 이상 162 미만
106 이상	162 이상

29 위험물안전관리법령에서 정한 다음의 소화설비 중 능력단위가 가장 큰 것은?

① 팽창진주암 160L(삽 1개 포함)
② 수조 80L(소화전용 물통 3개 포함)
③ 마른 모래 50L(삽 1개 포함)
④ 팽창질석 160L(삽 1개 포함)

해설

소화설비	용량(L)	능력단위
소화전용 물통	8	0.3
수조(소화전용 물통 3개 포함)	80	1.5
수조(소화전용 물통 6개 포함)	190	2.5
마른 모래(삽 1개 포함)	50	0.5
팽창질석 또는 팽창진주암(삽 1개 포함)	160	1.0

30 고체가연물의 연소형태에 해당하지 않는 것은?

① 등신연소   ② 증발연소
③ 분해연소   ④ 표면연소

해설

고체의 연소형태
표면연소, 증발연소, 분해연소, 자기연소

31 화학소방자동차가 갖추어야 하는 소화능력 기준으로 틀린 것은?

① 포수용액 방사능력 : 2,000L/min 이상
② 분말 방사능력 : 35kg/sec 이상
③ 이산화탄소 방사능력 : 40kg/sec 이상
④ 할로젠화합물 방사능력 : 50kg/sec 이상

정답   27 ④   28 ④   29 ②   30 ①   31 ④

해설

화학소방자동차의 구분	소화능력 및 설비의 기준
포수용액 방사차	포수용액의 방사능력이 매분 2,000L 이상일 것
	소화약액탱크 및 소화약액혼합장치를 비치할 것
	10만L 이상의 포수용액을 방사할 수 있는 양의 소화약제를 비치할 것
분말 방사차	분말의 방사능력이 매초 35kg 이상일 것
	분말탱크 및 가압용 가스설비를 비치할 것
	1,400kg 이상의 분말을 비치할 것
할로젠화합물 방사차	할로젠화합물의 방사능력이 매초 40kg 이상일 것
	할로젠화합물탱크 및 가압용 가스설비를 비치할 것
	1,000kg 이상의 할로젠화합물을 비치할 것
이산화탄소 방사차	이산화탄소의 방사능력이 매초 40kg 이상일 것
	이산화탄소저장용기를 비치할 것
	3,000kg 이상의 이산화탄소를 비치할 것
제독차	가성소다 및 규조토를 각각 50kg 이상 비치할 것

※ ④ 할로젠화합물의 방사능력이 매초 40kg 이상일 것

32 표준상태에서 2kg의 이산화탄소가 모두 기체 상태의 소화약제로 방사될 경우 부피는 몇 m³ 인가?

① 1.018
② 10.18
③ 101.8
④ 1,018

해설

$$PV = \frac{W}{M}RT$$
$$\Rightarrow V = \frac{WRT}{PM} = \frac{2 \times 0.082 \times 273}{1 \times 44} = 1.0175(\text{m}^3)$$

33 지정수량 10배 이상의 위험물을 운반할 경우 서로 혼재할 수 있는 위험물 유별은?

① 제1류 위험물과 제2류 위험물
② 제2류 위험물과 제4류 위험물
③ 제5류 위험물과 제6류 위험물
④ 제3류 위험물과 제5류 위험물

해설

혼재 가능 위험물
• ④ ⇨ 2 3   • ⑤ ⇨ 2 4   • ⑥ ⇨ 1

34 경유 50,000L의 소화설비 소요단위는?

① 3
② 4
③ 5
④ 6

해설

㉠ 제2석유류 비수용성(경유) 지정수량 : 1,000L
㉡ 1소요단위 = 지정수량 10배

∴ 소요단위 $\frac{50,000}{1,000 \times 10} = 5$(단위)

35 화재발생 시 위험물에 대한 소화방법으로 옳지 않은 것은?

① 트라이에틸알루미늄 : 소규모 화재 시 팽창질석을 사용한다.
② 과산화나트륨 : 할로젠화합물소화기로 질식소화한다.
③ 인화성 고체 : 이산화탄소소화기로 질식소화한다.
④ 휘발유 : 탄산수소염류 분말소화기를 사용하여 소화한다.

해설

② 과산화나트륨 : 주수소화는 불가능하고, 탄산수소염류 분말소화가 가장 좋다. 참고로 할로젠화합물과는 반응하여 산소를 방출하기 때문에 위험하다.

정답 32 ① 33 ② 34 ③ 35 ②

36 분진폭발을 설명한 것으로 옳은 것은?

① 나트륨이나 칼륨 등이 수분을 흡수하면서 폭발하는 현상이다.
② 고체의 미립자가 공기 중에서 착화에너지를 얻어 폭발하는 현상이다.
③ 화약류가 산화열의 축적에 의해 폭발하는 현상이다.
④ 고압의 가연성 가스가 폭발하는 현상이다.

[해설]

분진폭발
가연성 고체 미립자가 공기 중에 부유하여 발화원이 존재할 경우 특정 조건에서 폭발하는 현상이다.

37 스프링클러설비에 방사구역마다 제어밸브를 설치하고자 한다. 바닥면으로부터 높이 기준으로 옳은 것은?

① 0.8m 이상 1.5m 이하
② 1.0m 이상 1.5m 이하
③ 0.5m 이상 0.8m 이하
④ 1.5m 이상 1.8m 이하

[해설]

제어밸브의 설치높이는 바닥으로부터 0.8m 이상 1.5m 이하로 한다.

38 분말 소화약제에 해당하는 착색이 틀린 것은?

① 탄산수소나트륨 – 백색
② 제1인산암모늄 – 청색
③ 탄산수소칼륨 – 보라색
④ 탄산수소칼륨과 요소와의 반응물 – 회색

[해설]

② 제1인산암모늄 – 담홍색

39 다음 [조건]하에 국소방출방식의 할로젠화합물소화설비를 설치하는 경우 저장하여야 하는

소화약제의 양은 몇 kg 이상이어야 하는가?

[조건]
• 저장하는 위험물 : 휘발유
• 윗면이 개방된 용기에 저장함
• 방호대상물의 표면적 : 40m^2
• 소화약제의 종류 : 할론 1301

① 222
② 340
③ 467
④ 570

[해설]

소화약제의 저장량

약제 종별	소화약제의 양
Halon 2402	방호대상물의 표면적(m^2)×8.8kg/m^2×1.1
Halon 1211	방호대상물의 표면적(m^2)×7.6kg/m^2×1.1
Halon 1301	방호대상물의 표면적(m^2)×6.8kg/m^2×1.25

※ 저장량 = 40m^2 × 6.8kg/m^2 × 1.25 = 340

40 분말소화약제 중 탄산수소나트륨의 표시색상은?

① 백색
② 보라색
③ 담홍색
④ 회백색

[해설]

종류	주성분	착색	종류	주성분	착색
제1종 분말	$NaHCO_3$	백색	제3종 분말	$NH_4H_2PO_4$	담홍색
제2종 분말	$KHCO_3$	보라색	제4종 분말	$KHCO_3$ + $(NH_2)_2CO$	회백색

정답 36 ② 37 ① 38 ② 39 ② 40 ①

3과목 위험물 성상 및 취급

41 다음 중 인화점이 20℃ 이상인 것은?

① CH_3COOCH_3 ② CH_3COCH_3
③ CH_3COOH ④ CH_3CHO

해설

① 제1석유류(초산메틸) : $-10℃$
② 제1석유류(아세톤) : $-18℃$
③ 제2석유류(초산) : $39℃$
④ 특수인화물(아세트알데하이드) : $-39℃$
※ 제2석유류(인화점) : 21℃ 이상~70℃ 미만

42 과산화수소의 성질에 관한 설명으로 옳지 않은 것은?

① 농도에 따라 위험물에 해당하지 않는 것도 있다.
② 분해 방지를 위해 보관 시 안정제를 가할 수 있다.
③ 에터에 녹지 않으며 벤젠에 잘 녹는다.
④ 산화제이지만 환원제로서 작용하는 경우도 있다.

해설

③ 물, 알코올, 에터에는 녹지만, 벤젠, 석유에는 녹지 않는다.

43 위험물안전관리법령상 1기압에서 제3석유류의 인화점 범위로 옳은 것은?

① 21℃ 이상 70℃ 미만
② 70℃ 이상 200℃ 미만
③ 200℃ 이상 300℃ 미만
④ 300℃ 이상 400℃ 미만

해설

석유류(인화점, 1atm 기준)
㉠ 제1석유류 : 21℃ 미만
㉡ 제2석유류 : 21℃~70℃ 미만
㉢ 제3석유류 : 70℃~200℃ 미만
㉣ 제4석유류 : 200℃~250℃ 미만

44 염소산나트륨의 성질에 속하지 않는 것은?

① 환원력이 강하다.
② 무색 결정이다.
③ 주수소화가 가능하다.
④ 강산과 혼합하면 폭발할 수 있다.

해설

① 제1류 위험물(산화성 고체)은 산화력이 강하다.

45 과산화수소의 성질 및 취급방법에 관한 설명 중 틀린 것은?

① 햇빛에 의하여 분해한다.
② 인산, 요산 등의 분해 방지 안정제를 넣는다.
③ 저장용기는 공기가 통하지 않게 마개로 꼭 막아 둔다.
④ 에탄올에 녹는다.

해설

③ 저장용기는 내압 상승 방지를 위하여 구멍 뚫린 마개를 사용한다.

46 황린을 밀폐용기 속에서 260℃로 가열하여 얻은 물질을 연소시킬 때 주로 생성되는 물질은?

① P_2O_5 ② CO_2
③ PO_2 ④ CuO

해설

$$P_4 \xrightarrow[\Delta]{260℃} P$$
$$4P + 5O_2 \rightarrow 2P_2O_5$$

47 다음 위험물 중에서 인화점이 가장 낮은 것은?

① $C_6H_5CH_3$ ② $C_6H_5CHCH_2$
③ CH_3OH ④ CH_3CHO

해설

① 제1석유류 톨루엔(4℃)
② 제2석유류 스티렌(32℃)
③ 메틸알코올(11℃)
④ 특수인화물 아세트알데하이드($-39℃$)

정답   41 ③   42 ③   43 ②   44 ①   45 ③   46 ①   47 ④

48 제조소에서 위험물을 취급함에 있어서 정전기를 유효하게 제거할 수 있는 방법으로 거리가 먼 것은?

① 접지에 의한 방법
② 상대습도를 70% 이상 높이는 방법
③ 공기를 이온화하는 방법
④ 부도체 재료를 사용하는 방법

해설

정전기 방지법
• 접지에 의한 방법
• 공기를 이온화하는 방법
• 전기의 도체를 사용하는 방법
• 공기 중의 상대습도를 70% 이상으로 하는 방법

49 위험물안전관리법령에서 정하는 제조소와의 안전거리의 기준이 다음 중 가장 큰 것은?

① 「고압가스안전관리법」의 규정에 의하여 허가를 받거나 신고를 하여야 하는 고압가스저장시설
② 사용전압이 35,000V를 초과하는 특고압가공전선
③ 병원, 학교, 극장
④ 「문화유산의 보존 및 활용에 관한 법률」의 규정에 의한 지정문화유산

해설

① 20m 이상   ② 5m 이상
③ 30m 이상   ④ 50m 이상

50 옥내저장탱크와 탱크전용실 벽과의 사이 및 옥내저장탱크의 상호 간에는 몇 m 이상의 간격을 유지하여야 하는가?

① 0.3   ② 0.5
③ 1.0   ④ 1.5

해설

옥내저장탱크와 탱크전용실의 벽과의 사이 및 옥내저장탱크의 상호 간에는 0.5m 이상의 간격을 유지한다

(탱크의 점검 및 보수에 지장이 없는 경우에는 그러하지 아니 하다).

51 과산화칼륨에 대한 설명으로 옳지 않은 것은?

① 염산과 반응하여 과산화수소를 생성한다.
② 탄산가스와 반응하여 산소를 생성한다.
③ 물과 반응하여 수소를 생성한다.
④ 물과의 접촉을 피하고 밀전하여 저장한다.

해설

③ 물과 반응하여 산소를 생성한다.
※ $2K_2O_2 + 2H_2O \rightarrow 4KOH + O_2$

52 다음 그림은 제5류 위험물 중 유기과산화물을 저장하는 옥내저장소의 저장창고를 개략적으로 보여 주고 있다. 창과 바닥으로부터 높이(a)와 하나의 창의 면적(b)은 각각 얼마로 하여야 하는가?(단, 이 저장창고의 바닥면적은 150m² 이내이다.)

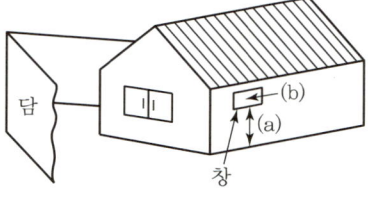

① (a) 2m 이상, (b) 0.6m² 이내
② (a) 3m 이상, (b) 0.4m² 이내
③ (a) 2m 이상, (b) 0.4m² 이내
④ (a) 3m 이상, (b) 0.6m² 이내

해설

지정과산화물을 저장 또는 취급하는 옥내저장소
창은 바닥면으로부터 2m 이상의 높이에 두되, 하나의 벽면에 두는 창의 면적의 합계를 당해 벽면의 면적의 80분의 1 이내로 하고, 하나의 창의 면적을 0.4m² 이내로 할 것

정답   48 ④   49 ④   50 ②   51 ③   52 ③

53 트라이나이트로페놀의 성질에 대한 설명 중 틀린 것은?

① 폭발에 대비하여 철, 구리로 만든 용기에 저장한다.
② 휘황색을 띤 침상결정이다.
③ 비중이 약 1.8로 물보다 무겁다.
④ 단독으로는 충격, 마찰에 둔감한 편이다.

해설

① 중금속(철, 구리, 납)과 반응하여 피크린산 염을 만들므로 금속용기를 사용하지 말아야 한다.

54 위험물의 운반용기 외부에 수납하는 위험물의 종류에 따라 표시하는 주의사항을 옳게 연결한 것은?

① 염소산칼륨 – 물기주의
② 철분 – 물기주의
③ 아세톤 – 화기엄금
④ 질산 – 화기엄금

해설

① 제1류 위험물(그 밖의 것) – 화기 · 충격주의, 가연물접촉주의
② 제2류 위험물(철분, 마그네슘, 금속분) – 화기주의, 물기엄금
③ 제4류 위험물 – 화기엄금
④ 제6류 위험물 – 가연물접촉주의

55 위험물제조소의 배출설비의 배출능력은 1시간당 배출장소 용적의 몇 배 이상인 것으로 해야 하는가?(단, 전역방식의 경우는 제외한다.)

① 5
② 10
③ 15
④ 20

해설

배출능력은 1시간당 배출장소 용적의 20배 이상인 것으로 한다(전역방식의 경우에는 바닥면적 $1m^2$당 $18m^3$ 이상으로 할 것).

56 금속칼륨의 성질에 대한 설명으로 옳은 것은?

① 화학적 합성이 강한 금속이다.
② 산화되기 어려운 금속이다.
③ 금속 중에서 가장 단단한 금속이다.
④ 금속 중에서 가장 무거운 금속이다.

해설

금속칼륨(K)
㉠ 무른 경금속에 속한다.
㉡ 산화되기 쉬운 금속이다.
㉢ 알칼리금속으로 화학적 합성이 강한 금속이다.

57 다음은 어떤 위험물에 대한 내용인가?

- 지정수량 : 400L
- 증기비중 : 2.07
- 인화점 : 12℃
- 녹는점 : −89.5℃

① 메탄올
② 에탄올
③ 이소프로필알코올
④ 부틸알코올

해설

제4류 위험물(알코올류)
① 지정수량(400L), 증기비중 $= \dfrac{32}{29} = 1.10$
② 지정수량(400L), 증기비중 $= \dfrac{46}{29} = 1.59$
③ 지정수량(400L), 증기비중 $= \dfrac{60}{29} = 2.07$
④ 지정수량(1,000L), 증기비중 $= \dfrac{74}{29} = 2.55$

58 탄화칼슘은 물과 반응하면 어떤 기체가 발생하는가?

① 과산화수소
② 일산화탄소
③ 아세틸렌
④ 에틸렌

해설

$CaC_2 + 2H_2O \longrightarrow Ca(OH)_2 + C_2H_2 \uparrow$

정답   53 ①   54 ③   55 ④   56 ①   57 ③   58 ③

59 위험물안전관리법령에서 구분한 취급소에 해당되지 않는 것은?

① 주유취급소   ② 옥내취급소
③ 이송취급소   ④ 판매취급소

해설

위험물취급소
주유취급소, 판매취급소, 이송취급소, 일반취급소 등이 있다.

60 제2류 위험물과 제5류 위험물의 공통적인 성질은?

① 가연성 물질이다.
② 강한 산화제이다.
③ 액체 물질이다.
④ 산소를 함유한다.

해설

제2류 위험물(가연성 고체)과 제5류 위험물(자기반응성 물질)의 공통점은 가연성 물질이다.

정답   59 ②   60 ①

2023년 제3회 CBT 기출문제

1과목 일반화학

01 $CH_3 - CHCl - CH_3$의 명명법으로 옳은 것은?

① $2 - chloropropane$
② $di - chloroethylene$
③ $di - methylmethane$
④ $di - methylethane$

해설

탄소가 총 3개 있으므로 프로판이 되고, 탄소(C) 두 번째에 Cl가 존재하므로, $2 - chloropropane$이다.

02 공기의 평균분자량은 약 29라고 한다. 이 평균 분자량을 계산하는 데 관계된 원소는?

① 산소, 수소
② 탄소, 수소
③ 산소, 질소
④ 질소, 탄소

해설

공기는 질소(78%), 산소(21%), 아르곤(1%)으로 구성되어져 있다.

$$평균분자량 = \frac{(28 \times 78) + (32 \times 21) + (40 \times 1)}{100}$$
$$\fallingdotseq 28.96g \fallingdotseq 29g$$

03 요소 6g을 물에 녹여 1,000L로 만든 용액의 27℃에서의 삼투압은 약 몇 atm인가?(단, 요소의 분자량은 60이다.)

① $1.26 \times 10^{-1} atm$
② $1.26 \times 10^{-2} atm$
③ $2.46 \times 10^{-3} atm$
④ $2.56 \times 10^{-4} atm$

해설

$$\pi V = \frac{W}{M} RT$$
$$\pi = \frac{WRT}{VM} = \frac{6 \times 0.082 \times (27 + 273)}{1,000 \times 60} = 2.46 \times 10^{-3}$$

04 전극에서 유리되고 화학물질의 무게가 전지를 통하여 사용된 전류의 양에 정비례하며 또한 주어진 전류량에 의하여 생성된 물질의 무게는 그 물질의 당량에 비례한다는 화학법칙은?

① 르샤틀리에의 법칙
② 아보가드로의 법칙
③ 패러데이의 법칙
④ 보일 - 샤를의 법칙

해설

③ 패러데이의 법칙을 설명한 것이다.

05 찬물을 컵에 담아서 더운 방에 놓아두었을 때 유리와 물의 접촉면에 기포가 생기는 이유로 가장 옳은 것은?

① 물의 증기 압력이 높아지기 때문에
② 접촉면에서 수증기가 발생하기 때문에
③ 방안의 이산화탄소가 녹아 들어가기 때문에
④ 온도가 올라갈수록 기체의 용해도가 감소하기 때문에

해설

④ 기체의 용해도는 일반적으로 온도가 낮고 압력이 높을수록 증가한다. 반대로 온도가 올라갈수록 기체의 용해도가 감소한다.

정답 01 ① 02 ③ 03 ③ 04 ③ 05 ④

06 $H_2S + I_2 \rightarrow 2HI + S$에서 I_2의 역할은?

① 산화제이다.
② 환원제이다.
③ 산화제이면서 환원제이다.
④ 촉매 역할을 한다.

해설

$I_2 \rightarrow HI$: 산화수 $0 \rightarrow -1$[산화제(환원)]

07 백금 전극을 사용하여 물을 전기분해할 때 (＋)극에서 5.6L의 기체가 발생하는 동안 (－)극에서 발생하는 기체의 부피는?

① 5.6L
② 11.2L
③ 22.4L
④ 44.8L

해설

물(H_2O)을 전기분해하면 (＋)극에서는 산소(O_2)가, (－)극에서는 수소(H_2)가 발생된다.
$1F = 1g$당량 $= (H_2,\ 11.2L) = (O_2,\ 5.6L)$

08 $CuSO_4$ 수용액을 10A의 전류로 32분 10초 동안 전기분해시켰다. 음극에서 석출되는 Cu의 질량은 몇 g인가?(단, Cu의 원자량은 63.6이다.)

① 3.18
② 6.36
③ 9.54
④ 12.72

해설

㉠ $1F = 96,500C$(쿨롱)$= 1g$당량 석출 $= \dfrac{63.6g}{2}$
㉡ C(쿨롱)$= A$(암페어)$\times sec$(초)에서
$96,500(C) : \dfrac{63.6}{2} = 10(A) \times (32 \times 60 + 10)(sec) : x$
$\therefore x = 6.36(g)$

09 $Fe(CN)_6^{4-}$와 4개의 K^+이온으로 이루어진 물질 $K_4Fe(CN)_6$을 무엇이라고 하는가?

① 착화합물
② 할로젠화합물
③ 유기혼합물
④ 수소화합물

해설

착화합물(배위화합물)
중심의 금속이온에 리간드가 결합된 착화합물과 같으며, 중심 금속이온은 주로 원자번호 21~29번의 전이금속이다[$Cu(NH_2)_4SO_4$, $K_4Fe(CN)_6$].

10 $PbSO_4$의 용해도를 실험한 결과 0.045g/L 이었다. $PbSO_4$의 용해도곱 상수(Ksp)는? (단, $PbSO_4$의 분자량은 303.27이다.)

① 5.5×10^{-2}
② 4.5×10^{-4}
③ 3.4×10^{-6}
④ 2.2×10^{-8}

해설

㉠ $PbSO_4 \Leftrightarrow Pb^{2+} + SO_4^{2-}$
㉡ $0.045\dfrac{g}{L} \times \dfrac{1mol}{303.27g} = 1.484 \times 10^{-4}\dfrac{mol}{L}$
㉢ $Ksp = [Pb^{2+}][SO_4^{2-}]$
$= (1.484 \times 10^{-4}) \times (1.484 \times 10^{-4}) = 2.20 \times 10^{-8}$

11 아세틸렌의 성질과 관계가 없는 것은?

① 용접에 이용된다.
② 이중결합을 가지고 있다.
③ 합성 화학 원료로 쓸 수 있다.
④ 염화수소와 반응하여 염화바이닐을 생성한다.

해설

② 삼중결합을 가지고 있다($H-C \equiv C-H$).

12 어떤 금속(M) 8g을 연소시키니 11.2g의 산화물이 얻어졌다. 이 금속의 원자량이 140이라면 이 산화물의 화학식은?

① M_2O_3
② MO
③ MC_2
④ M_2O_7

해설

화합물을 만드는 모든 원소들은 반드시 당량 대 당량으로 반응한다.

정답　06 ①　07 ②　08 ②　09 ①　10 ④　11 ②　12 ④

$M_{금속} + O \rightarrow MO$

8g : 3.2g

x g : 8g

∴ $x = 20$ (g) : $M_{금속}$의 1g당량

㉠ 원자량이 140이므로, $M_{금속}$은 +7가, 산소는 −2가 된다.

㉡ 화학식은 M_2O_7가 된다.

13 같은 주기에서 원자번호가 증가할수록 감소하는 것은?

① 이온화에너지　　② 원자 반지름

③ 비금속성　　　　④ 전기음성도

[해설]

같은 주기에서 원자번호가 증가할수록(왼쪽에서 오른쪽으로 갈수록) 원자 반지름은 감소한다.

14 다음 물질 중 비전해질인 것은?

① CH_3COOH　　② C_2H_5OH

③ NH_4OH　　　　④ HCl

[해설]

알코올류(C_2H_5OH)는 물에는 녹지만 비전해질이다.

15 전자배치가 $1s^2$ $2s^2$ $2p^6$ $3s^2$ $3p^5$인 원자의 M껍질에는 몇 개의 전자가 들어 있는가?

① 2　　　　　　　② 4

③ 7　　　　　　　④ 17

[해설]

• K껍질 : 2개

• L껍질 : 8개

• M껍질 : 7개

16 다음 금속들 중에서 황산아연 수용액 속에 넣어 아연을 분리시킬 수 있는 것은?

① 철　　　　　　　② 칼슘

③ 니켈　　　　　　④ 구리

[해설]

아연(Zn)보다 이온화 경향이 큰 금속은 칼슘(Ca)이다.

※ 이온화 경향 순서 : Ca > Zn > Fe > Ni > Cu

17 염소원자의 최외각 전자수는 몇 개인가?

① 1　　　　　　　② 2

③ 7　　　　　　　④ 8

[해설]

㉠ 최외각 전자수 = 족수

㉡ 염소원자는 7족 원소에 해당되므로, 최외각 전자수는 7개이다.

18 아말감을 만들 때 사용되는 금속은?

① Sn　　　　　　② Ni

③ Fe　　　　　　④ Co

[해설]

아말감

수은과 다른 금속의 합금(단, Pt, Fe, Co, Ni는 제외)

19 연실법 또는 접촉법을 사용하여 제조하는 물질로서 건조제로 사용될 수 있는 것은?

① CaO　　　　　　② NaOH

③ H_2SO_4　　　　④ KOH

[해설]

③ 황산(H_2SO_4)에 대한 설명이다.

20 다음 중 에탄올과 구조이성질체의 관계에 있는 것은?

① CH_3OCH_3　　② CH_3COOH

③ CH_3CHO　　　④ CH_3OH

정답　13 ②　14 ②　15 ③　16 ②　17 ③　18 ①　19 ③　20 ①

해설

구조이성질체[에탄올(C_2H_5OH)와 다이메틸에터(CH_3OCH_3)] 분자식은 동일하지만, 원자 사이의 결합의 관계가 다른 것을 의미한다.

2과목 화재예방과 소화방법

21 위험물안전관리법령상 위험물 저장·취급 시 화재 또는 재난을 방지하기 위하여 자체소방대를 두어야 하는 경우가 아닌 것은?

① 지정수량의 3천 배 이상의 제4류 위험물을 저장·취급하는 제조소
② 지정수량의 3천 배 이상의 제4류 위험물을 저장·취급하는 일반취급소
③ 지정수량의 2천 배의 제4류 위험물을 취급하는 일반취급소와 지정수량 1천 배의 제4류 위험물을 취급하는 제조소가 동일한 사업소에 있는 경우
④ 지정수량의 3천 배 이상의 제4류 위험물을 저장·취급하는 옥외탱크저장소

해설

④ 지정수량 50만 배 이상의 제4류 위험물을 취급하는 옥외탱크저장소

22 위험물안전관리법령상 가솔린의 화재 시 적응성이 없는 소화기는?

① 봉상강화액 소화기　② 무상강화액 소화기
③ 이산화탄소 소화기　④ 포 소화기

해설

구분	봉상강화액 소화기	무상강화액 소화기	이산화탄소 소화기	포 소화기
제4류 위험물 (가솔린)	×	○	○	○

23 위험물제조소 등에 설치하는 옥외소화전설비에 있어서 옥외소화전함은 옥외소화전으로부터 보행거리 몇 m 이하의 장소에 설치하는가?

① 2m　　　　　　② 3m
③ 5m　　　　　　④ 10m

해설

옥외소화전설비에서 옥외소화전함은 옥외소화전으로부터 보행거리 5m 이하의 장소에 설치하여야 한다.

24 정전기를 유효하게 제거할 수 있는 설비를 설치하고자 할 때 위험물안전관리법령에서 정한 정전기 제거방법의 기준으로 옳은 것은?

① 공기 중의 상대습도를 70% 이상으로 하는 방법
② 공기 중의 상대습도를 70% 이하로 하는 방법
③ 공기 중의 절대습도를 70% 이상으로 하는 방법
④ 공기 중의 절대습도를 70% 이하로 하는 방법

해설

정전기 방지법
• 접지에 의한 방법
• 공기를 이온화하는 방법
• 공기 중의 상대습도를 70% 이상으로 하는 방법

25 다음 중 분말소화약제의 주된 소화작용에 가장 가까운 것은?

① 질식　　　　　　② 냉각
③ 유화　　　　　　④ 제거

해설

분말소화약제의 주된 소화효과는 질식효과이다.

26 위험물제조소 등에 설치하는 옥내소화전설비가 설치된 건축물에 옥내소화전이 1층에 5개, 2층에 6개가 설치되어 있다. 이때 수원의 수량은 몇 m^3 이상으로 하여야 하는가?

① 19　　　　　　② 29
③ 39　　　　　　④ 47

정답　21 ④　22 ①　23 ③　24 ①　25 ①　26 ③

해설

옥내소화전의 수원의 수량(최대 5개)
소화전 설치개수 $\times 7.8m^3 = 5$개 $\times 7.8m^3 = 39.0(m^3)$

27 화재를 잘 일으킬 수 있는 일반적인 경우에 대한 설명 중 틀린 것은?

① 산소와 친화력이 클수록 연소가 잘 된다.
② 온도가 상승하면 연소가 잘 된다.
③ 연소범위가 넓을수록 연소가 잘 된다.
④ 발화점이 높을수록 연소가 잘 된다.

해설

④ 발화점이 낮을수록 연소가 잘 된다.

28 할로젠화합물 소화약제의 조건으로 옳은 것은?

① 비점이 높을 것　　② 기화되기 쉬울 것
③ 공기보다 가벼울 것　④ 연소성이 좋을 것

해설

① 비점이 낮을 것
③ 공기보다 무거울 것
④ 불연성일 것

29 오황화인의 저장 및 취급방법으로 틀린 것은?

① 산화제와의 접촉을 피한다.
② 물속에 밀봉하여 저장한다.
③ 불꽃과의 접근이나 가열을 피한다.
④ 용기의 파손, 위험물의 누출에 유의한다.

해설

② P_2S_5는 조해성과 흡습성이 있으므로, 저장 시 습기가 있는 곳은 피하고 소량이면 유리병에 넣고 대량이면 양철통에 넣어 보관한다.

30 위험물의 취급을 주된 작업내용으로 하는 다음의 장소에 스프링클러설비를 설치할 경우 확보하여야 하는 1분당 방사밀도는 몇 L/m^2 이상이어야 하는가?(단, 내화구조의 바닥 및 벽에 의하여 2개의 실로 구획되고 각 실의 바닥면적은 $500m^2$ 이다.)

- 취급하는 위험물 : 제4류 위험물 제3석유류
- 위험물을 취급하는 장소의 바닥면적 : $1,000m^2$

① 8.1　　　　　② 12.2
③ 13.9　　　　　④ 16.3

해설

살수기준면적(m^2)	방사밀도(L/m^2분)	
	인화점 38℃ 미만	인화점 38℃ 이상
279 미만	16.3 이상	12.2 이상
279 이상 372 미만	15.5 이상	11.8 이상
372 이상 465 미만	13.9 이상	9.8 이상
465 이상	12.2 이상	8.1 이상

※ 제4류 위험물 제3석유류의 인화점 : 70℃ 이상 200℃ 미만

31 자연발화의 방지법으로 가장 거리가 먼 것은?

① 통풍을 잘 하여야 한다.
② 습도가 낮은 곳을 피한다.
③ 열이 쌓이지 않도록 유의한다.
④ 저장실의 온도를 낮춘다.

해설

② 습도가 높은 곳을 피한다.

32 다음 중 지정수량 10배의 위험물을 운반할 때 혼재가 금지된 경우는?

① 제2류 위험물과 제4류 위험물
② 제2류 위험물과 제5류 위험물
③ 제3류 위험물과 제4류 위험물
④ 제3류 위험물과 제5류 위험물

정답　27 ④　28 ②　29 ②　30 ①　31 ②　32 ④

해설

혼재 가능 위험물
- ④ ⇨ 2 3
- ⑤ ⇨ 2 4
- ⑥ ⇨ 1

33 위험물제조소에서 옥내소화전이 가장 많이 설치된 층의 옥내소화전 설치개수가 3개이다. 수원의 수량은 몇 m^3가 되도록 설치하여야 하는가?

① 2.6
② 7.8
③ 15.6
④ 23.4

해설

옥내소화전의 수원의 수량(최대 5개)
소화전 설치개수 × $7.8m^3$ = 3개 × $7.8m^3$ = $23.4m^3$

34 제조소 등에 전기설비(전기배선, 조명기구 등은 제외한다)가 설치된 장소의 바닥면적이 $150m^2$인 경우 설치해야 하는 소형 수동식 소화기의 최소 개수는?

① 1개
② 2개
③ 3개
④ 4개

해설

전기설비의 소화설비
제조소등에 전기설비(전기배선, 조명기구 등은 제외)가 설치된 경우에는 당해 장소의 면적 $100m^2$마다 소형 수동식 소화기를 1개 이상 설치한다($150m^2$이므로 2개를 설치할 것).

35 분말소화약제인 제1인산암모늄을 사용하였을 때 열분해하여 부착성인 막을 만들어 공기를 차단시키는 것은?

① HPO_3
② PH_3
③ NH_3
④ P_2O_3

해설

$NH_4H_2PO_4 \rightarrow HPO_3 + NH_3 + H_2O$

36 다음 중 C급 화재에 가장 적응성이 있는 소화설비는?

① 봉상강화액소화기
② 포소화기
③ 이산화탄소소화기
④ 스프링클러설비

해설

구분	봉상 강화액	물분무 소화	포 소화기	이산화 탄소	스프링 클러
C급 화재 (전기화재)	×	○	×	○	×

37 다음 중 자기연소를 하는 위험물은?

① 톨루엔
② 메틸알코올
③ 다이에틸에터
④ 나이트로글리세린

해설

① 제4류 제1석유류
② 제4류 알코올류
③ 제4류 특수인화물
④ 제5류 질산에스터류
※ 자기연소성 물질을 가지는 위험물은 5류이다.

38 전역방출방식 분말소화설비의 분사헤드는 기준에서 정하는 소화약제의 양을 몇 초 이내에 균일하게 방사해야 하는가?

① 10
② 15
③ 20
④ 30

해설

전역방출방식 분말소화설비의 분사헤드는 소화약제의 양을 30초 이내에 균일하게 방사한다.

39 위험물에 따라 적응성이 있는 소화설비를 연결한 것은?

① $C_6H_5NO_2$ - 이산화탄소소화기
② Ca_3P_2 - 물통(수조)
③ $C_2H_5OC_2H_5$ - 물통(수조)
④ $C_3H_5(ONO_2)_3$ - 이산화탄소소화기

정답 33 ④ 34 ② 35 ① 36 ③ 37 ④ 38 ④ 39 ①

> 해설

② 인화칼슘 – 탄산수소염류 분말소화설비
③ 다이에틸에터 – 이산화탄소소화기
④ 나이트로글리세린 – 물통(수조)
※ ① 나이트로벤젠은 제4류 위험물에 해당되므로 이산화탄소소화기가 적응성이 있다.

40 특정옥외탱크저장소라 함은 저장 또는 취급하는 액체위험물의 최대수량이 몇 L 이상의 것을 말하는가?

① 50만   ② 100만
③ 150만   ④ 200만

> 해설

특정옥외저장탱크
액체위험물의 최대수량이 100만L 이상의 옥외저장탱크

3과목 위험물 성상 및 취급

41 황화인에 대한 설명으로 틀린 것은?

① 고체이다.
② 가연성 물질이다.
③ P_4S_3, P_2S_5 등의 물질이 있다.
④ 물질에 따른 지정수량은 50kg, 100kg, 300kg이다.

> 해설

④ 황화인의 지정수량은 100kg이다.

42 $KClO_4$에 관한 설명으로 옳지 못한 것은?

① 순수한 것은 황색의 사방정계 결정이다.
② 비중은 약 2.52이다.
③ 녹는점은 약 610℃이다.
④ 열분해하면 산소와 염화칼륨으로 분해된다.

> 해설

① 순수한 것은 무색, 무취 사방정계 결정 또는 백색 분말이다.

43 다음 중 저장하는 위험물의 종류 및 수량을 기준으로 옥내저장소에서 안전거리를 두지 않을 수 있는 경우는?

① 지정수량 20배 이상의 동식물유류
② 지정수량 20배 미만의 특수인화물
③ 지정수량 20배 미만의 제4석유류
④ 지정수량 20배 이상의 제5류 위험물

> 해설

옥내저장소의 안전거리 제외 대상
제4석유류 또는 동식물유류의 위험물을 저장 또는 취급하는 옥내저장소로서 그 최대수량이 지정수량의 20배 미만인 것

44 탄화칼슘과 물이 반응하였을 때 생성되는 가스는?

① C_2H_2 ② C_2H_4
③ C_2H_6 ④ CH_4

> 해설

$CaC_2 + 2H_2O \rightarrow Ca(OH)_2 + C_2H_2 \uparrow$

45 다음 반응식 중에서 옳지 않은 것은?

① $CaO_2 + 2HCl \rightarrow CaCl_2 + H_2O_2$
② $CaH_2 + 2H_2O \rightarrow Ca(OH)_2 + 2H_2$
③ $Ca_3P_2 + 4H_2O \rightarrow Ca_3(OH)_2 + 2PH_3$
④ $CaC_2 + 2H_2O \rightarrow Ca(OH)_2 + C_2H_2$

> 해설

③ $Ca_3P_2 + 6H_2O \rightarrow 3Ca(OH)_2 + 2PH_3$

정답 40 ② 41 ④ 42 ① 43 ③ 44 ① 45 ③

46 다음 중 물과 접촉하였을 때 위험성이 가장 높은 것은?

① S

② CH_3COOH

③ C_2H_5OH

④ K

해설

① 물에 불용이며 물과 반응하지 않는다.

②, ③은 수용성 물질이므로, 위험성이 낮아진다.

④ 물과 반응하여, 수소를 발생시킨다.

※ $2K + 2H_2O \rightarrow 2KOH + H_2$

47 위험물안전관리법령상 다음 ( ) 안에 알맞은 수치는?

이동저장탱크로부터 위험물을 저장 또는 취급하는 탱크에 인화점이 ( )℃ 미만인 위험물을 주입할 때에는 이동탱크저장소의 원동기를 정지시킬 것

① 40 　　　　② 50

③ 60 　　　　④ 70

해설

이동저장탱크로부터 위험물을 저장 또는 취합하는 탱크에 인화점이 40℃ 미만인 위험물을 주입할 때에는 원동기를 정지시킨다.

48 벤젠의 성질로 옳지 않은 것은?

① 휘발성을 갖는 갈색, 무취의 액체이다.

② 증기는 유해하다.

③ 인화점은 0℃보다 낮다.

④ 끓는점은 상온보다 높다.

해설

① 휘발성을 갖는 무색이면서 독특한 냄새가 나는 액체이다.

49 위험물안전관리법령상의 동식물유류에 대한 설명으로 옳은 것은?

① 피마자유는 건성유이다.

② 아이오딘 값이 130 이하인 것은 건성유이다.

③ 불포화도가 클수록 자연발화하기 쉽다.

④ 동식물유류의 지정수량은 20,000L이다.

해설

① 피마자유는 불건성유이다.

② 아이오딘 값이 130 이상인 것은 건성유이다.

④ 동식물유류의 지정수량은 10,000L이다.

50 지정수량 10배 이상의 위험물을 운반할 때 혼재가 가능한 것은?

① 제1류와 제2류　　② 제2류와 제6류

③ 제3류와 제5류　　④ 제4류와 제2류

해설

혼재 가능 위험물

• ④ ⇨ 2 3　• ⑤ ⇨ 2 4　• ⑥ ⇨ 1

51 과염소산과 과산화수소의 공통된 성질이 아닌 것은?

① 비중이 1보다 크다.

② 물에 녹지 않는다.

③ 산화제이다.

④ 산소를 포함한다.

해설

② 과염소산과 과산화수소는 물에 잘 녹는다.

52 금속칼륨이 물과 반응했을 때 생성물로 옳은 것은?

① 산화칼륨 + 수소　　② 수산화칼륨 + 수소

③ 산화칼륨 + 산소　　④ 수산화칼륨 + 산소

해설

$2K + 2H_2O \rightarrow 2KOH + H_2 \uparrow$

정답　46 ④　47 ①　48 ①　49 ③　50 ④　51 ②　52 ②

53 2가지의 위험물이 섞여 있을 때 발화 또는 폭발 위험성이 가장 낮은 것은?

① 과망가니즈산칼륨 – 글리세린
② 적린 – 염소산칼륨
③ 나이트로셀룰로스 – 알코올
④ 질산 – 나뭇조각

해설

혼재 가능 위험물
• 4 ⇨ 2 3   • 5 ⇨ 2 4   • 6 ⇨ 1
※ ① 1류 – 제류   ② 2류 – 1류
   ③ 5류 – 4류   ④ 6류 – 가연물

54 비중이 1보다 큰 물질은?

① 이황화탄소
② 에틸알코올
③ 아세트알데하이드
④ 테레핀유

해설

① $CS_2(1.30)$
② $C_2H_5OH(0.79)$
③ $CH_3CHO(0.78)$
④ $C_{10}H_{16}(0.86)$

55 보랭장치가 없는 이동저장탱크에 저장하는 아세트알데하이드의 온도는 몇 ℃ 이하로 유지하여야 하는가?

① 30   ② 40
③ 50   ④ 60

해설

아세트알데하이드 등 또는 다이에틸에터 등을 이동저장탱크에 저장 시 온도
㉠ 보랭장치가 있는 경우 : 비점 이하로 유지할 것
㉡ 보랭장치가 없는 경우 : 40℃ 이하로 유지할 것

56 과산화나트륨의 저장 및 취급방법에 대한 설명 중 틀린 것은?

① 물과 습기의 접촉을 피한다.
② 용기는 수분이 들어가지 않게 열전 및 열봉 저장한다.
③ 가열 및 충격·마찰을 피하고 유기물질의 혼입을 막는다.
④ 직사광선을 받는 곳이나 습한 곳에 저장한다.

해설

④ 불투명 용기를 사용하여 직사광선이 닿지 않게 한다.

57 질산과 과염소산의 공통적인 성질에 대한 설명 중 틀린 것은?

① 가연성 물질이다.
② 산화제이다.
③ 무기화합물이다.
④ 산소를 함유하고 있다.

해설

① 제6류 위험물(산화성 액체)로서 불연성 물질이다.

58 염소산나트륨의 위험성에 대한 설명 중 틀린 것은?

① 조해성이 강하므로 저장용기는 밀전한다.
② 산과 반응하여 이산화염소를 발생한다.
③ 황, 목탄, 유기물 등과 혼합한 것은 위험하다.
④ 유리용기를 부식시키므로 철제용기에 저장한다.

해설

④ 강한 산화성을 가지므로 철제용기를 부식시킨다.

정답   53 ③   54 ①   55 ②   56 ④   57 ①   58 ④

59 위험물 운반용기 외부에 표시하는 주의사항을 모두 나타낸 것 중 틀린 것은?

① 질산나트륨 : 화기 · 충격주의, 가연물접촉주의
② 마그네슘 : 화기주의, 물기엄금
③ 황린 : 공기노출금지
④ 과염소산 : 가연물접촉주의

> **해설**
>
> ① 제1류 위험물(그 밖의 것) – 화기 · 충격주의, 가연물접촉주의
> ② 제2류 위험물(철분, 마그네슘, 금속분) – 화기주의, 물기엄금
> ③ 제3류 위험물(자연발화성 물질) – 화기엄금, 공기접촉엄금
> ④ 제6류 위험물 – 가연물접촉주의

60 다음 중 인화점이 20℃ 이상인 것은?

① CH_3COOCH_3　　② CH_3COCH_3
③ CH_3COOH　　④ CH_3CHO

> **해설**
>
> ① 제1석유류(초산메틸) : −10℃
> ② 제1석유류(아세톤) : −18℃
> ③ 제2석유류(초산) : 39℃
> ④ 특수인화물(아세트알데하이드) : −39℃
> ※ 제2석유류(인화점) : 21℃ 이상~70℃ 미만

정답 59 ③　60 ③

2024년 제1회 CBT 기출문제

1과목 일반화학

01 다음 중 헨리의 법칙으로 설명되는 것은?

① 극성이 큰 물질일수록 물에 잘 녹는다.
② 비눗물은 0℃보다 낮은 온도에서 언다.
③ 높은 산 위에서는 물이 100℃ 이하에서 끓는다.
④ 사이다 병의 마개를 따면 거품이 난다.

해설

헨리법칙
용해도가 비교적 작은 기체는 일정한 온도하에서 용해되는 기체의 질량은 압력에 비례하고 부피와는 무관하다는 법칙이다(④).

02 60℃에서 KNO_3의 포화용액 100g을 10℃로 냉각시키면 몇 g의 KNO_3가 석출되는가?(단, 용해도는 60℃에서 100g KNO_3/100g H_2O, 10℃에서 20g KNO_3/100g H_2O이다.)

① 4
② 40
③ 80
④ 120

해설

㉠ 60℃에서 용액 200g ⇒ 10℃에서 80g 석출
㉡ 60℃에서 용액 100g ⇒ 10℃에서 40g 석출된다.

03 활성화 에너지에 대한 설명으로 옳은 것은?

① 물질이 반응 전에 가지고 있는 에너지이다.
② 물질이 반응 후에 가지고 있는 에너지이다.
③ 물질이 반응 전과 후에 가지고 있는 에너지의 차이이다.
④ 물질이 반응을 일으키는 데 필요한 최소한의 에너지이다.

해설

활성화 에너지
물질이 화학반응이 일어나기 위해 필요한 최소한의 에너지로서 활성화 에너지가 낮을수록 반응이 더 쉽게 일어난다.

04 어떤 용액의 $[OH^-]=2\times10^{-5}M$이었다. 이 용액의 pH는 얼마인가?

① 11.3
② 10.3
③ 9.3
④ 8.3

해설

㉠ $pOH = -\log(2\times10^{-5}) = 4.7$
㉡ $pH + pOH = 14$
㉢ $pH = 14 - pOH = 14 - 4.7 = 9.3$

05 수소와 질소로 암모니아를 합성하는 화학반응식은 다음과 같다. 암모니아의 생성률을 높이기 위한 조건은?

$$N_2 + 3H_2 \rightleftarrows 2NH_3 + 22.1kcal$$

① 온도와 압력을 낮춘다.
② 온도는 낮추고, 압력은 높인다.
③ 온도를 높이고, 압력은 낮춘다.
④ 온도와 압력을 높인다.

해설

• 온도 : 발열반응이므로 온도를 낮게 한다.
• 압력 : 몰수가 감소하므로 압력을 증가시킨다.

정답 01 ④ 02 ② 03 ④ 04 ③ 05 ②

06 커플링(Coupling) 반응식으로 생성되는 작용기는?

① $-NH_2$
② $-CH_3$
③ $-COOH$
④ $-N=N-$

해설

아조 화합물을 만드는 반응을 커플링반응이라 하고 작용하는 작용기는 다이아조기($-N=N-$)이다.

07 다음 중 카르보닐기를 갖는 화합물은?

① $C_6H_5CH_3$
② $C_6H_5NH_2$
③ CH_3OCH_3
④ CH_3COCH_3

해설

카르보닐기($>CO$)
④ $CH_3-CO-CH_3$; 아세톤

08 다음은 열역학 제 몇 법칙에 대한 내용인가?

0K(절대영도)에서 물질의 엔트로피는 0이다.

① 열역학 제0법칙
② 열역학 제1법칙
③ 열역학 제2법칙
④ 열역학 제3법칙

해설

열역학 제3법칙
절대 영도에서 계의 엔트로피는 0이 된다.

09 염소는 2가지 동위원소로 구성되어 있는데 원자량이 35인 염소는 75% 존재하고, 37인 염소는 25% 존재한다고 가정할 때, 이 염소의 평균 원자량은 얼마인가?

① 34.5
② 35.5
③ 36.5
④ 37.5

해설

평균원자량 $= (35 \times 0.75) + (37 \times 0.25) = 35.5$

10 다음 중 끓는점이 가장 높은 물질은?

① HF
② HCl
③ HBr
④ HI

해설

할로젠화 수소의 세기
㉠ 산성 : $HI > HBr > HCl > HF$
㉡ 결합력 : $HF > HCl > HBr > HI$
㉢ 끓는점 : $HF > HI > HBr > HCl$

11 반감기가 5일인 미지 시료가 2g 있을 때 10일이 경과하면 남은 양은 몇 g인가?

① 2
② 1
③ 0.5
④ 0.25

해설

$$m = M \times \left(\frac{1}{2}\right)^{\frac{t}{T}} = 2 \times \left(\frac{1}{2}\right)^{\frac{10}{5}} = 0.5(g)$$

12 주기율표에서 제2주기에 있는 원소 성질 중 왼쪽에서 오른쪽으로 갈수록 감소하는 것은?

① 원자핵의 하전량
② 원자가 전자의 수
③ 원자 반지름
④ 전자껍질의 수

해설

같은 주기에서 왼쪽에서 오른쪽으로 갈수록 원자 반지름은 감소한다.

13 발갛게 달군 철에 수증기를 접촉시켜 자철광의 주성분이 생성되는 반응식으로 옳은 것은?

① $3Fe + 4H_2O \rightarrow Fe_3O_4 + 4H_2$
② $2Fe + 3H_2O \rightarrow Fe_2O_3 + 3H_2$
③ $Fe + H_2O \rightarrow FeO + H_2$
④ $Fe + 2H_2O \rightarrow FeO_2 + 2H_2$

해설

자철광(Fe_3O_4)
$3Fe + 4H_2O \rightarrow Fe_3O_4 + 4H_2$

정답 06 ④ 07 ④ 08 ④ 09 ② 10 ① 11 ③ 12 ③ 13 ①

14 Mg^{2+}와 같은 전자배치를 가지는 것은?

① Ca^{2+} ② Ar

③ Cl^- ④ F^-

해설

Mg의 전자수 12개(원자번호 12번)에서 전자 2개를 잃어버려 Mg^{2+}이 되었으므로, 전자수가 10개인 Ne과 전자배치가 같다(F^-은 원자번호가 9번이므로 전자 1개를 얻어서 전자수가 10개가 된다).

15 원자번호가 20인 Ca의 원자량은 40이다. 원자핵의 중성자 수는 얼마인가?

① 10   ② 20

③ 40   ④ 60

해설

원자량＝중성자 수＋양성자 수 ⇒ 40＝중성자 수＋20

∴ 중성자 수＝20

16 다음 물질 중 수용액에서 약한 산성을 나타내며 염화제이철 수용액과 정색반응을 하는 것은?

①   OH   ② CH_2OH

③   OH CH_3 ④   OH   COOH

해설

정색반응은 페놀류($-OH$)의 검출반응으로 이용된다.

① 페놀   ② 벤질알코올

③ 크레졸   ④ 살리실산

17 볼타 전지에 관한 설명으로 틀린 것은?

① 이온화 경향이 큰 쪽의 물질이 (－)극이다.

② (＋)극에서는 방전 시 산화반응이 일어난다.

③ 전자는 도선을 따라 (－)극에서 (＋)극으로 이동한다.

④ 전류의 방향은 전자의 이동방향과 반대이다.

해설

② (＋)극에서는 방전 시 환원반응이 일어난다.

※ 아연은 음극, 구리는 양극으로 대전한다.

18 다음에서 설명하는 이론의 명칭으로 옳은 것은?

> 같은 에너지 준위에 있는 여러 개의 오비탈에 전자가 들어갈 때는 모든 오비탈에 분산되어 들어가려고 한다.

① 러더퍼드의 법칙

② 파울리의 배타원리

③ 헨리의 법칙

④ 훈트의 규칙

해설

훈트의 규칙

원자의 전자들이 에너지 상태가 같은 궤도함수에 배치될 때, 최대한 많은 홀전자(쌍을 이루지 않은 전자)를 가지도록, 즉 스핀이 같은 방향으로 배치된다는 규칙

19 다음 화합물의 0.1mol 수용액 중에서 가장 약한 산성을 나타내는 것은?

① H_2SO_4 ② HCl

③ CH_3COOH ④ HNO_3

해설

3대 강산

염산, 황산, 질산

20 1기압의 수소 2L와 3기압의 산소 2L를 동일 온도에서 5L의 용기에 넣으면 전체 압력은 몇 기압이 되는가?

① $\frac{4}{5}$ ② $\frac{8}{5}$

③ $\frac{12}{5}$ ④ $\frac{16}{5}$

정답   14 ④   15 ②   16 ①   17 ②   18 ④   19 ③   20 ②

해설

돌턴의 분압법칙

$$P_t V_t = P_1 V_1 + P_2 V_2 \Rightarrow P_t \times 5 = (1 \times 2) + (3 \times 2)$$

$$\therefore P_t = \frac{8}{5}$$

2과목 화재예방과 소화방법

21 분말소화약제에 해당하는 착색으로 옳은 것은?

① 탄산수소칼륨 – 청색
② 제1인산암모늄 – 담홍색
③ 탄산수소칼륨 – 담홍색
④ 제1인산암모늄 – 청색

해설

종류	주성분	착색	종류	주성분	착색
제1종 분말	$NaHCO_3$	백색	제3종 분말	$NH_4H_2PO_4$	담홍색
제2종 분말	$KHCO_3$	보라색	제4종 분말	$KHCO_3 + (NH_2)_2CO$	회백색

22 위험물안전관리법령에서 정한 포소화설비의 기준에 따른 기동장치에 대한 설명으로 옳은 것은 어느 것인가?

① 자동식의 기동장치만 설치하여야 한다.
② 수동식의 기동장치만 설치하여야 한다.
③ 자동식의 기동장치와 수동식의 기동장치를 모두 설치하여야 한다.
④ 자동식의 기동장치 또는 수동식의 기동장치를 설치하여야 한다.

해설

포소화설비의 화재안전성능기준[제11조(기동장치)]
㉠ 포소화설비의 수동식 기동장치는 직접조작 또는 원격조작에 따라 가압송수장치 · 수동식개방밸브 및 소화약제 혼합장치를 기동할 수 있는 것으로 하고, 방사구역 및 특정소방대상물에 따라 적합하게 설치해야 한다.
㉡ 포소화설비의 자동식 기동장치는 자동화재탐지설비의 감지기의 작동 또는 폐쇄형스프링클러헤드의 개방과 연동하여 가압송수장치 · 일제개방밸브 및 포소화약제 혼합장치를 기동시킬 수 있도록 하되, 동결의 우려가 있는 장소의 포소화설비의 자동식 기동장치는 자동화재탐지설비와 연동되도록 해야 한다.
※ ④ 자동식의 기동장치 또는 수동식의 기동장치를 설치하여야 한다.

23 위험물안전관리법령상 위험물별 적응성이 있는 소화설비가 옳게 연결되지 않은 것은?

① 제4류 및 제5류 위험물 – 할로젠화합물 소화기
② 제4류 및 제6류 위험물 – 인산염류 분말소화기
③ 제1류 알칼리금속 과산화물 – 탄산수소염류 분말소화기
④ 제2류 및 제3류 위험물 – 팽창질석

해설

① 제4류 및 제5류 위험물 – 물분무소화설비, 포소화설비, 건조사, 팽창질석 또는 팽창진주암
※ 할로젠화합물소화설비는 제4류 위험물에는 적응성이 있으나, 제5류 위험물에는 적응성이 없다.

24 경유의 대규모 화재 발생 시 주수소화가 부적당한 이유에 대한 설명으로 가장 옳은 것은?

① 경유가 연소할 때 물과 반응하여 수소가스를 발생하여 연소를 돕기 때문에
② 주수소화하면 경유의 연소열 때문에 분해하여 산소를 발생하고 연소를 돕기 때문에
③ 경유는 물과 반응하여 유독가스를 발생하므로
④ 경유는 물보다 가볍고 또 물에 녹지 않기 때문에 화재가 널리 확대되므로

해설

④ 경유(제4류 제2석유류)로 인한 화재 시 물로 소화하면, 화재면을 확대시킬 수 있으므로 부적당하다.

정답 21 ② 22 ④ 23 ① 24 ④

제4편 과년도 기출문제 | 347

25 제조소 건축물로 외벽이 내화구조인 것의 1소요단위는 연면적이 몇 m²인가?

① 50
② 100
③ 150
④ 1,000

해설

소요단위의 기준

구분	외벽이 내화구조인 것	외벽이 내화구조가 아닌 것
제조소 또는 취급소	연면적 100m²	연면적 50m²
저장소	연면적 150m²	연면적 75m²

26 다음 중 제5류 위험물의 화재 시에 가장 적당한 소화방법은?

① 질소가스를 사용한다.
② 할로젠화합물을 사용한다.
③ 탄산가스를 사용한다.
④ 다량의 물을 사용한다.

해설

④ 제5류 위험물의 가장 효과적인 소화방법은 다량의 주수소화가 적당하다.

27 다음 중 소화기의 외부표시사항으로 거리가 먼 것은?

① 유효기간
② 적응화재표시
③ 능력단위
④ 취급상 주의사항

해설

소화기의 외부표시사항
소화기 명칭, 적응화재표시, 능력단위, 사용방법, 취급상 주의사항

28 제3종 분말소화약제의 표시 색상은?

① 백색
② 담홍색
③ 검은색
④ 회색

해설

제3종 분말소화약제의 표시 색상은 담홍색이다.

29 옥내저장소 내부에 체류하는 가연성 증기를 지붕 위로 방출시키는 배출설비를 하여야 하는 위험물은?

① 과염소산
② 과망가니즈산칼륨
③ 피리딘
④ 과산화나트륨

해설

① 제6류 위험물
② 제1류 위험물
③ 제4류 위험물
④ 제1류 위험물
※ 가연성 증기를 발생시키는 위험물은 피리딘(제4류 위험물)이다.

30 알루미늄분의 연소 시 주수소화하면 위험한 이유를 옳게 설명한 것은?

① 물에 녹아 산이 된다.
② 물과 반응하여 유독가스를 발생한다.
③ 물과 반응하여 수소가스를 발생한다.
④ 물과 반응하여 산소산스를 발생한다.

해설

③ $Al + H_2O \longrightarrow Al(OH)_3 + H_2 \uparrow$

31 전역방출방식의 할로젠화합물소화설비의 분사헤드에서 Halon 1211을 방사하는 경우의 방사압력은 얼마 이상으로 하여야 하는가?

① 0.1MPa
② 0.2MPa
③ 0.5MPa
④ 0.9MPa

해설

전역방출방식의 할로젠화합물소화설비의 분사헤드의 방사압력은 0.1MPa(할론 1211을 방출하는 것은 0.2MPa, 할론1301을 방출하는 것은 0.9MPa) 이상으로 할 것

정답 25 ② 26 ④ 27 ① 28 ② 29 ③ 30 ③ 31 ②

32 위험물안전관리법령상 옥내소화전설비가 적응성 있는 위험물의 유별로만 나열된 것은?

① 제1류 위험물, 제4류 위험물
② 제2류 위험물, 제4류 위험물
③ 제4류 위험물, 제5류 위험물
④ 제5류 위험물, 제6류 위험물

해설

옥내소화전설비에 적응성이 없는 위험물
㉠ 제1류 위험물(알칼리금속과산화물 등)
㉡ 제2류 위험물(철분·금속분·마그네슘 등)
㉢ 제3류 위험물(금수성 물품)
㉣ 제4류 위험물

33 연소 시 온도에 따른 불꽃의 색상이 잘못된 것은?

① 적색 : 약 850℃
② 황적색 : 약 1,100℃
③ 휘적색 : 약 1,200℃
④ 백적색 : 약 1,300℃

해설

③ 휘적색 : 약 950℃

34 위험물 화재가 발생하였을 경우 물과의 반응으로 인해 주수소화가 적당하지 않은 것은?

① CH_3ONO_2
② $KClO_3$
③ Li_2O_2
④ P

해설

① 제5류 위험물(질산메틸)
② 제1류 위험물(염소산칼륨)
③ 제1류 위험물(과산화리튬)
④ 제2류 위험물(적린)
※ ③ $Li_2O_2 + H_2O \rightarrow LiOH + O_2 \uparrow$

35 옥외소화전의 개폐밸브 및 호스 접속구는 지반 면으로부터 몇 m 이하의 높이에 설치해야 하는가?

① 1.5
② 2.5
③ 3.5
④ 4.5

해설

옥외소화전설비
개폐밸브 및 호스접속구는 지반면으로부터 1.5m 이하의 높이에 설치한다.

36 대한민국에서 C급 화재에 속하는 것은?

① 일반화재
② 유류화재
③ 전기화재
④ 금속화재

해설

① A급 화재
② B급 화재
③ C급 화재
④ D급 화재

37 다음 중 분진폭발을 일으킬 위험성이 가장 낮은 물질은?

① 알루미늄 분말
② 석탄
③ 밀가루
④ 시멘트 분말

해설

분진폭발을 일으키지 않는 물질 : 시멘트 분말, 모래

38 물분무소화설비가 적응성이 있는 위험물은?

① 알칼리금속과 산화물
② 금속분·마그네슘
③ 금수성 물질
④ 인화성 고체

해설

④ 인화성 고체는 주수에 의한 냉각소화가 적응성이 있다.
※ ①, ②, ③은 물과 반응하여 산소 또는 가연성 가스를 발생시킨다.

정답 32 ④ 33 ③ 34 ③ 35 ① 36 ③ 37 ④ 38 ④

39 기체의 연소 형태에 해당하는 것은?

① 표면연소　　　② 증발연소
③ 분해연소　　　④ 확산연소

해설

기체의 연소에는 발염연소, 확산연소 등이 있다.

40 다음 중 과산화나트륨의 화재에 적응성이 있는 소화기는?

① 포소화기
② 할로젠화합물소화기
③ 탄산수소염류분말소화기
④ 이산화탄소소화기

해설

소화설비의 적응성(제1류 위험물 중 알칼리금속과 산화물 등) 탄산수소염류 분말소화설비, 건조사, 팽창질석 또는 팽창진주암 등이 소화효과가 있다.

3과목 **위험물 성상 및 취급**

41 취급하는 장치가 구리나 마그네슘으로 되어 있을 때 반응을 일으켜서 폭발성의 아세틸라이드를 생성하는 물질은?

① 이황화탄소
② 이소프로필알코올
③ 산화프로필렌
④ 아세톤

해설

아세트알데하이드, 산화프로필렌 : 용기는 구리, 은, 수은, 마그네슘 또는 이의 합금을 사용하지 말 것(폭발성을 가진 아세틸라이드를 만들기 때문)

42 제3류 위험물을 취급하는 제조소와 300명 이상의 인원을 수용하는 영화상영관과의 안전거리는 몇 m 이상이어야 하는가?

① 10　　　② 20
③ 30　　　④ 50

해설

30m 이상 : 학교 · 병원 · 극장 그 밖에 다수인을 수용하는 시설

43 물보다 무겁고 비수용성인 위험물로 이루어진 것은?

① 이황화탄소, 나이트로벤젠, 크레오소트유
② 이황화탄소, 글리세린, 클로로벤젠
③ 에틸렌글리콜, 나이트로벤젠, 의산메틸
④ 초산메틸, 클로로벤젠, 크레오소트유

해설

• 수용성 위험물 : 글리세린, 에틸렌글리콜
• 액비중이 1보다 작은 것 : 의산메틸(0.97), 초산메틸(0.902)

44 위험물안전관리법령에 따른 위험물제조소의 안전거리 기준으로 틀린 것은?

① 주택으로부터 10m 이상
② 학교, 병원, 극장으로부터는 30m 이상
③ 천연기념물 및 지정문화유산으로부터는 70m 이상
④ 고압가스들을 저장 · 취급하는 시설로부터는 20m 이상

해설

③ 천연기념물 및 지정문화유산으로부터는 50m 이상

정답　39 ④　40 ③　41 ③　42 ③　43 ①　44 ③

45 위험물안전관리법령에 의한 위험물제조소의 설치기준으로 옳지 않은 것은?

① 위험물을 취급하는 기계, 기구, 기타 설비에 새거나 넘치거나 비산하는 것을 방지할 수 있는 구조로 한다.
② 위험물을 가열하거나 냉각하는 설비 또는 위험물 취급에 따라 온도 변화가 생기는 설비에는 온도측정장치를 설치하여야 한다.
③ 정전기 발생을 유효하게 제거할 수 있는 설비를 설치한다.
④ 스테인리스관을 지하에 설치할 때는 지진, 풍압, 지반, 침하, 온도 변화에 안전한 구조의 지지물을 설치한다.

> **해설**
>
> ④ 배관을 지상에 설치하는 경우에는 지진 · 풍압 · 지반침하 및 온도 변화에 안전한 구조의 지지물에 설치하되, 지면에 닿지 아니하도록 하고 배관의 외면에 부식방지를 위한 도장을 하여야 한다. 다만, 불변강관 또는 부식의 우려가 없는 재질의 배관의 경우에는 부식방지를 위한 도장을 아니할 수 있다.

46 다음 물질 중 인화점이 가장 낮은 것은?

① 다이에틸에터
② 이황화탄소
③ 아세톤
④ 벤젠

> **해설**
>
> ① 특수인화물($-45℃$)　② 특수인화물($-30℃$)
> ③ 제1석유류($-18℃$)　④ 제1석유류($-11℃$)

47 고체위험물은 운반용기 내용적의 몇 % 이하의 수납률로 수납하여야 하는가?

① 94%
② 95%
③ 98%
④ 99%

> **해설**
>
> 고체위험물은 운반용기 내용적의 95% 이하의 수납률로 수납하여야 한다.

48 적린이 공기 중에서 연소할 때 생성되는 물질은?

① P_2O
② PO_2
③ PO_3
④ P_2O_5

> **해설**
>
> $4P + 5O_2 \rightarrow 2P_2O_5$

49 휘발유를 저장하던 이동저장탱크의 상부로부터 등유나 경유를 주입할 때 액표면이 주입관의 선단을 넘는 높이가 될 때까지 그 주입관 내의 유속을 몇 m/s 이하로 하여야 하는가?

① 1
② 2
③ 3
④ 4

> **해설**
>
> 이동저장탱크에 위험물(휘발유, 등유, 경유) 교체 주입 시 액표면이 주입관의 선단을 넘는 높이가 될 때까지 그 주입관 내의 유속을 1m/s 이하로 한다.

50 위험물 제조소 건축물의 구조 기준이 아닌 것은?

① 출입구에는 60분＋방화문 · 60분방화문 또는 30분방화문을 설치할 것
② 지붕은 폭발력이 위로 방출될 정도의 가벼운 불연재료로 덮을 것
③ 벽 · 기둥 · 바닥 · 보 · 서까래 및 계단은 불연재료로 하고 연소 우려가 있는 외벽은 개구부가 없는 내화구조로 할 것
④ 산화성 고체, 가연성 고체 위험물을 취급하는 건축물의 바닥은 위험물이 스며들지 못하는 재료를 사용할 것

> **해설**
>
> ④ 액체의 위험물을 취급하는 건축물의 바닥은 위험물이 스며들지 못하는 재료를 사용하고, 적당한 경사를 두어 그 최저부에 집유설비를 한다.

정답　45 ④　46 ①　47 ②　48 ④　49 ①　50 ④

51 황린에 공기를 차단하고 약 몇 ℃로 가열하면 적린이 되는가?

① 250℃ ② 120℃
③ 44℃   ④ 34℃

해설

황린(P_4)은 공기를 차단하고 250℃로 가열하면 적린(P)이 된다.

52 운반할 때 빗물의 침투를 방지하기 위하여 방수성이 있는 피복으로 덮어야 하는 위험물은?

① TNT   ② 이황화탄소
③ 과염소산   ④ 마그네슘

해설

제2류 위험물 중 철분, 금속분, 마그네슘 또는 이들 중 어느 하나 이상을 함유한 위험물에 대하여는 방수성이 있는 피복으로 덮을 것

53 제조소등의 관계인은 당해 제조소등의 용도를 폐지한 때에는 행정안전부령이 정하는 바에 따라 제조소등의 용도를 폐지한 날부터 며칠 이내에 시·도지사에게 신고를 하여야 하는가?

① 5일   ② 7일
③ 10일 ④ 14일

해설

제조소등의 용도폐지 신고
시·도지사(폐지한 날부터 14일 이내 신고)

54 과염소산나트륨에 대한 설명 중 틀린 것은?

① 물에 녹는다.
② 산화제이다.
③ 열분해하여 염소를 방출한다.
④ 조해성이 있다.

해설

③ $NaClO_4 \xrightarrow{\Delta} NaCl + 2O_2$

55 셀룰로이드의 자연발화 형태를 가장 옳게 나타낸 것은?

① 잠열에 의한 발화
② 미생물에 의한 발화
③ 분해열에 의한 발화
④ 흡착열에 의한 발화

해설

자연발화의 형태
㉠ 산화열에 의한 발화 : 석탄, 건성유 등
㉡ 흡착열에 의한 발화 : 목탄, 활성탄 등
㉢ 발효열에 의한 발화 : 퇴비, 먼지 속 미생물 등
㉣ 분해열에 의한 발화 : 셀룰로이드, 나이트로셀룰로스 등
㉤ 중합열에 의한 발화 : 사이안화수소, 산화에틸렌, 염화바이닐 등

56 다음과 같이 위험물을 저장할 경우 각각의 지정수량 배수의 총합은 얼마인가?

- 클로로벤젠 : 1,000L
- 동식물유류 : 5,000L
- 제4석유류 : 12,000L

① 2.5   ② 3.0
③ 3.5   ④ 4.0

해설

클로로벤젠(1,000L), 동식물유류(10,000L), 제4석유류(6,000L)

지정수량 배수의 합 $= \dfrac{1,000}{1,000} + \dfrac{5,000}{10,000} + \dfrac{12,000}{6,000}$
$= 3.5$(배)

정답 51 ① 52 ④ 53 ④ 54 ③ 55 ③ 56 ③

57 위험물의 적재방법에 관한 기준으로 틀린 것은?

① 위험물은 규정에 의한 바에 따라 재해를 발생시킬 우려가 있는 물품과 함께 적재하지 아니하여야 한다.

② 적재하는 위험물의 성질에 따라 일광의 직사 또는 빗물의 침투를 방지하기 위하여 유효하게 피복하는 등 규정에서 정하는 기준에 따른 조치를 하여야 한다.

③ 운반용기는 수납구를 옆으로 향하게 하여 나란히 적재한다.

④ 위험물을 수납한 운반용기가 전도·낙하 또는 파손되지 아니하도록 적재하여야 한다.

> **해설**
>
> ③ 운반용기는 수납구를 위로 향하게 하여 적재하여야 한다.

58 지정수량 10배의 위험물을 운반할 때 혼재가 가능한 것은?

① 제1류 위험물과 제2류 위험물
② 제2류 위험물과 제3류 위험물
③ 제3류 위험물과 제5류 위험물
④ 제4류 위험물과 제5류 위험물

> **해설**
>
> 혼재 가능 위험물
> • ④ ⇨ ② ③   • ⑤ ⇨ ② ④   • ⑥ ⇨ ①

59 다음 (   ) 안에 알맞은 용어는?

> 지정수량이라 함은 위험물의 종류별로 위험성을 고려하여 (   )이(가) 정하는 수량으로서 규정에 의한 제조소등의 설치허가 등에 있어서 최저의 기준이 되는 수량을 말한다.

① 대통령령
② 국무총리령
③ 시·도지사
④ 국민안전처장관

> **해설**
>
> "지정수량"이라 함은 위험물의 종류별로 위험성을 고려하여 대통령령이 정하는 수량으로서 규정에 의한 제조소등의 설치허가 등에 있어서 최저의 기준이 되는 수량을 말한다.

60 적재 시 일광의 직사를 피하기 위하여 차광성이 있는 피복으로 가려야 하는 것은?

① 메탄올
② 과산화수소
③ 철분
④ 가솔린

> **해설**
>
> 차광성이 있는 것으로 피복하여야 할 위험물
> 제1류 위험물, 제3류 위험물 중 자연발화성 물질, 제4류 위험물 중 특수인화물, 제5류 위험물, 제6류 위험물
> ※ ① 제4류 위험물(CH_3OH)
> ② 제6류 위험물(H_2O_2)
> ③ 제2류 위험물(Fe분)
> ④ 제4류 위험물(제1석유류)

정답   57 ③   58 ④   59 ①   60 ②

2024년 제2회 CBT 기출문제

1과목 일반화학

01 폴리염화바이닐의 단위체와 합성법이 옳게 나열된 것은?

① $CH_2=CHCl$, 첨가중합
② $CH_2=CHCl$, 축합중합
③ $CH_2=CHCN$, 첨가중합
④ $CH_2=CHCN$, 축합중합

해설

폴리염화바이닐[$(CH_2CHCl)_n$]
Polyvinyl Chloride(PVC)는 에틸렌(C_2H_4)의 수소 하나를 염소로 치환첨가한 염화바이닐(CH_2CHCl)분자를 중합시켜 만든다.

02 CO_2 44g을 만들려면 C_3H_8 분자가 약 몇 개 완전연소해야 하는가?

① 2.01×10^{23}
② 2.01×10^{22}
③ 6.02×10^{23}
④ 6.02×10^{22}

해설

$$C_3H_8 + 5O_2 \rightarrow 3CO_2 + 4H_2O$$
$$x개 : 44g$$
$$6.02 \times 10^{23}개 : 3 \times 44g \quad \therefore x = 2.01 \times 10^{23}$$

03 원자량이 56인 금속 M 1.12g을 산화시켜 실험식이 M_xO_y인 산화물 1.60g을 얻었다. x, y는 각각 얼마인가?

① $x=1$, $y=2$
② $x=2$, $y=3$
③ $x=3$, $y=2$
④ $x=2$, $y=1$

해설

화합물을 만드는 모든 원소들은 반드시 당량 대 당량으로 반응한다.

$$M_{금속} + O \rightarrow M_xO_y$$

$$1.12 : 0.48 = z\,g : 8g \quad \therefore z = \frac{56}{3}$$

㉠ $M_{금속}$은 $+3$가, 산소는 -2가 이다.
㉡ 화학식은 M_2O_3가 된다.

※ 당량 $= \dfrac{원자량}{원자가} \Rightarrow \dfrac{56}{3} = \dfrac{원자량}{원자가}$

04 아세틸렌계열 탄화수소에 해당되는 것은?

① C_5H_8
② C_6H_{12}
③ C_6H_8
④ C_3H_2

해설

아세틸렌계 탄화수소 = 알킨족 탄화수소[C_nH_{2n-2}]

05 BF_3는 무극성 분자이고 NH_3는 극성 분자이다. 이 사실과 가장 관계가 있는 것은?

① 비공유 전자쌍은 BF_3에 있고 NH_3에는 없다.
② BF_3는 공유결합 물질이고 NH_3는 수소결합 물질이다.
③ BF_3는 평면 정삼각형이고 NH_3는 피라미드형 구조이다.
④ BF_3는 sp^3 혼성 오비탈을 하고 있고 NH_3는 sp^2 혼성 오비탈을 하고 있다.

해설

화학식	특징
NH_3	삼각피라미드형(sp^3 – 결합), 쌍극자 모멘트 생성
BF_3	평면 정삼각형(sp^2 – 결합), 대칭으로 인해 쌍극자 모멘트 상쇄

정답 01 ① 02 ① 03 ② 04 ① 05 ③

06 원자 A가 이온 A^{2+}로 되었을 때의 전자 수와 원자번호 n인 원자 B가 이온 B^{3-}으로 되었을 때 갖는 전자 수가 같았다면 A의 원자번호는?

① $n-1$ ② $n+2$

③ $n-3$ ④ $n+5$

〔해설〕

A 원자번호 x, B 원자번호 n

$x-2=n+3$ ∴ $x=n+5$

07 분자식 $HClO_2$의 명명으로 옳은 것은?

① 염소산   ② 아염소산

③ 차아염소산   ④ 과염소산

〔해설〕

① $HClO_3$ ② $HClO_2$

③ $HClO$ ④ $HClO_4$

08 $CH_4(g)+2O_2(g) \rightarrow CO_2(g)+2H_2O(g)$의 반응에서 메탄의 농도를 일정하게 하고 산소의 농도를 2배로 하면 동일한 온도에서 반응속도는 몇 배로 되는가?

① 2배   ② 4배

③ 6배   ④ 8배

〔해설〕

농도의 영향 : 반응속도는 반응물질의 몰농도의 곱에 비례한다.

※ 산소가 2몰이므로, 반응속도는 $2^2=4$배가 된다.

　$(V=K\times[CH_4]\times[O_2]^2=K\times[1]\times[2]^2)$

09 Be의 원자핵에 α 입자를 충격하였더니 중성자 n이 방출되었다. 다음 반응식을 완결하기 위하여 ( ) 안에 알맞은 것은?

$$Be+{}_2^4He \rightarrow (\quad)+{}_0^1n$$

① Be   ② B

③ C   ④ N

〔해설〕

${}_4^9Be+{}_2^4He \rightarrow ({}_6^{12}C)+{}_0^1n$

10 어떤 용기에 수소 1g과 산소 16g을 넣고 전기불꽃을 이용하여 반응시켜 수증기를 생성하였다. 반응 전과 동일한 온도·압력으로 유지시켰을 때, 최종 기체의 총부피는 처음 기체 총 부피의 얼마가 되는가?

① 1   ② 1/2

③ 2/3   ④ 3/4

〔해설〕

$2H_2 + O_2 \rightarrow 2H_2O$

　4　:　32　→　36

　1g　:　8g　→　9g

㉠ 처음 기체의 몰수 : H_2 1g(1/2mol),
　O_2 16g(1/2mol) = 1mol

㉡ 최종 기체의 총 몰수 : O_2는 반응 후 남은 8g(1/4mol),
　발생한 H_2O는 9g(1/2mol) = 3/4mol

∴ 최종 기체의 총부피는 처음 기체 총 부피의 3/4mol 이 된다.

11 압력이 P일 때 일정한 온도에서 일정량의 액체에 녹는 기체의 부피를 V라 하면 압력이 nP일 때 녹는 기체의 부피는?

① V/n ② nV

③ V ④ n/V

〔해설〕

헨리(Henry)의 법칙

용해도가 비교적 작은 기체의 액체에 대한 용해도는 일정한 온도하에서 질량은 압력에 비례하고 부피와는 무관하다는 법칙

※ 압력에 따라 녹는 기체의 질량은 증가할 수 있으나, 부피는 변화가 없으므로 정답은 ③이 된다.

정답　06 ④　07 ②　08 ②　09 ③　10 ④　11 ③

제4편 과년도 기출문제 | **355**

12 다음 반응에서 Na^+ 이온의 전자배치와 동일한 전자배치를 갖는 원소는?

$$Na + 에너지 \rightarrow Na^+ + e^-$$

① He ② Ne
③ Mg ④ Li

해설

Na의 전자수 11개(원자번호 11번)에서 전자 1개를 잃어버려 Na^+이 되었으므로, 전자수가 10개인 Ne과 전자배치가 같다.

13 2가의 금속 이온을 함유하는 전해질을 전기분해하여 1g당량이 20g임을 알았다. 이 금속의 원자량은?

① 40 ② 20
③ 22 ④ 18

해설

$당량 = \dfrac{원자량}{원자가} \Rightarrow 20 = \dfrac{원자량}{2} \quad \therefore x = 40(g)$

14 올레핀계 탄화수소에 해당하는 것은?

① CH_4 ② $CH_2 = CH_2$
③ $CH \equiv CH$ ④ CH_3CHO

해설

에틸렌계 탄화수소 = 알켄족 = 올레핀계 탄화수소$[C_nH_{2n}]$
① 메탄계, 파라핀계, 알칸족 탄화수소(C_nH_{2n+2})
② 에틸렌계, 올레핀계, 알켄족 탄화수소(C_nH_{2n})
③ 아세틸렌계, 알킨족 탄화수소(C_nH_{2n-2})
④ 특수인화물(아세트알데하이드)

15 다음과 같은 경향성을 나타내지 않는 것은?

$$Li < Na < K$$

① 원자번호 ② 원자반지름
③ 제1차 이온화에너지 ④ 전자수

해설

제1족 알칼리금속에 속하는 원소들로서 원자번호, 원자반지름, 전자수 등은 증가하나, 제1차 이온화에너지는 작아진다.
※ 제1차 이온화에너지 : Li(520.2), Na(495.8), K(418.8)

16 반투막을 이용해서 콜로이드 입자를 전해질이나 작은 분자로부터 분리 정제하는 것을 무엇이라 하는가?

① 틴들 ② 브라운 운동
③ 투석 ④ 전기 영동

해설

투석(Dialysis)
반투막(투석막)을 이용하여 콜로이드 용액을 정제하는 방법

17 반감기가 5일인 미지 시료가 2g 있을 때 10일이 경과하면 남은 양은 몇 g인가?

① 2 ② 1
③ 0.5 ④ 0.25

해설

$m = M \times \left(\dfrac{1}{2}\right)^{\frac{t}{T}} = 2 \times \left(\dfrac{1}{2}\right)^{\frac{10}{5}} = 0.5(g)$

18 10.0mL의 0.1M$-NaOH$를 25.0mL의 0.1M$-HCl$에 혼합하였을 때 이 혼합 용액의 pH는 얼마인가?

① 1.37 ② 2.82
③ 3.37 ④ 4.82

해설

㉠ $NV - N'V' = N''V''$
㉡ $0.1 \times 25 - 0.1 \times 10 = N'' \times 35$
㉢ $N'' = 0.0429$
$\therefore pH = -\log(0.0429) = 1.367$

정답 12 ② 13 ① 14 ② 15 ③ 16 ③ 17 ③ 18 ①

19 다음 중 3차 알코올에 해당되는 것은?

①
$$
\begin{array}{ccc}
 & OH & H & H \\
 & | & | & | \\
H-&C-&C-&C-H \\
 & | & | & | \\
 & H & H & H
\end{array}
$$

②
$$
\begin{array}{ccc}
 & H & H & H \\
 & | & | & | \\
H-&C-&C-&C-OH \\
 & | & | & | \\
 & H & H & H
\end{array}
$$

③
$$
\begin{array}{ccc}
 & H & H & H \\
 & | & | & | \\
H-&C-&C-&C-H \\
 & | & | & | \\
 & H & OH & H
\end{array}
$$

④
$$
\begin{array}{c}
 & CH_3 \\
 & | \\
CH_3-&C-&CH_3 \\
 & | \\
 & OH
\end{array}
$$

해설

알킬기 (R-) 수	1개	2개	3개
알코올의 분류	1차 알코올	2차 알코올	3차 알코올
화학식	CH_3CH_2OH	$(CH_3)_2CHOH$	$(CH_3)_3OH$
구조식	$\begin{array}{c} H \\ \| \\ R-C-OH \\ \| \\ C \end{array}$	$\begin{array}{c} R \\ \| \\ R-C-OH \\ \| \\ H \end{array}$	$\begin{array}{c} R \\ \| \\ R-C-OH \\ \| \\ R \end{array}$

20 다음과 같은 반응에서 평형을 왼쪽으로 이동 시킬 수 있는 조건은?

$$A_2(g) + 2B_2 \rightleftarrows 2AB_2(g) + 열$$

① 압력 감소, 온도 감소
② 압력 증가, 온도 증가
③ 압력 감소, 온도 증가
④ 압력 증가, 온도 감소

해설

평형이동의 법칙(왼쪽으로 이동)
• 온도 : 흡열반응이므로 온도를 높게 한다.
• 압력 : 몰수가 증가하므로 압력을 감소시킨다.

2과목 **화재예방과 소화방법**

21 보관 시 인산 등의 분해 방지 안정제를 첨가 하는 제6류 위험물에 해당하는 것은?

① 황산
② 과산화수소
③ 질산
④ 염산

해설

과산화수소[제6류 위험물]
분해 방지 안정제(인산나트륨, 인산, 요산 등)를 첨가하 여 산소분해를 억제한다.

22 위험물안전관리법령상 마른 모래(삽 1개 포 함) 50L의 능력단위는?

① 0.3
② 0.5
③ 1.0
④ 1.5

해설

소화설비	용량(L)	능력단위
소화전용 물통	8	0.3
수조(소화전용 물통 3개 포함)	80	1.5
수조(소화전용 물통 6개 포함)	190	2.5
마른 모래(삽 1개 포함)	50	0.5
팽창질석 또는 팽창진주암(삽 1개 포함)	160	1.0

23 화재 발생 시 물을 사용하여 소화할 수 있는 물질은?

① K_2O_2
② CaC_2
③ Al_4C_3
④ P_4

해설

황린(P_4)은 주수에 의한 냉각소화가 적응성이 있다.
※ ①, ②, ③은 물과 반응하여 산소 또는 가연성 가스를 발 생시킨다.

정답 19 ④ 20 ③ 21 ② 22 ② 23 ④

24 분말소화기의 각 종별 소화약제 주성분이 옳게 연결된 것은?

① 제1종 소화분말 : $KHCO_3$
② 제2종 소화분말 : $NaHCO_3$
③ 제3종 소화분말 : $NH_4H_2PO_4$
④ 제4종 소화분말 : $NaHCO_3 + (NH_2)_2CO$

해설

종류	주성분	착색	종류	주성분	착색
제1종 분말	$NaHCO_3$	백색	제3종 분말	$NH_4H_2PO_4$	담홍색
제2종 분말	$KHCO_3$	보라색	제4종 분말	$KHCO_3 + (NH_2)_2CO$	회백색

25 중유의 주된 연소 형태는?

① 표면연소
② 분해연소
③ 증발연소
④ 자기연소

해설

중유가 열에 의해 가열되면 열분해가 일어나 가연성 기체가 발생하고, 발생한 가연성 기체가 산소와 반응하여 연소하게 되므로 이는 플라스틱 등과 같은 분해연소에 해당된다.

26 인화성 액체의 화재를 나타내는 것은?

① A급 화재
② B급 화재
③ C급 화재
④ D급 화재

해설

① 일반화재
② 유류 및 가스화재
③ 전기화재
④ 금속분화재

27 과산화칼륨에 의한 화재 시 주수소화가 적합하지 않은 이유로 가장 타당한 것은?

① 산소가스가 발생하기 때문에
② 수소가스가 발생하기 때문에
③ 가연물이 발생하기 때문에
④ 금속칼륨이 발생하기 때문에

해설

$2K_2O_2 + 2H_2O \rightarrow 4KOH + O_2 \uparrow$

28 다음 중 위험물안전관리법상의 기타 소화설비에 해당하지 않는 것은?

① 마른모래
② 수조
③ 소화기
④ 팽창질석

해설

소화설비	용량(L)	능력단위
소화전용 물통	8	0.3
수조(소화전용 물통 3개 포함)	80	1.5
수조(소화전용 물통 6개 포함)	190	2.5
마른 모래(삽 1개 포함)	50	0.5
팽창질석 또는 팽창진주암(삽 1개 포함)	160	1.0

29 위험물안전관리법령상 제6류 위험물을 저장 또는 취급하는 제조소 등에 적응성이 없는 소화설비는?

① 팽창질석
② 할로젠화합물 소화기
③ 포소화기
④ 인산염류분말 소화기

해설

구분	인산염류분말 소화기	포소화기	팽창질석	할로젠화합물 소화기
제6류 위험물	○	○	○	×

※ 제6류 위험물은 할로젠화합물과 반응하기 때문에 소화효과가 없다.

30 위험물의 화재 시 주수소화하면 가연성 가스의 발생으로 인하여 위험성이 증가하는 것은?

① 황
② 염소산칼륨
③ 인화칼슘
④ 질산암모늄

정답 24 ③ 25 ② 26 ② 27 ① 28 ③ 29 ② 30 ③

358 | 위험물산업기사 필기

해설

③ $Ca_3P_2 + 6H_2O \rightarrow 3Ca(OH)_2 + PH_3$
※ ①(2류), ②, ④(1류)는 주수소화에 효과가 있다.

31 제조소 또는 일반취급소에서 취급하는 제4류 위험물의 최대수량의 합이 지정수량의 12만배 미만인 사업소의 자체소방대에 두는 화학소방자동차와 자체소방대원의 기준으로 옳은 것은?

① 1대, 5인
② 2대, 10인
③ 3대, 15인
④ 4대, 20인

해설

자체소방대에 두는 화학소방자동차 및 인원

제조소 및 일반취급소의 구분	화학소방자동차	조작인원
지정수량의 12만 배 미만을 저장·취급하는 것	1대	5인
지정수량의 12만 배 이상 24만 배 미만을 저장·취급하는 것	2대	10인
지정수량의 24만 배 이상 48만 배 미만을 저장·취급하는 것	3대	15인
지정수량의 48만 배 이상을 저장·취급하는 것	4대	20인

32 이산화탄소소화기에 대한 설명으로 옳은 것은?

① C급 화재에는 적응성이 없다.
② 다량의 물질이 연소하는 A급 화재에 가장 효과적이다.
③ 밀폐되지 않은 공간에서 사용할 때 가장 소화효과가 좋다.
④ 방출용 동력이 별도로 필요하지 않다.

해설

① C급 화재에 적응성이 있다.
② 다량의 물질이 연소하는 A급 화재에는 효과가 떨어진다.
③ 밀폐된 거실 및 사무실로서 그 바닥 면적이 20m² 미만인 곳은 사용을 금한다.
④ 이산화탄소 자체의 압력을 사용하므로 방출용 동력이 별도로 필요하지 않다.

33 제1석유류를 저장하는 옥외탱크저장소에 특형 포방출구를 설치하는 경우에 방출률은 액표면적 1m²당 1분에 몇 리터 이상이어야 하는가?

① 9.5L
② 8.0L
③ 6.5L
④ 3.7L

해설

비수용성 위험물의 방출구별 방출량과 시간

포방출구의 종류, 방출률 및 방사시간 / 제4류 위험물	Ⅰ형		Ⅱ형 Ⅲ형 Ⅳ형		특형	
	방출률 (L/m²·min)	방사시간 (min)	방출률 (L/m²·min)	방사시간 (min)	방출률 (L/m²·min)	방사시간 (min)
인화점이 21℃ 미만	4	30	4	55	8	30
인화점이 21℃ 이상 70℃ 미만	4	20	4	30	8	20
인화점이 70℃ 이상	4	15	4	25	8	15

34 위험물저장소 건축물의 외벽이 내화구조인 것은 연면적 얼마를 1소요단위로 하는가?

① 50m²
② 75m²
③ 100m²
④ 150m²

해설

1소요단위의 기준

구분	외벽이 내화구조인 것	외벽이 내화구조가 아닌 것
제조소 또는 취급소	연면적 100m²	연면적 50m²
저장소	연면적 150m²	연면적 75m²
위험물	지정수량 10배	

정답 31. ① 32. ④ 33. ② 34. ④

35 제3종 분말소화약제의 제조 시 사용되는 실리콘 오일의 용도는?

① 경화제   ② 발수제
③ 탈색제   ④ 착색제

해설

실리콘 오일은 분말소화약제 입자가 습기와 반응하여 고화되는 것을 방지하고, 유동성을 높이는 데 사용된다.

36 제1종 분말소화약제가 1차 열분해되어 표준상태를 기준으로 $10m^3$의 탄산가스가 생성되었다. 몇 kg의 탄산수소나트륨이 사용되었는가?(단, 나트륨의 원자량은 23이다.)

① 18.75   ② 37
③ 56.25   ④ 75

해설

$2NaHCO_3 \longrightarrow Na_2CO_3 + CO_2 + H_2O$

$x$kg   : $10m^3$

2×84kg   : $22.4m^3$

$\therefore \ x = 75$(kg)

37 다이에틸에터 2,000L와 아세톤 4,000L를 옥내저장소에 저장하고 있다면 총 소요단위는 얼마인가?

① 5   ② 6
③ 7   ④ 8

해설

㉠ 다이에틸에터(지정수량 50L), 아세톤(지정수량 400L)
㉡ 1소요단위 = 지정수량의 10배
㉢ 총 소요단위 $= \dfrac{2,000}{50 \times 10배} \times \dfrac{4,000}{400 \times 10배} = 5$(단위)

38 탱크 내 액체가 급격히 비등하고 증기가 팽창하면서 폭발을 일으키는 현상은?

① Fire Ball   ② Back Draft
③ Bleve   ④ Flash Over

해설

BLEVE(Boiling Liquid Expanding Vapor Explosion)
탱크 내에서 비등상태의 액화가스가 기화하여 팽창하고 폭발하는 현상

39 펌프와 발포기의 중간에 설치된 벤투리관의 벤투리 작용과 펌프가압수의 포소화약제 저장탱크에 대한 압력에 의하여 포소화약제를 흡입, 혼합하는 방식은?

① 라인프로포셔너 방식
② 프레셔프로포셔너 방식
③ 프레셔사이드프로포셔너 방식
④ 펌프프로포셔너 방식

해설

프레셔프로포셔너 방식

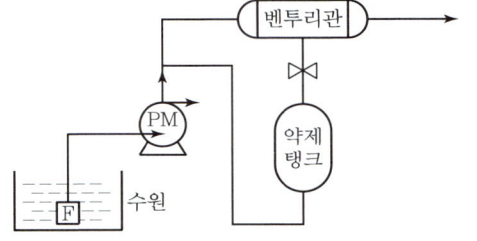

40 이산화탄소소화설비의 기준에서 저압식 저장용기에 반드시 설치하도록 규정한 부품이 아닌 것은?

① 액면계   ② 압력계
③ 용기밸브   ④ 파괴판

해설

저압식 저장용기에는 안전밸브, 봉판, 액면계, 압력계, 압력경보장치(파괴판) 및 자동냉동장치 등의 안전장치를 설치할 것

정답   35 ②   36 ④   37 ①   38 ③   39 ②   40 ③

3과목 위험물 성상 및 취급

41 위험물의 저장방법에 대한 설명 중 틀린 것은?

① 황린은 산화제와 혼합되지 않게 저장한다.
② 황은 정전기가 축적되지 않도록 저장한다.
③ 적린은 인화성 물질로부터 격리 저장한다.
④ 마그네슘은 분진을 방지하기 위해 약간의 수분을 포함시켜 저장한다.

해설

④ 마그네슘은 물과 접촉하면 가연성 가스인 수소가 발생한다.
$$[Mg + 2H_2O \rightarrow Mg(OH)_2 + H_2 \uparrow]$$

42 피리딘에 대한 설명 중 틀린 것은?

① 물보다 가벼운 액체이다.
② 인화점이 30℃보다 낮다.
③ 제1석유류이다.
④ 지정수량은 200리터이다.

해설

④ 지정수량은 400리터이다(제1석유류, 수용성).

43 물과 반응하였을 때 발생하는 가연성 가스의 종류가 나머지 셋과 다른 하나는?

① 탄화리튬   ② 탄화마그네슘
③ 탄화칼슘   ④ 탄화알루미늄

해설

① $Li_2C_2 + 2H_2O \rightarrow 2LiOH + C_2H_2$
② $MgC_2 + 2H_2O \rightarrow Mg(OH)_2 + C_2H_2$
③ $CaC_2 + 2H_2O \rightarrow Ca(OH)_2 + C_2H_2$
④ $Al_4C_3 + 12H_2O \rightarrow 4Al(OH)_3 + 3CH_4$

44 아세톤에 관한 설명 중 틀린 것은?

① 무색의 액체로서 특이한 냄새를 가지고 있다.
② 가연성이며 비중은 물보다 작다.
③ 화재 발생 시 이산화탄소나 포에 의한 소화가 가능하다.
④ 알코올, 에터에 녹지 않는다.

해설

④ 물, 유기용제(알코올, 에터)에 잘 녹는다.

45 인화석회가 물과 반응하여 생성되는 기체는?

① 포스핀   ② 아세틸렌
③ 이산화탄소   ④ 수산화칼슘

해설

$Ca_3P_2 + 6H_2O \rightarrow 3Ca(OH)_2 + 2PH_3$(포스핀)

46 위험물안전관리법령상 위험물제조소에 설치하는 "물기엄금" 게시판의 색으로 옳은 것은?

① 청색 바탕 백색 글씨
② 백색 바탕 청색 글씨
③ 황색 바탕 청색 글씨
④ 청색 바탕 황색 글씨

해설

위험물 종류	주의사항	바탕색	문자색
제1류 위험물 중 알칼리금속의 과산화물 제3류 위험물 중 금수성 물질	물기엄금	청색	백색
제2류 위험물 (인화성 고체는 제외)	화기주의	적색	백색
제2류 위험물 중 인화성 고체 제3류 위험물 중 자연발화성 물질 제4류 위험물 제5류 위험물	화기엄금	적색	백색

정답 41 ④ 42 ④ 43 ④ 44 ④ 45 ① 46 ①

47 물보다 무겁고 물에 녹지 않아 저장 시 가연성 증기 발생을 억제하기 위해 콘크리트 수조 속의 위험물탱크에 저장하는 물질은?

① 다이에틸에터　　　② 에탄올
③ 이황화탄소　　　　④ 아세트알데하이드

해설

이황화탄소의 옥외저장탱크는 벽 및 바닥의 두께가 0.2m 이상이고, 누수가 되지 아니하는 철근콘크리트의 수조에 넣어 보관하여야 한다.

48 제4류 위험물의 성질 및 취급 시 주의사항에 대한 설명 중 거리가 먼 것은?

① 액체의 비중은 물보다 가벼운 것이 많다.
② 대부분 증기는 공기보다 무겁다.
③ 제1석유류와 제2석유류는 비점으로 구분한다.
④ 정전기 발생에 주의하여 취급하여야 한다.

해설

③ 제1석유류와 제2석유류는 인화점으로 구분한다.

49 위험물안전관리법령에서 정한 위험물의 운반에 관한 설명으로 옳은 것은?

① 위험물을 화물차량으로 운반하면 특별히 규제받지 않는다.
② 승용차량으로 위험물을 운반할 경우에만 운반의 규제를 받는다.
③ 지정수량 이상의 위험물을 운반할 경우에만 운반의 규제를 받는다.
④ 위험물을 운반할 경우 그 양의 다소를 불문하고 운반의 규제를 받는다.

해설

④ 위험물을 운반할 경우 그 양의 다소를 불문하고 운반의 규제를 받는다.

50 제5류 위험물의 일반적인 취급 및 소화방법으로 틀린 것은?

① 운반용기 외부에는 주의사항으로 화기엄금 및 충격주의 표시를 한다.
② 화재 시 소화방법으로는 질식소화가 가장 이상적이다.
③ 대량 화재 시 소화가 곤란하므로 가급적 소분하여 저장한다.
④ 화재 시 폭발의 위험성이 있으므로 충분한 안전거리를 확보하여야 한다.

해설

② 화재 시 소화방법으로는 다량의 주수소화가 가장 효과적이다.

51 오황화인이 물과 작용해서 발생하는 유독성 기체는?

① 아황산가스　　　② 포스겐
③ 황화수소　　　　④ 인화수소

해설

$P_2S_5 + 8H_2O \rightarrow 5H_2S + 2H_3PO_4$

52 이동저장탱크로부터 위험물을 저장 또는 취급하는 탱크에 인화점이 몇 ℃ 미만인 위험물을 주입할 때에는 이동탱크저장소의 원동기를 정지시켜야 하는가?

① 21　　　　　② 40
③ 71　　　　　④ 200

해설

④ 자동차 등에 인화점 40℃ 미만의 위험물을 주유할 때에는 자동차 등의 원동기를 정지시킬 것. 다만, 연료탱크에 위험물을 주유하는 동안 방출되는 가연성 증기를 회수하는 설비가 부착된 고정주유설비에 의하여 주유하는 경우에는 그러하지 아니하다.

정답　47 ③　48 ③　49 ④　50 ②　51 ③　52 ②

53 산화프로필렌 300L, 메탄올 400L, 벤젠 200L를 저장하고 있는 경우 각각 지정수량 배수의 총합은 얼마인가?

① 4   ② 6
③ 8   ④ 10

[해설]

산화프로필렌(50L), 메탄올(400L), 벤젠(200L)

지정수량 배수의 합 $= \dfrac{300}{50} + \dfrac{400}{400} + \dfrac{200}{200} = 8$(배)

54 A 업체에서 제조한 위험물을 B 업체로 운반할 때 규정에 의한 운반용기에 수납하지 않아도 되는 위험물은?(단, 지정수량의 2배 이상인 경우이다.)

① 덩어리 상태의 황   ② 금속분
③ 삼산화크로뮴   ④ 염소산나트륨

[해설]

위험물은 규정에 의한 운반용기에 정해진 기준에 따라 수납하여 적재하여야 한다. 다만, 덩어리 상태의 황을 운반하기 위하여 적재하는 경우 또는 위험물을 동일구내에 있는 제조소등의 상호 간에 운반하기 위하여 적재하는 경우에는 그러하지 아니하다.

55 이송취급소 배관 등의 용접부는 비파괴시험을 실시하여 합격하여야 한다. 이 경우 이송기지 내의 지상에 설치되는 배관 등은 전체 용접부의 몇 % 이상 발췌하여 시험할 수 있는가?

① 10   ② 15
③ 20   ④ 25

[해설]

비파괴시험
배관 등의 용접부는 비파괴시험을 실시하여 합격할 것. 이 경우 이송기지 내의 지상에 설치된 배관 등은 전체 용접부의 20% 이상을 발췌하여 시험할 수 있다.

56 다음 ( ) 안에 알맞은 수치는?(단, 인화점이 200℃ 이상인 위험물은 제외한다.)

> 옥외저장탱크의 지름이 15m 미만인 경우에 방유제는 탱크의 옆판으로부터 탱크 높이의 ( ) 이상이 격하여야 한다.

① $\dfrac{1}{3}$ ② $\dfrac{1}{2}$
③ $\dfrac{1}{4}$ ④ $\dfrac{2}{3}$

[해설]

방유제와 탱크 측면과의 이격거리(인화점이 200℃ 이상인 위험물은 제외)

- 탱크 지름이 15m 미만인 경우 : 탱크 높이의 $\dfrac{1}{3}$ 이상
- 탱크 지름이 15m 이상인 경우 : 탱크 높이의 $\dfrac{1}{2}$ 이상

57 황화인에 대한 설명 중 잘못된 것은?

① P_4S_3는 황색 결정 덩어리로 조해성이 있고, 공기 중 약 50℃에서 발화한다.
② P_2S_5는 담황색 결정으로 조해성이 있고, 알칼리와 분해하여 가연성 가스를 발생한다.
③ P_4S_7 담황색 결정으로 조해성이 있고, 온수에 녹아 유독한 H_2S를 발생한다.
④ P_4S_3과 P_2S_5의 연소생성물은 모두 P_2O_5와 SO_2이다.

[해설]

① 삼황화인(P_4S_3)은 황색 결정 덩어리로 조해성은 없고, 공기 중 약 100℃에서 발화한다.

58 다음 중 제1석유류에 해당하는 것은?

① 염화아세틸   ② 아크릴산
③ 클로로벤젠   ④ 아세트산

[해설]

① 제1석유류   ② 제2석유류
③ 제2석유류   ④ 제2석유류

정답   53 ③   54 ①   55 ③   56 ①   57 ①   58 ①

59 지정수량 이상의 위험물을 차량으로 운반할 때에 대한 설명으로 틀린 것은?

① 운반하는 위험물에 적응성이 있는 소형 수동식 소화기를 구비한다.
② 위험물 또는 위험물을 수납한 용기가 현저하게 마찰 또는 동요되지 않도록 운반한다.
③ 위험물이 현저하게 새어 재난발생 우려가 있는 경우 응급조치를 한 후 목적지로 이동하고 목적지 관계기관에 통보한다.
④ 휴식, 고장 등으로 차량을 일시 정차시킬 때는 안전한 장소를 택하고 위험물의 안전 확보에 주의한다.

해설

③ 운전자는 물질의 운송 도중 물질이 누출 우려가 있거나 현저하게 새는 등 재난발생의 우려가 있는 경우에는 응급조치를 강구하는 동시에 가까운 소방관서, 지방환경관서 그 밖의 관계기관에 통보하여야 하며, 물질을 도난당하거나 분실한 때에는 즉시 그 내용을 경찰서에 신고하여야 한다.

60 지정수량 10배의 위험물을 취급할 때 혼재가 가능한 것은?

① 제1류 위험물과 제2류 위험물
② 제2류 위험물과 제3류 위험물
③ 제3류 위험물과 제4류 위험물
④ 제5류 위험물과 제6류 위험물

해설

혼재 가능 위험물
• 4 ⇨ 2 3   • 5 ⇨ 2 4   • 6 ⇨ 1

2024년 제3회 CBT 기출문제

1과목 일반화학

01 비활성 기체 원자 Ar과 같은 전자배치를 가지고 있는 것은?

① Na^+ ② Li^+
③ Al^{3+} ④ S^{2-}

해설

① $11 - 1 = 10$(개)   ② $3 - 1 = 2$(개)
③ $13 - 3 = 10$(개)   ④ $16 + 2 = 18$(개)
※ Ar의 전자수 18개(원자번호 18번)

02 알루미늄 이온(Al^{3+}) 한 개에 대한 설명으로 틀린 것은?

① 질량 수는 27이다.
② 양성자 수는 13이다.
③ 중성자 수는 13이다.
④ 전자 수는 10이다.

해설

알루미늄 이온(Al^{3+})
① 원자량(질량) = 양성자 수 + 중성자 수 = $13 + 14 = 27$
② 양성자 수 = 13
③ 중성자 수 = 14
④ 전자 수 = $13 - 3 = 10$

03 휘발성 유기물 1.39g을 증발시켰더니 100℃, 760mmHg에서 420mL였다. 이 물질의 분자량은 약 몇 g/mol인가?

① 53   ② 73
③ 101   ④ 150

해설

$$PV = \frac{W}{M}RT$$

$$M = \frac{WRT}{PV} = \frac{1.39 \times 0.082 \times (273 + 100)}{\frac{760}{760} \times 0.420} = 101.2(\text{g})$$

04 다음 중 전리도가 가장 커지는 경우는?

① 농도와 온도가 일정할 때
② 농도가 진하고 온도가 높을수록
③ 농도가 묽고 온도가 높을수록
④ 농도가 진하고 온도가 낮을수록

해설

③ 전리도는 농도가 묽고, 온도가 높을수록 커진다.

05 방사선 동위원소의 반감기가 20일일 때 40일이 지난 후 남은 원소의 분율은?

① $\frac{1}{2}$ ② $\frac{1}{3}$
③ $\frac{1}{4}$ ④ $\frac{1}{6}$

해설

$$m = M \times \left(\frac{1}{2}\right)^{\frac{t}{T}} = M \times \left(\frac{1}{2}\right)^{\frac{40}{20}} = \frac{1}{4} \times M$$

06 물 450g에 NaOH 80g이 녹아 있는 용액에서 NaOH의 몰분율은?(단, Na의 원자량은 23이다.)

① 0.074   ② 0.178
③ 0.200   ④ 0.450

정답 01 ④   02 ③   03 ③   04 ③   05 ③   06 ①

> **해설**

$1mol : H_2O(18g), NaOH(40g)$

$$몰분율 = \frac{2mol}{25mol + 2mol} = 0.074$$

07 원소 질량의 표준이 되는 것은?

① ^{1}H

② ^{12}C

③ ^{16}O

④ ^{235}U

> **해설**
>
> **원자량**
>
> 질량수가 12인 탄소원자($^{12}_{6}C$) 1개의 질량을 12로 정하고, 이것을 기준으로 하여 비교한 다른 원자의 상대적인 질량의 값으로 정의한다.

08 분자식이 같으면서도 구조가 다른 유기화합물을 무엇이라고 하는가?

① 이성질체

② 동소체

③ 동위원소

④ 방향족화합물

> **해설**
>
> ① 이성질체의 정의이다.

09 아미노기와 카르복실기가 동시에 존재하는 화합물은?

① 식초산

② 석탄산

③ 아미노산

④ 아민

> **해설**
>
> ① CH_3COOH
> ② C_6H_5OH
> ③ $NH_2 - CHR - COOH$
> ④ NH_2
> ※ ㉠ 아미노기 : NH_2
> ㉡ 카르복실기 : $COOH$

10 H_2O가 H_2S보다 비등점이 높은 이유는 무엇인가?

① 분자량이 적기 때문에

② 수소결합을 하고 있기 때문에

③ 공유결합을 하고 있기 때문에

④ 이온결합을 하고 있기 때문에

> **해설**
>
> 수소결합(H_2O)은 공유결합(H_2S)에 비해 녹는점, 비등점이 높다(물은 수소결합, 공유결합을 하고, 황화수소는 공유결합만 한다).

11 사이클로헥산에 대한 설명으로 옳은 것은?

① 불포화고리 탄화수소이다.

② 불포화사슬 탄화수소이다.

③ 포화고리 탄화수소이다.

④ 포화사슬 탄화수소이다.

> **해설**
>
> ③ C_6H_{12}은 포화고리모양의 탄화수소이다.

12 커플링(Coupling)반응 생성물과 관계 있는 것은?

① $-NH_2$

② $-CH_3$

③ $-COOH$

④ $-N=N-$

> **해설**
>
> 아조 화합물을 만드는 반응을 커플링반응이라 하고 작용하는 작용기는 다이아조기($-N=N-$)이다.

13 부틸알코올과 이성질체인 것은?

① 메틸알코올

② 다이에틸에터

③ 아세트산

④ 아세트알데하이드

정답 07 ② 08 ① 09 ③ 10 ② 11 ③ 12 ④ 13 ②

해설

① CH_3OH ② $C_2H_5OC_2H_5$
③ CH_3COOH ④ CH_3CHO

※ 이성질체는 분자식은 같으나 시성식이나 구조식이 다른 것을 말한다[부틸알코올(C_4H_9OH)].

14 산소분자 1개의 질량을 구하기 위하여 필요한 것은?

① 아보가드로수와 원자가
② 아보가드로수와 분자량
③ 원자량과 원자번호
④ 질량수와 원자가

해설

질량을 구하기 위한 조건
㉠ 산소분자 : 분자량이 필요하다.
㉡ 1개 : 아보가드로수가 필요하다.

15 다음 물질 중 질소를 함유하는 것은?

① 나일론   ② 폴리에틸렌
③ 폴리염화바이닐   ④ 프로필렌

해설

① $C_{12}H_{22}N_2O_2$
② $(C_2H_4)_n$
③ $(C_2H_3Cl)_n$
④ C_3H_6

16 물 2.5L 중에 어떤 불순물이 10mg 함유되어 있다면 약 몇 ppm으로 나타낼 수 있는가?

① 0.4   ② 1
③ 4   ④ 40

해설

$1ppm = 1\dfrac{mg}{L}$ 이므로 $\dfrac{10mg}{2.5L} = 4ppm$

17 다음 물질에 대한 설명 중 틀린 것은?

① 물은 산소와 수소의 화합물이다.
② 산소와 수은은 단체이다.
③ 염화나트륨은 염소와 나트륨의 혼합물이다.
④ 산소와 오존은 동소체이다.

해설

③ 염화나트륨은 염소와 나트륨의 화합물이다.

18 20℃에서 NaCl 포화용액을 잘 설명한 것은?(단, 20℃에서 NaCl의 용해도는 36이다.)

① 용액 100g 중에 NaCl이 36g 녹아 있을 때
② 용액 100g 중에 NaCl이 136g 녹아 있을 때
③ 용액 136g 중에 NaCl이 36g 녹아 있을 때
④ 용액 136g 중에 NaCl이 136g 녹아 있을 때

해설

용해도
㉠ 정해진 온도에서 용매(물) 100g에 녹아 있는 용질(NaCl)의 질량(g)을 말한다.
㉡ 용해도 36 = 용매 100g + 용질 36g
∴ 용액 136g 중에 NaCl이 36g, 물이 100g이라는 것을 뜻한다.

19 다음 물질 중 산성 산화물은?

① CaO   ② Na_2O
③ CO_2 ④ MgO

해설

• 산성 산화물(= 비금속 산화물) : ③
• 염기성 산화물(= 금속 산화물) : ①, ②, ④

20 다음 금속을 질산은용액에 담갔을 때 은(Ag)이 석출되지 않는 것은?

① 백금   ② 납
③ 구리   ④ 아연

정답　14 ②　15 ①　16 ③　17 ③　18 ③　19 ③　20 ①

제4편 과년도 기출문제 | **367**

해설

① 백금(Pt)은 질산은용액($AgNO_3$)과 반응하지 않는다.
※ 은(Ag)보다 이온화 경향이 작은 금속은 백금(Pt)과 금(Au)이다.

2과목 **화재예방과 소화방법**

21 다음 중 가연물이 될 수 있는 것은?

① CS_2
② H_2O_2
③ CO_2
④ He

해설

① 제4류 위험물(특수인화물)
② 제6류 위험물(산화성 액체)
③ 산소와 더 이상 반응하지 않는 물질
④ 주기율표의 O족 원소

22 수소화나트륨 저장창고에 화재가 발생하였을 때 주수소화가 부적합한 이유로 옳은 것은?

① 발열반응을 일으키고, 수소를 발생한다.
② 수화반응을 일으키고, 수소를 발생한다.
③ 중화반응을 일으키고, 수소를 발생한다.
④ 중합반응을 일으키고, 수소를 발생한다.

해설

$NaH + H_2O \rightarrow NaOH + H_2 + 열$

23 이산화탄소를 소화약제로 사용하는 이유로서 옳은 것은?

① 산소와 결합하지 않기 때문에
② 산화반응을 일으키나 발열량이 적기 때문에
③ 산소와 결합하나 흡열반응을 일으키기 때문에
④ 산화반응을 일으키나 환원반응도 일으키기 때문에

해설

① 이산화탄소는 산소와 더 이상 반응하지 않는 물질이기 때문에 소화약제로 사용이 가능하다.

24 할로젠화합물인 Halon 1301의 분자식은?

① CH_3Br
② CCl_4
③ CF_2Br_2
④ CF_3Br

해설

할론 번호(Halon 번호)의 구성은 천자리 숫자는 C의 개수(1개), 백자리 숫자는 F의 개수(3개), 십자리 숫자는 Cl의 개수(0개), 일자리 숫자는 Br의 개수(1개)를 나타낸다(CF_3Br).

25 이산화탄소소화설비의 저압식 저장용기에 설치하는 압력경보장치의 작동압력은?

① 1.9MPa 이상의 압력 및 1.5MPa 이하의 압력
② 2.3MPa 이상의 압력 및 1.9MPa 이하의 압력
③ 3.75MPa 이상의 압력 및 2.3MPa 이하의 압력
④ 4.5MPa 이상의 압력 및 3.75MPa 이하의 압력

해설

저압식 저장용기에는 1.9MPa 이하, 2.3MPa 이상의 압력에서 작동하는 압력경보장치를 설치한다.

26 제4류 위험물의 저장·취급 시 화재예방 및 주의사항에 대한 일반적인 설명으로 틀린 것은?

① 증기의 누출에 유의할 것
② 증기는 낮은 곳에 체류하기 쉬우므로 조심할 것
③ 전도성이 좋은 석유류는 정전기 발생에 유의할 것
④ 서늘하고 통풍이 양호한 곳에 저장할 것

해설

③ 전도성이 좋지 않은 석유류는 정전기 발생에 유의할 것

정답 21 ① 22 ① 23 ① 24 ④ 25 ② 26 ③

27 인화점이 38℃ 이상인 제4류 위험물 취급을 주된 작업내용으로 하는 장소에 스프링클러설비를 설치할 경우 확보하여야 하는 1분당 방사밀도는 몇 L/m² 이상이어야 하는가?(단, 살수기준면적은 250m²이다.)

① 12.2
② 13.9
③ 15.5
④ 16.3

해설

살수기준면적(m²)	방사밀도(L/m²분)	
	인화점 38℃ 미만	인화점 38℃ 이상
279 미만	16.3 이상	12.2 이상
279 이상 372 미만	15.5 이상	11.8 이상
372 이상 465 미만	13.9 이상	9.8 이상
465 이상	12.2 이상	8.1 이상

28 제1종 분말소화약제가 1차 열분해되어 표준상태를 기준으로 2m³의 탄산가스가 생성되었다. 몇 kg의 탄산수소나트륨이 사용되었는가?(단, 나트륨의 원자량은 23이다.)

① 15
② 37
③ 56.25
④ 75

해설

$2NaHCO_3 \rightarrow Na_2CO_3 + CO_2 + H_2O$

x kg : 2m³

2×84kg : 22.4m³

∴ $x = 15$(kg)

29 할로겐화합물소화약제를 구성하는 할로겐원소가 아닌 것은?

① 불소(F)
② 염소(Cl)
③ 브로민(Br)
④ 네온(Ne)

해설

할로겐화합물소화약제

CF_3Br(Halon 1301), CF_2ClBr(Halon 1211), CH_2ClBr(Halon 1011), $C_2F_4Br_2$(Halon 2402) 등

30 위험물제조소등에 설치된 옥외소화전설비는 모든 옥외소화전(설치개수가 4개 이상인 경우는 4개의 옥외소화전)을 동시에 사용할 경우에 각 노즐선단의 방수압력은 몇 kPa 이상이어야 하는가?

① 170
② 350
③ 420
④ 540

해설

옥외소화전설비의 노즐선단의 방수압력이 350kPa 이상이고 방수량이 1분당 260L 이상의 성능이 되도록 할 것

31 제1인산암모늄을 주성분으로 하는 분말소화약제에서 발수제 역할을 하는 물질은?

① 실리콘 오일
② 실리카겔
③ 활성탄
④ 소다라임

해설

발수제(실리콘 오일)는 분말소화약제 입자가 습기와 반응하여 고화되는 것을 방지하고, 유동성을 높이는 데 사용된다.

32 Halon 1301 소화약제의 특성에 관한 설명으로 옳지 않은 것은?

① 상온, 상압에서 기체로 존재한다.
② 비전도성이다.
③ 공기보다 가볍다.
④ 고압용기 내에 액체로 보존한다.

해설

③ 공기보다 무겁다.

※ $CF_3Br = 12 + (19 \times 3) + 80 = 149$

33 제2류 위험물 중 철분의 화재에 적응성이 있는 소화약제는?

① 인산염류분말소화설비
② 이산화탄소소화설비
③ 탄산수소염류분말소화설비
④ 할로겐화합물소화설비

정답 27 ① 28 ① 29 ④ 30 ② 31 ① 32 ③ 33 ③

제4편 과년도 기출문제 | **369**

해설

구분	분말소화기		이산화 탄소	할로젠 화합물
	인산염류	탄산수소염류		
제2류 위험물 (철분·금속분· 마그네슘 등)	×	○	×	×

34 메탄올 40,000L는 소요단위가 얼마인가?

① 5단위
② 10단위
③ 15단위
④ 20단위

해설

㉠ 메탄올의 지정수량 : 제4류 위험물(알코올류) 400L
㉡ 1소요단위 = 지정수량 10배

$\therefore$ 소요단위 $= \dfrac{40,000\,L}{400\,L \times 10배} = 10(단위)$

35 물과 반응하였을 때 발생하는 가스의 종류가 나머지 셋과 다른 하나는?

① 알루미늄분
② 칼슘
③ 탄화칼슘
④ 수소화칼슘

해설

알루미늄분, 칼슘, 수소화칼슘은 물과 반응하여 H_2 기체를 발생시킨다.
※ ③ $CaC_2 + 2H_2O \rightarrow Ca(OH)_2 + C_2H_2 \uparrow$

36 물통 또는 수조를 이용한 소화가 공통적으로 적응성이 있는 위험물은 제 몇 류 위험물인가?

① 제2류 위험물
② 제3류 위험물
③ 제4류 위험물
④ 제5류 위험물

해설

제5류 위험물의 소화방법은 다량의 주수소화(물통 또는 수조)가 가장 효과적이다.

37 포소화약제의 종류에 해당되지 않는 것은?

① 단백포소화약제
② 합성계면활성제포소화약제
③ 수성막포소화약제
④ 액표면포소화약제

해설

(기계)포소화약제의 종류
단백포소화약제, 합성계면활성제포소화약제, 수성막포소화약제, 내알코올포소화약제 등이 있다.

38 전기불꽃 에너지 공식에서 (   )에 알맞은 것은?(단, Q는 전기량, V는 방전전압, C는 전기용량을 나타낸다.)

$$E = \frac{1}{2}(\quad) = \frac{1}{2}(\quad)$$

① QV, CV
② QC, CV
③ QV, CV^2
④ QC, QV^2

해설

전기불꽃 에너지(E)
$E = \dfrac{1}{2}QV = \dfrac{1}{2}CV^2$

여기서, Q : 전기량, V : 방전전압, C : 전기용량

39 소요단위에 대한 설명으로 옳은 것은?

① 소화설비의 설치대상이 되는 건축물, 그 밖의 공작물의 규모 또는 위험물의 양의 기준단위이다.
② 소화설비 소화능력의 기준단위이다.
③ 저장소의 건축물은 외벽이 내화구조인 것은 연면적 75m²를 1소요단위로 한다.
④ 지정수량 100배를 1소요단위로 한다.

해설

소요단위
소화설비의 설치대상이 되는 건축물 그 밖의 공작물의 규모 또는 위험물 양의 기준단위이다.

정답 34 ② 35 ③ 36 ④ 37 ④ 38 ③ 39 ①

40 탄산칼륨을 첨가한 것으로 물의 빙점을 낮추어 한랭지 또는 겨울철에 사용이 가능한 소화기는?

① 산·알칼리 소화기
② 할로젠화합물 소화기
③ 분말 소화기
④ 강화액 소화기

해설

강화액소화약제
물소화약제의 어는점을 낮추어 한랭지역에서도 사용 가능하도록 물에 탄산칼륨(K_2CO_3)을 보강시켜 만든 소화약제이다.

3과목 **위험물 성상 및 취급**

41 가연성 물질이며 산소를 다량 함유하고 있기 때문에 자기연소가 가능한 물질은?

① $C_6H_2CH_3(NO_2)_3$
② $CH_3COC_2H_5$
③ $NaClO_4$
④ HNO_3

해설

① 제5류 위험물(트라이나이트로톨루엔)
② 제4류 위험물 제1석유류(틸에틸케톤)
③ 제1류 위험물(과염소산나트륨)
④ 제6류 위험물(질산)

---

42 위험물을 저장 또는 취급하는 탱크의 용량은?

① 탱크의 내용적에서 공간용적을 뺀 용적으로 한다.
② 탱크의 공간용적에서 내용적을 뺀 용적으로 한다.
③ 탱크의 공간용적에서 내용적을 더한 용적으로 한다.
④ 탱크의 볼록하거나 오목한 부분을 뺀 용적으로 한다.

해설

위험물을 저장 또는 취급하는 탱크의 용량은 탱크의 내용적에서 공간용적을 뺀 용적으로 한다.

---

43 제1류 위험물 중 무기과산화물 150kg, 질산염류 300kg, 다이크로뮴산염류 3,000kg을 저장하려 한다. 각각 지정수량 배수의 총합은 얼마인가?

① 5   ② 6
③ 7   ④ 8

해설

• 지정수량 : 무기과산화물(50kg), 질산염류(300kg), 다이크로뮴산염류(1,000kg)
• 지정수량 배수 총합 $= \dfrac{150}{50} + \dfrac{300}{300} + \dfrac{3,000}{1,000} = 7(배)$

---

44 제4류 위험물을 저장하는 이동탱크저장소의 탱크 용량이 19,000L일 때 탱크의 칸막이는 최소 몇 개를 설치해야 하는가?

① 2   ② 3
③ 4   ④ 5

해설

칸막이
탱크 전복 시 위험물의 누출 방지(4,000L 이하마다 3.2mm 이상의 강철판)

---

45 벤젠의 일반적 성질에 관한 사항 중 틀린 것은?

① 알코올, 에터에 녹는다.
② 물에는 녹지 않는다.
③ 냄새는 없고 색상은 갈색인 휘발성 액체이다.
④ 증기의 비중은 약 2.8이다.

해설

③ 독특한 냄새가 나는 무색의 휘발성 액체이다.

정답   40 ④   41 ①   42 ①   43 ③   44 ③   45 ③

46 위험물안전관리법령상 이송취급소 배관 등의 용접부는 비파괴시험을 실시하여 합격하여야 한다. 이 경우 이송기지 내의 지상에 설치되는 배관 등은 전체 용접부의 몇 % 이상 발췌하여 시험할 수 있는가?

① 10   ② 15
③ 20   ④ 25

> **해설**
>
> 비파괴시험
> 배관 등의 용접부는 비파괴시험을 실시하여 합격할 것. 이 경우 이송기지 내의 지상에 설치된 배관 등은 전체 용접부의 20% 이상을 발췌하여 시험할 수 있다.

47 위험물의 반응성에 대한 설명 중 틀린 것은?

① 마그네슘은 온수와 작용하여 산소를 발생하고 산화마그네슘이 된다.
② 황린은 공기 중에서 연소하여 오산화인을 발생한다.
③ 아연 분말은 공기 중에서 연소하여 산화아연을 발생한다.
④ 삼황화인은 공기 중에서 연소하여 오산화인을 발생한다.

> **해설**
>
> ① 마그네슘은 온수와 작용하여 수소를 발생하고 수산화마그네슘이 된다.
> ※ $Mg + 2H_2O \rightarrow Mg(OH)_2 + H_2 \uparrow$

48 다음 각 위험물을 저장할 때 사용하는 보호액으로 틀린 것은?

① 나이트로셀룰로스 – 알코올
② 이황화탄소 – 알코올
③ 금속칼륨 – 등유
④ 황린 – 물

> **해설**
>
> ② 이황화탄소 – 물

49 옥내저장소의 안전거리 기준을 적용하지 않을 수 있는 조건으로 틀린 것은?

① 지정수량의 20배 미만의 제4석유류를 저장하는 경우
② 제6류 위험물을 저장하는 경우
③ 지정수량의 20배 미만의 동식물유류를 저장하는 경우
④ 지정수량의 20배 이하를 저장하는 것으로서 창에 망입유리를 설치한 경우

> **해설**
>
> 옥내저장소의 안전거리 제외 대상
> ㉠ 제4석유류 또는 동식물유류의 위험물을 저장 또는 취급하는 옥내저장소로서 그 최대수량이 지정수량의 20배 미만인 것
> ㉡ 제6류 위험물을 저장 또는 취급하는 옥내저장소
> ㉢ 지정수량의 20배(하나의 저장창고의 바닥면적이 150 m^2 이하인 경우에는 50배) 이하의 위험물을 저장 또는 취급하는 옥내저장소로서 다음의 기준에 적합한 것
> • 저장창고의 벽·기둥·바닥·보 및 지붕이 내화구조인 것
> • 저장창고의 출입구에 수시로 열 수 있는 자동폐쇄방식의 60분＋방화문 또는 60분방화문이 설치되어 있을 것
> • 저장창고에 창을 설치하지 아니할 것
> ※ ④ 지정수량의 20배 이하를 저장하는 것으로서 저장창고에 창을 설치하지 아니한 경우

50 다음 물질 중 증기비중이 가장 작은 것은?

① 이황화탄소   ② 아세톤
③ 아세트알데하이드   ④ 다이에틸에터

> **해설**
>
> ① $\dfrac{76}{29} = 2.62$ ② $\dfrac{58}{29} = 2.0$
> ③ $\dfrac{44}{29} = 1.52$ ④ $\dfrac{74}{29} = 2.55$

정답   46 ③   47 ①   48 ②   49 ④   50 ③

51 위험물의 운반에 관한 기준에서 위험물의 적재 시 혼재가 가능한 위험물은?(단, 지정수량의 5배인 경우이다.)

① 과염소산칼륨 – 황린
② 질산메틸 – 경유
③ 마그네슘 – 알킬알루미늄
④ 탄화칼슘 – 나이트로글리세린

[해설]

① 제1류 위험물 + 제3류 위험물(혼재 불가능)
② 제5류 위험물 + 제4류 위험물(혼재 가능)
③ 제2류 위험물 + 제3류 위험물(혼재 불가능)
④ 제3류 위험물 + 제5류 위험물(혼재 불가능)

52 이황화탄소를 물속에 저장하는 주된 이유는?

① 공기와 접촉하면 발화하기 때문에
② 화재 발생 시 대응을 빠르게 하기 위하여
③ 가연성 증기의 발생을 방지하기 위하여
④ 불순물을 물에 용해하여 유출시키기 위하여

[해설]

③ 가연성 증기의 발생을 억제하기 위하여, 물보다 무겁고 불용이므로 물속에 보관해야 한다.

53 가열했을 때 분해하여 적갈색의 유독한 가스를 방출하는 것은?

① 과염소산
② 질산
③ 과산화수소
④ 적린

[해설]

$4HNO_3 \xrightarrow{\Delta} 2H_2O + 4NO_2 + O_2$

※ 이산화질소(NO_2) : 적갈색의 유독한 기체

54 다음 (   ) 안에 알맞은 색상을 차례대로 나열한 것은?

이동저장탱크 차량의 전면 및 후면의 보기 쉬운 곳에 직사각형판의 (   ) 바탕에 (   )의 반사도료로 "위험물"이라고 표시하여야 한다.

① 백색 – 적색
② 백색 – 흑색
③ 황색 – 적색
④ 흑색 – 황색

[해설]

이동저장탱크 차량의 전면 및 후면의 보기 쉬운 곳에 직사각형판의 흑색 바탕에 황색의 반사도료로 "위험물"이라고 표시하여야 한다.

55 물과 접촉하였을 때 에탄이 발생되는 물질은?

① CaC_2
② $(C_2H_5)_3Al$
③ $C_5H_3(NO_2)_3$
④ $C_2H_5ONO_2$

[해설]

① 아세틸렌(C_2H_2)
② 에탄(C_2H_6)
③, ④ 물과 반응하지 않음
※ $(C_2H_5)_3Al + 3H_2O \rightarrow Al(OH)_3 + 3C_2H_6 \uparrow$

56 과산화수소의 성질 및 취급방법에 관한 설명 중 틀린 것은?

① 햇빛에 의하여 분해한다.
② 인산, 요산 등의 분해방지 안정제를 넣는다.
③ 저장용기는 공기가 통하지 않게 마개로 꼭 막아 둔다.
④ 에탄올에 녹는다.

[해설]

③ 저장용기는 내압 상승 방지를 위하여 구멍 뚫린 마개를 사용한다.

정답 51 ② 52 ③ 53 ② 54 ④ 55 ② 56 ③

57 금속나트륨에 대한 설명으로 틀린 것은?

① 제3류 위험물이다.
② 융점은 약 297℃이다.
③ 은백색의 가벼운 금속이다.
④ 물과 반응하여 수소를 발생한다.

> 해설

② 융점은 약 98℃이다.

58 다음 중 제2석유류에 해당되는 것은?

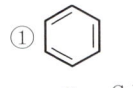

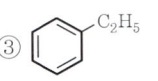

> 해설

① 제1석유류(C_6H_6) : 벤젠
② 제1석유류(C_6H_{12}) : 사이클로헥산
③ 제1석유류($C_6H_5C_2H_5$) : 에틸벤젠
④ 제2석유류(C_6H_6CHO) : 벤즈알데하이드

59 나이트로셀룰로스의 저장 및 취급방법으로 틀린 것은?

① 가열, 마찰을 피한다.
② 열원을 멀리하고 냉암소에 저장한다.
③ 알코올용액으로 습면하여 운반한다.
④ 물과의 접촉을 피하기 위해 석유에 저장한다.

> 해설

④ 나이트로셀룰로스를 저장할 때, 물 또는 알코올에 습면하고, 안정제를 가해서 냉암소에 저장한다.

60 화재 발생 시 물을 사용하면 위험성이 더 커지는 것은?

① 염소산칼륨   ② 질산나트륨
③ 과산화나트륨   ④ 브로민산칼륨

> 해설

③ $2Na_2O_2 + 2H_2O \rightarrow 4NaOH + O_2 \uparrow$

정답   57 ②   58 ④   59 ④   60 ③

2025년 제1회 CBT 기출문제

1과목 일반화학

01 1기압에서 2L의 부피를 차지하는 어떤 이상기체를 온도의 변화 없이 압력을 4기압으로 하면 부피는 얼마가 되겠는가?

① 2.0L   ② 1.5L
③ 1.0L   ④ 0.5L

해설

보일의 법칙
$P_1 V_1 = P_2 V_2 \Rightarrow 1 \times 2 = 4 \times V_2$ $\therefore V_2 = 0.5(L)$

02 은거울반응을 하는 화합물은?

① CH_3COCH_3 ② CH_3OCH_3
③ $HCHO$ ④ CH_3CH_2OH

해설

은거울반응
알데하이드(CHO) 환원성 확인반응이므로, 정답은 ③이다.

03 벤젠에 관한 설명으로 틀린 것은?

① 화학식은 C_6H_{12}이다.
② 알코올, 에터에 잘 녹는다.
③ 물보다 가볍다.
④ 추운 겨울날씨에 응고될 수 있다.

해설

① 벤젠의 화학식은 C_6H_6이다.

04 탄소 3g이 산소 16g 중에서 완전연소되었다면, 연소한 후 혼합 기체의 부피는 표준상태에서 몇 L가 되는가?

① 5.6   ② 6.8
③ 11.2   ④ 22.4

해설

㉠ 화학반응식은 당량 : 당량으로 반응한다.
    $C + O_2 \rightarrow CO_2$
    3(g) : 8(g) : 5.6(L)
㉡ 탄소와 산소는 3 : 8의 비율로 반응하므로 CO_2의 부피는 5.6(L)
㉢ 반응하지 않고 남아 있는 O_2를 부피 5.6L이다.
∴ 혼합 기체의 총 부피량은 11.2L가 된다.

05 염화칼슘의 화학식량은 얼마인가?(단, 염소의 원자량은 35.5, 칼슘의 원자량은 40, 황의 원자량은 32, 아이오딘의 원자량은 127이다.)

① 111   ② 121
③ 131   ④ 141

해설

$CaCl_2 = 40 + (35.5 \times 2) = 111$

06 어떤 물질 1g을 증발시켰더니 그 부피가 0℃, 4atm에서 329.2mL였다. 이 물질의 분자량은?(단, 증발한 기체는 이상기체라 가정한다.)

① 17   ② 23
③ 30   ④ 60

정답   01 ④   02 ③   03 ①   04 ③   05 ①   06 ①

> **해설**

$$PV = \frac{W}{M}RT$$

$$M = \frac{WRT}{PV} = \frac{1 \times 0.082 \times (273+0)}{4 \times 0.3292} = 17.00(g)$$

07 나이트로벤젠의 증기에 수소를 혼합한 뒤 촉매를 사용하여 환원시키면 무엇이 되는가?

① 페놀
② 톨루엔
③ 아닐린
④ 나프탈렌

> **해설**

나이트로벤젠($C_6H_5NO_2$)에 H_2를 혼합 후 환원(산소를 잃는 것, 수소를 얻는 것)시키면, 아닐린($C_6H_5NH_2$)이 된다.

08 할로젠 원소에 대한 설명 중 옳지 않은 것은?

① 아이오딘의 최외각 전자는 7개이다.
② 할로젠 원소 중 원자 반지름이 가장 작은 원소는 F이다.
③ 염화이온은 염화은의 흰색 침전 생성에 관여한다.
④ 브로민은 상온에서 적갈색 기체로 존재한다.

> **해설**

④ 브로민(Br_2)은 상온에서 액체로 존재한다.

09 공유결합과 배위결합에 의하여 이루어진 것은?

① NH_3
② $Cu(OH)_2$
③ K_2CO_3
④ NH_4^+

> **해설**

배위결합
공유결합의 일종으로, 한쪽 원자(NH_3)에서 전자쌍을 일방적으로 제공하는 형태로 결합을 형성한다($NH_3 + H^+ \rightarrow NH_4^+$).

10 액체 0.2g을 기화시켰더니 그 증기의 부피가 97℃, 740mmHg에서 80mL였다. 이 액체의 분자량은?

① 40
② 46
③ 78
④ 121

> **해설**

$$PV = \frac{W}{M}RT$$

$$M = \frac{WRT}{PV} = \frac{0.2 \times 0.082 \times (273+97)}{\frac{740}{760} \times 0.08} = 77.9$$

11 95wt% 황산의 비중은 1.84이다. 이 황산의 몰농도는 약 얼마인가?

① 4.5
② 8.9
③ 17.8
④ 35.6

> **해설**

$$M농도 = \frac{비중 \times 1,000}{분자량(g)} \times \frac{\%농도}{100}$$

$$= \frac{1.84 \times 1,000}{98} \times \frac{95}{100} = 17.84$$

12 25℃에서 다음 반응에 대하여 열역학적 평형상수값이 7.13이었다. 이 반응에 대한 ΔG^0 값은 몇 kJ/mol 인가?(단, 기체상수 R은 8.314J/mol·K 이다.)

$2NO_2(g) \rightleftarrows N_2O_4(g)$

① 4.87
② −4.87
③ 9.74
④ −9.74

> **해설**

자유에너지와 평형상수 관계
$$\Delta G^0 = -RT \ln K \, (J/mol)$$
$$= -8.314 \times (273+25) \times \ln(7.13)$$
$$= -4,866.7(J/mol) = -4.867(kJ/mol)$$

정답 07 ③ 08 ④ 09 ④ 10 ③ 11 ③ 12 ②

13 이상기체상수 R 값이 0.082일 때 그 단위로 옳은 것은?

① $\dfrac{\text{atm} \cdot \text{mol}}{\text{L} \cdot \text{K}}$

② $\dfrac{\text{mmHg} \cdot \text{mol}}{\text{L} \cdot \text{K}}$

③ $\dfrac{\text{atm} \cdot \text{L}}{\text{mol} \cdot \text{K}}$

④ $\dfrac{\text{mmHg} \cdot \text{L}}{\text{mol} \cdot \text{K}}$

> **해설**
>
> 이상기체상수
>
> $$PV = nRT \Rightarrow R = \frac{PV}{nT} = \frac{\text{atm} \cdot \text{L}}{\text{mol} \cdot \text{K}}$$

14 sp^3 혼성궤도함수를 구성하는 것은?

① BF_3

② CH_4

③ PCl_5

④ $BeCl_2$

> **해설**
>
> ① 중심원자 B는 3개의 시그마 결합(sp^2 혼성 오비탈)
> ② 중심원자 C는 4개의 시그마 결합(sp^3 혼성 오비탈)
> ③ 중심원자 P는 5개의 시그마 결합(sp^3d 혼성 오비탈)
> ④ 중심원자 Be는 2개의 시그마 결합(sp 혼성 오비탈)

15 다음 중 이온상태에서의 반지름이 가장 작은 것은?

① S^{2-}

② Cl^-

③ K^+

④ Ca^{2+}

> **해설**
>
> 반지름의 길이
> ① 0.174
> ② 0.181
> ③ 0.133
> ④ 0.106

16 물을 전기분해하여 표준상태 기준으로 산소 22.4L를 얻는 데 소요되는 전기량은 몇 F인가?

① 1

② 2

③ 4

④ 8

> **해설**
>
> 1F = 1g당량 = (H_2, 11.2L) = (O_2, 5.6L)
> 1F : 5.6L = x F : 22.4L ∴ x = 4(F)

17 다음 중 물의 끓는점을 높이기 위한 방법으로 가장 타당한 것은?

① 순수한 물을 끓인다.
② 물을 저으면서 끓인다.
③ 강압하에 끓인다.
④ 밀폐된 그릇에서 끓인다.

> **해설**
>
> ③ 끓는점이 낮아진다.
> ④ 끓는점이 높아진다.

18 Alkyne의 일반식 표현이 올바른 것은?

① C_nH_{2n-2}

② C_nH_{2n}

③ C_nH_{2n+2}

④ C_nH_n

> **해설**
>
> ① Alkyne ② Alkene ③ Alkane

19 다음 산화와 환원에 관한 설명 중 틀린 것은?

① 산화수가 감소하는 것은 산화이다.
② 산소와 화합하는 것은 산화이다.
③ 전자를 얻는 것은 환원이다.
④ 전자를 잃는 것은 산화이다.

> **해설**
>
> ① 산화수가 감소하는 것은 환원반응이다.

20 다음 반응식에 관한 사항 중 옳은 것은?

$$SO_2 + 2H_2S \rightarrow 2H_2O + 3S$$

① SO_2는 산화제로 작용
② H_2S는 산화제로 작용
③ SO_2는 촉매로 작용
④ H_2S는 촉매로 작용

> **해설**
>
> • SO_2는 산소를 잃어 S이 되었다(환원, 즉 산화제로 작용).
> • H_2S는 산소를 얻어 H_2O가 되었다(산화, 즉 환원제로 작용).

정답 13 ③ 14 ② 15 ④ 16 ③ 17 ④ 18 ① 19 ① 20 ①

2과목 화재예방과 소화방법

21 표준상태(0℃, 1atm)에서 2kg의 이산화탄소가 모두 기체상태의 소화약제로 방사될 경우 부피는 몇 m³인가?

① 1.018   ② 10.18
③ 101.8   ④ 1,018

해설

$$PV = \frac{W}{M}RT$$

$$V = \frac{WRT}{PM} = \frac{2 \times 0.082 \times 273}{1 \times 44} = 1.0175 (\text{m}^3)$$

22 이산화탄소 소화기에 관한 설명으로 옳지 않은 것은?

① 소화작용은 질식효과와 냉각효과에 해당된다.
② A급, B급, C급 화재 중 A급 화재에 적응성이 있다.
③ 소화약제 자체의 유독성은 적으나 실내의 산소 농도를 저하시켜 질식의 우려가 있다.
④ 소화약제의 동결, 부패, 변질 우려가 없다.

해설

② A급, B급, C급 화재 모두에 적응성이 있다.

23 위험물안전관리법령상 자동화재탐지설비를 반드시 설치하여야 할 대상에 해당되지 않는 것은?

① 옥내에서 지정수량 200배의 제3류 위험물을 취급하는 제조소
② 옥내에서 지정수량 200배의 제2류 위험물을 취급하는 일반취급소
③ 지정수량 200배의 제1류 위험물을 저장하는 옥내저장소
④ 지정수량 200배의 고인화점 위험물만을 저장하는 옥내저장소

해설

자동화재탐지설비 설치대상

구분	제조소등의 규모, 저장 또는 취급하는 위험물의 종류 및 최대수량 등
제조소 및 일반취급소	• 연면적 500m² 이상인 것 • 옥내에서 지정수량의 100배 이상을 취급하는 것(고인화점 위험물만을 100℃ 미만의 온도에서 취급하는 것을 제외)
옥내저장소	• 지정수량의 100배 이상을 저장 또는 취급하는 것(고인화점 위험물만을 100℃ 미만의 온도에서 취급하는 것을 제외) • 저장창고의 연면적이 150m²를 초과하는 것 • 처마높이가 6m 이상인 단층건물의 것
옥내탱크 저장소	단층건물 외의 건축물에 설치된 옥내탱크저장소로서 소화난이도등급 Ⅰ에 해당하는 것
주유취급소	옥내주유취급소

24 특정옥외탱크저장소라 함은 저장 또는 취급하는 액체 위험물의 최대 수량이 얼마 이상의 것을 말하는가?

① 50만 리터 이상
② 100만 리터 이상
③ 150만 리터 이상
④ 200만 리터 이상

해설

특정옥외저장탱크
액체위험물의 최대수량이 100만L 이상의 옥외저장탱크

25 다음 각각의 위험물의 화재 발생 시 위험물안전관리법령상 적응 가능한 소화설비를 옳게 나타낸 것은?

① $C_6H_5NO_2$: 이산화탄소소화기
② $(C_2H_5)_3Al$: 봉상수소화기
③ $C_2H_5OC_2H_5$: 봉상수소화기
④ $C_3H_5(ONO_2)_3$: 이산화탄소소화기

정답   21 ①   22 ②   23 ④   24 ②   25 ①

해설

① 나이트로벤젠 : 제4류 위험물로서 CO_2 소화기 가능하다.
② 트라이에틸알루미늄 : 물과 접촉하면 C_2H_6가 생성되어 위험하다.
③ 에터 : 제4류 위험물로서 봉상수소화기는 화재면이 확대되어 위험하다.
④ 나이트로글리세린 : 제5류 위험물로서 이산화탄소와 반응하므로 CO_2 소화기는 부적당하다.

26 펌프와 발포기의 중간에 설치된 벤투리관의 벤투리 작용과 펌프 가압수의 포 소화약제 저장탱크에 대한 압력에 의하여 포 소화약제를 흡입·혼합하는 방식은?

① 프레셔 프로포셔너
② 펌프 프로포셔너
③ 프레셔 사이드 프로포셔너
④ 라인 프로포셔너

해설

프레셔 프로포셔너 방식

27 위험물취급소의 건축물 연면적이 500m²인 경우 소요단위는?(단, 외벽은 내화구조이다.)

① 4단위   ② 5단위
③ 6단위   ④ 7단위

해설

㉠ 제조소 또는 취급소(내화구조) : 연면적 100m²
㉡ $\dfrac{500}{100} = 5$(단위)

28 94wt% 드라이아이스 100g은 표준상태에서 몇 L의 CO_2가 되는가?

① 22.40   ② 47.85
③ 50.90   ④ 62.74

해설

CO_2

$100g \times 0.94$: x
$44g$: $22.4L$ ∴ $x = 47.854L$

29 수성막포소화약제를 수용성 알코올 화재 시 사용하면 소화효과가 떨어지는 가장 큰 이유는?

① 유독가스가 발생하므로
② 화염의 온도가 높으므로
③ 알코올은 포와 반응하여 가연성 가스를 발생하므로
④ 알코올은 소포성을 가지므로

해설

④ 알코올은 수용성 물질이므로 내알코올포를 사용해야 소포성을 예방할 수 있다.

30 처마의 높이가 6m 이상인 단층 건물에 설치된 옥내저장소의 소화설비로 고려될 수 없는 것은?

① 고정식 포소화설비
② 옥내소화전설비
③ 고정식 이산화탄소소화설비
④ 고정식 할로젠화합물소화설비

해설

처마높이가 6m 이상인 단층건물 또는 다른 용도의 부분이 있는 건축물에 설치한 옥내저장소	스프링클러설비 또는 이동식 외의 물분무등 소화설비
그 밖의 것	옥외소화전설비, 스프링클러설비, 이동식 외의 물분무등 소화설비 또는 이동식 포소화설비

정답   26 ①   27 ②   28 ②   29 ④   30 ②

31 위험물 제조소에 옥내소화전을 각 층에 8개씩 설치하도록 할 때 수원의 최소 수량은 얼마인가?

① 13m³   ② 20.8m³
③ 39m³   ④ 62.4m³

해설

옥내소화전의 수원의 수량(최대 5개)
소화전 설치개수 $\times 7.8m^3 = 5$개 $\times 7.8m^3 = (39m^3)$

32 트라이에틸알루미늄이 습기와 반응할 때 발생되는 가스는?

① 수소   ② 아세틸렌
③ 에탄   ④ 메탄

해설

$(C_2H_5)_3Al + 3H_2O \longrightarrow Al(OH)_3 + 3C_2H_6 \uparrow$

33 연소 이론에 대한 설명으로 가장 거리가 먼 것은?

① 착화온도가 낮을수록 위험성이 크다.
② 인화점이 낮을수록 위험성이 크다.
③ 인화점이 낮은 물질은 착화점도 낮다.
④ 폭발한계가 넓을수록 위험성이 크다.

해설

③ 인화점과 착화점은 서로 연관성이 없다.

34 위험물안전관리법령상 위험물 품명이 나머지 셋과 다른 것은?

① 메틸알코올   ② 에틸알코올
③ 이소프로필알코올   ④ 부틸알코올

해설

• 알코올류 : ①, ②, ③
• 제2석유류 : ④

35 분말소화약제인 탄산수소나트륨 10kg이 1기압, 270℃에서 방사되었을 때 발생하는 이산화탄소의 양은 약 몇 m³인가?

① 2.65   ② 3.65
③ 18.22   ④ 36.44

해설

$2NaHCO_3 \longrightarrow Na_2CO_3 + CO_2 + H_2O$
$\quad 10kg \quad : \quad x\,m^3$
$\quad 2\times 84kg \quad : \quad 22.4m^3$
$\therefore x = 1.33m^3$ (표준상태)
1기압, 270℃에서 이산화탄소의 양
$= 1.33 \times \dfrac{(273+270)}{273} = 2.645(m^3)$

36 프로판 2m³이 완전연소할 때 필요한 이론 공기량은 약 몇 m³인가?(단, 공기 중 산소농도는 21vol%이다.)

① 23.81   ② 35.72
③ 47.62   ④ 71.43

해설

$C_3H_8 + 5O_2 \longrightarrow 3CO_2 + 4H_2O$
$\quad 2m^3 \qquad : \qquad x\,m^3$
$\quad 22.4m^3 \qquad : \qquad 5\times 22.4m^3 \qquad \therefore x = 10(m^3)$
$\therefore$ 이론적 공기량 $A_0 = \dfrac{10}{0.21} = 47.619(m^3)$

37 Halon 1011 속에 함유되지 않은 원소는?

① H   ② Cl
③ Br   ④ F

해설

Halon 1011[CH_2ClBr]
천의 자리 숫자는 C(1개), 백의 자리 숫자는 F(0개)
십의 자리 숫자는 Cl(1개), 일의 자리 숫자는 Br(1개)

정답   31 ③   32 ③   33 ③   34 ④   35 ①   36 ③   37 ④

38 착화점에 대한 설명으로 가장 옳은 것은?

① 외부에서 점화하지 않더라도 발화하는 최저온도
② 외부에서 점화했을 때 발화하는 최저온도
③ 외부에서 점화했을 때 발화하는 최고온도
④ 외부에서 점화하지 않더라도 발화하는 최고온도

해설

착화점
물질이 스스로 불이 붙어 연소가 시작되는 최저온도,
즉 외부에서 점화하지 않더라도 발화하는 최저온도로
서 발화점이라고도 한다.

39 위험물제조소등에서 옥내소화전이 가장 많
이 설치된 층의 옥내소화전 설치개수가 6개일 때
수원의 수량은 몇 m^3 이상이 되어야 하는가?

① 7.8   ② 22
③ 39   ④ 46.8

해설

옥내소화전의 수원의 수량(최대 5개)
소화전 설치개수 $\times 7.8m^3 = 5$개$\times 7.8m^3 = 39.0(m^3)$

40 탄산칼륨을 첨가한 것으로 물의 빙점을 낮추
어 한랭지 또는 겨울철에 사용이 가능한 소화기는?

① 산·알칼리 소화기
② 할로젠화합물 소화기
③ 분말 소화기
④ 강화액 소화기

해설

강화액소화약제
물소화약제의 어는점을 낮추어 한랭지역에서도 사용
가능하도록 물에 탄산칼륨(K_2CO_3)을 보강시켜 만든 소
화약제이다.

3과목 위험물 성상 및 취급

41 그림과 같은 위험물을 저장하는 탱크의 내용
적은 약 몇 m^3인가?(단, r은 10m, L은 25m이다.)

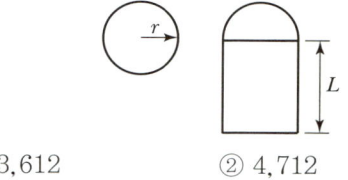

① 3,612   ② 4,712
③ 5,812   ④ 7,854

해설

탱크의 내용적 $= \pi r^2 L = \pi \times 10^2 \times 25 = 7,853.9m^3$

42 위험물안전관리법령상 제1석유류에 속하지
않는 것은?

① CH_3COCH_3 ② C_6H_6
③ $CH_3COC_2H_5$ ④ CH_3COOH

해설

① 아세톤   ② 벤젠
③ 다이에틸에터   ④ 초산(제2석유류)

43 염소산칼륨에 관한 설명 중 옳지 않은 것은?

① 강산화제로 가열에 의해 분해하여 산소를 방출
한다.
② 무색의 결정 또는 분말이다.
③ 온수 및 글리세린에 녹지 않는다.
④ 인체에 유독하다.

해설

③ 온수 및 글리세린에 잘 녹는다.

정답   38 ①   39 ③   40 ④   41 ④   42 ④   43 ③

44 다음 중 독성이 있고, 제2석유류에 속하는 것은?

① CH_3CHO ② C_6H_6
③ $C_6H_5CH = CH_2$ ④ $C_6H_5NH_2$

해설

① 아세트알데하이드(특수인화물)
② 벤젠(제1석유류)
③ 스티렌(제2석유류)
④ 아닐린(제3석유류)

45 다음 중 나트륨의 보호액으로 가장 적합한 것은?

① 메탄올 ② 수은
③ 물 ④ 유동파라핀

해설

나트륨의 보호액
공기와의 접촉을 막기 위하여 등유, 경유, 유동파라핀 등의 석유류를 보호액으로 사용한다.

46 위험물을 저장 또는 취급하는 탱크의 용량은?

① 탱크의 내용적에서 공간용적을 뺀 용적으로 한다.
② 탱크의 내용적으로 한다.
③ 탱크의 공간용적으로 한다.
④ 탱크의 내용적에 공간용적을 더한 용적으로 한다.

해설

위험물을 저장 또는 취급하는 탱크의 용량은 탱크의 내용적에서 공간용적을 뺀 용적으로 한다.

47 다음 중 제3류 위험물이 아닌 것은?

① 황린 ② 나트륨
③ 칼륨 ④ 마그네슘

해설

④는 제2류 위험물이다.

48 메틸알코올의 성질로 옳은 것은?

① 인화점 이하가 되면 밀폐된 상태에서 연소하여 폭발한다.
② 비점은 물보다 높다.
③ 물에 녹기 어렵다.
④ 증기비중이 공기보다 크다.

해설

④ 증기비중이 공기보다 무겁다$\left(\dfrac{32}{29} = 1.103\right)$.

49 나이트로셀룰로스의 안전한 저장 및 운반에 대한 설명으로 옳은 것은?

① 습도가 높으면 위험하므로 건조한 상태로 취급한다.
② 아닐린과 혼합한다.
③ 산을 첨가하여 중화시킨다.
④ 알코올 수용액으로 습면시킨다.

해설

④ 나이트로셀룰로스를 저장할 때, 물 또는 알코올에 습면하고, 안정제를 가해서 냉암소에 저장한다.

50 위험물의 저장 및 취급에 대한 설명이 틀린 것은?

① H_2O_2 : 직사광선을 차단하고 찬 곳에 저장한다.
② MgO_2 : 습기의 존재하에서 산소를 발생하므로 특히 방습에 주의한다.
③ $NaNO_4$: 조해성이 크고 흡습성이 강하므로 습도에 주의한다.
④ K_2O_2 : 물속에 저장한다.

해설

④ K_2O_2 : 물과 반응하여 산소와 열을 방출한다.
　　$[2K_2O_2 + 2H_2O \longrightarrow 4KOH + O_2 \uparrow]$

정답 44 ③ 45 ④ 46 ① 47 ④ 48 ④ 49 ④ 50 ④

51 어떤 공장에서 아세톤과 메탄올을 18L 용기에 각각 10개, 등유를 200L 드럼으로 3드럼 저장하고 있다면 각각의 지정수량 배수의 총합은 얼마인가?

① 1.3　　　　　② 1.5
③ 2.3　　　　　④ 2.5

해설

- 아세톤 : 제1석유류 수용성(400L)
- 메탄올 : 알코올류(400L)
- 등유 : 제2석유류 비수용성(1,000L)
∴ 지정수량 배수의 합
$$= \frac{18 \times 10}{400} + \frac{18 \times 10}{400} + \frac{200 \times 3}{1,000} = 1.5(배)$$

52 나이트로셀룰로스의 저장 및 취급방법으로 틀린 것은?

① 가열, 마찰을 피한다.
② 열원을 멀리하고 냉암소에 저장한다.
③ 알코올용액으로 습면하여 운반한다.
④ 물과의 접촉을 피하기 위해 석유에 저장한다.

해설

④ 나이트로셀룰로스를 저장·운반 시 물 또는 알코올에 습면하고, 안정제를 가해서 냉암소에 저장한다.

53 위험물과 보호액을 잘못 연결한 것은?

① 이황화탄소 - 물
② 인화칼슘 - 물
③ 황린 - 물
④ 금속나트륨 - 등유

해설

② 인화칼슘(Ca_3P_2)과 물과 반응하면 포스핀(PH_3)을 생성시킨다.
[$Ca_3P_2 + 6H_2O \rightarrow 3Ca(OH)_2 + 2PH_3 \uparrow$]

54 그림과 같은 타원형 탱크의 내용적은 약 몇 m^3인가?

① 453　　　　　② 553
③ 653　　　　　④ 753

해설

$$탱크의\ 내용적 = \frac{\pi ab}{4}\left(l + \frac{l_1 + l_2}{3}\right)$$
$$= \frac{\pi \times 8 \times 6}{4} \times \left(16 + \frac{2+2}{3}\right) = 653.45$$

55 다음의 위험물을 저장할 때 저장 또는 취급에 관한 기술상의 기준을 시·도의 조례에 의해 규제를 받는 경우는?

① 등유 2,000L를 저장하는 경우
② 중유 3,000L를 저장하는 경우
③ 윤활유 5,000L를 저장하는 경우
④ 휘발유 400L를 저장하는 경우

해설

지정수량
① 제2석유류(1,000L)
② 제3석유류(2,000L)
③ 제4석유류(6,000L)
④ 제1석유류(200L)
※ 저장수량이 지정수량 미만의 위험물인 경우 시·도의 조례에 의해 규제를 받는다.

56 아세톤과 아세트알데하이드의 공통 성질에 대한 설명이 아닌 것은?

① 무취이며 휘발성이 강하다.
② 무색의 액체로 인화성이 강하다.
③ 증기는 공기보다 무겁다.
④ 물보다 가볍다.

정답　51 ②　52 ④　53 ②　54 ③　55 ③　56 ①

제4편 과년도 기출문제 | **383**

해설

① 아세톤과 아세트알데하이드는 무색의 휘발성 액체로 둘 다 독특한 냄새를 가진다.

---

57 제1석유류, 제2석유류, 제3석유류를 구분하는 주요 기준이 되는 것은?

① 인화점　　　　　② 발화점
③ 비등점　　　　　④ 비중

해설

제4류 위험물 석유류 분류는 인화점에 따라 구분한다.

---

58 다음 위험물 중 착화온도가 가장 낮은 것은?

① 황린　　　　　　② 삼황화인
③ 마그네슘　　　　④ 적린

해설

① P₄(34℃)　　　　② P₄S₃(260℃)
③ Mg(최소 500℃)　④ P(260℃)

---

59 옥내저장소에 반드시 자동화재탐지설비를 경보설비로 설치하여야 하는 대상은 지정수량 몇 배 이상을 저장 또는 취급하는 경우인가?(단, 지정수량 배수와 관련한 조건만 고려하며, 고인화점 위험물만을 저장 또는 취급하는 경우는 제외한다.)

① 10　　　　　　② 50
③ 100　　　　　 ④ 200

해설

자동화재탐지설비 설치기준(옥내저장소)
지정수량의 100배 이상을 취급하는 것(고인화점 위험물만을 100℃ 미만의 온도에서 취급하는 것을 제외)

---

60 질산칼륨의 성질에 대한 설명 중 틀린 것은?

① 물에 녹는다.
② 분자량은 약 101이다.
③ 열분해하면 산소를 방출한다.
④ 비중은 1보다 작다.

해설

④ 비중은 1보다 크다(비중 2.11).

정답　**57** ①　**58** ①　**59** ③　**60** ④

384 | 위험물산업기사 필기

2025년 | 제2회 CBT 기출문제

1과목 일반화학

01 황산구리 수용액에 1.93A의 전류를 통할 때 매 초 음극에서 석출되는 Cu의 원자수를 구하면 약 몇 개가 존재하는가?

① 3.12×10^{18}　　② 4.02×10^{18}
③ 5.12×10^{18}　　④ 6.02×10^{18}

해설

㉠ $1F = 96,500C$(쿨롱) $= 1g$당량 석출
　　$= \frac{1}{2} \times 6.02 \times 10^{23}$(개)

㉡ C(쿨롱) $= A$(암페어) $\times sec$(초)에서

　　$96,500(C) : \frac{6.02 \times 10^{23}}{2} = 1.93(A) \times 1(sec) : x$

∴ $x = 6.02 \times 10^{18}$ (g)

02 방사능 붕괴의 형태 중 $^{226}_{88}Ra$이 α 붕괴될 때 생기는 원소는?

① $^{222}_{86}Rn$　　② $^{232}_{90}Th$
③ $^{231}_{91}Pa$　　④ $^{238}_{92}U$

해설

$^{226}_{88}Ra \xrightarrow{\alpha붕괴} ^{222}_{86}Rn + ^{4}_{2}He$

03 방사선 중 감마선에 대한 설명으로 옳은 것은?

① 질량을 갖고 음의 전하를 띰
② 질량을 갖고 전하를 띠지 않음
③ 질량이 없고 전하를 띠지 않음
④ 질량이 없고 음의 전하를 띰

해설

γ 붕괴 : 원자번호, 질량수 변화 없음(전기적 중성을 띰)

04 다음 물질 중 SP^3 혼성궤도함수와 가장 관계가 있는 것은?

① CH_4　　② $BeCl_2$
③ BF_3　　④ HF

해설

① 중심원자 C는 4개의 시그마 결합(SP^3 혼성 오비탈)
② 중심원자 Be는 2개의 시그마 결합(SP 혼성 오비탈)
③ 중심원자 B는 3개의 시그마 결합(SP^2 혼성 오비탈)
④ S 오비탈

05 분자량의 무게가 4배이면 확산 속도는 몇 배인가?

① 0.5배　　② 1배
③ 2배　　④ 4배

해설

㉠ 확산 속도는 분자량의 제곱근에 반비례한다.

㉡ $\frac{v_1}{v_2} = \sqrt{\frac{M_2}{M_1}} \Rightarrow \frac{v}{v_1} = \sqrt{\frac{4M}{M}}$

㉢ $v_1 = v \times \sqrt{\frac{1}{4}} = 0.5v$

06 결합력이 큰 것부터 작은 순서로 나열한 것은?

① 공유결합 > 수소결합 > 반데르발스결합
② 수소결합 > 공유결합 > 반데르발스결합
③ 반데르발스결합 > 수소결합 > 공유결합
④ 수소결합 > 반데르발스결합 > 공유결합

정답 01 ④ 02 ① 03 ③ 04 ① 05 ① 06 ①

제4편 과년도 기출문제 | 385

> **해설**
>
> 결합력의 세기
> 공유결합 > 수소결합 > 반데르발스결합

07 솔베이법으로 만들어지는 물질이 아닌 것은?

① Na_2CO_3 ② NH_4Cl
③ $CaCl_2$ ④ H_2SO_4

> **해설**
>
> 암모니아 소다법(= 솔베이법)
> ㉠ $2NaCl + CaCO_3 \rightarrow Na_2CO_3 + CaCl_2$
> ㉡ $NH_3 + CO_2 + H_2O + NaCl \rightarrow NH_4Cl + NaHCO_3$
> ㉢ $2NaHCO_3 \underset{\Delta}{\rightarrow} Na_2CO_3 + CO_2 \uparrow + H_2O$
> ㉣ $2NH_4Cl + Ca(OH)_2 \rightarrow CaCl_2 + 2NH_3 + 2H_2O$

08 다음 중 전자의 수가 같은 것으로 나열된 것은?

① Ne와 Cl ② Mg^{+2}와 O^{-2}
③ F와 Ne ④ Na와 Cl^-

> **해설**
>
> ① 10, 17 ② 10, 10
> ③ 9, 10 ④ 11, 18

09 물분자들 사이에 작용하는 수소결합에 의해 나타나는 현상과 관계가 없는 것은?

① 물의 기화열이 크다.
② 물의 끓는점이 높다.
③ 무색 투명한 액체이다.
④ 얼음이 물 위에 뜬다.

> **해설**
>
> 물에서 수소결합의 특징은 기화열, 끓는점이 높고 얼음이 물 위에 뜬다.

10 한 원자에서 네 가지 양자수가 똑같은 전자가 2개 이상 있을 수 없다는 이론은?

① 네른스트의 식
② 파울리의 배타원리
③ 패러데이의 법칙
④ 플랑크의 양자론

> **해설**
>
> 파울리의 배타원리
> ㉠ 한 원자에 있는 어떠한 두 전자도 동일한 양자수 집합을 가질 수 없다.
> ㉡ 3개 이상의 전자가 한 궤도함수(오비탈)에 들어갈 수 없으며, 두 전자가 한 궤도함수에 들어갈 때는 그들의 스핀 방향은 서로 반대이어야 한다.
> ㉢ 네 가지 양자수 : 주양자수, 방위양자수, 자기양자수, 스핀양자수

11 수소원자에서 선스펙트럼이 나타나는 경우는?

① 들뜬 상태의 전자가 낮은 에너지 준위로 떨어질 때
② 전자가 같은 에너지 준위에서 돌고 있을 때
③ 전자껍질의 전자가 핵과 충돌할 때
④ 바닥상태의 전자가 들뜬 상태로 될 때

> **해설**
>
> 전자가 에너지를 흡수하면 들뜬 상태(불안정한)로 되고, 다시 안정한 상태(안정한)로 될 때 에너지를 방출함으로써 선스펙트럼이 나타난다.

12 볼타전지에서 갑자기 전류가 약해지는 현상을 "분극현상"이라 한다. 이 분극현상을 방지해 주는 감극제로 사용되는 물질은?

① MnO_2 ② $CuSO_3$
③ NaCl ④ $Pb(NO_3)_2$

> **해설**
>
> 감극제(소극제)
> 이산화망가니즈(MnO_2), 산화구리(CuO), 과산화납(PbO_2), 산화수은(HgO) 등

정답 07 ④ 08 ② 09 ③ 10 ② 11 ① 12 ①

13 원자 번호가 19이며 원자량이 39인 K원자의 중성자와 양성자 수는 각각 몇 개인가?

① 중성자 19, 양성자 19
② 중성자 20, 양성자 19
③ 중성자 19, 양성자 20
④ 중성자 20, 양성자 20

해설

㉠ 원자 번호＝양성자 수＝전자수
㉡ 수원자량 ＝중성자 수＋양성자 수
⇒ 39＝중성자 수＋19
∴ 중성자 수＝20

14 P 43.7wt%와 O 56.3wt%로 구성된 화합물의 실험식으로 옳은 것은?(단, 원자량은 P 31, O 16이다.)

① P_2O_4 ② PO_3
③ P_2O_5 ④ PO_2

해설

중량비 : (P, O)
① (49.21%, 50.79%) ② (39.24%, 60.76%)
③ (43.66%, 56.34%) ④ (50.79%, 49.21%),

15 다음 중 산화와 환원반응이 아닌 것은?

① $Cu + 3H_2SO_4 \rightarrow CuSO_4 + 2H_2O + SO_2$
② $H_2S + I_2 \rightarrow 2HI + S$
③ $Zn + CuSO_4 \rightarrow ZnSO_4 + Cu$
④ $HCl + NaOH \rightarrow NaCl + H_2O$

해설

④는 산, 염기의 중화반응이다(염을 만드는 반응식).

16 다음 화합물 중 수용액에서 산성의 세기가 가장 큰 것은?

① HF ② HCl
③ HBr ④ HI

해설

할로젠화 수소의 세기
㉠ 산성 : HI ＞ HBr ＞ HCl ＞ HF
㉡ 결합력 : HF ＞ HCl ＞ HBr ＞ HI
㉢ 끓는점 : HF ＞ HI ＞ HBr ＞ HCl

17 다음 중 산성용액에서 색깔을 나타내지 않는 것은?

① 메틸오렌지
② 페놀프탈레인
③ 메틸레드
④ 티몰블루

해설

페놀프탈레인(P.P)은 산성에서 무색, 알칼리에서 적색이 된다.

18 물리적 변화보다는 화학적 변화에 해당하는 것은?

① 증류 ② 발효
③ 승화 ④ 용융

해설

㉠ 화학적 변화 : ②
㉡ 물리적 변화 : ①, ③, ④

19 다음 중 아르곤(Ar)과 같은 전자수를 갖는 양이온과 음이온으로 이루어진 화합물은?

① NaCl ② MgO
③ KF ④ CaS

해설

㉠ 아르곤(Ar) : 원자번호 18번(전자수 18개)
㉡ $CaS = Ca^{2+} + S^{2-}$: Ca^{2+}, S^{2-} 모두 전자수가 18개가 된다.

정답 13 ② 14 ③ 15 ④ 16 ④ 17 ② 18 ② 19 ④

20 다음 화합물 중 2mol이 완전연소될 때 6mol의 산소가 필요한 것은?

① CH_3-CH_3 ② $CH_2=CH_2$
③ $CH\equiv CH$ ④ C_6H_6

> **해설**
>
> ① $C_2H_6 + 3.5O_2 \rightarrow 2CO_2 + 3H_2O$
> ② $C_2H_4 + 3O_2 \rightarrow 2CO_2 + 2H_2O$
> ③ $C_2H_2 + 2.5O_2 \rightarrow 2CO_2 + H_2O$
> ④ $C_6H_6 + 7.5O_2 \rightarrow 6CO_2 + 3H_2O$

2과목 화재예방과 소화방법

21 위험물안전관리법령에서 정한 위험물의 유별 저장·취급의 공통기준(중요기준) 중 제5류 위험물에 해당하는 것은?

① 물이나 산과의 접촉을 피하고 인화성 고체에 있어서는 함부로 증기를 발생시키지 아니하여야 한다.
② 공기와의 접촉을 피하고, 물과의 접촉을 피하여야 한다.
③ 가연물과의 접촉·혼합이나 분해를 촉진하는 물품과의 접근 또는 가열을 피하여야 한다.
④ 불티·불꽃·고온체와의 접근이나 과열·충격 또는 마찰을 피하여야 한다.

> **해설**
>
> 위험물의 유별 저장·취급의 공통기준[제5류 위험물(자기반응성 물질)]
> 불티·불꽃·고온체와의 접근이나 과열·충격 또는 마찰을 피하여야 한다.

22 다음 중 비열이 가장 큰 물질은?

① 물 ② 구리
③ 나무 ④ 이산화탄소

> **해설**
>
> 물질의 비열$\left(\dfrac{kcal}{kg\,℃}\right)$
> ① 1 ② 0.09 ③ 0.41 ④ 0.21

23 위험물제조소 등에 "화기주의"라고 표시한 게시판을 설치하는 경우 몇 류 위험물의 제조소인가?

① 제1류 위험물 ② 제2류 위험물
③ 제4류 위험물 ④ 제5류 위험물

> **해설**
>
> | 위험물 종류 | 주의사항 | 바탕색 | 문자색 |
> |---|---|---|---|
> | 제1류 위험물 중 알칼리금속의 과산화물 제3류 위험물 중 금수성 물질 | 물기엄금 | 청색 | 백색 |
> | 제2류 위험물 (인화성 고체는 제외) | 화기주의 | 적색 | 백색 |
> | 제2류 위험물 중 인화성 고체 제3류 위험물 중 자연발화성 물질 제4류 위험물 제5류 위험물 | 화기엄금 | 적색 | 백색 |

24 다음 물질의 화재 시 내알코올포를 사용하지 못하는 것은?

① 아세트알데하이드 ② 알킬리튬
③ 아세톤 ④ 에탄올

> **해설**
>
> 내알코올포소화약제는 수용성 물질에 사용한다(알킬리튬은 비수용성).

25 위험물저장소 건축물의 외벽이 내화구조인 것은 연면적 얼마를 1소요단위로 하는가?

① $50m^2$ ② $75m^2$
③ $100m^2$ ④ $150m^2$

정답 20 ② 21 ④ 22 ① 23 ② 24 ② 25 ④

해설

1소요단위의 기준

구분	외벽이 내화구조인 것	외벽이 내화구조가 아닌 것
제조소 또는 취급소	연면적 $100m^2$	연면적 $50m^2$
저장소	연면적 $150m^2$	연면적 $75m^2$
위험물	지정수량 10배	

26 이산화탄소 소화설비의 소화약제 방출방식 중 전역방출방식 소화설비에 대한 설명으로 옳은 것은?

① 발화위험 및 연소위험이 적고 광대한 실내에서 특정 장치나 기계만을 방호하는 방식
② 일정 방호구역 전체에 방출하는 경우 해당 부분의 구획을 밀폐하여 불연성 가스를 방출하는 방식
③ 일반적으로 개방되어 있는 대상물에 대하여 설치하는 방식
④ 사람이 용이하게 소화활동을 할 수 있는 장소에는 호스를 연장하여 소화활동을 행하는 방식

해설

• 전역방출방식 : 소화약제 공급장치에 배관 및 분사헤드 등을 설치하여 밀폐 방호구역 내에 소화약제를 방출하는 방식
• 국소방출방식 : 소화약제 공급장치에 배관 및 분사헤드 등을 설치하여 직접 화점에 소화약제를 방출하는 방식

27 위험물안전관리법령상 이동탱크저장소로 위험물을 운송하게 하는 자는 위험물안전카드를 위험물운송자로 하여금 휴대하게 하여야 한다. 다음 중 이에 해당하는 위험물이 아닌 것은?

① 휘발유   ② 과산화수소
③ 경유   ④ 벤조일퍼옥사이드

해설

① 제4류 위험물 제1석유류
② 제6류 위험물
③ 제4류 위험물 제2석유류
④ 제5류 위험물
※ 위험물(제4류 위험물에 있어서는 특수인화물 및 제1석유류)을 운송하게 하는 자는 위험물안전카드를 위험물운송자로 하여금 휴대하게 한다.

28 고온체의 색깔과 온도관계에서 다음 중 가장 낮은 온도의 색깔은?

① 적색   ② 암적색
③ 휘적색   ④ 백적색

해설

① 850℃, ② 700℃, ③ 950℃, ④ 1,300℃

29 전기설비에 화재가 발생하였을 경우에 위험물안전관리법령상 적응성을 가지는 소화설비는?

① 이산화탄소소화기
② 포소화기
③ 봉상강화액소화기
④ 마른 모래

해설

구분	이산화탄소 소화기	포소화기	봉상강화액 소화기	마른 모래
전기설비	○	×	×	×

30 다음 중 저장할 때 상부에 물을 덮어서 저장하는 것은?

① 다이에틸에터
② 아세트알데하이드
③ 산화프로필렌
④ 이황화탄소

정답 26 ② 27 ③ 28 ② 29 ① 30 ④

해설

이황화탄소
물보다 무겁고, 가연성 증기 발생을 억제하기 위해 수조 속에 저장한다.

31 위험물의 화재발생 시 사용 가능한 소화약제를 잘못 연결한 것은?

① 질산암모늄 − H_2O
② 마그네슘 − CO_2
③ 트라이에틸알루미늄 − 팽창질석
④ 나이트로글리세린 − H_2O

해설

② 마그네슘 − 탄산수소염류분말소화약제
$[Mg + CO_2 \rightarrow MgO + CO]$

32 위험물안전관리법령상 옥내소화전설비에 관한 기준에 대해 다음 ( )에 알맞은 수치를 옳게 나열한 것은?

옥내소화전설비는 각 층을 기준으로 하여 당해 층의 모든 옥내소화전(설치개수가 5개 이상인 경우는 5개의 옥내소화전)을 동시에 사용할 경우에 각 노즐 선단의 방수압력이 (㉠)kPa 이상이고, 방수량이 1분당 (㉡)L 이상의 성능이 되도록 할 것

① ㉠ 350, ㉡ 260
② ㉠ 450, ㉡ 260
③ ㉠ 350, ㉡ 450
④ ㉠ 450, ㉡ 450

해설

옥내소화전설비는 각 층을 기준으로 하여 당해 층의 모든 옥내소화전(설치개수가 5개 이상인 경우는 5개의 옥내소화전)을 동시에 사용할 경우에 각 노즐선단의 방수압력이 350kPa 이상이고 방수량이 1분당 260L 이상의 성능이 되도록 할 것

33 일반적인 연소형태가 표면연소인 것은?

① 플라스틱
② 목탄
③ 황
④ 피크린산

해설

표면연소 : 목탄(숯), 코크스, 금속분 등의 연소
※ ① 분해연소, ③ 증발연소, ④ 자기연소

34 전역방출방식 분말소화설비에 있어 분사헤드는 저장용기에 저장된 분말소화약제량을 몇 초 이내에 균일하게 방사하여야 하는가?

① 15
② 30
③ 45
④ 60

해설

전역방출방식 분말소화설비의 분사헤드는 소화약제의 양을 30초 이내에 균일하게 방사한다.

35 폐쇄형 스프링클러헤드의 설치기준에서 급배기용 덕트 등의 긴 변의 길이가 몇 m 초과할 때 당해 덕트 등의 아랫면에도 스프링클러헤드를 설치해야 하는가?

① 0.8
② 1.0
③ 1.2
④ 1.5

해설

폐쇄형 스프링클러헤드 설치 기준에서 급배기용 덕트 등의 긴 변의 길이가 1.2m를 초과할 때, 당해 덕트 등의 아랫면에도 스프링클러 헤드를 설치해야 한다.

36 고정식 포소화설비의 포방출구의 형태 중 고정지붕구조의 위험물탱크에 적합하지 않은 것은?

① 특형
② Ⅱ형
③ Ⅲ형
④ Ⅳ형

정답 31 ② 32 ① 33 ② 34 ② 35 ③ 36 ①

해설

구분	포방출구의 형태	포주입법
고정지붕구조의 탱크	I형 방출구	상부포주입법
(부상덮개부착) 고정지붕구조	II형 방출구	
고정지붕구조의 탱크	III형, IV형 방출구	저부포주입법
부상지붕구조의 탱크	특형 방출구	상부포주입법

37 다음 위험물에 화재가 발생하였을 때 주수소화를 하면 수소가스가 발생하는 것은?

① 황화인 ② 적린
③ 마그네슘 ④ 황

해설

③ $Mg + 2H_2O \rightarrow Mg(OH)_2 + H_2\uparrow$

38 소화약제 또는 그 구성성분으로 사용되지 않는 물질은?

① CF_2ClBr ② $CO(NH_2)_2$
③ NH_4NO_3 ④ K_2CO_3

해설

① 할로젠소화(Halon 1211)
② 제4종 분말소화(요소)
③ 제1류 위험물(질산암모늄)
④ 강화액소화(탄산칼륨)

39 화재의 종류와 표지 색상의 연결이 옳은 것은?

① 금속화재 – 청색
② 유류화재 – 황색
③ 일반화재 – 녹색
④ 전기화재 – 백색

해설

① 지정되지 않음 ③ 백색 ④ 청색

40 위험물안전관리자를 반드시 선임하여야 하는 시설이 아닌 것은?

① 옥외저장소
② 옥외탱크저장소
③ 주유취급소
④ 이동탱크저장소

해설

④ 이동탱크저장소는 위험물안전관리자를 선임하지 않아도 된다.

3과목 위험물 성상 및 취급

41 위험물안전관리법령상 위험물 운반용기의 외부에 표시하도록 규정한 사항이 아닌 것은?

① 위험물의 품명
② 위험물의 제조번호
③ 위험물의 주의사항
④ 위험물의 수량

해설

운반용기 외부 표기사항
㉠ 위험물의 품명, 위험등급, 화학명 및 수용성(제4류 위험물의 수용성인 것에 한한다)
㉡ 위험물의 수량
㉢ 주의사항

42 지정수량 10배의 위험물을 운반할 때 다음 중 혼재가 가능한 경우는?

① 제1류 위험물과 제4류 위험물
② 제2류 위험물과 제3류 위험물
③ 제3류 위험물과 제4류 위험물
④ 제1류 위험물과 제5류 위험물

해설

혼재 가능 위험물
• ④ ⇨ ② ③ • ⑤ ⇨ ② ④ • ⑥ ⇨ ①

정답 37 ③ 38 ③ 39 ② 40 ④ 41 ② 42 ③

제4편 과년도 기출문제 | **391**

43 황린을 물속에 저장할 때 인화수소의 발생을 방지하기 위한 물의 pH는 얼마 정도가 좋은가?

① 4　　　　　　　② 5
③ 7　　　　　　　④ 9

해설

황린은 포스핀가스(PH_3)의 생성을 방지하기 위하여 약 알칼리성(pH＝9) 정도의 물속에 저장한다.

44 위험물안전관리법령상 제1류 위험물 중 알칼리금속의 과산화물의 운반용기 외부에 표시하여야 하는 주의사항을 모두 옳게 나타낸 것은?

① 화기엄금, 충격주의 및 가연물접촉주의
② 화기·충격주의, 물기엄금 및 가연물접촉주의
③ 화기주의 및 물기엄금
④ 화기엄금 및 충격주의

해설

위험물 운반용기 외부표시의 주의사항

종류		주의사항
제1류 위험물	알칼리금속의 과산화물	화기·충격주의, 가연물접촉주의, 물기엄금
	그 밖의 것	화기·충격주의, 가연물접촉주의

45 A업체에서 제조한 위험물을 B업체로 운반할 때 규정에 의한 운반용기에 수납하지 않아도 되는 위험물은?(단, 지정수량의 2배 이상인 경우이다.)

① 덩어리 상태의 황
② 금속분
③ 삼산화크로뮴
④ 염소산나트륨

해설

위험물은 규정에 의한 운반용기에 정해진 기준에 따라 수납하여 적재하여야 한다. 다만, 덩어리 상태의 황을 운반하기 위하여 적재하는 경우 또는 위험물을 동일구내에 있는 제조소등의 상호 간에 운반하기 위하여 적재하는 경우에는 그러하지 아니하다.

46 질산에 대한 설명으로 틀린 것은?

① 무색 또는 담황색의 액체이다.
② 유독성이 강한 산화성 물질이다.
③ 위험물안전관리법령상 비중이 1.49 이상인 것만 위험물로 규정한다.
④ 햇빛이 잘 드는 곳에서 투명한 유리병에 보관하여야 한다.

해설

④ 화기엄금, 직사광선 차단, 갈색 유리병에 보관하여야 한다.

47 다음 위험물 중 물과 반응하여 연소범위가 약 2.5~81%인 위험한 가스를 발생시키는 것은?

① Na　　　　　　② P
③ CaC_2　　　　　④ Na_2O_2

해설

$CaC_2 + 2H_2O \rightarrow Ca(OH)_2 + C_2H_2 \uparrow$
※ 아세틸렌(C_2H_2)의 연소범위 : 2.5~81%

48 동식물유류에 대한 설명으로 틀린 것은?

① 건성유는 자연발화의 위험성이 높다.
② 불포화도가 높을수록 아이오딘가가 크며 산화되기 쉽다.
③ 아이오딘값이 130 이하인 것이 건성유이다.
④ 1기압에서 인화점이 섭씨 250도 미만이다.

해설

③ 아이오딘값이 130 이상인 것이 건성유이다.

49 위험물안전관리법령상 위험물의 운반에 관한 기준에 따라 차광성이 있는 피복으로 가리는 조치를 하여야 하는 위험물에 해당하지 않는 것은?

① 특수인화물　　　② 제1석유류
③ 제1류 위험물　　④ 제6류 위험물

정답　43 ④　44 ②　45 ①　46 ④　47 ③　48 ③　49 ②

해설

차광성이 있는 것으로 피복하여야 할 위험물
제1류 위험물, 제3류 위험물 중 자연발화성 물질, 제4류 위험물 중 특수인화물, 제5류 위험물, 제6류 위험물

50 P_4S_3이 가장 잘 녹는 것은?

① 염산
② 이황화탄소
③ 황산
④ 냉수

해설

삼황화인(P_4S_3)은 이황화탄소, 질산, 알칼리에는 녹지만, 물, 염산, 황산 등에는 녹지 않는다.

51 건성유에 속하지 않는 것은?

① 동유
② 아마인유
③ 야자유
④ 들기름

해설

①, ②, ④ : 건성유, ③ 불건성유

52 비중이 1보다 작고, 인화점이 0℃ 이하인 것은?

① $C_2H_5ONO_2$
② $C_2H_5OC_2H_5$
③ CS_2
④ C_6H_5Cl

해설

② 다이에틸에터의 인화점 : -45℃, 비중 : 0.72

53 물과 접촉하면 위험한 물질로만 나열된 것은?

① CH_3CHO, CaC_2, $NaClO_4$
② K_2O_2, $K_2Cr_2O_7$, CH_3CHO
③ K_2O_2, Na, CaC_2
④ Na, $K_2Cr_2O_7$, $NaClO_4$

해설

물과 접촉하면 위험한 물질 : 가연성 가스 발생
① 탄화칼슘(CaC_2)
② 과산화칼륨(K_2O_2)
③ 과산화칼륨(K_2O_2), 나트륨(Na), 탄화칼슘(CaC_2),
④ 나트륨(Na)

54 과산화나트륨에 관한 설명 중 옳지 못한 것은?

① 가열하면 산소를 방출한다.
② 표백제, 산화제로 사용한다.
③ 아세트산과 반응하여 과산화수소가 발생된다.
④ 순수한 것은 엷은 녹색이지만 시판품은 진한 청색이다.

해설

④ 과산화나트륨(Na_2O_2)은 일반적으로 황색 또는 흰색에서 회색을 나타나는 제1류 위험물이다.

55 위험물의 유별 성질 중 자기반응성에 해당하는 것은?

① 적린
② 메틸에틸케톤
③ 피크린산
④ 철분

해설

① 제2류 위험물
② 제4류 위험물
③ 제5류 위험물
④ 제2류 위험물
※ 자기반응성 물질은 제5류 위험물이다.

56 다음 중 착화온도가 가장 낮은 것은?

① 황린
② 황
③ 삼황화인
④ 오황화인

해설

① P_4(34℃)
② S(232℃)
③ P_4S_3(260℃)
④ P_2S_5(400℃)

정답 50 ② 51 ③ 52 ② 53 ③ 54 ④ 55 ③ 56 ①

57 탄화칼슘과 물이 반응하였을 때 생성되는 가스는?

① C_2H_2 　　② C_2H_4
③ C_2H_6 　　④ CH_4

해설

① $CaC_2 + 2H_2O \rightarrow Ca(OH)_2 + C_2H_2 \uparrow$

58 위험물을 적재, 운반할 때 방수성 덮개를 하지 않아도 되는 것은?

① 알칼리금속의 과산화물
② 마그네슘
③ 나이트로화합물
④ 탄화칼슘

해설

제1류 위험물 중 알칼리금속의 과산화물 또는 이를 함유한 것, 제2류 위험물 중 철분·금속분·마그네슘 또는 이들 중 어느 하나 이상을 함유한 것 또는 제3류 위험물 중 금수성 물질은 방수성이 있는 피복으로 덮을 것
※ ③은 제5류 위험물에 해당된다.

59 다음 물질 중 증기비중이 가장 작은 것은?

① 이황화탄소
② 아세톤
③ 아세트알데하이드
④ 에터

해설

증기비중 = $\dfrac{분자량}{29}$

① $\dfrac{76}{29}$ ② $\dfrac{58}{29}$ ③ $\dfrac{44}{29}$ ④ $\dfrac{74}{29}$

60 다음과 같은 성질을 가진 물질은?

- 무색 무취의 결정
- 비중 약 2.3, 녹는점 약 368℃
- 열분해하여 산소를 발생

① $KClO_3$ 　　② $NaClO_3$
③ $Zn(ClO_3)_2$ 　④ K_2O_2

해설

제1류 위험물(비중, 녹는점)
① 염소산칼륨(2.33, 368℃)
② 염소산나트륨(2.5, 250℃),
③ 염소산아연(3.14, 60℃)
④ 과산화칼륨(2.9, 490℃)

정답　57 ①　58 ③　59 ③　60 ①

2025년 제3회 CBT 기출문제

1과목 일반화학

01 다음의 변화 중 에너지가 가장 많이 필요한 경우는?

① 100℃의 물 1몰을 100℃ 수증기로 변화시킬 때
② 0℃의 얼음 1몰을 50℃ 물로 변화시킬 때
③ 0℃의 물 1몰을 100℃ 물로 변화시킬 때
④ 0℃의 얼음 10g을 100℃ 물로 변화시킬 때

해설

① $Q = 18g \times 539\dfrac{cal}{g} = 9,702 \, (cal)$

② $Q = \left(18g \times 80\dfrac{cal}{g}\right) + \left(18g \times 1\dfrac{cal}{g\,℃} \times 50℃\right) = 2,340 \, (cal)$

③ $Q = 18g \times 1\dfrac{cal}{g\,℃} \times 100℃ = 1,800 \, (cal)$

④ $Q = \left(10g \times 80\dfrac{cal}{g}\right) + \left(10g \times 1\dfrac{cal}{g\,℃} \times 100℃\right) = 1,800 \, (cal)$

02 비극성 분자에 해당하는 것은?

① CO ② CO_2
③ NH_3 ④ H_2O

해설

비극성 공유결합(무극자)
단체 또는 대칭 구조로 이루어진 결합
예 H_2, O_2, CH_4, C_2H_4, CO_2, BH_3, C_6H_6

03 다음 중 헨리의 법칙이 가장 잘 적용되는 기체는?

① 암모니아   ② 염화수소
③ 이산화탄소   ④ 플루오르화수소

해설

헨리의 법칙
용해도가 비교적 작은 기체는 일정한 온도하에서 용해되는 기체의 질량은 압력에 비례하고 부피와는 무관하다는 법칙이다.
㉠ 헨리의 법칙이 잘 적용되는 기체 : CO_2, Cl_2, H_2S, H_2 등
㉡ 헨리의 법칙이 적용되지 않는 기체 : NH_3, HCl, SO_2 등

04 다음 반응식 중 흡열반응을 나타내는 것은?

① $CO + \dfrac{1}{2}O_2 \rightarrow CO_2 + 68kcal$

② $N_2 + O_2 \rightarrow 2NO, \; \Delta H = +42kcal$

③ $C + O_2 \rightarrow CO_2, \; \Delta H = -94kcal$

④ $H_2 + \dfrac{1}{2}O_2 - 58kcal \rightarrow H_2O$

해설

• 흡열반응 : ②
• 발열반응 : ①, ③, ④

05 다음 물질 중 감광성이 가장 큰 것은 무엇인가?

① HgO
② CuO
③ $NaNO_3$
④ $AgCl$

해설

감광성과 연관성이 있는 물질은 은(Ag)의 화합물이다.

정답 01 ①   02 ②   03 ③   04 ②   05 ④

06 1기압의 수소 2L와 3기압의 산소 2L를 동일 온도에서 5L의 용기에 넣으면 전체 압력은 몇 기압이 되는가?

① $\dfrac{4}{5}$ ② $\dfrac{8}{5}$

③ $\dfrac{12}{5}$ ④ $\dfrac{16}{5}$

> **해설**
>
> 돌턴의 분압법칙
> $$P_t V_t = P_1 V_1 + P_2 V_2 \Rightarrow P_t \times 5 = (1 \times 2) + (3 \times 2)$$
> $$\therefore \ P_t = \frac{8}{5}$$

07 귀금속인 금이나 백금 등을 녹이는 왕수의 제조 비율로 옳은 것은?

① 질산 3부피 + 염산 1부피
② 질산 3부피 + 염산 2부피
③ 질산 1부피 + 염산 3부피
④ 질산 2부피 + 염산 3부피

> **해설**
>
> 질산과 염산을 1 : 3 비율로 제조한 것을 왕수(王水)라고 한다.

08 산(Acid)의 성질을 설명한 것 중 틀린 것은?

① 수용액 속에서 H^+를 내는 화합물이다.
② pH 값이 작을수록 강산이다.
③ 금속과 반응하여 수소를 발생하는 것이 많다.
④ 붉은색 리트머스 종이를 푸르게 변화시킨다.

> **해설**
>
> ④ 푸른색 리트머스 종이를 붉게 변화시킨다.

09 염소원자의 최외각 전자수는 몇 개인가?

① 1   ② 2
③ 7   ④ 8

> **해설**
>
> ㉠ 최외각 전자수 = 족수
> ㉡ 염소원자는 7족 원소에 해당되므로, 최외각 전자수는 7개이다.

10 납축전지를 오랫동안 방전시키면 어느 물질이 생기는가?

① Pb   ② PbO_2
③ H_2SO_4 ④ $PbSO_4$

> **해설**
>
> 납축전지를 방전시키면 황산납이 생성된다.
> $$[Pb(s) + PbO_2(s) + 2H_2SO_4(aq) \rightarrow 2PbSO_4(s) + 2H_2O(aq)]$$

11 방향족 탄화수소가 아닌 것은?

① 톨루엔   ② 크실렌
③ 나프탈렌   ④ 사이클로펜탄

> **해설**
>
> ④는 고리모양의 포화탄화수소이다(C_5H_{10}).

12 다음 중 $KMnO_4$의 Mn의 산화수는?

① +1   ② +3
③ +5   ④ +7

> **해설**
>
> $$(+1) + x + [(-2) \times 4] = 0 \qquad \therefore \ x = +7$$

13 11g의 프로판이 연소하면 몇 g의 물이 생기는가?

① 4   ② 4.5
③ 9   ④ 18

> **해설**
>
> $$C_3H_8 + 5O_2 \rightarrow 3CO_2 + 4H_2O$$
> | 11g | : | x g | |
> |---|---|---|---|
> | 44g | : | 4×18g | $\therefore \ x = 18(g)$ |

정답   06 ②   07 ③   08 ④   09 ③   10 ④   11 ④   12 ④   13 ④

14 황산구리(Ⅱ) 수용액을 전기분해할 때 63.5g의 구리를 석출시키는 데 필요한 전기량은 몇 F인가?(단, Cu의 원자량은 63.5이다.)

① 0.635F ② 1F
③ 2F ④ 63.5F

해설

㉠ 1F=1g당량 석출=구리 $\dfrac{63.5}{2}$(g)석출

㉡ 구리 63.5(g)을 석출하기 위해서는 2g당량, 즉 2F이 필요하다.

15 다음 중 가스 상태에서의 밀도가 가장 큰 것은?

① 산소 ② 질소
③ 이산화탄소 ④ 수소

해설

밀도 = $\dfrac{\text{분자량(g)}}{22.4\text{L}}$

① $\dfrac{32}{22.4}=1.43$ ② $\dfrac{28}{22.4}=1.25$

③ $\dfrac{44}{22.4}=1.96$ ④ $\dfrac{2}{22.4}=0.09$

16 고체상의 물질이 액체상과 평형에 있을 때의 온도와 액체의 증기압과 외부압력이 같게 되는 온도를 각각 옳게 표시한 것은?

① 끓는점과 어는점
② 전이점과 끓는점
③ 어는점과 끓는점
④ 용융점과 어는점

해설

• 어는점 : 고체상의 물질이 액체상과 평형에 있을 때의 온도
• 끓는점 : 액체의 증기압과 외부압력이 같게 되는 온도

17 수소 1.2몰과 염소 2몰이 반응할 경우 생성되는 염화수소의 몰수는?

① 1.2 ② 2
③ 2.4 ④ 4.8

해설

$H_2 + Cl_2 \longrightarrow 2HCl$
$(1 : 1 : 2) = (1.2 : 1.2 : 2.4)$
∴ 염화수소는 2.4몰이 생성된다.

18 방사성 동위원소의 반감기가 20일 때 40일이 지난 후 남은 원소의 분율은?

① 1/2 ② 1/3
③ 1/4 ④ 1/6

해설

$m = M \times \left(\dfrac{1}{2}\right)^{\frac{t}{T}} = M \times \left(\dfrac{1}{2}\right)^{\frac{40}{20}} = \dfrac{1}{4}M$

19 $A + 2B \rightarrow 3C + 4D$와 같은 기초 반응에서 A, B의 농도를 각각 2배로 하면 반응속도는 몇 배로 되겠는가?

① 2 ② 4
③ 8 ④ 16

해설

농도의 영향 : 반응속도는 반응물질의 몰농도의 곱에 비례한다.
※ $A + 2B \rightarrow 3C + 4D$
⇒ $V = K \times [A] \times [B]^2 = K \times [2] \times [2]^2 = 8K$

20 0.1N HCl 100ml 용액에 수산화나트륨 0.16g을 넣고 물을 첨가하여 1L로 만든 용액의 pH값은 약 얼마인가?(단, Na의 원자량은 23이다.)

① 2.22 ② 2.79
③ 3.22 ④ 3.79

정답 14 ③ 15 ③ 16 ③ 17 ③ 18 ③ 19 ③ 20 ①

해설

㉠ NaOH의 N농도 $= \dfrac{질량(g)}{1g당량} \times \dfrac{1,000(mL)}{전체용액(mL)}$

$= \dfrac{0.16}{40} \times \dfrac{1,000}{900} = 0.00444(N)$

㉡ $NV - N'V' = N''V''$

㉢ $0.1 \times 100 - 0.0044 \times 900 = N'' \times 1,000$

㉣ $N'' = 0.00604$

∴ $pH = -\log(0.00604) = 2.219$

2과목 화재예방과 소화방법

21 클로로벤젠 300,000L의 소요단위는 얼마인가?

① 20
② 30
③ 200
④ 300

해설

㉠ 제2석유류 비수용성(클로로벤젠) : 1,000L
㉡ 1소요단위 = 지정수량 10배

∴ 소요단위 $\dfrac{300,000\,L}{1,000\,L \times 10} = 30(단위)$

22 위험물안전관리법령상 제6류 위험물에 적응성이 있는 소화설비는?

① 옥내소화전설비
② 이산화탄소소화설비
③ 할로젠화합물소화설비
④ 탄산수소염류 분말소화설비

해설

구분	옥내 소화전	이산화탄소 소화	할로젠 화합물	탄산수소염류 분말소화
제6류 위험물	○	×	×	×

23 분말소화약제 중 열분해 시 부착성이 있는 유리상의 메타인산이 생성되는 것은?

① Na_3PO_4
② $(NH_4)_3PO_4$
③ $NaHCO_3$
④ $NH_4H_2PO_4$

해설

$NH_4H_2PO_4 \rightarrow HPO_3 + NH_3 + H_2O$

24 다음 [보기] 중 상온에서의 상태(기체, 액체, 고체)가 동일한 것을 모두 나열한 것은?

[보기]
Halon 1301, Halon 1211, Halon 2402

① Halon 1301, Halon 2402
② Halon 1211, Halon 2402
③ Halon 1301, Halon 1211
④ Halon 1301, Halon 1211, Halon 2402

해설

Halon 1301(기체), Halon 1211(기체), Halon 2402(액체)

25 위험물제조소 등에 설치하는 포소화설비의 기준에 따르면 포헤드 방식의 포헤드는 방호대상물의 표면적 1m²당의 방사량을 몇 L/min 이상의 비율로 계산한 양의 포수용액을 표준방사량으로 방사할 수 있도록 설치하여야 하는가?

① 3.5
② 4
③ 6.5
④ 9

해설

포헤드 방식의 포헤드의 기준
방호대상물의 표면적 9m²당 1개 이상의 헤드를, 방호대상물의 표면적 1m²당의 방사량이 6.5L/min 이상의 비율로 계산한 양의 포수용액을 표준방사량으로 방사할 수 있도록 설치한다.

정답 21 ② 22 ① 23 ④ 24 ③ 25 ③

26 주성분이 탄산수소나트륨인 소화약제는 제 몇 종 분말소화약제인가?

① 제1종　　　　　② 제2종
③ 제3종　　　　　④ 제4종

해설

① $NaHCO_3$　　　　② $KHCO_3$
③ $NH_4H_2PO_4$　　④ $KHCO_3 + (NH_2)_2CO$

27 다음 중 나이트로셀룰로스 위험물의 화재 시에 가장 적절한 소화약제는?

① 사염화탄소　　　② 이산화탄소
③ 물　　　　　　　④ 인산염류

해설

③ 제5류 위험물(나이트로셀룰로스)의 최적의 소화는 다량의 물이다.

28 Halon 1011에 함유되지 않는 원소는?

① H　　　　　　　② Cl
③ Br　　　　　　　④ F

해설

Halon 1011(CH_2ClBr)
천자리 숫자는 C(1개), 백자리 숫자는 F(0개), 십자리 숫자는 Cl(1개), 일자리 숫자는 Br(1개)를 나타낸다.

29 외벽이 내화구조인 위험물저장소 건축물의 연면적이 $1,500m^2$인 경우 소요단위는?

① 6　　　　　　　② 10
③ 13　　　　　　　④ 14

해설

저장소(외벽이 내화구조)
㉠ 1 소요단위 $= 150m^2$
㉡ $\dfrac{1,500m^2}{150m^2} = 10$(단위)

30 위험물의 제조소등의 스프링클러설비 기준에 있어 개방형 스프링클러헤드의 스프링클러헤드의 반사판으로부터 하방과 수평방향으로 각각 몇 m의 공간을 보유하여야 하는가?

① 하방 0.3m, 수평방향 0.45m
② 하방 0.3m, 수평방향 0.3m
③ 하방 0.45m, 수평방향 0.45m
④ 하방 0.45m, 수평방향 0.3m

해설

개방형 스프링클러헤드는 헤드의 반사판으로부터 하방으로 0.45m, 수평방향으로 0.3m의 공간을 보유한다.

31 다음 물질 중에서 일반화재, 유류화재 및 전기화재에 모두 사용할 수 있는 분말소화약제의 주성분은?

① $KHCO_3$　　　　② Na_2SO_4
③ $NaHCO_3$　　　④ $NH_4H_2PO_4$

해설

종류	적응 화재	주성분	종류	적응 화재	주성분
제1종 분말	B, C	$NaHCO_3$	제3종 분말	A, B, C	$NH_4H_2PO_4$
제2종 분말	B, C	$KHCO_3$	제4종 분말	B, C	$KHCO_3 + (NH_2)_2CO$

※ 일반화재(A), 유류화재(B), 전기화재(C)

32 위험물의 운반용기 외부에 표시하여야 하는 주의사항에 "화기엄금"이 포함되지 않는 것은?

① 제1류 위험물 중 알칼리금속의 과산화물
② 제2류 위험물 중 인화성 고체
③ 제3류 위험물 중 자연발화성 물질
④ 제5류 위험물

해설

① 화기 · 충격주의, 가연물접촉주의, 물기엄금
② 화기엄금
③ 화기엄금, 공기접촉엄금
④ 화기엄금, 충격주의

정답　26 ①　27 ③　28 ④　29 ②　30 ④　31 ④　32 ①

33 위험물을 취급하는 건축물의 옥내소화전이 1층에 6개, 2층에 5개. 3층에 4개가 설치되었다. 이때 수원의 수량은 몇 m^3 이상이 되도록 설치하여야 하는가?

① 23.4 ② 31.8
③ 39.0 ④ 46.8

해설 -

옥내소화전의 수원의 수량(최대 5개)
소화전 설치개수 × 7.8m^3 = 5개 × 7.8m^3 = 39.0(m^3)

34 묽은 질산이 칼슘과 반응하면 발생하는 기체는?

① 산소 ② 질소
③ 수소 ④ 수산화칼슘

해설 -

$Ca + 2HNO_3 \rightarrow Ca(NO_3)_2 + H_2 \uparrow$

35 위험물안전관리법령상 소화설비의 적응성에서 이산화탄소소화기가 적응성이 있는 것은?

① 제1류 위험물 ② 제3류 위험물
③ 제4류 위험물 ④ 제5류 위험물

해설 -

CO_2소화기
질식소화와 냉각소화를 겸하고 있는 소화기로서, 적응성이 있는 위험물은 제4류 위험물이다.

36 할로젠화합물의 소화약제의 구비조건으로 틀린 것은?

① 전기절연성이 우수할 것
② 공기보다 가벼울 것
③ 증발 잔유물이 없을 것
④ 인화성이 없을 것

해설 -

② 공기보다 무거울 것

37 그림과 같은 타원형 탱크의 내용적은 약 몇 m^3인가?

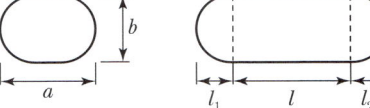

- a : 8m   • b : 6m   • l : 16m
- l_1 : 2m   • l_2 : 2m

① 453 ② 553
③ 653 ④ 753

해설 -

$$V = \frac{\pi\, ab}{4}\left(l + \frac{l_1 + l_2}{3}\right)$$
$$= \frac{\pi \times 8 \times 6}{4} \times \left(16 + \frac{2+2}{3}\right) = 653.45(m^3)$$

38 위험물의 저장액(보호액)으로서 잘못된 것은?

① 황린 – 물
② 인화석회 – 물
③ 금속나트륨 – 등유
④ 나이트로셀룰로스 – 함수알코올

해설 -

② 인화석회(인화칼슘)은 물과 반응하여 인화수소(PH_3)을 발생시킨다.
[$Ca_3P_2 + H_2O \rightarrow Ca(OH)_2 + PH_3 \uparrow$]

39 포소화설비의 기준에서 포헤드방식의 포헤드는 방호대상물의 표면적 몇 m^2당 1개 이상의 헤드를 설치해야 하는가?

① 3 ② 6
③ 9 ④ 12

해설 -

포헤드방식의 포헤드의 기준
방호대상물의 표면적 9m^2당 1개 이상의 헤드를, 방호대상물의 표면적 1m^2당의 방사량이 6.5L/min 이상의 비율로 계산한 양의 포수용액을 표준방사량으로 방사할 수 있도록 설치한다.

정답 33 ③ 34 ③ 35 ③ 36 ② 37 ③ 38 ② 39 ③

40 자연발화의 방지방법이 아닌 것은?

① 저장실의 온도를 낮출 것
② 습도가 높은 곳에 저장할 것
③ 통풍을 잘 시킬 것
④ 열이 축적되지 않게 할 것

해설

② 습도를 낮게 할 것

3과목 **위험물 성상 및 취급**

41 위험물 지하탱크저장소의 탱크전용실 설치기준으로 틀린 것은?

① 철근콘크리트 구조의 벽은 두께 0.3m 이상으로 한다.
② 지하저장탱크와 탱크전용실의 안쪽과의 사이는 50cm 이상의 간격을 유지한다.
③ 철근콘크리트 구조의 바닥은 두께 0.3m 이상으로 한다.
④ 벽, 바닥 등에 적정한 방수 조치를 강구한다.

해설

② 지하저장탱크와 탱크전용실의 안쪽과의 사이는 0.1m 이상의 간격을 유지한다.

42 아염소산나트륨의 성상에 관한 설명 중 잘못된 것은?

① 자신은 불연성이다.
② 불안정하여 180℃ 이상 가열하면 산소를 방출한다.
③ 수용액 상태에서도 강력한 환원력을 가지고 있다.
④ 티오황산나트륨, 다이에틸에터 등과 혼합하면 폭발한다.

해설

③ 수용액 상태에서도 강력한 산화력을 가지고 있다.

43 다음 중 물과 반응하여 산소를 발생하는 것은?

① $KClO_3$　　　　　② Na_2O_2
③ $KClO_4$　　　　　④ CaC_2

해설

② $Na_2O_2 + H_2O \rightarrow 2NaOH + 0.5O_2\uparrow$

44 위험물안전관리법령상 산화프로필렌을 취급하는 위험물 제조설비의 재질로 사용이 금지된 금속이 아닌 것은?

① 금　　　　　　② 은
③ 동　　　　　　④ 마그네슘

해설

아세트알데하이드, 산화프로필렌 : 용기는 구리, 은, 수은, 마그네슘 또는 이의 합금을 사용하지 말 것(폭발성을 가진 아세틸라이드를 만들기 때문)

45 트라이나이트로페놀의 성질에 대한 설명 중 틀린 것은?

① 폭발에 대비하여 철, 구리로 만든 용기에 저장한다.
② 휘황색을 띤 침상 결정이다.
③ 비중이 약 1.8로 물보다 무겁다.
④ 단독으로는 충격, 마찰에 둔감한 편이다.

해설

① 중금속(철, 구리, 납)과 반응하여 피크린산염을 만들므로 금속용기를 사용하지 말아야 한다.

46 질산암모늄에 관한 설명 중 틀린 것은?

① 상온에서 고체이다.
② 폭약의 제조원료로 사용할 수 있다.
③ 흡습성과 조해성이 있다.
④ 물과 반응하여 발열하고 다량의 가스를 발생한다.

해설

④ 질산암모늄이 물을 흡수하면 흡열반응을 한다.

정답　40 ②　41 ②　42 ③　43 ②　44 ①　45 ①　46 ④

47 가솔린 저장량이 2,000L일 때 소화설비 설치를 위한 소요단위는?

① 1 ② 2
③ 3 ④ 4

해설

㉠ 가솔린의 지정수량 : 제4류 위험물(제1석유류) 비수용성 200L
㉡ 1소요단위 = 지정수량 10배

∴ 소요단위 $= \dfrac{2,000\text{L}}{200\text{L} \times 10} = 1(단위)$

48 옥내저장소에서 위험물 용기를 겹쳐 쌓는 경우에 있어서 제4류 위험물 중 제3석유류만을 수납하는 용기를 겹쳐 쌓을 수 있는 높이는 최대 몇 m인가?

① 3 ② 4
③ 5 ④ 6

해설

제4류 위험물 중 제3석유류, 제4석유류 및 동식물유류를 수납하는 용기만을 겹쳐 쌓는 경우 : 4m

49 위험물제조소 등의 안전거리의 단축기준과 관련해서 $H \le pD^2 + a$인 경우 방화상 유효한 담의 높이는 2m 이상으로 한다. 다음 중 a에 해당되는 것은?

① 인근 건축물의 높이(m)
② 제조소 등의 외벽 높이(m)
③ 제조소 등과 공작물의 거리(m)
④ 제조소 등과 방화상 유효한 담의 거리(m)

해설

방화상 유효한 벽의 높이(h)는 다음에 의하여 산정한 높이 이상으로 한다.
㉠ $H \le pD^2 + a$인 경우 : $h = 2$
㉡ $H > pD^2 + a$인 경우 : $h = H - p(D^2 - d^2)$

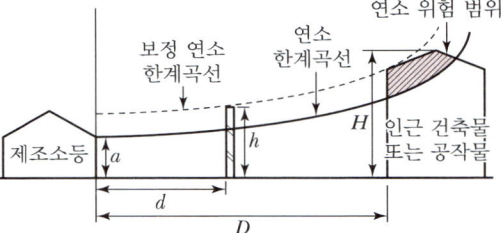

여기서, D : 제조소등과 인접 건축물과의 거리(m)
　　　　 H : 인접 건물의 높이(m)
　　　　 a : 제조소등의 외벽의 높이(m)
　　　　 d : 제조소등과 방화상 유효한 벽과의 거리(m)
　　　　 h : 방화상 유효한 벽의 높이(m)
　　　　 p : 상수

50 다음 [보기]에서는 설명하는 위험물은?

[보기]
• 순수한 것은 무색, 투명한 액체이다.
• 물에 녹지 않고 벤젠에는 녹는다.
• 물보다 무겁고 독성이 있다.

① 아세트알데하이드 ② 다이에틸에터
③ 아세톤 ④ 이황화탄소

해설

이황화탄소에 대한 설명이다.
※ 액비중 : ① 0.78 ② 0.71 ③ 0.79 ④ 1.30

51 저장할 때 상부에 물을 덮어서 저장하는 것은?

① 다이에틸에터
② 아세트알데하이드
③ 산화프로필렌
④ 이황화탄소

해설

이황화탄소
물보다 무겁고, 가연성 증기 발생을 억제하기 위해 수조 속에 저장한다.

정답 47 ① 48 ② 49 ② 50 ④ 51 ④

52 황(S)에 대한 설명으로 옳은 것은?

① 불연성이지만 산화제 역할을 하기 때문에 가연물과의 접촉은 위험하다.
② 유기용제, 알코올, 물 등에 잘 녹는다.
③ 사방황, 고무상황과 같은 동소체가 있다.
④ 전기도체이므로 감전에 주의한다.

해설

① 제2류 위험물 가연성 물질이다.
② 물, 산에는 녹지 않으나 알코올에는 약간 녹는다.
③ 단사황, 사방황, 고무상황과 같은 동소체가 있다.
④ 전기에 부도체로 정전기 발생에 유의하여야 한다.

53 질산칼륨의 성질에 대한 설명 중 틀린 것은?

① 물에 잘 녹는다.
② 화재 시 주수소화가 가능하다.
③ 열분해하면 산소를 발생한다.
④ 비중은 1보다 작다.

해설

④ 비중은 1보다 크다(비중 2.11).

54 적린의 위험성에 대한 설명으로 옳은 것은?

① 발화 방지를 위해 염소산칼륨과 함께 보관한다.
② 물과 격렬하게 반응하여 열을 발생한다.
③ 공기 중에 방치하면 자연발화한다.
④ 산화제와 혼합한 경우 마찰, 충격에 의해서 발화한다.

해설

① 염소산칼륨(제1류 위험물)은 산화제이므로 함께 보관하면 폭발의 위험성이 있다.
② 물과 반응하지 않는다.
③ 자연발화성이 없다.

55 2가지 물질을 혼합하였을 때 위험성이 증가하는 경우가 아닌 것은?

① 과망간산칼륨＋황산
② 나이트로셀룰로스＋알코올수용액
③ 질산나트륨＋유기물
④ 질산＋에틸알코올

해설

① 제1류 위험물(산화제)＋가연물
② 제5류 위험물＋알코올수용액(안정제 역할)
③ 제1류 위험물＋가연물
④ 제6류 위험물＋제4류 위험물(인화성 액체)

56 다음 중 제1석유류에 해당하는 것은?

① 휘발유   ② 등유
③ 에틸알코올   ④ 아닐린

해설

① 제1석유류   ② 제2석유류
③ 알코올류   ④ 제3석유류

57 제1류 위험물 중 알칼리금속과산화물의 화재에 적응성이 있는 소화약제는?

① 인산염류분말   ② 이산화탄소
③ 탄산수소염류분말   ④ 할로젠화합물

해설

소화설비의 적응성(제1류 위험물 중 알칼리금속과 산화물등)
탄산수소염류 분말소화설비, 건조사, 팽창질석 또는 팽창진주암 등이 소화효과가 있다.

58 수소화나트륨이 물과 반응할 때 발생하는 것은?

① 일산화탄소   ② 산소
③ 아세틸렌   ④ 수소

해설

$NaH + H_2O \rightarrow NaOH + H_2 \uparrow$

정답 52 ③ 53 ④ 54 ④ 55 ② 56 ① 57 ③ 58 ④

59 다음 중 인화점이 가장 낮은 것은?

① 초산메틸　　　　② 초산에틸
③ 무수초산　　　　④ 초산벤질

해설
① −13℃　　　　② −4℃
③ 49℃　　　　　④ 90℃

60 과산화수소에 대한 설명 중 틀린 것은?

① 이산화망간이 있으면 분해가 촉진된다.
② 농도가 높아질수록 위험성이 커진다.
③ 분해되면 산소를 방출한다.
④ 산소를 포함하고 있는 가연물이다.

해설
④ 제6류 위험물, 산소를 포함하고 있는 산화성 액체
　 (조연성)이다.

정답 　59 ①　60 ④

404 | 위험물산업기사 필기

2026 위험물산업기사 필기

초 판 발 행	2026년 01월 20일
편　　　저	민 성 태
발 행 인	정 용 수
발 행 처	(주)예문아카이브
주　　　소	경기도 파주시 광인사길 79 4층(문발동)
T　E　L	031) 955 − 0550
F　A　X	031) 955 − 0660
등 록 번 호	제2016 − 000240호
정　　　가	25,000원

- 이 책의 어느 부분도 저작권자나 발행인의 승인 없이 무단 복제하여 이용
  할 수 없습니다.
- 파본 및 낙장은 구입하신 서점에서 교환하여 드립니다.

홈페이지 http://www.yeamoonedu.com

ISBN　　979-11-6386-516-2　[13530]